永磁电机

（第2版）

王秀和 等 编著

中国电力出版社
CHINA ELECTRIC POWER PRESS

内 容 提 要

随着永磁材料性能的不断提高和电机技术的发展，永磁电机在国民经济的各个领域都得到了极其广泛的应用。

本书从永磁电机的基本理论入手，首先详细介绍了各类永磁材料的特点及选用原则、永磁电机磁路计算、永磁电机的磁场分析方法、永磁电机的齿槽转矩等共性问题；然后分析了各类常见永磁电机的结构特点、工作原理、性能计算和设计方法；最后对特殊结构的新型永磁电机进行了简要介绍。在充分反应永磁电机全貌的基础上，力求反映永磁电机的最新发展技术和应用成果。

本书既可供从事永磁电机研究、设计、生产和使用的科研人员、工程技术人员、科技管理人员使用，也可作为高等学校研究生教材以及继续教育培训教材。

图书在版编目(CIP)数据

永磁电机/王秀和等编著. —2 版. —北京：中国电力出版社，2011.1（2023.2重印）

ISBN 978-7-5123-0900-5

Ⅰ.①永… Ⅱ.①王… Ⅲ.①永磁式电机 Ⅳ.①TM351

中国版本图书馆 CIP 数据核字(2010)第 187171 号

中国电力出版社出版发行
北京市东城区北京站西街 19 号 100005 http://www.cepp.sgcc.com.cn
责任编辑：杨淑玲 责任印制：杨晓东 责任校对：焦秀玲
望都天宇星书刊印刷有限公司印刷·各地新华书店经售
2007 年 8 月第 1 版
2011 年 1 月第 2 版·2023 年 2 月第 10 次印刷
787mm×1092mm 1/16 开本·21.5 印张·511 千字
定价：**39.80** 元

前　言

自2007年《永磁电机》出版以来，已三年之久，期间受到了广大读者的厚爱，其影响大大超出了我们的预期。有鉴于此，中国电力出版社建议我们进行修订，由于工作繁忙，直到现在才完成全部修订工作。

本书在第1版的基础上，增加了永磁同步发电机方面的内容（第九章），对第二、五、八章进行了大幅度的修改，第三、六、十（原第九章）增加了新的内容。由于受字数限制，删除了原第十章的全部和第四、七章的部分内容。

本次修订工作主要由原来的编写人执笔。王秀和修订了第一、二、三、五、八章，并编写了第九章；李光友修订了第六章；徐衍亮修订了第十章；王兴华修订了第七章；杨玉波修订了第四章和附录。最后由王秀和对全部修订稿统一进行了修改并负责定稿工作。

参加本书第一版编写的还有朱常青、陈谢杰、张冉、刘士勇、申宁等。在本书的编写过程中，得到了沈阳工业大学的唐任远院士、孙昌志教授和山东大学电气工程学院诸位同事的大力支持和指导，在此表示诚挚的谢意。

由于作者水平有限，书中难免存在错误和不妥之处，恳请读者批评指正。

作　者

目　　录

第一章 绪 论

第一节 永磁材料的发展及应用概况

一、永磁材料的分类

永磁材料是经外部磁场饱和充磁后，无需外部能量而能持续提供磁场的一种特殊材料，它是一种重要的磁性功能材料，也称为硬磁材料。通常永磁材料的矫顽力在 8kA/m 以上[1]。

根据永磁材料制造工艺和组成成分的不同，可将常见的永磁材料分类如下：

- 永磁材料
  - 铸造永磁体：铸造铝镍钴
  - 烧结永磁体
    - 铁氧体
      - 锶铁氧体
      - 钡铁氧体
    - 金属磁体
      - 烧结铝镍钴
      - 烧结稀土永磁
        - 烧结稀土钴
          - 1∶5 稀土钴
          - 2∶17 稀土钴
        - 烧结钕铁硼
  - 可加工永磁体
    - 铁铬钴永磁
    - 铜镍铁永磁
    - 铂钴和铂铁永磁
    - 铁钴钒永磁
    - 锰铝碳永磁
  - 粘结永磁体
    - 粘结铁氧体永磁
    - 粘结稀土钴永磁
    - 粘结钕铁硼永磁

二、永磁材料的发展历史

我国是世界上最早利用磁的国家，早在公元前 2500 年前后就已经有了关于天然磁石的知识。我国古代把磁铁矿石叫“慈石”，后逐渐演变为“磁石”，其主要成分为 Fe_3O_4，是人类发现的最早永磁体，主要用于制造司南勺、指南车、指南针等。据《吕氏春秋》记载，我国在公元前 1000 年前后就已经有了指南针，战国时的《韩非子》中就提到用磁石制成的司南。图 1-1 为我国汉代的司南，由一把“勺子”和一个“地盘”组成，地盘是用青铜制成的，内圆外方，中心圆面磨得非常光滑，以保证勺子指示方向的准确性。中心圆外围依次排列八

图 1-1 司南

卦、天干、地支等共计24个方位。勺子是用整块的天然磁铁磨成的，勺头底部是半球面，非常光滑。使用时先把地盘放平，再把司南放在地盘中间，用手拨动勺柄，使它转动，等到司南停下来，勺柄所指方向就是南方。

春秋时期的《管子》、汉初的《淮南子・览冥篇》、东汉的《论衡》中都有关于磁石吸铁片的记述。到了宋代，人们发明了人工磁化的方法，并制造出具有更好指南性能的指向仪器——指南针。指南针所用的磁针是以钢针摩擦天然磁石而制成的。《梦溪笔谈》最早记载了指南针的制造方法，《萍洲可谈》（约公元1119年）则已提到广州海船在天气阴晦时用指南针航海，这是世界航海史上使用指南针的最早记载。南宋文天祥在《扬子江》一诗中写道："臣心一片磁针石，不指南方不肯休"，后来把他的诗集命名为《指南录》，可见当时磁针指南在我国已是常识了。在之后的漫长岁月里，人们发现了更多的磁现象。

在国外，公元前600年前后，希腊哲学家泰勒斯看到人们用磁铁矿石吸引铁片的现象，将其解释为"万物皆有灵，磁吸铁，故磁有灵"，这是国外关于磁的最早记载[2]。

1600年，英国物理学家和医师、曾任英国女王伊丽莎白一世御医的吉尔伯特对磁石进行了实验，发现磁石相互吸引和排斥，并对磁现象进行了研究，写了一本题为《磁石》的书，这是最早的关于永磁的系统论述。但是，在论及磁现象的本质时，吉尔伯特和泰勒斯一样，也认为物质中存在潜在灵魂的作用。1820年，丹麦著名物理学家奥斯特通过实验发现了电流的磁效应，终于揭开了磁现象的物理本质。

最早的永磁材料是磁铁矿，由于它的饱和磁化强度仅为Fe的25%，长期以来未受重视。直到19世纪末20世纪初，人们才开始对永磁材料进行深入研究。随着科学技术的进步，出现了许多性能各异的永磁材料。永磁材料的发展大体上可分为以下几个阶段：

1. 基于碳钢的永磁

1910年以前，主要用含碳量为1.5%（质量分数）的高碳钢作为永磁材料，后来将碳、钨、铬添加到钢中，使钢在常温下内部存在各种不均匀性（包括晶体结构的不均匀、内应力的不均匀、磁性强弱的不均匀等）以改善钢的磁性能，制成了碳钢、钨钢、铬钢等多种永磁材料。1900年发现了钨钢，其最大磁能积达到0.34MGOe（1MGOe≈8kJ/m^3）。1916年，日本金属物理学家本多光太郎发现加钴的钨钢具有强磁性，开始了新型永磁合金的研究，1917年制成含钴量为36%（质量分数）的Fe-Co永磁合金，其最大磁能积达到1.8MGOe。

2. 铝镍钴永磁

1931年，日本的三岛德七发明了Fe-Ni-Al三元永磁合金；1933年，本多光太郎研制出铝镍钴永磁。1938年，英国人奥利弗等在Fe-Ni-Al的基础上加入Co并采用磁场热处理方法改善了合金的磁性，20世纪40年代初，荷兰的范于尔克等人用同样方法制成高性能的$AlNiCo_5$合金。后来，美国的埃贝林和英国的麦凯旋格等人发现定向结晶法可显著改善合金磁性。1956年，荷兰人科赫等制成含钛的FeNiCoAlTi合金，矫顽力显著提高。1960年出现了定向结晶的$AlNiCo_5$磁体，后来又出现了定向结晶含钛的$AlNiCo_8$合金，与最初的铝镍钴永磁相比，矫顽力提高了200%，剩磁密度提高了56%，最大磁能积提高了557%。

3. 铁氧体永磁

1913年，Hausknecht对氧化铁和氧化钡的混合物进行试验，发现$BaO+5Fe_2O_3$的退火样品有高的磁性。1938年，日本的Kato和Takei用粉末氧化物制成永磁，标志着铁氧体永磁的诞生。1947年，新西兰的J. L. Snoeck出版了《铁磁材料的最新发展》，公布了他们所发明的具有强磁性、高电阻率的铁氧体永磁。1952 年，Went 等人研制成功了最大磁能积为 1MGOe 的各向同性钡铁氧体永磁，并取得了专利。1954 年，各向异性钡铁氧体问世，最大磁能积达 4.45MGOe。1959 年，J. Smit 和 H. P. J. Wijn 出版了关于铁氧体永磁的专著《铁氧体》。1963 年，高矫顽力锶铁氧体永磁诞生，当时国外研究水平已达 5MGOe。

4. 稀土永磁

人类对稀土永磁材料的认识是从 1935 年列宁格勒的科学家在《Nature》上发表的一篇文章《具有高于 340kA/m 矫顽力的 Nd-Fe 材料》开始的。稀土永磁材料自 20 世纪 60 年代问世以来，经历了三个阶段，即第一代（1∶5 型 $SmCo_5$）、第二代（2∶17 型 Sm_2Co_{17}）和第三代（NdFeB）。

稀土是化学元素周期表中镧系元素——镧、铈、镨、钕、钷、钐、铕、钆、铽、镝、钬、铒、铥、镱、镥，以及与镧系元素密切相关的两个元素——钪和钇，共 17 种元素。最初是在瑞典的比较稀少的矿物中发现的，“土”是当时对不溶于水的物质的习惯称呼，故称稀土。第二次世界大战后，随着稀土元素分离技术和低温技术的发展，人们对稀土元素的低温特性进行了研究，发现稀土元素在低温下大多有很强的磁性，但由于其居里温度低于室温，因此不能直接制成永磁材料。考虑到铁、镍、钴等元素在常温下具有很强的磁性，人们开始研究利用稀土与铁、钴的合金来提高稀土元素在常温下的磁性能。

1959 年出现的 $GdCo_5$ 合金具有较强的磁晶各向异性，1966 年发现了 YCo_5 合金，1967 年，美国学者 K. J. Strant 等人研制出最大磁能积为 5MGOe 的 $SmCo_5$ 粉末粘结永磁材料，成为第一代稀土永磁材料诞生的里程碑。1968 年采用普通制粉法制造的 $SmCo_5$ 的最大磁能积为 8MGOe，同年采用静压工艺，制造出最大磁能积为 17.5MGOe 的 $SmCo_5$ 永磁体。1970 年首次采用液相烧结法制造 $SmCo_5$ 永磁体，从而使 $SmCo_5$ 的制造工艺逐步走向完善与成熟。

1977 年，日本的 T. Ojima 等人利用粉末冶金法研制出最大磁能积为 30MGOe 的 Sm_2Co_{17} 永磁材料，标志着第二代稀土永磁材料的诞生。

由于 $SmCo_5$ 中含有 66%左右的 Co，而 Co 是昂贵的战略元素。因此，$SmCo_5$ 出现后，人们就开始考虑 Co 的替代材料。1983 年，日本住友特殊金属公司用粉末冶金法研制出最大磁能积为 36MGOe 的 NdFeB 永磁材料[3]，美国通用汽车公司也宣布了 NdFeB 实用磁体的开发成功，标志着第三代稀土永磁材料的诞生。钕铁硼永磁采用稀土元素钕代替了钐钴永磁中的钐（在稀土矿中，钕的含量为钐的 5～10 倍），且不含战备物资钴，这正是人们研究新型永磁材料所追求的目标。1995 年，NdFeB 永磁的最大磁能积已达到 51.2MGOe，用快淬与热挤压法生产的各向异性快淬磁体的最大磁能积已经达到 40MGOe，用还原扩散法制造的 NdFeB 最大磁能积达到 36MGOe。1987 年，日本住友特殊金属公司宣布最大磁能积为 50.6MGOe 的 NdFeB 磁体研制成功；1990 年，日本东北金属公司的研究者声称可以得到最大磁能积为 52.3MGOe 的 NdFeB 磁体；1993 年，住友特殊金属公司宣布制成世界最高磁能积的 NdFeB 永磁体，最大磁能积为 54MGOe。

三、永磁材料产业的发展概况

永磁材料产业的发展与电子信息、矿业、通信技术、航空航天、交通运输等行业密切相关，具有重要的战略意义。全球磁性材料总产值平均每 10 年增长约 1.7 倍，而永磁材料产值的年平均增长率则在 8%以上。20 世纪 90 年代以来，我国的永磁材料产业得到了巨大发展，永磁材料的生产能力逐年提高，已成为公认的永磁材料生产大国。目前，世界永磁材料产业的发展具有以下趋势[4]：

1. 永磁材料的产量和性价比不断提高，永磁体市场发生较大变化

作为一种商品，永磁材料要占领并巩固其市场，形成一个产业，优良的性能和具有竞争力的价格是非常重要的，可以用性价比表征其商业价值。性价比为磁体密度与单位价格的乘积再除以其最大磁能积，单位为美元/焦耳。性价比的值越小，其商业价值越大，市场前景越好。表 1-1 为 1985—2010 年不同永磁体性价比的变化及预测。

表 1-1 **1985—2010 年不同永磁体性价比的变化及预测**

年份	磁体	密度/(t/m^3)	价格/(美元/t)	磁能积/(kJ/m^3)	性价比/(美元/J)	产量/t
1985	AlNiCo	7.3	35 000	56	4.56	7000
	铁氧体	5.1	3800	20.7	0.94	200 000
	SmCo	8.4	260 000	190	11.49	800
	NdFeB	7.4	200 000	254	5.83	75
1990	AlNiCo	7.3	30 000	56	3.91	7300
	铁氧体	5.1	4200	22.3	0.96	290 000
	SmCo	8.4	210 000	207	8.52	900
	NdFeB	7.4	185 000	279	4.91	2170
1995	AlNiCo	7.3	28 000	56	3.65	7150
	铁氧体	5.1	4500	23.9	0.96	350 000
	SmCo	8.4	185 000	223	6.97	700
	NdFeB	7.4	150 000	295	3.76	7040
2000	AlNiCo	7.3	28 000	56	3.65	7300
	铁氧体	5.1	4500	25.5	0.90	460 000
	SmCo	8.4	134 000	238.8	4.71	1200
	NdFeB	7.4	110 000	310	2.63	18 640
2005	AlNiCo	7.3	26 000	56	3.39	6000
	铁氧体	5.1	4500	27	0.85	620 000
	SmCo	8.4	110 000	242	3.82	2400
	NdFeB	7.4	90 000	326	2.04	29 300
2010	AlNiCo	7.3	26 000	56	3.39	5000
	铁氧体	5.1	4500	28.7	0.8	830 000
	SmCo	8.4	95 000	246.8	3.23	3800
	NdFeB	7.4	80 000	342	1.73	55 700

20 世纪 70 年代以前，永磁体市场的主体是 AlNiCo，但其所占市场份额自 20 世纪 70 年代后期以来一直迅速下降：从 1985 年的 6%降到 2000 年的 1.8%，预计 2010 年将降到 0.5%。作为当前永磁体市场主体的铁氧体，由于来自稀土永磁的激烈竞争，其单位磁能价格不断降低，市场份额逐年下降，从 1985 年的 91.6%降到 2000 年的 90%，预计 2010 年将降至 65.9%以下。总之，全球永磁体市场的主体已由 AlNiCo 转变为铁氧体，而稀土磁体的市场份额不断增加。

2. 我国已成为永磁材料生产大国，永磁体生产中心向我国转移

第二次世界大战前的欧洲、第二次世界大战后的美国、20 世纪 60 年代以后的日本均堪称当时的“全球永磁体产业中心”。进入 21 世纪，“全球永磁体产业中心”已转到我国。1990 年，我国 AlNiCo 产量已居世界第一位（1990 年世界各国 AlNiCo 永磁的总产量为 7300t，其中我国 2000t）；2000 年，我国烧结铁氧体永磁的产量超过日本总产量（日本本土和海外子公司的总

和）；2001 年，我国烧结 NdFeB 永磁体的产量超过日本位居全球第一，当年全球烧结 NdFeB 永磁体的总产量为 14465t，其中我国 6400t，日本 6200t，美国 1030t，欧洲 835t。

四、永磁材料的应用领域

永磁材料的应用十分普遍，小到儿童玩具、文件夹，大到人造卫星、宇宙飞船、磁悬浮列车，从家庭、办公室到工农业等各个产业部门，随处都可以见到永磁材料的应用。按用途的不同，永磁材料的应用领域如下[5]：

永磁材料
- 机电能量转换装置
  - 电机
  - 测量仪表
- 电声转换装置：电话、话筒、耳机、扬声器等
- 磁力装置
  - 固定和提升装置：磁吸盘、房门吸块、电冰箱密封条等
  - 处理装置：磁分离器等
  - 磁力耦合及制动装置、永磁齿轮等
  - 永磁轴承等
- 微波器件：磁控管、粒子加速器、质谱仪、阴极射线管等
- 传感器：电流、位置、速度、加速度、液体流量、压力、振动等传感器
- 医疗设备：核磁共振成像仪、医疗器具、磁疗设备等
- 其他

第二节　永磁电机及其发展概况

一、永磁电机的发展历史

在最初的电机中，人们利用磁铁矿石建立所需要的磁场。1821 年 9 月，法拉第发现通电的导线能绕永久磁铁旋转，第一次成功实现了电能向机械能的转换，从而建立了电机的实验室模型，被认为是世界上第一台电机，其原理如图 1-2 所示。在一个金属盘子内注入水银，盘子中央固定一块永磁体，盘子上方悬挂一根导线，导线的一端可在水银中移动，另一端跟电池的一端连接在一起，电池的另一端跟盘子连在一起，构成导电回路，载流导线在磁场中受力产生运动。

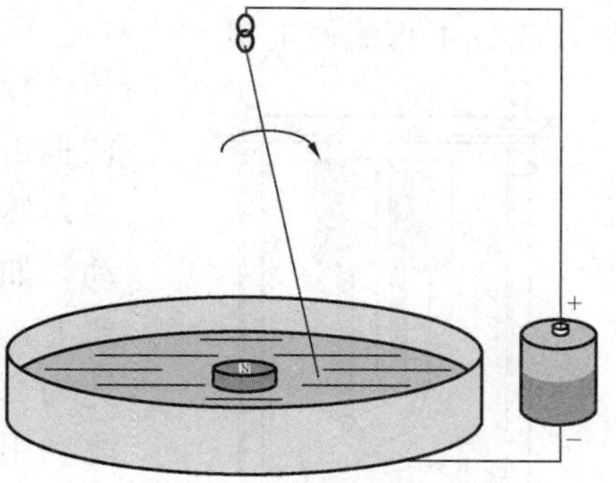

图 1-2　第一台电机的原理图

1822 年，法国的吕萨克发明了电磁铁，即用电流通过绕在铁心上的线圈的方法产生磁场，这是一项重要的发明，但当时并未得到重视和应用。

1831 年，法拉第在发现电磁感应现象之后不久，利用电磁感应原理发明了世界上第一台真正意义上的电机——法拉第圆盘发电机，如图 1-3 所示。这台发电机的构造跟现代发电机不同，在磁场中转动的不是线圈，而是一个紫铜圆盘，圆心处固定一个摇柄，圆盘的边缘和圆心处各与一个电刷紧贴，用导线把电刷与电流表连接起来，铜圆盘放置在蹄形永磁体的磁场中。转动摇柄使铜圆盘旋转时，电流表的指针偏向一边，电路中产生了持续的电流。同年夏天，亨利制作了一个简单的装置（振荡电动机），其原理如图 1-4 所示。该装置的运动部件是在垂直方向上运动的电磁铁，当它们端部的导线与两个电池交替连接时，电磁铁的极性自动改变，电磁铁与永磁体相互吸引或排斥，使电磁

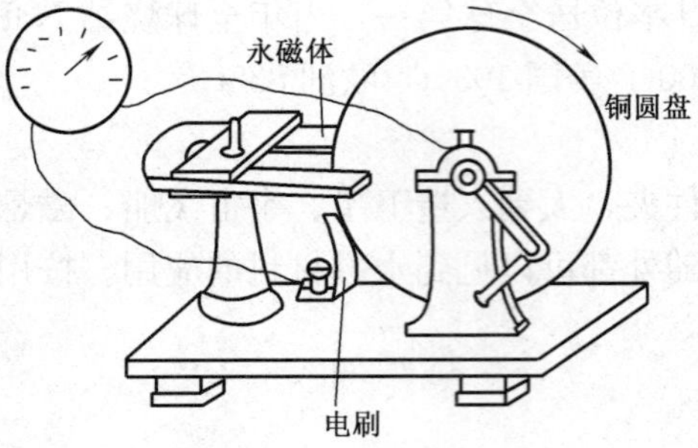

图 1-3　法拉第圆盘发电机

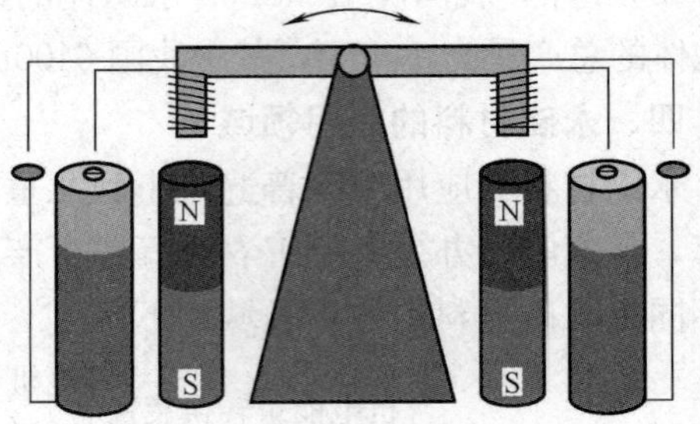

图 1-4　亨利的振荡电动机原理图

铁以每分钟 75 个周期的速度上下运动。亨利的电动机的重要意义在于第一次展示了由磁极排斥和吸引产生的连续运动，是电磁铁在电动机中的第一次真正应用。

1832 年，斯特金发明了换向器，并对亨利的振荡电动机进行了改进，制作了世界上第一台能产生连续运动的旋转电动机，其原理如图 1-5 所示。

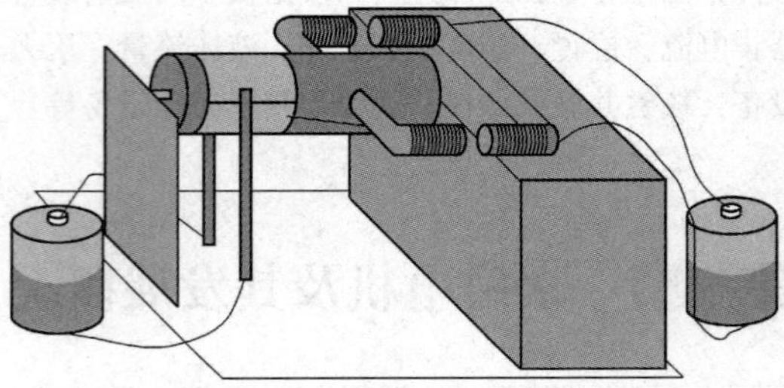

图 1-5　斯特金的旋转电动机原理图

随后，各种电机不断问世。1832 年，法国人皮克希发明了一台永磁交流发电机，如图 1-6 所示。后来，在物理学家安培建议下，皮克希采用使电流自动改变方向的装置（即换向器），制成了直流发电机。

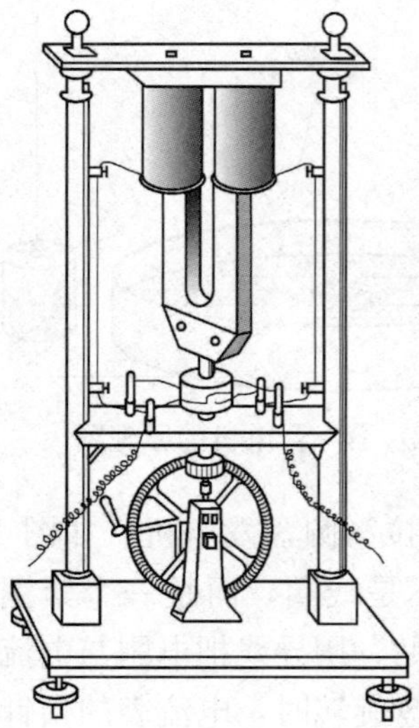

图 1-6　皮克希发明的永磁交流发电机

1834 年，德国的雅可比制造了一个简单的装置：在两个 U 形电磁铁中间装一个六臂轮，每臂带两根棒形磁铁。通电后，棒形磁铁与 U 形磁铁之间相互吸引或排斥，带动轮轴转动，如图 1-7 所示。后来，雅可比做了一个大型的装置安在小艇上，用 320 个电池供电，1838 年在易北河上首次航行，时速为 2.2km。与此同时，美国的达文波特也成功研制出印刷机驱动用电动机。

上述电机都采用永久磁铁建立磁场，由于当时永久磁铁均由天然磁铁矿石做成，磁性能很低，造成电机体积庞大、性能较差。1845 年，英国的惠斯通用电磁铁代替永久磁铁，并取得了专利权。1857 年，他发明了自励电励磁发电机，开创了电励磁方式的新纪元。由于电励磁方式能在电机中产生足够强的磁场，使电机体积小、重量轻、性能优良，在随后的 70 多年内，电励磁电机的理论和技术得到了迅猛发展，而永磁励磁方式在电机中的应用则较少。

20 世纪中期，随着铝镍钴和铁氧体永磁的出现以及性能的不断提高，各种微型永磁电机不断出现，在工农业生产、日常生活、军事工业中得到了广泛应用。但铝镍钴和铁氧体永磁材料的磁能积较低，导致永磁电机性能低、体积大，限制了永磁电机的发展。

图 1-7 雅可比发明的电动机

1967 年，钐钴永磁材料的出现，开创了永磁电机发展的新纪元。钐钴永磁材料性能好、价格昂贵，各国研究开发的重点是航空航天用电机和要求高性能而价格不是主要因素的高科技领域。20 世纪 80 年代末，西门子公司生产的用于舰船推进的 6 相、1.1MW、230r/min 永磁同步电动机，ABB 公司生产的用于舰船推进的 1.5MW 永磁同步电动机和德国 AEG 研制的用于调速系统的 3.8MW、4 极永磁同步电动机是国外永磁电机的代表[2]。在国内，沈阳工业大学开发了 3kW、20 000r/min稀土永磁发电机，并与东方电机厂、哈尔滨电机厂联合开发了 60～75kVA（后扩展至 160kVA）稀土钴永磁副励磁机[6]。

1983 年，磁性能更高而价格相对较低的钕铁硼永磁问世后，国内外研究开发的重点转移到工业和民用电机上。国外主要开发计算机硬盘驱动器电机（即驱动读写磁头往复运动的音圈电动机）、数控机床和机器人用的无刷直流电动机，国内主要开发各种高效永磁同步电动机。1990 年，西北工业大学开发了 0.8kW 纺织专用永磁同步电动机，相对于同功率的三相感应电动机，其效率提高了 5%，节电率为 10%，具有显著的节能效果。近年来，高效永磁同步电动机在油田抽油机上得到广泛应用，是小型钕铁硼永磁同步电动机应用比较成功的一个例子。沈阳工业大学唐任远院士主持研制的 1120kW 稀土永磁同步电动机，是目前国内单机容量最大的永磁电动机。随着风力发电技术的发展，直驱式永磁同步风力发电机受到了广泛关注。直驱式永磁同步风力发电机省去了齿轮箱，具有节约投资、减少能量损失、降低发电成本和噪声、维护费用低、可靠性好等优点。金风科技股份有限公司研制了 1.5MW 永磁直驱风力发电机，是目前国内装机容量较大的直驱式永磁同步风力发电机。

近年来，随着钕铁硼永磁材料耐高温性能的提高和价格的降低，钕铁硼永磁电机在国防、工农业生产和日常生活等方面得到更为广泛的应用，正向大功率化、高性能化和微型化方向发展，永磁电机的品种和应用领域不断扩大。

二、永磁电机的分类与特点

磁场是电机实现机电能量转换的基础。根据电机建立磁场的方式的不同，可分为电励磁电机和永磁电机。与电励磁电机相比，永磁电机具有以下优点：

（1）取消了励磁系统损耗，提高了效率。

（2）取消了励磁绕组和励磁电源，结构简单、运行可靠。

（3）稀土永磁电机结构紧凑、体积小、重量轻。

（4）电机的尺寸和形状灵活多样。

常规永磁电机通常分为以下 5 类：永磁直流电动机、异步起动永磁同步电动机、永磁无刷直流电动机、调速永磁同步电动机和永磁同步发电机。

永磁直流电动机与普通直流电动机结构上的不同在于前者取消了励磁绕组和磁极铁心，

代之以永磁磁极，具有结构简单、可靠性高、效率高、体积小、重量轻的特点。绝大多数永磁直流电动机是微型电动机，在电动玩具、家用电器、汽车工业中得到了广泛应用，其中在汽车工业中的应用发展最快，每台高档轿车上有几十台电机，除发电机外，基本上都是永磁直流电动机。

无刷直流电机和调速永磁同步电机结构上基本相同，定子上为多相绕组，转子上有永磁体，它们的主要区别在于无刷直流电机根据转子位置信息实现自同步。它们的优点在于：①取消了电刷换向器，可靠性提高；②损耗主要由定子产生，散热条件好；③体积小、重量轻。

异步起动永磁同步电动机与调速永磁同步电动机结构上的区别是：前者转子上有起动绕组或具有起动作用的整体铁心，能实现自起动，无需控制系统即可在电网上运行。

永磁同步发电机与电励磁同步发电机在结构上的不同在于前者采用永磁体建立磁场，取消了励磁绕组、励磁电源、集电环和电刷等，结构简单，运行可靠。若采用稀土永磁，可以提高气隙磁密和功率密度，具有体积小、重量轻的优点。但永磁同步发电机制成之后，难以通过调节励磁磁场以控制输出电压，使其应用受到了限制。

三、永磁电机的应用

目前永磁电机的功率从几毫瓦到几千千瓦，应用范围从玩具、工业应用到舰船牵引用的大型永磁电机，在国民经济、日常生活、军事工业、航空航天的各个方面得到了广泛应用。主要应用如下[2]：

1. 家用电器

包括电视音像设备、风扇、空调器、食品加工机、美容工具、油烟机等。

2. 计算机及其外围设备

包括计算机（驱动器、风扇等）、打印机、绘图仪、光驱、光盘刻录机等。

3. 工业生产

包括工业驱动装置、材料加工系统、自动化设备、机器人等。

4. 汽车

包括永磁起动机、雨刮器电动机、门锁电动机、坐椅升降电动机、遮阳顶棚电动机、清洗泵电动机、录音机用电动机、玻璃升降电动机、散热器冷却风扇电动机、空调电动机、天线升降电动机、油泵电动机等。

5. 公共生活

包括钟表、美容机械、自动售货机、自动取款机、点钞机等。

6. 交通运输

包括电车、飞机辅助设备、舰船等。

7. 航天

包括火箭、卫星、宇宙飞船、航天飞机等。

8. 国防

包括坦克、导弹、潜艇、飞机等。

9. 医疗

包括牙钻、人工心脏、医疗器械等。

10. 发电

包括风力发电、余热发电、小型水力发电、小型内燃发电机组用发电机，以及大型发电机的副励磁机等。

参 考 文 献

[1] 大本豊明．磁性材料手册［M］．刘代琦，等，译．北京：机械工业出版社，1987．
[2] Jacek F. Gierras，Mitchell Wing. Permanent magnet motor technology［M］. New York：Marcel Dekker. Inc，1997.
[3] 任伯胜，等．稀土永磁材料的开发和应用［M］．南京：东南大学出版社，1989．
[4] 罗阳．21世纪永磁材料产业结构变化趋势［J］．电工材料，2004（1）．
[5] 宋后定，陈培林．永磁材料及其应用［M］．北京：机械工业出版社，1984．
[6] 唐任远．现代永磁电机［M］．北京：机械工业出版社，1997．
[7] 李钟明，刘卫国．稀土永磁电机［M］．北京：国防工业出版社，1999．
[8] 孙昌志．钕铁硼永磁电机［M］．沈阳：辽宁科技出版社，1997．

第二章　永　磁　材　料

第一节　材料的磁性与分类

一、磁性的来源

原子的电子结构是材料磁性的基础。在原子内部，电子除了绕原子核公转外，还绕自身的轴线自转（即自旋）。电子绕原子核作轨道运动时，形成一环形电流，产生一磁矩，称为电子的轨道磁矩，如图 2-1（a）所示。电子自旋产生自旋磁矩，如图 2-1（b）所示。原子核自旋也产生自旋磁矩，如图 2-1（c）所示，但由于其质量大，运动速度慢，只是电子自旋速度的几千分之一，其磁矩与电子自旋磁矩相比可以忽略。因此，原子磁矩就等于原子核外所有电子的自旋磁矩和轨道磁矩之和。从图 2-1（b）可以看出，电子的自转方向有逆时针和顺时针两种，所产生的磁矩方向相反，有正反两种方向。在一些物质中，产生正、反磁矩的电子数目相等，它们产生的磁矩互相抵消，整个原子以至于整个物体对外没有磁矩。若产生正、反磁矩的电子数目不等，则磁矩不能相互抵消，导致整个原子具有一定磁矩。

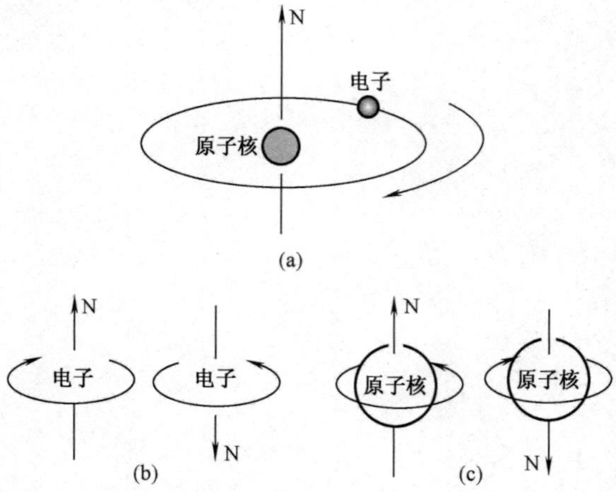

图 2-1　原子内的磁矩

(a) 轨道磁矩；(b) 电子自旋磁矩；(c) 原子核自旋磁矩

物理学研究表明：任何微观粒子都处于热运动中，热运动使各原子的磁矩方向不断地、无规则地变化，因而各原子的磁矩互相抵消，如果没有其他因素的影响，整个物体不显示磁性。然而，相邻两个原子内电子的运动范围在空间上发生重叠，存在一种交换作用，在强磁性材料中，这种交换作用比热运动的影响大得多，电子磁矩的相互取向就取决于交换作用的性质。交换作用有正负两种：正的交换作用使电子的自旋磁矩互相平行且同方向，显示固有磁矩，即这些原子磁矩被整齐地排列起来，整个物体也就有了磁性；负交换作用使电子的自旋磁矩互相平行且互相抵消，不显示磁性。

因此，根据磁性能的不同，可将材料划分为以下 5 类[1]：

（1）逆磁性材料。原子无磁矩，或者原子有磁矩、但原子组成的分子无磁矩。在外加磁场作用下，获得与外磁场方向相反的弱磁性，其磁化率 $\chi<0$ 且 $|\chi|<10^{-5}$，包括惰性气体、许多有机化合物、石墨以及若干金属、非金属等，大多数物质属于这一类。

（2）顺磁性材料。当物质中不存在交换作用时，磁矩间相互混乱排列，且每一磁矩在热运动作用下的空间取向不断变化，为顺磁性材料。在外磁场作用下，顺磁性材料能呈现出十分微弱的磁性，且磁化强度的方向与外磁场方向相同，磁化率 $\chi>0$，一般为 $10^{-8}\sim10^{-5}$。铝、镁、含水硫酸亚铁等属于这类材料。

（3）反铁磁材料。当交换作用为负时，若磁性电子的自旋磁矩互相平行且互相抵消，不显示磁性，为反铁磁材料。当外加磁场时，各原子磁矩勉强地转向外磁场，由于它们的磁矩没有完全被抵消，显示出较弱的磁性。其磁化率 $\chi>0$，一般为 $10^{-5}\sim10^{-3}$，如铬、锰等。

（4）亚铁磁材料。当交换作用为负时，若磁性电子的自旋磁矩不互相抵消，则显示一定磁性，为亚铁磁材料，电子技术中大量使用的软磁铁氧体就是亚铁磁材料。与铁磁性材料一样，亚铁磁材料很容易被磁化，其磁化率 $\chi\gg0$。

（5）铁磁性材料。当交换作用为正时，磁性磁矩平行排列，显示很强的磁性，为铁磁性材料，包括铁、镍、钴及它们的合金，某些稀土元素的合金和化合物，铬和锰的一些合金等。其特点是，在相当弱的磁场作用下也能磁化，其磁化率 $\chi\gg0$，一般为 $10^{-1}\sim10^{5}$。χ 不但是磁场强度的函数，还与磁化前样品的磁状态有关，表现为磁滞回线。另外，当温度超过某一温度时，磁性消失，转变为顺磁性材料。

其中，逆磁性材料、顺磁性材料和反铁磁材料都是弱磁性材料，它们的磁性只有用精密仪器才能测出，称为非磁性材料。亚铁磁材料和铁磁性材料具有很强的磁性，属于强磁性材料，通常称为铁磁材料。

二、铁磁材料的分类

在无外加磁场时，铁磁材料就已经达到一定程度的磁化，称为自发磁化。自发磁化分成许多小区域，这些小区域称为磁畴。一个磁畴的体积大约为 $10^{-15}\,m^3$，每个磁畴内大约有 10^{15} 个原子，这些原子的磁矩是按同一方向排列的。未经磁化的铁磁材料中，各磁畴自发磁化的取向是杂乱的，磁矩相互抵消，整个材料不显示磁性。当施加外磁场时，磁畴的磁矩就转向外磁场方向，显示很强的磁性。

目前铁磁材料大体上可分成 3 类：软磁材料、永磁材料和其他磁功能材料。软磁材料的特点是磁导率高、矫顽力低，大量用于制造电机、变压器以及其他电磁装置的铁心，常用的有硅钢片、纯铁和软磁铁氧体等；其他磁功能材料包括磁光材料、磁电阻材料、磁敏感材料、磁致伸缩材料、磁记录材料、磁制冷材料、电磁波吸收材料、磁致形状记忆合金、磁性薄膜、微波磁性材料、磁性液体、磁流变体等。随着材料科学的发展，新型的磁功能材料将不断涌现。永磁材料是具有高剩磁、高矫顽力的磁性材料，一经充磁，便可为外部磁路提供稳定的磁场，在电磁装置中可代替励磁绕组，应用非常广泛。

三、常用的磁学单位制

在电磁学中，曾经采用过多种单位制，目前常用的单位制有两种：高斯单位制和国际单位制。高斯单位制是最初使用较多的单位制，其缺点是其中的电学量单位都不是实际单位。国际单位制在 1960 年由第 11 届国际计量大会通过作为全世界统一的单位制，把米、千克、秒和安培等作为基本单位。目前，国际单位制已经取得了世界各国的公认，绝大多数国家都已经完成了向国际单位制的过渡。但在磁学领域，特别是磁学的工程应用领域，由于传统习惯以及高斯、奥斯特这两个单位的大小对实际应用比较合适，高斯单位制仍然应用较多。鉴于此，本书给出了国际单位制和高斯单位制中磁学单位的对照，见表 2-1[2]。

表 2-1 国际单位制和高斯单位制中磁学单位的对照

物理量		国际单位		高斯单位		换算关系
名称	符号	名称	符号	名称	符号	
电流	I	安培	A	静电单位	CGSE	$1A=3\times10^9$ CGSE
磁感应强度	B	特斯拉	T	高斯	G	$1T=10^4G$
磁场强度	H	安培/米	A/m	奥斯特	Oe	$1A/m=4\pi\times10^{-3}Oe$
磁通	Φ	韦伯	Wb	麦克斯韦	Mx	$1Wb=10^8Mx$
磁动势	F	安培	A	吉伯	Gb	$1A=4\pi\times10^{-1}Gb$
最大磁能积	$(BH)_{max}$	焦耳/立方米	J/m^3	兆高奥	MGOe	$1J/m^3=4\pi\times10^{-5}MGOe$

第二节 永磁材料的主要性能参数

一、铁磁材料的磁滞回线

在铁磁材料中，磁感应强度 B 与外加磁场强度 H 的函数关系非常复杂，B 的变化落后于 H 的变化，这种现象称为磁滞，用磁滞回线描述。如图 2-2 所示，将铁磁材料置于交流磁场中进行周期性磁化，当 H 从零开始增加到 H_m时，B 相应地增加到 B_m，然后逐渐减小 H，B 将沿曲线 ab 下降。H 下降到零后，反方向增加 H 到 $-H_m$，B 沿 bcd 变化到 $-B_m$，再逐渐减小 H 的绝对值，B 沿着曲线 de 变化。当 H 为零后，再增加 H 到 H_m，则 B 沿 efa 增加到 B_m，如此反复磁化，就得到如图 2-2 所示的 B—H 闭合曲线，称为磁滞回线。

在外加磁场交变的最初几个周期内，所得到的磁滞回线虽然接近，但并不相同，经过多次反复磁化后，磁滞回线趋于稳定。磁滞回线的面积与最大磁场强度 H_m 有关，H_m 越大，面积越大。当 H_m 达到或超过材料的饱和磁化强度时，磁滞回线面积最大，磁能积最高，磁性能最稳定。面积最大的磁滞回线称为饱和磁滞回线。

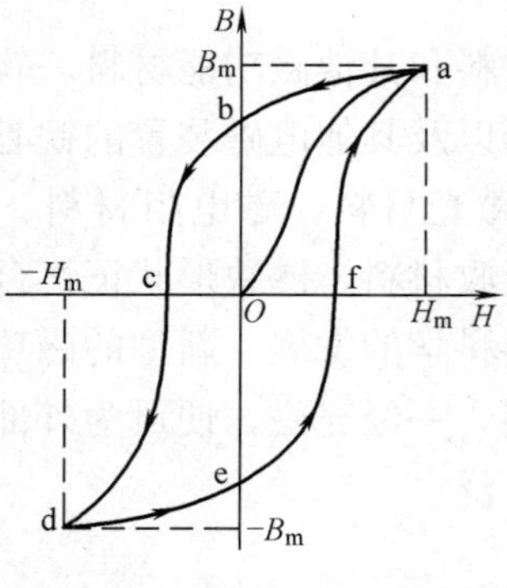

图 2-2 铁磁材料的磁滞回线

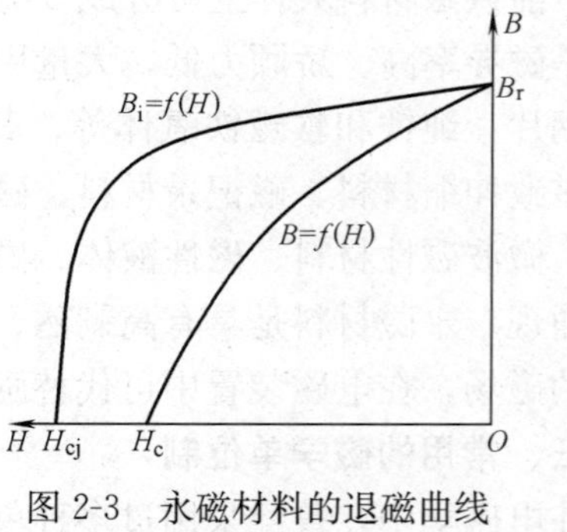

图 2-3 永磁材料的退磁曲线

根据磁滞回线形状的不同，可将铁磁材料分为软磁材料和永磁材料。磁滞回线窄的为软磁材料，磁滞回线宽的为永磁材料。

二、永磁材料的退磁曲线与内禀退磁曲线

对于永磁材料，磁滞回线的第二象限部分可用于描述其特性，称为退磁曲线，由于 B 为正而 H 为负，表达不便，故将 H 坐标轴的方向取反，如图 2-3 中曲线 $B=f(H)$ 所示。根据铁磁学理论，在上述坐标系下，永磁材料中的磁场满足

$$B=-\mu_0 H+\mu_0 M \tag{2-1}$$

式中，$\mu_0=4\pi\times10^{-7}$ H/m 为真空的磁导率；M 为单位体积内磁矩的矢量和，称为磁化强度，单位为 A/m。

可以看出，在永磁材料中，B 有两个分量，即与真空中一样的 $\mu_0 H$ 和磁化后产生的分量 $\mu_0 M$，$\mu_0 M$ 称为内禀磁感应强度，用 B_i 表示。由式（2-1）可知，内禀磁感应强度与磁感应强度之间满足如下关系：

$$B_i=B+\mu_0 H \tag{2-2}$$

描述内禀磁感应强度与磁场强度关系的曲线 $B_i=f(H)$ 称为内禀退磁曲线，如图 2-3 所示。

三、永磁材料的主要性能参数

1. 剩磁密度、矫顽力和内禀矫顽力

从永磁材料的退磁曲线可以看出，当磁场强度 H 为零时，磁感应强度不为零，而是一个较大的值，称为剩余磁感应强度或剩磁密度，用 B_r 表示，单位为 T。

当磁感应强度为零时，H 不为零而是 H_c，H_c 称为磁感应矫顽力，通常简称为矫顽力，单位为 A/m；同理，使内禀磁感强度 B_i 降低至零所需的磁场强度称为内禀矫顽力，用 H_{cj} 表示，单位为 A/m。对于内禀矫顽力较小的永磁材料，H_c 和 H_{cj} 相差不大，因此最初并不加以区别。随着永磁材料的发展，H_{cj} 越来越高，如铁氧体、稀土永磁等都有较高的 H_{cj}，H_c 和 H_{cj} 差别较大，有必要予以区别。从本质上讲，H_{cj} 更能表征材料保持磁化状态的能力。

2. 表观剩磁

当永磁体两端开路时，外磁路具有较大的磁阻，相当于对永磁体产生了一个退磁场，这个退磁场的方向和材料内的磁感应强度方向相反。此时，永磁体表现出来的磁感应强度不是 B_r，而是退磁曲线上低于 B_r 的某一点 D 所对应的磁感应强度，如图 2-4 所示，称为表观剩磁 B_D。

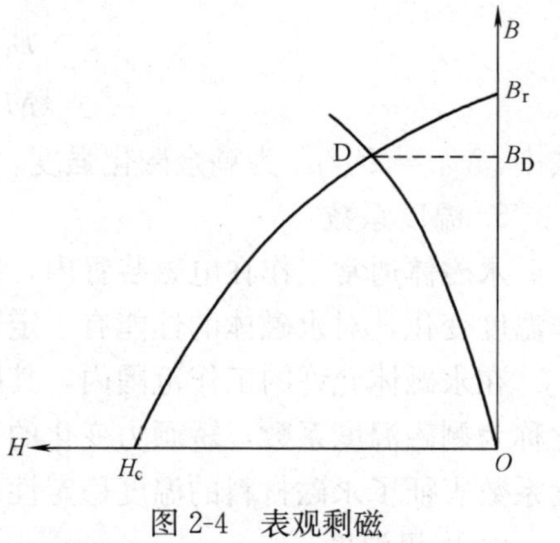

图 2-4 表观剩磁

3. 最大磁能积

永磁体通常是在去磁状态下工作的，退磁曲线上任何一点代表一个磁状态，该点 B 和 H 的乘积代表了该磁状态下永磁体所具有的磁场能量密度，称为磁能积。磁能积随 B 变化的关系曲线称为磁能积曲线，如图 2-5 中纵轴右边的曲线所示。退磁曲线上存在一点 d，该点的磁感应强度 B_d 和磁场强度 H_d 的乘积有最大值，称为最大磁能积，用 $(BH)_{max}$ 表示。最大磁能积越大，永磁材料性能越好。从理论上讲，在进行磁路设计时，将永磁体的工作点设计在最大磁能积点时，永磁体的利用率最高。

永磁材料的退磁曲线往往不是直线，而是有一定程度的弯曲。如果两种材料的剩磁密度和矫顽力相同，而弯曲程度不同，则最大磁能积也不同，退磁曲线凸出程度越大，则最大磁能积越大。退磁曲线的凸出程度可用凸出系数 γ 表示，定义为

$$\gamma=\frac{(BH)_{max}}{B_r H_c} \tag{2-3}$$

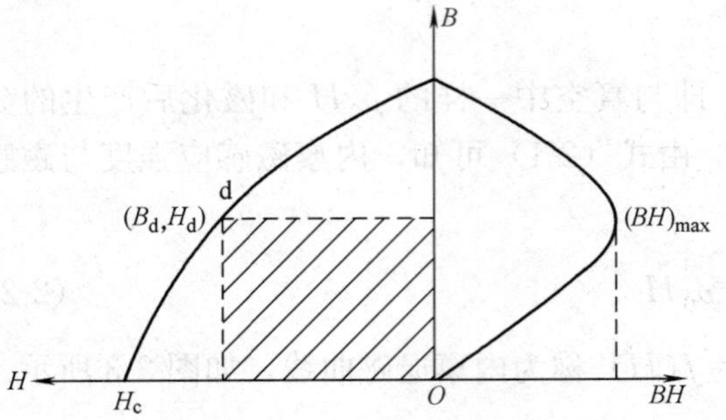

图 2-5　永磁材料的磁能积曲线

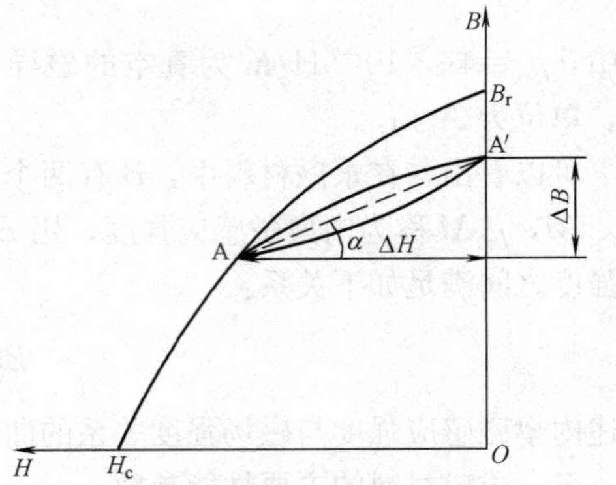

图 2-6　回复线

4. 回复磁导率

如图 2-6 所示，当永磁体处于外加磁场中时，工作点为 A；当去掉外加磁场时，工作点不是沿着退磁曲线变化，而是到一个新的位置 A′。如果循环地改变外磁场，得到一个局部磁滞回线，由于其非常狭窄，故可用一条直线代替，称为回复线。回复线的斜率称为回复磁导率

$$\mu_{rec}=\tan\alpha=\frac{\Delta B}{\Delta H} \tag{2-4}$$

μ_{rec} 与 μ_0 的比值称为相对回复磁导率，用 μ_r 表示。若退磁曲线为直线，则回复线与退磁曲线重合。

实践证明：不同永磁材料的回复磁导率是不同的，即使是同一材料，退磁曲线上不同点的回复磁导率也有差别，但为了便于计算，通常认为永磁材料的回复磁导率为常数。

可以看出，用相对回复磁导率表示永磁体的特性时，满足

$$\begin{cases} B = B_r - \mu_0\mu_r H \\ B_i = B_r - \mu_0(\mu_r - 1)H \\ M = M_0 - (\mu_r - 1)H \end{cases} \tag{2-5}$$

式中，$M_0 = B_r/\mu_0$ 为剩余磁化强度。

5. 温度系数

永磁体通常工作在电磁装置内，装置所处环境温度的变化和装置产生的热量使永磁体工作温度变化，对永磁体的性能有一定影响，其影响可用温度系数表示。

在永磁体允许的工作范围内，其所处环境温度每变化 1℃，剩余磁感应强度变化的百分比称为剩磁温度系数，矫顽力变化的百分比称为矫顽力温度系数，分别用 α_{Br} 和 α_{Hc} 表示。温度系数表征了永磁材料的温度稳定性。

6. 居里温度

磁性材料并不是在任何温度下都具有磁性的，存在一个临界温度 T_c，在该温度以上，由于原子的剧烈热运动，原子磁矩的排列是混乱无序的，材料不显示磁性；在此温度以下，原子磁矩排列整齐，产生自发磁化，材料表现出铁磁性。居里首先发现了这一现象，因而人们将这一温度称为居里温度。居里温度实际上是将铁磁体转化为顺磁体的温度。

7. 最高工作温度

将规定尺寸的永磁材料样品加热到某一特定温度，保持 1000h，然后冷却到室温，其开路磁通不可逆损失小于 5% 的最高保温温度，称为该永磁材料的最高工作温度。

8. 退磁曲线的拐点

铁氧体永磁的退磁曲线上部为直线。NdFeB 永磁的退磁曲线在室温下为直线，但温度升高到一定程度时下部会出现弯曲。退磁曲线上明显发生弯曲的点称为拐点。如果永磁体的工作点在拐点以下，会产生磁性能的不可逆损失。

9. 临界场强

通常将内禀退磁曲线上 $B_i=0.9B_r$ 所对应的磁场强度称为临界场强，用 H_K 表示。H_K 越大，意味着内禀退磁曲线的矩形度越好，磁性能越稳定。

10. 各向同性与各向异性

在永磁体成形过程中，往往对其施加外磁场，使其磁畴的易磁化方向都沿同一方向，这样得到的永磁体称为各向异性永磁体，否则就是各向同性永磁体。

对于各向同性永磁体，在任意方向上充磁都可以得到相同的磁性能。而对于各向异性永磁体，存在一个能获得最佳磁性能的充磁方向，称为永磁体的取向方向，也称作易磁化方向，要充分利用永磁体，必须沿该方向充磁。

第三节　永磁材料的磁性能稳定性及稳定化处理

为了保证使用永磁材料的电磁装置的性能在长期运行中不因永磁材料性能的变化而引起性能上的变化，要求永磁体的磁性能保持长期稳定。因此，必须明确影响永磁材料磁性能稳定性的因素以及永磁体的稳定性处理方法。

一、磁性能稳定性

影响永磁材料磁性能稳定性的因素主要有：内部结构变化、磁后效、化学因素、温度、外磁场、机械作用、与强磁性材料接触等。此外，永磁磁路系统本身的因素，如永磁体的尺寸比、工作气隙的长度、磁路的饱和程度、永磁体工作点的选择等，也会影响永磁体的磁性能稳定性[1]。

（一）内部结构变化

永磁体刚制成时，内部组织结构不是处于最稳定的状态，随着时间的推移，不稳定的组织结构逐渐变到稳定状态。在没有外界影响的情况下，永磁体的性能随着时间的推移而逐渐降低，且经过重新磁化仍不能恢复到最初状态。组织结构的变化通常随着温度的升高而加剧，因此在使用永磁体时，应避免环境温度在该材料的最高工作温度之上。

铝镍钴、铁氧体、稀土永磁等在制造过程中已经经过高温热处理或烧结，常温下使用时，磁性能比较稳定。

（二）磁后效

把永磁体饱和磁化后，去掉外磁场，由于永磁体内部非平衡状态的影响，磁性能仍随时间推移而降低，这种现象称为磁后效。这种变化很小，可以通过重新充磁而消除。

（三）化学因素

受化学因素，如酸、碱、氧气、腐蚀性气体等的影响，永磁体内部或表面化学结构发生变化，会引起磁性能的变化。如钕铁硼中的铁和钕就比较容易氧化。

（四）温度

在永磁体使用过程中，环境温度处于变化中，其磁性能将随着温度的变化而变化，磁性能的变化包括可逆变化和不可逆变化两部分：

1. 可逆变化

随着温度的变化，永磁体内部电子自旋的排列受到热运动的干扰而发生变化，使其磁化强度随温度的上升而变化，导致磁性能的变化。当恢复到原温度时，磁性能恢复的这部分变化称为可逆变化，通常用剩磁温度系数 α_{B_r} 和内禀矫顽力温度系数 $\alpha_{H_{cj}}$ 表示

$$\begin{cases} \alpha_{B_r}=\dfrac{B_r-B_r'}{B_r'(t-t_0)}\times 100\% \\ \alpha_{H_{cj}}=\dfrac{H_{cj}-H_{cj}'}{H_{cj}'(t-t_0)}\times 100\% \end{cases} \tag{2-6}$$

式中，B_r、H_{cj} 分别为永磁体在温度 t 下的剩磁密度和内禀矫顽力；B_r'、H_{cj}' 分别为永磁体在温度 t_0 下的剩磁密度和内禀矫顽力。

2. 不可逆变化

永磁体加热到高温或降至低温时，其组织结构会发生变化，其中的不稳定磁畴在稳定方向上重新配置，造成永磁体性能的变化，这种变化是不可逆的，称为不可逆变化，也称为不可逆损失。不可逆损失可分为可恢复损失和不可恢复损失。可恢复损失是永磁体重新充磁后能恢复的损失，而不可恢复损失是永磁体重新充磁后也不能恢复的损失。

（五）外磁场

在使用过程中，永磁体常处于外磁场中。此外，永磁体充磁后，在储存、运输及装配时，常处于其他永磁体产生的磁场中，导致永磁体的性能发生变化，当工作点在拐点以下时，将造成不可逆去磁。

（六）与强磁性物质的接触

永磁体在储存、运输、装配及使用过程中，往往会与其他永磁体或铁磁物质相接触，这些接触会改变已被充磁永磁体的工作点。当此时的工作点在退磁曲线的拐点以下时，就会发生不可逆去磁，这种情况主要出现在铝镍钴中，所以铝镍钴往往是先安装、后充磁，以避免这种磁性能损失。

（七）机械作用

机械振动和冲击会引起永磁体的退磁。这种影响主要出现在马氏体型永磁体中，对铝镍钴、铁氧体、稀土永磁的影响很小。

二、稳定性处理方法

为提高成品永磁体的磁场稳定性，可采取以下处理方法[3]：

1. 人工时效处理

永磁体在充磁之后，在通常的环境条件下，磁性能随时间变化，其变化称为自然时效。人工时效处理就是把永磁体保持在高于常温的某一温度下一定时间，以加速自然时效过程，即以较高温度下的热时效替代长时间的常温自然时效。

人工自然时效有两方面作用：①在充磁之前进行人工自然时效，称为组织稳定处理，可加速永磁体组织结构的变化，使其组织结构趋于稳定；②在充磁之后进行人工自然时效，称为磁稳定处理，可以加速磁结构的变化。据统计，将饱和充磁后的永磁体在100℃下保持1h，相当于常温下一年时效，例如将 $AlNiCo_5$ 在100℃下保持10～20min之后，其磁性能几乎不再随时间推移而下降。

显而易见，人工时效处理要损失一部分磁性能，但此后磁性能基本不再变化，性能稳定。例如，有的研究将钐钴永磁样品在250℃下进行1h的稳定化处理，再在200℃下进行长时间人工时效处理后，磁性能下降15%左右，但在随后的使用过程中，磁性能基本不变。

2. 交流退磁处理

为降低不可逆变化，将充磁后的永磁体置于工频磁场中进行交流退磁处理。退磁量要适当，一般为5%～10%不等，不同材料有差异。

3. 磁接触稳定处理

在使用和运输过程中，饱和充磁后的永磁体的接触不可避免，可能导致磁性能的变化，因此需要进行磁接触稳定处理，大体上有以下方法：①磁体与磁体相吸方向摩擦；②磁体与磁体相斥方向摩擦；③磁体在铁板上滚动；④磁体在铁板上滑动。一般磁体与磁体相斥方向摩擦40次以上，其他做10次以上。

4. 温度循环稳定处理

为降低永磁体使用过程中的不可逆损失，可进行温度循环处理。温度循环处理的温度比实际使用温度的范围宽些。

上述4种稳定化处理方法在实际中都可以采用，但尽量在与永磁体所处工作环境相似的条件下进行，以取得好的效果。有时采用几种方法联合处理，以获得更稳定的性能。

第四节　主要永磁材料及其特点

永磁材料主要包括马氏体永磁、铁镍钴基永磁、可加工永磁、铁氧体永磁、稀土钴永磁、钕铁硼永磁和粘结永磁，它们在磁性能、经济性和力学性能等方面差异很大，各有其特点，下面详细介绍。

一、马氏体永磁

这是早期的永磁体，包括碳钢［含碳量为1%（质量分数）左右］、钨钢（含碳量为0.68%～0.78%、含铬量为0.30%～0.5%、含钨量为5.2%～6.2%）、铬钢（含碳量为0.95%～1.1%、含铬量为2.8%～3.6%）、钴钢（含碳量为0.9%～1.05%、含钴量为5.5%～6.5%）和铝钢（含碳量为2%、含铝量为8%），其中常见的为铬钢、钨钢和钴钢。

马氏体永磁是通过热处理将已经加工好的零件加热到高温，通过淬火使奥氏体转化为马氏体而得到的永磁材料。它具有塑性好、可进行冷加工和切削加工、原材料丰富等优点，但矫顽力和磁能积较低、组织不稳定，目前已经很少采用。表2-2是这些永磁体的磁性能。

表2-2　马氏体永磁的磁性能

名　称	剩磁/T	矫顽力/(kA/m)	名　称	剩磁/T	矫顽力/(kA/m)
碳钢	0.95	3.98	钴钢	1.2	20.7
钨钢	1.05	5.25	铝钢	0.6	15.92
铬钢	0.9	4.38			

二、铁镍钴基永磁

铁镍钴基永磁包括铝镍型永磁、铝镍钴钛永磁和铝镍钴永磁。

(1) 铝镍型永磁。铝镍型永磁不含钴，价格相对便宜、组织稳定、制造工艺相对简单，可以制成体积大或多极的永磁体，但磁性能相对较低，有铸造型和粉末烧结型两种。一般用于电磁式仪表、继电器、磁分离器、计程表中。

（2）铝镍钴钛永磁。铝镍钴钛永磁是在铝镍钴永磁的基础上增加了钛元素，提高了钴含量，矫顽力得到了提高，但剩磁较低，制造工艺对性能影响较大，磨削加工比较困难。有铸造型和粉末烧结型两种。

（3）铝镍钴永磁。铝镍钴永磁是在铝镍型永磁成分中加入钴而制成的一种合金，有两种不同的生产工艺，即铸造和烧结。铸造工艺可以加工生产不同尺寸和形状的永磁体，烧结工艺则局限于小的尺寸。与铸造铝镍钴永磁相比，烧结铝镍钴永磁的磁性能稍低，但工艺简单，很适合大批量生产，其制成的工件在结构上比铸造铝镍钴永磁更硬，且无需研磨即可获得相当好的尺寸精度。根据铝镍钴的磁特性，可将其分为各向同性和各向异性两类。

铝镍钴的主要优点是温度系数非常低，一般为－0.02%/K，且工作温度范围可达(－273～400)℃，最高工作温度为520℃，居里温度达800℃以上。铝镍钴的剩磁高，范围为0.53～1.35T，但矫顽力低，一般为50～160kA/m，因此对其进行充磁和去磁都很容易，近年来出现的记忆电动机（Memory Motor）就是通过对铝镍钴永磁进行充磁和去磁达到改变极性和调节磁通的目的。在永磁电机中，为保护铝镍钴免受电枢反应去磁作用的影响，有时采用软铁极靴。

铝镍钴永磁的退磁曲线弯曲，因此其回复线与退磁曲线不重合，在使用时必须进行人工稳磁处理，也就是预加可能发生的最大去磁，据此确定回复线的起点。只要以后发生的去磁不超过预加的最大去磁，永磁体就工作在该回复线上，回复线的起点不再变化。

在实际应用中，铝镍钴永磁适合于做成长棒形以尽可能减小退磁。即便如此，永磁体开路时仍出现退磁，以至于安装到磁路系统中后，其性能不能达到饱和充磁后的性能。为充分发挥其磁性能，对铝镍钴永磁构成的磁路必须进行整体饱和充磁，且在重新组装后还需再次整体饱和充磁，否则其磁性能将大大下降。在使用过程中严禁接触任何铁器，以免造成永磁体局部退磁或磁路中磁通发生畸变。

与其他永磁材料相比，铝镍钴永磁的相对回复磁导率较大，为3～7。铝镍钴坚硬而脆，用普通工艺无法进行切削和钻孔，要尽可能铸造或烧结成所需尺寸，以便最大限度地缩短研磨时间、减少误差。

铝镍钴永磁广泛应用于环境温度高或对永磁体温度稳定性要求严格的场合。

表2-3～表2-6分别为铸造各向同性、铸造各向异性、烧结各向同性、烧结各向异性铝镍钴的特性；图2-7为部分铝镍钴永磁的退磁曲线。

表2-3　　铸造各向同性铝镍钴永磁的特性

牌号＼参数	最大磁能积/(kJ/m^3)	剩磁/T	矫顽力/(kA/m)	内禀矫顽力/(kA/m)	相对回复磁导率	密度/(g/cm^3)	剩磁温度系数/(%/K)	居里温度/℃
ALNICO12/6	12	0.64	52.2	56	4.0～5.5	7.0	－0.03	810
ALNICO13/5	13	0.75	52	55	6.0～7.0	7.0	－0.03	810
ALNICO18/9	18	0.53	96	101	3.0～3.5	7.1	－0.01	860
ALNICO20/11	20	0.55	112	118	—	7.3	－0.01	860

表 2-4　　铸造各向异性铝镍钴永磁的特性

牌号＼参数	最大磁能积 /(kJ/m³)	剩磁 /T	矫顽力 /(kA/m)	内禀矫顽力 /(kA/m)	相对回复磁导率	密度 /(g/cm³)	剩磁温度系数 /(%/K)	居里温度 /℃
ALNICO38/5	38	1.2	50	52	3.0～4.5	7.3	−0.02	850
ALNICO40/5	40	1.25	49	50	2.8～3.9	7.3	—	—
ALNICO44/5	44	1.27	52	53	2.5～3.8	7.3	−0.02	850
ALNICO56/6	56	1.3	60	62	2.0～3.5	7.3	−0.02	850
ALNICO36/6	36	1.15	60	62	3.0～4.0	7.3	−0.02	860
ALNICO44/16	44	0.75	152	161	1.5～2.5	7.3	−0.01	860
ALNICO46/14	46	0.93	130	134	2.5～3.5	7.3	−0.015	860
ALNICO48/16	48	0.82	144	158	1.3～2.5	7.3	−0.01	870
ALNICO72/12	72	0.95	120	123	1.5～2.5	7.3	−0.015	850

表 2-5　　烧结各向同性铝镍钴永磁的特性

牌号＼参数	最大磁能积 /(kJ/m³)	剩磁 /T	矫顽力 /(kA/m)	内禀矫顽力 /(kA/m)	相对回复磁导率	密度 /(g/cm³)	剩磁温度系数 /(%/K)	居里温度 /℃
SALNICO8/5	8.5～9.5	0.53～0.62	45～50	47～52	4.5	6.8	−0.02	750
SALNICO10/5	9.5～11	0.63～0.70	48～56	50～58	5.0	6.8	−0.02	780
SALNICO12/5	11～13	0.70～0.75	50～56	53～58	5.0	7.0	−0.02	800
SALNICO14/5	13～15	0.73～0.80	47～50	50～53	5.0	7.1	−0.02	790
SALNICO14/8	14～16	0.55～0.61	75～88	80～92	3.2	7.1	−0.01	850
SALNICO18/10	16～19	0.57～0.62	92～100	99～107	3.2	7.2	−0.01	860

表 2-6　　烧结各向异性铝镍钴永磁的特性

牌号＼参数	最大磁能积 /(kJ/m³)	剩磁 /T	矫顽力 /(kA/m)	内禀矫顽力 /(kA/m)	相对回复磁导率	密度 /(g/cm³)	剩磁温度系数 /(%/K)	居里温度 /℃
SALNICO35/5	35～39	1.10～1.20	48～52	50～54	5.0	7.20	−0.02	850
SALNICO29/6	29～33	0.97～1.09	58～64	60～66	4.50	7.20	−0.02	860
SALNICO33/11	33～38	0.70～0.80	107～115	111～119	2.20	7.20	−0.01	860
SALNICO39/12	39～43	0.83～0.90	115～123	119～127	2.30	7.25	−0.01	860
SALNICO44/12	44～48	0.90～0.95	119～127	124～132	2.50	7.25	−0.01	860

三、可加工永磁

可加工永磁是指那些力学性能好，允许通过冲压、轧制、车削等手段加工成各种带、片、板、线且具有较高磁性能的永磁体，包括铁铬钴、铜镍铁、铜镍钴、铂钴、铁钴钒和锰铝碳等。

铁铬钴永磁是 20 世纪 70 年代初出现的新型永磁材料，其磁性能与铝镍钴永磁相当，最大磁能积为 40～48kJ/m³，矫顽力达 159～207kA/m，与铁氧体相当。韧性好，可锻造加工或车削精加工，最薄带材的厚度为 0.05mm，最细丝材的直径为 0.1mm，最高使用温度可

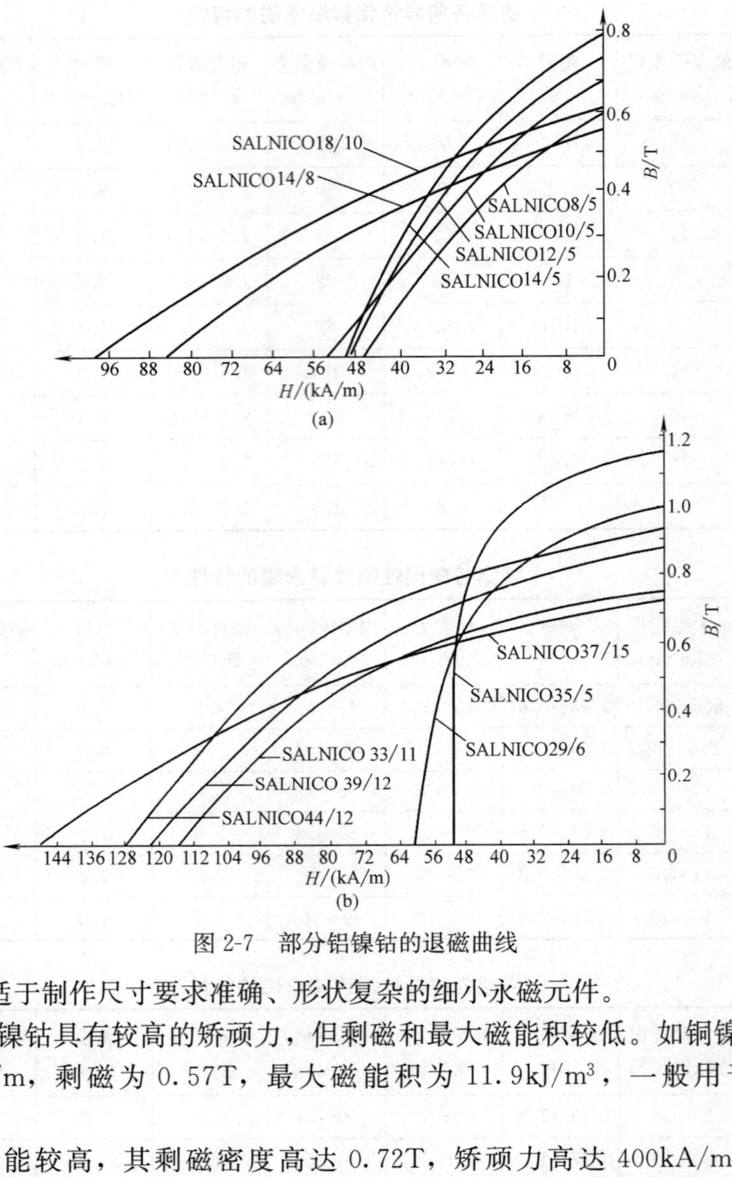

图 2-7 部分铝镍钴的退磁曲线

达 400℃，特别适于制作尺寸要求准确、形状复杂的细小永磁元件。

铜镍铁、铜镍钴具有较高的矫顽力，但剩磁和最大磁能积较低。如铜镍铁Ⅰ合金的矫顽力可达 37kA/m，剩磁为 0.57T，最大磁能积为 11.9kJ/m^3，一般用于测速计和转速表。

铂钴永磁性能较高，其剩磁密度高达 0.72T，矫顽力高达 400kA/m，居里温度为 825℃。它具有良好的韧性，可以加工成任意形状，极耐腐蚀，不怕一般火烧，但其价格较高，每千克的价格以万元计。它主要用于医疗和飞机航行记录仪，是一种具有重要用途的不可缺少的永磁材料。

锰铝碳永磁的矫顽力与铁氧体相当，磁能积接近 $AlNiCo_8$ 永磁，不含 Ni、Co 等金属，原料来源丰富，价格便宜，剩磁温度系数为−0.12%/K，比铁氧体约小一半。

表 2-7 为部分可加工永磁的性能。

四、铁氧体永磁

铁氧体磁体主要有钡铁氧体（$BaO \cdot 6Fe_2O_3$）和锶铁氧体（$SrO \cdot Fe_2O_3$）两类；烧结铁氧体永磁材料又分为各向异性和各向同性两种。各向同性烧结铁氧体永磁的磁性能较低，在不同方向都具有相同的磁性能，故可在磁体的不同方向上充磁。各向异性烧结铁氧体永磁具有较强的磁性能，但只能沿着磁体的预定充磁方向充磁。

表 2-7　部分可加工永磁的性能

合金	牌号	矫顽力 /(kA/m)	剩磁密度 /T	密度 /(g/cm³)	热膨胀系数 /(×10⁻⁶/K)	电阻率 /(×10⁻⁶ Ω·cm)	硬度 HRC	弹性模量 /(×10¹¹Pa)
铁钴钒	2J12	28.87	0.75	8.1	13.4	74	40～46	1.666
	2J11	17.5	1.0	8.1	11.2	77	40～46	1.666
	2J10	9.55	1.2	8.1	11.3	71	40～46	1.862
	2J9	7.96	1.3	8.1	10.6	65	40～46	1.764
	2J7	5.97	1.4	8.1	10.6	61	40～46	1.764
	2J4	4.46	1.65	8.1	10.7	33	40～46	1.764
铁钴钼	2J21	7.96	1.2	8.2	11.24	35	35～42	2.156
	2J23	11.94	1.15	8.3	11.1	37	35～42	2.058
	2J25	15.92	1.05	8.3	11.16	42	35～42	2.058
	2J27	21.49	1.00	8.4	11.21	38	35～42	2.156
铁锰镍	2J53	8.75	0.9	7.9	15.5	32	42	1.666
铁钴钨	2J51	3.82	1.6	8.7	10.9	30	40	1.96
铁钴钼钨	2J52	3.89	1.65	9.2	11.0	35	42	1.96
各向同性铁铬钴 15		43.77	0.85	—	—	—	—	—
各向异性铁铬钴 30		47.75	1.1	—	—	60～70	40～50	—
锰铝碳(多晶)		528	0.275	5.1	18	80	50～55	—

铁氧体永磁的显著特点是剩磁低、矫顽力高、相对回复磁导率小。表 2-8 所示为常用铁氧体永磁材料的性能。可以看出，剩磁范围为 0.2～0.44T，矫顽力范围为 128～264kA/m，抗去磁能力强，实际应用中宜做成扁平形状。

表 2-8　常用铁氧体永磁材料的性能

参数 / 牌号	剩磁 /T	矫顽力 /(kA/m)	磁能积 /(kJ/m³)	密度 /(g/cm³)	居里温度 /℃	相对回复磁导率	剩磁温度系数 /(%/K)
Y10T	≥0.20	128～160	6.4～9.6	4.0～4.9	450	1.05～1.3	−0.18～−0.20
Y15	0.28～0.36	128～192	14.3～17.5	4.5～5.1	450	1.05～1.3	−0.18～−0.20
Y20	0.32～0.38	128～192	18.6～21.5	4.5～5.1	450～460	1.05～1.3	−0.18～−0.20
Y25	0.35～0.39	152～208	22.3～25.5	4.5～5.1	450～460	1.05～1.3	−0.18～−0.20
Y30	0.38～0.42	160～216	26.3～29.5	4.5～5.1	450～460	1.05～1.3	−0.18～−0.20
Y35	0.40～0.44	176～224	30.3～33.4	4.5～5.1	450～460	1.05～1.3	−0.18～−0.20
Y15H	≥0.31	232～248	≥17.5	4.5～5.1	460	1.05～1.3	−0.18～−0.20
Y20H	≥0.34	248～264	≥21.5	4.5～5.1	460	1.05～1.3	−0.18～−0.20
Y25BH	0.36～0.39	176～216	23.9～27.1	4.5～5.1	460	1.05～1.3	−0.18～−0.20
Y30BH	0.38～0.40	224～240	27.1～30.3	4.5～5.1	460	1.05～1.3	−0.18～−0.20

由于其原料不含稀土元素及钴、镍等贵金属，价格非常便宜，且生产工艺相对简单，故其价格低廉。烧结铁氧体永磁材料的主要原材料是氧化物，故一般不受环境或化学物质（除了几种强酸之外）影响而产生腐蚀，化学稳定性好。此外，铁氧体永磁还具有重量轻、电阻率高的特点，是目前应用最广的一种永磁材料，大量应用于永磁电机等产品。

烧结铁氧体永磁材料可以在−40～200℃下工作，其主要缺点是温度系数大，剩磁温度系数为−(0.18～0.2)%/K，但矫顽力的温度系数却是正的，为 0.27%/K。温度越低，矫顽力越低，若磁路设计不合理，低温时易出现退磁现象。

铁氧体永磁硬且脆、易破碎，在磨加工时必须用软砂轮，工件和磨头的线速度要低，对工件和砂轮须充分淋水冷却。

图 2-8 是常用铁氧体的退磁曲线。

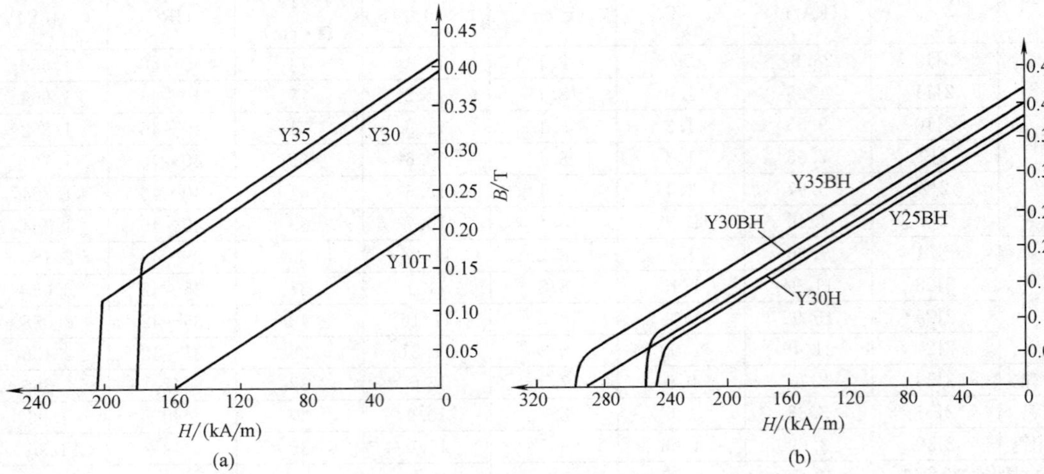

图 2-8　常用铁氧体的退磁曲线

五、稀土钴永磁

目前生产的稀土钴永磁材料主要有两类：一类是 RCo_5，其中 R 代表稀土元素，称为 1∶5 稀土钴；另一类是 R_2Co_{17}，称为 2∶17 稀土钴。在稀土钴中，Cu、Fe、Cr、Mn 都可部分取代钴，仍能获得良好的磁性能。1∶5 系列的矫顽力比 2∶17 系列高，而 2∶17 系列的剩磁比 1∶5 系列高。在退磁场较大的场合宜用 1∶5 系列永磁体。

稀土钴永磁体的剩磁一般为 0.85～1.15T，矫顽力可达 800kA/m，最大磁能积达 258.6kJ/m^3，退磁曲线基本为直线，抗去磁能力强。

稀土钴永磁居里温度高，一般为 710～800℃，剩磁温度系数为－(0.03～0.09)%/K，磁性能稳定性好，可在 300℃高温下使用。此外，稀土钴永磁具有很强的耐腐蚀和抗氧化能力，通常不需做表面处理。稀土钴永磁硬而脆，抗弯强度、抗拉强度及抗压强度较小。

尽管稀土钴磁性能优异，但含有储量稀少的稀土金属钐和昂贵的战略金属钴，价格昂贵，使其应用受到了很大限制，主要用于要求体积小、重量轻、性能稳定的场合。

表 2-9 是部分稀土钴永磁的磁性能，图 2-9 是其中的 YX-20 和 YXG-24 永磁体在不同温度下的退磁曲线和内禀退磁曲线。

六、钕铁硼永磁

钕铁硼永磁的主要成分是 $Nd_2Fe_{14}B$，是目前磁性能最强的永磁材料。它的最大磁能积可达 398kJ/m^3，为铁氧体永磁材料的 5～12 倍、铝镍钴永磁材料的 3～10 倍，理论值为 527kJ/m^3；剩磁最高可达 1.47T，矫顽力最高可超过 1000kA/m，能吸起相当于自身重量 640 倍的重物。由于不含钴且钕在稀土中的含量远高于钐，钕铁硼的价格比稀土钴要低得多。

钕铁硼永磁的居里温度低，为 310～410℃，温度稳定性较差，剩磁温度系数为－(0.095～0.15)%/K，矫顽力温度系数为－(0.4～0.7)%/K，通常最高工作温度为 150℃，目前已有商业化的耐 200℃高温的钕铁硼永磁。常温下退磁曲线为直线，但高温下退磁曲线的下部发生弯曲，若设计不当，易发生不可逆退磁。

表 2-9　部分稀土钴永磁体的磁性能

材料＼参数	牌号	剩磁 /T	矫顽力 /(kA/m)	内禀矫顽力 /(kA/m)	最大磁能积 /(kJ/m³)	居里温度 /℃	最高工作温度 /℃	剩磁温度系数 /(%/K)	内禀矫顽力温度系数 /(%/K)
钐钴 1∶5 (SmPr)Co$_5$	YX-16	0.81～0.85	620～660	1194～1830	110～127	750	250	−0.05	−0.3
	YX-18	0.85～0.9	660～700	1194～1830	127～143	750	250	−0.05	−0.3
	YX-20	0.9～0.94	680～725	1194～1830	150～167	750	250	−0.05	−0.3
	YX-22	0.92～0.96	710～750	1194～1830	160～175	750	250	−0.05	−0.3
	YX-24	0.96～1.0	730～770	1194～1830	175～190	750	250	−0.05	−0.3
钐钴 1∶5 SmCo$_5$	YX-20S	0.9～0.94	680～725	1433～1830	143～160	750	250	−0.045	−0.28
	YX-22S	0.92～0.96	710～750	1433～1830	160～175	750	250	−0.045	−0.28
铈钴铜铁 Ce(CoFeCu)$_5$	YX-12	0.70～0.74	358～390	358～478	80～103	450	200	—	—
钐钴 2∶17 Sm$_2$(CoFeCuZr)$_{17}$	YXG-24H	0.95～1.02	700～750	≥1990	175～191	800	350	−0.03	−0.2
	YXG-26H	1.02～1.05	750～780	≥1990	191～207	800	350	−0.03	−0.2
	YXG-28H	1.03～1.08	756～796	≥1990	207～220	800	350	−0.03	−0.2
	YXG-30H	1.08～1.10	788～835	≥1990	220～240	800	350	−0.03	−0.2
	YXG-24	0.95～1.02	700～750	≥1433	175～191	800	300	−0.03	−0.2
	YXG-26	1.02～1.05	750～780	≥1433	191～207	800	300	−0.03	−0.2
	YXG-28	1.03～1.08	756～796	≥1433	207～220	800	300	−0.03	−0.2
	YXG-30	1.08～1.10	788～835	≥1433	220～240	800	300	−0.03	−0.2
	YXG-26M	1.02～1.05	750～780	955～1273	191～207	800	300	−0.03	−0.2
	YXG-28M	1.03～1.08	756～796	955～1273	207～220	800	300	−0.03	−0.2
	YXG-30M	1.08～1.10	788～835	955～1273	220～240	800	300	−0.03	−0.2
	YXG-28L	1.02～1.08	398～478	438～557	207～220	800	250	−0.03	−0.2
	YXG-30L	1.08～1.15	398～478	438～557	220～240	800	250	−0.03	−0.2

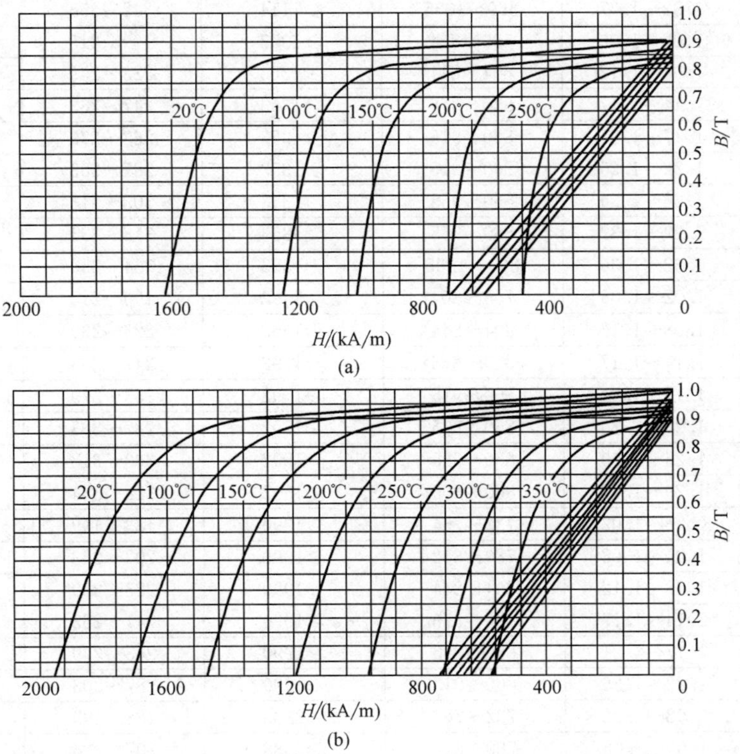

图 2-9　YX-20 和 YXG-24 永磁体在不同温度下的退磁曲线和内禀退磁曲线

(a) YX-20；(b) YXG-24

钕铁硼永磁含有大量的钕和铁，易锈蚀，化学稳定性欠佳，其表面通常需做电镀处理，如镀锌、镍、锡、银、金等，也可以做磷化处理或喷涂环氧树脂以减慢其氧化速度，通常涂层厚度为 10～40μm。

钕铁硼永磁的力学性能较好，可切割加工及钻孔。

表 2-10 为部分烧结钕铁硼产品的磁性能，图 2-10 为其中 N33SH 的温度特性。

表 2-10　　部分烧结钕铁硼产品的磁性能

参数 牌号	剩磁 /T	矫顽力 /(kA/m)	内禀矫顽力 /(kA/m)	最大磁能积 /(kJ/m³)	最高工作温度 /℃
N30	1.08～1.12	780～836	≥955	223～239	80
N33	1.14～1.17	820～876	≥955	247～263	80
N35	1.17～1.21	860～915	≥955	263～279	80
N38	1.22～1.26	860～915	≥955	287～303	80
N40	1.26～1.29	860～955	≥955	303～318	80
N42	1.29～1.32	860～955	≥955	318～334	80
N45	1.32～1.37	860～995	≥955	342～358	80
N48	1.37～1.42	860～995	≥955	358～382	80
N30M	1.08～1.12	780～836	≥1114	223～239	100
N33M	1.14～1.17	820～876	≥1114	247～263	100
N35M	1.17～1.21	860～915	≥1114	263～279	100
N38M	1.22～1.26	860～915	≥1114	287～303	100
N40M	1.26～1.29	860～955	≥1114	303～318	100
N42M	1.29～1.32	860～995	≥1114	318～334	100
N45M	1.32～1.37	860～1035	≥1114	342～358	100
N27H	1.02～1.06	756～804	≥1353	199～215	120
N30H	1.08～1.12	804～844	≥1353	223～239	120
N33H	1.14～1.17	820～876	≥1353	247～263	120
N35H	1.17～1.21	860～915	≥1353	263～279	120
N38H	1.22～1.26	860～915	≥1353	287～303	120
N40H	1.26～1.29	860～955	≥1353	303～318	120
N42H	1.29～1.32	860～955	≥1353	318～334	120
N44H	1.32～1.36	860～1035	≥1353	334～350	120
N27SH	1.02～1.06	756～804	≥1592	199～215	150
N30SH	1.08～1.12	804～844	≥1592	223～239	150
N33SH	1.14～1.17	820～876	≥1592	247～263	150
N35SH	1.17～1.21	860～915	≥1592	263～279	150
N38SH	1.22～1.26	860～915	≥1592	287～303	150
N40SH	1.26～1.29	860～955	≥1592	303～318	150
N42SH	1.29～1.32	860～955	≥1592	318～334	150
N25UH	0.98～1.02	732～764	≥1990	183～199	180
N28UH	1.04～1.08	780～812	≥1990	207～233	180
N30UH	1.08～1.12	804～844	≥1990	223～239	180
N33UH	1.14～1.17	820～876	≥1990	247～263	180
N35UH	1.17～1.21	860～915	≥1990	263～279	180
N38UH	1.22～1.26	860～915	≥1990	287～303	180
N25EH	0.98～1.02	732～764	≥2388	183～199	200
N28EH	1.04～1.08	780～812	≥2388	207～223	200
N30EH	1.08～1.12	804～844	≥2388	223～239	200
N33EH	1.14～1.17	820～876	≥2388	247～263	200

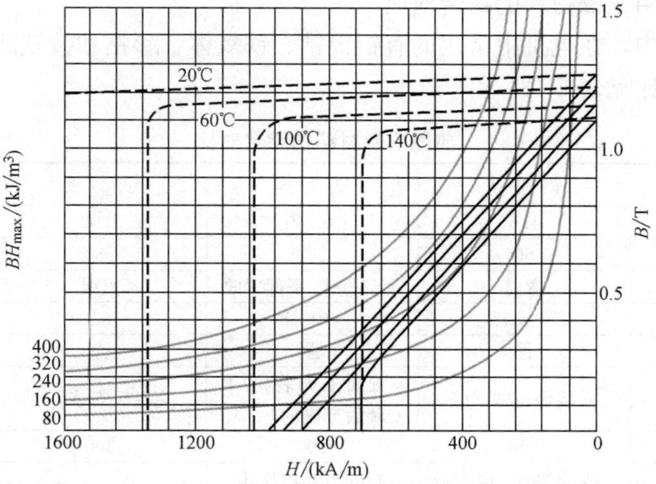

图 2-10　N33SH 钕铁硼永磁的温度特性

七、粘结永磁

粘结永磁材料是将永磁材料粉末与其他材料，如合成橡胶、塑料、低熔点金属、树脂等混合制成的永磁材料。采用注入成形、压缩成形、挤压成形等方法，可以制成形状复杂的永磁体，具有力学性能好、尺寸精度高、不变形、材料利用率高、形状可以复杂多样的优点，但也存在明显的缺点。在一般的粘结永磁体中，粘结剂大约占体积的 40%左右，因此与相应的烧结永磁体相比，磁性能成倍下降，且其允许使用温度不如烧结的高。

铁氧体、钐钴和钕铁硼都可以制成粘结永磁体。通常烧结钕铁硼的性能比烧结铁氧体高几倍，粘结钕铁硼的磁性能介于两者之间，填补了两者之间的空白，因此应用较多。表 2-11、表 2-12 分别是部分粘结铁氧体和粘结钕铁硼的磁性能。

表 2-11　　粘结铁氧体的磁性能

参数 / 牌号	剩磁/T	矫顽力/(kA/m)	内禀矫顽力/(kA/m)	最大磁能积/(kJ/m³)
C1	0.23	148	258	8.36
C5	0.38	191	199	27
C7	0.34	258	318	21.9
C8A	0.385	235	242	27.8
C8B	0.42	232	236	32.8
C9	0.38	280	320	26.4
C10	0.40	288	280	30.4
C11	0.43	200	204	34.4

表 2-12　　粘结钕铁硼的磁性能

参数 / 牌号	剩磁/T	内禀矫顽力/(kA/m)	最大磁能积/(kJ/m³)	最高工作温度/℃
BTP-6	0.52～0.60	640～800	40～56	140
BTP-8	0.60～0.65	640～960	56～72	140
BTP-10	0.65～0.70	640～960	72～80	120
BTP-12	0.70～0.76	640～880	80～96	130
BTP-8H	0.55～0.62	960～1280	48～72	120

八、电机中常用永磁材料的综合对比

上述永磁材料中，在电机中常用的有铝镍钴、铁氧体、钐钴和钕铁硼永磁材料。它们中典型材料的综合对比见表2-13。

表 2-13　典型永磁材料的综合对比

性能	铝镍钴	铁氧体	钐钴	钕铁硼
剩磁/T	1.3	0.42	1.05	1.16
矫顽力/(kA/m)	60	200	780	850
退磁曲线形状	弯曲	上部直线、下部弯曲	直线	直线(高温下下部弯曲)
剩磁温度系数/(%/K)	−0.02	−0.18	−0.03	−0.12
耐腐蚀性能	强	强	强	易氧化
充磁	安装后充磁	充磁后安装(也有安装后充磁的)	充磁后安装	充磁后安装
最高工作温度/℃	550	200	300	150
加工性能	少量磨削、电火花加工	特殊刀具切片和少量磨加工	少量电火花加工	加工性能好
价格	中等	低	很高	高
应用场合	仪器仪表类要求温度稳定性高的场合	性能和体积要求不高，价格要求低的场合	高性能、高温、高温度稳定性，价格不是主要考虑因素的场合	高性能、体积要求高、温度不高的场合

参考文献

[1] 林其壬，赵佑民．磁路设计原理［M］．北京：机械工业出版社，1987.
[2] 张世远，路权，薛荣华，都有为．磁性材料基础［M］．北京：科学出版社，1988.
[3] 王会宗．磁性材料及其应用［M］．北京：国防工业出版社，1989.
[4] 宋后定，陈培林．永磁材料及其应用［M］．北京：机械工业出版社，1984.

第三章　永磁电机的磁路设计与计算

第一节　磁 场 与 磁 路

在电机中，磁场是实现机电能量转换的媒介，由电流或永磁体产生，以场的形式存在。在电机设计中，为简化分析，往往将磁场简化为磁路。下面简单叙述与磁场、磁路有关的一些基本概念。

一、磁感应强度、磁场强度和磁导率

磁场是由电流（运动电荷）或永磁体在其周围空间产生的一种特殊形态的物质，用磁感应强度和磁场强度来表征其大小和方向。

磁感应强度定义为通以单位电流的单位长度导体在磁场中所受的力，是一个矢量，用 $\boldsymbol{B}$ 表示，其单位为特斯拉（T）。磁场强度也是一个矢量，用 $\boldsymbol{H}$ 表示，单位为 A/m，与磁感应强度之间满足

$$\boldsymbol{B}=\mu\boldsymbol{H} \tag{3-1}$$

式中，μ 为磁导率，随磁场所在点的媒质性质的变化而变化，单位为 H/m。

非铁磁材料的磁导率可认为与真空的磁导率 μ_0 相同。铁磁材料的磁导率变化范围很大，通常采用相对磁导率 μ_r 表示，μ_r 为铁磁材料的磁导率与真空磁导率的比值。

电机中常用导磁材料的相对磁导率通常为 10^3～10^5，而导体和绝缘体的电导率之比可达 10^{16}，因此电流沿导体流动，而磁场不只在导磁材料中存在，在非铁磁材料中也存在。

二、磁通、磁压、磁动势

磁通是通过磁场中某一面积 $\boldsymbol{A}$ 的磁力线数，用符号 Φ 表示，单位为 Wb，定义为

$$\Phi=\int_A \boldsymbol{B}\,\mathrm{d}\boldsymbol{A} \tag{3-2}$$

由于磁力线是闭合的，对于一个闭合曲面，进入该闭合曲面的磁力线数等于流出该闭合曲面的磁力线数，即通过该闭合曲面的磁通量为零，称为磁通连续性定理。

磁场强度沿一路径的积分等于该路径上的磁压，用符号 U 表示，单位为 A。磁场强度沿一条闭合路径的积分等于该路径所包围的电流数，即

$$\oint_l \boldsymbol{H}\,\mathrm{d}\boldsymbol{l}=\sum_{i=1}^{k} I_i \tag{3-3}$$

称为安培环路定律。由于磁场为电流所激发，上式中回路所环绕的电流称为磁动势，用 F 表示（A）。

三、磁路参数

在电机设计中，为简化计算，通常把电机的各部分磁场简化为相应的磁路。磁路的划

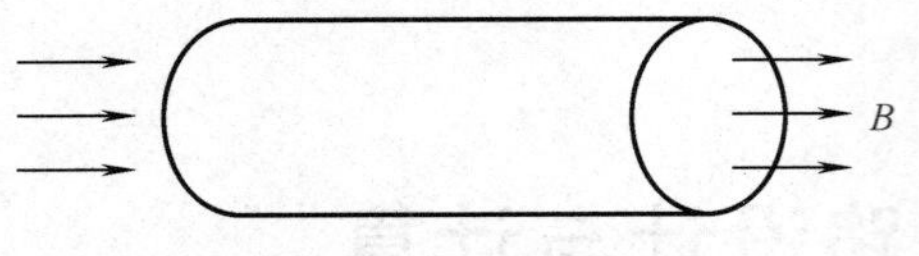

图 3-1　圆柱形磁路

分原则是：①每段磁路为同一材料；②磁路的截面积大体相同；③流过该磁路各截面的磁通相同。

电机等效磁路的基本组成部分为磁动势源、导磁体和空气隙，磁动势源为永磁体或通电线圈。图3-1为一圆柱形的磁路，其截面积为A，长度为L，假设磁通都经过该圆柱体的所有截面且在其截面上均匀分布，则该段磁路上的磁通和磁压分别为

$$\begin{cases}\Phi=BA\\U=HL\end{cases}\tag{3-4}$$

与电路中电流和电压的关系类比，定义

$$R_m=\frac{U}{\Phi}\tag{3-5}$$

为该段磁路的磁阻，上式称为磁路的欧姆定律。磁阻用磁路的特性和有关尺寸表示为

$$R_m=\frac{L}{\mu A}\tag{3-6}$$

与电阻的表达式在形式上类似。磁阻的倒数为磁导，用Λ表示

$$\Lambda=\frac{\mu A}{L}\tag{3-7}$$

可以看出，磁路方程与电路方程在形式上非常相似，其类比关系见表3-1。

表 3-1　　**磁路与电路的类比**

磁　路	电　路	磁　路	电　路
磁动势 F/A	电动势 E/V	磁导 $\Lambda=\frac{1}{R_m}$(H)	电导 $G=\frac{1}{R}$(S)
磁压 U/A	电压 U/V	磁路方程 $F=\Phi R_m$	电路方程 $U=IR$
磁通 Φ/Wb	电流 I/A	磁通密度 $B=\frac{\Phi}{A}$(T)	电流密度 $J=\frac{I}{A}$(A/m^2)
磁阻 $R_m=\frac{L}{\mu A}$(H^{-1})	电阻 $R=\rho\frac{L}{A}$(Ω)		

需要指出的是：电路和磁路虽然形式上相同，但在本质上是不同的，如电路中的电流是运动电荷产生的，是实际存在的，而磁路中的磁通仅仅是描述磁现象的一种手段。

四、磁路的分类

永磁磁路按永磁体的工作状态不同可分为静态永磁磁路和动态永磁磁路。静态永磁磁路有固定气隙，工作状态保持一定，主要存在于仪表、扬声器等，图3-2为一静态永磁磁路。动态永磁磁路的磁阻或外磁场处于变化之中，永磁体的工作点也随之变化，永磁电机的磁路就是典型的动态永磁磁路。

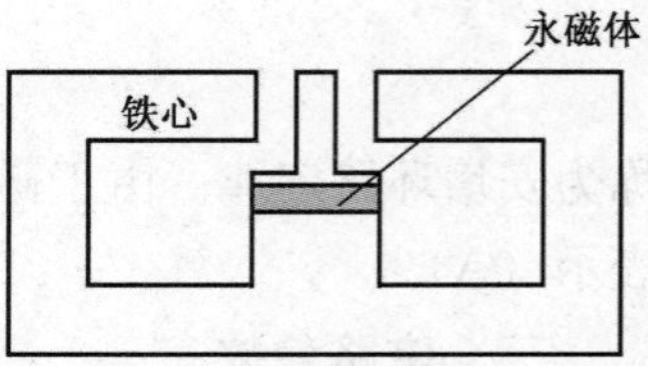

图 3-2　静态永磁磁路

第二节　永磁电机的磁路结构

永磁电机与电励磁电机的电枢结构相同，主要区别在于前者的磁极为永磁体。永磁电机磁路的形式多种多样，有许多不同的分类方法。

1. 按永磁体所在的位置分类

按永磁体所在的位置不同，可分为旋转磁极式和旋转电枢式，如图 3-3 所示。图 3-3（a）为旋转磁极式磁路结构，永磁体在转子上，电枢是静止的，永磁同步电动机、无刷直流电动机都采用该种结构；图 3-3（b）为旋转电枢式磁路结构，其永磁体在定子上，电枢旋转，永磁直流电机采用该种结构。

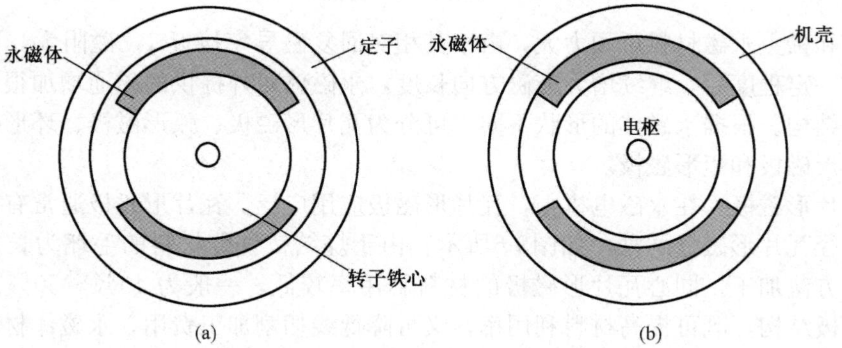

图 3-3　旋转磁极式和旋转电枢式结构

（a）旋转磁极式；（b）旋转电枢式

2. 按所使用的永磁材料种类多少分类

根据电机中永磁材料种类的多少，可分为单一式结构和混合式结构。在一台电机中，只采用一种永磁材料，称为单一式结构，绝大多数电机都采用该种结构。若同一台电机中采用两种或两种以上永磁材料，则称为混合式结构。混合式结构通常采用两种性能特点不同的永磁体，扬长避短，充分发挥永磁材料的优势，提高电机的性能，降低制造成本。图 3-4 为永磁直流电动机中的混合式磁极结构，将矫顽力低的永磁体 1（如铁氧体）置于磁极的前部，将矫顽力高的永磁体 2（如钕铁硼）置于磁极的后部。

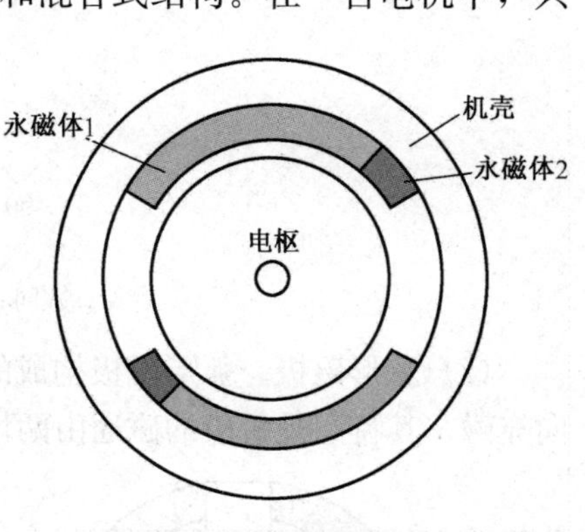

图 3-4　混合式磁极结构

3. 按永磁体安置方式分类

按永磁体安置的方式不同，可分为表面式和内置式，如图 3-5 所示。表面式磁极的永磁体直接面对空气隙，具有加工和安装方便的优点，但永磁体直接承受电枢反应的去磁作用；内置式磁极的永磁体置于铁心内部，加工和安装工艺复杂，漏磁大，但可以放置较多的永磁体以提高气隙磁密、减小电机的重量和体积。

4. 按永磁体的形状分类

进行永磁体设计时，必须保证永磁体在磁路中产生足够的磁通和磁动势，若所采用的永磁材料不同，则永磁体的形状也不同。铝镍钴剩磁密度高、矫顽力小，通常做成细长的形

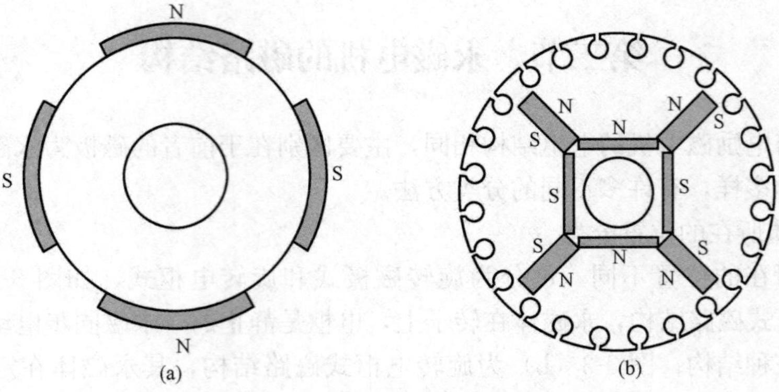

图 3-5　表面式和内置式结构

（a）表面式；（b）内置式

状；铁氧体和稀土永磁材料矫顽力大，由于其相对回复磁导率接近 1，磁阻大，当充磁方向长度增加到一定程度后，继续增大充磁方向长度，永磁体对外提供的磁通增加很少，因此通常采用扁平结构。根据永磁体的形状不同，可分为瓦片形磁极、弧形磁极、环形磁极、爪极式磁极、星形磁极和矩形磁极。

（1）瓦片形磁极。在永磁电机中，瓦片形磁极应用广泛。瓦片形磁极通常有同心瓦片形磁极和等半径瓦片形磁极两种，如图3-6所示。由于烧结钕铁硼材料的毛坯为长方体，一般采用线切割方法加工，同心瓦片形磁极的材料利用率较低，一般为 40%～50%。采用等半径瓦片形磁极结构，既可提高材料利用率，又可降低线切割加工费用，永磁体材料利用率可提高到 80%。

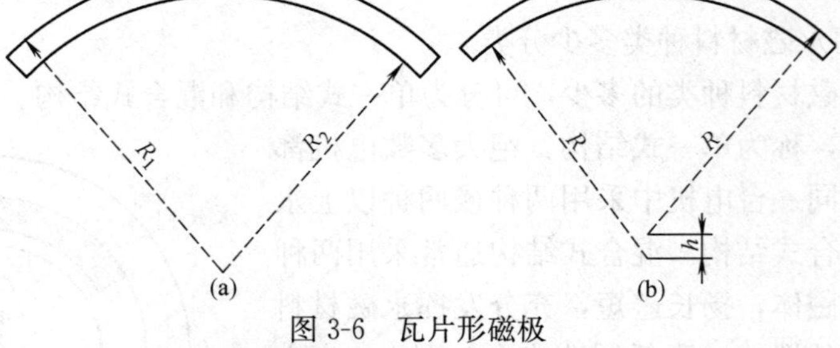

图 3-6　瓦片形磁极

（a）同心瓦片形磁极；（b）等半径瓦片形磁极

（2）弧形磁极。弧形磁极构成的磁路系统如图 3-7 所示。这种磁极为圆弧形，沿着圆弧方向充磁，其特点是每极的磁通由两块永磁体并联提供，充磁方向长度大，适合于铝镍钴永磁。

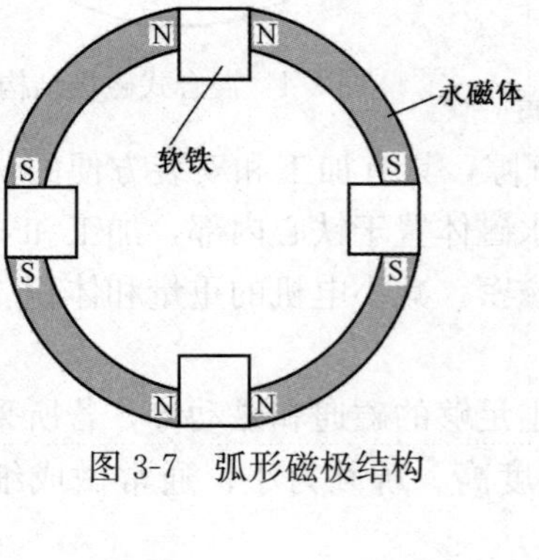

图 3-7　弧形磁极结构

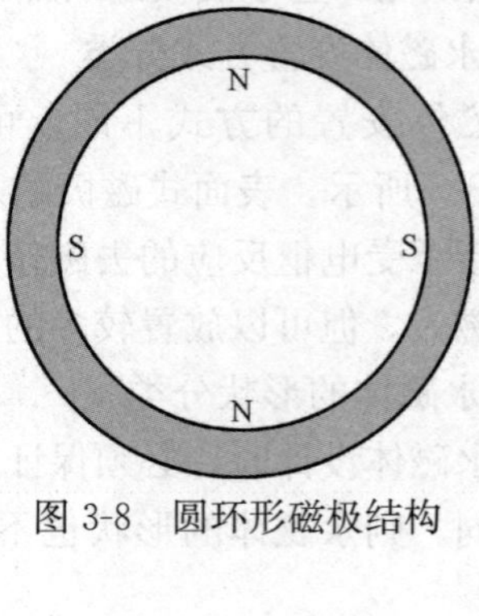

图 3-8　圆环形磁极结构

（3）环形磁极。环形磁极如图 3-8 所示，为一整体的圆环，具有结构简单、加工和装配方便等优点，在永磁直流电机中应用广泛。其主要缺点是材料利用率低，在几何中性线上存在磁场，不利于永磁直流电机的换向。

（4）爪极式磁极。永磁爪极式磁极是由一个永磁体环和两个带爪的法兰盘组成的，永磁体环轴向充磁，法兰盘通常用低碳钢制成或用钢板冲制而成，上有均匀分布的爪，爪数等于极对数，如图 3-9 所示。永磁体和两个法兰盘套在转子轴上，两个法兰盘的爪交替错开半个爪距，两个法兰盘上的爪分别为 N、S 极。为了避免磁通通过转轴闭合，一般采用非磁性轴或在磁性轴上加隔磁铜套。当磁极的轴向长度较大时，为保证爪极的机械强度，往往做成双爪极或多爪极式。

爪极式磁极的特点是：永磁体加工装配简单，磁化均匀。交轴电枢反应沿爪极闭合，永磁体抗去磁能力强，但爪极制造复杂，磁极损耗大。

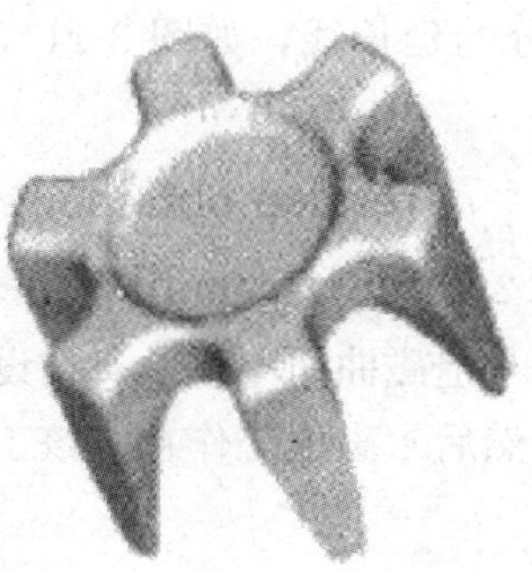

图 3-9　爪极结构

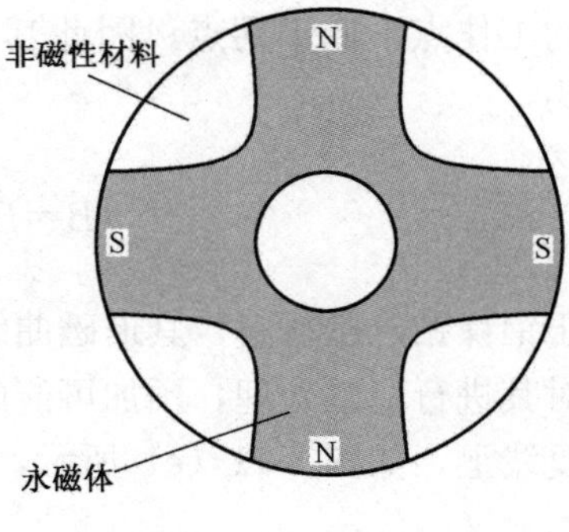

图 3-10　星形磁极

（5）星形磁极。星形磁极结构如图 3-10 所示，结构比较复杂，采用直接浇铸的方法，极间部分采用非磁性材料（如铝合金）浇铸，可以提高其强度并具有阻尼作用。其优点是制造和装配工艺简单，但充磁困难，磁化不均匀。

（6）矩形磁极。矩形磁极由一块或几块矩形永磁体组成，矩形永磁体结构简单、加工方便、材料利用率高，如内置式永磁同步电动机通常采用矩形永磁体。在设计永磁体的形状时，应避免矩形永磁体的长度与厚度之比在 20 以上，铁氧体的厚度必须大于 2mm。

第三节　永磁电机的磁路计算

永磁电机的磁路由永磁体、空气隙和导磁材料组成，其等效磁路分为永磁体和外磁路两部分。

一、永磁体的等效磁路

从第二章的分析可知，永磁体工作点在回复线上，对于稀土钴永磁材料和常温下的钕铁硼永磁材料，其退磁曲线基本为直线，因此回复线与退磁曲线基本重合，为连接（0，B_r）和（H_c，0）两点的直线，如图 3-11（a）所示，可表示为

$$B=B_r-\frac{B_r}{H_c}H=B_r-\mu_0\mu_r H \tag{3-8}$$

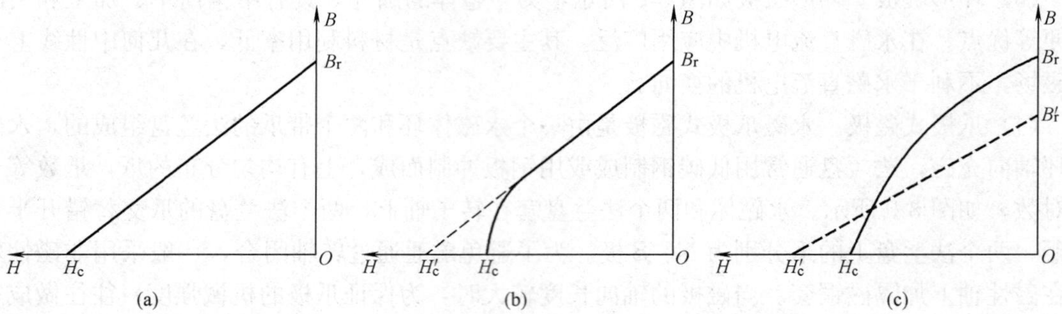

图 3-11 永磁体的回复线

对于铁氧体和高温下的钕铁硼永磁材料，其退磁曲线的拐点以上为直线，拐点以下为曲线，只要永磁体工作在拐点以上，回复线就与退磁曲线重合。在设计时，通常采取措施保证永磁体的工作点不低于拐点，因此其工作曲线为直线部分的延长线，如图 3-11（b）所示，可表示为

$$B=B_r-\frac{B_r}{H_c'}H=B_r-\mu_0\mu_r H \tag{3-9}$$

对于铝镍钴永磁材料，其退磁曲线是弯曲的，回复线与退磁曲线不重合。在设计和使用时，要对其进行稳磁处理，预加可能的最大去磁磁动势，然后永磁体工作在以该工作点为起点的回复线上，如图 3-11（c）所示，可表示为

$$B=B_r'-\frac{B_r'}{H_c'}H=B_r'-\mu_0\mu_r H \tag{3-10}$$

上面三式可统一表示为

$$B=B_r'-\mu_0\mu_r H \tag{3-11}$$

对于图 3-11（a）、（b）两种情况，有 $B_r'=B_r$。

在永磁电机中，永磁体是以一定尺寸出现的，其对外表现是磁动势 F_m 和磁通 Φ_m。假设永磁体在垂直于充磁方向上的截面积都相同（为 A_m），充磁方向长度均匀（为 h_m），磁化均匀，则

$$\begin{cases}\Phi_m=BA_m\\F_m=Hh_m\end{cases} \tag{3-12}$$

将式（3-11）两端同乘以 A_m 得

$$\Phi_m=B_r'A_m-\mu_0\mu_r HA_m=\Phi_r-\frac{\mu_0\mu_r A_m}{h_m}Hh_m=\Phi_r-\frac{F_m}{R_m} \tag{3-13}$$

式中，$\Phi_r=B_r'A_m$ 称为虚拟内禀磁通；$R_m=\dfrac{h_m}{\mu_0\mu_r A_m}$为永磁体的内磁阻。

可以看出，永磁体可等效为一个恒定磁通源和一个磁阻的并联，如图 3-12（a）所示。

式（3-11）还可表示为

$$H=H_c'-\frac{B}{\mu_0\mu_r} \tag{3-14}$$

两边同乘以 h_m 得

$$F_m = h_m H_c' - \frac{Bh_m}{\mu_0 \mu_r} \frac{A_m}{A_m} = F_c - \Phi_m R_m \tag{3-15}$$

式中，$F_c = H_c' h_m$ 称为虚拟内禀磁动势。

可以看出，永磁体也可等效为一个恒定磁动势和一个磁阻的串联，如图 3-12（b）所示。

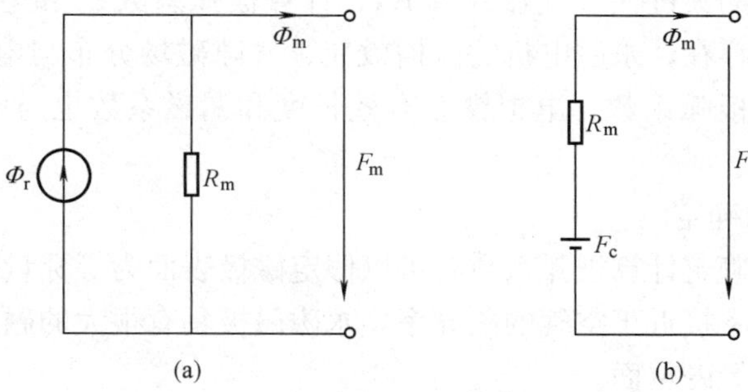

图 3-12　永磁体的等效磁路

二、永磁电机外磁路

在永磁电机中，永磁体向外磁路提供磁通，该磁通的绝大部分匝链电枢绕组，是实现机电能量转换的基础，称为主磁通 Φ_δ，也就是通常所说的每极气隙磁通。还有一部分磁通不与电枢绕组匝链，在永磁磁极之间、永磁磁极和结构件之间形成磁场，称为漏磁场，对应的磁通称为漏磁通，用 Φ_σ 表示。它们所经过的磁路分别称为主磁路和漏磁路，对应的磁导分别为主磁导 Λ_δ 和漏磁导 Λ_σ。

在电机中，漏磁场的分布非常复杂，无法准确计算漏磁导。对于永磁体非内置的永磁电机，其漏磁路大部分由空气组成，空气的磁导率小、磁阻大，铁磁部分的影响可以忽略，只考虑其中空气部分的影响，则漏磁导是常数。而对于永磁体内置的永磁电机，由于永磁体放置在铁心内部，漏磁较大，通常采用隔磁磁桥进行隔磁，漏磁路的主要部分是铁心，此时漏磁导不是常数，而是随所流过的磁通的变化而变化。

主磁导通过主磁路的计算获得，而漏磁路的影响通常用漏磁系数考虑。

三、永磁电机的气隙磁压降计算

当永磁体内置或者有极靴时，永磁电机的外磁路与电励磁电机的磁路计算方法相同。但永磁体直接面对空气隙时，对气隙磁压降的计算影响较大，需予以单独考虑。

众所周知，若气隙长度均匀、磁密在一个极距范围内均匀分布、铁心端部无磁场边缘效应，则气隙磁压降为

$$F_\delta = H_\delta \delta = \frac{B_\delta}{\mu_0} \delta = \frac{\delta}{\mu_0} \frac{\Phi}{\tau L_a} \tag{3-16}$$

式中，Φ 为每极磁通；δ 为气隙长度；τ 为极距；L_a 为铁心长度。

然而由于齿槽效应、气隙磁密的分布不均匀以及电机端部磁场边缘效应的存在，气隙磁压降计算变得比较复杂，通常用气隙系数 K_δ、计算极弧系数 α_i 和电枢铁心有效长度 L_{ef} 分别考虑上述 3 种因素的影响。在进行磁路计算时，通常每极磁通已知，则不考虑齿槽影响时磁极中心对应的气隙磁密为

$$B_{\delta}=\frac{\Phi}{\alpha_{\mathrm{i}}\tau L_{\mathrm{ef}}} \tag{3-17}$$

再考虑齿槽对气隙有效长度的影响，气隙磁压降为

$$F_{\delta}=K_{\delta}H_{\delta}\delta=K_{\delta}\frac{B_{\delta}}{\mu_0}\delta \tag{3-18}$$

因此，气隙磁压降计算的关键在于气隙系数 K_{δ}、计算极弧系数 α_{i} 和电枢铁心有效长度 L_{ef} 的确定。由于永磁体的存在，永磁电机的齿槽效应、气隙磁场分布与电励磁电机明显不同，因而其气隙系数、计算极弧系数、电枢铁心有效长度和漏磁系数也与电励磁电机存在较大差异。

1. 计算极弧系数的确定

电励磁电机中，在确定计算极弧系数时可以假定磁极表面为等标量磁位面。但在永磁电机中，永磁材料的磁导率接近于空气的磁导率，永磁磁极具有很大的磁阻，因此永磁磁极与气隙的交界面不能视为等磁位面。

图 3-13 所示为气隙磁密径向分量在一个极距 τ 内的分布。为便于磁路计算，将沿圆周分布不均匀的气隙磁密径向分量等效为均匀分布的矩形波，其高度为 B_{δ}，宽度为 $\alpha_{\mathrm{i}}\tau$。根据换算前后磁通不变的原则，有

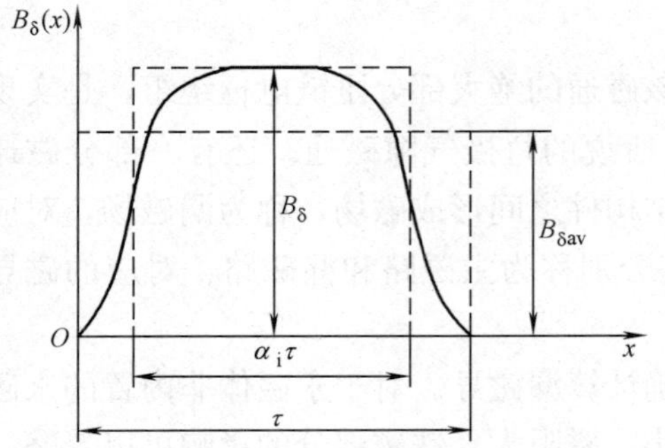

图 3-13　一个极距内气隙磁密径向分量的分布

$$\alpha_{\mathrm{i}}B_{\delta}\tau=\int_0^{\tau}B_{\delta}(x)\mathrm{d}x \tag{3-19}$$

由此得计算极弧系数

$$\alpha_{\mathrm{i}}=\frac{\frac{1}{\tau}\int_0^{\tau}B_{\delta}(x)\mathrm{d}x}{B_{\delta}}=\frac{B_{\delta\mathrm{av}}}{B_{\delta}} \tag{3-20}$$

由此可知，计算极弧系数 α_{i} 取决于一个极距内气隙磁密径向分量的分布。

在表面式永磁电机中，大多采用瓦片形磁极。对于瓦片形磁极，有同心瓦片形和等半径瓦片形两种，有平行充磁和径向充磁两种方式，对于不同的形状和充磁方式，气隙磁场的波形不同，因而 α_{i} 也不同。图 3-14 为一台 4 极永磁直流电机在极弧系数 $\alpha_{\mathrm{p}}=0.667$、磁极高度与气隙长度之比 $h_{\mathrm{m}}/\delta=8$、气隙长度与极距之比 $\delta/\tau=0.02$，采用不同磁极形状和充磁方式时（参见第四章图 4-8），一个极距内电枢表面气隙磁密径向分量的分布。

以极弧系数 α_{p}、磁极高度与气隙长度之比 h_{m}/δ、气隙长度与极距之比 δ/τ 为变量，计算了 4 极永磁直流电机在不同磁极形状和充磁方式下的计算极弧系数，图 3-15～图 3-19 分别为径向充磁瓦片形磁极、平行充磁瓦片形磁极、两边平行瓦片形磁极、平行充磁等半径瓦片形磁极和径向充磁等半径瓦片形磁极永磁电机的计算极弧系数曲线。

2. 电枢铁心有效长度的确定

电枢铁心两端面附近存在边缘磁场，使得气隙磁场沿轴向分布不均匀，给磁路计算带来了困难。由于永磁材料磁导率低，永磁电机磁场边缘效应与普通电励磁电机有明显不同。铁氧体永磁的价格低，为了充分利用边缘效应以提高铁心和铜线的利用率，铁氧体永磁电机的磁极长度 L_{m} 通常比电枢铁心长度 L_{a} 大。而稀土永磁材料价格高，为提高永磁材料的利用率，磁极长度 L_{m} 通常比电枢铁心长度 L_{a} 小。在进行磁路计算时，必须考虑边缘效应。电枢

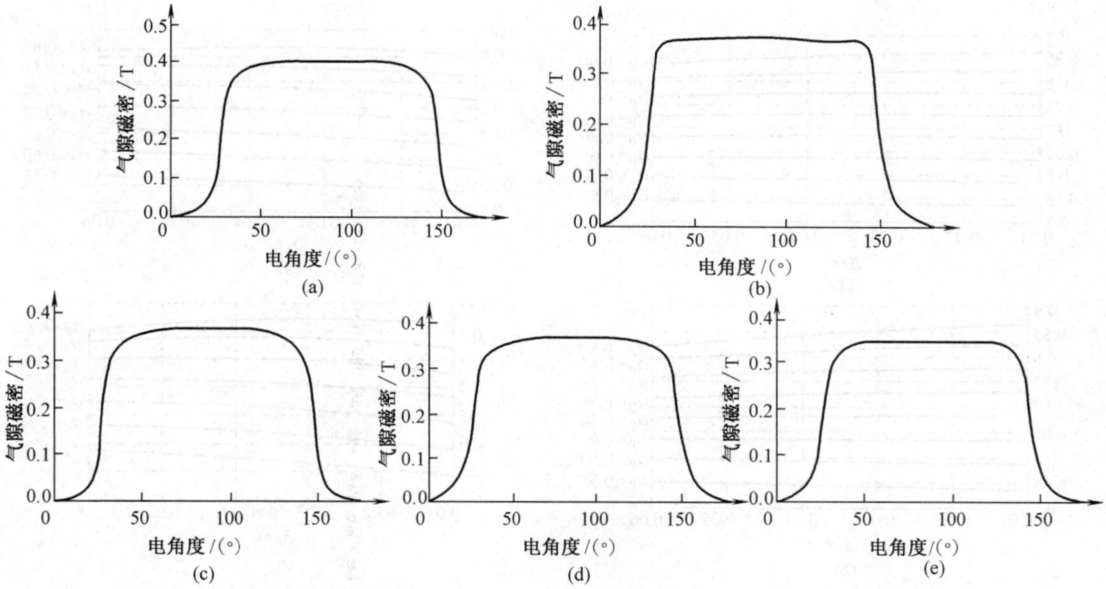

图 3-14　不同磁极形状和充磁方式时的电枢表面气隙磁密径向分量分布

（a）径向充磁瓦片形磁极；（b）平行充磁瓦片形磁极；（c）两边平行永磁磁极；（d）平行充磁等半径瓦片形磁极；（e）径向充磁等半径瓦片形磁极

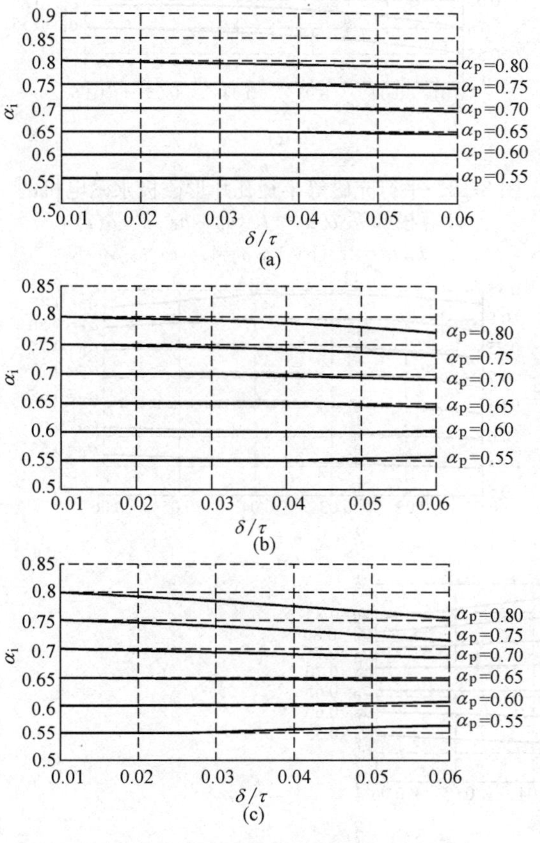

图 3-15　径向充磁瓦片形磁极永磁电机的计算极弧系数 $\alpha_i = f(\alpha_p, h_m/\delta, \delta/\tau)$

（a）$h_m/\delta=2$；（b）$h_m/\delta=4$；（c）$h_m/\delta=8$

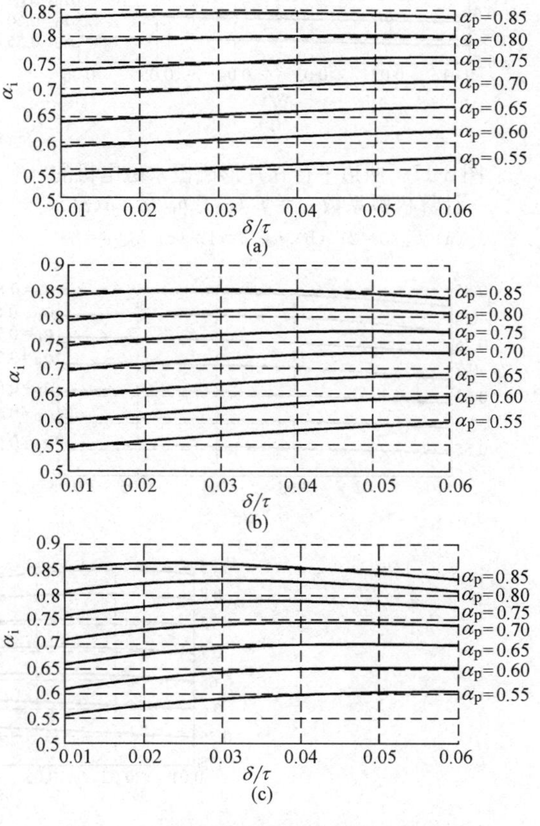

图 3-16　平行充磁瓦片形磁极永磁电机的计算极弧系数 $\alpha_i = f(\alpha_p, h_m/\delta, \delta/\tau)$

（a）$h_m/\delta=2$；（b）$h_m/\delta=4$；（c）$h_m/\delta=8$

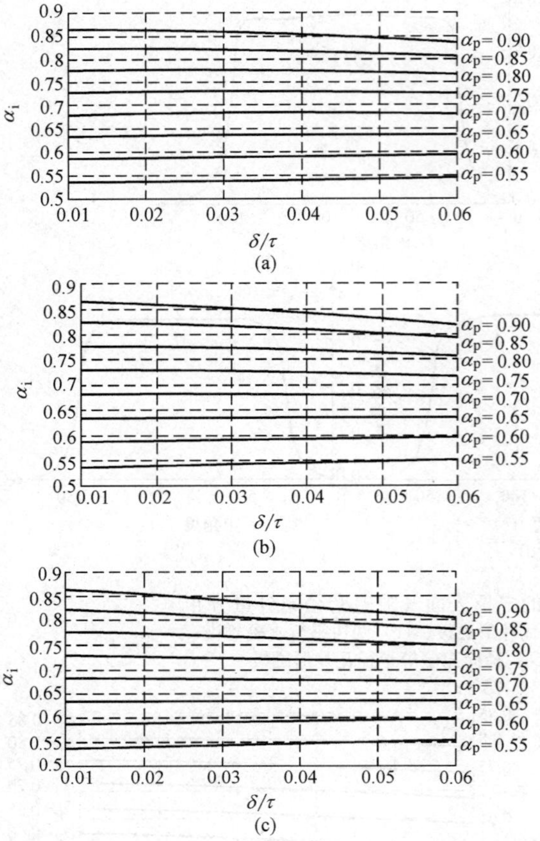

图 3-17 两边平行瓦片形磁极永磁电机的计算极弧系数 $\alpha_i = f$（α_p，h_m/δ，δ/τ）

（a）$h_m/\delta=2$；（b）$h_m/\delta=4$；（c）$h_m/\delta=8$

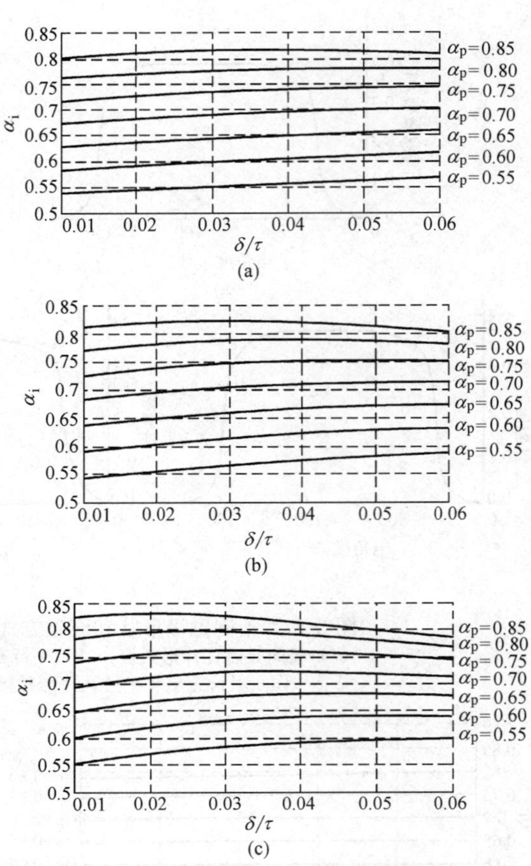

图 3-18 平行充磁等半径瓦片形磁极永磁电机的计算极弧系数 $\alpha_i = f$（α_p，h_m/δ，δ/τ）

（a）$h_m/\delta=2$；（b）$h_m/\delta=4$；（c）$h_m/\delta=8$

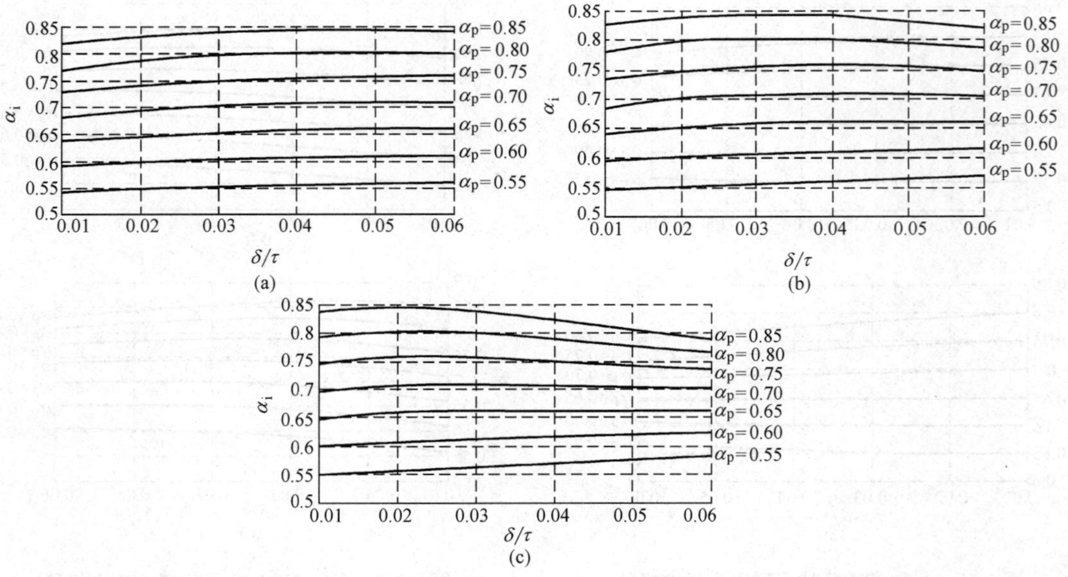

图 3-19 径向充磁等半径瓦片形磁极永磁电机的计算极弧系数 $\alpha_i = f$（α_p，h_m/δ，δ/τ）

（a）$h_m/\delta=2$；（b）$h_m/\delta=4$；（c）$h_m/\delta=8$

铁心有效长度 L_{ef} 的引入，就是为了在磁路计算中考虑边缘效应对气隙磁通的影响。

图 3-20 所示为气隙磁密径向分量沿轴向的分布示意图，其中 L_w 为电枢绕组的轴向长度。

为便于磁路计算，将轴向分布不均匀的气隙磁密径向分量等效为均匀分布的矩形波，其高度为 B_δ，宽度为 L_{ef}。根据换算前后磁通不变的原则，有

$$B_\delta L_{ef}=\int_{-\frac{L_w}{2}}^{\frac{L_w}{2}}B_\delta(x)\mathrm{d}x \tag{3-21}$$

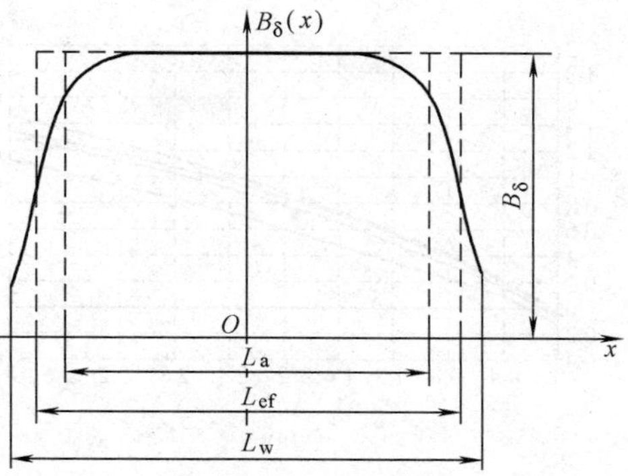

图 3-20　气隙磁密径向分量沿轴向的分布示意图

由此得电枢铁心有效长度

$$L_{ef}=\frac{\int_{-\frac{L_w}{2}}^{\frac{L_w}{2}}B_\delta(x)\mathrm{d}x}{B_\delta}=\frac{\Phi_\delta}{B_\delta} \tag{3-22}$$

由此可知，要确定电枢铁心有效长度 L_{ef}，必须求出 $\left[-\frac{L_w}{2},\ \frac{L_w}{2}\right]$ 范围内气隙磁密径向分量沿轴向的分布。

利用磁场分析软件进行求解，可得到电枢绕组轴向长度范围内气隙磁密分布，进而得到电枢绕组轴向长度范围内磁通 Φ_δ 和中心线处转子表面的气隙磁密 B_δ，则电枢铁心的有效长度为

$$L_{ef}=\frac{\Phi_\delta}{B_\delta} \tag{3-23}$$

电枢长度增量的相对值定义为

$$\Delta L_a^*=\frac{L_{ef}-L_a}{h_m+\delta} \tag{3-24}$$

电枢长度增量的相对值 ΔL_a^* 与气隙长度 δ 无直接关系，但铁磁材料饱和时，气隙长度直接影响边缘漏磁路和主磁路的磁阻之比，进而影响电枢长度增量相对值。因此，除考虑永磁体轴向外伸的相对值 $\Delta L_m^*\left(\Delta L_m^*=\frac{L_m-L_a}{h_m+\delta}\right)$、磁极高度与气隙长度之比 h_m/δ 外，还应考虑气隙长度的影响。由于难以找到合适的基值将气隙长度标幺化，直接采用气隙长度的实际值作为变量。

以 ΔL_m^*、h_m/δ 和 δ 为变量，计算电枢长度增量的相对值，得到气隙长度 δ＝0.4mm、0.6mm、0.8mm、1.0mm 时的电枢长度增量的相对值 ΔL_a^*，如图 3-21 所示。

在工程计算中，根据 L_m、L_a、h_m 和 δ 求得 ΔL_m^*，然后根据 ΔL_m^*、h_m/δ 和 δ 由曲线查得电枢长度增量的相对值 ΔL_a^*，则电枢铁心有效长度为

$$L_{ef}=L_a+\Delta L_a^*(h_m+\delta) \tag{3-25}$$

对于不对称外伸结构，其两端的外伸分别为 ΔL_{m1}^* 和 ΔL_{m2}^*，根据 $2\Delta L_{m1}^*$ 和 $2\Delta L_{m2}^*$ 得到 ΔL_{a1}^* 和 ΔL_{a2}^*，电枢铁心有效长度可按下式计算

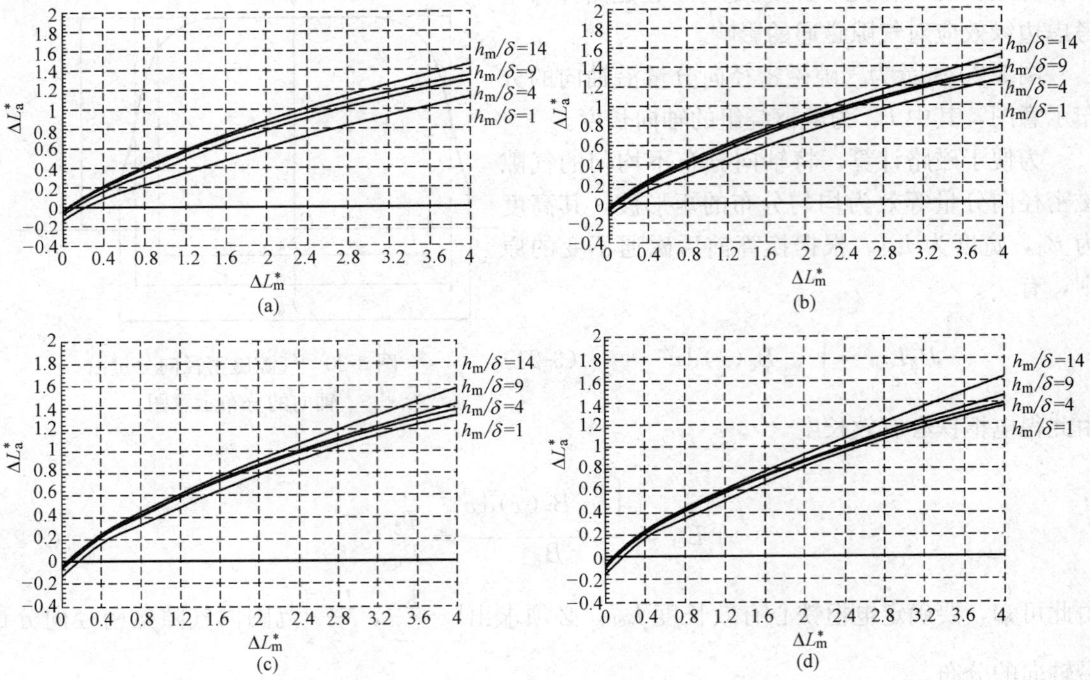

图 3-21　电枢长度增量的相对值 ΔL_a^*

(a) δ=0.4mm；(b) δ=0.6mm；(c) δ=0.8mm；(d) δ=1.0mm

$$L_{ef}=L_a+\frac{\Delta L_{a1}^*+\Delta L_{a2}^*}{2}(h_m+\delta) \tag{3-26}$$

3. 漏磁系数的确定

永磁磁极产生的磁通分为两部分：一部分通过气隙与电枢绕组交链，称为主磁通；另一部分不与电枢绕组交链，称为漏磁通。总磁通与主磁通的比值称为漏磁系数 σ。

在永磁电机中，漏磁系数的准确与否直接影响电磁计算的准确性。影响漏磁系数 σ 的因素很多，且漏磁场分布复杂，难以精确考虑。在工程计算中，漏磁系数一般根据永磁材料和磁极结构凭经验选取，给磁路计算带来了较大的人为误差。可将表面式永磁电机的漏磁分为两部分：一部分存在于电枢铁心长度范围内，另一部分存在于电枢铁心长度之外，采用数值解法，分别得到极间漏磁系数和端部漏磁系数[1]。

(1) 极间漏磁系数 σ_2。以极弧系数 α_p、磁极高度与气隙长度之比 h_m/δ 和气隙长度与极距之比 δ/τ 为变量，采用有限元法计算了不同磁极形状和充磁方式时的极间漏磁系数 $\sigma_2=f(\alpha_p, h_m/\delta, \delta/\tau)$。图 3-22～图 3-26 分别为径向充磁瓦片形磁极、平行充磁瓦片形磁极、两边平行瓦片形磁极、平行充磁等半径瓦片形磁极、径向充磁等半径瓦片形磁极永磁电机的极间漏磁系数。

(2) 端部漏磁系数 σ_1。利用数值解法，可以方便地得到端部漏磁系数 σ_1，但主磁通 Φ_1 随磁极长度和电枢长度变化，端部漏磁系数 σ_1 也相应变化。为得到通用的确定方法，采用了单位端部漏磁系数 σ_1' 的概念[1]，定义为端部漏磁通与电枢单位计算长度内主磁通 Φ_1/L_{ef} 之比，则 σ_1' 与端部漏磁系数 σ_1 的关系为

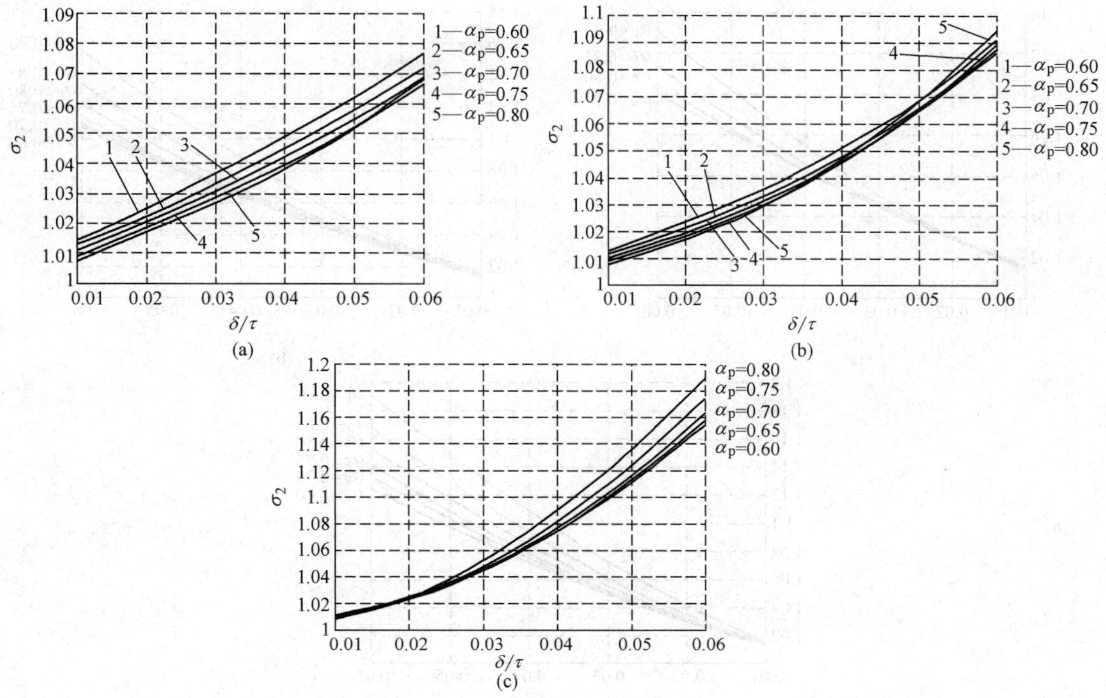

图 3-22 径向充磁瓦片形磁极永磁直流电机的极间漏磁系数 $\sigma_2=f$（α_p，h_m/δ，δ/τ）

（a）$h_m/\delta=2$；（b）$h_m/\delta=4$；（c）$h_m/\delta=8$

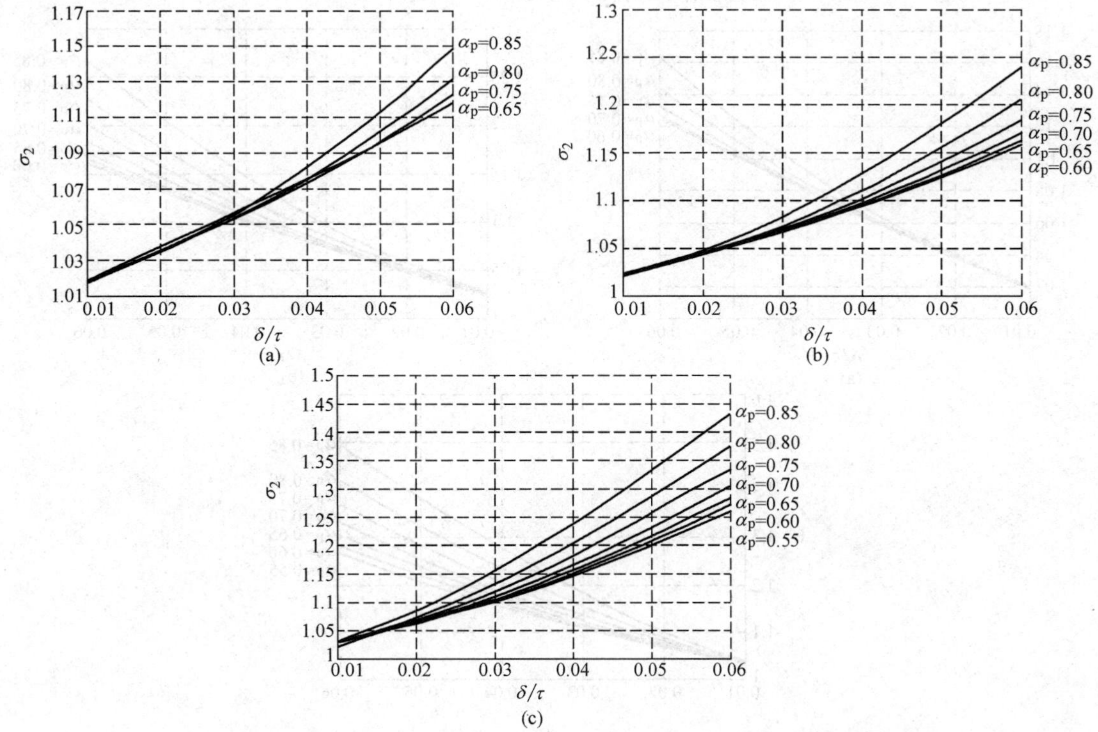

图 3-23 平行充磁瓦片形磁极永磁直流电机的极间漏磁系数 $\sigma_2=f$（α_p，h_m/δ，δ/τ）

（a）$h_m/\delta=2$；（b）$h_m/\delta=4$；（c）$h_m/\delta=8$

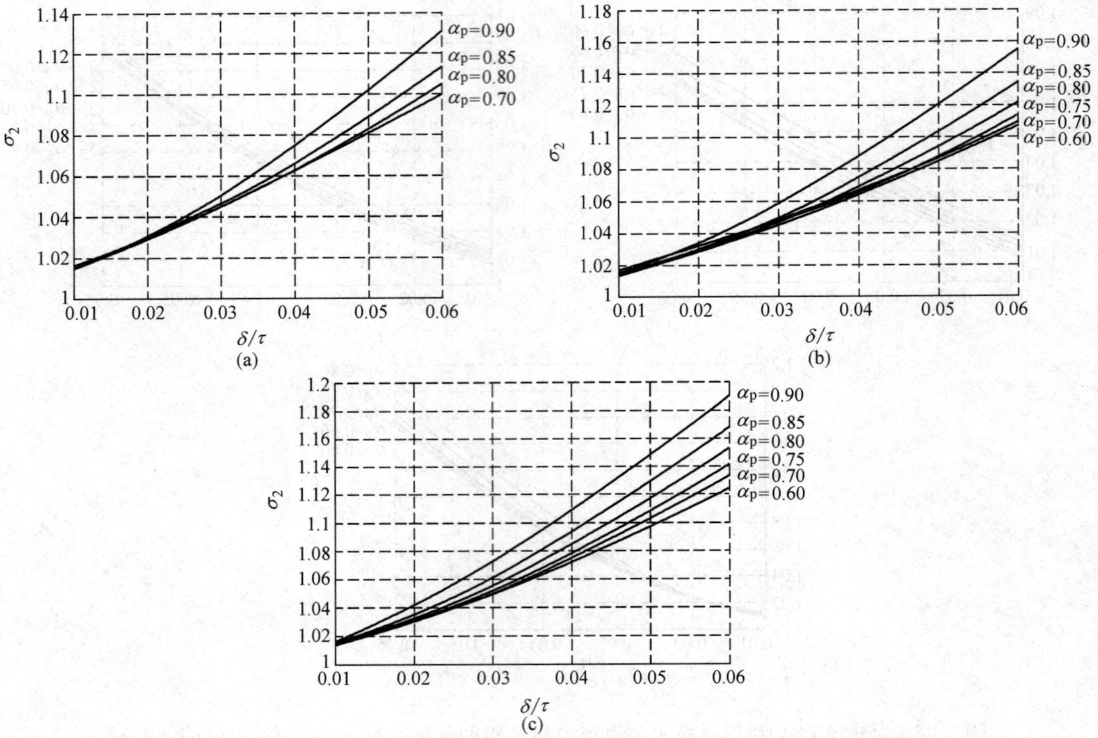

图 3-24 两边平行瓦片形磁极永磁直流电机的极间漏磁系数 $\sigma_2=f$ (α_p, h_m/δ, δ/τ)

(a) $h_m/\delta=2$; (b) $h_m/\delta=4$; (c) $h_m/\delta=8$

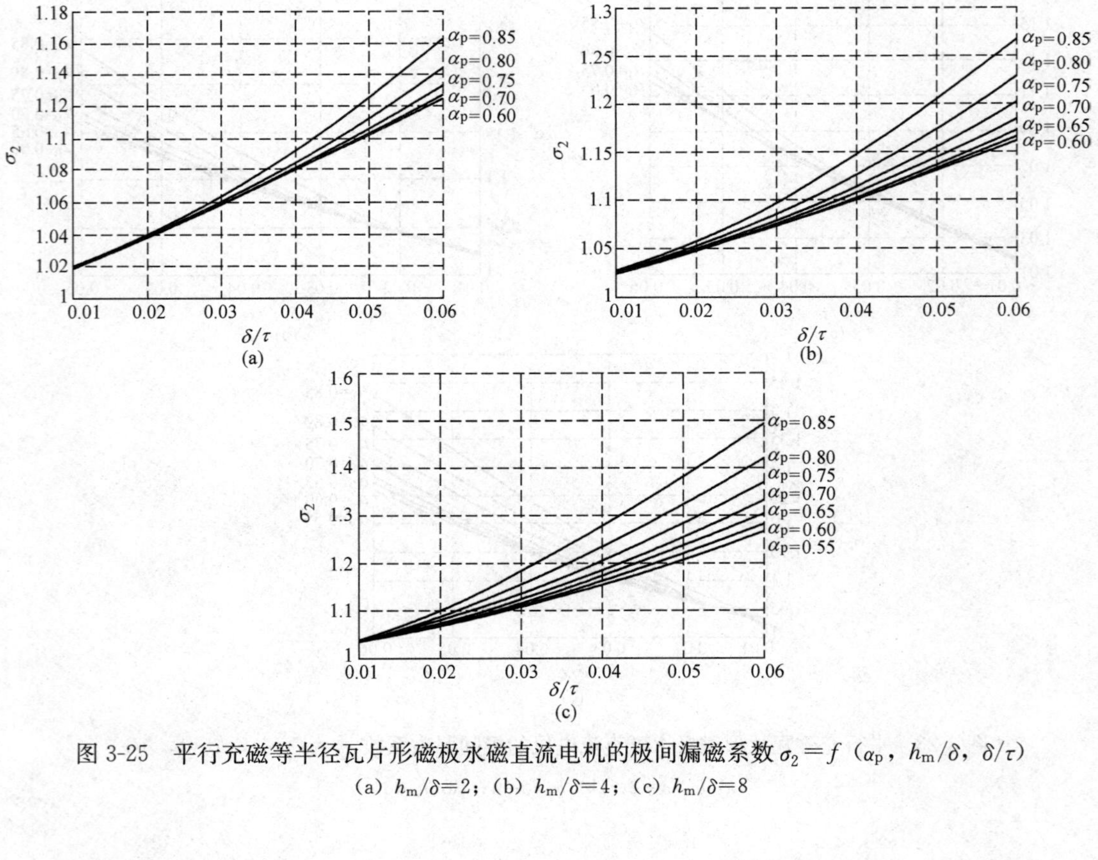

图 3-25 平行充磁等半径瓦片形磁极永磁直流电机的极间漏磁系数 $\sigma_2=f$ (α_p, h_m/δ, δ/τ)

(a) $h_m/\delta=2$; (b) $h_m/\delta=4$; (c) $h_m/\delta=8$

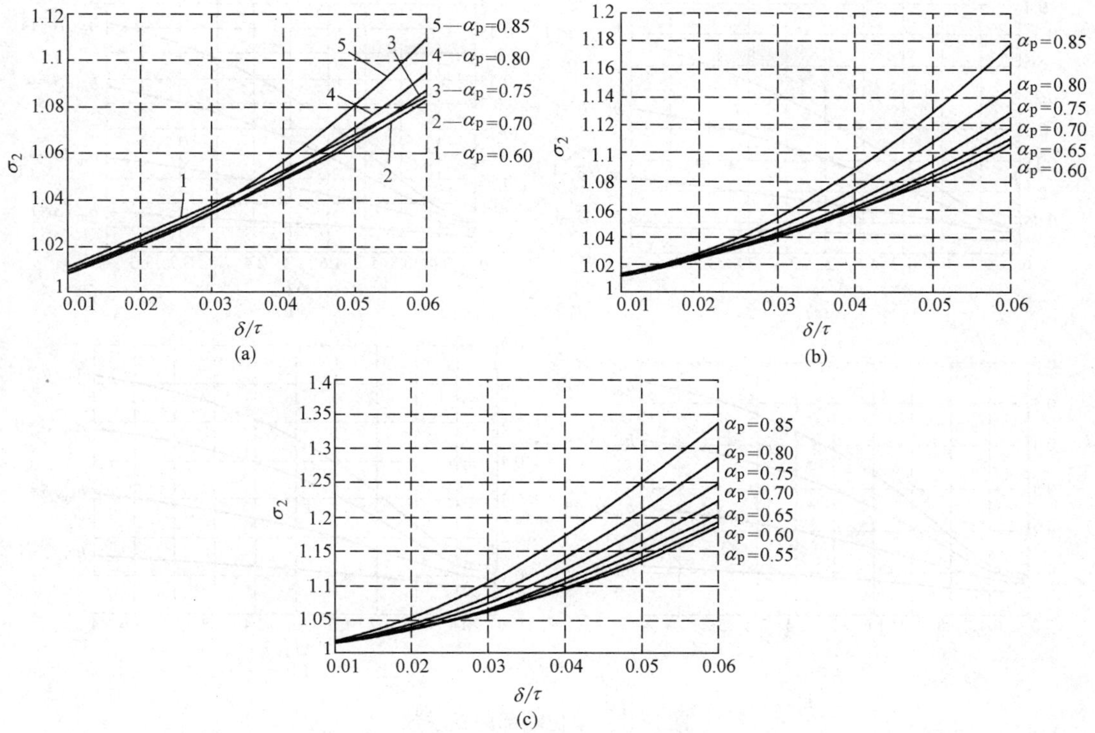

图 3-26　径向充磁等半径瓦片形磁极永磁直流电机的极间漏磁系数 $\sigma_2=f$（α_p，h_m/δ，δ/τ）

（a）$h_m/\delta=2$；（b）$h_m/\delta=4$；（c）$h_m/\delta=8$

$$\sigma_1=1+\frac{\sigma_1'}{L_{ef}} \tag{3-27}$$

式中，L_{ef}的单位为 mm。

用单位端部漏磁系数 σ_1'考虑端部漏磁的前提是：单位端部漏磁系数基本不随电枢长度变化而变化。为此，计算了气隙长度 $\delta=0.6$mm、$h_m/\delta=14$、永磁体轴向外伸的相对值 $\Delta L_m^*=1.2$ 时，对应不同电枢铁心长度的单位端部漏磁系数，见表 3-2。从表中可以看出：电枢铁心长度在 30～80mm 之间变化时，单位端部漏磁系数变化了 3.86％。因此，可以近似认为单位端部漏磁系数不随电枢铁心长度变化而变化。

表 3-2　不同电枢铁心长度的单位端部漏磁系数

电枢铁心长度/mm	30	40	50	60	70	80
单位端部漏磁系数	0.2095	0.2113	0.2132	0.2153	0.2168	0.2176

以 ΔL_m^*、h_m/δ 和 δ 为变量，计算出单位端部漏磁系数，如图 3-27 所示。

在工程计算中，根据 L_m、L_a、h_m 和 δ 求得电枢铁心有效长度 L_{ef}和单位端部漏磁系数，进而根据式（3-27）得到端部漏磁系数。

（3）漏磁系数 σ。根据上述确定方法，得到极间漏磁系数 σ_2 和端部漏磁系数 σ_1，则电机的漏磁系数为

$$\sigma=k（\sigma_1+\sigma_2-1） \tag{3-28}$$

式中，k 为经验系数。

4. 气隙系数

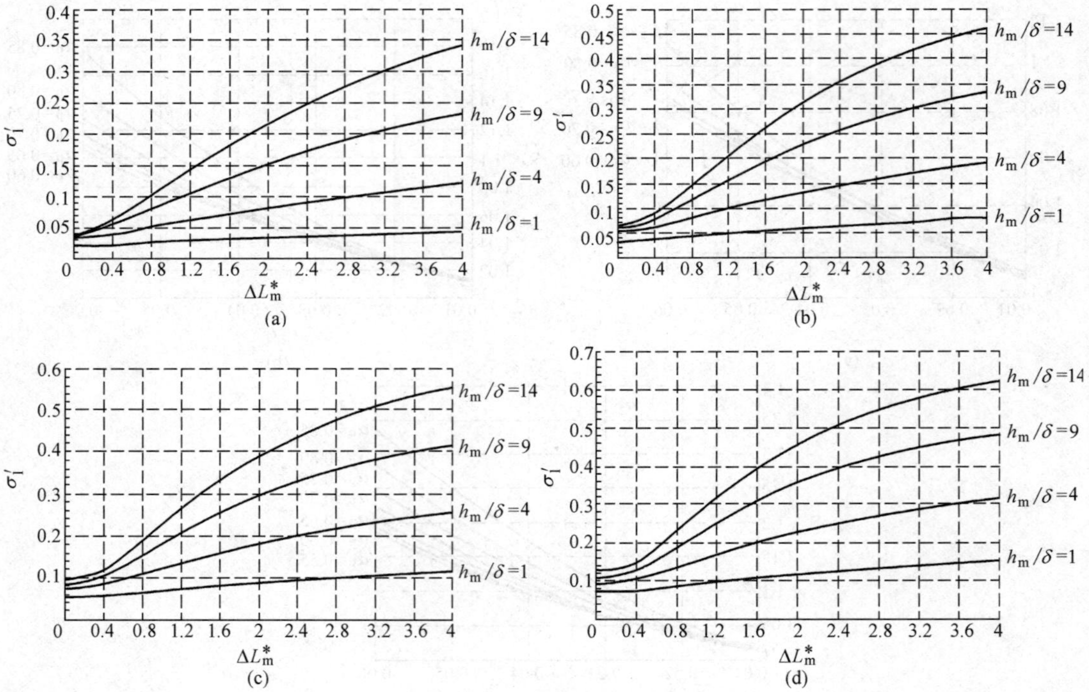

图 3-27 单位端部漏磁系数

(a) δ=0.4mm；(b) δ=0.6mm；(c) δ=0.8mm；(d) δ=1.0mm

当永磁体不直接面对空气隙时，气隙系数 K_δ 为

$$K_\delta=\frac{\delta_e}{\delta}=\frac{t}{t-\sigma_s b_s} \tag{3-29}$$

式中，δ_e 为有效气隙长度；t 为电枢齿距；b_s 为电枢槽口宽；σ_s 为槽宽缩减因子。

$$\sigma_s=\frac{2}{\pi}\left\{\arctan\left(\frac{b_s}{2\delta}\right)-\frac{\delta}{b_s}\ln\left[1+\left(\frac{b_s}{2\delta}\right)^2\right]\right\} \tag{3-30}$$

当永磁体直接面对空气隙时，式（3-30）虽可以使用，但不能直接使用。使用时，用 $h_m+\delta$ 代替式中的 δ，得

$$K_{\delta m}=\frac{t}{t-\sigma_{sm}b_s} \tag{3-31}$$

式中

$$\sigma_{sm}=\frac{2}{\pi}\left\{\arctan\left(\frac{1}{2}\frac{b_s}{\delta+h_m}\right)-\frac{\delta+h_m}{b_s}\ln\left[1+\left(\frac{1}{2}\frac{b_s}{\delta+h_m}\right)^2\right]\right\} \tag{3-32}$$

有效气隙为

$$\delta_e=K_{\delta m}(h_m+\delta)-h_m \tag{3-33}$$

气隙系数为

$$K_\delta=\frac{\delta_e}{\delta}=K_{\delta m}\left(\frac{h_m}{\delta}+1\right)-\frac{h_m}{\delta} \tag{3-34}$$

四、永磁电机主磁路特性的计算

通常情况下，永磁电机的主磁路包括空气隙、定（转）子齿、定（转）子轭等几部分，

磁路计算的目的就是计算出这些磁路上的总磁压降 F 与主磁通 Φ_δ 的关系 $\Phi_\delta=f(F)$，即外磁路的空载特性。一般遵循以下步骤：

（1）确定气隙磁通。对于结构数据一定的永磁电机，每极主磁通 Φ'_δ 可如下粗略确定

$$\Phi'_\delta=b_m L_m B'_k \tag{3-35}$$

式中，b_m 为每极永磁体的总宽度；L_m 为永磁体的轴向长度；B'_k 为永磁体的预估工作点，可如下选取

$$B'_k=B_r\frac{h_m}{h_m+\delta} \tag{3-36}$$

（2）选取不同的磁通 $\Phi_\delta=$（0.2、0.3、0.4、0.5、0.6、0.7、0.8、0.9、0.95、1.0、1.05、1.1、1.15、1.2、1.25）Φ'_δ，计算相应的主磁路总磁压降。

对于永磁磁极在定子内表面的电机，如永磁直流电机，其总磁压降为

$$F=F_\delta+F_{t2}+F_{j1}+F_{j2} \tag{3-37}$$

式中，F_{t2} 为转子齿磁压降；F_{j1}、F_{j2} 分别为定、转子轭部磁压降。

对于永磁磁极在转子上、转子无齿槽的电机，如无刷直流电机和调速永磁同步电动机，其总磁压降为

$$F=F_\delta+F_{t1}+F_{j1}+F_{j2} \tag{3-38}$$

式中，F_{t1} 为定子齿磁压降。

对于永磁磁极在转子内部、转子有齿槽的电机，如异步起动永磁同步电动机，其总磁压降为

$$F=F_\delta+F_{t1}+F_{t2}+F_{j1}+F_{j2} \tag{3-39}$$

曲线 $\Phi_\delta=f(F)$ 就是所要求的主磁路空载特性。由于主磁路的磁通与相应磁动势的比值就是主磁路的磁导 Λ_δ，可以方便地得到 $\Lambda_\delta=f(F)$。

五、永磁电机漏磁路的计算

由空载漏磁系数的定义可知

$$\sigma=\frac{\Phi_\delta+\Phi_\sigma}{\Phi_\delta} \tag{3-40}$$

因而有

$$(\sigma-1)\Phi_\delta=\Phi_\sigma \tag{3-41}$$

两边同除以磁压降 F，有

$$(\sigma-1)\frac{\Phi_\delta}{F}=\frac{\Phi_\sigma}{F} \tag{3-42}$$

故

$$\Lambda_\sigma=(\sigma-1)\Lambda_\delta \tag{3-43}$$

因此可以通过主磁导和漏磁系数确定漏磁导，漏磁路的磁化特性曲线为 $\Phi_\sigma=\Lambda_\sigma F$。

六、永磁电机的等效磁路

当电机带负载运行时，电枢绕组中的电流产生电枢反应磁场，其中的直轴电枢反应磁动势 F_{ad} 经过主磁路作用在永磁体上，对永磁体有助磁或去磁作用。因此，主磁路和电枢反应可用主磁路的磁阻和直轴电枢反应磁动势 F_{ad} 的串联来表示（当 F_{ad} 为正时，起去磁作用；当 F_{ad} 为负时，起助磁作用），漏磁路用其磁阻表示，主磁路和漏磁路并联，得到图 3-28（a）

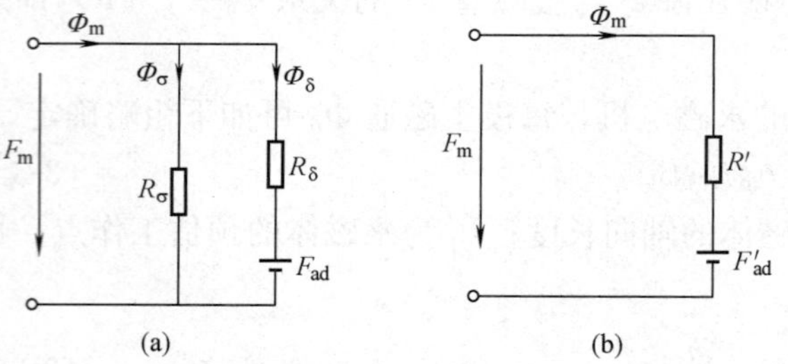

图 3-28　外磁路的等效磁路

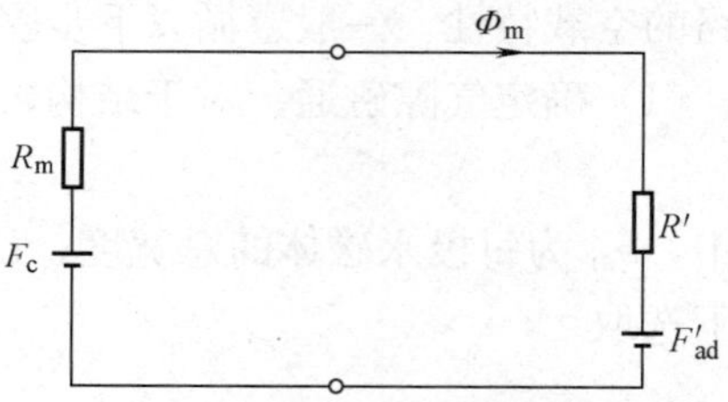

图 3-29　永磁电机的等效磁路

所示的外磁路等效磁路，其中 R_δ、R_σ 分别为主磁路和漏磁路的磁阻。为便于磁路分析，对该等效磁路进行简化，得到图 3-28（b）所示的等效磁路。两者之间的变换满足

$$\begin{cases} F'_{ad}=\dfrac{F_{ad}}{\sigma} \\ R'=\dfrac{R_\delta R_\sigma}{R_\delta+R_\sigma} \end{cases} \tag{3-44}$$

因永磁体提供的磁动势和磁通分别等于外磁路的磁压降和磁通，可将永磁体等效磁路和外磁路结合在一起，得到永磁电机的等效磁路，如图 3-29 所示。

第四节　永磁体工作图法

一、退磁曲线的近似计算[2]

进行永磁电机磁路计算时，需要永磁材料的退磁曲线。退磁曲线一般应由生产厂家提供，但生产厂家往往只给出 B_r、H_c 以及最大磁能积 $(BH)_{max}$ 对应的 B_d、H_d 等，这种情况下，只能根据这些数据推出相应的退磁曲线。由于材料种类繁多，退磁曲线差别很大，目前尚未有普遍适用的计算公式，只能进行近似估算。

对于大多数铁氧体和稀土永磁材料，退磁曲线可用式（3-8）表示。对于大多数各向同性永磁材料，退磁曲线近似估算中应用最多的公式是

$$B=B_r\frac{H_c-H}{H_c-a_0H} \tag{3-45}$$

式中，a_0 为与永磁材料退磁曲线形状有关的系数，通常采用如下方法估算

$$a_0=\frac{2\sqrt{\gamma}-1}{\gamma} \tag{3-46}$$

凸出系数 γ 的计算方法见第二章。当退磁曲线为直线时，$\gamma=0.25$，带入式（3-46）得 $a_0=0$，式（3-45）变成

$$B=B_r\left(1-\frac{H}{H_c}\right) \tag{3-47}$$

对于各向同性的永磁材料，采用式（3-45）进行近似计算，可取得较高的计算精度。但对于中等磁能积和中等矫顽力的各向异性材料，计算误差较大。若应用于高矫顽力的材料，特别是铁氧体，误差更大。

对于高矫顽力、大凸出系数的各向异性永磁材料，若已知 B_r、H_c、B_d、H_d，可按式（3-48）计算其退磁曲线

$$B=B_rK\frac{H_{cj}-H}{H_{cj}K-H}-\mu_0H \tag{3-48}$$

式中

$$H_{cj}=H_c\frac{1-\frac{d}{K}}{1-d} \tag{3-49}$$

$$K=\frac{(g+c)(d+f-c)-d}{g+f-1} \tag{3-50}$$

其中，$c=\mu_0\frac{H_d}{B_r}$；$d=\mu_0\frac{H_c}{B_r}$；$g=\frac{B_d}{B_r}$；$f=\frac{H_d}{H_c}$。

二、相对回复磁导率的近似计算[2]

在永磁材料中，回复线实际上是很窄的局部磁滞回线，通常用一条直线代替，其斜率就是回复磁导率。对于同一永磁材料退磁曲线上不同的磁感应强度值，回复磁导率有一定的差别。在工程实际中，一般假定相对回复磁导率为常数，采用以下经验公式计算

$$\mu_r=1+\frac{B_r}{\mu_0H_{cj}}ab \tag{3-51}$$

式中

$$a=0.635\left(\frac{K-1}{K}\right)^{0.423} \tag{3-52}$$

$$b=0.8+h[0.289+h(1.38-2.08h)] \tag{3-53}$$

$$h=K\frac{H_{cj}-H_d}{H_{cj}K-H_d} \tag{3-54}$$

三、永磁体工作图法

如前所述，在永磁电机中，永磁体向外磁路提供的磁动势和磁通分别等于外磁路上的磁动势和磁通，因此，永磁体的工作点取决于永磁体的特性和外磁路的特性。永磁体的特性用回复线描述，外磁路的特性用 $\Phi=f(F)$ 表示，二者的交点就是永磁体的工作点。具体步骤如下。

(1) 将退磁曲线 $B=f(H)$ 的横坐标乘以每对极永磁体充磁方向长度，纵坐标乘以提供每极磁通的永磁体面积，得到 $\Phi_m=f(F_m)$ 曲线，如图 3-30 (a) 所示。

(2) 确定回复线的位置和起点。永磁体的工作点是动态变化的，为保证电机工作性能稳定，将电机中可能出现的最大去磁点（F_k，Φ_k）作为回复线的起点，画出回复线。

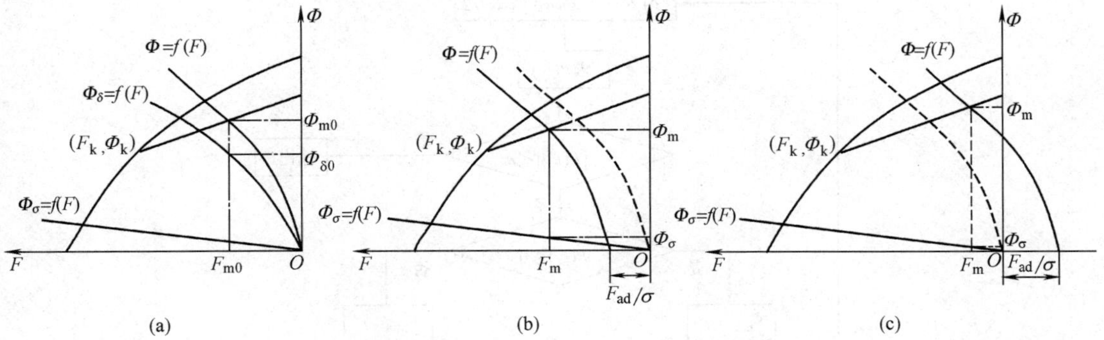

图 3-30　永磁体工作图法

(a) 空载工作图；(b) 电枢反应去磁时的工作图；(c) 电枢反应助磁时的工作图

（3）画出主磁路的特性曲线 $\Phi_\delta=f(F)$ 和漏磁路的特性曲线 $\Phi_\sigma=\Lambda_\sigma F$，将二者叠加，得到外磁路的合成特性曲线 $\Phi=f(F)$。它与回复线的交点就是永磁体的空载工作点，所对应的磁动势和磁通分别是空载时永磁体向外磁路提供的磁动势 F_{m0} 和磁通 Φ_{m0}，经过该点的垂线与主磁路特性曲线的交点为空载气隙磁通 $\Phi_{\delta0}$。

（4）负载运行时，存在电枢反应磁动势 F_a，其中的直轴分量 F_{ad} 对永磁体有助磁或去磁作用，其对永磁体的等效磁动势为 $F'_{ad}=F_{ad}/\sigma$。当该磁动势起去磁作用时，将外磁路合成特性曲线向左平移 F_{ad}/σ，与回复线的交点就是永磁体的负载工作点，如图 3-30（b）所示；当该磁动势起助磁作用时，将外磁路合成特性曲线向右平移 F_{ad}/σ，与回复线的交点就是永磁体的负载工作点，如图 3-30（c）所示。工作点所对应的磁动势和磁通分别是负载时永磁体向外磁路提供的磁动势 F_m 和磁通 Φ_m，经过该点的垂线与漏磁路特性曲线的交点所对应的磁通就是漏磁通 Φ_σ，气隙磁通 $\Phi_\delta=\Phi_m-\Phi_\sigma$。

四、用计算机求解永磁体工作图

在永磁体工作图中，回复线为一直线，当最大去磁磁动势和回复磁导率确定后，可以用一个线性方程表示，而外磁路的工作特性是曲线 $\Phi=f(F)$，因此空载工作点的求解可归结为求解以下非线性方程组

$$\begin{cases}\Phi=\mu_{rec}\dfrac{A_m}{h_m}(F_k-F)+\Phi_k\\ \Phi=f(F)\end{cases}\tag{3-55}$$

为求解这一方程组，构造一个新函数

$$P(F)=\mu_{rec}\frac{A_m}{h_m}(F_k-F)+\Phi_k-f(F)\tag{3-56}$$

方程 $P(F)=0$ 的解就是方程组（3-55）的解，通常采用对分法求解。具体步骤如下：初步确定解所在的区间，以该区间的中点作为第一个迭代点代入式（3-56）进行计算，若计算结果与零相比超出允许的误差，则进行第二次迭代。每次迭代求解都以上次迭代点为解所在区间的新端点，舍去不包含解所在的那一段区间，再以新区间的中点为迭代点，不断进行迭代，直至区间缩小到规定精度之内，则认为求解成功，其流程图如图 3-31 所示。

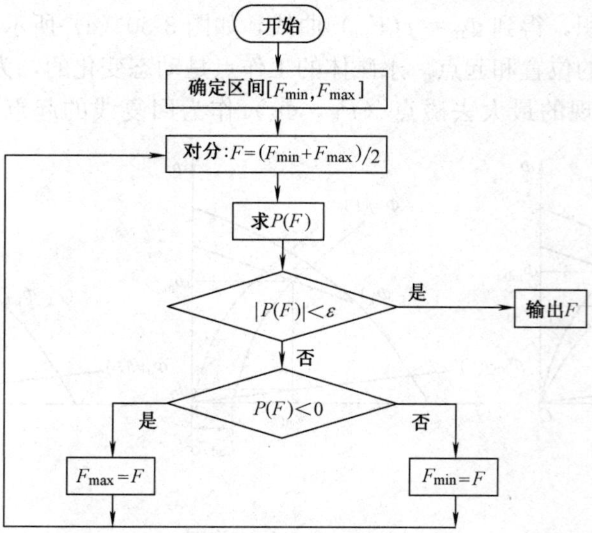

图 3-31　计算机求解永磁体工作点的流程图

同理，负载工作点的求解可归结为求解以下非线性方程组

$$\begin{cases}\Phi=\mu_{\mathrm{rec}}\dfrac{A_{\mathrm{m}}}{h_{\mathrm{m}}}(F_{\mathrm{k}}-F)+\Phi_{\mathrm{k}}\\ \Phi=f(F-F'_{\mathrm{ad}})\end{cases}\tag{3-57}$$

为求解这一方程组，构造一个新函数

$$P(F)=\mu_{\mathrm{rec}}\frac{A_{\mathrm{m}}}{h_{\mathrm{m}}}(F_{\mathrm{k}}-F)+\Phi_{\mathrm{k}}-f(F-F'_{\mathrm{ad}})\tag{3-58}$$

用同样的方法可求解负载工作点。

第五节　永磁体工作点的解析法[3]

在电机的工程计算中，有时不用各种物理量（如电压、电流、功率等）的实际值进行计算，而是采用标幺值。所谓标幺值就是某一物理量的实际值与所选定的同单位物理量的基值之比，即

$$标幺值=\frac{实际值}{基值}\tag{3-59}$$

标幺值是两个相同单位的物理量之比，没有量纲。

在进行磁路计算时，也可以采用标幺值，这样可使磁路计算大大简化。

一、磁路计算中基值的选取

应用标幺值，首先要选定物理量的基值。基值用该物理量符号加下标“b”表示，如磁密 B 的基值用 B_{b} 表示。在永磁电机磁路计算中，最基本的两个基值是磁通密度基值 B_{b} 和磁场强度基值 H_{b}

$$\begin{cases}B_{\mathrm{b}}=B_{\mathrm{r}}\\ H_{\mathrm{b}}=H_{\mathrm{c}}\end{cases}\tag{3-60}$$

其他物理量的基值，如磁通基值 Φ_{b}、磁动势基值 F_{b}、磁导基值 Λ_{b} 和磁阻基值 R_{b} 可以根据这两个基值求得

$$\begin{cases}\Phi_{\mathrm{b}}=\Phi_{\mathrm{r}}=B_{\mathrm{r}}A_{\mathrm{m}}\times10^{-4}\\ F_{\mathrm{b}}=H_{\mathrm{c}}h_{\mathrm{m1}}\times10^{-2}=F_{\mathrm{c}}\\ \Lambda_{\mathrm{b}}=\dfrac{\Phi_{\mathrm{b}}}{F_{\mathrm{b}}}=\dfrac{\Phi_{\mathrm{r}}}{F_{\mathrm{c}}}=\dfrac{B_{\mathrm{r}}A_{\mathrm{m}}\times10^{-4}}{H_{\mathrm{c}}h_{\mathrm{m1}}\times10^{-2}}=\mu_0\mu_{\mathrm{r}}\dfrac{A_{\mathrm{m}}}{h_{\mathrm{m1}}}\times10^{-2}=\Lambda_{\mathrm{m}}\\ R_{\mathrm{b}}=R_{\mathrm{m}}\end{cases}\tag{3-61}$$

式中，h_{m1} 永磁体充磁方向长度。若所计算的磁路为一对极的范围，则 h_{m1} 为一对极永磁体充磁方向长度；若所计算的磁路为一个极的范围，则 h_{m1} 为一个极永磁体充磁方向长度。

二、标幺值的计算

各物理量的标幺值用相应的小写字母表示。磁通的标幺值为

$$\begin{cases}\varphi_m=\dfrac{\Phi_m}{\Phi_r}=\dfrac{B_m}{B_r}=b_m\\\varphi_r=\dfrac{\Phi_r}{\Phi_r}=\dfrac{B_r}{B_r}=b_r=1\end{cases}\tag{3-62}$$

磁动势的标幺值为

$$\begin{cases}f_m=\dfrac{F_m}{F_c}=\dfrac{H_m}{H_c}=h_m\\f'_{ad}=\dfrac{F'_{ad}}{F_c}=\dfrac{H'_{ad}}{H_c}=h'_{ad}\\f_c=\dfrac{F_c}{F_c}=\dfrac{H_c}{H_c}=h_c=1\end{cases}\tag{3-63}$$

磁导的标幺值为

$$\begin{cases}\lambda_\delta=\dfrac{\Lambda_\delta}{\Lambda_b}\\\lambda_m=\dfrac{\Lambda_m}{\Lambda_b}=1\\\lambda_\sigma=\dfrac{\Lambda_\sigma}{\Lambda_b}\end{cases}\tag{3-64}$$

磁密和磁场强度的标幺值分别为

$$\begin{cases}b=\dfrac{B}{B_r}\\h=\dfrac{H}{H_c}\end{cases}\tag{3-65}$$

直线的退磁曲线可表示为

$$F_m=F_c-R_m\Phi_m=F_c-\frac{\Phi_m}{\Lambda_m}\tag{3-66}$$

用标幺值表示为

$$f_m=\frac{F_m}{F_b}=\frac{F_c-\dfrac{\Phi_m}{\Lambda_m}}{F_b}=\frac{F_c}{F_b}-\frac{\Phi_m}{\Lambda_m}\frac{\Lambda_b}{\Phi_b}=1-\varphi_m\tag{3-67}$$

即

$$f_m=1-\varphi_m\tag{3-68}$$

或

$$h_m=1-b_m\tag{3-69}$$

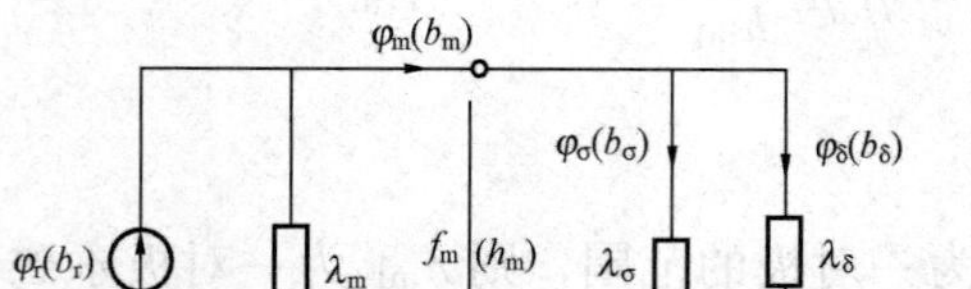

图 3-32　用标幺值表示的永磁电机等效磁路

三、基于标幺值的等效磁路

根据上述的基值选取方法和标幺值计算方法，可得到用标幺值表示的永磁电机等效磁路，如图 3-32 所示。

四、基于标幺值的磁路解析计算

当磁路不饱和时，λ_δ、λ_σ、λ_n 都是常数，可以直接用解析法求解磁路。当磁路饱和时，λ_σ 不变，λ_δ 和 λ_n 随磁路饱和程度的变化而变化，

不再是常数，但当磁路饱和程度不很高时，λ_δ 和 λ_n 变化不大，可认为是额定负载时的 λ_δ 和 λ_n，也可以用解析法求解磁路。

1. 空载时

电机空载时，可认为没有电枢反应磁动势，永磁体产生的磁动势和磁通的标幺值满足

$$f_{m0} = 1 - \varphi_{m0} \tag{3-70}$$

外磁路满足

$$\frac{\varphi_{m0}}{f_{m0}} = \lambda_\delta + \lambda_\sigma = \lambda_n \tag{3-71}$$

将上面两式联立求解得

$$\begin{cases} \varphi_{m0} = \dfrac{\lambda_n}{\lambda_n + 1} = b_{m0} \\ f_{m0} = \dfrac{1}{\lambda_n + 1} = h_{m0} \end{cases} \tag{3-72}$$

（b_{m0}，h_{m0}）就是永磁体的空载工作点，据此可得到空载时永磁体产生的总磁通 Φ_{m0}、漏磁通 $\Phi_{\sigma0}$ 和气隙主磁通 $\Phi_{\delta0}$

$$\begin{cases} \Phi_{m0} = b_{m0} B_r A_m \times 10^{-4} \\ \Phi_{\sigma0} = h_{m0} \lambda_\sigma B_r A_m \times 10^{-4} \\ \Phi_{\delta0} = \Phi_{m0} - \Phi_{\sigma0} \end{cases} \tag{3-73}$$

单位都为 Wb。

2. 负载时

电机负载时，存在电枢反应磁动势 f'_{ad}，此时磁路满足

$$\begin{cases} f_{mN} = 1 - \varphi_{mN} \\ \dfrac{\varphi_{mN}}{f_{mN} - f'_{ad}} = \lambda_n \end{cases} \tag{3-74}$$

求解得

$$\begin{cases} \varphi_{mN} = \dfrac{\lambda_n (1 - f'_{ad})}{\lambda_n + 1} = b_{mN} \\ f_{mN} = \dfrac{1 + \lambda_n f'_{ad}}{\lambda_n + 1} = h_{mN} \end{cases} \tag{3-75}$$

b_{mN}、h_{mN} 就是永磁体的负载工作点，据此可得到负载时永磁体产生的总磁通 Φ_{mN}、漏磁通 $\Phi_{\sigma N}$ 和气隙磁通 $\Phi_{\delta N}$。

$$\begin{cases} \Phi_{mN} = b_{mN} B_r A_m \times 10^{-4} \\ \Phi_{\sigma N} = h_{mN} \lambda_\sigma B_r A_m \times 10^{-4} \\ \Phi_{\delta N} = \Phi_{mN} - \Phi_{\sigma N} \end{cases} \tag{3-76}$$

五、标幺值的优点

在磁路计算中采用标幺值，具有以下优点：

（1）用标幺值表示时，不论电机容量大小，各磁路参数和典型数据都在一定范围内，便于比较和分析。例如，对于表面式永磁电机，气隙磁密的标幺值 b_δ 一般为 0.6～0.9。

（2）采用标幺值后，各物理量的数值简化了，计算很方便。同时，采用标幺值后，某些

物理量还具有相同的数值，例如气隙磁密的标幺值等于气隙磁通的标幺值。

第六节　永磁电机的磁路设计

磁路设计就是根据对磁场的要求，合理地选择磁路的参数和材料，设计出工艺上可行、特性满足要求、经济性好、能充分发挥材料性能的磁路。对于给定的磁路，可以唯一地得到其磁路特性。但是，若给定磁路特性要求，则可能有很多个磁路满足要求，而设计的目的就是找到一个满足要求的磁路。一般的设计过程是这样的：首先根据磁路特性的要求，初步确定其大致的磁路结构，确定各部分磁路的尺寸和材料，然后采用合适的磁路计算方法计算磁路的特性。若计算结果与性能要求之间的误差在允许范围内，则磁路设计完成；若超出允许范围，需要调整磁路的尺寸，甚至改变材料和磁路结构，直至得到合理的磁路。因此，磁路设计主要在于确定磁路总体结构、磁路的尺寸和相应材料的选择。

电励磁电机的磁路设计已经比较成熟，有关论述也很多。永磁电机与电励磁电机磁路设计的不同在于永磁体的设计。现代永磁电机中，稀土永磁应用广泛，但价格高，因此在进行磁路设计时应充分发挥永磁材料的作用，用尽可能少的永磁体获得所需要的特性，磁路设计的关键在于永磁材料的选择和工作点的设计。

一、永磁体的选择

常用永磁材料的特性已在第二章中进行了论述。永磁体及其性能多种多样，如何选择合适的永磁材料直接关系到电机的性能和经济性。永磁体的选择应满足以下要求：

（1）永磁体应能在指定的工作空间内产生所需要的磁场。

（2）永磁体所建立的磁场应具有一定的稳定性，磁性能随工作温度和环境的变化应在允许的范围内。

（3）具有良好的耐腐蚀性能。

（4）具有较好的力学特性，如韧性好、抗压强度高、可加工等。

（5）价格合理，经济性好。

具体到永磁电机中，各类永磁体的使用范围如下：

（1）铁氧体永磁适合于对电机体积、重量和性能要求不高，而对电机的经济性要求高的场合。近年来，随着钕铁硼永磁价格的降低和导磁、导电材料价格的提高，对于同一台电机，采用钕铁硼可以减小电机体积、降低铜铁材料的用量，有时在经济性上是划算的。在许多场合，铁氧体永磁有逐渐被钕铁硼永磁代替的趋势。

（2）铝镍钴永磁适合于对电机体积、重量和性能要求不高，但工作温度超过 300℃或要求温度稳定性好且电机的成本不高的场合，铝镍钴永磁在电机中的应用已经很少。

（3）钕铁硼永磁适合于对电机体积、重量和性能要求很高，工作环境温度不高，对永磁体温度稳定性要求不高的场合。

（4）稀土钴永磁适合于对电机体积、重量和性能要求高，工作环境温度高，要求温度稳定性好，制造成本不是主要考虑因素的场合。

（5）粘结永磁材料适合于批量大、磁极形状复杂、电机性能要求不高的场合。

二、永磁体的设计

1. 永磁体的形状

永磁体的形状与所选择的磁极结构有关，对于表面式磁极结构，多采用瓦片形磁极；对于内置式磁极结构，多采用矩形永磁体。

2. 磁极的结构

在永磁电机中，经常会出现永磁体的串联和并联。类似于电路中电池的串、并联，将两块或多块永磁体的磁动势沿充磁方向串联，共同提供磁动势，此时磁路的磁动势为它们磁动势的和，而提供磁通的面积为一块永磁体的面积。将两块或多块永磁体沿充磁方向并联，共同提供磁通，磁通为它们磁通的和，而磁动势等于一块永磁体的磁动势。具体的磁路结构见后续各章。

三、永磁体尺寸的确定

对于永磁电机，假设其外磁路中每极总磁位降为 F，每极气隙磁位降为 F_δ，则

$$F=k_s F_\delta=k_s K_\delta \delta H_\delta \tag{3-77}$$

式中，k_s 为主磁路的饱和系数；H_δ 为气隙内的磁场强度。

根据磁路的欧姆定律，由永磁体和外磁路组成的闭合磁路满足

$$\begin{cases} F=Hh_m \\ \sigma\Phi_\delta=\Phi_m \end{cases} \tag{3-78}$$

即

$$\begin{cases} k_s K_\delta \delta H_\delta=Hh_m \\ \sigma B_\delta A_\delta=\sigma\mu_0 H_\delta A_\delta=BA_m \end{cases} \tag{3-79}$$

式中，B、H 分别为永磁体产生的磁密和磁场强度；B_δ 为气隙磁密；A_δ 为每极气隙的面积；A_m 为永磁体的面积。将式（3-79）中两方程相乘得

$$\sigma\mu_0 k_s K_\delta \delta A_\delta H_\delta^2=BHh_m A_m \tag{3-80}$$

因

$$\begin{cases} V_\delta=\delta A_\delta \\ V_m=A_m h_m \end{cases} \tag{3-81}$$

有

$$V_m=\frac{\sigma\mu_0 k_s K_\delta V_\delta H_\delta^2}{BH} \tag{3-82}$$

因此永磁体的体积取决于 B 和 H 的乘积，当工作点设计在最大磁能积点时，永磁体的体积最小。根据式（3-11），磁能积为

$$BH=H(B_r'-\mu_0\mu_r H) \tag{3-83}$$

在（$B_r'/2$，$H_c'/2$）有最大值，为 $B_r'H_c'/4$，因此永磁体的体积为

$$V_m=\frac{4\sigma\mu_0 k_s K_\delta V_\delta H_\delta^2}{B_r' H_c'} \tag{3-84}$$

将式（3-79）中两式的两边相除得

$$\frac{k_s K_\delta}{\sigma\mu_0}\frac{\delta}{A_\delta}=\frac{H}{B}\frac{h_m}{A_m} \tag{3-85}$$

因设计在最大磁能积点，有

$$\frac{h_m}{A_m}=\frac{k_s K_\delta}{\sigma\mu_0}\frac{B}{H}\frac{\delta}{A_\delta}=\frac{k_s K_\delta}{\sigma\mu_0}\frac{B_r'}{H_c'}\frac{\delta}{A_\delta} \tag{3-86}$$

将式（3-84）和式（3-86）联立求解，就可以确定永磁体的面积和厚度。

永磁的厚度为

$$h_m = \frac{2k_s K_\delta B_\delta \delta}{\mu_0 H_c'} \tag{3-87}$$

则永磁体的面积为

$$A_m = \frac{2\sigma A_\delta B_\delta}{B_r'} \tag{3-88}$$

利用式(3-87)和式(3-88)可粗略估算永磁体的尺寸。但必须指出，在实际应用中，受其他因素的影响，工作点并不一定设计在最大磁能积点，而是往往设计在(0.65～0.85)B_r，这是因为：①必须保证出现最大去磁磁动势时永磁体的工作点在退磁曲线的拐点以上，并有一定的裕度；②永磁体体积最小的设计不一定是电机的最佳设计，在进行永磁电机设计时，必须综合考虑电机整体的性能和经济性，使设计最佳。

四、表面式永磁电机气隙磁密的估算

根据式（3-79），有

$$k_s K_\delta \delta H_\delta = H h_m \tag{3-89}$$

对于退磁曲线为直线或上部为直线的永磁体，有

$$H = \frac{B_r - B}{\mu_0 \mu_r} \tag{3-90}$$

对于表面式永磁电机，考虑到漏磁，有 $B = \sigma B_\delta$，将其和式（3-90）一起代入式（3-89）并整理得

$$B_\delta = B_r \frac{h_m}{\sigma h_m + \mu_r k_s K_\delta \delta} \tag{3-91}$$

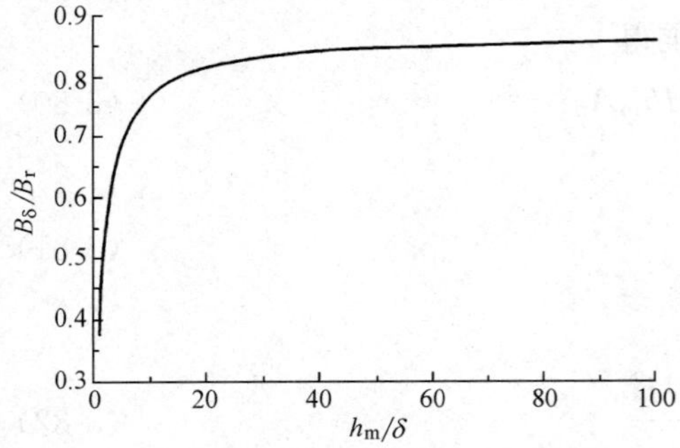

图 3-33　B_δ/B_r 随 h_m/δ 的关系曲线

在估算时，可粗略选取 k_s、K_δ、σ。例如一台永磁电机，永磁体相对回复磁导率为 μ_r = 1.05，取 k_s = 1.2、K_δ = 1.2、σ = 1.15，则 B_δ/B_r 与 h_m/δ 的关系曲线如图 3-33 所示。可以看出，当永磁体充磁方向长度增大到一定程度后，气隙磁密随充磁方向长度增加而增大很少。

若忽略饱和、漏磁、齿槽效应的影响，并假设永磁体的磁导率与空气相同，则

$$B_\delta = B_r \frac{h_m}{h_m + \delta} \tag{3-92}$$

参 考 文 献

[1]　王秀和．永磁起动机电机设计研究及电机设计专家系统［D］．沈阳：沈阳工业大学，1996.

[2]　林其壬，赵佑民．磁路设计原理［M］．北京：机械工业出版社，1987.

[3]　张世远，路权，薛荣华，等．磁性材料基础［M］．北京：科学出版社，1988.

[4]　王会宗．磁性材料及其应用［M］．北京：国防工业出版社，1989.

[5]　唐任远．现代永磁电机［M］．北京：机械工业出版社，1997.

[6]　李钟明，刘卫国．稀土永磁电机［M］．北京：国防工业出版社，1999.

[7]　孙昌志．钕铁硼永磁电机［M］．沈阳：辽宁科技出版社，1997.

第四章　永磁电机的磁场分析

常规电机的设计通常采用磁路的计算方法，引入一些修正系数，如气隙系数等，将电机中复杂的磁场问题进行简化和近似，转化为一些集中参数，如电抗、磁动势、磁通等，再利用等效电路计算电机的性能。该方法方便、高效且基本满足工程设计的精度要求。

然而，随着电机技术的不断发展，新结构、新原理的电机不断出现，尤其是在永磁电机中，磁路结构灵活多样、磁场分布复杂，给磁路计算带来了较大的困难，难以得到准确的磁路计算结果。要保证设计计算的准确性，需要进行磁场的数值计算与分析。

电机磁场数值方法包括有限元法、有限差分法、边界单元法等，目前应用最广泛的是有限元法。有限元方法在 20 世纪 40 年代被提出，50 年代用于飞机设计，六七十年代应用到电磁工程领域。其突出的优点是：①适用于具有复杂边界形状或边界条件、含有复杂媒质的定解问题；②分析过程易于实现标准化，可得到通用的计算程序，且有较高的计算精度；③能求解非线性问题。因此有限元法特别适合于求解电机这类边界形状复杂、存在材料非线性的磁场问题。

本章首先阐述了有限元法的基本原理，然后介绍了永磁体的等效方法、场路耦合涡流场的计算方法、基于有限元分析的电机参数计算方法等，最后介绍了电磁场逆问题的求解。

第一节　磁场的微分方程边值问题

一、位函数满足的偏微分方程

在分析磁场问题时，为了求出场量（如磁感应强度 $\boldsymbol{B}$）与场源（如电流、永磁体）之间的关系，通常引进位函数作为辅助变量，以减少变量数或使物理概念更加清晰。在磁场问题中，若求解区域内无电流，则可以用标量磁位 φ_{m} 作为位函数。但通常情况下，求解区域内存在电流，不能使用标量磁位，因此引入了矢量磁位 $\boldsymbol{A}$，它是空间坐标的函数，包含 3 个分量，其单位为 Wb/m。磁感应强度与矢量磁位之间满足

$$\boldsymbol{B}=\nabla\times\boldsymbol{A} \tag{4-1}$$

无论求解区域中是否存在电流，矢量磁位都适用。在稳定磁场中，有

$$\nabla\times\boldsymbol{H}=\boldsymbol{J}_0 \tag{4-2}$$

式中，$\boldsymbol{J}_0$ 为电流密度。

因此有

$$\nabla\times\boldsymbol{H}=\nabla\times\left(\frac{\boldsymbol{B}}{\mu}\right)=\frac{1}{\mu}\nabla\times(\nabla\times\boldsymbol{A})=\boldsymbol{J}_0 \tag{4-3}$$

即

$$\nabla\times(\nabla\times\boldsymbol{A})=\mu\boldsymbol{J}_0 \tag{4-4}$$

利用恒等式

$$\nabla\times(\nabla\times\boldsymbol{A})=\nabla(\nabla\cdot\boldsymbol{A})-\nabla^2\boldsymbol{A}=-\nabla^2\boldsymbol{A} \tag{4-5}$$

得

$$\nabla^2 \boldsymbol{A} = -\mu \boldsymbol{J}_0 \tag{4-6}$$

在直角坐标系中，有 $\boldsymbol{A}=A_x\boldsymbol{i}+A_y\boldsymbol{j}+A_z\boldsymbol{k}$，$\boldsymbol{J}_0=J_x\boldsymbol{i}+J_y\boldsymbol{j}+J_z\boldsymbol{k}$，式（4-6）可分解为以下 3 个标量方程

$$\begin{cases}\nabla^2 A_x = -\mu J_x \\ \nabla^2 A_y = -\mu J_y \\ \nabla^2 A_z = -\mu J_z\end{cases} \tag{4-7}$$

求得矢量磁位的各个分量后，便可得到磁感应强度的各个分量

$$\begin{cases}B_x = \dfrac{\partial A_z}{\partial y} - \dfrac{\partial A_y}{\partial z} \\ B_y = \dfrac{\partial A_x}{\partial z} - \dfrac{\partial A_z}{\partial x} \\ B_z = \dfrac{\partial A_y}{\partial x} - \dfrac{\partial A_x}{\partial y}\end{cases} \tag{4-8}$$

对于平行平面场，电流密度和矢量磁位只有 z 方向分量，$\boldsymbol{A}=A_z\boldsymbol{k}$，$\boldsymbol{J}_0=J_z\boldsymbol{k}$，可采用二维场求解，磁场只有 x 和 y 方向两个分量，则式（4-7）简化为

$$\nabla^2 A_z = \frac{\partial^2 A_z}{\partial x^2} + \frac{\partial^2 A_z}{\partial y^2} = -\mu J_z \tag{4-9}$$

这是关于 A_z 的泊松方程，磁感应强度各分量为

$$\begin{cases}B_x = \dfrac{\partial A_z}{\partial y} \\ B_y = -\dfrac{\partial A_z}{\partial x}\end{cases} \tag{4-10}$$

可以看出，磁场的分析可归结为以位函数为变量的偏微分方程的求解，但式（4-7）只是一个描述普遍规律的方程，有无穷多个解，不能唯一地确定具体的物理过程，必须有确定的边界条件才能使其解唯一。

二、边界条件的确定

所谓边界条件，就是表达场的边界所在位置物理状况的已知条件。在绝大多数应用场合中，磁场延伸到无穷远处，不存在边界，但为了简化问题的求解，引进了边界条件。电机中常用的边界条件有以下几类：

（1）第一类边界条件。边界上的物理条件规定了 A_z 在边界上的值，称为第一类边界条件，即

$$A_z|_s = f_1(s) \tag{4-11}$$

若边界上满足 $A_z=0$，称为第一类齐次边界条件。在求解电机的磁场问题时，由于绝大部分磁通都在电机内，通常取电机的外壳作为边界，满足第一类齐次边界条件。

（2）第二类边界条件。边界上的物理条件规定了 A_z 在边界上的法向导数值，称为第二类边界条件，即

$$\left.\frac{\partial A_z}{\partial n}\right|_s = f_2(s) \tag{4-12}$$

若边界上满足 $\partial A_z/\partial n=0$，称为第二类齐次边界条件。第二类齐次边界条件主要出现在磁力

线垂直通过边界的磁场问题中。在大多数电机中，第二类齐次边界条件主要出现在空载磁场中，图 4-1 所示为取一个极距的范围进行永磁直流电机空载磁场的求解，其边界 AB、CD 满足第二类齐次边界条件。

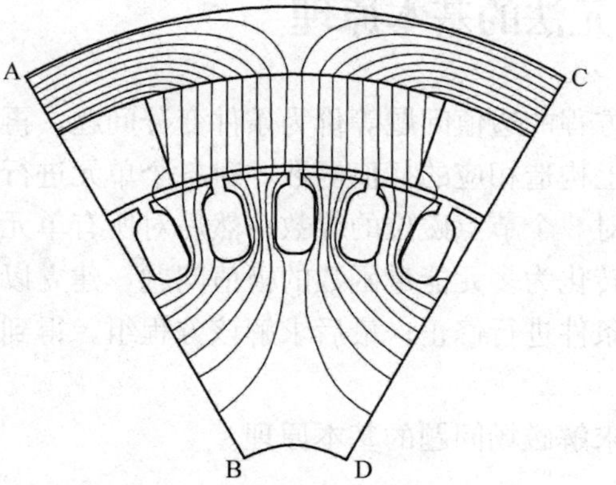

图 4-1　电机中第二类边界条件

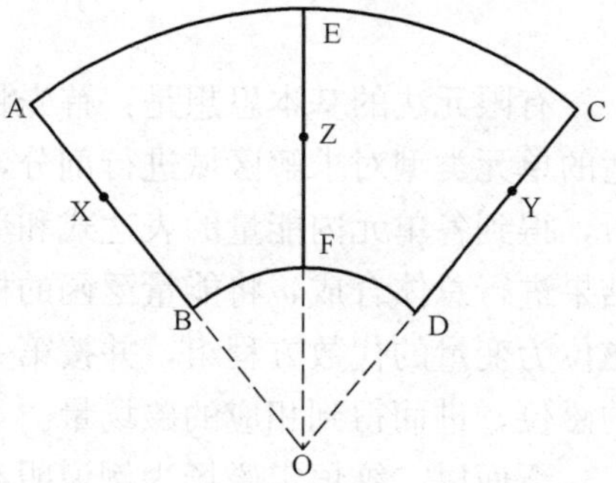

图 4-2　电机中的周期性边界条件

（3）周期性条件。电机中存在一对极或多对极，磁场分布以一个极距为周期变化，可以利用磁场的周期性条件缩小求解区域。如图 4-2 所示，作一条通过电机中心的相邻两磁极间的中心线 AB，再作一条与其相距两个极距（磁场的一个周期）的直线 CD，取这两条线段之间的区域 ABDCA为求解区域，则在这两条线段上的对应点 X 和 Y 满足：磁场的切向分量和径向分量分别大小相等、符号相同，称为整周期边界条件。如在上述两条线段之间的中心位置再作一条线段 EF，则可取线段 AB 和 EF 之间的区域 ABFEA 为求解区域，在 AB 和 EF 上的对应点 X 和 Z 满足：磁场的切向分量和径向分量分别大小相等、符号相反，称为半周期边界条件。

对于整周期边界条件，线段 AB 和 CD 上的对应点的 B_{n} 相等，因此有

$$\int_X^A B_{\mathrm{n}}\mathrm{d}t = \int_Y^C B_{\mathrm{n}}\mathrm{d}t \tag{4-13}$$

因此

$$A_{z\mathrm{A}} - A_{z\mathrm{X}} = A_{z\mathrm{C}} - A_{z\mathrm{Y}} \tag{4-14}$$

$\overset{\frown}{\mathrm{AC}}$为电机的外壳，满足 $A_{z\mathrm{A}} = A_{z\mathrm{C}} = 0$，则 $A_{z\mathrm{X}} = A_{z\mathrm{Y}}$，即对应点的磁位相等。

对于半周期边界条件，线段 AB 和 EF 对应点的 B_{n} 大小相等、符号相反，因此有

$$\int_X^A B_{\mathrm{n}}\mathrm{d}t = -\int_Z^E B_{\mathrm{n}}\mathrm{d}t \tag{4-15}$$

因此

$$A_{z\mathrm{A}} - A_{z\mathrm{X}} = A_{z\mathrm{Z}} - A_{z\mathrm{E}} \tag{4-16}$$

$\overset{\frown}{\mathrm{AE}}$为电机的外壳，满足 $A_{z\mathrm{A}} = A_{z\mathrm{E}} = 0$，则 $A_{z\mathrm{X}} = -A_{z\mathrm{Z}}$，即对应点的磁位大小相等、符号相反。

三、偏微分方程的边值问题

将磁场所满足的偏微分方程与边界条件结合起来，就可以唯一地确定磁场的分布，称为偏微分方程的边值问题。二维恒定磁场的偏微分方程边值问题为

$$\begin{cases} \dfrac{\partial^2 A_z}{\partial x^2} + \dfrac{\partial^2 A_z}{\partial y^2} = -\mu J_z \\ s_1 : A_z = A_{z0} \\ s_2 : \dfrac{1}{\mu}\dfrac{\partial A_z}{\partial n} = -H_{\mathrm{t}} \end{cases} \tag{4-17}$$

式中，s_1、s_2 分别为第一、二类边界；A_{z0} 为第一类边界上已知的 A_z 值；H_t 为第二类边界上的已知磁场强度切向分量。

第二节　有限元法的基本原理

有限元法的基本思想是：首先将偏微分方程的边值问题等价为条件变分问题；再利用合适的单元类型对求解区域进行剖分，在单元上构造相应的插值函数，对各个单元进行单元分析，得到各单元内能量的表达式和单元能量对 3 个节点磁位的导数；然后对所有单元的分析结果进行总体合成，将能量泛函的极值问题转化为多元能量函数的极值问题，建立以各节点磁位为变量的代数方程组，并按第一类边界条件进行修正；最后求解该方程组，得到各节点的磁位，进而得到相应的磁场量。

下面以二维恒定磁场为例说明有限元法求解磁场问题的基本原理。

一、条件变分问题

根据变分原理，可将偏微分方程的边值问题等价为条件变分问题，即能量泛函的极值问题。与式（4-17）对应的条件变分问题为

$$\begin{cases} W(A_z)=\iint\limits_{\Omega}\left\{\dfrac{1}{2\mu}\left[\left(\dfrac{\partial A_z}{\partial x}\right)^2+\left(\dfrac{\partial A_z}{\partial y}\right)^2\right]-J_zA_z\right\}\mathrm{d}x\mathrm{d}y+\int\limits_{s_2}H_tA_z\mathrm{d}s=\min \\ s_1：A_z=A_{z0} \end{cases} \tag{4-18}$$

由于 $W(A_z)$ 具有能量的量纲，称为能量泛函。

偏微分方程的边值问题等价为条件变分问题后，边界条件发生了变化，第一类边界条件仍作为附加条件列出，称为强加边界条件；第二类边界条件体现为一项线积分，自动满足，称为自然边界条件；求解区域内部媒质分界线上的边界条件也由能量泛函求极值自动满足，也是自然边界条件。自然边界条件不再在条件变分中列出。

二、剖分插值

剖分就是利用合适的单元类型将求解区域划分为有限个单元。在求解二维场时，普遍采用三节点三角形单元，将三角形的 3 个顶点作为节点，虽然精度稍差，但能满足一般工程问题的需要。有限元计算的精度取决于剖分的合理性和疏密程度，在进行剖分时，需注意以下问题：

（1）三角形单元不可重叠。

（2）对于边界或内部交界面上的三角形，只能有一条边在边界上。

（3）当边界或内部交界面为曲线时，用相应的折线段近似代替曲线段。

（4）任意一个三角形的顶点必须同时是其相邻三角形的顶点。

（5）若边界上有不同的边界条件，它们的交界点应是三角形的顶点。

（6）一个三角形的三条边的长度不要悬殊太大，尽量为锐角三角形。

（7）在场梯度较大的地方，剖分得细密些；而在场梯度较小的地方，剖分得稀疏些。

图 4-3 为一个三角形单元，三角形 3 个顶点（节点）逆时针方向编号。在三角形单元内部，任一点的磁位 A_z 可以通过以下的线性插值函数得到

$$A_z=\frac{1}{2\Delta}\left[(a_i+b_ix+c_iy)A_{zi}+(a_j+b_jx+c_jy)A_{zj}+(a_m+b_mx+c_my)A_{zm}\right] \tag{4-19}$$

式中

$$\begin{cases} a_i = x_j y_m - x_m y_j, & b_i = y_j - y_m, & c_i = x_m - x_j \\ a_j = x_m y_i - x_i y_m, & b_j = y_m - y_i, & c_j = x_i - x_m \\ a_m = x_i y_j - x_j y_i, & b_m = y_i - y_j, & c_m = x_j - x_i \end{cases} \tag{4-20}$$

$$\Delta = \frac{1}{2}\begin{vmatrix} 1 & x_i & y_i \\ 1 & x_j & y_j \\ 1 & x_m & y_m \end{vmatrix} = \frac{1}{2}(b_i c_j - b_j c_i) \tag{4-21}$$

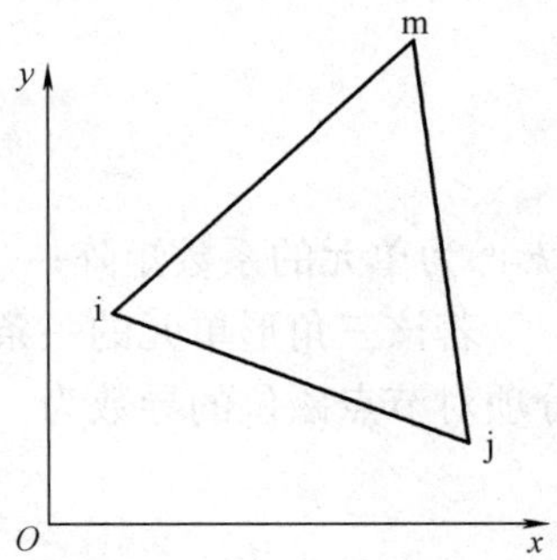

图 4-3　三角形单元

A_{zi}、A_{zj}、A_{zm}分别为节点 i、j、m 的矢量磁位值；(x_i, y_i)、(x_j, y_j)、(x_m, y_m) 分别为节点 i、j、m 的坐标。定义

$$\begin{cases} N_i(x,y) = \dfrac{a_i + b_i x + c_i y}{2\Delta} \\ N_j(x,y) = \dfrac{a_j + b_j x + c_j y}{2\Delta} \\ N_m(x,y) = \dfrac{a_m + b_m x + c_m y}{2\Delta} \end{cases} \tag{4-22}$$

则

$$A_z = N_i(x,y)A_{zi} + N_j(x,y)A_{zj} + N_m(x,y)A_{zm} \tag{4-23}$$

根据式 (4-19)，可得到磁感应强度的两个分量

$$\begin{cases} B_x = \dfrac{\partial A_z}{\partial y} = \dfrac{1}{2\Delta}(c_i A_{zi} + c_j A_{zj} + c_m A_{zm}) \\ B_y = -\dfrac{\partial A_z}{\partial x} = -\dfrac{1}{2\Delta}(b_i A_{zi} + b_j A_{zj} + b_m A_{zm}) \end{cases} \tag{4-24}$$

三、单元分析

对求解区域内的每一个单元，分别计算其能量函数对 3 个节点磁位的一阶导数。当该单元的所有边都不落在第二类边界上时，其能量泛函只有重积分，没有线积分。将式 (4-24) 代入式 (4-18)，并求能量泛函对 3 个节点磁位的导数，得

$$\begin{bmatrix} \partial W_e / \partial A_{zi} \\ \partial W_e / \partial A_{zj} \\ \partial W_e / \partial A_{zm} \end{bmatrix} = \begin{bmatrix} k_{ii} & k_{ij} & k_{im} \\ k_{ji} & k_{jj} & k_{jm} \\ k_{mi} & k_{mj} & k_{mm} \end{bmatrix} \begin{bmatrix} A_{zi} \\ A_{zj} \\ A_{zm} \end{bmatrix} - \begin{bmatrix} p_i \\ p_j \\ p_m \end{bmatrix} = [k]^e \{A_z\}^e - \{p\}^e \tag{4-25}$$

式中

$$\begin{cases} k_{ii} = \dfrac{1}{4\mu\Delta}(b_i^2 + c_i^2) \\ k_{jj} = \dfrac{1}{4\mu\Delta}(b_j^2 + c_j^2) \\ k_{mm} = \dfrac{1}{4\mu\Delta}(b_m^2 + c_m^2) \\ k_{ij} = k_{ji} = \dfrac{1}{4\mu\Delta}(b_i b_j + c_i c_j) \\ k_{jm} = k_{mj} = \dfrac{1}{4\mu\Delta}(b_j b_m + c_j c_m) \\ k_{mi} = k_{im} = \dfrac{1}{4\mu\Delta}(b_i b_m + c_i c_m) \end{cases} \tag{4-26}$$

$$\begin{cases} p_{\mathrm{i}} = J_z\Delta/3 \\ p_{\mathrm{j}} = J_z\Delta/3 \\ p_{\mathrm{m}} = J_z\Delta/3 \end{cases} \tag{4-27}$$

$[k]^{\mathrm{e}}$ 为单元的系数矩阵；$\{p\}^{\mathrm{e}}$为单元的向量。

若该三角形单元的一条边$\overline{\mathrm{jm}}$落在第二类边界上，$\overline{\mathrm{jm}}$边的长度为 s_{i}，则式（4-18）中线积分项对节点磁位的导数为

$$\begin{bmatrix} \partial W''_{\mathrm{e}}/\partial A_{z\mathrm{i}} \\ \partial W''_{\mathrm{e}}/\partial A_{z\mathrm{j}} \\ \partial W''_{\mathrm{e}}/\partial A_{z\mathrm{m}} \end{bmatrix} = \begin{bmatrix} 0 \\ H_{\mathrm{t}}s_{\mathrm{i}}/2 \\ H_{\mathrm{t}}s_{\mathrm{i}}/2 \end{bmatrix} \tag{4-28}$$

叠加到式（4-25），则式（4-27）变成

$$\begin{cases} p_{\mathrm{i}} = \dfrac{J_z\Delta}{3} \\ p_{\mathrm{j}} = \dfrac{J_z\Delta}{3} - \dfrac{H_{\mathrm{t}}s_{\mathrm{i}}}{2} \\ p_{\mathrm{m}} = \dfrac{J_z\Delta}{3} - \dfrac{H_{\mathrm{t}}s_{\mathrm{i}}}{2} \end{cases} \tag{4-29}$$

四、总体合成

建立一个 $n\times n$ 的系数矩阵［k］和一个 n 行的矩阵｛p｝，其中 n 为求解区域的总节点数，将其所有的元素清零，然后将各单元系数矩阵和向量的各元素分别按其下标的地址叠加到系数矩阵［k］和｛p｝，得到

$$\begin{bmatrix} \partial W/\partial A_{z1} \\ \partial W/\partial A_{z2} \\ \vdots \\ \partial W/\partial A_{zn} \end{bmatrix} = [k]\{A_z\} - \{p\} \tag{4-30}$$

当系统的能量最小时，满足

$$[k]\{A_z\} = \{p\} \tag{4-31}$$

上式是关于求解区域内所有节点磁位的方程组。

五、强加边界条件的处理

考虑到强加边界条件，需要对式（4-31）进行修改。设第 k'个节点为第一类边界条件上的节点，其磁位已知为 $A_{zk'0}$，则式（4-31）中第 k'个方程变为 $A_{zk'}=A_{zk'0}$，同时其他方程变为

$$\sum_{\substack{h=1 \\ h\neq k'}}^{n} k_{kh}A_{zh} = p_k - k_{kk'}A_{zk'0} \qquad (k=1,\ 2,\ \cdots,\ n;\ k\neq k') \tag{4-32}$$

矩阵形式相应改为

$$\begin{bmatrix} k_{11} & \cdots & 0 & \cdots & k_{1n} \\ \vdots & & \vdots & \vdots & \\ 0 & \cdots & 1 & \cdots & 0 \\ \vdots & & \vdots & \vdots & \\ k_{n1} & & 0 & & k_{nn} \end{bmatrix} \begin{bmatrix} A_{z1} \\ \vdots \\ A_{zk'} \\ \vdots \\ A_{zn} \end{bmatrix} = \begin{bmatrix} p_1 - k_{1k'}A_{zk'0} \\ \vdots \\ A_{zk'0} \\ \vdots \\ p_n - k_{nk'}A_{zk'0} \end{bmatrix} \tag{4-33}$$

六、方程组求解

求解式（4-33），即可得到求解区域内所有节点的磁位，进而根据式（4-24）得到相应的场量。

第三节　永磁体的等效

在进行永磁电机磁场分析时，通常有两种方法对永磁体进行等效，即磁化矢量法和等效电流层法。这两种方法的出发点不同，但得到的最终结果是相同的。

一、磁化矢量法[1]

永磁体的种类不同时，退磁曲线的形状差别很大，但永磁体的工作曲线为回复线，因此可以用一条直线表示（见第三章）。在永磁体中，满足

$$B = B_r - \mu H = \mu_0 M_0 - \mu H \tag{4-34}$$

式中

$$\begin{cases} \mu = \mu_0 \mu_r \\ B_r = \mu_0 M_0 \end{cases} \tag{4-35}$$

在进行有限元分析时，应恢复在第二章中更改的 H 正方向，使回复线上 B 为正、H 为负，有

$$B = \mu_0 M_0 + \mu H \tag{4-36}$$

则有

$$H = \frac{1}{\mu}(B - \mu_0 M_0) \tag{4-37}$$

考虑到

$$\nabla \times H = J \tag{4-38}$$

有

$$\nabla \times \frac{1}{\mu} B = J + \nabla \times \left(\frac{1}{\mu}\mu_0 M_0\right) \tag{4-39}$$

对于二维恒定磁场，矢量磁位满足的方程为

$$\nabla \times (\nabla \times A_z) = \mu J_z + \nabla \times (\mu_0 M_0) \tag{4-40}$$

$$\nabla^2 A_z = \frac{\partial^2 A_z}{\partial x^2} + \frac{\partial^2 A_z}{\partial y^2} = -\mu J_z - \nabla \times (\mu_0 M_0) \tag{4-41}$$

右端的第二项可认为是永磁体的等效电流效应。考虑永磁体在内的偏微分方程的边值问题是

$$\begin{cases} \dfrac{\partial^2 A_z}{\partial x^2} + \dfrac{\partial^2 A_z}{\partial y^2} = -\mu J_z - \nabla \times (\mu_0 M_0) \\ s_1 : A_z = A_{z0} \\ s_2 : \dfrac{1}{\mu}\dfrac{\partial A_z}{\partial n} = -H_t \end{cases} \tag{4-42}$$

与其等价的变分问题为

$$\begin{cases} W(A_z) = \iint_{\Omega} \left\{ \dfrac{1}{2\mu}\left[\left(\dfrac{\partial A_z}{\partial x}\right)^2 + \left(\dfrac{\partial A_z}{\partial y}\right)^2\right] - \left(J_z + \dfrac{\nabla \times (\mu_0 M_0)}{\mu}\right) A_z \right\} \mathrm{d}x\mathrm{d}y + \int_{s_2} H_t A_z \mathrm{d}s = \min \\ s_1 : A_z = A_{z0} \end{cases} \tag{4-43}$$

经单元分析得

$$\begin{cases} p_{\rm i}=\dfrac{\Delta}{3}J_z+\dfrac{\mu_0}{2\mu}(M_xc_{\rm i}-M_yb_{\rm i}) \\ p_{\rm j}=\dfrac{\Delta}{3}J_z+\dfrac{\mu_0}{2\mu}(M_xc_{\rm j}-M_yb_{\rm j}) \\ p_{\rm m}=\dfrac{\Delta}{3}J_z+\dfrac{\mu_0}{2\mu}(M_xc_{\rm m}-M_yb_{\rm m}) \end{cases} \tag{4-44}$$

式中，M_x、M_y 分别为M_0 的 x、y 方向分量。

二、等效面电流法[2]

等效面电流法是最早用于表示永磁体磁场效应的方法。该方法在永磁体表面增加了一个电流层，最初这种方法只应用于形状简单的永磁体，后来 Demerdash 等人将其推广应用于任何形状的永磁体。

由永磁体的等效磁路可知，永磁体相当于一个恒定磁动势和永磁体磁阻的串联，磁动势为 $H'_{\rm c}h_{\rm m}$。对于图 4-4 所示的矩形永磁体，磁动势的作用可等效为分布于永磁体侧面的电流层，电流层的电流密度为 $H'_{\rm c}$。矩形永磁体的具体等效方法是：将永磁体用一种磁导率为 $\mu_0\mu_{\rm r}$的材料代替，在永磁体平行于充磁方向的两边添加面电流，面电流密度为 $H'_{\rm c}$，面电流的方向应保证其产生的磁场方向与永磁体产生磁场的方向相同。

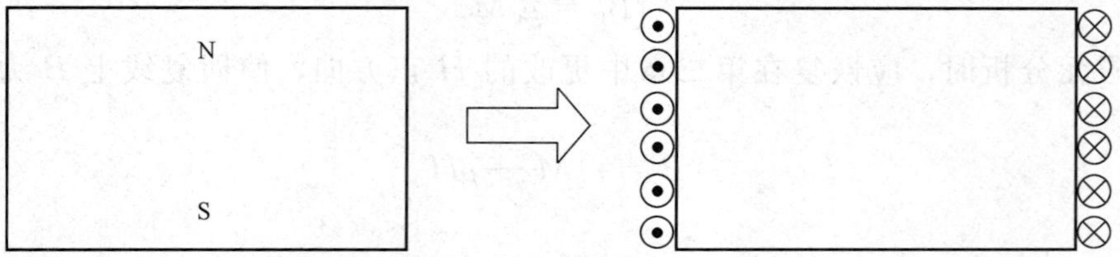

图 4-4　矩形永磁体的面电流等效

Demerdash 等人将上述思想推广到任意形状永磁体的等效。对于如图 4-5 所示的一个永磁体单元，假设永磁体的磁化方向垂直于边 $\overline{\rm ij}$，则在边 $\overline{\rm ij}$ 上无电流，在边 $\overline{\rm jm}$ 上的电流为

$$I_{\rm jm}=-H'_{\rm c}\boldsymbol{l}_{\bf jm}\boldsymbol{n} \tag{4-45}$$

式中，$\boldsymbol{l}_{\bf jm}$为从节点 j 指向节点 m 的矢量，大小为 $\overline{\rm jm}$ 边的长度；$\boldsymbol{n}$ 为永磁体磁化方向上的单位长度矢量。

同样，在 $\overline{\rm mi}$ 边上有

$$I_{\rm im}=H'_{\rm c}\boldsymbol{l}_{\bf im}\boldsymbol{n} \tag{4-46}$$

若永磁体的磁化方向是任意的，如图 4-6 所示，磁化方向与 x 轴的夹角为$\theta_{\rm n}$，则 3 条边上对应的等效电流分别为

$$\begin{cases} I_{\rm ij}=-H'_{\rm c}[(x_{\rm j}-x_{\rm i})\cos\theta_{\rm n}+(y_{\rm j}-y_{\rm i})\sin\theta_{\rm n}] \\ I_{\rm jm}=-H'_{\rm c}[(x_{\rm m}-x_{\rm j})\cos\theta_{\rm n}+(y_{\rm m}-y_{\rm j})\sin\theta_{\rm n}] \\ I_{\rm mi}=-H'_{\rm c}[(x_{\rm i}-x_{\rm m})\cos\theta_{\rm n}+(y_{\rm i}-y_{\rm m})\sin\theta_{\rm n}] \end{cases} \tag{4-47}$$

对每个节点，将与其相连两边上各自电流的一半放在该节点上，则该永磁体单元的磁场效应可等效为 3 个顶点上的电流，整理得

$$\begin{cases} I_{\rm i}=\dfrac{1}{2}(I_{\rm ij}+I_{\rm mi})=\dfrac{1}{2}H'_{\rm c}(c_{\rm i}\cos\theta_{\rm n}-b_{\rm i}\sin\theta_{\rm n})=\dfrac{\mu_0}{2\mu}(c_{\rm i}M_x-b_{\rm i}M_y) \\ I_{\rm j}=\dfrac{1}{2}(I_{\rm ij}+I_{\rm jm})=\dfrac{1}{2}H'_{\rm c}(c_{\rm j}\cos\theta_{\rm n}-b_{\rm j}\sin\theta_{\rm n})=\dfrac{\mu_0}{2\mu}(c_{\rm j}M_x-b_{\rm j}M_y) \\ I_{\rm m}=\dfrac{1}{2}(I_{\rm jm}+I_{\rm mi})=\dfrac{1}{2}H'_{\rm c}(c_{\rm m}\cos\theta_{\rm n}-b_{\rm m}\sin\theta_{\rm n})=\dfrac{\mu_0}{2\mu}(c_{\rm m}M_x-b_{\rm m}M_y) \end{cases} \tag{4-48}$$

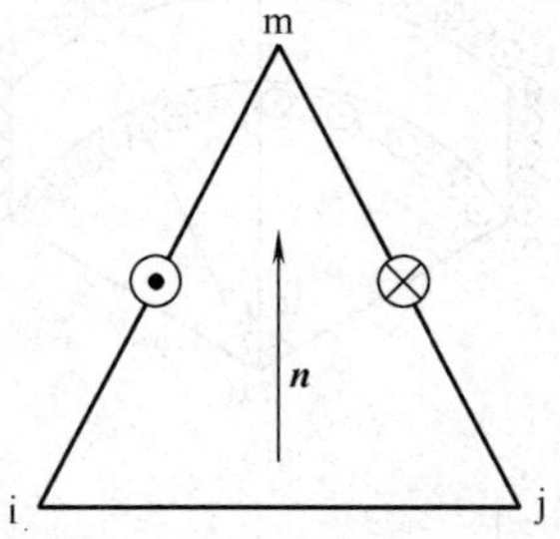

图 4-5　永磁体单元（磁化方向与 $\overline{ij}$ 边垂直）

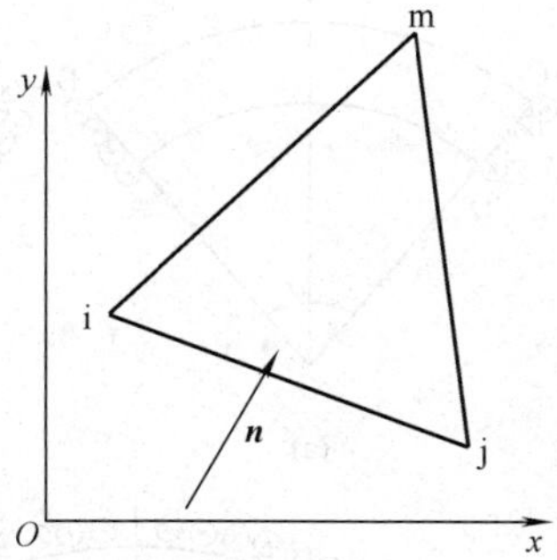

图 4-6　永磁体单元（磁化方向任意）

在永磁体内部（永磁边界上的单元边除外），任何一条边都被两个三角形单元共有，两个单元在该边上的等效电流大小相同，符号相反，互相抵消。因为对两个单元来讲，磁化方向相同，但 $\boldsymbol{l}$ 矢量的方向相反（单元逆时针方向编号），因此只有永磁边界上才存在等效电流。

三、瓦片形磁极的等效

从上述永磁体等效方法可以看出，无论是磁化矢量法，还是等效面电流法，针对的都是各单元充磁方向一致的永磁体。如前所述，在表面式永磁电机中，瓦片形磁极应用广泛，若瓦片形磁极采用径向充磁，则永磁体的等效就比较困难，下面讨论其等效方法。

1. 采用磁化矢量法等效

采用磁化矢量法等效时，对于平行充磁瓦片形磁极，可施加如图 4-7（a）所示的磁化矢量；对于径向充磁瓦片形磁极，可将永磁体沿着圆周方向分成多个均匀的扇形，如图 4-7（b）所示，每个扇形以平行充磁的等效方法近似处理，只要扇形足够窄，该方法可以得到较高精度。

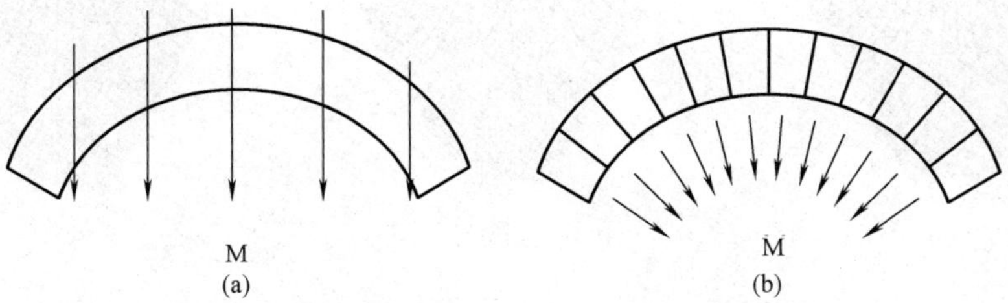

图 4-7　瓦片形永磁体的近似等效

（a）平行充磁；（b）径向充磁

2. 面电流等效方法

在永磁电机中，瓦片形永磁体的形状和充磁方式的组合主要有 5 种，如图 4-8 所示。其中，图 4-8（a）、（b）分别为径向充磁和平行充磁的同心瓦片形磁极，（c）为平行充磁的两边平行的同心瓦片形磁极，（d）、（e）分别为平行充磁和径向充磁的等半径瓦片形磁极，这些磁极都可采用面电流的方法等效。

对于径向充磁的瓦片形磁极，只有 AB 和 CD 上有面电流密度 H'_c，二者方向相反。

对于平行充磁同心瓦片形磁极，除 AB 和 CD 上有面电流密度 $H'_c\cos(\alpha/2)$ 外，在曲边 BC 上有面电流密度 $H'_c\sin\beta$，曲边 AD 上有面电流密度 $-H'_c\sin\beta$。

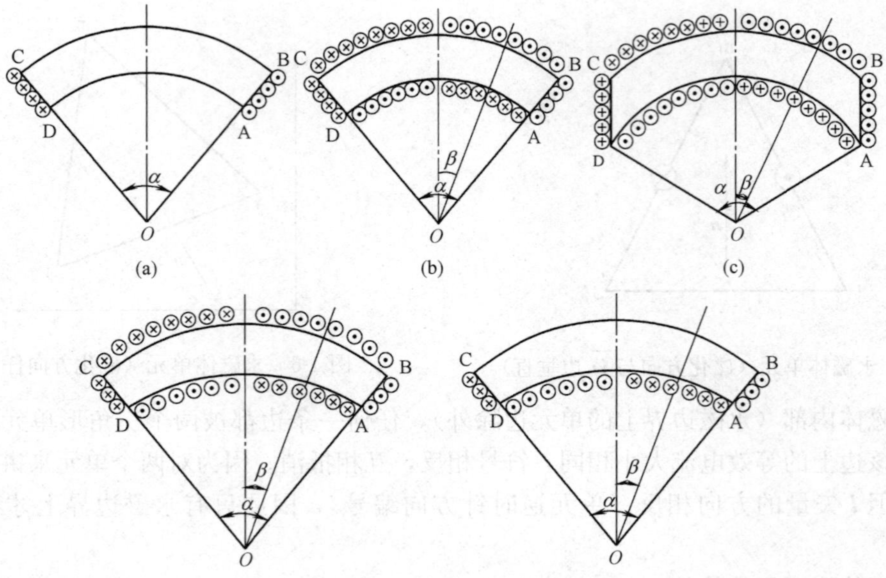

图 4-8　永磁体等效

(a) 径向充磁瓦片形磁极；(b) 平行充磁瓦片形磁极；(c) 平行充磁两边平行瓦片形磁极；(d) 平行充磁等半径瓦片形磁极；(e) 径向充磁等半径瓦片形磁极

对于平行充磁两边平行瓦片形磁极，除 AB 和 CD 上有面电流密度 H_c'外，在曲边 BC 上有面电流密度 $H_c'\sin\beta$，曲边 AD 上有面电流密度$-H_c'\sin\beta$。

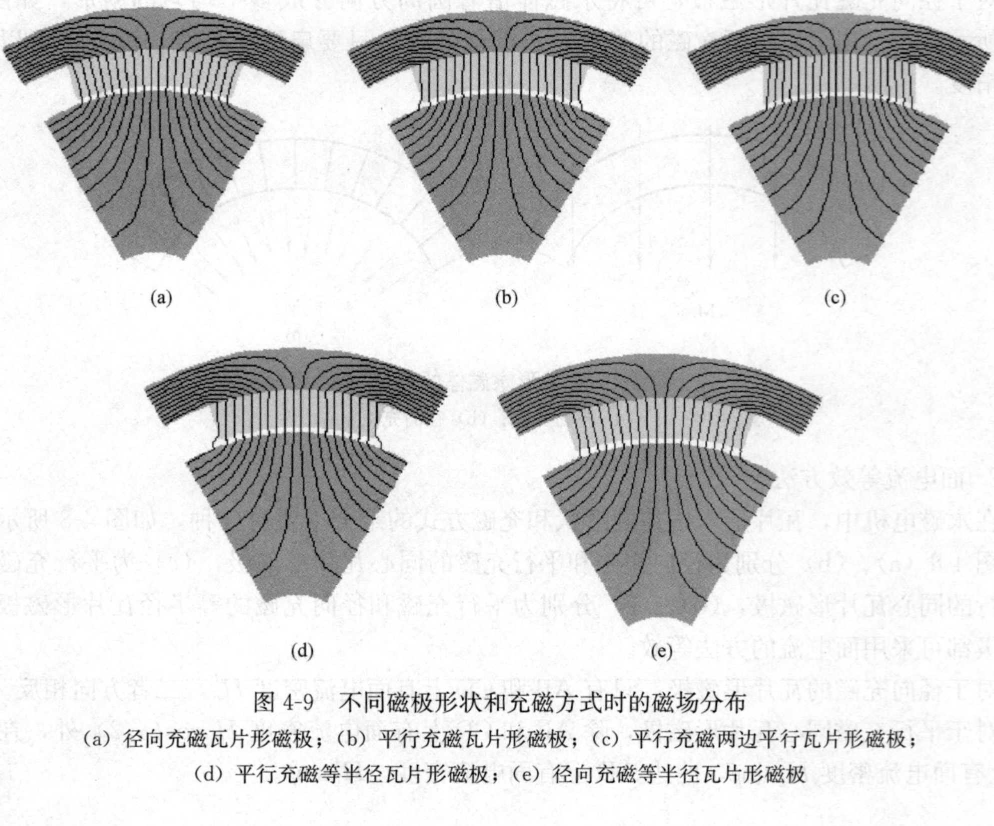

图 4-9　不同磁极形状和充磁方式时的磁场分布

(a) 径向充磁瓦片形磁极；(b) 平行充磁瓦片形磁极；(c) 平行充磁两边平行瓦片形磁极；(d) 平行充磁等半径瓦片形磁极；(e) 径向充磁等半径瓦片形磁极

对于平行充磁等半径瓦片形磁极，除 AB 和 CD 上有面电流密度 $H'_c\cos(\alpha/2)$ 外，在曲边 BC 上有面电流密度 $H'_c\sin\beta$，曲边 AD 上有面电流密度 $-H'_c\sin\beta'$，其中 $\beta'=\beta-\arcsin(2h_m\sin\beta/D_m)$，$h_m$为永磁体中心线处的厚度，$D_m$为磁极内径。

对于径向充磁等半径瓦片形磁极，AB 和 CD 上有面电流密度 H'_c，曲边 BC 上无面电流，曲边 AD 上有面电流密度$-H'_c\sin\beta''$，其中 $\beta''=\arcsin(2h_m\sin\beta/D_m)$。

利用上述等效方法求解了一台永磁直流电机分别采用上述 5 种磁极结构时的磁场分布，如图 4-9 所示。

第四节 基于场路耦合的涡流场分析

涡流场分析对于电机性能的分析非常重要。在一些电机，如感应电动机、异步起动永磁同步电动机中，涡流用于产生转矩，使电机起动乃至正常运行。此外，在电机起动和运行过程中，外加电压是已知条件，而电流往往不易确定。因此，本节将涡流场分析与外电路耦合在一起，讨论基于场路耦合的涡流场分析方法。

一、涡流场分析的有限元模型及其离散化处理

与二维涡流场对应的偏微分方程边值问题为

$$\begin{cases}\dfrac{\partial^2\dot{A}_z}{\partial x^2}+\dfrac{\partial^2\dot{A}_z}{\partial y^2}=-\mu\dot{J}_z+\mathrm{j}\omega\mu\sigma\dot{A}_z\\ s_1:\dot{A}_z=\dot{A}_{z0}\\ s_2:\dfrac{1}{\mu}\dfrac{\partial\dot{A}_z}{\partial n}=-\dot{H}_t\end{cases}\tag{4-49}$$

式中，σ 为电导率；ω 为磁场交变的角频率。

与其对应的条件变分问题为

$$\begin{cases}\dot{W}(\dot{A}_z)=\displaystyle\iint_{\Omega}\left\{\frac{1}{2\mu}\left[\left(\frac{\partial\dot{A}_z}{\partial x}\right)^2+\left(\frac{\partial\dot{A}_z}{\partial y}\right)^2\right]-\dot{J}_z\dot{A}_z+\frac{1}{2}\mathrm{j}\omega\sigma\dot{A}_z^2\right\}\mathrm{d}x\mathrm{d}y+\int_{s_2}\dot{H}_t\dot{A}_z\mathrm{d}s=\min\\ s_1:\dot{A}_z=\dot{A}_{z0}\end{cases}\tag{4-50}$$

与恒定磁场的条件变分问题的形式基本相同，仅多了一项重积分 $\dot{W}''_e=\iint_{\Omega}\frac{1}{2}\mathrm{j}\omega\sigma\dot{A}_z^2\mathrm{d}x\mathrm{d}y$，在进行单元分析时，只需再考虑这一项，单元分析的结果为

$$\begin{bmatrix}\partial\dot{W}''_e/\partial\dot{A}_{zi}\\ \partial\dot{W}''_e/\partial\dot{A}_{zj}\\ \partial\dot{W}''_e/\partial\dot{A}_{zm}\end{bmatrix}=\frac{\mathrm{j}\omega\sigma\Delta}{12}\begin{bmatrix}2&1&1\\1&2&1\\1&1&2\end{bmatrix}\begin{bmatrix}\dot{A}_{zi}\\ \dot{A}_{zj}\\ \dot{A}_{zm}\end{bmatrix}=[T]^e\begin{bmatrix}\dot{A}_{zi}\\ \dot{A}_{zj}\\ \dot{A}_{zm}\end{bmatrix}\tag{4-51}$$

式中

$$[T]^e=\frac{\mathrm{j}\omega\sigma\Delta}{12}\begin{bmatrix}2&1&1\\1&2&1\\1&1&2\end{bmatrix}\tag{4-52}$$

叠加到式（4-30），有

$$\begin{bmatrix} \partial \dot{W}_{\mathrm{e}} / \partial \dot{A}_{z\mathrm{i}} \\ \partial \dot{W}_{\mathrm{e}} / \partial \dot{A}_{z\mathrm{j}} \\ \partial \dot{W}_{\mathrm{e}} / \partial \dot{A}_{z\mathrm{m}} \end{bmatrix} = [k+T]^{\mathrm{e}} \{\dot{A}_z\}^{\mathrm{e}} - \{\dot{p}\}^{\mathrm{e}} \tag{4-53}$$

二、涡流场分析的若干问题

1. 有效磁导率

在恒定磁场分析中，铁磁材料的非线性用磁化曲线表示。进行涡流场分析时，所有的变量（节点磁位）和磁场量（磁场强度、磁感应强度等）都必须是正弦交变量。对于求解区域中的铁磁材料，在磁感应强度变化的一个周期内，饱和程度也处于变化之中，磁导率 μ 是变化的，如图 4-10 所示。如何合理地确定磁导率，是涡流场求解中必须解决的问题。在电机涡流场分析中，通常对铁耗和等效电路参数感兴趣，因此可以采用 Demerdash 和 Gillott 等人提出的有效磁导率，其计算方法如下[3]：

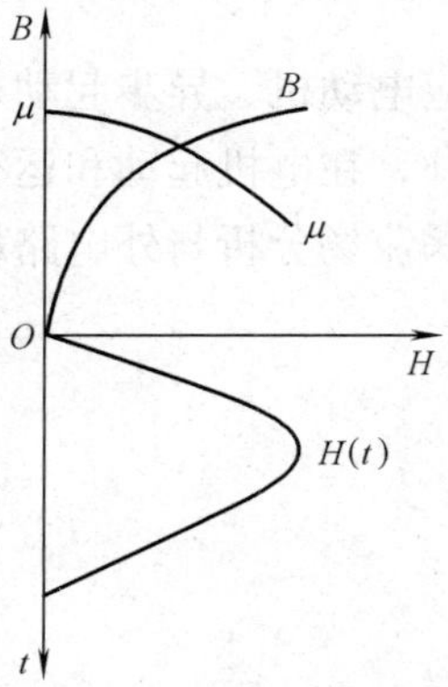

图 4-10 有效磁导率的计算

在磁场变化的一个周期 T 内，单位体积铁磁材料内的平均磁场能量为

$$W = \frac{1}{T} \int_0^T \frac{1}{2} BH \mathrm{d}t \tag{4-54}$$

对于线性材料，磁场能量为

$$W = \frac{1}{T} \int_0^T \frac{\mu}{2} H^2 \mathrm{d}t \tag{4-55}$$

定义有效磁导率为

$$\mu_{\mathrm{eff}} = \frac{\int_0^T BH \mathrm{d}t}{\int_0^T H^2 \mathrm{d}t} \tag{4-56}$$

根据上述方法，即可求得与每个磁场强度峰值对应的有效磁导率，用于涡流场的有限元分析。

2. 转差率的处理

在涡流场分析中，要求所有的变量（如磁位、磁密、磁场强度等）都以相同的频率变化。当分析永磁同步电动机起动过程中某一转速对应的磁场时，转子导条内电流的频率既不是零，也不是定子电流频率，无法直接用涡流场有限元法进行分析。

从涡流场的磁场方程可以看出，ω 和电导率 σ 总是在一起，转子电流的频率为 $s\omega$，因此在转子导条中角频率和电导率的乘积应为 $s\omega\sigma$。如果认为转子电流的频率为 ω（与定子电流频率相同），则转子导条的电导率可用 $s\sigma$ 等效。在涡流场有限元分析中根据转差率调整转子导条的电导率，即可计算不同转差率下的磁场。

需要指出的是，虽然采用上述处理方法可以正确地考虑趋肤效应和深槽效应，但分析中认为转子是堵转的，气隙传递的电磁功率全部转变为电阻损耗 $I_2^2 R_2$，无法得到机械功率，实际的机械功率应为 $\frac{1-s}{s} I_2^2 R_2$。

三、与外部电路的耦合

在涡流场中，每个单元的方程可表示为

$$[k+T]\{\dot{A}_z\}=\{\dot{p}\} \tag{4-57}$$

单元内的电流密度可表示为

$$\dot{J}=\dot{J}_0-\mathrm{j}\omega\sigma\dot{A}_z \tag{4-58}$$

式中，$\dot{J}_0=\sigma\dot{E}_0$ 为外加电流密度；$-\mathrm{j}\omega\sigma\dot{A}_z$ 为涡流密度。

导体截面上的总电流为

$$\dot{I}=\int_A \dot{J}\,\mathrm{d}A=\int_A \dot{J}_0\,\mathrm{d}A-\mathrm{j}\omega\int_A \sigma\dot{A}_z\,\mathrm{d}A \tag{4-59}$$

其中右边第一项为外加电流，第二项为涡流。第一项可表示为

$$\int_A \dot{J}_0\,\mathrm{d}A=\sigma\dot{E}_0\sum_{e=1}^{M}\Delta e=\sigma\dot{E}_0\Omega_\mathrm{b} \tag{4-60}$$

式中，Ω_b为导体的截面积。第二项可转化为对导体截面上所有单元内涡流的积分

$$-\mathrm{j}\omega\int_A \sigma\dot{A}_z\,\mathrm{d}A=-\mathrm{j}\omega\sigma\sum_{e=1}^{M}\int_{\Delta e}\dot{A}_{ze}\,\mathrm{d}A=-\mathrm{j}\omega\sigma\sum_{e=1}^{M}\sum_{i=1}^{3}\dot{A}_{zei}\int_{\Delta e}N_i\,\mathrm{d}x\mathrm{d}y \tag{4-61}$$

式中，M 为导体上的单元数。代入电流方程，并经化简表示为矩阵形式，有

$$-\mathrm{j}\omega\sigma[C]^\mathrm{T}\{\dot{A}_z\}+\sigma\Omega_\mathrm{b}\dot{E}_\mathrm{s}-\dot{I}_\mathrm{b}=0 \tag{4-62}$$

式中，$\dot{E}_\mathrm{s}$为电路进入有限元区域点的端电压；$\dot{I}_\mathrm{b}$为导体电流。上式没有考虑电流的方向，对于如图 4-11 所示的电路结构，有

$$\pm\mathrm{j}\omega\sigma[C]^\mathrm{T}\{\dot{A}_z\}+(\pm1)^i\sigma\Omega_\mathrm{b}\dot{E}_\mathrm{s}-\dot{I}_\mathrm{b}=0 \tag{4-63}$$

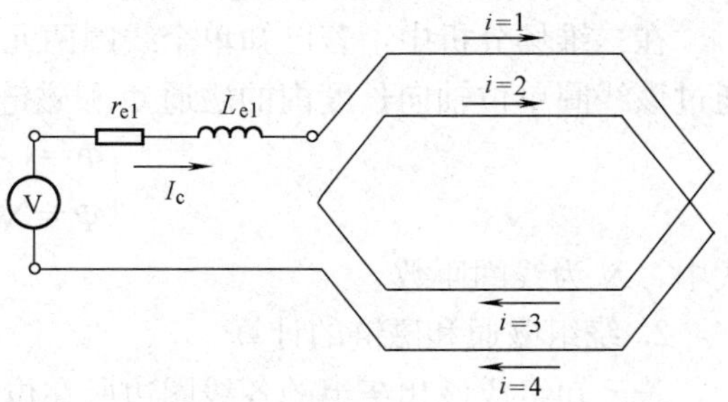

图 4-11　有限元求解区域的外电路

外电路满足

$$\dot{U}_\mathrm{s}=\dot{E}_\mathrm{s}+Z_\mathrm{e1}\dot{I}_\mathrm{c} \tag{4-64}$$

式中，$\dot{U}_\mathrm{s}$为外加电压；Z_e1为外接阻抗。

$$\dot{E}_\mathrm{s}=l_\mathrm{t}\sum_{i=1}^{N_\mathrm{c}}\pm\dot{E}_i \tag{4-65}$$

式中，l_t为有限元区域的长度；N_c为匝数。

定义

$$\begin{cases}\dot{u}_\mathrm{s}=\dfrac{\dot{U}_\mathrm{s}}{l_\mathrm{t}}\\[2mm] Z_\mathrm{e}=\dfrac{Z_\mathrm{e1}}{l_\mathrm{t}}\end{cases} \tag{4-66}$$

有电压方程

$$\dot{u}_\mathrm{s}=\sum_{i=1}^{N_\mathrm{c}}(\pm\dot{E}_i)+Z_\mathrm{e}\dot{I}_\mathrm{c} \tag{4-67}$$

其矩阵形式为

$$[\dot{u}_\mathrm{s}]=[D]^\mathrm{T}\{\dot{E}\}+[Z_\mathrm{e}]\{\dot{I}_\mathrm{b}\} \tag{4-68}$$

将外电路和有限元耦合起来，得

$$\begin{bmatrix} [k]+\mathrm{j}\omega\sigma[T] & -\mathrm{j}\omega\sigma[C] & [0] \\ -\mathrm{j}\omega\sigma[C]^{\mathrm{T}} & \mathrm{j}\omega\sigma[\Omega_{\mathrm{b}}] & -\mathrm{j}\omega[D] \\ [0] & -\mathrm{j}\omega[D]^{\mathrm{T}} & -\mathrm{j}\omega[Z_{\mathrm{el}}] \end{bmatrix} \begin{bmatrix} \dot{A}_z \\ \dot{E}_{\mathrm{s}}/\mathrm{j}\omega \\ \dot{I}/\mathrm{j}\omega \end{bmatrix} = \begin{bmatrix} 0 \\ 0 \\ -\dot{u}_{\mathrm{s}} \end{bmatrix} \tag{4-69}$$

式中，$\dot{I}$ 为回路电流相量矩阵（维数：回路数×1）；$\dot{E}_{\mathrm{s}}$为导体电压相量矩阵（维数：导体数×1）；D 为导体连接矩阵（维数：导体数×回路数）；Ω_{b}为各导线截面积矩阵的对角矩阵（维数：导体数×导体数）；Z_{el}为外电路阻抗矩阵的对角矩阵（维数：回路数×回路数）；$\dot{u}_{\mathrm{s}}$为回路电压相量矩阵（维数：回路数×1）。

第五节 基于有限元分析的参数计算

有限元求解的结果是求解区域内各节点的磁位，这对电机性能分析用处不大。进行电机性能分析时，人们感兴趣的是力、转矩、损耗、电感、电动势等。本节将讨论如何根据有限元分析结果求得这些物理量。

一、磁通和磁链的计算

1. 单个线圈的磁通和磁链的计算

在二维场分析中，若已知单个线圈两元件边所在位置的矢量磁位分别为 A_{z1} 和 A_{z2}，则通过该线圈单位轴向长度内的磁通 Φ 和磁链 Ψ 分别为

$$\begin{cases} \Phi=|A_{z2}-A_{z1}| \\ \Psi=N|A_{z2}-A_{z1}| \end{cases} \tag{4-70}$$

式中，N 为线圈匝数。

2. 绕组磁通和磁链的计算

若已知组成该相绕组的各线圈边所在位置的矢量磁位，则通过该绕组单位轴向长度内的磁通 Φ 和磁链 Ψ 分别为

$$\begin{cases} \Phi=\sum\limits_{k=1}^{n_z} A_{zk}d_k \\ \Psi=\sum\limits_{k=1}^{n_z} N_k A_{zk}d_k \end{cases} \tag{4-71}$$

式中，n_z 为线圈边数；N_k为第 k 个线圈边的导体数；A_{zk} 为第 k 个线圈边所在区域的平均矢量磁位；$d_k=+1$ 或 -1，表示第 k 个线圈边电流的方向。

3. 永磁磁极每极磁通的计算

若已知永磁磁极两极尖处的矢量磁位分别为 A_{z1} 和 A_{z2}，则永磁磁极在单位轴向长度内产生的磁通 Φ 为

$$\Phi=|A_{z2}-A_{z1}| \tag{4-72}$$

二、气隙磁密径向分量的分布

在电机气隙中心取一圆形路径，该路径上各节点磁位已知。若气隙剖分足够细，则相邻两节点 i 和 j 之间的磁密径向分量 B_{n}可以表示为

$$B_{\mathrm{n}}=\frac{|A_{z\mathrm{j}}-A_{z\mathrm{i}}|}{l_{\mathrm{ij}}} \tag{4-73}$$

式中，A_{zi}、A_{zj}分别为上述两点的矢量磁位；l_{ij}为两点之间的距离。

根据式（4-73）即可求得该圆形路径上的磁密径向分量的分布。图 4-12 为一台 4 极电机空载时的气隙磁密径向分量的分布。

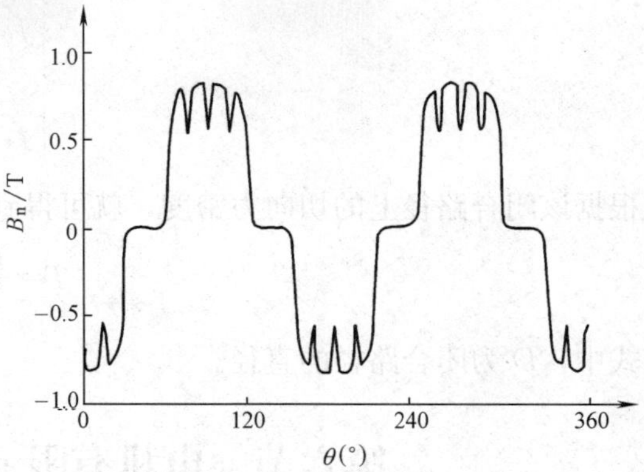

图 4-12　一台 4 极电机空载时的气隙磁密径向分量的分布

三、电感计算

根据上述方法求得一相绕组的磁链，则每相绕组自感为

$$L=\frac{\Psi}{I} \tag{4-74}$$

式中，I 为与磁链 Ψ 对应的绕组电流。

四、损耗计算

1. 涡流损耗

计算涡流损耗的关键在于求解一个单元内的涡流损耗。得到单元内的涡流损耗后，将存在涡流的所有单元的涡流损耗相加，即可得到整个求解区域内的涡流损耗。

单元内的涡流损耗为

$$p_e=Re\left\{\frac{1}{2\sigma}\iint_{\Delta}\dot{J}\,J^*\,\mathrm{d}x\mathrm{d}y\right\} \tag{4-75}$$

式中，J^* 为 $\dot{J}$ 的共轭相量，因

$$\dot{J}=\mathrm{j}\omega\sigma\dot{A}_z \tag{4-76}$$

在一个单元内，$\dot{J}$ 的分布是不均匀的，可以用类似于式（4-19）的关系利用 3 个节点处的电流密度表示单元内任一点的电流密度，有

$$\dot{J}=\frac{1}{2\Delta}[(a_i+b_ix+c_iy)\dot{J}_i+(a_j+b_jx+c_jy)\dot{J}_j+(a_m+b_mx+c_my)\dot{J}_m] \tag{4-77}$$

将其代入式（4-75）并整理得

$$p_e=\frac{\Delta}{12\sigma}[|J_i|^2+|J_j|^2+|J_m|^2+Re(\dot{J}_iJ_j^*+\dot{J}_iJ_m^*+\dot{J}_mJ_j^*)] \tag{4-78}$$

式中，$\dot{J}_i$、$\dot{J}_j$、$\dot{J}_m$分别为 3 个节点 i、j、m 处的涡流密度。

2. 铁心损耗

铁心内的损耗包括涡流损耗和磁滞损耗。要计算磁滞损耗，需要采用复数磁导率，无法利用现有的涡流场计算结果。在实际中通常不区分涡流损耗和磁滞损耗，具体方法是：根据涡流场计算结果，得到每个单元在一个周期内的磁密，再对其进行傅里叶分解，得到磁密的各次谐波分量及其对应的频率。用常规的铁耗计算公式计算各次谐波产生的铁耗，叠加起来得到单元内的铁耗，所有单元的铁耗总和就是铁心的全部损耗。

五、电磁转矩的计算

利用麦克斯韦张量法可以方便地计算电磁转矩，首先在气隙内取一包围转子的闭合路径，根据磁场有限元计算的结果得到路径上磁密的切向分量 B_θ 和法向分量 B_r，则切向力密度 f_θ 和径向力密度 f_r分别为

$$\begin{cases} f_\theta = \dfrac{1}{\mu_0} B_r B_\theta \\ f_r = \dfrac{B_r^2 - B_\theta^2}{2\mu_0} \end{cases} \tag{4-79}$$

根据该闭合路径上的切向力密度，就可得到所产生的转矩

$$T = \frac{D}{2} \oint_l \frac{B_\theta B_r}{\mu_0} \mathrm{d}l \tag{4-80}$$

式中，D 为闭合路径的直径。

第六节　电机有限元分析中若干问题的处理

一、叠片铁心的处理[1]

电机中普遍采用叠片铁心，叠片铁心由铁心和铁心之间的间隙组成，其等效磁导率不等于铁心的磁导率。根据磁通与叠片平面之间位置关系的不同，分为以下几种等效方式。

1. 磁通平行于叠片平面

铁心和铁心之间的间隙如图 4-13 所示。相对于磁通，铁心和间隙组成并联磁路，如图 4-14 所示，R_{Fe} 和 R_g 分别为铁心部分和空气部分的磁阻。

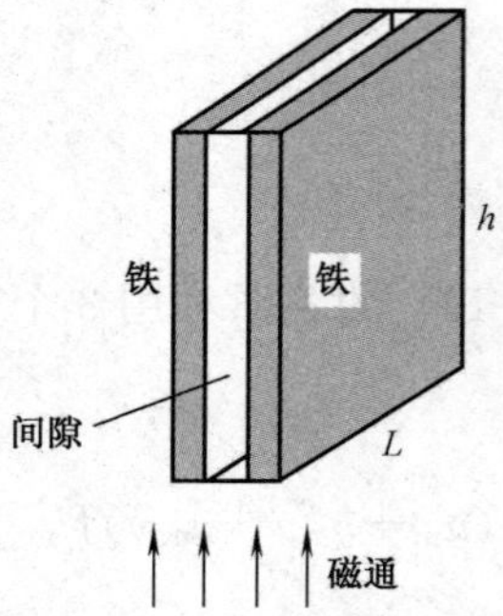

图 4-13　磁通平行于叠片平面

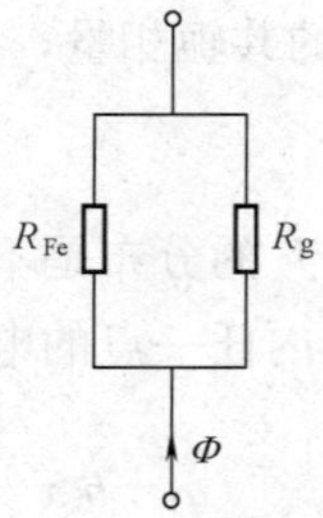

图 4-14　磁通平行于叠片平面时的等效磁路

铁心的磁阻为

$$R_{Fe} = \frac{h}{\mu_{Fe} w_{Fe} L} \tag{4-81}$$

间隙部分的磁阻为

$$R_g = \frac{h}{\mu_0 w_g L} \tag{4-82}$$

式中，w_g、w_{Fe} 分别为间隙和铁心的厚度；L 为铁心长度；h 为铁心的高度；μ_{Fe} 为铁心的磁导率。铁心和间隙的总磁阻为

$$R_{eq} = \frac{h}{\mu_0 w_g + \mu_{Fe} w_{Fe}} \frac{1}{L} \tag{4-83}$$

将二者所在的空间用一种均匀的材料填充，则该种材料的磁导率为

$$\mu_{eq1} = \frac{\mu_0 w_g + \mu_{Fe} w_{Fe}}{w_g + w_{Fe}} \tag{4-84}$$

当铁心不太饱和时，$\mu_{Fe} \gg \mu_0$，且 $w_{Fe} \gg w_g$，往往忽略间隙的影响，认为叠片的磁导率为铁心的磁导率，叠片的长度为铁心的有效长度，即

$$\mu_{eq1} = \mu_{Fe} \tag{4-85}$$

该近似在空气间隙很小且铁心不很饱和时可以获得足够的精度。但当铁心很饱和时，忽略空气间隙的影响将带来一定误差。

2. 磁通垂直于叠片平面

当磁通垂直穿过铁心和间隙时（见图 4-15），则磁通所遇到的磁阻为铁心磁阻和间隙磁阻的串联，如图 4-16 所示。总磁阻为

$$R_{eq} = \frac{w_{Fe}}{\mu_{Fe} hL} + \frac{w_g}{\mu_0 hL} = \frac{w_{Fe} + w_g}{hL}\left(\frac{K_{Fe}}{\mu_{Fe}} + \frac{1-K_{Fe}}{\mu_0}\right) = \frac{w_{Fe} + w_g}{hL}\frac{1}{\mu_{eq2}} \tag{4-86}$$

则等效磁导率为

$$\mu_{eq2} = \frac{1}{\dfrac{K_{Fe}}{\mu_{Fe}} + \dfrac{1-K_{Fe}}{\mu_0}} \tag{4-87}$$

式中，K_{Fe}为铁心叠压系数。

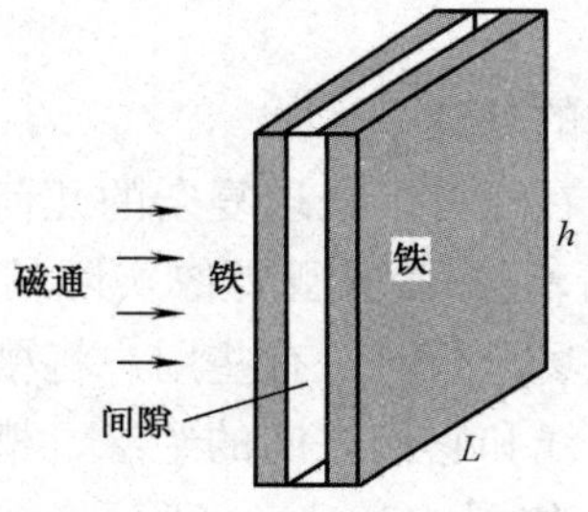

图 4-15　磁通垂直于叠片平面

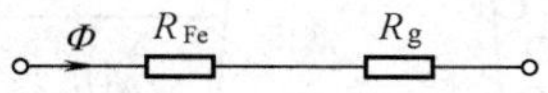

图 4-16　磁通垂直于叠片平面时的等效磁路

假设 $K_{Fe} = 0.95$，当 $\mu_{Fe} = 200\mu_0$ 时，$\mu_{eq2} \approx 18.3\mu_0$；当 $\mu_{Fe} = 2000\mu_0$ 时，$\mu_{eq2} \approx 19.8\mu_0$。假设 $\mu_{Fe} = 2000\mu_0$，当 $K_{Fe} = 0.93$ 时，$\mu_{eq2} \approx 14.2\mu_0$；当 $K_{Fe} = 0.98$ 时，$\mu_{eq2} \approx 48.8\mu_0$。可见 μ_{eq2}受铁心的饱和程度影响较小，受铁心叠压系数影响较大。等效磁导率随铁心内磁密的变化曲线可以通过上式和铁心的磁化曲线获得，具体做法是：根据磁密查磁化曲线得到铁心的磁导率，再利用式（4-87）计算得到等效磁导率 μ_{eq2}。

3. 磁通垂直进入叠片平面，但在叠片内部改变方向

磁通垂直进入叠片平面、但在叠片内部改变方向时，既有平行于叠片平面的磁通，也有垂直于叠片平面的磁通，如图 4-17 所示。此时的叠片铁心可定义为一种各向异性材料，与叠片平面平行的方向上的等效磁导率为 μ_{eq1}，与叠片平面垂直的方向上的等效磁导率为 μ_{eq2}。

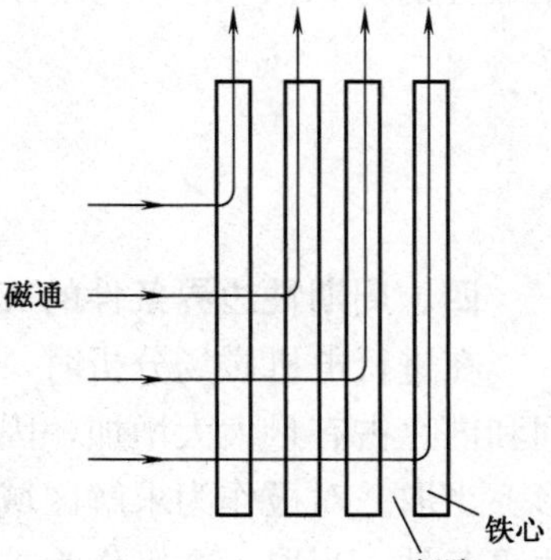

图 4-17　磁通垂直进入叠片平面，但在叠片内部改变方向

二、第一类边界条件的确定

在二维磁场中，磁力线就是等 A_z 线。电机中的绝大部分磁通都在电机内部，但仍有少部分到机壳外部，在进行磁场分析时，通常有两种处理方法，一是将边界扩展到机壳外部的空气中，在新边界上满足 $A_z = 0$，如图 4-18

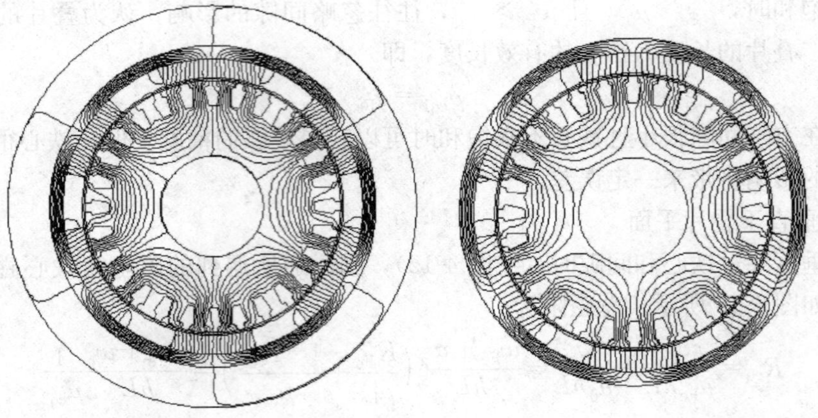

(a)　　(b)

图 4-18　电机中第一类边界条件的确定

(a) 所示；二是认为磁通全在电机内部，以机壳外表面作为边界，边界上满足 $A_z=0$，如图 4-18 (b) 所示。后一种方法适合于定子轭部饱和程度不太高的情况，若定子轭部饱和程度很高，则应采用前一种方法。

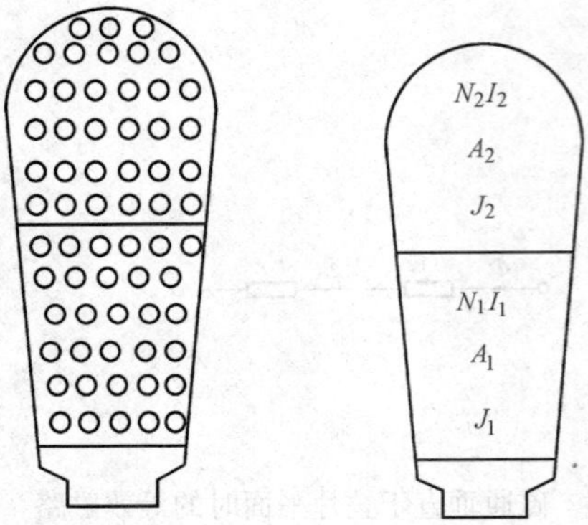

(a)　　(b)

图 4-19　槽内电流的等效

三、槽内电流的处理

有限元的优点在于可以处理复杂的几何形状和边界，但并不意味着有限元模型要像实际情况那样复杂。在进行恒定磁场分析时，有些用户将槽内导体的实际分布（包括导线和它们之间的绝缘、槽楔等）建立在分析模型中，如图 4-19 (a) 所示，使得槽部分的几何形状非常复杂，且大大增加了建模的工作量。实际上，在进行恒定磁场分析时，导体内不存在集肤效应，可以将槽内电流的分布简化，将槽分成 3 部分，即空气部分（包括槽口部分和槽楔）、上层线圈边和下层线圈边，并忽略绝缘的存在，认为电流在各自层内均匀分布，如图 4-19 (b) 所示。若槽上、下层的面积分别为 A_1、A_2，匝数分别为 N_1、N_2，电流分别为 I_1、I_2，则上、下层的电流密度分别为

$$\begin{cases} J_1=\dfrac{N_1 I_1}{A_1} \\ J_2=\dfrac{N_2 I_2}{A_2} \end{cases} \tag{4-88}$$

四、周期性边界条件的应用

在进行电机磁场分析时，可能存在多对极，如果把整个电机作为求解区域，将使计算时间和内存占有量大大增加，因此通常取一对极或一个极作为求解区域，该求解区域是一个扇形。当取一对极作为求解区域时，扇形的两段圆弧满足 $A_Z=0$，左右两条直线边满足整周期边界条件；当取一个极作为求解区域时，扇形的两段圆弧满足 $A_Z=0$，左右两条直线边满足半周期性边界条件。图 4-20 为取一台 6 极 30 槽永磁直流电动机的一个极距作为求解区域时得到的负载磁场分布。

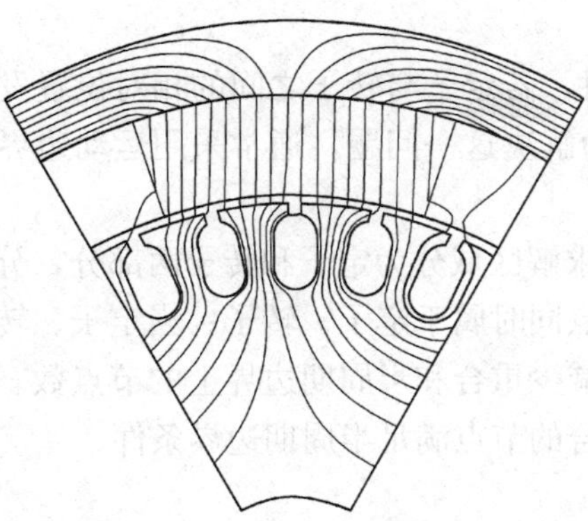

图4-20　永磁直流电动机的负载磁场分布

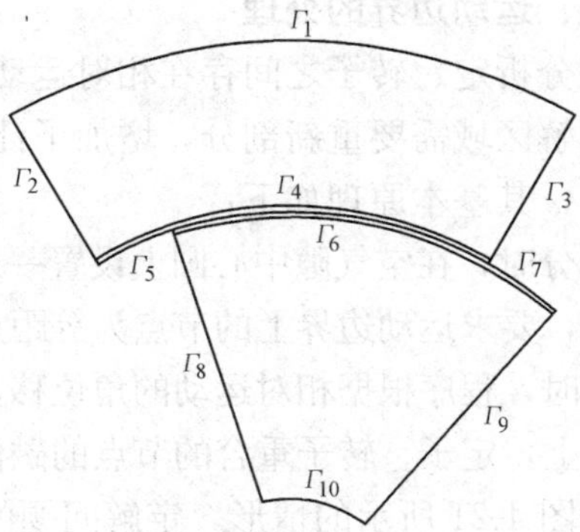

图 4-21　运动边界示意图

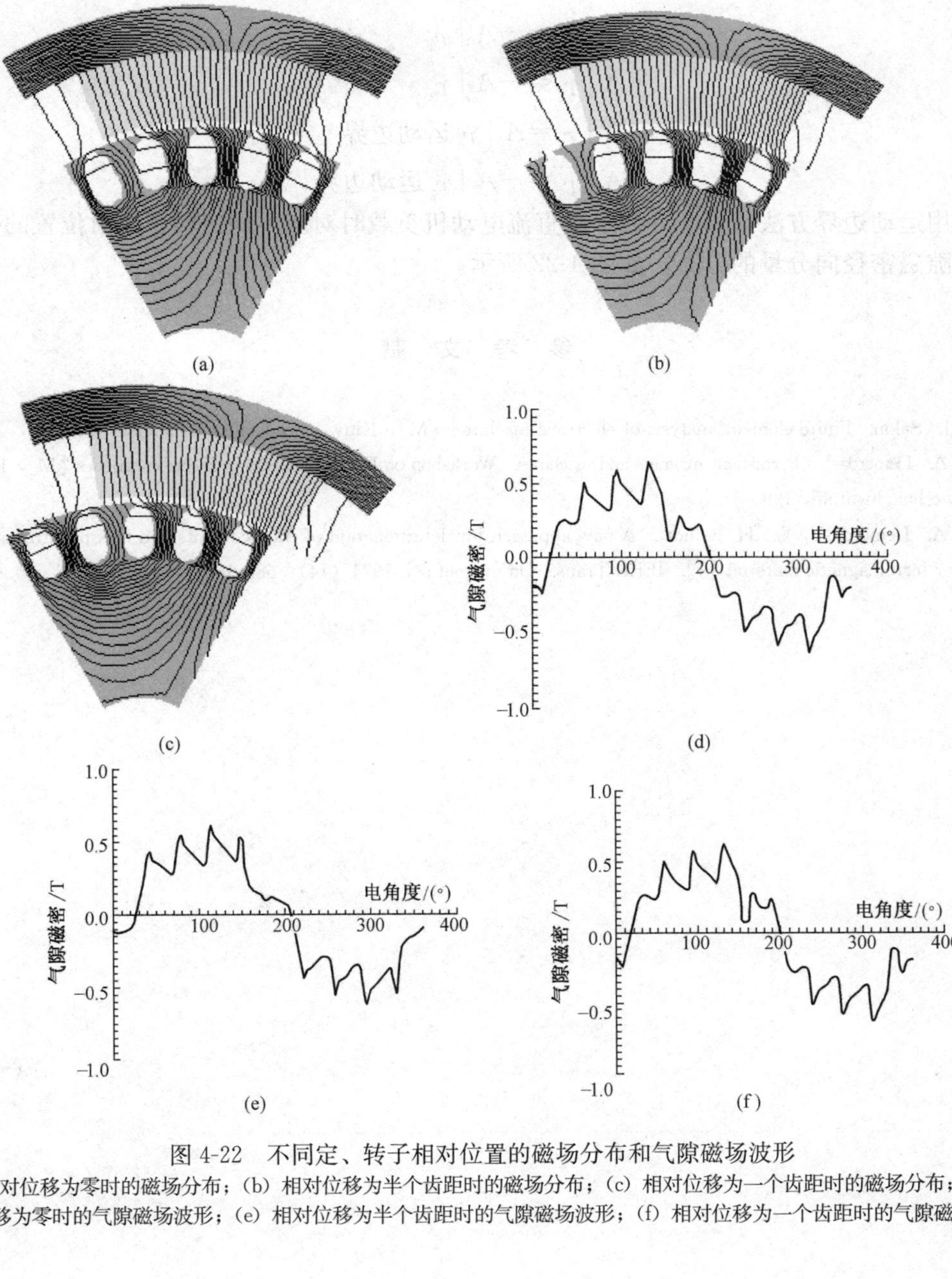

图 4-22　不同定、转子相对位置的磁场分布和气隙磁场波形

(a) 相对位移为零时的磁场分布；(b) 相对位移为半个齿距时的磁场分布；(c) 相对位移为一个齿距时的磁场分布；(d) 相对位移为零时的气隙磁场波形；(e) 相对位移为半个齿距时的气隙磁场波形；(f) 相对位移为一个齿距时的气隙磁场波形

五、运动边界的处理

在分析定、转子之间存在相对运动的磁场问题时，若定子与转子之间的相对位置发生变化，求解区域需要重新剖分，增加了计算工作量。为解决这一问题，通常采用运动边界的处理方法，其基本原理如下：

剖分时，在空气隙中心圆上设置一运动边界，将求解区域分为定子和转子两部分，分别进行剖分，要求运动边界上的节点为等距点，且这些节点同时属于定子、转子。当定子、转子相对运动时，程序根据相对运动的角位移，自动增加或减少重合和半周期边界上的节点数。在运动边界上，定子、转子重合的节点的磁位相等，不重合的节点满足半周期边界条件。

对图 4-21 所示的情形，定解问题的边界条件为

$$\begin{cases} A\mid_{\Gamma_1}=A\mid_{\Gamma_{10}}=0 \\ A\mid_{\Gamma_2}=-A\mid_{\Gamma_3} \\ A\mid_{\Gamma_8}=-A\mid_{\Gamma_9} \\ A\mid_{\Gamma_4}=A\mid_{\Gamma_6}\text{运动边界} \\ A\mid_{\Gamma_5}=-A\mid_{\Gamma_7}\text{运动边界} \end{cases} \tag{4-89}$$

利用运动边界方法计算了一台永磁直流电动机负载时对应不同定转子相对位置的磁场分布和气隙磁密径向分量的分布，如图 4-22 所示。

参 考 文 献

[1] S. J. Salon. Finite element analysis of electrical machines [M], Kluwer academic publishers, 1995.

[2] N. A. Demerdash. Permanent magnets and machines. Workshop on Finite Elements in Electromagnetics [M], Rensselaer Polytechnic Institute, 1990.

[3] N. A. Demerdash, D. H. Gillott. A new approach for determination of eddy currents and flux penetration in nonlinear ferromagnetic material [J]. IEEE Trans. On magnetics, 1974 (74): 682-685.

第五章　永磁电机的齿槽转矩

随着永磁材料性能的不断提高，永磁电机越来越广泛地应用于高性能的速度和位置控制系统。然而在永磁电机中，永磁体和有槽电枢铁心相互作用，不可避免地产生齿槽转矩，导致转矩波动，引起振动和噪声，影响系统的控制精度。

齿槽转矩是永磁电机特有的问题之一，是高性能永磁电机设计和制造中必须考虑和解决的关键问题。本章首先阐述了基于能量法的齿槽转矩分析方法，然后讨论了削弱齿槽转矩的措施，给出了相应的参数确定方法，最后讨论了内转子永磁无刷电机的齿槽转矩。

需要指出的是：

(1) 本章采用了解析分析方法，目的在于得到相应的参数确定方法，而不是齿槽转矩的准确计算。

(2) 解析分析方法没有考虑饱和、漏磁等因素的影响，所确定的参数不一定是最佳值。

(3) 在齿槽转矩交变的一个周期内，前半个周期和后半个周期的波形应是正负对称的，平均值为零。本章采用有限元法和麦克斯韦张量法相结合计算齿槽转矩，前半个周期和后半个周期的波形有时不是严格正负对称的，平均值不为零，这是由于剖分等因素导致的磁场分析误差引起的。

第一节　基于能量法的表面式永磁电机齿槽转矩分析方法

一、齿槽转矩的产生机理

齿槽转矩是永磁电机绕组不通电时永磁体和铁心之间相互作用产生的转矩，是由永磁体与电枢齿之间相互作用力的切向分量引起的。当定转子存在相对运动时，处于永磁体极弧部分的电枢齿与永磁体间的磁导基本不变，因此这些电枢齿周围的磁场也基本不变，而与永磁体的两侧面对应的由一个或两个电枢齿所构成的一小段区域内，磁导变化大，引起磁场储能的变化，从而产生齿槽转矩。齿槽转矩定义为电机不通电时的磁场能量 W 对定转子相对位置角 α 的负导数，即

$$T_{\text{cog}} = -\frac{\partial W}{\partial \alpha} \tag{5-1}$$

二、齿槽转矩的解析分析

图 5-1 为表面式永磁电机的结构示意图。为了便于分析，作以下假设：

(1) 电枢铁心的磁导率为无穷大。

(2) 除特别说明外，同一电机中的永磁体形状和尺寸相同、性能相同、均匀分布。

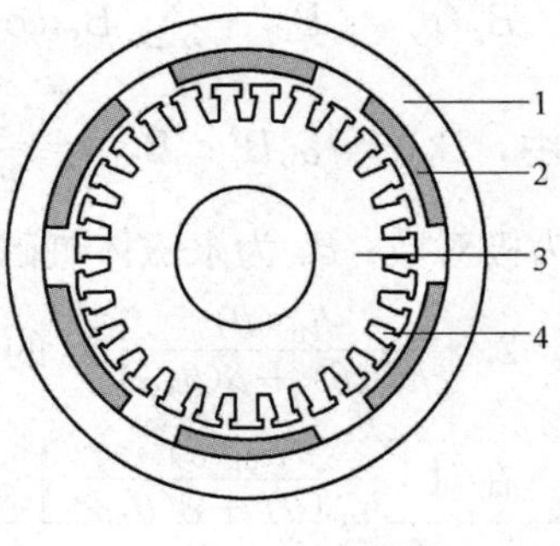

图 5-1　表面式永磁电机的结构示意图

1—定子轭；2—永磁体；3—电枢铁心；4—槽

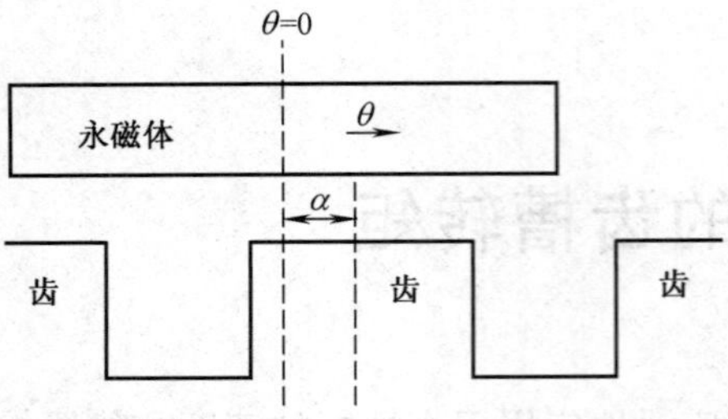

图 5-2 永磁体与电枢的相对位置

(3) 永磁材料的磁导率与空气相同。

(4) 铁心叠压系数为 1。

规定 α 为某一指定的齿的中心线和某一指定的永磁磁极中心线之间的夹角，也就是定转子之间的相对位置角，$\theta=0$ 位置设定在该磁极的中心线上，如图 5-2 所示。根据第一个假设，电机内存储的磁场能量近似为电机气隙和永磁体中存储的磁场能量之和，即

$$W \approx W_{\mathrm{airgap+PM}} = \frac{1}{2\mu_0}\int_V B^2 \mathrm{d}V \tag{5-2}$$

磁场能量 W 取决于电机的结构尺寸、永磁体的性能以及定转子之间的相对位置。根据式 (3-92)，气隙磁密沿电枢表面的分布可近似表示为

$$B(\theta,\alpha) = B_{\mathrm{r}}(\theta)\frac{h_{\mathrm{m}}(\theta)}{h_{\mathrm{m}}(\theta)+\delta(\theta,\alpha)} \tag{5-3}$$

式中，$B_{\mathrm{r}}(\theta)$、$\delta(\theta,\alpha)$、$h_{\mathrm{m}}(\theta)$ 分别为永磁体剩磁、有效气隙长度、永磁体充磁方向长度沿圆周方向的分布。

式 (5-2) 可表示为

$$W = \frac{1}{2\mu_0}\int_V B_{\mathrm{r}}^2(\theta)\left[\frac{h_{\mathrm{m}}(\theta)}{h_{\mathrm{m}}(\theta)+\delta(\theta,\alpha)}\right]^2 \mathrm{d}V \tag{5-4}$$

若能得到 $B_{\mathrm{r}}^2(\theta)$ 和 $\left[\frac{h_{\mathrm{m}}(\theta)}{h_{\mathrm{m}}(\theta)+\delta(\theta,\alpha)}\right]^2$ 的傅里叶展开，就可以得到电机内的磁场能量，进而得到齿槽转矩表达式。

1. $B_{\mathrm{r}}^2(\theta)$ 的傅里叶展开

在永磁磁极均布的永磁电机中，永磁体剩磁密度 $B_{\mathrm{r}}(\theta)$ 沿圆周的分布如图 5-3 所示，据此可得 $B_{\mathrm{r}}^2(\theta)$ 在区间 $[-\pi/2p, \pi/2p]$ 上的傅里叶展开

$$B_{\mathrm{r}}^2(\theta) = B_{\mathrm{r0}} + \sum_{n=1}^{\infty} B_{rn}\cos 2np\theta \tag{5-5}$$

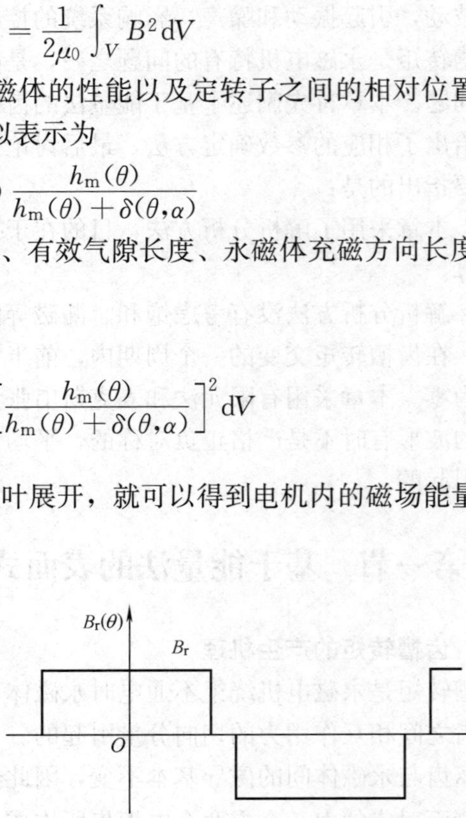

图 5-3 $B_{\mathrm{r}}(\theta)$ 的分布

式中，$B_{\mathrm{r0}} = \alpha_{\mathrm{p}}B_{\mathrm{r}}^2$；$B_{\mathrm{rn}} = \frac{2}{n\pi}B_{\mathrm{r}}^2\sin n\alpha_{\mathrm{p}}\pi$；

p 为极对数；B_{r} 为永磁体剩磁；α_{p} 为永磁磁极的极弧系数。

2. $\left[\frac{h_{\mathrm{m}}(\theta)}{h_{\mathrm{m}}(\theta)+\delta(\theta,\alpha)}\right]^2$ 的傅里叶展开

在对 $\left[\frac{h_{\mathrm{m}}(\theta)}{h_{\mathrm{m}}(\theta)+\delta(\theta,\alpha)}\right]^2$ 进行傅里叶展开时，暂不考虑定转子相对位置的影响，假设齿中心线位于 $\theta=0$ 处，则 $\left[\frac{h_{\mathrm{m}}(\theta)}{h_{\mathrm{m}}(\theta)+\delta(\theta)}\right]^2$ 在区间 $[-\pi/z, \pi/z]$ 上的傅里叶展开为

$$\left[\frac{h_{\mathrm{m}}(\theta)}{h_{\mathrm{m}}(\theta)+\delta(\theta)}\right]^2 = G_0 + \sum_{n=1}^{\infty} G_n\cos nz\theta \tag{5-6}$$

式中，z 为电枢槽数。考虑永磁体和电枢齿之间的相对位置，$\left[\dfrac{h_m(\theta)}{h_m(\theta)+\delta(\theta,\alpha)}\right]^2$ 的傅里叶展开可表示为

$$\left[\frac{h_m(\theta)}{h_m(\theta)+\delta(\theta,\alpha)}\right]^2 = G_0 + \sum_{n=1}^{\infty} G_n \cos nz(\theta+\alpha) \tag{5-7}$$

3. 不考虑斜槽时的齿槽转矩表达式

当 $m \neq n$ 时，三角函数在 $[0,\ 2\pi]$ 内的积分满足

$$\begin{cases} \int_0^{2\pi} \cos m\theta \cos n\theta = 0 \\ \int_0^{2\pi} \sin m\theta \cos n\theta = 0 \\ \int_0^{2\pi} \sin m\theta \sin n\theta = 0 \end{cases} \tag{5-8}$$

将式（5-4）、式（5-5）和式（5-7）代入式（5-1），并利用式（5-8），得到齿槽转矩的表达式

$$T_{cog}(\alpha) = \frac{\pi z L_a}{4\mu_0}(R_2^2 - R_1^2)\sum_{n=1}^{\infty} n G_n B_{r\frac{nz}{2p}} \sin nz\alpha \tag{5-9}$$

式中，L_a 为电枢铁心的轴向长度；R_1 和 R_2 分别为电枢外半径和定子轭内半径；n 为使 $nz/2p$ 为整数的整数。

4. 考虑斜槽时齿槽转矩的表达式

电枢斜槽时，电机气隙和永磁体中的磁场能量为

$$W = \frac{1}{2\mu_0}\int_V B^2(\theta,\alpha,L)\mathrm{d}V = \frac{R_2^2 - R_1^2}{4\mu_0}\int_0^{L_a}\int_0^{2\pi} B^2(\theta,\alpha,L)\mathrm{d}\theta \mathrm{d}L \tag{5-10}$$

电枢斜槽如图 5-4 所示，若 N_s 为电枢所斜的槽数，θ_{s1} 为用弧度表示的电枢齿距，则轴向长度 L 处所斜的角度为 $\dfrac{L}{L_a}N_s\theta_{s1}$，相应的 $\left[\dfrac{h_m(\theta)}{h_m(\theta)+\delta(\theta,\alpha)}\right]^2$ 傅里叶展开为

$$\left[\frac{h_m(\theta)}{h_m(\theta)+\delta(\theta,\alpha)}\right]^2 = G_0 + \sum_{n=1}^{\infty} G_n \cos nz\left(\theta+\alpha+\frac{L}{L_a}N_s\theta_{s1}\right) \tag{5-11}$$

则齿槽转矩为

$$T_{cog}(\alpha,N_s) = \frac{\pi L_a}{2\mu_0 N_s\theta_{s1}}(R_2^2 - R_1^2)\sum_{n=1}^{\infty} G_n B_{r\frac{nz}{2p}} \sin\frac{nzN_s\theta_{s1}}{2}\sin nz\left(\alpha+\frac{N_s\theta_{s1}}{2}\right) \tag{5-12}$$

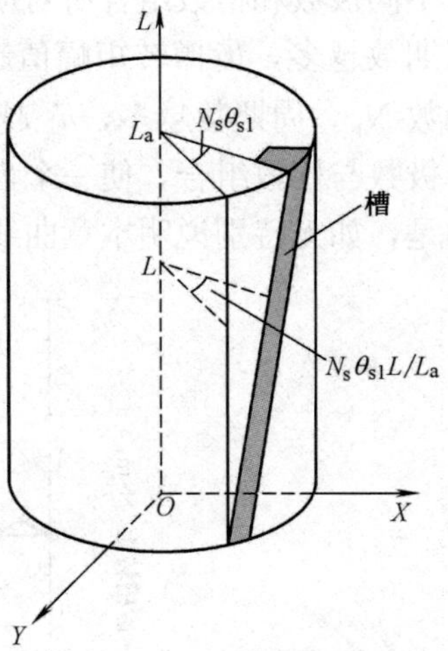

图 5-4　斜槽示意图

当 $N_s \to 0$ 时，式（5-12）简化为式（5-9）。

三、表面式永磁电机的齿槽转矩削弱方法

从式（5-12）可以看出，削弱齿槽转矩的方法可归纳为三大类，即改变永磁磁极参数的方法、改变电枢参数的方法以及电枢槽数和极数的合理组合。

1. 改变磁极参数的方法

改变磁极参数的方法是通过改变对齿槽转矩起主要作用的 B_{rn} 的幅值，达到削弱齿槽转矩的目的。这类方法主要包括：改变磁极的极弧系数、采用不等厚永磁体、磁极偏移、斜极、磁极分段、不等极弧系数组合和采用不等极弧系数等。

2. 改变电枢参数的方法

改变电枢参数能改变对齿槽转矩起主要作用的 G_n 的幅值，进而削弱齿槽转矩。这类方法主要包括：改变槽口宽度、改变齿的形状、不等槽口宽、斜槽、开辅助槽等。

3. 合理选择电枢槽数和极数

该方法的目的在于通过合理选择电枢槽数和极数，改变对齿槽转矩起主要作用的 B_{rn} 和 G_n 的次数和大小，从而削弱齿槽转矩。

在工程实际中，可根据实际情况采用合适的削弱方法，既可采用一种方法，也可采用几种方法的组合。本节将讨论斜槽、斜极、极数与槽数组合的方法，而磁极分段、改变磁极的极弧系数、不等厚永磁体、磁极偏移、不等极弧系数组合、不等槽口宽、开辅助槽和不等极弧系数等，以及转子偏心对齿槽转矩的影响将在后续各节中讨论。

四、极数与槽数组合、斜极和斜槽对齿槽转矩的影响

1. 极数和槽数组合

在定转子相对位置变化一个齿距的范围内，齿槽转矩是周期性变化的，变化的周期数取决于极数和槽数组合。从齿槽转矩的表达式可以看出，周期数为使 $nz/2p$ 为整数的最小的整数 n。因此周期数 N_p 为极数、槽数与极数最大公约数的比值，即

$$N_p = \frac{2p}{GCD(z,2p)} \tag{5-13}$$

式中，GCD（z，$2p$）表示槽数 z 与极数 $2p$ 的最大公约数。图 5-5 为相对位置变化一个齿距时不同极数和槽数组合所对应的齿槽转矩波形，曲线与组合的对应关系见表 5-1。可以看出：周期数越多，齿槽转矩幅值越小。原因是：齿槽转矩幅值主要取决于 $B_{r\frac{n_1 z}{2p}}$，其中 n_1 等于周期数 N_p。周期数越多，n_1 越大，对应的 $B_{r\frac{n_1 z}{2p}}$ 越小，因而齿槽转矩幅值越小。因此，合理选择极数与槽数组合，使一个齿距内齿槽转矩的周期数较多，可有效削弱齿槽转矩。需要指出的是，如无特别说明本章曲线中给出的齿槽转矩值都是对应单位铁心长度的值。

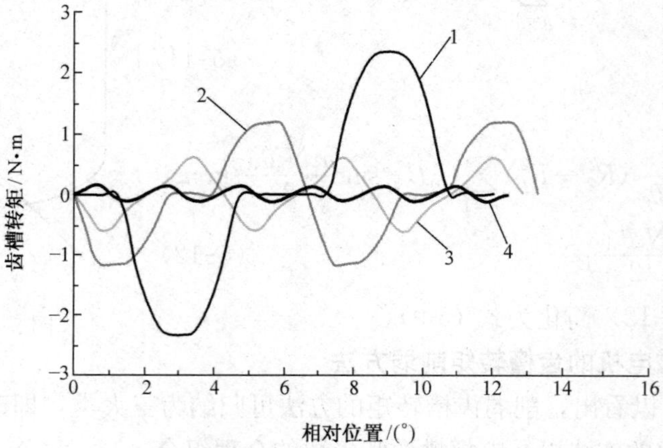

图 5-5　不同槽数和极数组合时的齿槽转矩

表 5-1　　极数与槽数组合

曲　线	极　数	槽　数	周期数
1	6	30	1
2	6	27	2
3	6	28	3
4	6	29	6

2. 槽口宽度

齿槽转矩是由于电枢开槽引起的，槽口越大，齿槽转矩也越大。在工程实际中，槽口宽度取决于导线直径、嵌线工艺等因素。从削弱齿槽转矩的角度看，应尽可能减小槽口宽度，如果可能，可以采用闭口槽、磁性槽楔或无齿槽铁心。

3. 斜槽和斜极

斜极和斜槽的作用原理相同，是削弱齿槽转矩最有效的方法。由于斜极工艺复杂，通常采用斜槽。当受工艺等因素的限制无法采用斜槽时，可以采用斜极，如图 5-6 所示。从式（5-12）可以看出：要消除齿槽转矩中的第 n 次谐波，$\sin\dfrac{nzN_s\theta_{s1}}{2}$ 必须为 0，即 N_s 为 $1/n$ 的整数倍。在选择 N_s 时，首先要削弱次数为 N_p 的齿槽转矩谐波，即 $\sin\dfrac{N_p zN_s\theta_{s1}}{2}=0$，有 $N_s=\dfrac{360°}{\theta_{s1}N_p z}=\dfrac{1}{N_p}$。可以看出，若 $N_s=\dfrac{1}{N_p}$，则各次齿槽转矩谐波均被消除，即不存在齿槽转矩。图 5-7 为某一电机采用不同斜槽数时的齿槽转矩波形，曲线 1～6 对应的斜槽数分别为 0.0、0.2、0.4、0.6、0.8、1.0。

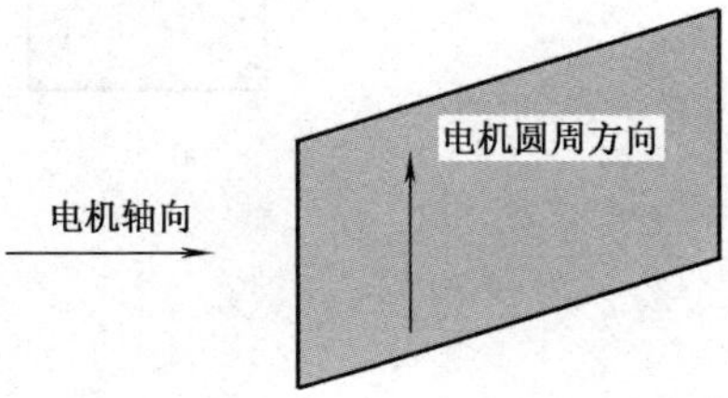

图 5-6　斜极

但需要指出的是，在工程实际中，即使精确斜槽一个齿距，也不能完全消除齿槽转矩，这是因为：①在实际生产中，同一台电机中的永磁体材料存在分散性，电机制造工艺可能造成转子偏心；②斜槽和斜极并不能削弱永磁体端部和铁心端部之间的磁场产生的齿槽转矩。此外，当电机铁心较短或槽数很少时，斜槽和斜极实现起来都较为困难，往往需要采取其他措施削弱齿槽转矩。

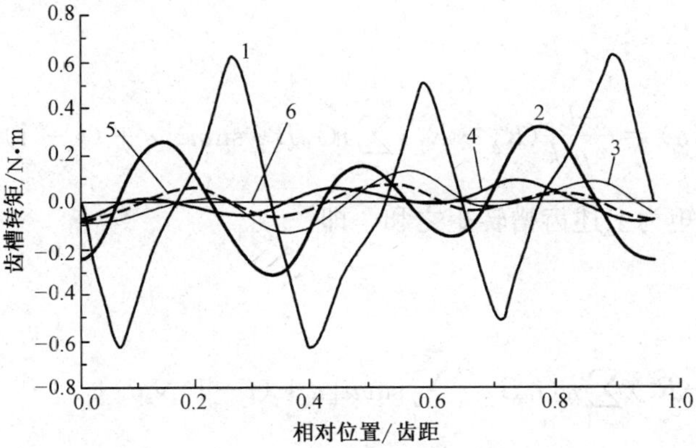

图 5-7　不同斜槽数时的齿槽转矩

第二节 基于磁极分段的齿槽转矩削弱方法

图 5-6 所示磁极的加工复杂，为了简化工艺，可采用磁极分段的方法削弱齿槽转矩。图 5-8（a）为常规的不分段磁极结构。图 5-8（b）为分段磁极结构，将每极永磁体沿轴向分成等长的多段永磁体，这多段永磁体沿圆周方向依次错开一定角度。

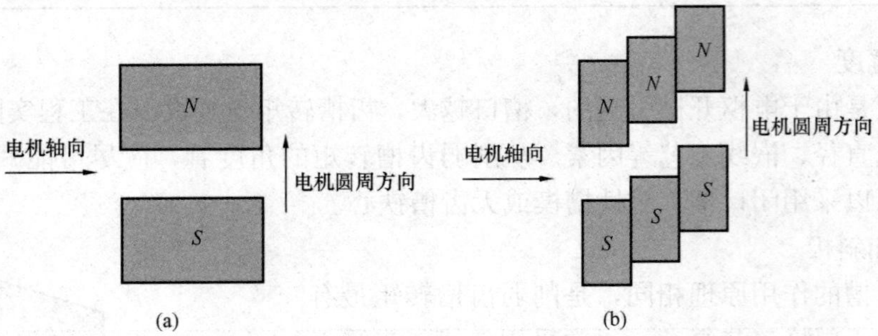

图 5-8 永磁磁极

（a）磁极不分段；（b）磁极分段

磁极之间的错开角度直接决定了齿槽转矩的削弱效果，下面推导当磁极段数 k 一定时相邻两段之间沿圆周方向错开的角度 $N_s\theta_{s1}$。从对齿槽转矩的影响来看，磁极分段相当于将电机平均分成了 k 段，这 k 段电机的电枢铁心沿圆周方向的位置相同，而转子的位置则依次错开 $N_s\theta_{s1}$ 角度，根据式（5-9），这 k 段电机产生的齿槽转矩分别为

$$\begin{cases} T_{cog1}(\alpha)=\dfrac{\pi z L_a}{4\mu_0 k}(R_2^2-R_1^2)\sum\limits_{n=1}^{\infty}nG_nB_{r\frac{nz}{2p}}\sin nz\alpha \\ T_{cog2}(\alpha)=\dfrac{\pi z L_a}{4\mu_0 k}(R_2^2-R_1^2)\sum\limits_{n=1}^{\infty}nG_nB_{r\frac{nz}{2p}}\sin nz(\alpha+N_s\theta_{s1}) \\ \vdots \\ T_{cogi}(\alpha)=\dfrac{\pi z L_a}{4\mu_0 k}(R_2^2-R_1^2)\sum\limits_{n=1}^{\infty}nG_nB_{r\frac{nz}{2p}}\sin nz[\alpha+(i-1)N_s\theta_{s1}] \\ \vdots \\ T_{cogk}(\alpha)=\dfrac{\pi z L_a}{4\mu_0 k}(R_2^2-R_1^2)\sum\limits_{n=1}^{\infty}nG_nB_{r\frac{nz}{2p}}\sin nz[\alpha+(k-1)N_s\theta_{s1}] \end{cases} \tag{5-14}$$

则所产生的总齿槽转矩为上述齿槽转矩之和，即

$$\begin{aligned} T_{cog}(\alpha)&=\sum_{i=1}^{k}T_{cogi} \\ &=\frac{\pi z L_{Fe}}{4\mu_0 k}(R_2^2-R_1^2)\sum_{n=1}^{\infty}nG_nB_{r\frac{nz}{2p}}\left\{\sum_{i=1}^{k}\sin nz[\alpha+(i-1)N_s\theta_{s1}]\right\} \end{aligned}$$

$$
=\begin{cases}\dfrac{\pi z L_{\mathrm{Fe}}}{4\mu_0 k}(R_2^2-R_1^2)\displaystyle\sum_{n=1}^{\infty} n\,G_{\mathrm{n}}B_{r\frac{nz}{2p}}\dfrac{\sin\dfrac{nkzN_{\mathrm{s}}\theta_{\mathrm{sl}}}{2}}{\sin\dfrac{nzN_{\mathrm{s}}\theta_{\mathrm{sl}}}{2}}\sin nz\left(\alpha+\dfrac{k-1}{2}N_{\mathrm{s}}\theta_{\mathrm{sl}}\right) & \text{当 } nN_{\mathrm{s}}\neq 1,2,3,\cdots \text{ 时} \\ \dfrac{\pi z L_{\mathrm{Fe}}}{4\mu_0}(R_2^2-R_1^2)\displaystyle\sum_{n=1}^{\infty} n\,G_{\mathrm{n}}B_{r\frac{nz}{2p}}\sin nz\alpha \quad \text{当 } nN_{\mathrm{s}}=1,2,3,\cdots \text{ 时} \end{cases}
\tag{5-15}
$$

可以看出，当 $nN_{\mathrm{s}}\neq 1,2,3,\cdots$ 时，只要使 $\sin\dfrac{nkzN_{\mathrm{s}}\theta_{\mathrm{s1}}}{2}=0$ 即可使齿槽转矩为零；只要 n 为最小值 $N_{\mathrm{p}}=\dfrac{2p}{GCD(z,2p)}$ 时满足 $\sin\dfrac{nkzN_{\mathrm{s}}\theta_{\mathrm{s1}}}{2}=0$，则其他 n 值时的齿槽转矩也为零。因此，要使总齿槽转矩为零，应满足

$$
\sin\frac{N_{\mathrm{p}}kzN_{\mathrm{s}}\theta_{\mathrm{s1}}}{2}=0 \tag{5-16}
$$

因此有

$$
\frac{N_{\mathrm{p}}kzN_{\mathrm{s}}\theta_{\mathrm{s1}}}{2}=180^\circ \tag{5-17}
$$

即

$$
N_{\mathrm{s}}=\frac{360^\circ}{\theta_{\mathrm{s1}}N_{\mathrm{p}}kz}=\frac{1}{N_{\mathrm{p}}k} \tag{5-18}
$$

然而，当满足 $nN_{\mathrm{s}}=1,2,3,\cdots$ 时，齿槽转矩的表达式与式（5-9）完全相同，即磁极分段对这些次数的齿槽转矩谐波没有削弱作用。

以 6 极、9 槽无刷直流电机为例，$N_{\mathrm{p}}=2$，$\theta_{\mathrm{s1}}=40^\circ$。本例中的齿槽转矩对应电机的实际铁心长度。图 5-9（a）为该电机的截面图，图 5-9（b）为轴向不分段时的齿槽转矩。磁极分段时的齿槽转矩波形是这样计算的：首先用有限元法计算不分段时的齿槽转矩波形，然后除以段数，就是一段产生的齿槽转矩波形，对该齿槽转矩波形按偏移角度平移，可得到其他各段的齿槽转矩波形，将各段的齿槽转矩波形逐点相加，就得到磁极分段时的齿槽转矩波形。需要注意的是，若用有限元法计算出的不分段时的齿槽转矩波形正负不对称，采用此方法计算分段时的齿槽转矩波形将产生很大误差。

若磁极轴向分为 2 段，则相邻两段错开 10°。图 5-9（c）为轴向分 2 段时的齿槽转矩，其中曲线 A、B 分别为两段电机产生的齿槽转矩，曲线 C 为总齿槽转矩。可以看出，采用轴向分段法后齿槽转矩大幅度下降，但没有削弱 4 以及 4 的倍数次谐波。若磁极轴向分为 3 段，则相邻两段错开 6.67°。图 5-9（d）为轴向分 3 段时的齿槽转矩，其中曲线 A、B、C 分别为三段电机产生的齿槽转矩，曲线 D 为总齿槽转矩。可以看出，采用轴向分段法后齿槽转矩大幅度下降，但没有削弱 6 以及 6 的倍数次谐波。

图 5-9（e）为分 3 段时不同错开角度对应的齿槽转矩，其中曲线 A、B、C 分别为错开角度为 6.33°、6.67°和 7°时的齿槽转矩，可以看出，错开角度对齿槽转矩有较大影响，根据本节给出的确定方法得到的错开角度对齿槽转矩的削弱效果最好。

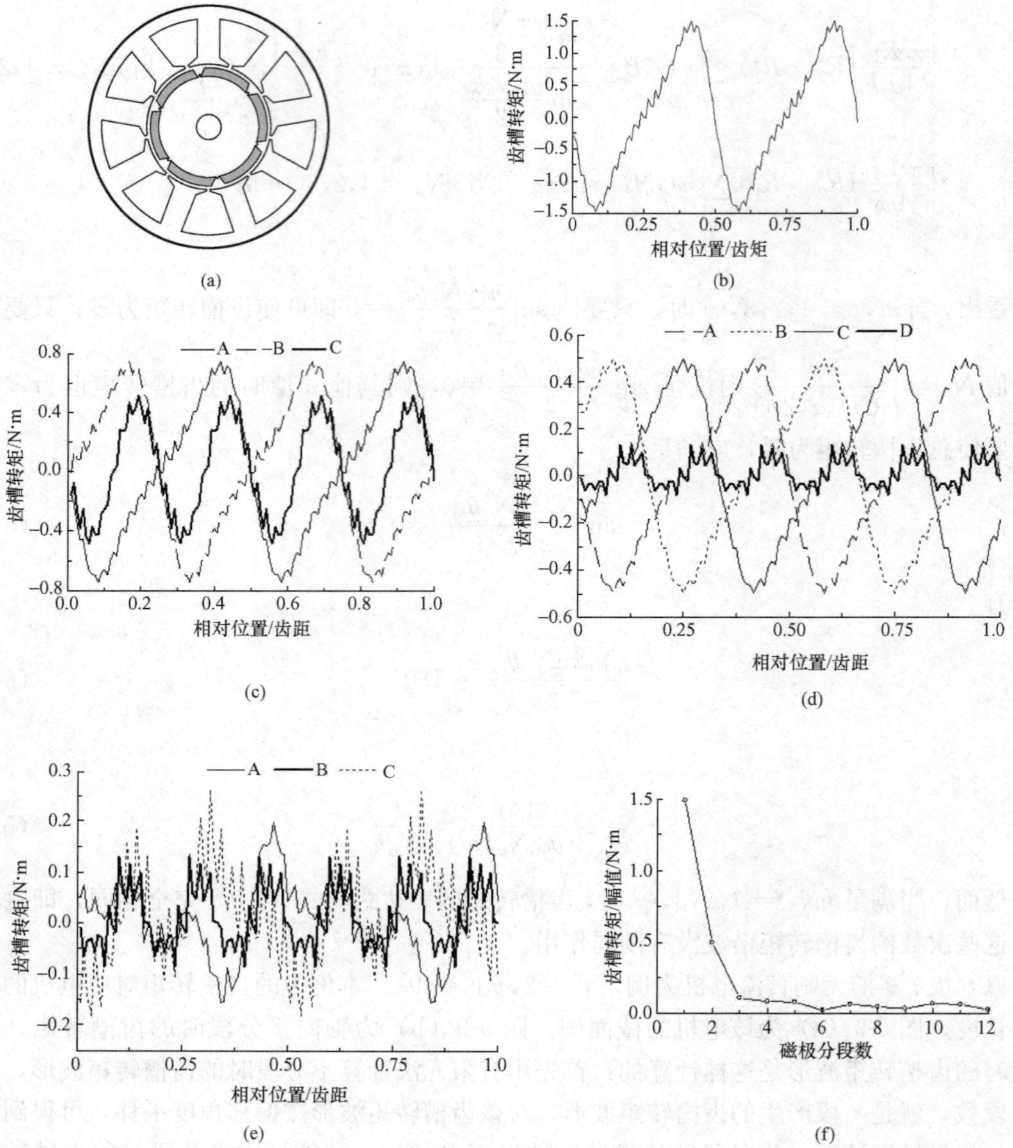

图 5-9　6 极、9 槽无刷直流电机的齿槽转矩

(a) 截面图；(b) 轴向不分段时的齿槽转矩；(c) 轴向分 2 段时的齿槽转矩；(d) 轴向分 3 段时的齿槽转矩；(e) 不同错开角度时的齿槽转矩；(f) 不同段数时的齿槽转矩幅值

图 5-9 (f) 给出了不同段数时的齿槽转矩幅值，可以看出，齿槽转矩幅值基本上随着分段数的增大而减小。当分段数为 2 时，齿槽转矩幅值不能被大幅度削弱。当分段数≥3 时，齿槽转矩幅值变化不大，这意味着进一步增大分段数没有太大意义。

随着分段数的增加，不能被磁极分段方法削弱的齿槽转矩谐波的次数也增大。当分段数 k 为无穷大时，不能被磁极分段方法削弱的齿槽转矩谐波的次数也为无穷大，这意味着齿槽转矩被完全消除。但只要分段数不是无穷大，斜极和磁极分段在削弱齿槽转矩方面就存在差别，某些特定齿槽转矩谐波不能被磁极分段的方法削弱。

第三节　基于极弧系数选择的齿槽转矩削弱方法

在永磁直流电机、表面式永磁同步电机和无刷直流电机中，平行充磁瓦片形磁极应用非常广泛。本节以永磁直流电机为例，讨论永磁磁极极弧系数对齿槽转矩的影响，以及最佳极弧系数的确定方法。

一、平行充磁瓦片形磁极永磁电机齿槽转矩分析

图 5-10 为平行充磁瓦片形永磁体的结构示意图。在任意相对位置 α，气隙磁密径向分量沿电枢表面的分布可表示为

$$B(\theta,\alpha)=B_r(\theta)\frac{h_m(\theta)}{h_m(\theta)+\delta(\theta,\alpha)}=B_r(\theta)\frac{h_m(\theta)}{h_m}\frac{h_m}{h_m(\theta)+\delta(\theta,\alpha)} \tag{5-19}$$

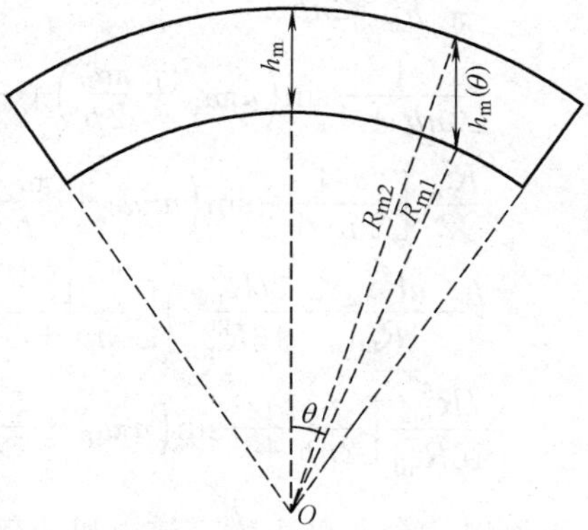

图 5-10　平行充磁永磁体示意图

式中，h_m 为永磁磁极中心位置的充磁方向长度，$h_m(\theta)$ 为与磁极中心线夹角为 θ 处永磁体磁化方向长度。电机内的磁场能量可以表示为

$$W=\frac{1}{2\mu_0}\int_V\left[B_r(\theta)\frac{h_m(\theta)}{h_m}\right]^2\left[\frac{h_m}{h_m(\theta)+\delta(\theta,\alpha)}\right]^2\mathrm{d}V=\frac{1}{2\mu_0}\int_V B'^2_r(\theta)\left[\frac{h_m}{h_m(\theta)+\delta(\theta,\alpha)}\right]^2\mathrm{d}V \tag{5-20}$$

式中

$$B'_r(\theta)=B_r(\theta)\frac{h_m(\theta)}{h_m} \tag{5-21}$$

对 $B'^2_r(\theta)$ 和 $\left[\frac{h_m}{h_m(\theta)+\delta(\theta,\alpha)}\right]^2$ 进行傅里叶展开，就可以得到电机内的磁场能量，进而得到与式（5-9）形式相同的齿槽转矩表达式。

二、基于极弧系数选择的永磁电机齿槽转矩削弱方法

1. $B'^2_r(\theta)$ 的傅里叶分解

对于平行充磁的瓦片形磁极，其充磁方向长度 $h_m(\theta)$ 随位置的变化而变化，研究表明 G_n 随 $h_m(\theta)$ 的变化较小，可以近似认为不变，而 B_{rn} 则随 $h_m(\theta)$ 变化较大。

根据图 5-10，$B'_r(\theta)$ 可表示为

$$B'_r(\theta)=\frac{B_r}{h_m}\left[R_{m2}\cos\theta-R_{m1}\sqrt{1-\left(\frac{R_{m2}}{R_{m1}}\sin\theta\right)^2}\right] \tag{5-22}$$

式中，R_{m1} 和 R_{m2} 分别为永磁体内半径和外半径。$B'^2_r(\theta)$ 为

$$B'^2_r(\theta)=\frac{B_r^2}{h_m^2}\left[R_{m1}^2+R_{m2}^2\cos2\theta-2R_{m1}R_{m2}\cos\theta\sqrt{1-\left(\frac{R_{m2}}{R_{m1}}\sin\theta\right)^2}\right] \tag{5-23}$$

对其求傅里叶变换的系数时，函数不可积，应予以简化，在保证精度的同时，用可积的函数代替。考虑到 $|x|<1$ 时有

$$\sqrt{1-x^2} \approx 1-ax^2-bx^4 \tag{5-24}$$

式中，a 和 b 为常数，此处取 $a=0.5$，$b=0.125$，可以保证较高精度。$B'^2_r(\theta)$ 的各次傅里叶分解系数为

$$\begin{aligned}
B_{rn} &= \frac{4p}{\pi}\int_0^{\frac{\pi}{2p}\alpha_p} B'^2_r(\theta)\cos 2np\theta \mathrm{d}\theta \\
&= \frac{4p}{\pi}\frac{B_r^2}{h_m^2}\left\{\frac{R_{m1}^2}{2np}\sin(n\pi\alpha_p)+\left(-R_{m1}R_{m2}+\frac{aR_{m2}^3}{4R_{m1}}+\frac{bR_{m2}^5}{8R_{m1}^3}\right)\times\right. \\
&\left[\frac{1}{2np+1}\sin\left(n\pi\alpha_p+\frac{\pi\alpha_p}{2p}\right)+\frac{1}{2np-1}\sin\left(n\pi\alpha_p-\frac{\pi\alpha_p}{2p}\right)\right]+ \\
&\frac{R_{m2}^2}{2}\left[\frac{1}{2np+2}\sin\left(n\pi\alpha_p+\frac{\pi\alpha_p}{p}\right)+\frac{1}{2np-2}\sin\left(n\pi\alpha_p-\frac{\pi\alpha_p}{p}\right)\right]+ \\
&\left(-\frac{aR_{m2}^3}{4R_{m1}}-\frac{3bR_{m2}^5}{16R_{m1}^3}\right)\left[\frac{1}{2np+3}\sin\left(n\pi\alpha_p+\frac{3\pi\alpha_p}{2p}\right)+\frac{1}{2np-3}\sin\left(n\pi\alpha_p-\frac{3\pi\alpha_p}{2p}\right)\right]+ \\
&\left.\frac{bR_{m2}^5}{16R_{m1}^3}\left[\frac{1}{2np+5}\sin\left(n\pi\alpha_p+\frac{5\pi\alpha_p}{2p}\right)+\frac{1}{2np-5}\sin\left(n\pi\alpha_p-\frac{5\pi\alpha_p}{2p}\right)\right]\right\}
\end{aligned} \tag{5-25}$$

下面以一台 6 极永磁直流电机为例说明极弧系数的影响，其主要参数见表 5-2。极弧系数为 0.667、0.7 和 0.8 时的傅里叶分解系数如图 5-11 所示，为了清晰起见，只给出了 5 到 25 次傅里叶分解系数。可以看出，当极弧系数不同时，$B'^2_r(\theta)$ 的傅里叶分解系数有很大的不同，具有不同的规律。极弧系数为 0.667 时，若 n 为 3 的倍数，则 B_{rn}的值很小。当极弧系数分别为 0.7 和 0.8 时，若 n 分别为 10 和 5 的倍数，则 B_{rn}的值很小。因此，对应不同的极弧系数，有一些特定次数的傅里叶分解系数很小，且这些系数的分布有一定规律。

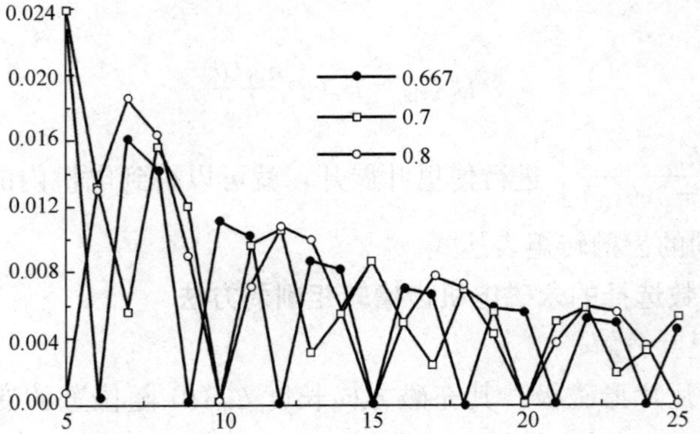

图 5-11　不同极弧系数时 $B'^2_r(\theta)$ 的傅里叶分解系数

表 5-2　　**计算模型的参数**

定子机壳外径/mm	80	永磁体厚度/mm	7
定子机壳内径/mm	70.2	剩磁密度/T	0.42
转子外径/mm	55	矫顽力/（kA/m）	281
转子内径/mm	15	极对数	3
磁极外径/mm	70.2	气隙长度/mm	0.6
磁极内径/mm	56.2		

2. 齿槽转矩削弱方法

根据上面的分析可知，只有 $nz/2p$ 次傅里叶分解系数对齿槽转矩有影响。若电机极数和槽数确定，则对齿槽转矩有影响的 $B'^2_r(\theta)$ 的傅里叶分解系数的次数也是确定的。通过合理选取极弧系数，使值很小的 B_{rn} 对齿槽转矩起作用，可以大幅度削弱齿槽转矩。

对于 6 极 27 槽电机，齿槽转矩只与 $B'^2_r(\theta)$ 的 $9k$（k 为整数）次傅里叶分解系数有关，图 5-12 为 $B'^2_r(\theta)$ 的 9、18、27 和 36 次傅里叶分解系数随极弧系数的变化曲线，随着极弧系数的变化，傅里叶分解系数变化较大，并且使得 B_{r9} 较小的极弧系数也能够使 B_{r18}、B_{r27} 和 B_{r36} 较小，因此只要选取使 B_{r9} 较小的极弧系数就可以削弱齿槽转矩，取极弧系数为 0.667 和 0.777 时，B_{r9k} 很小，齿槽转矩也应较小。图 5-13 为 27 槽时，极弧系数分别为 0.777 和 0.7 时的齿槽转矩对比。可以看出，极弧系数为 0.777 时的齿槽转矩较极弧系数为 0.7 时有了大幅度减小。

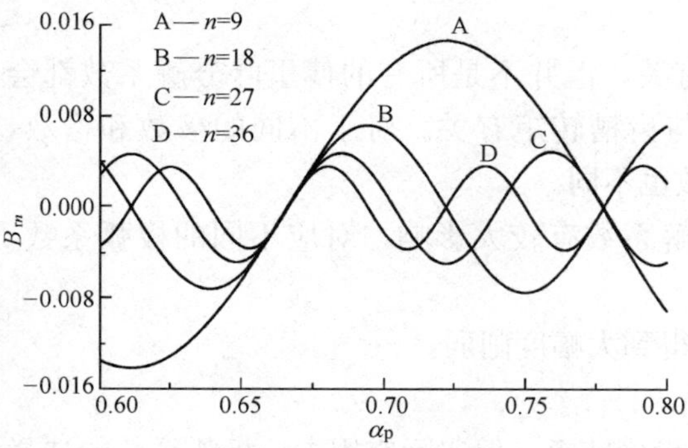

图 5-12 B_{rn} 随极弧系数的变化曲线（$z=27$）

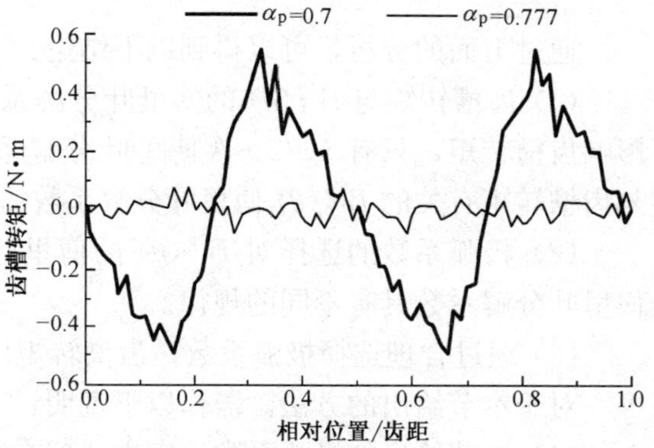

图 5-13 不同极弧系数时的齿槽转矩对比（$z=27$）

当槽数分别改为 28 和 30 时，起作用的 B_{rn} 分别为 B_{r14k} 和 B_{r5k}。图 5-14 和图 5-15 分别为傅里叶分解系数 B_{r14k} 和 B_{r5k} 随极弧系数变化的曲线。对于 28 槽电机，当极弧系数为 0.785 时，傅里叶分解系数 B_{r14k} 较小；对于 30 槽电机，当极弧系数为 0.6 和 0.8 时，傅里叶分解系数 B_{r5k} 较小。图 5-16 和图 5-17 分别为 28 槽和 30 槽时，不同极弧系数对应的齿槽转矩。可以看出，选择合适的极弧系数，可以大幅度削弱齿槽转矩。

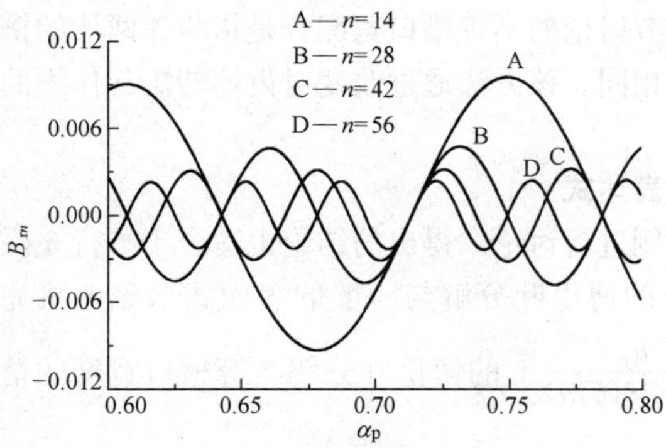

图 5-14 B_m 随极弧系数的变化曲线（$z=28$）

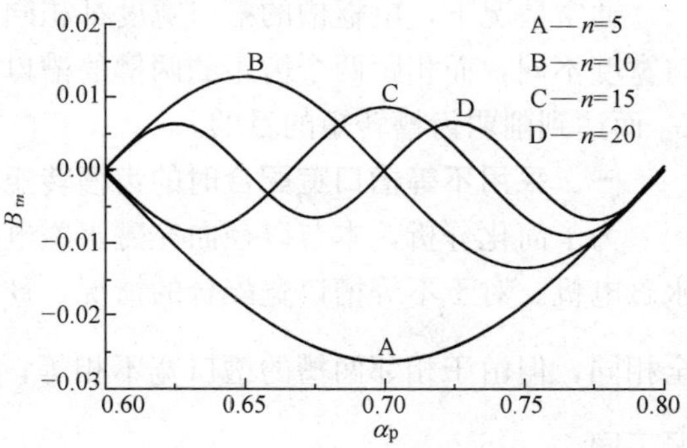

图 5-15 B_m 随极弧系数的变化曲线（$z=30$）

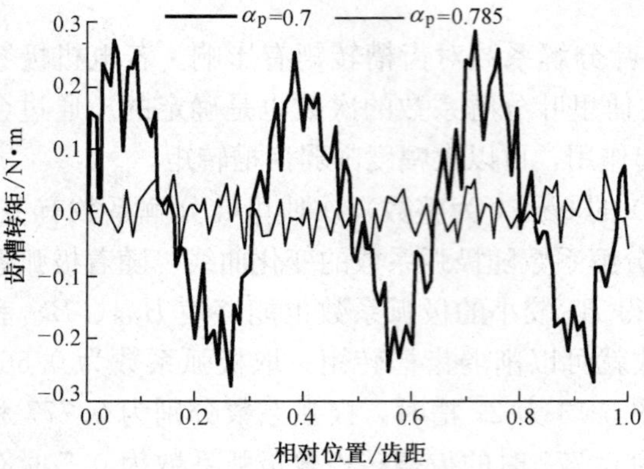

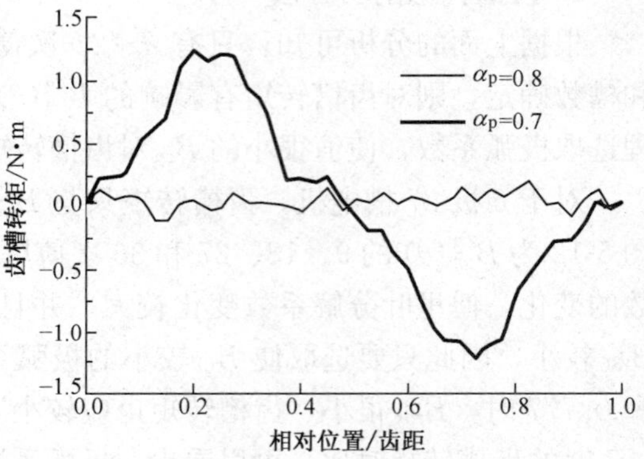

图 5-16　不同极弧系数时的齿槽转矩对比（$z=28$）　图 5-17　不同极弧系数时的齿槽转矩对比（$z=30$）

通过上面的分析，可以得到以下结论：

(1) 齿槽转矩与 $B'^2_r(\theta)$ 的傅里叶分解系数有关，但并不是所有的傅里叶分解系数都会影响齿槽转矩，只有 $nz/2p$ 次傅里叶分解系数与齿槽转矩有关。对于不同的极数和槽数，与齿槽转矩有关的 $B'^2_r(\theta)$ 傅里叶分解系数的次数也不同。

(2) 极弧系数的选择对 $B'^2_r(\theta)$ 的傅里叶分解系数有较大影响，对应不同的极弧系数，傅里叶分解系数具有不同的规律。

(3) 通过合理选择极弧系数，齿槽转矩可以得到大幅度削弱。

对于本节给出的方法，需作以下说明：

(1) 本节给出的极弧系数确定方法旨在削弱齿槽转矩。但实际应用中，极弧系数的选择受诸多因素的限制，应综合考虑永磁体的合理利用、齿槽转矩抑制以及电机性能等。

(2) 该方法不适于 2 极电机。计算表明，在 2 极平行充磁永磁电机中，难以找到使对齿槽转矩起作用的各次傅里叶系数都很小的极弧系数，极弧系数难以确定。

需要指出的是，当所选择的极弧系数已使齿槽转矩很小时，若再进一步采取其他齿槽转矩削弱方法，削弱效果往往不再显著。

第四节　基于不等槽口宽配合的齿槽转矩削弱方法

通常情况下，电枢槽的槽口宽度都相同。本节讨论的不等槽口宽配合是指相邻两槽的槽口宽度不同，而相距两个齿距的两槽的槽口宽度相同。该方法通过改变对齿槽转矩起作用的 G_n 而达到削弱齿槽转矩的目的。

一、采用不等槽口宽配合时的齿槽转矩解析表达式

为了简化分析，本节以径向充磁永磁电机为例进行讨论，得出的结论也适合于平行充磁永磁电机。对于不等槽口宽配合的情况，$B^2_r(\theta)$ 的傅里叶分解与一般的表面式永磁电机完全相同，但由于相邻两槽的槽口宽不相等，$\left[\dfrac{h_m}{h_m+\delta(\theta,\alpha)}\right]^2$ 的傅里叶分解与等槽口宽度的情况不同。

采用不等槽口配合的电枢槽形示意图如图 5-18 所示，其中 θ_{sa} 和 θ_{sb} 为相邻两槽口宽度

(用弧度表示)。由于相邻两槽口宽不相等，$\left[\dfrac{h_m}{h_m+\delta(\theta,\alpha)}\right]^2$ 的傅里叶分解须在区间 $\left[-\dfrac{2\pi}{z},\dfrac{2\pi}{z}\right]$ 上进行。其傅里叶分解可以表示为

$$\left[\frac{h_m}{h_m+\delta(\theta,\alpha)}\right]^2=G_0+\sum_{n=1}^{\infty}G_n\cos\frac{nz(\theta+\alpha)}{2} \tag{5-26}$$

为简明起见，近似认为磁力线只是通过齿，而不通过槽。因此，对应齿部的气隙满足 $\delta(\theta)=\delta$，对应槽部的气隙满足 $\delta(\theta)=\infty$。

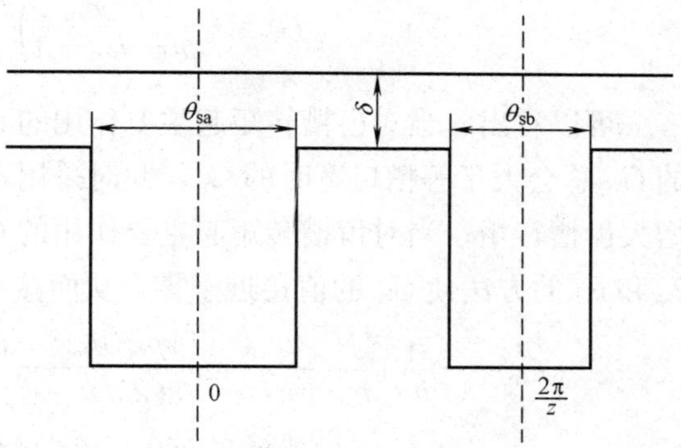

图 5-18　电枢槽形示意图

此时 $\left[\dfrac{h_m}{h_m+\delta(\theta,\alpha)}\right]^2$ 为：对应槽部时等于零，对应齿部时为 $\left(\dfrac{h_m}{h_m+\delta}\right)^2$。根据该简化模型，可得到 G_n 的表达式为

$$G_n=\frac{2}{n\pi}\left(\frac{h_m}{h_m+\delta}\right)^2\left[\sin\left(n\pi-\frac{nz\theta_{sb}}{4}\right)-\sin\frac{nz\theta_{sa}}{4}\right] \tag{5-27}$$

进而得到采用不等槽口宽配合时的齿槽转矩表达式为

$$T(\alpha)=\frac{\pi zL_a}{8\mu_0}(R_2^2-R_1^2)\sum_{n=1}^{\infty}nG_nB_{r\frac{nz}{4p}}\sin\frac{nz\alpha}{2} \tag{5-28}$$

式中，n 为使 $nz/4p$ 为整数的整数。

从式（5-27）、式（5-28）可以看出，采用不等槽口宽配合时，$\left[\dfrac{h_m}{h_m+\delta(\theta,\alpha)}\right]^2$ 的傅里叶分解系数对齿槽转矩有影响，但并不是所有傅里叶分解系数都对齿槽转矩有影响，只有使 $nz/4p$ 为整数的 n 次傅里叶系数对齿槽转矩有影响。

二、基于不等槽口宽配合的齿槽转矩削弱方法

根据上面的分析，可以对比不等槽口宽和等槽口宽两种情况下的 G_n 值。

（1）等槽口宽时，假设 $\theta_{sa}=\theta_{sb}=\theta_s$，整理式（5-27）得

$$G_n=\frac{2}{n\pi}\left(\frac{h_m}{h_m+\delta}\right)^2\left[\sin\left(n\pi-\frac{nz\theta_s}{4}\right)-\sin\frac{nz\theta_s}{4}\right] \tag{5-29}$$

若 n 为奇数，则 $G_n=0$。

若 n 为偶数，则 $G_n=-\dfrac{4}{n\pi}\left(\dfrac{h_m}{h_m+\delta}\right)^2\sin\dfrac{nz\theta_s}{4}$。

（2）不等槽口宽时，若 n 为奇数，则

$$G_n=\frac{2}{n\pi}\left(\frac{h_m}{h_m+\delta}\right)^2\left(\sin\frac{nz\theta_{sb}}{4}-\sin\frac{nz\theta_{sa}}{4}\right) \tag{5-30}$$

若 n 为偶数，则

$$G_n=-\frac{2}{n\pi}\left(\frac{h_m}{h_m+\delta}\right)^2\left(\sin\frac{nz\theta_{sb}}{4}+\sin\frac{nz\theta_{sa}}{4}\right) \tag{5-31}$$

可以看出，当对齿槽转矩起主要作用的 G_n 的次数 n 为奇数时，采用不等槽口宽配合时的 G_n 总会大于等槽口宽时的 G_n，此时采用不等槽口宽配合并不能减小齿槽转矩，反而可能增大齿槽转矩；当对齿槽转矩起主要作用的 G_n 的次数 n 为偶数时，可以通过改变槽口宽度 θ_{sa} 和 θ_{sb} 的方法使 G_n 的值接近于零，从而减小齿槽转矩。整理式（5-31）得

$$\begin{aligned}G_n&=-\frac{4}{n\pi}\left(\frac{h_m}{h_m+\delta}\right)^2\sin\frac{4pz(\theta_{sa}+\theta_{sb})}{8GCD(z,4p)}\cos\frac{4pz(\theta_{sa}-\theta_{sb})}{8GCD(z,4p)}\\&=-\frac{4}{n\pi}\left(\frac{h_m}{h_m+\delta}\right)^2\sin\frac{(\theta_{sa}+\theta_{sb})LCM(z,4p)}{8}\cos\frac{(\theta_{sa}-\theta_{sb})LCM(z,4p)}{8}\end{aligned} \tag{5-32}$$

式中，$LCM(z, 4p)$ 表示槽数 z 与 $4p$ 的最小公倍数。要使得式（5-32）为零，必须满足下式

$$\begin{cases}\dfrac{(\theta_{sa}+\theta_{sb})LCM(z,4p)}{8}=\pi,2\pi,\cdots\\[2ex]\dfrac{(\theta_{sa}-\theta_{sb})LCM(z,4p)}{8}=\dfrac{\pi}{2}\end{cases} \tag{5-33}$$

求解可得 θ_{sa} 和 θ_{sb}

$$\begin{cases}\theta_{sa}=\dfrac{6\pi}{LCM(z,4p)}\\[2ex]\theta_{sb}=\dfrac{2\pi}{LCM(z,4p)}\end{cases}\text{或}\begin{cases}\theta_{sa}=\dfrac{10\pi}{LCM(z,4p)}\\[2ex]\theta_{sb}=\dfrac{6\pi}{LCM(z,4p)}\end{cases} \tag{5-34}$$

三、计算实例

分别以 6 极 22、26、28 和 32 槽电机为模型，采用有限元法分别计算了采用等槽口宽和不等槽口宽两种情况下的齿槽转矩。该永磁电机模型的主要参数见表 5-3。

表 5-3　计算模型参数（无刷直流电动机）

定子外径/mm	160	永磁体厚度/mm	5
定子内径/mm	102	剩磁密度/T	0.42
转子外径/mm	100	矫顽力/(kA/m)	281
转子内径/mm	40	极对数	3
磁极外径/mm	100	气隙长度/mm	1
磁极内径/mm	90		

对于 6 极 22 槽和 26 槽电机，对齿槽转矩起主要作用的 G_n 的次数 $n=4p/GCD(z, 4p)$ 为偶数，可以通过调整槽口宽度 θ_{sa} 和 θ_{sb} 的大小减小齿槽转矩。根据式（5-34）得到 θ_{sa} 和 θ_{sb} 的值（简单起见，将 θ_{sa} 和 θ_{sb} 表示为角度）。对于 6 极 22 槽电机，$\theta_{sa}=8.18°$，$\theta_{sb}=2.73°$；对于 26 槽电机，$\theta_{sa}=6.92°$，$\theta_{sb}=2.31°$。图 5-19 和 5-20 分别为两种情况下的齿槽转矩对比。可以看出，采用不等槽口宽配合时，齿槽转矩的削弱效果非常明显。

对于 6 极 28 槽和 32 槽电机，对齿槽转矩起主要作用的 G_n 的次数 $n=4p/GCD(z, 4p)$

为奇数，不等槽口宽配合的方法不适用，验证如下。根据式（5-34）得到槽口宽度 θ_{sa} 和 θ_{sb}，图 5-21 和图 5-22 分别为不同槽数下的齿槽转矩。可以看出，不等槽口宽配合的方法不但没有减小齿槽转矩，反而使齿槽转矩增大，说明此时不宜采用不等槽口宽配合的方法。

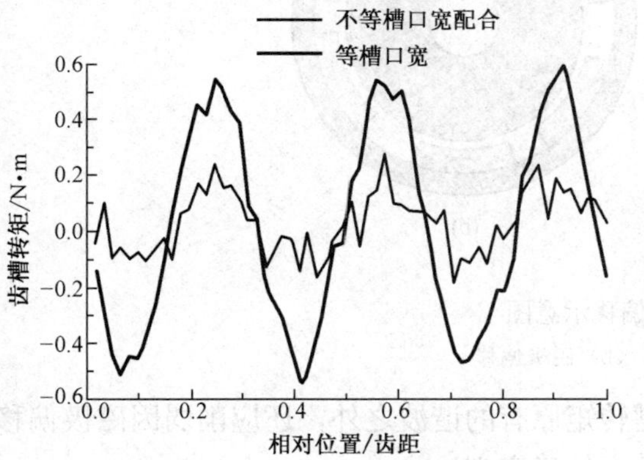

图 5-19　6 极 22 槽电机的齿槽转矩对比

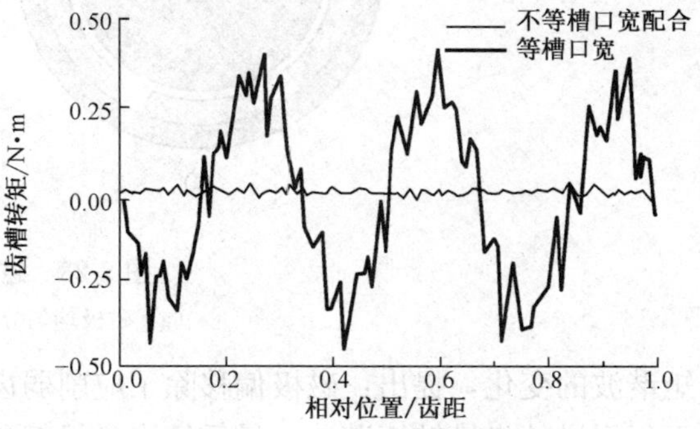

图 5-20　6 极 26 槽电机的齿槽转矩对比

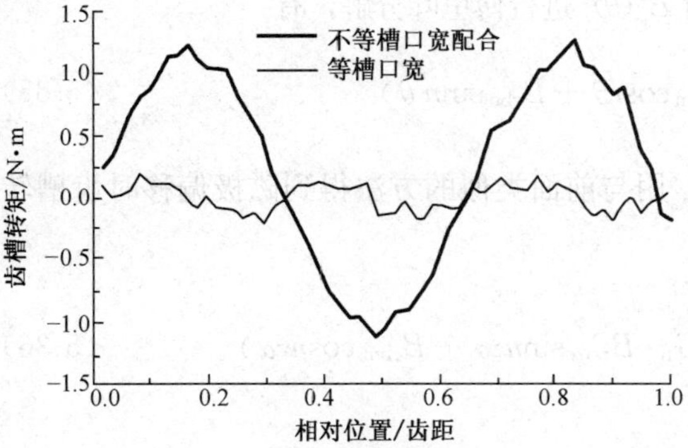

图 5-21　6 极 28 槽电机的齿槽转矩对比

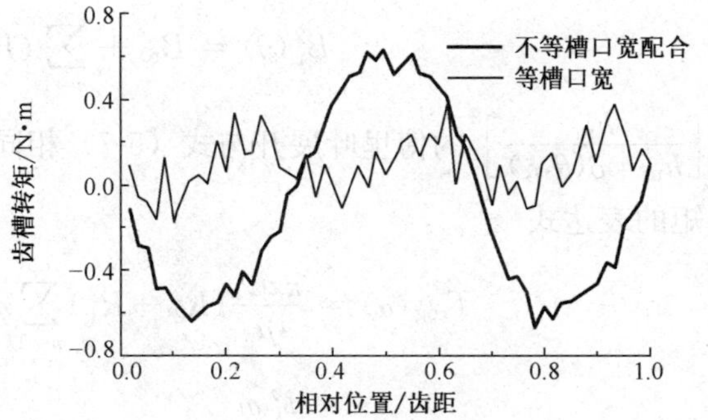

图 5-22　6 极 32 槽电机的齿槽转矩对比

需要指出的是，由于采用了相对简单的气隙磁导模型，所得到的槽口宽度不一定是最佳值。

本节给出的不等槽口宽配合方法旨在削弱齿槽转矩，但实际上槽口宽度的确定受到很多因素的影响，例如导线线径、嵌线方式等。此外，对于许多电机，很难得到结构上合理的槽口宽度，因而就难以采用该方法削弱齿槽转矩。

第五节　基于磁极偏移的齿槽转矩削弱方法

通常情况下，永磁电机各磁极的形状相同，且在圆周上均匀分布，如图 5-23（a）所示。磁极偏移是指磁极形状相同但不均布，如图 5-23（b）所示。磁极偏移可以改变对齿槽转矩起作用的磁场谐波的幅值，进而削弱齿槽转矩。

本节首先推导磁极偏移时的齿槽转矩表达式，进而分析永磁体均布和磁极偏移时齿槽转

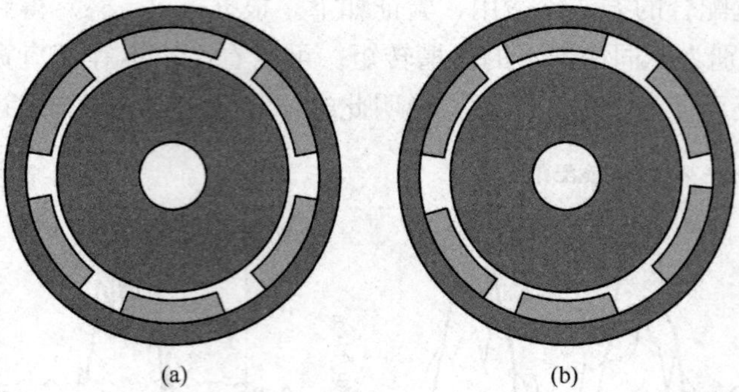

图 5-23 磁极偏移示意图

(a) 磁极均匀分布；(b) 磁极偏移

矩谐波的变化，提出：磁极偏移除了应削弱齿槽转矩原有的谐波之外，还应削弱因磁极偏移而新引进的齿槽转矩谐波。最后给出磁极偏移角度的确定方法。

一、磁极偏移时的齿槽转矩表达式

图 5-24 为永磁体偏移时 $B_r^2(\theta)$ 的分布，$\theta_1 \sim \theta_{2p}$ 为永磁体相对于均布位置偏移的角度，第一块永磁体不偏移，即 $\theta_1=0$。在区间 $[-\pi,\pi]$ 上对 $B_r^2(\theta)$ 进行傅里叶分解，有

$$B_r^2(\theta) = B_{r0} + \sum_{n=1}^{\infty}(B_{ran}\cos n\theta + B_{rbn}\sin n\theta) \tag{5-35}$$

$\left[\dfrac{h_m}{h_m+\delta(\theta,\alpha)}\right]^2$ 的傅里叶展开与式（5-7）相同。用与前面类似的方法得到磁极偏移时齿槽转矩的表达式

$$T_{cog}(\alpha) = \frac{\pi z L_a}{4\mu_0}(R_2^2 - R_1^2)\sum_{n=1}^{\infty} n G_n (B_{ranz}\sin nz\alpha + B_{rbnz}\cos nz\alpha) \tag{5-36}$$

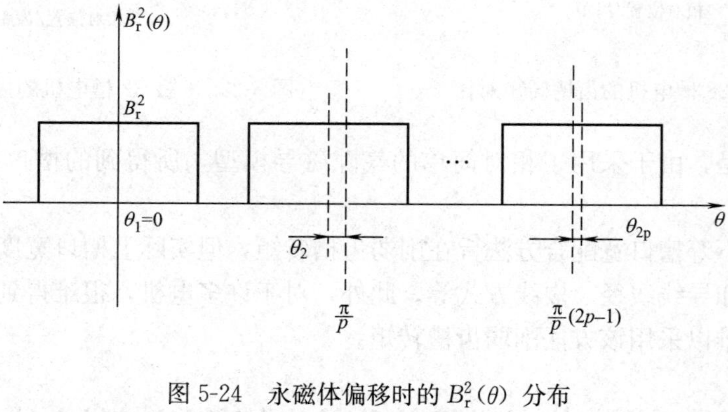

图 5-24 永磁体偏移时的 $B_r^2(\theta)$ 分布

式中

$$B_{ranz} = \frac{2B_r^2}{nz\pi}\sin\frac{nz\pi\alpha_p}{2p}\sum_{k=1}^{2p}\cos nz\left[\frac{\pi}{p}(k-1)+\theta_k\right] \tag{5-37}$$

$$B_{rbnz} = \frac{2B_r^2}{nz\pi}\sin\frac{nz\pi\alpha_p}{2p}\sum_{k=1}^{2p}\sin nz\left[\frac{\pi}{p}(k-1)+\theta_k\right] \tag{5-38}$$

式中，θ_k 为第 k 个磁极偏移的角度。

永磁体均布可以看做一种特殊情况（即所有的磁极偏移角度为零），此时 B_{rbnz} 恒为零，而 B_{ranz} 为

$$B_{ranz}=\frac{2B_r^2}{nz\pi}\sin\frac{nz\pi\alpha_p}{2p}\frac{\sin nz\pi}{\sin\frac{nz\pi}{2p}}\cos\left(nz\pi-\frac{nz\pi}{2p}\right) \tag{5-39}$$

分析式（5-39）可知，只有当 n 为 N_p 的倍数时，B_{ranz} 才不为零，N_p 的定义见式（5-13）。也就是说，若永磁体均布，只有 n 为 N_p 的倍数时，该次齿槽转矩的谐波才不为零。现有文献中讨论磁极偏移削弱齿槽转矩时，削弱的是永磁体均布时存在的齿槽转矩谐波。因此，对于其中 $N_p=1$ 的情况，已有的偏移角度确定方法能很好地削弱齿槽转矩。但是当 $N_p\neq1$ 时，已有的确定方法就会引进新的齿槽转矩谐波，齿槽转矩削弱效果不好。

二、磁极偏移角度的确定

根据式（5-39）可知，若永磁体均布，只有 n 为 N_p 的倍数时，该次谐波才不为零，以前的分析方法是通过磁极偏移将这些次数的谐波削弱，得到的第 k 块永磁体的磁极偏移角度为[12]

$$\theta_k=\frac{2\pi}{2pN_pz}(k-1) \tag{5-40}$$

将式（5-40）代入式（5-37）、式（5-38）可得

$$B_{ranz}=\frac{2B_r^2}{nz\pi}\sin\frac{nz\pi\alpha_p}{2p}\frac{\sin n\pi\left(z+\frac{1}{N_p}\right)}{\sin\frac{n\pi}{2p}\left(z+\frac{1}{N_p}\right)}\cos\left[\left(\frac{2p-1}{2p}nz\pi\right)\left(1+\frac{1}{N_pz}\right)\right] \tag{5-41}$$

$$B_{rbnz}=\frac{2B_r^2}{nz\pi}\sin\frac{nz\pi\alpha_p}{2p}\frac{\sin n\pi\left(z+\frac{1}{N_p}\right)}{\sin\frac{n\pi}{2p}\left(z+\frac{1}{N_p}\right)}\sin\left[\frac{nz\pi(2p-1)}{2p}\left(1+\frac{1}{N_pz}\right)\right] \tag{5-42}$$

可见，在齿槽转矩原先的谐波次数（即 n 为 N_p 的倍数时）中，除 n 为 $2pN_p$ 的倍数之外的全被消除掉了，但同时使 n 为 N_p 倍数之外的各次谐波不为零，即新引进了谐波。

随着谐波次数的增加，谐波的幅值会减小，削弱齿槽转矩应该立足于消弱齿槽转矩的低次谐波。因此，计算磁极偏移角度时，须考虑这部分新引进的低次谐波。根据式（5-37）、式（5-38），要消去某次谐波，只要通过选择磁极偏移角度 θ_k，使 B_{ranz} 和 B_{rbnz} 为零即可。要消去齿槽转矩的低次谐波，需要联立求解 n 取不同值时的 B_{ranz} 和 B_{rbnz} 方程，得到磁极偏移角度。

对于 4 极 30 槽电机和 6 极 27 槽电机，$N_p=2$，可以通过选择磁极偏移角度来消除齿槽转矩的前三次谐波，联立方程并求解得到了磁极的偏移角度，与参考文献［12］中方法得到的偏移角度进行对比，见表 5-4。

表 5-4　　永磁体偏移角度

		θ_2	θ_3	θ_4	θ_5	θ_6
4 极 30 槽	计算结果	0	3	3	—	—
	参考文献[12]	1.5	3	4.5	—	—
6 极 27 槽	计算结果	2.22	4.44	0	2.22	4.44
	参考文献[12]	1.11	2.22	3.33	4.44	5.56

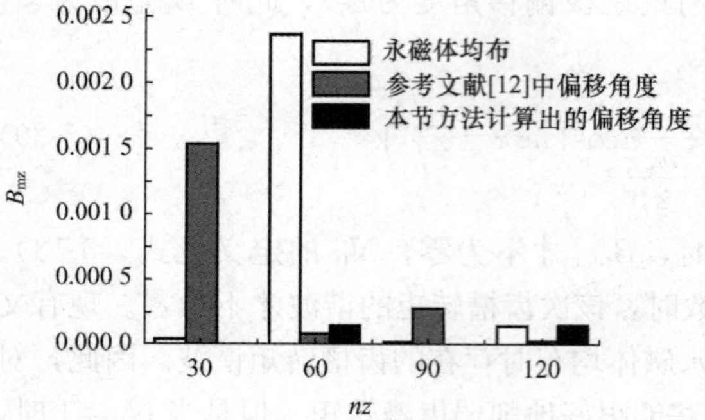

图 5-25　永磁体均布和偏移时 B_{rnz} 的对比（4 极 30 槽）

根据表 5-4 给出的偏移角度，分别计算了上述两电机的 B_{rnz}（$B_{rnz}=\sqrt{B_{ranz}^2+B_{rbnz}^2}$）和齿槽转矩。图 5-25 和图 5-26 为不同偏移角度时的 B_{rnz}。可以看出，采用本节计算的偏移角度后，齿槽转矩的前三次谐波都能很好地得到削弱，而采用式（5-40）的偏移角度时，二次谐波可以很好地削弱，但却引进了一次和三次谐波。图 5-27 和图 5-28 为上述两电机在不偏移和采用这两种偏移角度时的齿槽转矩对比，可以看出，根据上述方法得到的偏移角度可使齿槽转矩得到更好的削弱。

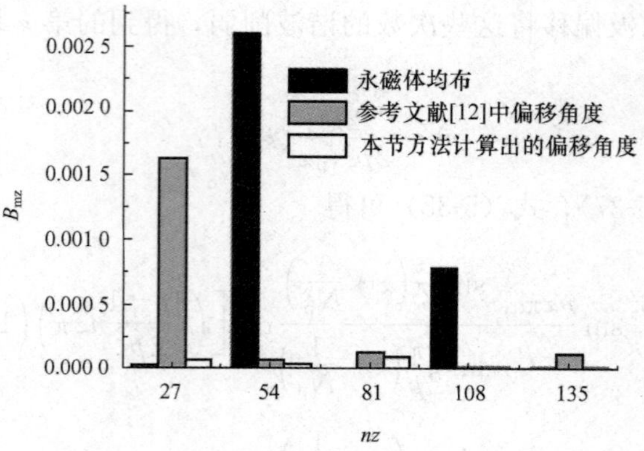

图 5-26　永磁体均布和偏移时 B_{rnz} 的对比（6 极 27 槽）

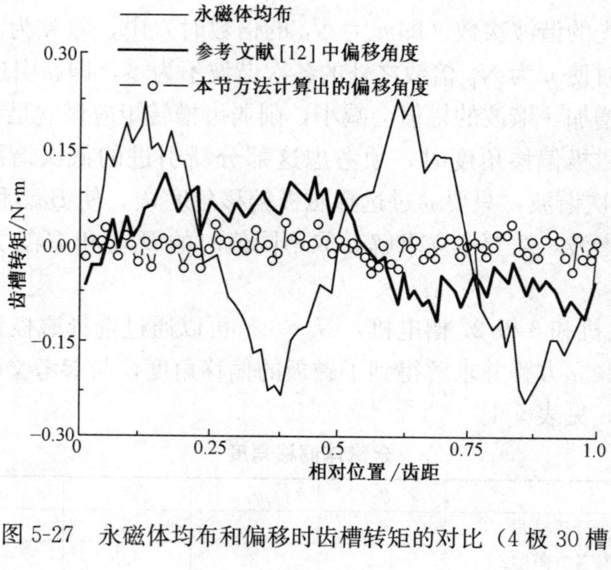

图 5-27　永磁体均布和偏移时齿槽转矩的对比（4 极 30 槽）

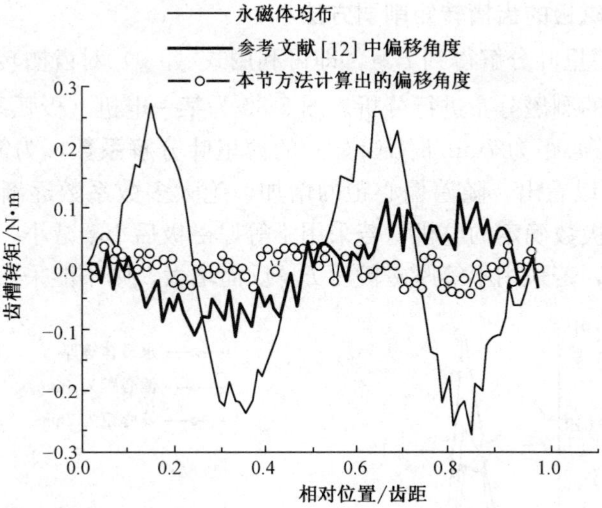

图 5-28　永磁体均布和偏移时齿槽转矩的对比（6 极 27 槽）

第六节　基于不等厚永磁磁极的齿槽转矩削弱方法

根据前面的分析，只要减小 $B_{\mathrm{r}\frac{nz}{2p}}$ 就可以削弱齿槽转矩。本节通过改变永磁磁极的形状，将瓦片形永磁体由原来的内外径同心改为内外径不同心，即永磁体不等厚，以减小 $B_{\mathrm{r}\frac{nz}{2p}}$，进而达到了削弱齿槽转矩的目的。

一、不等厚磁极结构

不等厚磁极结构如图 5-29 所示，普通磁极的内外径同心，圆心为 O，此时磁极厚度均匀，为 h_{m}。当采用不等厚磁极结构时，磁极内外径不同心，外径对应的圆心为 O、内径对应的圆心为 O'，此时磁极厚度 $h'_{\mathrm{m}}(\theta)$和气隙长度 $\delta'(\theta)$随位置角变化。偏心距 h 为 O 和 O'之间的距离，h 不同，则气隙磁密径向分量的分布也不同。为简化分析，本节以径向充磁永磁电机为例进行分析，得出的结论也适合于平行充磁永磁电机。不偏心时的气隙磁密径向分量分布为

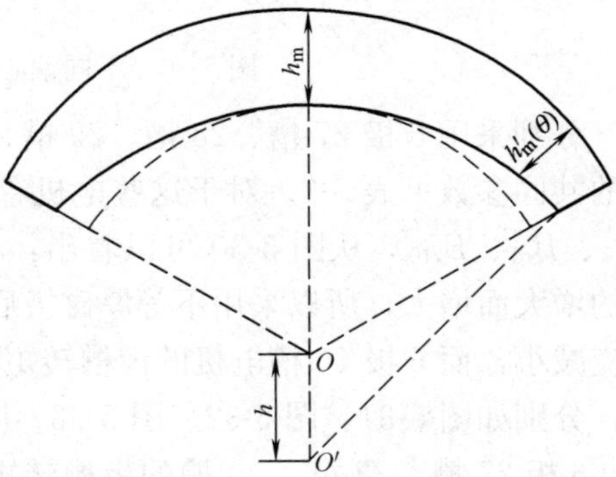

图 5-29　不等厚磁极

$$B(\theta)=B_{\mathrm{r}}(\theta)\frac{h_{\mathrm{m}}}{h_{\mathrm{m}}+\delta(\theta)} \tag{5-43}$$

磁极不等厚时，气隙磁密径向分量可表示为

$$B'(\theta)=B_{\mathrm{r}}(\theta)\frac{h'_{\mathrm{m}}(\theta)}{h'_{\mathrm{m}}(\theta)+\delta'(\theta)}=B_{\mathrm{r}}(\theta)\frac{h'_{\mathrm{m}}(\theta)}{h_{\mathrm{m}}+\delta(\theta)}=\frac{h'_{\mathrm{m}}(\theta)}{h_{\mathrm{m}}}B_{\mathrm{r}}(\theta)\frac{h_{\mathrm{m}}}{h_{\mathrm{m}}+\delta(\theta)}=B'_{\mathrm{r}}(\theta)\frac{h_{\mathrm{m}}}{h_{\mathrm{m}}+\delta(\theta)} \tag{5-44}$$

式中，$B'_{\mathrm{r}}(\theta)=\dfrac{h'_{\mathrm{m}}(\theta)}{h_{\mathrm{m}}}B_{\mathrm{r}}(\theta)$。

二、基于不等厚磁极的齿槽转矩削弱方法

对 $B'^2_{\mathrm{r}}(\theta)$ 进行傅里叶分解得到 $B_{\mathrm{r}\frac{nz}{2p}}$，即可利用式（5-9）对齿槽转矩进行分析。为了研究方便，取一个极下的剩磁分布进行分析。图 5-30 为某一电机（极弧系数为 0.7）在气隙均匀、偏心距 4mm 和偏心距为 7mm 时 $B'^2_{\mathrm{r}}(\theta)$ 的傅里叶分解系数，为简明起见，给出了3～32 次的分解系数。可以看出，随着偏心距的增加，绝大多数系数逐渐减小，但有的系数却增大了。对于槽数和极数确定的电机，若采用不等厚磁极后 $B_{\mathrm{r}\frac{nz}{2p}}$减小，则可采用不等厚磁极削弱齿槽转矩；反之，若采用不等厚磁极后 $B_{\mathrm{r}\frac{nz}{2p}}$反而增大，则不能采用该方法。

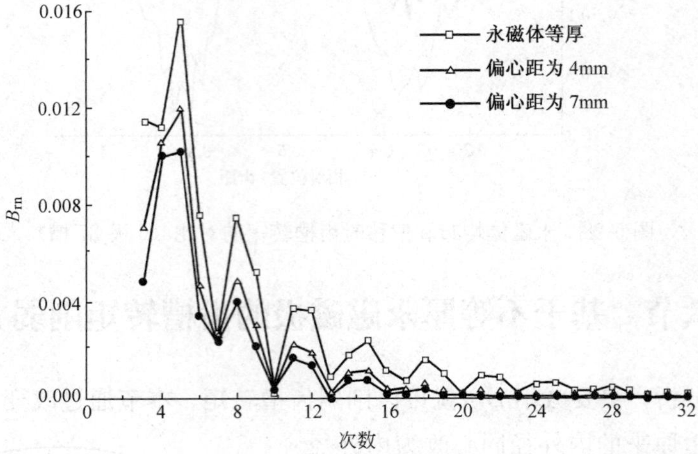

图 5-30　不同偏心距时的 $B'^2_{\mathrm{r}}(\theta)$ 傅里叶分解系数

分别采用 6 极 27 槽、28 槽、29 槽、30 槽、60 槽永磁直流电机模型进行分析研究，它们的共同参数见表 5-2。对于这些电机，对齿槽转矩起作用的最低次 $B_{\mathrm{r}\frac{nz}{2p}}$ 分别为 B_{r9}、B_{r14}、B_{r29}、B_{r5}、B_{r10}，从图 5-30 可以看出，在 B_{r9}、B_{r14}、B_{r29}、B_{r5}、B_{r10} 中，只有 B_{r10} 随偏心距的增大而增大，所以采用不等厚磁极后，6 极 27 槽、28 槽、29 槽、30 槽电机的齿槽转矩都应减小，而 6 极 60 槽电机的齿槽转矩应该增大。利用有限元法分析了上述电机的齿槽转矩，分别如图 5-31、图 5-32、图 5-33、图 5-34 和图 5-35 所示。可以看出，采用不等厚磁极后，6 极 27 槽、28 槽、30 槽的齿槽转矩都有不同程度的减小，由于 6 极 29 槽电机的齿槽转矩本来就很小，采用不等厚磁极后齿槽转矩削弱效果不明显，而 6 极 60 槽的齿槽转矩反

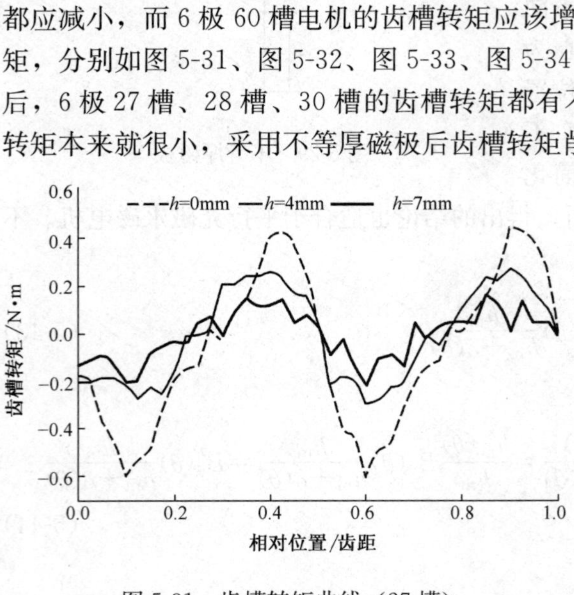

图 5-31　齿槽转矩曲线（27 槽）

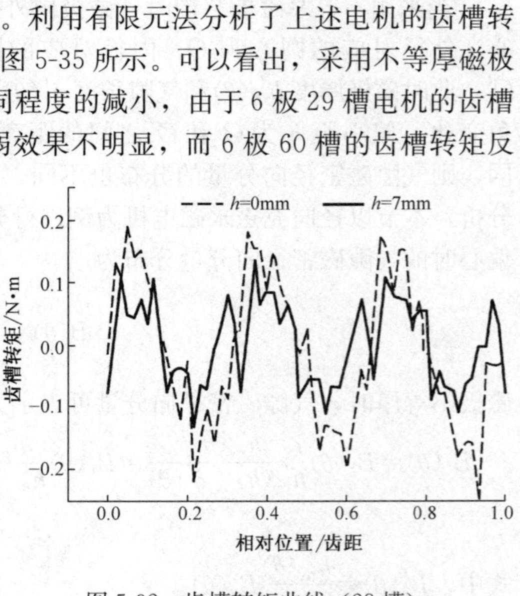

图 5-32　齿槽转矩曲线（28 槽）

而增大，证明上述分析是正确的。

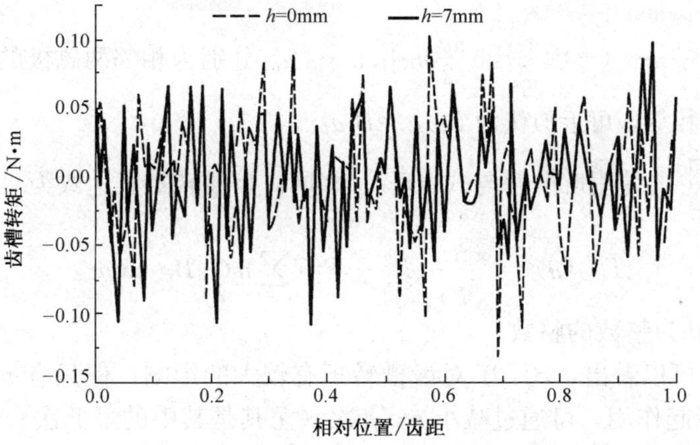

图 5-33　齿槽转矩曲线（29 槽）

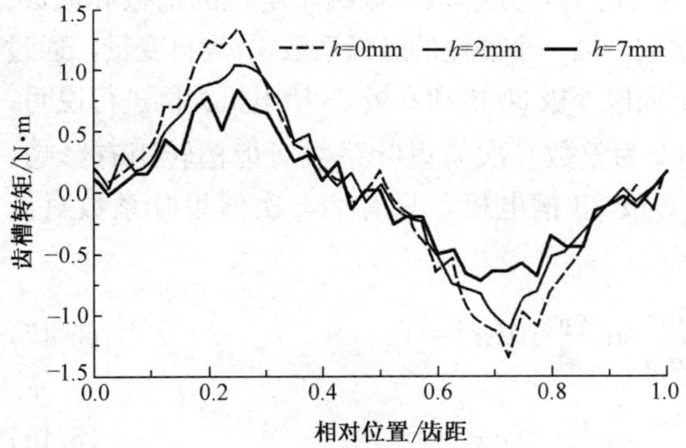

图 5-34　齿槽转矩曲线（30 槽）

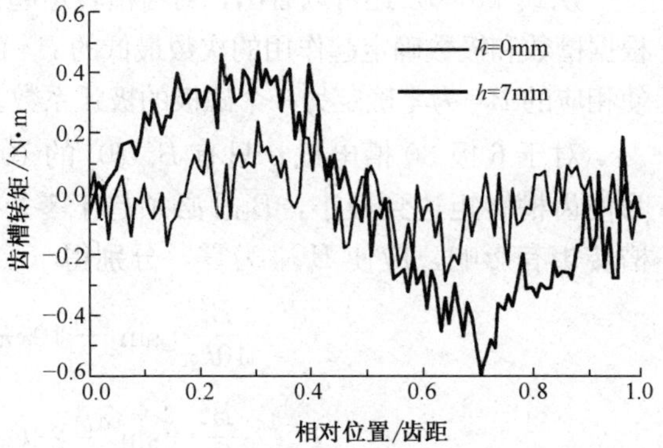

图 5-35　齿槽转矩曲线（60 槽）

第七节　基于不同极弧系数组合的齿槽转矩削弱方法

通常永磁电机各磁极的极弧系数都相等，本节讨论的不等极弧系数组合是指相邻两个极的极弧系数不相等，但相距两个极距的两个磁极的极弧系数相同。通过合理选择极弧系数组合可以有效地削弱齿槽转矩。

一、不同极弧系数组合时的齿槽转矩表达式

采用不等极弧系数组合时，$B_r(\theta)$ 沿圆周的分布如图 5-36 所示，据此得到 $B_r^2(\theta)$ 的傅里叶展开为

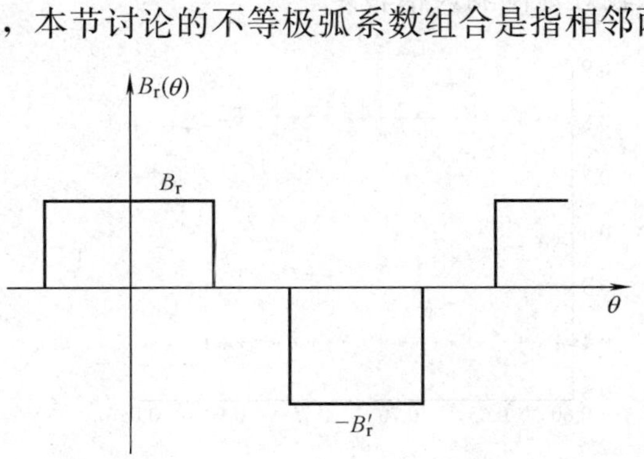

图 5-36　$B_r(\theta)$ 的分布

$$B_{\mathrm{r}}^{2}(\theta)=B_{\mathrm{r}0}+\sum_{n=1}^{\infty}B_{\mathrm{r}n}\cos np\theta \tag{5-45}$$

式中，$B_{\mathrm{m}}=\dfrac{B_{\mathrm{r}}^{2}}{n\pi}\left[\sin\dfrac{\alpha_{\mathrm{p}1}}{2}n\pi+(-1)^{n}\dfrac{\alpha_{p1}^{2}}{\alpha_{p2}^{2}}\sin\dfrac{\alpha_{p2}}{2}n\pi\right]$；$\alpha_{p1}$、$\alpha_{p2}$分别为相邻两磁极的极弧系数，因相邻两极下的磁通大小相等，可近似认为 $B_{\mathrm{r}}\alpha_{p1}=B_{\mathrm{r}}'\alpha_{p2}$。

$\left[\dfrac{h_{\mathrm{m}}}{h_{\mathrm{m}}+\delta(\theta,\alpha)}\right]^{2}$的傅里叶分解与式（5-7）相同。齿槽转矩表达式为

$$T_{\mathrm{cog}}(\alpha)=\frac{\pi zL_{\mathrm{a}}}{4\mu_{0}}(R_{2}^{2}-R_{1}^{2})\sum_{n=1}^{\infty}n\,G_{\mathrm{n}}B_{\mathrm{r}\frac{nz}{p}}\sin nz\alpha \tag{5-46}$$

式中，n 为使 nz/p 为整数的整数。

从（5-46）式可以看出，$B_{\mathrm{r}}^{2}(\theta)$ 对齿槽转矩有较大的影响，但只有 nz/p 次傅里叶分解系数才对齿槽转矩起作用。可通过减小 nz/p 次（尤其是其中的最低次）傅里叶系数来减小齿槽转矩。

二、极弧系数组合的确定

从式（5-46）还可以看出，对齿槽转矩起作用的傅里叶分解系数取决于电机的槽数和极数。根据槽数和极数确定起作用的次数最低的 $B_{\mathrm{r}\frac{nz}{p}}$ 的次数，以一个磁极的极弧系数 α_{p1} 为自变量，通过使相应的 $B_{\mathrm{r}\frac{nz}{p}}$ 为零确定另一个磁极的极弧系数。下面以 6 极 30 槽和 6 极 28 槽电机为例进行说明。

对于 6 极 30 槽电机，只有 $B_{\mathrm{r}}^{2}(\theta)$ 的 $10k$（k 为整数）次傅里叶系数对齿槽转矩有影响。为使齿槽转矩达到最小，$B_{\mathrm{r}10k}$ 必须趋于零；对 6 极 28 槽电机，只有 $28k$ 次傅里叶系数对齿槽转矩有影响，应使 $B_{\mathrm{r}28k}$ 为零，分别得

$$\frac{B_{\mathrm{r}}^{2}}{10k\pi}\left[\sin\frac{\alpha_{\mathrm{p}1}}{2}10k\pi+\frac{\alpha_{\mathrm{p}1}^{2}}{\alpha_{\mathrm{p}2}^{2}}\sin\frac{\alpha_{\mathrm{p}2}}{2}10k\pi\right]=0 \tag{5-47}$$

$$\frac{B_{\mathrm{r}}^{2}}{28k\pi}\left[\sin\frac{\alpha_{\mathrm{p}1}}{2}28k\pi+\frac{\alpha_{\mathrm{p}1}^{2}}{\alpha_{\mathrm{p}2}^{2}}\sin\frac{\alpha_{\mathrm{p}2}}{2}28k\pi\right]=0 \tag{5-48}$$

据此计算出极弧系数组合，如图 5-37 和图 5-38 所示。

对于 6 极 30 槽电机，原极弧系数为 0.7，现采用（0.8，0.6）的极弧系数组合，其齿槽转矩的对比如图 5-39 所示。对于 6 极 28 槽电机，原极弧系数为 0.7，现采用（0.77，0.66）的极弧系数组合，其齿槽转矩的对比如图 5-40 所示。可以看出，采用极弧系数组合可以较好地削弱齿槽转矩。

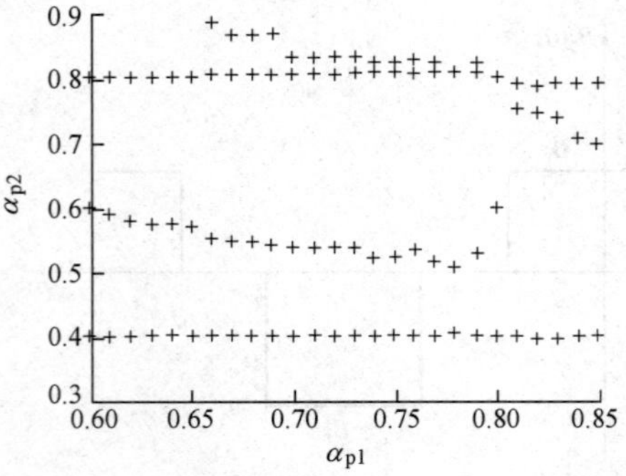

图 5-37　6 极 30 槽电机的极弧系数组合

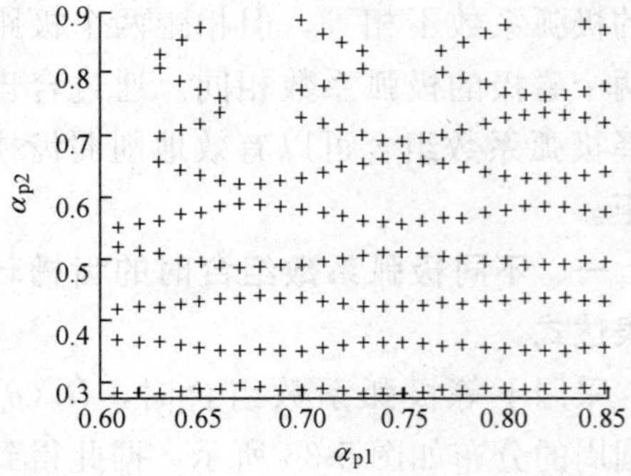

图 5-38　6 极 28 槽电机的极弧系数组合

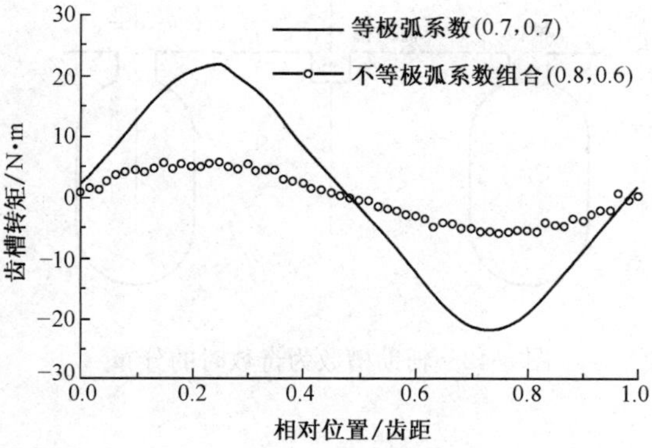

图 5-39　不同极弧系数组合时的齿槽转矩对比（$z=30$）

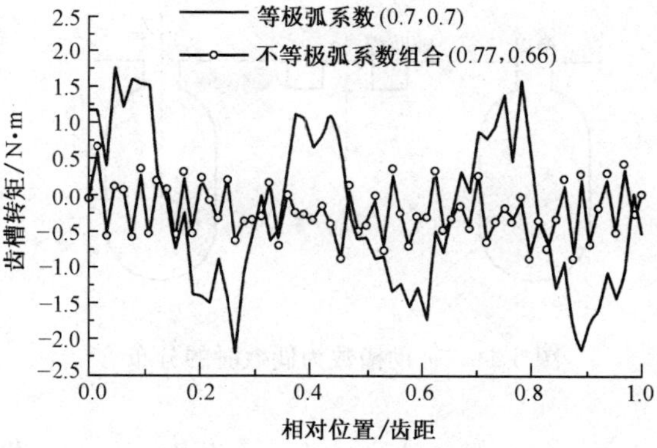

图 5-40　不同极弧系数组合时的齿槽转矩对比（$z=28$）

第八节　基于开辅助槽的齿槽转矩削弱方法

在电枢上开辅助槽，对齿槽转矩的影响相当于增加了电枢槽数，即改变了极数、槽数配合。选择合适的辅助槽数可以大幅度削弱齿槽转矩。

一、有辅助槽时的齿槽转矩表达式

为简化分析，本节以径向充磁永磁电机为例进行分析，得出的结论也适合于平行充磁永磁电机。

无辅助槽时，采用与第四节中相同的简化，得到$\left[\frac{h_m}{h_m+\delta(\theta,\alpha)}\right]^2$在区间$[-\pi/z,\pi/z]$上的傅里叶分解系数表达式为

$$G_n=\frac{2}{n\pi}\left(\frac{h_m}{h_m+\delta}\right)^2\sin\left(n\pi-\frac{nz\theta_{s0}}{2}\right) \tag{5-49}$$

式中，θ_{s0}为用弧度表示的槽口宽度。

开辅助槽时，辅助槽均匀分布在电枢齿上，辅助槽的宽度与电枢的槽口宽度相同，辅助槽的深度要合适，过浅则效果不明显，过深则影响齿部磁路，问题的关键在于辅助槽与普通电枢槽对气隙磁场的影响是否相同，这可以通过观察采用有限元法计算出的气隙磁密径向分量的分布来确定。利用有限元法计算开辅助槽电机的空载磁场分布，得到气隙磁密分布曲线，通过气隙磁密分布曲线可以观察辅助槽和普通电枢槽对气隙磁场的影响是否等效。研究辅助槽对齿槽转矩的影响时，认为辅助槽的影响和普通的电枢槽相同。在每个定子齿上开k个辅助槽，如果k为偶数，则辅助槽分布如图 5-41 所示。如果k为奇数，则辅助槽分布如图 5-42 所示。

为便于分析，与无辅助槽时$\left[\frac{h_m}{h_m+\delta(\theta,\alpha)}\right]^2$的傅里叶展开一样，对有辅助槽时$\left[\frac{h_m}{h_m+\delta(\theta,\alpha)}\right]^2$的傅里叶展开同样在区间$[-\pi/z,\ \pi/z]$上进行。当辅助槽数$k$为偶数时，$\left[\frac{h_m}{h_m+\delta(\theta,\alpha)}\right]^2$的傅里叶分解系数为

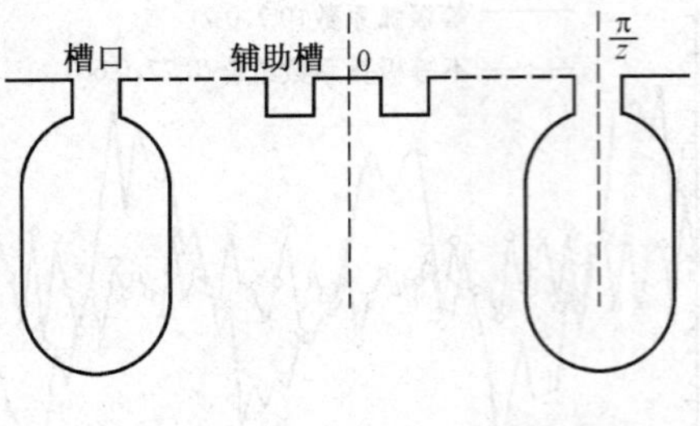

图 5-41　辅助槽数为偶数时的分布

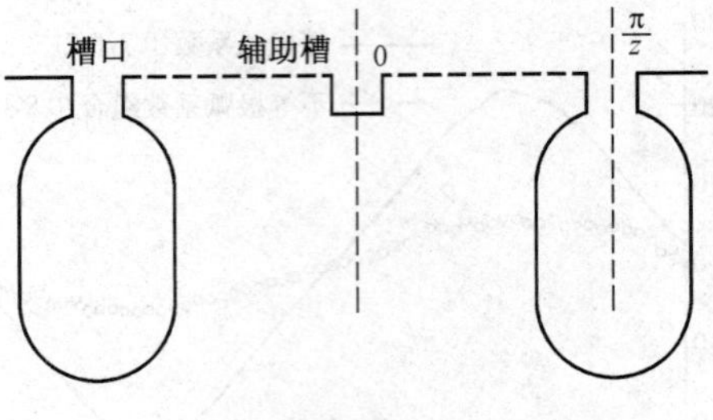

图 5-42　辅助槽数为奇数时的分布

$$
\begin{aligned}
G_{\mathrm{n}} &= \frac{2}{n\pi}\left(\frac{h_{\mathrm{m}}}{h_{\mathrm{m}}+\delta}\right)^2\left[\sin\left(n\pi-\frac{nz\theta_{\mathrm{s0}}}{2}\right)-2\sin\frac{nz\theta_{\mathrm{s0}}}{2}\sum_{i=1,3,5,\cdots}^{k-1}\cos\frac{in\pi}{k+1}\right] \\
&= \begin{cases} \dfrac{2}{n\pi}\left(\dfrac{h_{\mathrm{m}}}{h_{\mathrm{m}}+\delta}\right)^2(k+1)\sin\left(n\pi-\dfrac{nz\theta_{\mathrm{s0}}}{2}\right) & n\text{ 是}(k+1)\text{ 的倍数} \\ \dfrac{2}{n\pi}\left(\dfrac{h_{\mathrm{m}}}{h_{\mathrm{m}}+\delta}\right)^2\left[\sin\left(n\pi-\dfrac{nz\theta_{\mathrm{s0}}}{2}\right)+\sin\dfrac{nz\theta_{\mathrm{s0}}}{2}\cos(n\pi)\right]=0 & n\text{ 不是}(k+1)\text{ 的倍数} \end{cases}
\end{aligned} \tag{5-50}
$$

当辅助槽数 k 为奇数时，$\left[\dfrac{h_{\mathrm{m}}}{h_{\mathrm{m}}+\delta(\theta,\alpha)}\right]^2$ 的傅里叶分解系数为

$$
\begin{aligned}
G_{\mathrm{n}} &= \frac{2}{n\pi}\left(\frac{h_{\mathrm{m}}}{h_{\mathrm{m}}+\delta}\right)^2\left[2\cos\frac{n\pi}{2}\sin\left(\frac{n\pi}{2}-\frac{nz\theta_{\mathrm{s0}}}{2}\right)-2\sin\frac{nz\theta_{\mathrm{s0}}}{2}\sum_{i=1}^{\frac{k-1}{2}}\cos\frac{2in\pi}{k+1}\right] \\
&= \begin{cases} -\dfrac{2}{n\pi}\left(\dfrac{h_{\mathrm{m}}}{h_{\mathrm{m}}+\delta}\right)^2(k+1)\sin\dfrac{nz\theta_{\mathrm{s0}}}{2} & n\text{ 是}(k+1)\text{ 的倍数} \\ \dfrac{2}{n\pi}\left(\dfrac{h_{\mathrm{m}}}{h_{\mathrm{m}}+\delta}\right)^2\left[\sin\left(n\pi-\dfrac{nz\theta_{\mathrm{s0}}}{2}\right)+\cos(n\pi)\sin\left(\dfrac{nz\theta_{\mathrm{s0}}}{2}\right)\right]=0 & n\text{ 不是}(k+1)\text{ 的倍数} \end{cases}
\end{aligned} \tag{5-51}
$$

对比式（5-49）、式（5-50）和式（5-51）可以看出，当每个齿上开 k 个辅助槽时，只有当 n 为（$k+1$）的倍数时 G_{n} 才不为零，并且这些不为零的 G_{n} 的值会变为不开辅助槽时 G_{n} 值的（$k+1$）倍。图 5-43 为不同辅助槽数时的 G_{n} 的分布。

由于有辅助槽和无辅助槽时 $\left[\dfrac{h_{\mathrm{m}}}{h_{\mathrm{m}}+\delta(\theta,\alpha)}\right]^2$ 的展开区间相同，因此这两种情况下的齿

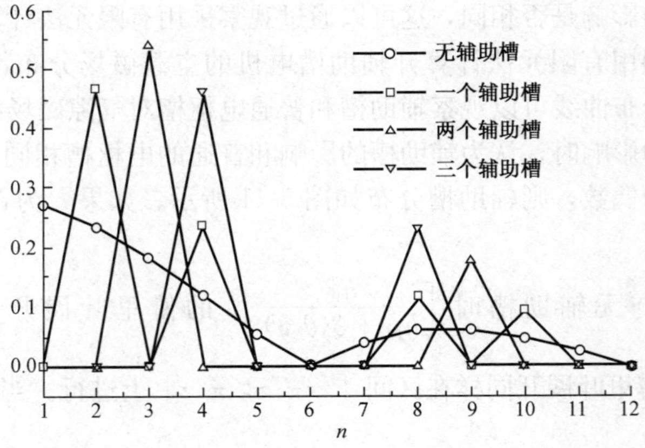

图 5-43　不同辅助槽数时的 G_{n}

槽转矩表达式相同，都为式（5-9）。

二、辅助槽数的选择

根据前面的分析，当每个齿上有 k 个辅助槽时，只有当 n 为（$k+1$）的倍数时该 G_n 才不为零，并且变为不开辅助槽时的（$k+1$）倍。当 n 为 N_p 的倍数时，G_n 才对齿槽转矩有影响，因此选择辅助槽数时，必须避免这些被放大的 G_n 对齿槽转矩有影响。要削弱齿槽转矩，必须满足 $k+1 \neq mN_p$。

当 $N_p=1$ 时，需满足 $k+1 \neq mN_p$，即 $k+1 \neq m$，但显然无法满足，开辅助槽不能削弱齿槽转矩。不论 k 取何值，这些被放大的 G_n 总是对齿槽转矩有影响，因此不宜采用开辅助槽的方法。以 6 极 18 槽电机为例，$N_p=1$，不论辅助槽数 k 取何值，G_{k+1} 总是对齿槽转矩有影响，图 5-44 为 6 极 18 槽电机采用不同辅助槽数时的齿槽转矩对比，可见开辅助槽并没有削弱齿槽转矩。此时，辅助槽数的选择可结合前面所叙述的极弧系数选择方法进行，我们可以通过削弱与 G_{k+1} 对应的 $B_{r\frac{k+1}{2p}z}$ 来削弱齿槽转矩。图 5-45 为 6 极 18 槽电机的 B_{r3n} 随极弧系数的变化曲线，当只有一个辅助槽时，$B_{r\frac{k+1}{2p}z}$ 是 B_{r6}，而当极弧系数为 0.833，B_{r6} 为零，因此可选择极弧系数为 0.833，且开一个辅助槽。极弧系数为 0.833 时不同辅助槽对应的齿槽转矩对比如图 5-46 所示。可以看出，极弧系数 0.833 对开一个辅助槽时的齿槽转矩削弱效果明显，但对开两个辅助槽时的齿槽转矩没有削弱效果。

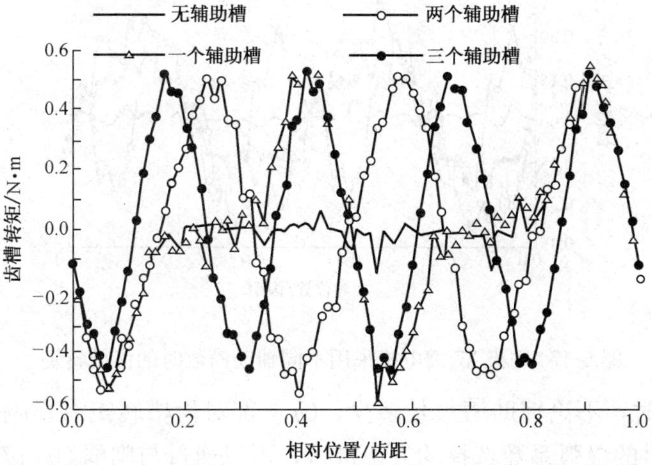

图 5-44　6 极 18 槽电机采用不同辅助槽数时齿槽转矩（极弧系数为 0.7）

当 $N_p \neq 1$ 时，辅助槽数 k 需满足 $k+1 \neq mN_p$（其中 m 是整数）以保证被放大的 G_{k+1} 对齿槽转矩没有影响。以 6 极 27 槽永磁电机为例，$N_p=2$，当 n 为 2 的倍数时，G_n 对齿槽转矩有影响，为削弱齿槽转矩我们必须使 G_{k+1} 对齿槽转矩没有影响。当没有辅助槽以及有一个、两个和三个辅助槽时齿槽转矩的对此如图 5-47 所示。可见，当辅助槽数为 2 时，齿槽转矩被极大地削弱了，因为 G_3 被放大了，但是它对齿槽转矩没有影响，G_2 和 G_4 对齿槽转矩有影响，但是两者被极大地削弱了，齿槽转矩的低次谐波被削弱，齿槽转矩减小。而辅助槽数为 1 和 3 时，G_2 和 G_4 被放大了，两者对齿槽转矩有影响，所以齿槽转矩不仅没有减小，反而增大了。

综上所述，辅助槽数 k 的选择原则如下：

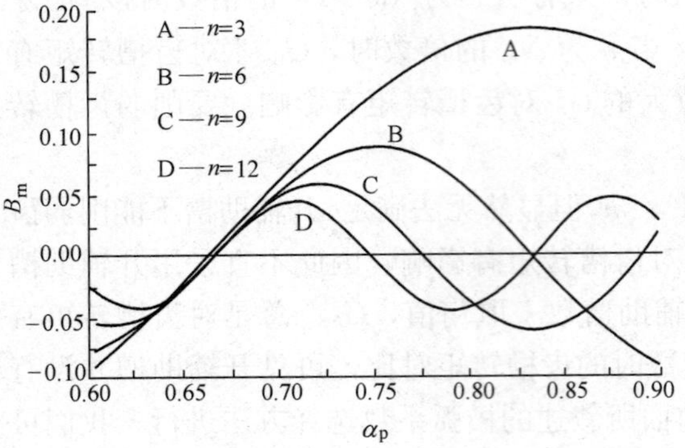

图 5-45　6 极 18 槽的 B_{r3n} 随极弧系数的变化

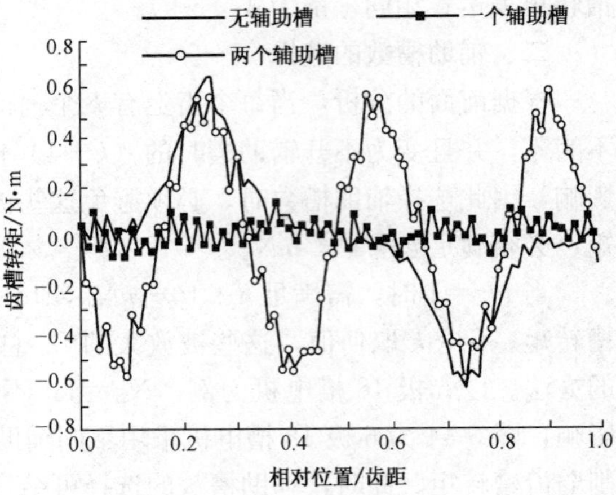

图 5-46　6 极 18 槽电机采用不同辅助槽数时的齿槽转矩（极弧系数为 0.833）

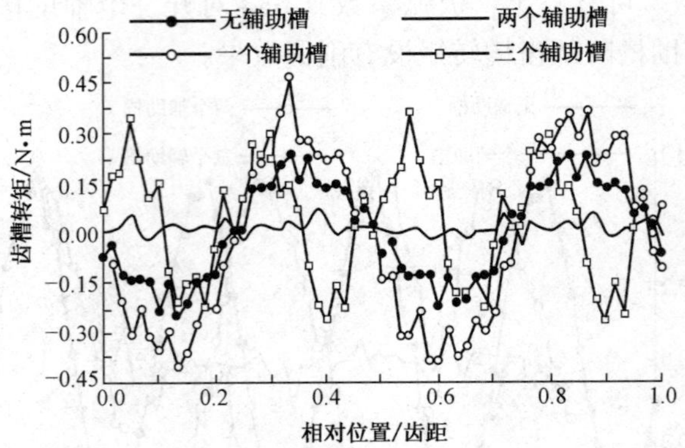

图 5-47　6 极 27 槽电机采用不同辅助槽数时的齿槽转矩

（1）当 $N_p=1$ 时，不论辅助槽数是多少，G_{k+1} 都对齿槽转矩有影响。这时辅助槽数的选择可结合前面所讲的极弧系数选择的方法进行，可以通过与削弱 G_{k+1} 对应的 $B_{r\frac{k+1}{2p}z}$ 来削弱齿槽转矩。

（2）当 $N_p\neq1$ 时，辅助槽数 k 应该满足 $k+1\neq mN_p$，即必须通过选择辅助槽数 k 使 G_{k+1} 对齿槽转矩没有影响。

第九节　基于不等极弧系数的齿槽转矩削弱方法

本节讨论了一种通过改变极弧系数削弱整数槽三相永磁同步电动机齿槽转矩的方法——基于不等极弧系数的齿槽转矩削弱方法。该方法与前面介绍的改变永磁磁极极弧系数和采用不同极弧系数组合的方法明显不同。改变磁极极弧系数的方法是同时改变所有磁极的极弧系数，而基于极弧系数组合的削弱方法是同时改变一对极内两个磁极的极弧系数，使其不等。本节讨论的方法是在保持永磁体用量不变的情况下，改变电机的极弧系数，除一个永磁磁极外，其他永磁磁极的极弧系数都相同。

一、基于不等极弧系数的齿槽转矩削弱方法

图 5-48（a）为一台 6 极表面式永磁同步电动机的转子示意图，每极永磁体的极弧宽度都相等，用角度表示为 θ_{a1}，两个磁极的极间宽度用角度表示为 θ_{c1}。图 5-48（b）为采用不等极弧系数时的转子示意图，θ_a 为磁极 PM_6 的极弧宽度，θ_b 为其他 5 个磁极的极弧宽度，θ_c 为相邻两个磁极的极间宽度。为保持永磁体用量不变，应满足 $\theta_{c1}=\theta_c$。通过 θ_a 和 θ_b 的合理选取减小 $B_r^2(\theta)$ 对齿槽转矩有影响的谐波的幅值，以达到削弱齿槽转矩的目的。

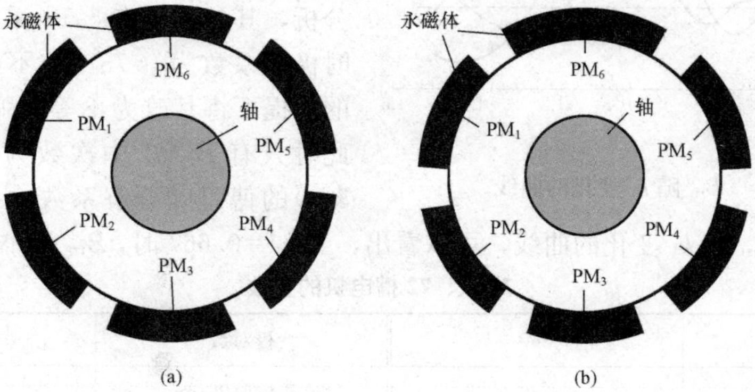

图 5-48　6 极表面式永磁同步电动机的转子示意图

（a）普通磁极结构；（b）不等极弧系数磁极结构

二、齿槽转矩的解析分析

采用不等极弧系数磁极结构时齿槽转矩表达式的推导过程跟第一节基本相同，不同之处是 $B_r^2(\theta)$ 的分布。假设电机内每极磁通相同，则 $B_r^2(\theta)$ 沿圆周的分布如图 5-49 所示。其中 θ_a 为宽度与其他永磁体不同的永磁体的极弧宽度，θ_b 为其他 $2p-1$ 个磁极的极弧宽度，θ_c 为两个磁极之间的极间宽度，p 为极对数。定义 $k_t=\theta_b/\theta_a$。

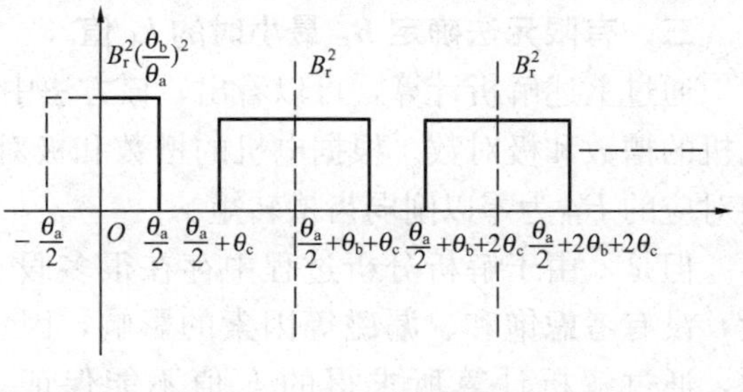

图 5-49　$B_r^2(\theta)$ 沿圆周的分布

$B_r^2(\theta)$ 的傅里叶分解为

$$B_r^2(\theta)=B_{r0}+\sum_{n=1}^{\infty}B_{rn}\cos n\theta \qquad (5\text{-}52)$$

式中，

$$B_{rn}=\frac{2B_r^2}{m\pi}\left\{\begin{aligned}&k_t^2\sin\left[m\frac{\pi-p\theta_c}{1+(2p-1)k_t}\right]+2\sin\left[mk_t\frac{\pi-p\theta_c}{1+(2p-1)k_t}\right]\\&\sum_{i=1}^{p-1}\cos m\left\{\frac{2\pi-2p\theta_c}{1+(2p-1)k_t}\left[\frac{1}{2}+\left(i-\frac{1}{2}\right)k_t\right]+i\theta_c\right\}+\\&2\sin\left[\frac{mk_t}{2}\frac{\pi-p\theta_c}{1+(2p-1)k_t}\right]\cos\left[m\pi-\frac{mk_t}{2}\frac{\pi-p\theta_c}{1+(2p-1)k_t}\right]\end{aligned}\right\} \qquad (5\text{-}53)$$

根据与第一节中类似的推导过程，得到不等极弧系数时的齿槽转矩表达式为

$$T_{\rm cog}(\alpha)=\frac{\pi zL_{\rm Fe}}{4\mu_0}(R_2^2-R_1^2)\sum_{n=1}^{\infty}nG_{\rm n}B_{\rm rnz}\sin nz\alpha \tag{5-54}$$

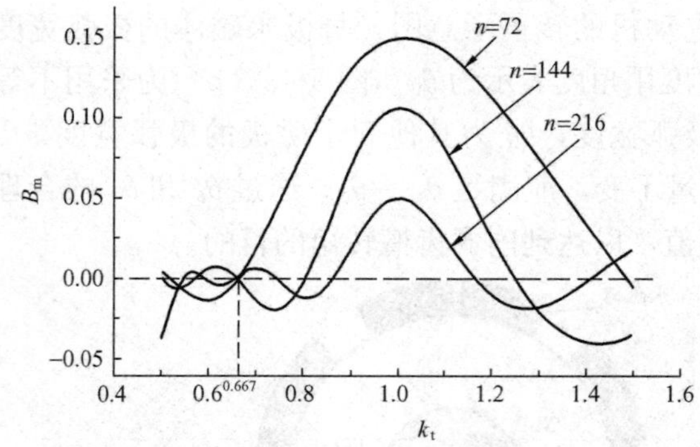

图 5-50 $B_{\rm rn}$ 随 $k_{\rm t}$ 变化的曲线

可以看出，$B_{\rm r}^2(\theta)$ 的傅里叶分解系数中，只有 nz 次（n=1，2，3…）系数对齿槽转矩有影响，可以通过减小 $B_{\rm r}^2(\theta)$ 的 nz 次傅里叶分解系数来减小齿槽转矩。

下面以一台 24 极、72 槽电机为例进行分析，其参数见表 5-5，采用普通磁极结构时极弧系数为 0.75，在不改变永磁体用量的前提下将其改为不等极弧系数磁极结构，此时只有 $B_{\rm r}^2(\theta)$ 中次数为 $72n$（n=1，2，3…）的傅里叶分解系数才对齿槽转矩起作用。图 5-50 为 $B_{\rm rn}$ 随 $k_{\rm t}$ 变化的曲线，可以看出，当 $k_{\rm t}$=0.667 时，$B_{\rm rn}$ 最小。

表 5-5　24 极、72 槽电机的参数

定子外径/mm	360	极对数	12
转子外径/mm	230	永磁体厚度/mm	4.5
转子内径/mm	185	剩磁磁密/T	1.18
定子内径/mm	231.3	矫顽力/（kA/m）	898
槽数	72	铁心轴向长度/mm	205

三、有限元法确定 $B_{\rm rn}$ 最小时的 $k_{\rm t}$ 值

通过上述解析计算，可以看出，该方法中对齿槽转矩起作用的傅里叶分解系数仅取决于电机的槽数和极对数。根据电机的槽数和极对数，可确定起作用的 $B_{\rm rn}$，通过改变 $k_{\rm t}$ 的值，使对应的 $B_{\rm rn}$ 为零以削弱齿槽转矩。

但是，由于解析分析过程中存在很多假设，没有考虑饱和、漏磁等因素的影响，因此，通过解析计算所求得的 $k_{\rm t}$ 值不能保证 $B_{\rm rn}$ 最小，因而不能保证齿槽转矩最小。为使 $B_{\rm rn}$ 和齿槽转矩最小，在不考虑定子齿槽影响的情况下，采用有限元法对上述 24 极、72 槽电机进行了分析，得到的气隙磁密分布可近似为 $B_{\rm r}(\theta)$ 的分布（但两者的幅值不同）。计算出不同 $k_{\rm t}$ 时 $B_{\rm r}(\theta)$ 沿气隙圆周的分布，然后进行傅里叶分解，即可求得 $B_{\rm r}^2(\theta)$ 的各次谐波的幅值 $B_{\rm rn}$ 。图 5-51 为 $k_{\rm t}$=0.75 时的磁场分布。图 5-52 为不同 $k_{\rm t}$ 时 $B_{\rm r}^2(\theta)$ 的 72、144、216 次谐波幅值的曲线。可以看出，当 $k_{\rm t}$=0.693 时，这些次数的 $B_{\rm rn}$ 幅值最小。

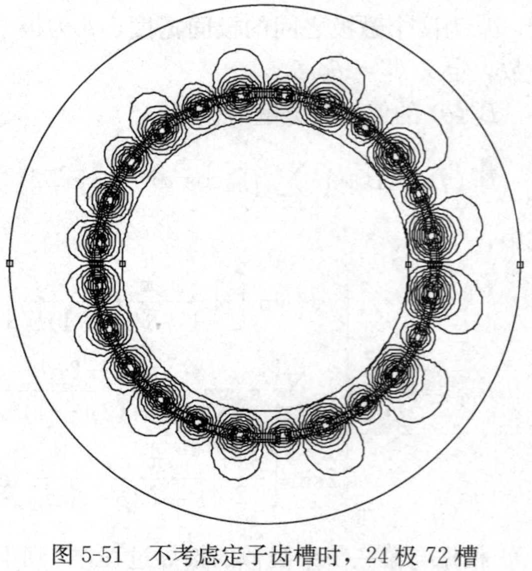

图 5-51 不考虑定子齿槽时，24 极 72 槽电机磁场分布图

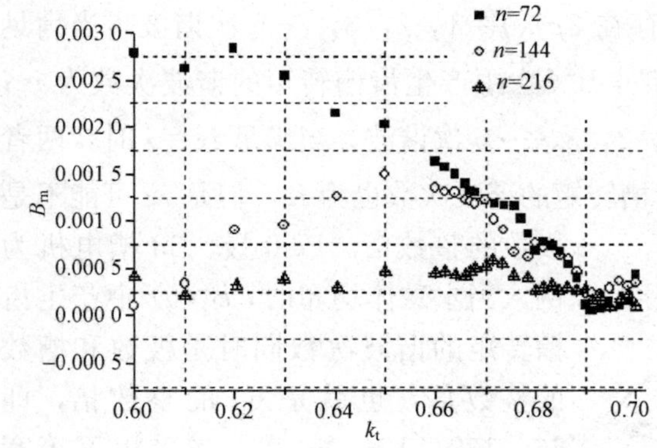

图 5-52　对应不同 k_t 时，有限元计算得到的 B_m

四、有限元验证

本节分别以 24 极、72 槽和 6 极、36 槽三相表面式调速永磁同步电动机为例验证上述磁极宽度确定方法的准确性。两台电机的最优 k_t 值见表 5-6。

表 5-6　最优 k_t 值

计算结果	24 极、72 槽	6 极、36 槽
解析计算结果	0.667	0.803
有限元计算结果	0.693	0.810

图 5-53 和图 5-54 为对应上述 k_t 时两台电机的齿槽转矩。可以看出，采用解析分析得到的 k_t 的值能够显著削弱电机的齿槽转矩，而通过有限元法计算得到的 k_t 值能够使齿槽转矩进一步减小，证明该方法可有效地削弱每极整数槽表面式三相永磁同步电动机的齿槽转矩。

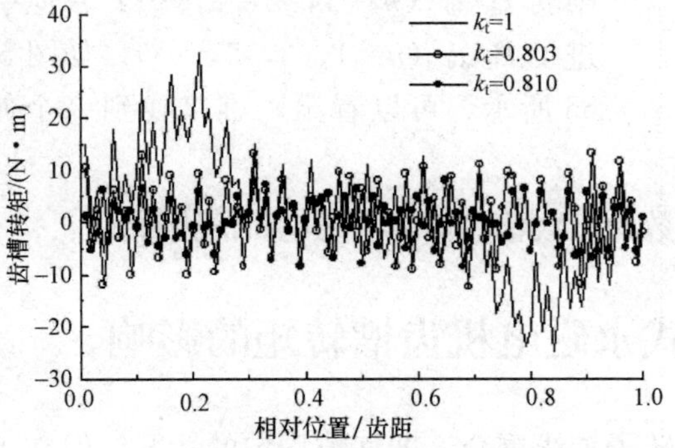

图 5-53　不同 k_t 时的齿槽转矩曲线（6 极、36 槽）

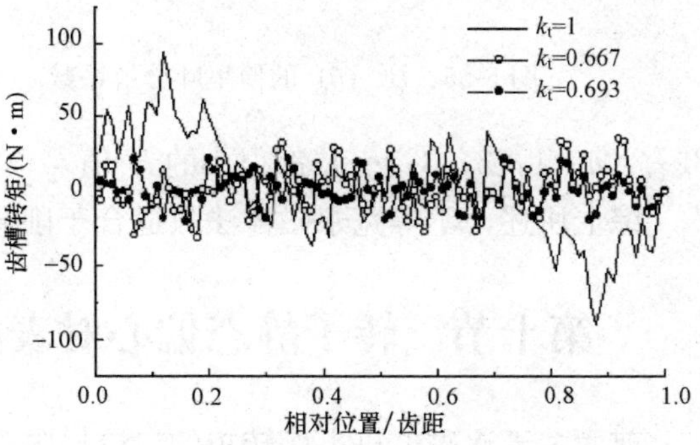

图 5-54　不同 k_t 时的齿槽转矩曲线（24 极、72 槽）

五、适用范围

上面的分析表明了该方法在削弱齿槽转矩方面的有效性，但是否适合于各种情况下的齿槽转矩削弱？下面从以下两方面分析。

对于每极整数槽的情况，槽数是极数的整数倍。在 $\left[\dfrac{h_m}{h_m+\delta(\theta,a)}\right]^2$ 中总是存在 iz（$i=1,2,3,\cdots$）次谐波。当永磁体沿圆周均布时，在 $B_r^2(\theta)$ 存在 $2pj$（$j=1,2,3,\cdots$）次谐波，当满足 $iz=2pj$ 时，两者将相互作用产生齿槽转矩谐波，$B_r^2(\theta)$ 中产生齿槽转矩的谐波次数为 iz；当采用不等宽永磁体时，在 $B_r^2(\theta)$ 中存在 $j(j=1,2,3,\cdots)$ 次谐波，当满足 $iz=j$ 时，两者将相互作用产生齿槽转矩谐波，$B_r^2(\theta)$ 中产生齿槽转矩的谐波次数也为 iz。这意味着，当槽数为极数的整数倍时，不管是否采用不等宽永磁体法，$B_r^2(\theta)$ 中产生齿槽转矩的谐波次数总是 iz。只要选择合适的 k_t 以削弱对齿槽转矩起作用的 iz 次谐波的幅值，即可大幅度削弱齿槽转矩。

对于每极槽数不是整数的情况，在 $\left[\dfrac{h_m}{h_m+\delta(\theta,a)}\right]^2$ 中也总是存在 iz（$i=1,2,3,\cdots$）

次谐波。当永磁体沿圆周均布时，在 $B_r^2(\theta)$ 中存在 $2pj$（j=1，2，3，…）次谐波，当满足 $iz=2pj$ 时，两者将相互作用产生齿槽转矩谐波，$B_r^2(\theta)$ 中产生齿槽转矩的谐波次数为 iz；当采用不等宽永磁体时，在 $B_r^2(\theta)$ 存在 j（j=1，2，3，…）次谐波，当满足 $iz=j$ 时，两者将相互作用产生齿槽转矩谐波，$B_r^2(\theta)$ 中产生齿槽转矩的谐波次数也为 iz，但是 iz 可能不是极数的整数倍。以 6 极、33 槽电机为例，当永磁体均布时，$B_r^2(\theta)$ 中产生齿槽转矩的谐波次数同时是极数和槽数的整数倍，也就是 66 的整数倍，即 66，132，198，…次。当采用不等宽永磁体时，$B_r^2(\theta)$ 中产生齿槽转矩的谐波次数只是槽数的整数倍，即 33，66，99，132，165，198…次，即增加了 33，99，165，198…。通过合理选择 k_t 可以削弱 B_{r66n}（n=1，2，3，…），但引进了 B_{r33n}（n=1，3，5，…），如图 5-55 所示，可以看出，难以找到一个使 B_{r33n}（n=1，2，3，…）都很小的 k_t 值。

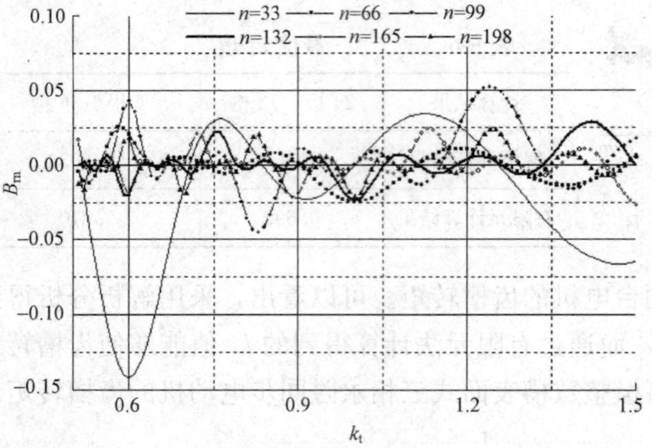

图 5-55　B_r^2（θ）的傅里叶分解系数

综上所述，不等宽永磁体法只适合于削弱槽数为极数整数倍的永磁电机的齿槽。

第十节　转子静态偏心对表面式永磁电机齿槽转矩的影响

前面关于永磁电机齿槽转矩的讨论局限于定转子轴线重合，即气隙均匀的情况。但在工程实际中，由于加工工艺的限制，定转子轴线不可能完全重合，不同程度地存在转子偏心。电机中的转子偏心有两种情况，即静态偏心和动态偏心。静态偏心是由定子铁心椭圆、定子或转子不正确的安装位置等因素引起的，其特点是最小气隙的位置不变。动态偏心的原因是：转子轴弯曲、轴承磨损、极限转速下的机械共振等，其特点是：转子的中心不是旋转的中心，最小气隙的位置随转子的旋转而变化。本节讨论静态偏心的影响。

相对于气隙均匀的情况，转子静态偏心时的气隙磁密发生了变化，必然影响齿槽转矩的大小和分布，下面进行具体分析。

一、转子偏心对气隙磁密分布的影响

图 5-56 为转子偏心时表面式永磁电机的结构示意图。气隙长度随定转子相对位置的变化而变化

$$\delta(\theta)=\delta-\varepsilon\delta\cos\theta \tag{5-55}$$

式中，δ 为标称气隙长度，也就是转子不偏心时的气隙长度；$\varepsilon=h/\delta$ 为偏心度；θ 为定转子之间的相对位置角，$\theta=0$ 设定在最小气隙处。

气隙长度的变化将导致气隙磁场的变化，用有限元法计算了某 6 极电机转子偏心和气隙均匀时的气隙磁密分布（不考虑齿槽），如图 5-57 所示。其中，标称气隙长度为 0.6mm，最小气隙为 0.1mm。可以看出，气隙磁场发生很大变化，不但每极下气隙磁密幅值不同，气

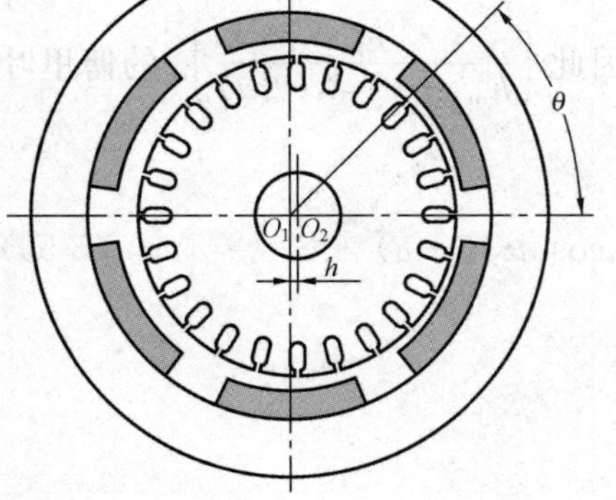

图 5-56　转子偏心时表面式永磁电机的结构示意图

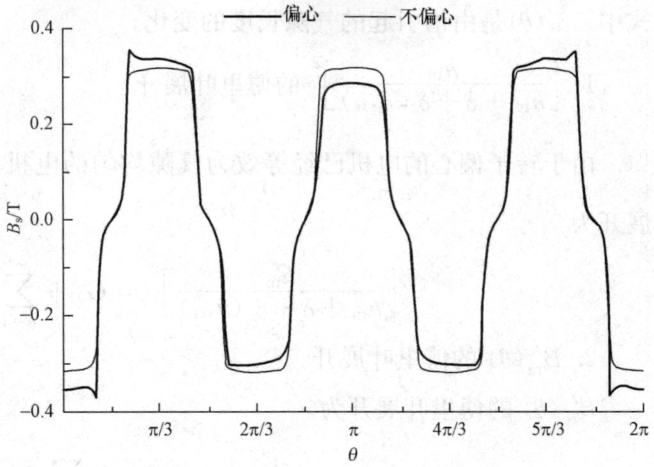

图 5-57　气隙磁密分布波形

隙磁密分布的周期性也发生了变化。这些变化将导致齿槽转矩的变化。

二、转子偏心永磁电机的等效

由于转子偏心，难以确定气隙磁场的分布。为简单起见，暂时忽略电枢槽的影响，认为电枢表面光滑。对于表面式永磁电机，气隙磁密可近似表示为

$$B_\delta(\theta) = B_r(\theta)\frac{h_m}{h_m+\delta(\theta)} \tag{5-56}$$

式中，$B_r(\theta)$为永磁体剩磁密度沿圆周的分布；h_m 为永磁体磁化方向的长度。

式（5-56）可如下整理

$$\begin{aligned} B_\delta(\theta) &= B_r(\theta)\frac{h_m}{h_m+\delta(\theta)} = B_r(\theta)\frac{h_m}{h_m+\delta}\frac{h_m+\delta}{h_m+\delta(\theta)} = B_r(\theta)\frac{h_m+\delta}{h_m+\delta-\varepsilon\delta\cos\theta}\frac{h_m}{h_m+\delta} \\ &= B_r(\theta)\frac{1}{1-\dfrac{\varepsilon\delta}{h_m+\delta}\cos\theta}\frac{h_m}{h_m+\delta} = B_{re}(\theta)\frac{h_m}{h_m+\delta} \end{aligned} \tag{5-57}$$

式中，$B_{re}(\theta) = B_r(\theta)\dfrac{1}{1-\dfrac{\varepsilon\delta}{h_m+\delta}\cos\theta} = B_r(\theta)\dfrac{1}{1-k_e\cos\theta}$为等效剩磁密度的分布，$k_e = \varepsilon/(1+h_m/\delta)$。

从式（5-57）可以看出，存在转子偏心的电机的磁密分布，可以用一个气隙均匀但剩磁密度分布不均匀的电机的磁密分布来等效。

三、转子偏心永磁电机的齿槽转矩分析

电机内储存的磁场能量可表示为

$$\begin{aligned} W &\approx W_{gap}+W_{PM} = \frac{1}{2\mu_0}\int_V B^2\mathrm{d}V = \frac{1}{2\mu_0}\int_V B_r^2(\theta)\left[\frac{h_m}{h_m+\delta(\theta)+\delta_s(\theta,a)}\right]^2\mathrm{d}V \\ &= \frac{1}{2\mu_0}\int_V B_{re}^2(\theta)\left(\frac{h_m}{h_m+\delta+\delta_s(\theta,a)}\right)\mathrm{d}V \end{aligned} \tag{5-58}$$

式中，$\delta_s(\theta)$是由槽引起的气隙长度的变化。

1. $\left[\dfrac{h_m}{h_m+\delta+\delta_s(\theta,a)}\right]^2$ 的傅里叶展开

由于转子偏心的电机已经等效为气隙均匀的电机，因此 $\left[\dfrac{h_m}{h_m+\delta+\delta_s(\theta,a)}\right]^2$ 的傅里叶展开为

$$\left[\frac{h_m}{h_m+\delta+\delta_s(\theta,\alpha)}\right]^2 = G_0+\sum_{n=1}^{\infty} G_n\cos nz(\theta+\alpha) \tag{5-59}$$

2. $B_{re}^2(\theta)$ 的傅里叶展开

$B_{re}^2(\theta)$ 的傅里叶展开为

$$B_{re}^2(\theta) = B_{r0}+\sum_{n=1}^{\infty} B_{rn}\cos n\theta \tag{5-60}$$

式中，$B_{rn}=\dfrac{1}{\pi}\displaystyle\int_{-\pi}^{\pi} B_{re}^2(\theta)\cos n\theta\mathrm{d}\theta=\dfrac{1}{\pi}\int_{-\pi}^{\pi} B_r^2(\theta)\,\dfrac{\cos n\theta}{(1-k_e\cos\theta)^2}\mathrm{d}\theta$。

由于 $\dfrac{\cos n\theta}{(1-k_e\cos\theta)^2}$ 不可积，难以得到 B_{rn}的表达式，必须进行简化，用一个可积函数代替。在永磁电机中，通常满足 $h_m>2\delta$，因此 $k_e\cos\theta<0.5$。当 $0<x<0.5$ 时，以下近似可以满足较高的精度

$$\frac{1}{(1-x)^2}\approx k_0+k_1x+k_2x^2+k_3x^3 \tag{5-61}$$

式中，$k_0=0.974\,77$，$k_1=2.925$，$k_2=-4.158\,77$，$k_3=20.5$。

利用式（5-61），可得

$$B_{rn}=\sum_{j=1}^{7} B_{rnj} \tag{5-62}$$

其中

$$B_{rn1}=\sum_{i=1}^{2p} B_r^2\left(k_0+\frac{k_2k_e^2}{2}\right)\frac{2}{n}\cos\left[n(i-1)\frac{\pi}{p}\right]\sin\left(\frac{n}{2p}\alpha_p\pi\right)$$

$$B_{rn2}=\sum_{i=1}^{2p} B_r^2\left(k_1k_e+\frac{3}{4}k_3k_e^3\right)\frac{1}{n+1}\cos\left[\frac{(i-1)(n+1)\pi}{p}\right]\sin\left(\frac{n+1}{2p}\alpha_p\pi\right)$$

$$B_{rn3}=\sum_{i=1}^{2p} B_r^2\frac{k_2k_e^2}{4}\frac{2}{n+2}\cos\left[\frac{(i-1)(n+2)\pi}{p}\right]\sin\left(\frac{n+2}{2p}\alpha_p\pi\right)$$

$$B_{rn4}=\sum_{i=1}^{2p} B_r^2\frac{k_3k_e^3}{8}\frac{2}{n+3}\cos\left[\frac{(i-1)(n+3)\pi}{p}\right]\sin\left(\frac{n+3}{2p}\alpha_p\pi\right)$$

$$B_{rn5}$$

$$=\begin{cases}\displaystyle\sum_{i=1}^{2p} B_r^2\left(\frac{k_1k_e}{2}+\frac{3}{8}k_3k_e^3\right)\frac{\alpha_p\pi}{2p} & \text{当 } n=1 \text{ 时}\\ \displaystyle\sum_{i=1}^{2p} B_r^2\left(\frac{k_1k_e}{2}+\frac{3}{8}k_3k_e^3\right)\frac{2}{n-1}\cos\left[\frac{(i-1)(n-1)\pi}{p}\right]\sin\left(\frac{n-1}{2p}\alpha_p\pi\right) & \text{当 } n\neq 1 \text{ 时}\end{cases}$$

$$B_{rn6}=\begin{cases}\sum_{i=1}^{2p}B_r^2\frac{k_2k_e^2}{4}\frac{\alpha_p\pi}{p} & 当 n=2 时\\ \sum_{i=1}^{2p}B_r^2\frac{k_2k_e^2}{4}\frac{2}{n-2}\cos\left[\frac{(i-1)(n-2)\pi}{p}\right]\sin\left(\frac{n-2}{2p}\alpha_p\pi\right) & 当 n\neq 2 时\end{cases}$$

$$B_{rn7}=\begin{cases}\sum_{i=1}^{2p}B_r^2\frac{k_3k_e^3}{8}\frac{\alpha_p\pi}{p} & 当 n=3 时\\ \sum_{i=1}^{2p}B_r^2\frac{k_3k_e^3}{8}\frac{2}{n-3}\cos\left[\frac{(i-1)(n-3)\pi}{p}\right]\sin\left(\frac{n-3}{2p}\alpha_p\pi\right) & 当 n\neq 3 时\end{cases}$$

图 5-58 给出了上述 6 极永磁电机对应不同偏心度时的傅里叶分解系数。可以看出，当转子不偏心时，只有 0 次和 $2kp$（$k=1, 2, 3, \cdots$）次傅里叶分解系数不为零；当转子偏心时，$2kp$（$k=1, 2, 3, \cdots$）次傅里叶分解系数比不偏心时略有减小，但有可能除 $2kp$（$k=1, 2, 3, \cdots$）次以外所有的次傅里叶分解系数都由偏心时的为零变为不为零，其中，尤以 $2kp\pm1$（$k=1, 2, 3, \cdots$）次幅值最大。也就是说，偏心引进了新的谐波。

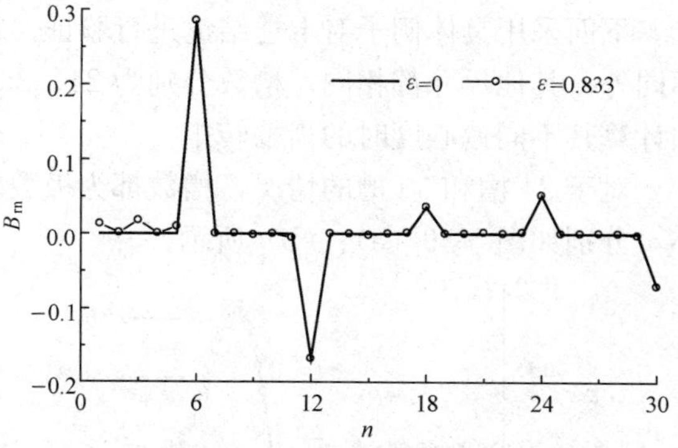

图 5-58　不同偏心度时的傅里叶分解系数

3. 齿槽转矩表达式

将式（5-58）、式（5-59）和式（5-60）代入式（5-1）得到转子偏心时的齿槽转矩表达式

$$T_{cog}(\alpha)=\frac{\pi L_{Fe}}{2\mu_0}(R_2^2-R_1^2)\sum_{n=1}^{\infty}G_nB_{rn}n\sin n\alpha \tag{5-63}$$

偏心时齿槽转矩的表达式同样适用于不偏心的情况，两者的形式相同，只是其中的傅里叶分解系数不同。

四、偏心对齿槽转矩的影响

从式（5-63）可以看出，$B_{re}^2(\theta)$ 的傅里叶系数中，只有 nz（$n=1, 2, 3, \cdots$）次傅里叶分解系数对齿槽转矩有影响。不论转子是否偏心，$\left[\frac{h_m}{h_m+g(\theta,a)}\right]^2$ 中只存在 mz（$m=1, 2, 3, \cdots$）次傅里叶分解系数。

当不存在转子偏心时，$B_{re}^2(\theta)$ 中的 $2kp$ 次谐波不为零，当满足 $mz=2kp$ 时，它们与 $\left[\frac{h_m}{h_m+g(\theta,a)}\right]^2$ 中的 $mz(m=1, 2, 3, \cdots)$ 次谐波相互作用，产生齿槽转矩。当存在转子偏心时，$B_{re}^2(\theta)$ 中的 n（$n=1, 2, 3, \cdots,$）次谐波可能都不为零，当满足 $mz=n$ 时，它们与 $\left[\frac{h_m}{h_m+g(\theta,a)}\right]^2$ 中的 mz（$m=1, 2, 3, \cdots$）次谐波相互作用，产生齿槽转矩。

当槽数和极数之间满足 $z=2kp$ 时，不论是否存在偏心，对齿槽转矩起作用的总是

$B_{re}^2(\theta)$ 的 $2kp$ 次谐波，这些谐波的幅值随偏心度的增大而略有减小，因而其齿槽转矩也随偏心度的增加而略有减小，变化很小。

当槽数和极数之间不满足 $z=2kp$ 时，若不存在转子偏心，则只有满足 $mz=2kp$ 的谐波对齿槽转矩有影响；若存在转子偏心，则除了满足 $mz=2kp$ 的谐波对齿槽转矩有影响外，满足 $mz=2kp\pm i$（$i=1$，2，3，…）的谐波也对齿槽转矩有影响，$2kp$ 次谐波随偏心度变化很小，而 $2kp\pm i$（$i=1$，2，3，…）次谐波由不偏心时的为零而随着偏心度的增大而增大。总体的效果是齿槽转矩随偏心度的增大而增大，增大的程度取决于 $mz=2kp$ 和 $mz=2kp\pm i$（$i=1$，2，3，…）谐波在齿槽转矩产生中的作用。若前者作用大，则齿槽转矩增加较少；若后者作用大，则齿槽转矩增加幅度较大。

下面采用具体例子对上述结论进行验证。采用 8 个计算实例，都为 6 极电机，除了槽数不同外，其他尺寸都相同，槽数分别为 24、25、26、27、30、31、32 和 33 槽，采用有限元法计算其不同偏心度时的齿槽转矩。

对于 24 槽和 30 槽的情况，槽数都为极数的整数倍，齿槽转矩随偏心度的增大而略有减小，分别如图 5-59（a）、（b）所示。

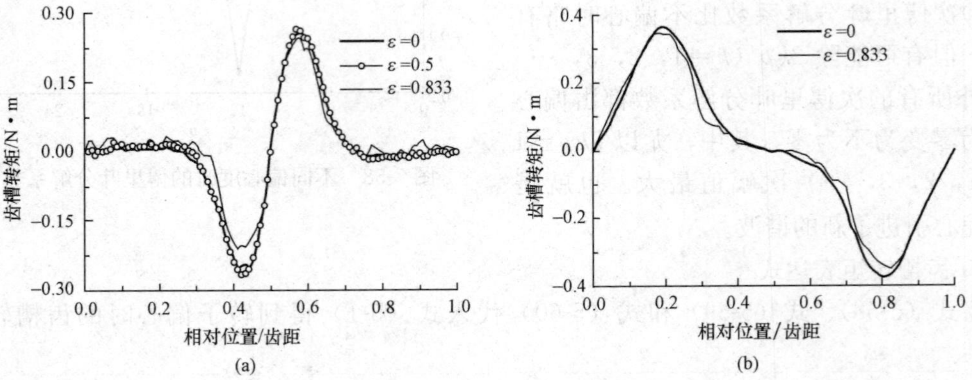

图 5-59　不同偏心度时的齿槽转矩
(a) 24 槽；(b) 30 槽

对于 25 槽和 31 槽的情况，槽数和极数之间满足都满足 $2kp+1$。对于 25 槽电机，对齿槽转矩有影响的 $B_{re}^2(\theta)$ 谐波次数为 25、50、75、100、125、150、…其中 150 次谐波是 $2kp$ 次，但 150 次谐波的次数较高，对齿槽转矩影响很小，因此对齿槽转矩起主要作用的是 $2kp+1$ 次，而 $2kp+1$ 次谐波的幅值对偏心度的变化最敏感，因而齿槽转矩随偏心度的增加而迅速增加。31 槽电机与 25 槽电机类似。它们的齿槽转矩如图 5-60（a）、（b）所示。

对于 26 槽和 32 槽的情况，槽数和极数之间满足都满足 $2kp+2$。对于 26 槽电机，对齿槽转矩有影响的 $B_{re}^2(\theta)$ 谐波次数为 26、52、78、104、…其中 78 次谐波是 $2kp$ 次，但 78 次谐波的次数相对较高，对齿槽转矩影响也不是很大，因此对齿槽转矩起主要作用的是 $2kp+2$ 次，而 $2kp+2$ 次谐波的幅值对偏心度的变化也比较敏感，因而齿槽转矩随偏心度的增加而有较大幅度的增加。32 槽电机与 26 槽电机类似，它们的齿槽转矩如图 5-61（a）、（b）所示。

对于 27 槽和 33 槽的情况，槽数和极数之间满足都满足 $2kp+3$。对于 27 槽电机，对齿槽转矩有影响的 $B_{re}^2(\theta)$ 谐波次数为 27、54、81、…其中 54 次谐波是 $2kp$ 次。不同极弧系数

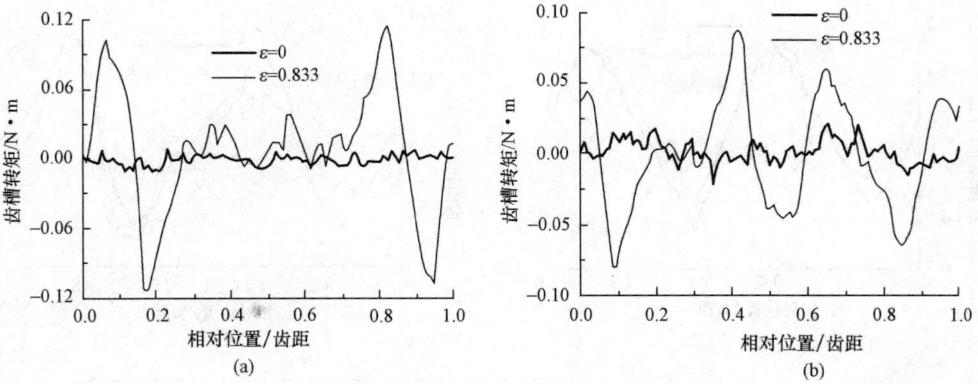

图 5-60　不同偏心度时的齿槽转矩

(a) 25 槽；(b) 31 槽

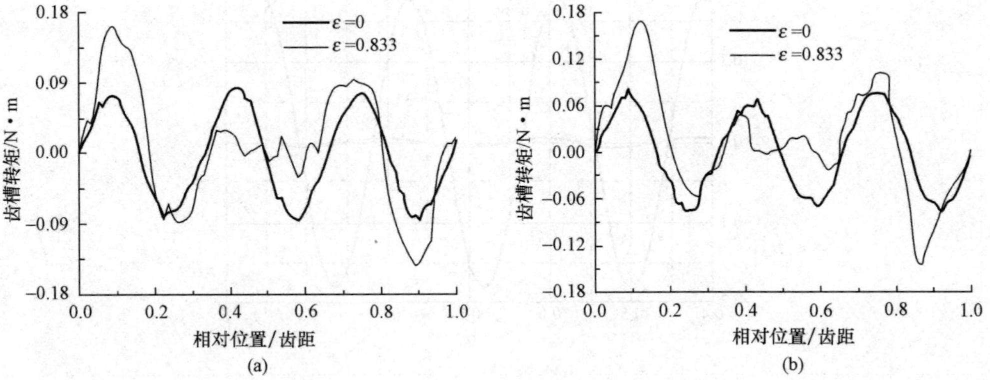

图 5-61　不同偏心度时的齿槽转矩

(a) 26 槽；(b) 32 槽

时的 B_{r27} 和 B_{r54} 如图 5-62 所示。可以看出，由于所采用的极弧系数为 0.7，B_{r27} 接近于零，B_{r54} 起主要作用，因此齿槽转矩随偏心度增大很少，如图 5-63（a）所示。若将其极弧系数改为 0.75，则 B_{r27} 接近于最大值，对齿槽转矩起很大作用，因此齿槽转矩随偏心增大得较多，如图 5-63（b）所示。对于 33 槽电机，则有所不同，对齿槽转矩有影响的 $B_{re}^2(\theta)$ 谐波次数为 33、66、99、…其中 66 次谐波为 $2kp$ 次。不同极弧系数时的 B_{r33} 和 B_{r66} 如图 5-64 所示。可以看出，由于所采用的极弧系数为 0.7，B_{r33} 接近于最大值，起主要作用，因此齿槽转矩随偏心度增大较多，如图 5-65（a）所示。若将其极弧系数改为 0.75，则 B_{r33} 接近于零，对齿槽转矩起作用很小，因此齿槽转矩随偏心度增大得很少，如图 5-65（b）所示。

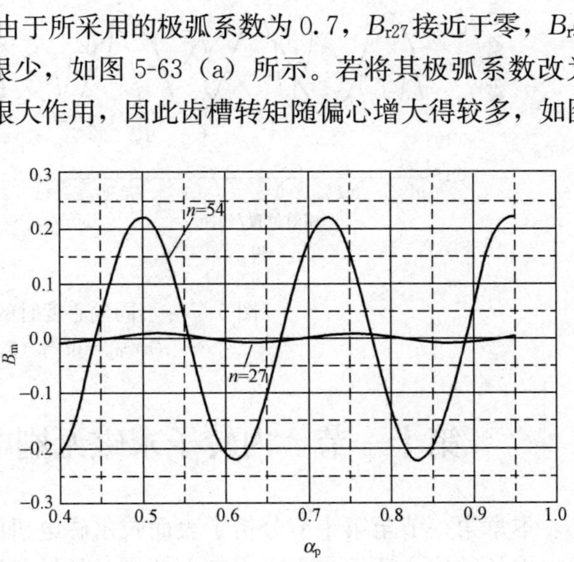

图 5-62　不同极弧系数时的 B_{r27} 和 B_{r54}

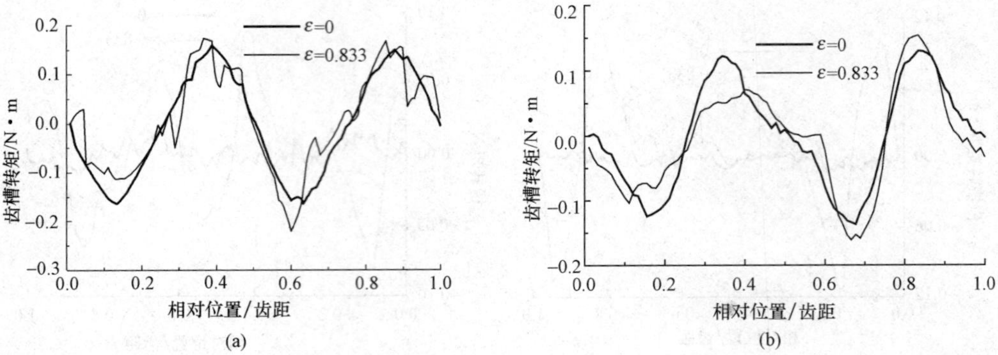

图 5-63　不同偏心度时的齿槽转矩（27 槽）

(a) $\alpha_p=0.7$；(b) $\alpha_p=0.75$

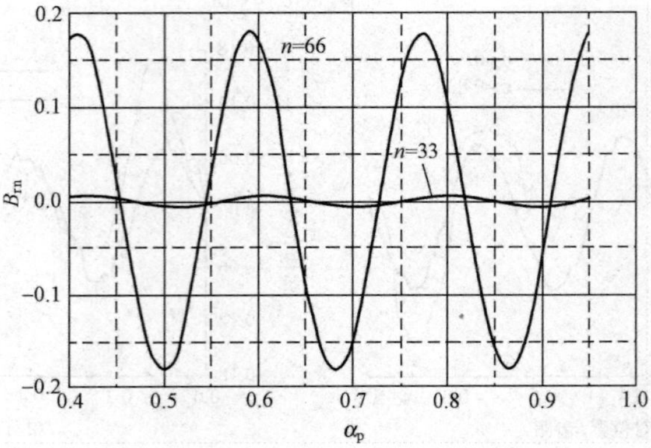

图 5-64　不同极弧系数时的 B_{r33} 和 B_{r66}

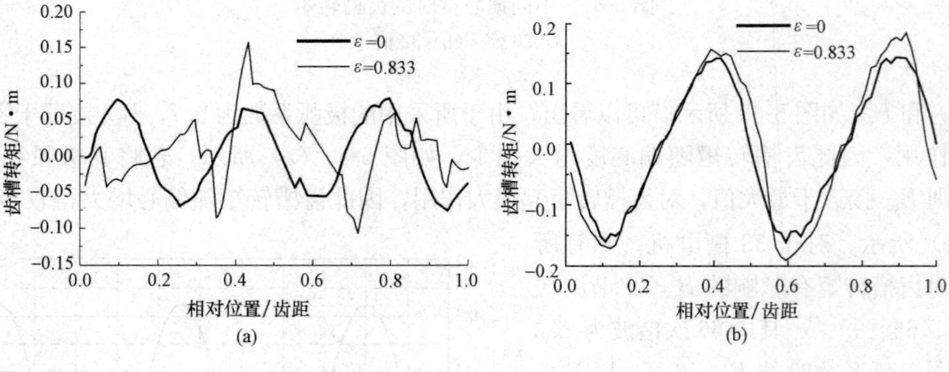

图 5-65　不同偏心度时的齿槽转矩（33 槽）

(a) $\alpha_p=0.7$；(b) $\alpha_p=0.75$

第十一节　内转子永磁无刷电机的齿槽转矩及其削弱

本章第一节至第十节分析了表面式永磁电机的齿槽转矩，主要针对的是永磁体在外、电枢在内的结构，适用于永磁直流电动机、外转子调速永磁同步电动机和外转子无刷直流电动机。本节将讨论内转子调速永磁同步电动机和内转子无刷直流电动机（两者统称为内转子永磁无刷电机）的齿槽转矩。

一、表面式内转子永磁无刷电机的齿槽转矩及其削弱

表面式内转子永磁无刷电机的典型磁极结构如图 5-66（a）、（b）所示，两者的区别仅在于磁极形状，图 5-66（a）中的永磁体为扇形，而图 5-66（b）中永磁体的两直线边平行。从理论上讲，前面讨论的表面式永磁电机的齿槽转矩削弱方法对这两种磁极形状都适用，但极弧系数合理选取和不等极弧系数组合两种方法中极弧系数的确定方法适用于图 5-66（b），而不适用于图 5-66（a）。

对于图 5-67 所示的平行充磁瓦片形磁极结构中，阴影所示的永磁体在内转子永磁无刷电机和永磁直流电机中所起的作用不同。在永磁直流电机中，短弧面向气隙，阴影所示的永磁体对气隙磁场作用很小，甚至可以忽略不计；而在内转子永磁无刷电机中，长弧面向气隙，阴影所示的永磁体对气隙磁场影响较大。因此前面讨论的极弧系数的确定方法不适合于图 5-66（a）所示的结构，此时最佳极弧系数可通过极弧系数的优化或采用有限元法计算不同极弧系数时的齿槽转矩而得到。

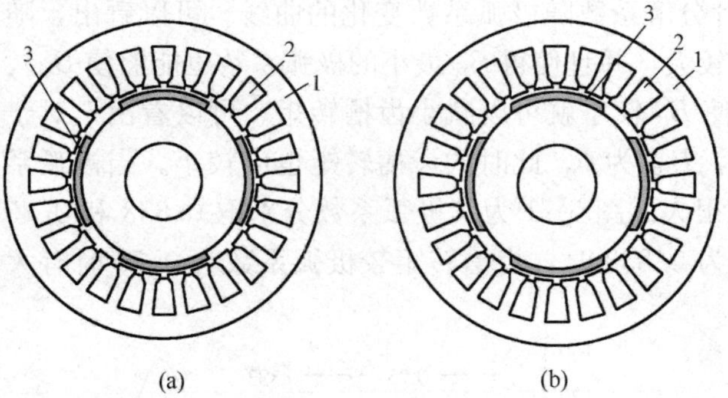

图 5-66　表面式内转子永磁无刷电机的典型磁极结构
1—电枢铁心；2—定子槽；3—永磁体

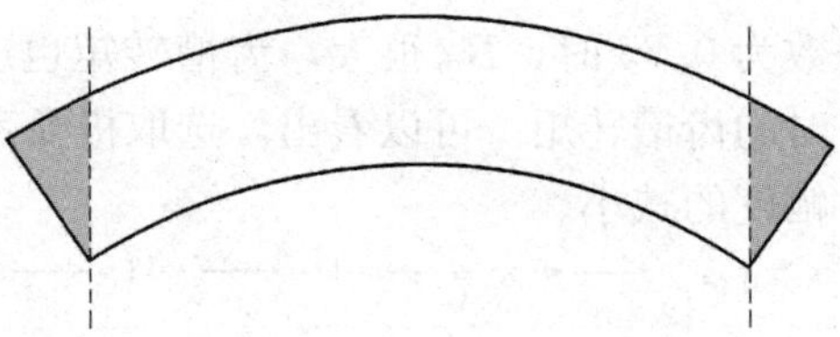

图 5-67　瓦片形磁极

二、内置式内转子永磁无刷电机的齿槽转矩及其削弱

内置式内转子永磁无刷电机的永磁体置于转子铁心内部，如图 5-68 所示。前面讨论的磁极分段、极数和电枢槽数组合、极弧系数的合理选取、不等槽口宽配合、磁极偏移、开辅助槽、不等极弧系数组合和不等极弧系数等方法对其都适用（永磁体不等厚的方法不再适用）。此外，内置式内转子永磁无刷电机还可以采用不均匀气隙削弱齿槽转矩。下面首先给出前述方法在内置式内转子永磁无刷电机中的应用例子，然后讨论采取不均匀气隙削弱齿槽转矩的方法。

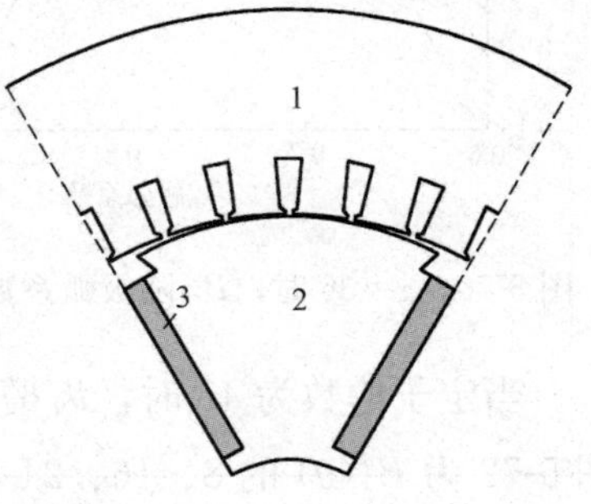

图 5-68　内置式内转子永磁无刷电机结构
1—电枢铁心；2—转子铁心；3—永磁体

1. 前述齿槽转矩削弱方法在内置式内转子永磁无刷电机中的应用

（1）基于极弧系数合理选取的齿槽转矩削弱方法。下面以一台 6 极内置式永磁同步电机为例说明极弧系数的确定方法，其结构如图 5-69 所示，与齿槽转矩有关的主要设计参数见表 5-7。

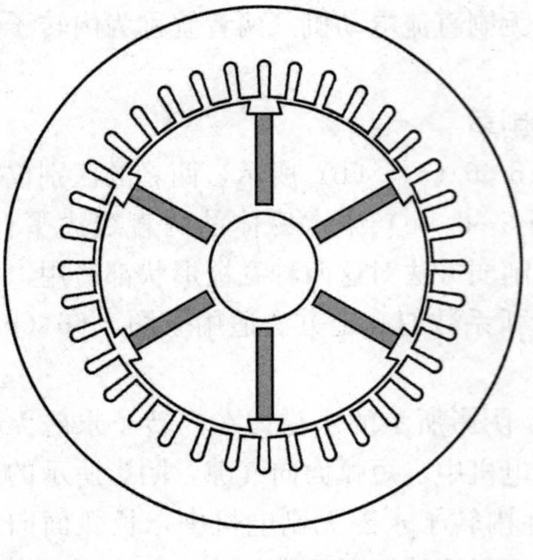

图 5-69　6 极内置式永磁同步电机的结构

表 5-7　样机参数

定子外径/mm	327
定子内径/mm	230
转子外径/mm	227
转子内径/mm	90
铁心长度/mm	205
永磁体厚度/mm	11
剩磁密度/T	1.18
矫顽力/（kA/m）	898
极对数 p	3
永磁体高度/mm	60

当定子为 36 槽时，齿槽转矩只与 $B_r^2(\theta)$ 的 $6k$（k 为整数）次傅里叶分解系数有关，图 5-70 为 $B_r^2(\theta)$ 的 6、12、18 和 24 次傅里叶分解系数随极弧系数变化的曲线。可以看出，随着极弧系数的变化，傅里叶分解系数变化较大，并且使得 B_{r6} 最小的极弧系数也能够使 B_{r12}、B_{r18} 和 B_{r24} 最小，因此只要选取极弧系数使 B_{r6} 较小就可以减小齿槽转矩。可以看出，对于 36 槽、6 极电机，当极弧系数为 0.833 时，B_{r6k} 为 0，此时的齿槽转矩也应较小。当极弧系数为 0.75 时，B_{r6} 很大，齿槽转矩也应该很大。图 5-71 为其极弧系数分别取 0.833 和 0.75 时的齿槽转矩。可以看出，选取极弧系数为 0.833 时，齿槽转矩较极弧系数为 0.75 时有大幅度的减小。

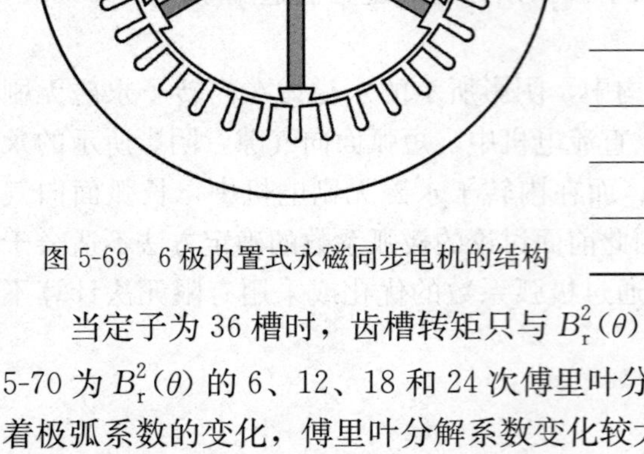

图 5-70　$z=36$ 时，B_m 随极弧系数的变化曲线

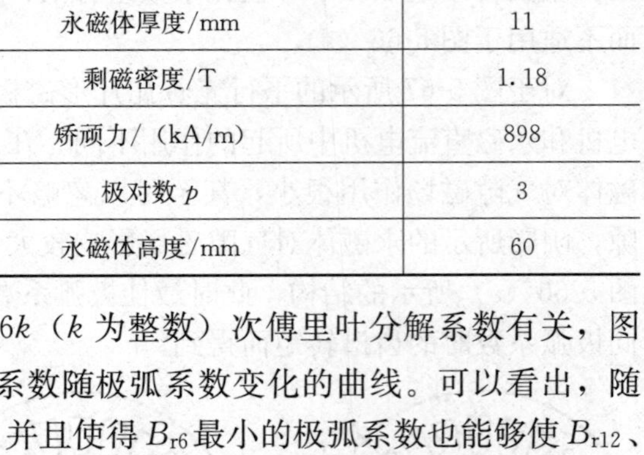

图 5-71　$z=36$ 时，不同极弧系数时的齿槽转矩

当定子槽数为 48 时，齿槽转矩只与 $B_r^2(\theta)$ 的 $8k$（k 为整数）次傅里叶分解系数有关，图 5-72 为 $B_r^2(\theta)$ 的 8、16、24 和 32 次傅里叶分解系数随极弧系数变化的曲线。可以看出，随着极弧系数的变化，傅里叶分解系数变化较大，并且使 B_{r8} 较小的极弧系数也能使 B_{r16}、B_{r24} 和 B_{r32} 较小，因此只要选取极弧系数使 B_{r8} 较小就可以减小齿槽转矩。当极弧系数为 0.875 时，B_{r8k} 为 0，此时的齿槽转矩也应较小。当极弧系数为 0.812 时，B_{r8} 很大，齿槽转矩也应该很大。图 5-73 为极弧系数分别取 0.875 和 0.812 时的齿槽转矩对比。可以看出，极弧系数为 0.875 时，齿槽转矩大幅度减小。

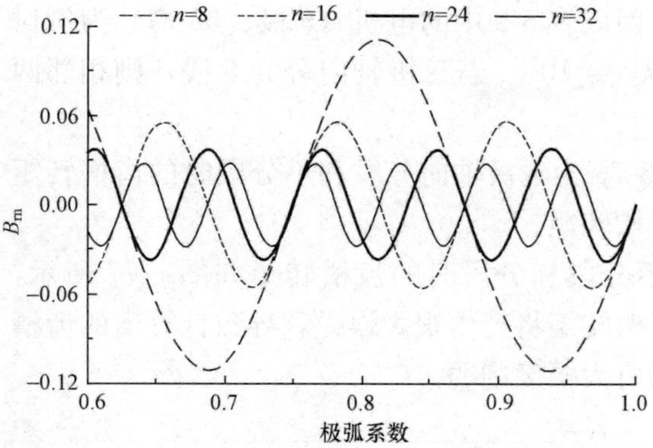

图 5-72　$z=48$ 时，B_m随极弧系数的变化曲线

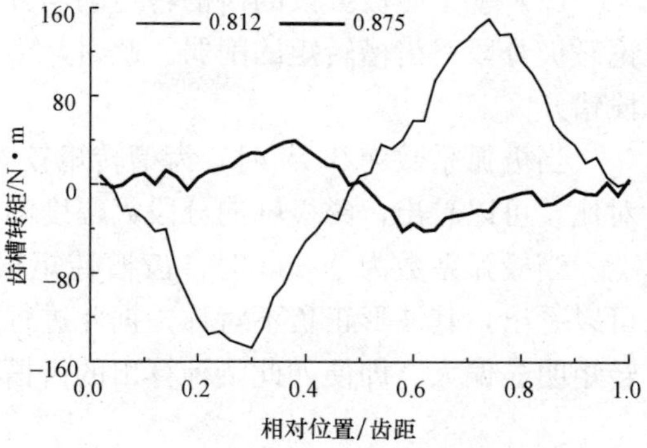

图 5-73　$z=48$ 时，不同极弧系数时的齿槽转矩

(2) 基于磁极偏移的齿槽转矩削弱方法。下面以一台 6 极内置式永磁同步电机为例进行说明，与齿槽转矩有关的主要参数见表 5-8。当定子槽数分别为 30 和 27 时，采用前述磁极偏移角度确定方法以及电磁场优化方法得到的磁极偏移角度见表 5-9，对应的齿槽转矩分别如图 5-74、图 5-75 所示。可以看出，通过选取合适的磁极偏移角度，可以大幅度削弱齿槽转矩。

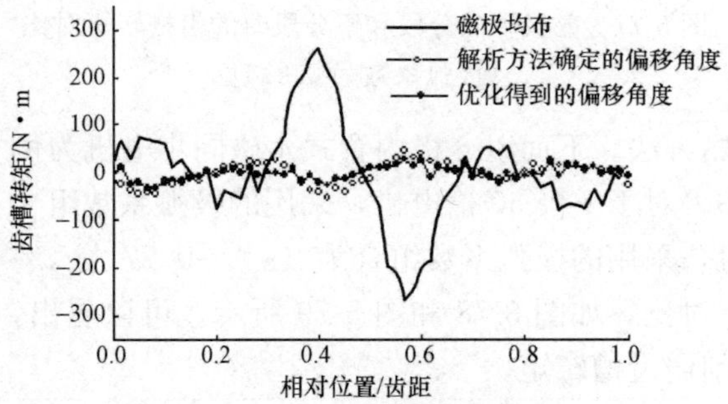

图 5-74　6 极、30 槽电机采用不同磁极偏移角度时的齿槽转矩

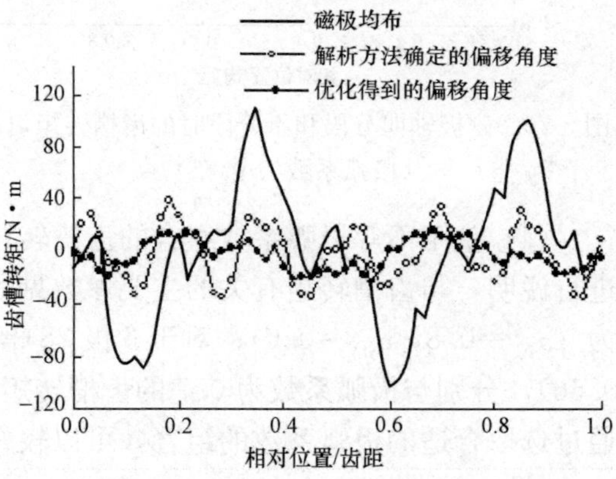

图 5-75　6 极、27 槽电机采用不同磁极偏移角度时的齿槽转矩

表 5-8　　**样机的主要参数**

定子外径/mm	360	矫顽力/(kA/m)	898
转子外径/mm	228.7	剩磁密度/T	1.18
定子内径/mm	230	极对数	3
转子内径/mm	75	极弧系数	0.833
永磁体厚度/mm	16	铁心长度/mm	205
永磁体高度/mm	62	—	—

表 5-9　　**不同方法得到的磁极偏移角度**

槽数	确定方法	θ_2 (°)	θ_3 (°)	θ_4 (°)	θ_5 (°)	θ_6 (°)
30 槽	前述磁极偏移角度确定方法	2	4	6	−2	−4
	电磁场优化方法	2.13	4.02	5.77	−2.38	−4.04
27 槽	前述磁极偏移角度确定方法	0	4.44	4.44	2.22	2.22
	电磁场优化方法	0.11	4.36	4.53	2.18	2.37

（3）基于磁极分段的齿槽转矩削弱方法。下面以表 5-9 中的电机（6 极、36 槽）为例讨论磁极分段对齿槽转矩的削弱。此时，$N_p=1$，$\theta_{s1}=10°$。若磁极轴向分为 5 段，则相邻两段错开 2°。

当极弧系数为 0.75 时，齿槽转矩较大。图 5-76 为磁极轴向分段和不分段时的齿槽转矩对比，可以看出，磁极轴向分段大幅度削弱了齿槽转矩。

当极弧系数为 0.833 时，齿槽转矩很小。不分段和分段时的齿槽转矩如图 5-77 所示，可以看出，其波形正负不对称，据此进行分段齿槽转矩将产生很大误差，导致计算出的齿槽转矩明显偏大。即便如此，计算出的齿槽转矩仍有大幅度削弱。

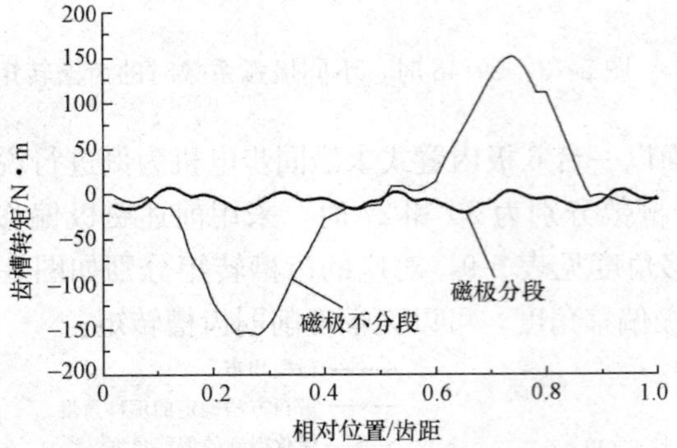

图 5-76　磁极轴向分段和不分段时的齿槽转矩对比（极弧系数为 0.75）

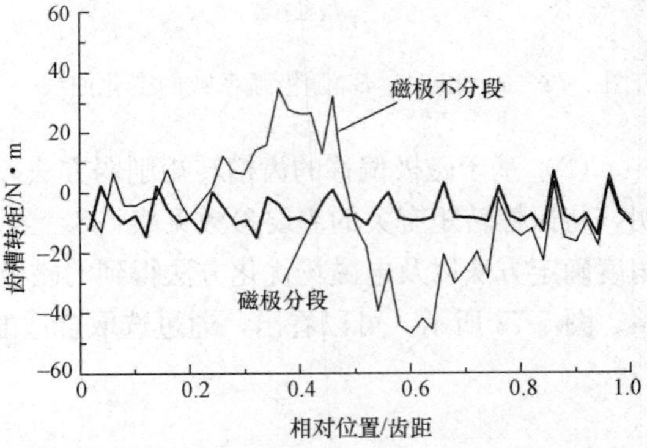

图 5-77　磁极轴向分段和不分段时的齿槽转矩对比（极弧系数为 0.833）

（4）基于不等极弧系数组合的齿槽转矩削弱方法。下面以 6 极内置式永磁同步电机为例进行说明，与齿槽转矩有关的主要参数见表 5-9。对于 6 极 30 槽电机，采用的极弧系数组合为（$\alpha_{p1}=0.8$，$\alpha_{p2}=0.6$）；对于 6 极 28 槽电机，采用的极弧系数组合为（$\alpha_{p1}=0.77$，$\alpha_{p2}=0.66$），分别与极弧系数为 0.7 的齿槽转矩进行对比，如图 5-78 和图 5-79 所示。可以看出，通过选取合适的极弧系数的组合，可以较好地削弱齿槽转矩。

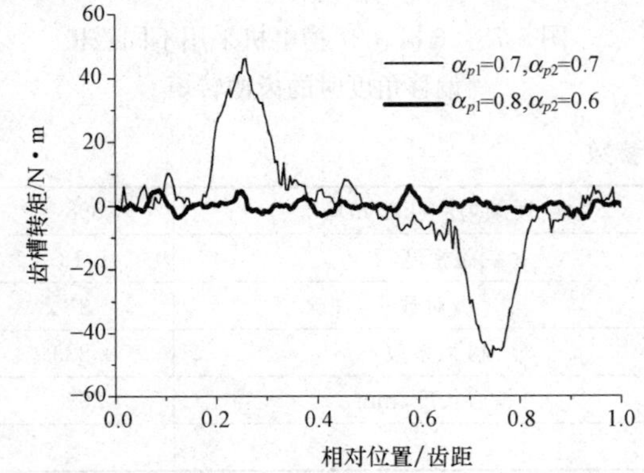

图 5-78　采用不同极弧系数组合时 6 极 30 槽电机的齿槽转矩

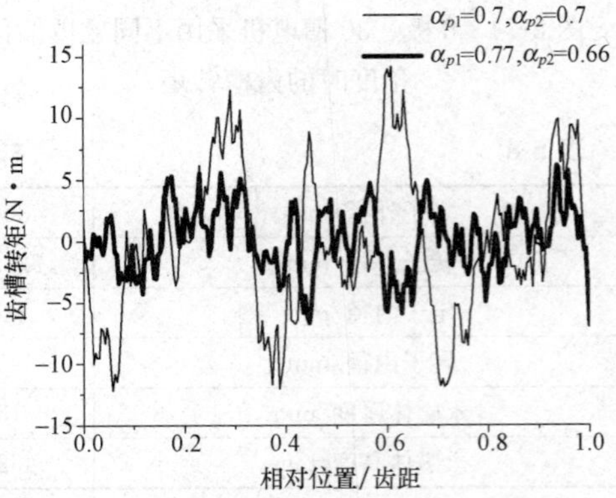

图 5-79　采用不同极弧系数组合时 6 极 28 槽电机的齿槽转矩

（5）基于极数和电枢槽数组合的齿槽转矩削弱方法。如前所述，在定转子相对位置变化一个齿距的范围内，齿槽转矩是周期性变化的，变化的周期数取决于极数和槽数组合，周期数越多，齿槽转矩幅值越小。该方法同样适合于内置式永磁无刷电机。以表 5-9 的 6 极内置式永磁无刷电机为例，极弧系数为 0.833，电枢槽数分别为 27、28、29、30，则对应的齿槽转矩周期数分别为 2、3、6、1，相对位置变化一个齿距时的齿槽转矩波形如图 5-80 所示。可以看出，按齿槽转矩幅值从大到小的顺序排列，极数和电枢槽数组合依次为 6 极/30 槽、6 极/27 槽、6 极/28 槽、6 极/29 槽，周期数越大，齿槽转矩幅值越小，合理选择极数与槽数组合，可使一个齿距内齿槽转矩的周期数较多，进而有效削弱齿槽转矩。

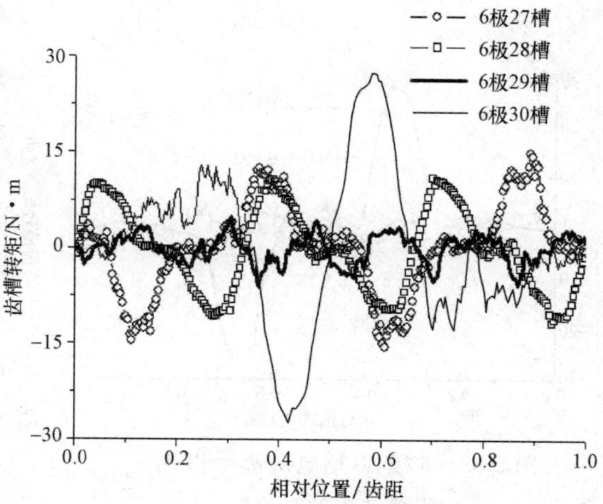

图 5-80　不同极数和槽数配合时的齿槽转矩

(6) 基于不等槽口宽配合的齿槽转矩削弱方法。下面以一台 6 极内置式永磁同步电机为例进行说明，与齿槽转矩有关的主要参数见表 5-9，极弧系数为 0.833。对于 6 极 26 槽电机，对齿槽转矩起主要作用的 G_n 的次数为偶数，可以通过调整槽口宽度 θ_{sa} 和 θ_{sb} 的大小减小齿槽转矩，采用的槽口宽度分别为 $\theta_{sa}=6.9°$，$\theta_{sb}=2.3°$，计算结果对比如图 5-81 所示，齿槽转矩得到了削弱。对于 6 极 28 槽电机，对齿槽转矩起主要作用的 G_n 的次数为奇数，不等槽口宽配合的方法不再适用，计算结果如图 5-82 所示，采用不等槽口宽配合反而增大了齿槽转矩。

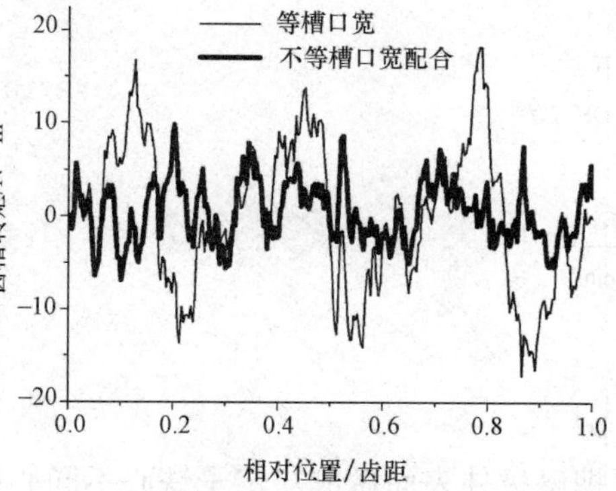

图 5-81　6 极 26 槽电机的齿槽转矩

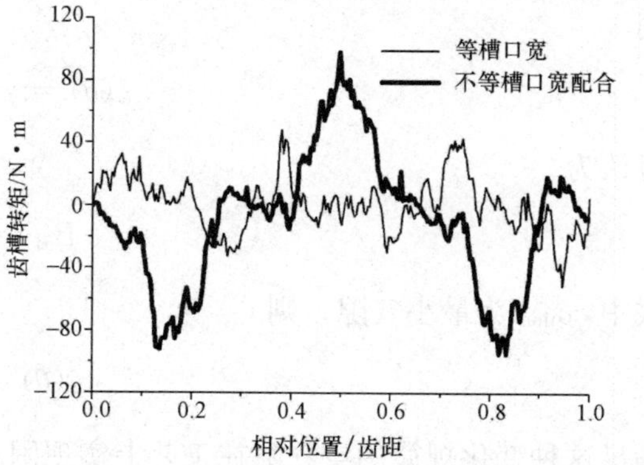

图 5-82　6 极 28 槽电机的齿槽转矩

(7) 基于不等极弧系数的齿槽转矩削弱方法。下面以表 5-9 所示 6 极 30 槽内置式永磁同步电机为例进行说明。正常情况下，所有磁极的宽度都相等，设为 52°。采用 $\theta_a=41.6°$、$\theta_b=52°$的磁极组合（即 $k_t=1.25$）削弱齿槽转矩。上述两种情况下的齿槽转矩对比如图 5-83 所示。可以看出，采用不等极弧系数的方法可以大幅度削弱齿槽转矩。

(8) 基于辅助槽的齿槽转矩削弱方法。以 6 极 27 槽内置式永磁同步电机为例，$N_p=2$，当 n 为 2 的倍数时，G_n 对齿槽转矩有影响，可使 G_{k+1} 对齿槽转矩没有影响而削弱齿槽转矩。当没有辅助槽以及有一个、两个辅助槽时齿槽转矩的对此如图 5-84 所示。可见，当辅助槽数为 2 时，齿槽转矩被削弱；当辅助槽数为 1 时，齿槽转矩增大。然而，计算表明：虽然开辅助槽的方法对齿槽转矩削弱有效果，但削弱效果远不如表面式永磁电机中那样明显。

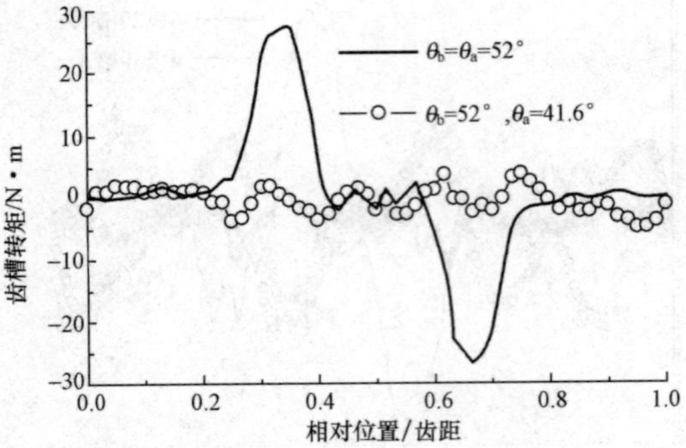

图 5-83　6 极 30 槽电机 $\theta_b=52°$时齿槽转矩的对比

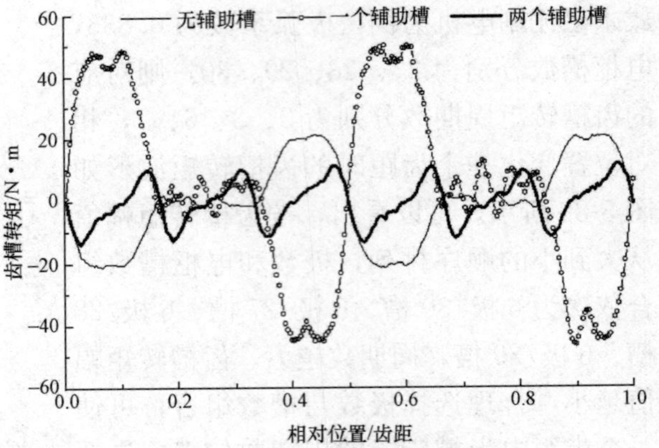

图 5-84　不同辅助槽数时的齿槽转矩对比

2. 采取不均匀气隙削弱齿槽转矩的方法

本节讨论采取不均匀气隙削弱齿槽转矩的方法。由于永磁体内置，若忽略铁磁材料的磁压降，则在同一极下的电枢内表面和转子外表面分别为等磁位面，气隙磁动势 F 为矩形波。采用不均匀气隙时，一般力图使气隙磁密按正弦分布，即

$$B(\theta)=\mu_0\frac{F}{\delta(\theta)}=B_{\delta1}\cos p\theta \tag{5-64}$$

则

$$\delta(\theta)=\mu_0\frac{F}{B_{\delta1}\cos p\theta} \tag{5-65}$$

可认为

$$B_{\delta1}=\mu_0\frac{F}{\delta_{\min}} \tag{5-66}$$

式中，$\delta_{\min}$ 为最小气隙，则

$$\delta(\theta)=\frac{\delta_{\min}}{\cos p\theta} \tag{5-67}$$

满足这种变化规律的空气隙在工艺上实现困难，可把磁极外表面做成与定子铁心不同心的圆弧形，如图 5-85 所示。最大气隙 $\delta_{\max}$ 为

$$\delta_{\max}=\frac{\delta_{\min}}{\cos\frac{\alpha_p\pi}{2}} \tag{5-68}$$

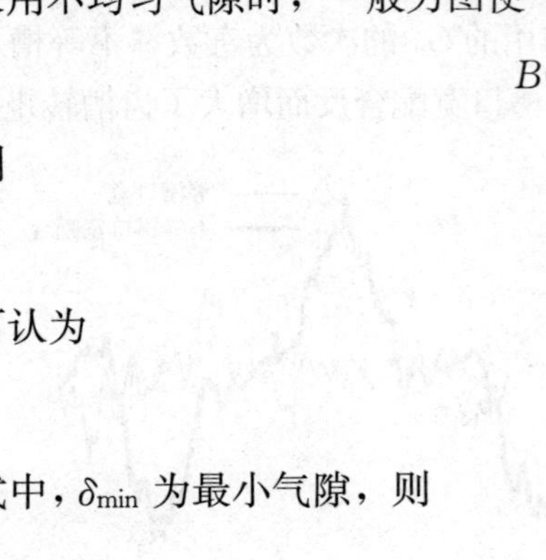

图 5-85　偏心气隙

偏心距 h 为

$$h=\frac{(\delta_{\max}-\delta_{\min})(2R_1-\delta_{\max}-\delta_{\min})}{2\left[(R_1-\delta_{\min})-(R_1-\delta_{\max})\cos\frac{\alpha_p\pi}{2p}\right]} \tag{5-69}$$

极弧的半径为

$$R_2=R_1-h-\delta_{\min} \tag{5-70}$$

以 6 极、36 槽无刷永磁电机为例分析气隙偏心对

气隙磁场和齿槽转矩的影响。气隙均匀时，极弧系数为 0.833，气隙为 0.65mm；气隙偏心时，极弧系数也为 0.833，最大气隙和最小气隙分别为 2.5mm 和 0.65mm。图 5-86（a）、(b)、(c) 分别为空载气隙磁密、空载气隙磁密谐波含量和齿槽转矩的比较。可以看出，与气隙均匀的情况相比，气隙偏心时的谐波含量和齿槽转矩都得到大幅度削弱，而基波磁密得以提高。

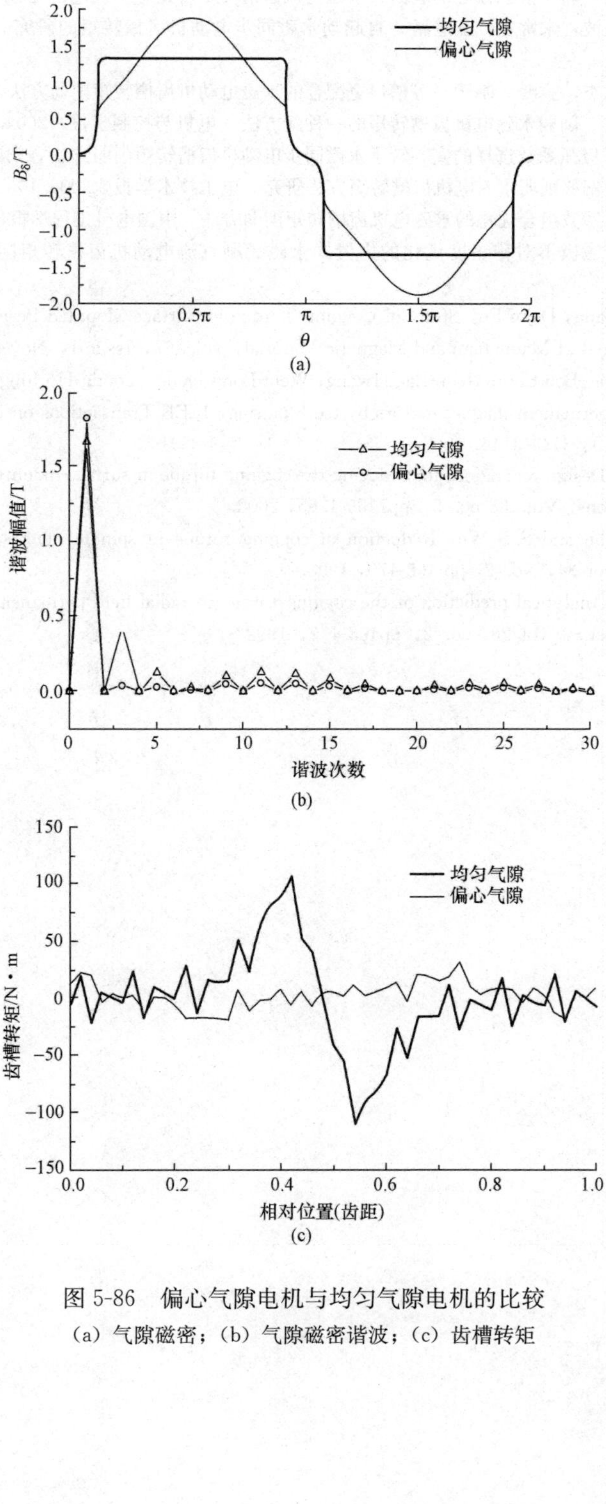

图 5-86　偏心气隙电机与均匀气隙电机的比较

(a) 气隙磁密；(b) 气隙磁密谐波；(c) 齿槽转矩

参考文献

[1] Yubo Yang，Xiuhe Wang. The optimization of pole arc coefficient to reduce cogging torque in surface-mounted permanent magnet motor. IEEE Trans. on Magnetics 2006. 04.

[2] 冀溥，王秀和，王道涵．转子静态偏心的表面式永磁电机齿槽转矩研究．中国电机工程学报，2004(9).

[3] 王秀和，丁婷婷，杨玉波，朱常青，王道涵．自起动永磁同步电动机齿槽转矩的研究．中国电机工程学报，2005(18).

[4] 杨玉波，王秀和，陈谢杰，冀溥．基于不等槽口宽配合的永磁电动机齿槽转矩削弱方法．电工技术学报，2005(3).

[5] 宋伟，王秀和，杨玉波．削弱永磁电机齿槽转矩的一种新方法．电机与控制学报，2004. 09.

[6] 王秀和，杨玉波．基于极弧系数选择的实心转子永磁同步电动机齿槽转矩削弱方法．中国电机工程学报，2005. 08.

[7] 杨玉波，王秀和．磁极偏移削弱永磁电机齿槽转矩方法研究．电工技术学报，2006. 10.

[8] 杨玉波，王秀和．极弧系数组合优化的永磁电机齿槽转矩削弱方法．中国电机工程学报，2007. 02.

[9] 王道涵，王秀和．基于磁极不对称角度优化的内置式永磁无刷直流电动机齿槽转矩削弱方法．中国电机工程学报，2008. 3.

[10] Xiuhe Wang，Yubo Yang，Dajin Fu，Study of Cogging Torque in Surface-Mounted Permanent Magnet Motors with Energy Method. Journal of Magnetism and Magnetic Material，vol. 267，Issue 1，November 2003.

[11] Sang-Moon Hwang；Jae-Boo Eom；Geun-Bae Hwang；Weui-Bong Jeong；Yoong-Ho Jung，Cogging torque and acoustic noise reduction in permanent magnet motors by teeth pairing，IEEE Transactions on Magnetics，Volume 36 Issue 5，Sept 2000 ，Page(s)：3144-3146.

[12] Nicola B，Silverio B. Design techniques for reducing the cogging torque in surface-mounted PM motors. IEEE Trans. On Industry Applications，Vol. 38 no. 5，pp1259-1265，2002.

[13] C. C. Hwang，S. B. John and S. S. Wu，Reduction of cogging torque in spindle motors for CD-ROM drive，IEEE Trans. on Magnetics vol. 34，No. 2，pp 468-470，1998.

[14] Z. Q. Zhu，D. Howe，Analytical prediction of the cogging torque in radial-field permanent magnet brushless motors，IEEE Trans. on Magnetics，vol. 28，no. 2，pp468-470，1992.

第六章　永磁直流电动机

第一节　永磁直流电动机的结构

永磁直流电动机的特性与他励直流电动机类似，二者之间的区别在于主磁场产生的方式不同。他励直流电动机的气隙磁通由励磁绕组产生，是可控的；永磁直流电动机的气隙磁通由永磁体建立，调节困难。除了具有他励直流电动机的良好特性外，永磁直流电动机还具有结构简单、运行可靠、体积小、重量轻、效率高等优点，广泛应用于家用电器、办公设备、电动工具、医疗器械、精密机床、电动车辆、汽车和IT产品等。

图6-1为永磁直流电动机的典型结构，由定子、电枢和电刷装置等部分组成[1]。

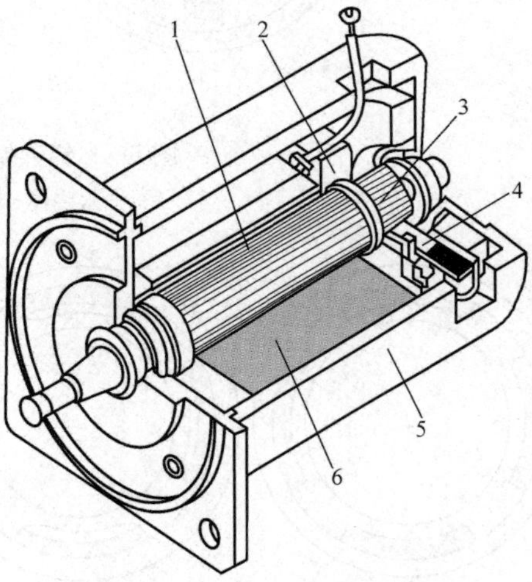

图6-1　永磁直流电动机结构示意图
1—电枢；2、4—电刷；3—换向器；
5—机壳；6—永磁磁极

一、磁极结构

永磁直流电动机的磁极结构种类很多，各有其特点。根据所用永磁材料种类的不同，将其分为以下4类。

1. 铝镍钴永磁直流电动机的磁极结构

如前所述，铝镍钴永磁的矫顽力低、剩磁密度高，宜做成充磁方向长度大、截面积小的长棒形。主要磁极结构如图6-2所示，其中（a）为两极结构，采用弧形永磁体，沿圆弧方向充磁，两块永磁体并联提供每极磁通，属于并联式磁路结构；（b）与（a）基本相同，不同之处是结构（b）的几何中性线位置开了凹槽，以削弱该位置的磁场，改善换向；（c）为多极结构，为便于永磁体的制造和充磁，采用矩形永磁体，圆周方向充磁；图（d）采用长棒形永磁体，沿径向充磁；图（e）采用圆筒形磁极，沿圆周方向充磁。

2. 铁氧体永磁直流电动机的磁极结构

铁氧体永磁的特点是矫顽力高、剩磁密度低。铁氧体永磁直流电动机的主要磁极结构如图6-3所示，其中图6-3（a）为瓦片形磁极结构，永磁体直接面对空气隙，电枢反应直接作用在永磁体上，且气隙磁密低，适合于对气隙磁密和电机体积要求不高的场合，设计不当会出现不可逆退磁；图6-3（b）在永磁体上安装软铁极靴，交轴电枢反应沿极靴闭合，对永磁体影响小，此外极靴还有聚磁作用，可以产生较高的气隙磁密，有利于减小电机体积和重量；图6-3（c）为整体圆筒形磁极，可以充为一对极或多对极，结构简单，加工和装配方便，便于大批量生产，但极间的部分永磁材料作用很小，材料利用率低，且圆筒形永磁体较

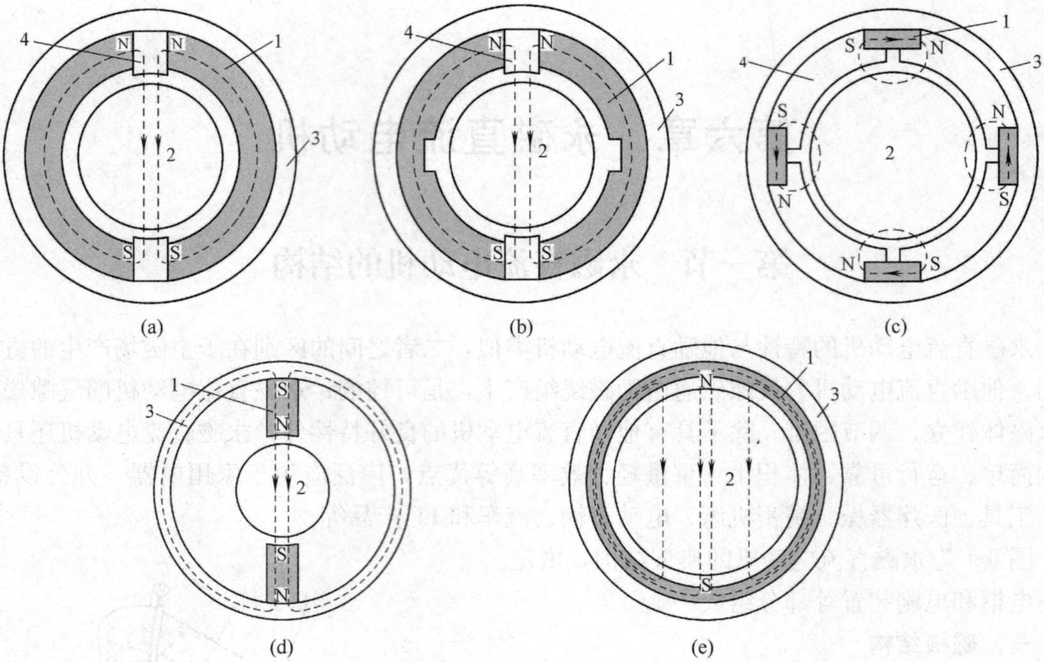

图 6-2 铝镍钴永磁直流电动机的磁极结构

1—永磁体；2—电枢；3—机壳；4—极靴

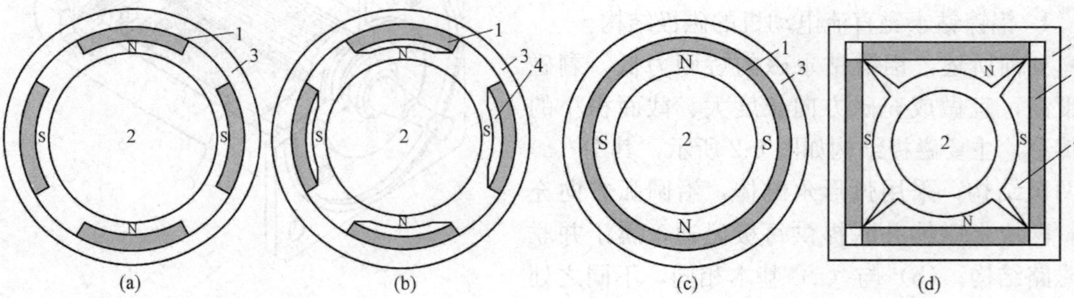

图 6-3 铁氧体永磁直流电动机的磁极结构

1—永磁体；2—电枢；3—机壳；4—极靴

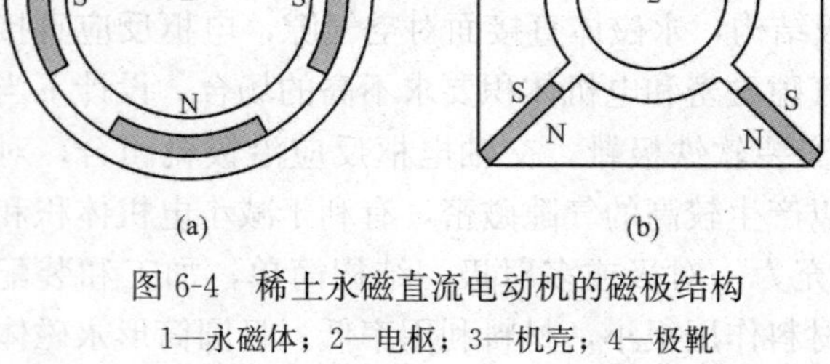

图 6-4 稀土永磁直流电动机的磁极结构

1—永磁体；2—电枢；3—机壳；4—极靴

难制成各向异性，磁性能较差；图 6-3（d）为方形结构，采用矩形永磁体和聚磁极靴，与图 6-3（b）基本相同。

3. 稀土永磁直流电动机的磁极结构

稀土永磁的特点是矫顽力高、剩磁密度高，通常做成瓦片形，如图 6-4（a）所示。在对体积重量要求很高的场合，可采用图 6-4（b）所示聚磁结构。

4. 永磁直流电动机的复合磁极结构

在直流电动机中，电枢反应磁动势对前半极增磁，对后半极去磁。对于单向旋转的永磁直流电动机，前半极的全部或部分可采用性能较低而价格便宜的永磁材料，如铁氧体永磁或者使用软铁；后半极采用高性能的永磁材料，如钕铁硼永磁，就是所谓的复合磁极结构，如图 6-5 所示。其中图 6-5（a）为铁氧体-钕铁硼组合，图 6-5（b）为铁氧体永磁-软铁或钕铁硼永磁-软铁组合。复合磁极结构的优点是：可以在保证电机性能的前提下减少永磁材料用量，降低电动机的成本，还可使电机具有复励特性，永磁-软铁组合也称为带辅助极磁极结构。

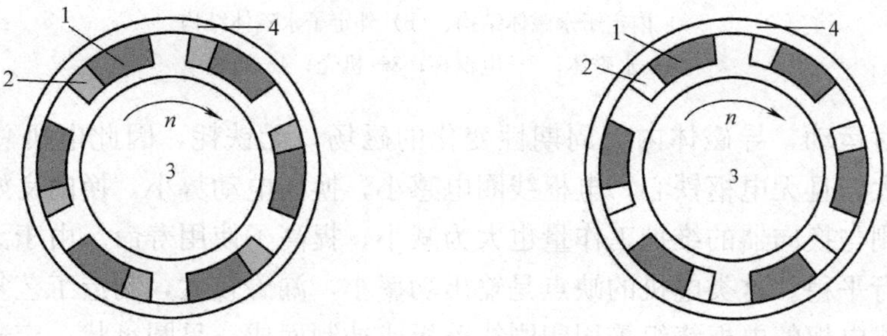

(a)　(b)

图 6-5　复合磁极结构

1—主极；2—辅助极；3—电枢；4—机壳

二、电枢结构

永磁直流电机的电枢包括有槽式、无槽式、空心杯式、印制绕组式和绕线盘式等多种结构。

普通有槽式电枢铁心由硅钢片叠成，电枢绕组放在转子槽内，如图 6-6 所示。电磁力作用在槽内的导体上，可靠性好，应用广泛，但齿槽的存在会引起转矩脉动。

无槽式电枢的电枢绕组均匀分布于转子铁心表面，如图 6-7 所示[1]。这种电枢的特点是转矩脉动小、低速性能好，但有效气隙大、气隙磁密较低。为了得到较高的气隙磁密，需采用高性能的永磁材料。

空心杯式电枢的电枢绕组绕成杯形，有盘式绕组、直绕组、斜绕组、叠绕组等多种形式，电枢由专用的绕线机绕制并固化成型。根据永磁体与电枢杯径向相对位置的不同，又分为内定子永磁体和外定子永磁体两种结构，分别如图 6-8（a）和（b）所示。由于磁路系统

图 6-6　有槽式电枢结构

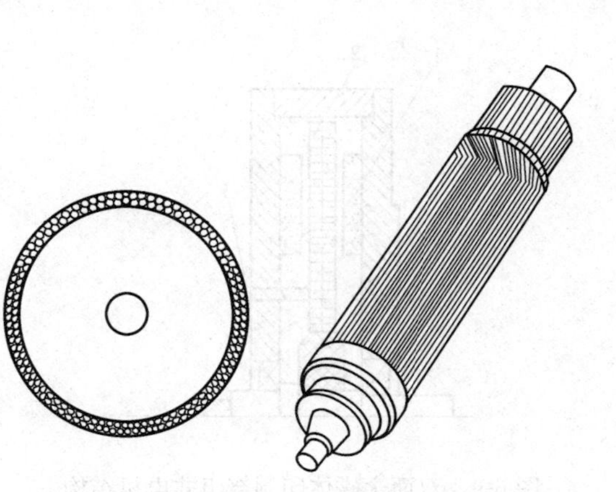

图 6-7　无槽式电枢结构

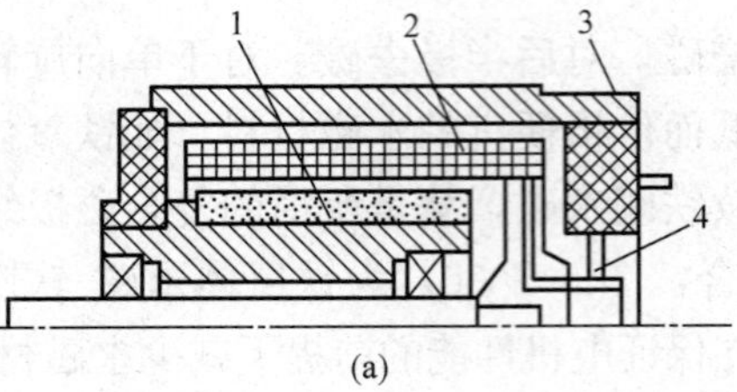

图 6-8　空心杯式电枢电机的结构

(a) 内定子永磁体结构；(b) 外定子永磁体结构

1—永磁体；2—电枢杯；3—机壳；4—电刷

与永磁体无相对运动，导磁体内无周期性变化的磁场，无铁耗，因此电机总损耗小，效率高。由于气隙大，且无电枢铁心，电枢线圈电感小，换向电动势小，换向良好，基本消除了换向火花，电刷与换向器的维护工作量也大为减小，提高了使用寿命。由于无齿槽，电机转矩脉动小，运行平稳。这类电机的缺点是输出功率小，漏磁较大，制造工艺复杂。

印制绕组式电枢的电枢绕组采用印刷线路板或冲制而成，呈圆盘状。定子由扇形永磁体及磁轭组成，可根据需要将永磁体设计为单面分布或双面分布。双面分布永磁体印制绕组电机的结构如图 6-9 所示，磁场方向为轴向，绕组有效部分兼做换向器，电枢盘可做成多层绕组。由于没有铁心，无铁耗，效率较高；电枢没有齿槽，转矩脉动小，运转平稳，具有惯量小、时间常数小、响应速度快且调节特性良好等特点。但由于电枢绕组与电刷间有相对摩擦运动，影响了使用寿命。

绕线盘式电枢是在印制绕组式电枢的基础之上发展起来的一种结构。其电枢的制造过程是：先绕制线圈，然后按照设计要求排列成波绕组或叠绕组，再用环氧树脂浇注成型或塑压成型，从而确保电枢绕组具有良好的机械强度。为了提高功率密度，电枢绕组可以制成多层。定子的制造过程为：首先将稀土永磁体制成所需形状，然后用高强度黏结剂将永磁体粘在定子轭上，其磁场为轴向。磁路结构可根据情况设计为单面永磁体或双面永磁体，小功率时通常采用前者，大功率时则采用后者。图 6-10 给出了单面永磁体电机的结构示意图，其转动惯量和机电时间常数小，无齿槽影响，电机运转平稳。

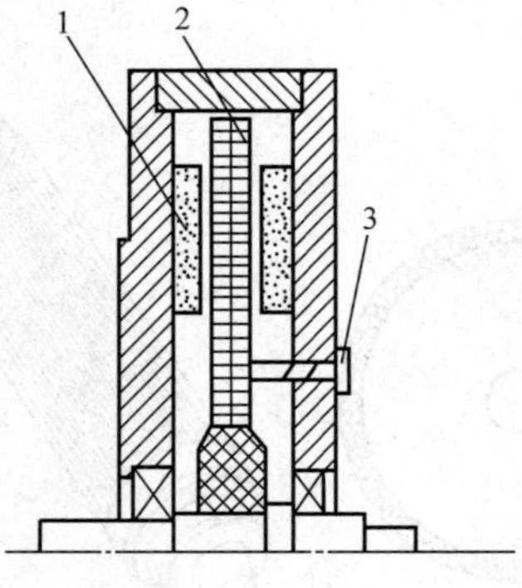

图 6-9　双面永磁体印制绕组式电机结构

1—永磁体；2—电枢；3—电刷

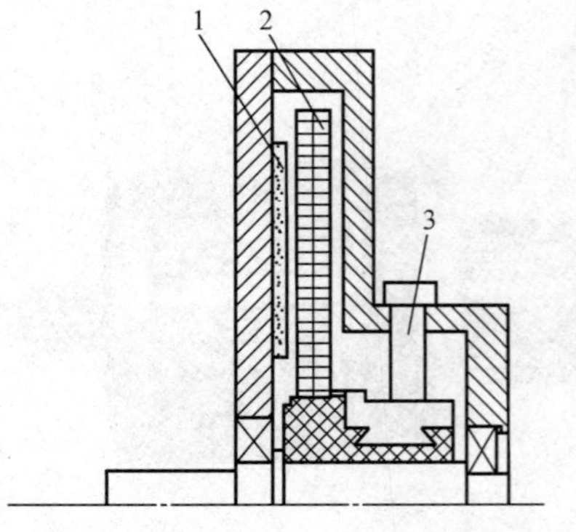

图 6-10　单面永磁体绕线盘式电机结构

1—永磁体；2—电枢；3—电刷

第二节　永磁直流电动机的基本方程

一、电压平衡方程

永磁直流电动机的电压平衡方程为

$$U=E_a+I_aR_a+2\Delta U_b \tag{6-1}$$

式中，U 为外加电压（V）；I_a为电枢电流（A）；R_a为电枢绕组电阻（Ω）；$2\Delta U_b$为一对电刷接触压降，其大小与电刷型号有关，一般 $2\Delta U_b=0.5\sim2$V；E_a为电枢绕组内的感应电动势（V）。

二、感应电动势

感应电动势是指电机正、负电刷之间的电动势。电枢绕组通常由几条并联支路组成，各支路的感应电动势都相同。在电枢旋转过程中，虽然组成各支路的元件不断变化，但正负电刷之间的元件数基本不变，感应电动势为基本恒定的直流电动势。当电刷位于几何中性线上、电枢线圈均匀分布且为整距时，感应电动势为

$$E_a=\frac{pN}{60a}\Phi n=C_e\Phi n \tag{6-2}$$

式中，p 为电机极对数；N 为电枢绕组总导体数；Φ 为每极气隙磁通（Wb）；a 为电枢绕组的并联支路对数；n 为转速（r/min）；$C_e=\frac{pN}{60a}$为电动势常数。

若绕组短距，则实际感应电动势比式（6-2）的计算值小，但直流电机的电枢绕组短距很小，对感应电动势影响也很小，可以忽略不计。若电刷从几何中性线移开，则支路中一部分导体的感应电动势将互相抵消，导致 E_a 减小。此外，若计算空载感应电动势，Φ 应为空载时的每极磁通；若计算负载感应电动势，Φ 应为负载时的每极磁通。

三、电磁转矩

当电枢绕组通电时，导体与永磁磁场相互作用产生转矩，称为电磁转矩。当电刷放在几何中性线上，电枢线圈均匀分布且为整距时，电磁转矩为

$$T_{em}=\frac{pN}{2\pi a}\Phi I_a=C_T\Phi I_a \tag{6-3}$$

式中，T_{em}为电磁转矩（N·m）；$C_T=\frac{pN}{2\pi a}$为转矩常数。

四、电磁功率

永磁直流电动机产生的电磁功率为

$$P_{em}=T_{em}\Omega=\frac{pN}{2\pi a}\Phi I_a\frac{2\pi n}{60}=\frac{pN}{60a}\Phi nI_a=E_aI_a \tag{6-4}$$

式中，$\Omega=\frac{2\pi n}{60}$为转子机械角速度（rad/s）。

五、功率平衡方程

将式（6-1）两边同乘以电枢电流 I_a，得

$$UI_a = E_aI_a + R_aI_a^2 + 2\Delta U_bI_a \tag{6-5}$$

等式左边为电动机输入功率，用 P_1 表示；右边第一项为电磁功率；第二项为电枢绕组铜耗 p_{Cua}；第三项为电刷接触电阻损耗 p_b。因此有

$$P_1 = P_{em} + p_{Cua} + p_b \tag{6-6}$$

从电磁功率中扣除铁耗 p_{Fe}、机械摩擦损耗 P_{fw}和杂散损耗 P_{ad}后，得到电机的输出功率 P_2，即

$$P_{em} = P_2 + p_{Fe} + p_{fw} \tag{6-7}$$

六、转矩平衡方程

将式（6-7）两端同除以机械角速度 Ω，有

$$T_{em} = T_2 + T_0 \tag{6-8}$$

式中，$T_2 = \dfrac{P_2}{\Omega}$为电动机轴上的机械负载转矩（N·m）；$T_0 = \dfrac{p_{Fe} + p_{fw} + P_{ad}}{\Omega}$为因电动机铁心中涡流、磁滞损耗和机械损耗的存在而产生的空载阻转矩（N·m）。

七、电磁参数

1. 线负荷

永磁直流电动机的线负荷 A（A/cm）定义为

$$A = \frac{N}{\pi D_a}\frac{I_a}{2a} \tag{6-9}$$

式中，D_a为电枢外径（cm）。

2. 电枢绕组电阻

永磁直流电动机的电枢绕组电阻为

$$R_a = \rho\frac{NL_{av}}{A_a}\frac{1}{(2a)^2} \tag{6-10}$$

式中，ρ 为绕组的电阻率（$\Omega \cdot mm^2/cm$）；A_a 为电枢导体的截面积（mm^2）；L_{av}为电枢绕组的平均半匝长（cm）。

3. 机械时间常数

机械时间常数 T_m是衡量电动机动态响应性能的重要指标，定义为

$$T_m = \frac{2\pi R_aJ}{60C_eC_T\Phi^2} = \frac{\Omega_0 J}{T_{st}} \tag{6-11}$$

式中，Ω_0 为空载角速度（rad/s）；J 为转子的转动惯量（$kg \cdot m^2$）；T_{st}为起动转矩（N·m）；机械时间常数 T_m 的单位为 s。

第三节　永磁直流电动机的工作特性

与电励磁直流电动机一样，永磁直流电动机的工作特性包括转速特性、转矩特性、机械特性和效率特性。

一、转速特性

转速特性为外加额定电压U_N时转速与电枢电流之间的关系$n=f(I_a)$。由电压平衡方程式（6-1）可得

$$n=\frac{U_N-I_aR_a-2\Delta U_b}{C_e\Phi} \tag{6-12}$$

可以看出，负载电流增大时，I_aR_a增大，将使转速下降；同时每极磁通随电枢电流的增大而略有下降，有使转速升高的趋势，二者的影响相反，使电机转速变化很小。一般来讲，前者的影响比后者大，故转速特性是略微向下倾斜的，如图 6-11 所示。空载时，电枢电流很小，所引起的电压降和电枢反应去磁作用可以忽略，故空载转速可近似为

$$n_0=\frac{U_N-2\Delta U_b}{C_e\Phi_0} \tag{6-13}$$

式中，Φ_0为空载时的每极磁通（Wb）。

电动机空载转速n_0和额定转速n_N之差与额定转速之比，称为电动机的转速变化率，以Δn表示，为

$$\Delta n=\frac{n_0-n_N}{n_N}\times 100\% \tag{6-14}$$

对于永磁直流电动机，Δn通常很小。

二、转矩特性

转矩特性是指外加额定电压U_N时，电动机的电磁转矩与电枢电流之间的关系$T_{em}=f(I_a)$。由式（6-3）可知，当电枢电流增加时，若每极磁通Φ不变，则电磁转矩为通过原点的直线。但每极磁通随电枢电流的增大而略有减小，故电磁转矩的增加比电流的增加略慢，如图 6-12 所示。

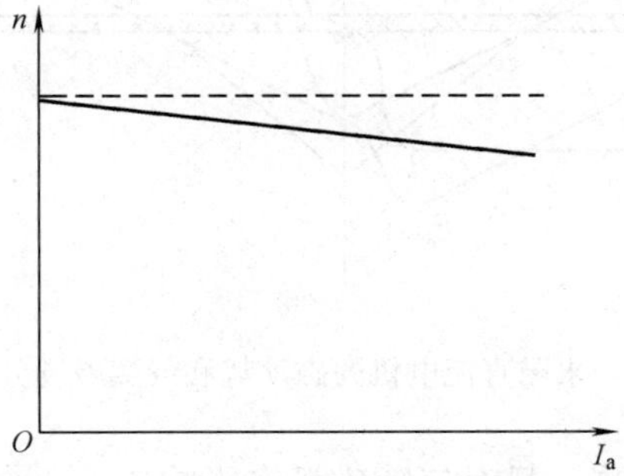

图 6-11　永磁直流电动机的转速特性

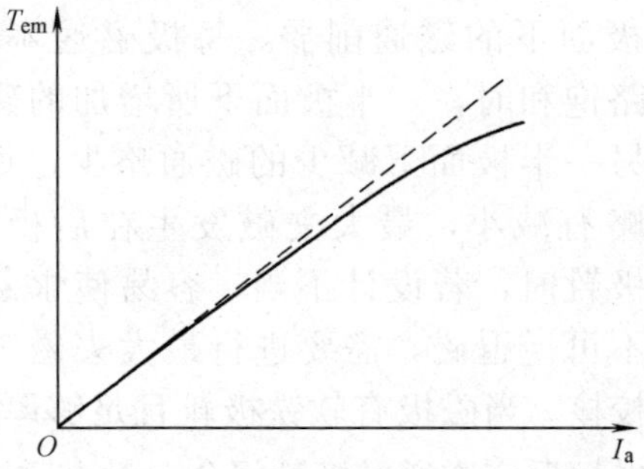

图 6-12　永磁直流电动机的转矩特性

三、机械特性

机械特性是指外加额定电压U_N时，电动机转速与电磁转矩之间的关系$n=f(T_{em})$。因$I_a=\frac{T_{em}}{C_T\Phi}$，根据式（6-12）得

$$n=\frac{U_N-2\Delta U_b-R_aI_a}{C_e\Phi}=\frac{U_N-2\Delta U_b}{C_e\Phi}-\frac{R_a}{C_eC_T\Phi^2}T_{em} \tag{6-15}$$

当每极磁通不变时，机械特性是一条下降的直线，如图 6-13 所示。由于电枢电阻较小，机

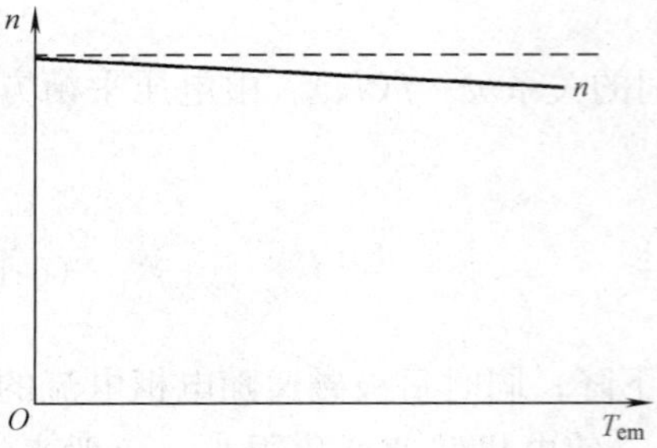

图 6-13　永磁直流电动机的机械特性

械特性的斜率很小，特性硬。实际上，随着电磁转矩的增大，电枢反应的去磁作用略微增强，磁通不是常数，机械特性也不再是一条直线，而是在下端略有抬高。

四、效率特性

效率特性是指外加额定电压 U_N 时，效率与输出功率的关系 $\eta=f(P_2)$，即

$$\eta=\frac{P_2}{P_1}\times 100\%=\frac{P_2}{P_2+\sum p}\times 100\% \tag{6-16}$$

式中，$\sum p$ 为电动机的总损耗（W）。

第四节　永磁直流电动机的电枢反应

一、负载时气隙中的磁动势和磁场

永磁直流电动机负载时，有两个磁动势作用在气隙上，一个是永磁磁极产生的磁动势（在定子侧），一个是电枢绕组产生的磁动势（在转子侧）。永磁磁动势的轴线在直轴上，由于边缘磁通的影响，永磁磁动势产生的磁密分布 $B_0(x)$ 如图 6-14 所示。当电刷位于交轴时，电枢磁动势 $F_q(x)$ 近似为三角波，轴线在交轴上，所产生的磁密波形取决于磁极结构。当永磁磁极上有软铁极靴时，所产生的气隙磁密波形与普通直流电动机相同，为马鞍形；当永磁磁极直接面对空气隙时，由于永磁体的磁导率与空气接近，所产生的磁密 $B_q(x)$ 也近似为三角波。

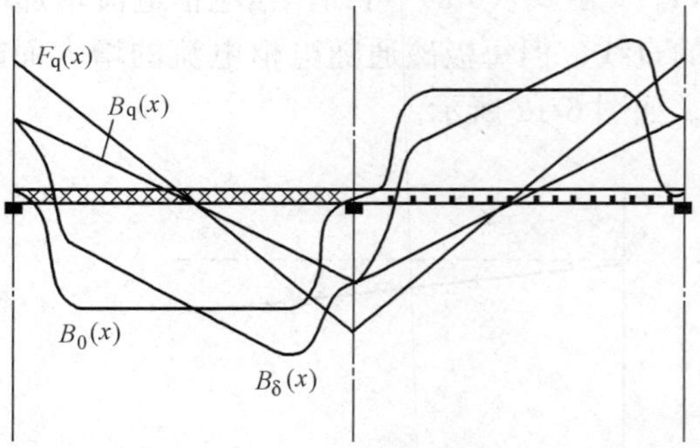

图 6-14　永磁直流电机的磁动势和气隙磁场分布

当磁路不饱和时，负载合成磁场 $B_\delta(x)$ 为 $B_q(x)$ 和 $B_0(x)$ 之和。可以看出，电枢磁动势使一半极面下的磁通增强，而使另一半极面下的磁通削弱，每极磁通不变。当磁路饱和时，一半极面下所增加的磁通要比另一半极面下减少的磁通略少，每极磁通略有减小，最大去磁发生在后极尖。当无极靴时，若设计不当，容易使永磁体产生不可逆退磁，需要进行最大去磁工作点的校核。当磁极有软铁极靴且足够厚时，交轴电枢反应磁通经极靴闭合，对永磁体基本上无影响，只对气隙磁场有影响。

对无极靴的永磁直流电动机而言，电枢反应磁场要经过磁导率接近空气的永磁体，对气隙磁场的去磁效应并不大，而且准确计算很困难，通常不予考虑。

二、交轴电枢反应和直轴电枢反应

电枢绕组通电时所产生的磁动势对永磁磁场的影响，称为电枢反应。当电刷位于几何中性线上时，电枢反应磁场的轴线与永磁磁场的轴线正交，这样的电枢反应称为交轴电枢反应。每极下的电枢反应磁动势为

$$F_a=\frac{A\tau}{2} \tag{6-17}$$

式中，τ 为极距（cm）。

有时为改善换向，电刷从几何中性线逆旋转方向偏移一个角度 β，电枢电流的分布随之改变，从而使电枢磁场的轴线也随电刷移动。此时的电枢反应可看作两个磁动势的叠加，如图 6-15 所示，一个是 2β 角度范围内的导体所产生的磁动势，轴线在直轴上，称为直轴电枢反应，其作用方向与永磁磁场相反，使主磁通减小，呈现去磁作用，其最大值为

$$F_{ad}=F_a\frac{2\beta}{\pi}=A\tau\frac{\beta}{\pi} \tag{6-18}$$

2β 角度范围外的导体所产生的磁动势作用在交轴上，为交轴电枢反应，最大值为

$$F_{aq}=F_a\frac{\pi-2\beta}{\pi}=A\tau\left(\frac{1}{2}-\frac{\beta}{\pi}\right) \tag{6-19}$$

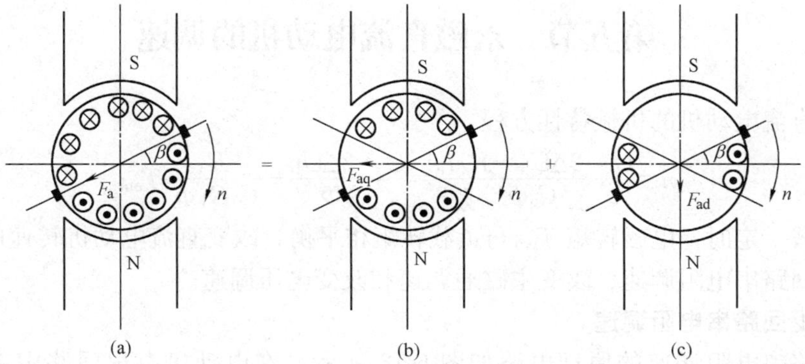

图 6-15　电刷不在几何中性线上时的电枢磁动势

(a) 电枢磁动势；(b) 交轴分量；(c) 直轴分量

在永磁直流电动机中，为使电枢反应起助磁作用以使电机有一定的复励特性，有时顺旋转方向移动电刷。当然这会使换向变差。

三、电枢反应对电机运行的影响

电枢反应对电机运行的影响如下：

(1) 电枢反应的去磁作用使每极磁通略有减小。

(2) 电枢反应使极面下的磁密分布不均匀，从而各换向片间的电动势分布也不均匀。当片间电动势过高时，可能会使换向片间的绝缘产生表面放电，产生电位差火花。在严重的情况下，电刷下由于换向引起的换向火花与电位差火花汇合在一起，在正负电刷之间形成环火，导致电枢烧毁。

(3) 气隙磁场发生畸变，几何中性线处的磁密不为零，影响换向。

四、电枢反应最大去磁时永磁体工作点的校核

如前所述，若电枢电流很大，容易使永磁直流电动机后极尖的永磁体发生不可逆退磁，需要校核出现最大电流时后极尖永磁体的工作点，确保其在退磁曲线拐点以上。首先需要计算可能出现的最大电流。在永磁直流电动机中，最大电流与电机的运行状态有关。

当电动机满压起动时，在转速为零的瞬间，感应电动势也为零，此时的电流为起动电流，也称为堵转电流，为

$$I_{max}=\frac{U-2\Delta U_b}{R_a} \tag{6-20}$$

突然短路是指电动机正常运行时，电枢绕组两端突然短路。此时电枢电压为零，由于转子的惯性，电动机转速来不及变化，相应的电动势也不变，最大瞬时电流为

$$I_{max}=\frac{E_a-2\Delta U_b}{R_a} \tag{6-21}$$

突然加反向电压是指在电机运行过程中，为改变电机转向，电枢电压突然由$+U$变为$-U$，此时转速和感应电动势都来不及变化，最大瞬时电流为

$$I_{max}=\frac{U+E_a-2\Delta U_b}{R_a} \tag{6-22}$$

将最大瞬时电流代入电枢磁动势计算公式，求出作用于后极尖处的最大电枢去磁磁动势，通过磁路计算求出最大去磁时的工作点，若在退磁曲线拐点之下，则发生不可逆去磁。

第五节　永磁直流电动机的调速

由永磁直流电动机的机械特性方程

$$n=\frac{U-2\Delta U_b-R_aI_a}{C_e\Phi}=\frac{U-2\Delta U_b}{C_e\Phi}-\frac{R_a}{C_eC_T\Phi^2}T_{em} \tag{6-23}$$

可知，当负载一定时，电磁转矩T_{em}与负载转矩相平衡，改变直流电动机转速的方法有以下三种：电枢回路串电阻调速、改变主磁通调速和改变电压调速。

一、电枢回路串电阻调速

电枢回路串电阻调速的原理电路如图6-16所示，在电动机电枢回路中串联可调电阻R_Ω，当外加电压及主磁通不变时，增大R_Ω，电机电枢回路压降$I_a(R_a+R_\Omega)$增大，电动机转速下降。电枢回路串不同电阻时的转速如图6-17所示。

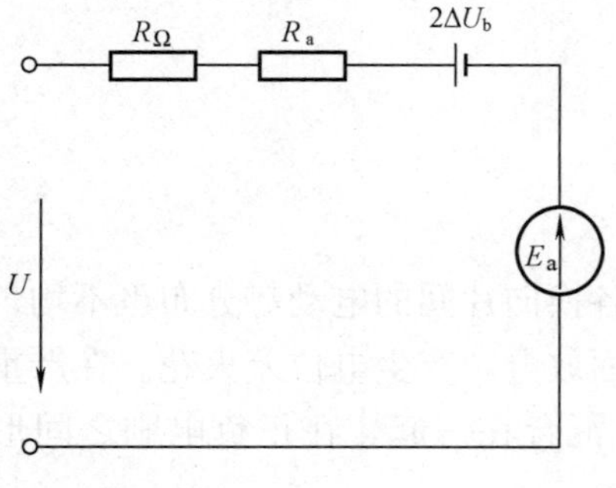

图6-16　电枢串电阻调速

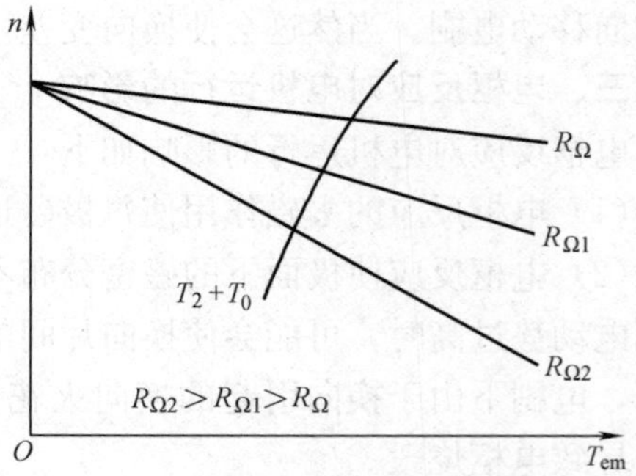

图6-17　电枢串电阻时的机械特性

电枢回路串电阻调速时，只能由额定转速向下调节，调速范围小。当负载变化时，转速变化大，特性软，效率较低。但这种调速方法所需的设备简单，操作方便，适用于功率不太大和对机械特性硬度要求不太高的场合，如起重机、电瓶车和无轨电车等。

二、改变主磁通调速

由于永磁直流电动机的磁通不易调节，这种调速方法较少采用。如图6-18所示，在主磁极上装附加励磁绕组，也可以与电励磁直流电动机一样，通过调节励磁电流来调节电动机的转速。但由于永磁体的磁导率较小，调速范围受到限制。

三、改变电压调速

改变电压调速是永磁直流电动机最主要的调速方式。因为电枢电压不能超过额定电压，电枢电压只能由额定电压往下调。调节电枢电压时，电机的机械特性如图 6-19 所示。这种调速方式平滑性好，可实现无级调速，调速范围广，稳定性好。通常采用晶闸管调压调速或斩波调压调速，如图 6-20 所示。图 6-20（a）是斩波调速的原理电路，它是通过开关的导通与关断来改变加到电机电枢上的平均电压，从而改变电机的转速。保持脉冲频率不变，通过改变脉冲宽度调节输出电压平均值称为 PWM 模式，如图 6-20（b）所示；保持脉冲宽度不变，通过改变脉冲频率改变平均输出电压称为 PFM 模式，如图 6-20（c）所示。

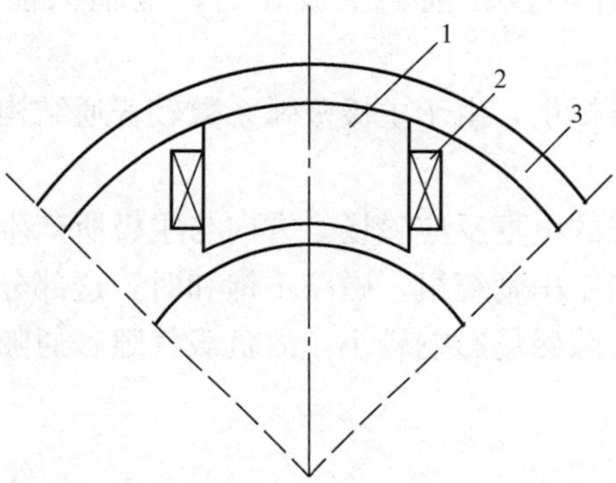

图 6-18　永磁直流电动机通过附加励磁绕组调速

1—永磁磁极；2—附加励磁绕组；3—定子磁轭

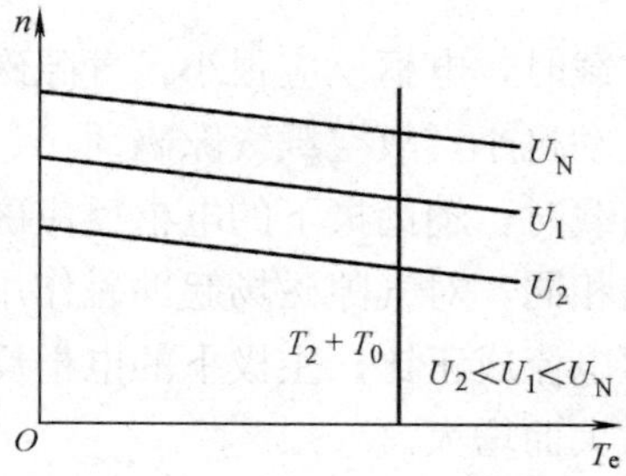

图 6-19　调节电枢电压时的机械特性

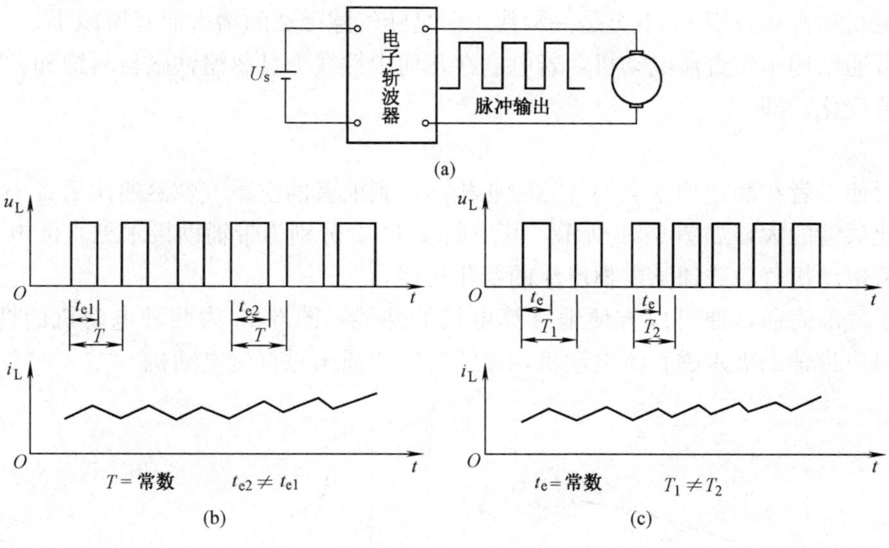

图 6-20　斩波调速原理图

（a）斩波电路框图；（b）脉冲宽度调制（PWM）；（c）脉冲频率调制（PFM）

第六节　带辅助极永磁直流电动机

从性能上看，永磁直流电动机相当于一台他励直流电动机。由于永磁体的高矫顽力，电枢反应对磁通的影响很小。如前所述，永磁直流电动机具有许多优点，但在相同起动电流下，起动转矩比串励直流电动机小，为适应某些应用场合的大起动转矩要求，需适当增大其功率，使永磁体用量增加，电机重量也相应增加。本节介绍的带辅助极永磁直流电动机不仅保留了永磁直流电动机所具有的许多优点，而且还有一定的串励作用，每极磁通随电枢电流的增大而增大，具有复励直流电动机的特性。

一、带辅助极永磁直流电动机的结构和工作原理

带辅助极永磁直流电动机的磁极结构如图 6-5（b）所示。它与普通结构永磁直流电动机的区别在于：其每个磁极都由主极和辅助极两部分组成，辅助极由高导磁材料制成，主极由永磁材料制成，相对于电枢旋转方向，辅助极在前、主极在后，电枢只能单向旋转。

空载时，电枢反应很小，气隙磁通主要由主极提供，由于主极极弧系数较普通结构永磁直流电动机小，故空载气隙磁通小、空载转速高。

负载时，辅助极下的电枢反应磁动势产生较强的电枢反应磁场，方向与主极所产生的磁场方向相同，对气隙磁场起助磁作用，其作用相当于串励绕组。磁路不饱和时，这部分磁通与电枢电流成正比；主极下的电枢反应磁动势对气隙磁场影响较小，故负载气隙磁通随电枢电流增大而增大。

二、带辅助极永磁直流电动机的性能特点

由于永磁材料的高矫顽力，主极下磁通随负载电流增大而略微减小。辅助极下气隙很小，电枢反应会产生较大的磁通，且随电流增大而增大。因此每极气隙磁通可近似表示为

$$\Phi=\Phi_0+k_\phi I_a \tag{6-24}$$

若考虑铁磁材料饱和，则 k_ϕ 不再是一常数，而是随气隙磁通的增大而有所减小。

对于普通结构永磁直流电动机，若电刷在几何中性线上且忽略铁磁材料饱和，则气隙磁通不随电流变化，即

$$\Phi=\Phi_0 \tag{6-25}$$

若在设计时使二者在额定功率点的气隙磁通相同，则前者的空载气隙磁通比后者小、起动时气隙磁通比后者的大，如图 6-21 所示，其中曲线 1、2 分别为带辅助极永磁直流电动机和普通永磁直流电动机气隙磁通随电枢电流的变化规律。

确定了气隙磁通，便可以方便地计算电机的性能。图 6-22 为两种电动机的性能比较，其中实线对应带辅助极永磁直流电动机，虚线对应普通永磁直流电动机。

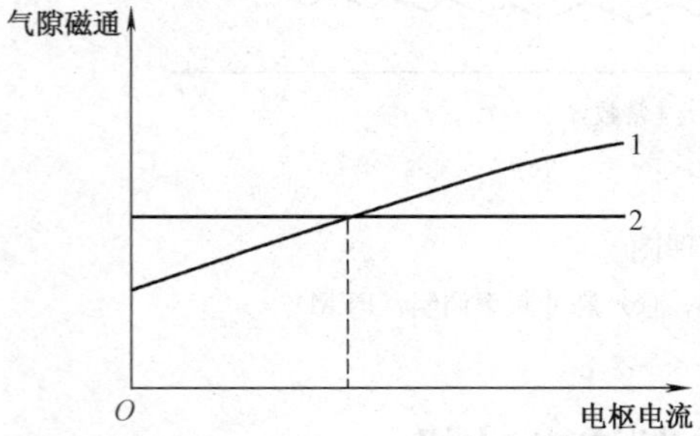

图 6-21　气隙磁通与电枢电流的关系

1—带辅助极磁极结构；2—普通磁极结构

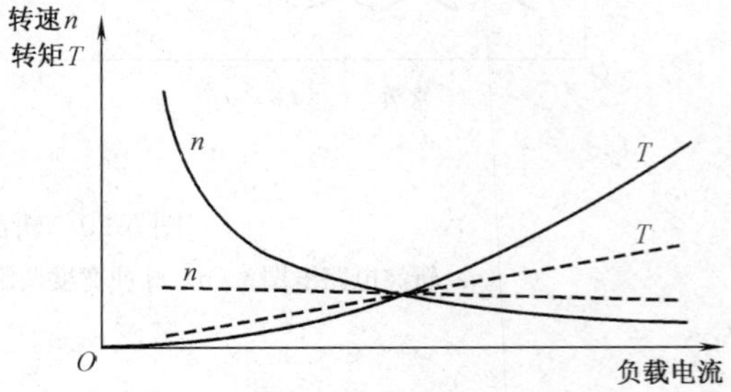

图 6-22　性能比较

可以看出，带辅助极永磁直流电动机具有以下特点：

(1) 具有与复励直流电动机相近的特性，起动转矩大、空载转速高。

(2) 永磁材料用量少。

(3) 与普通永磁直流电动机相比，工艺复杂性略微增加。

普通用途永磁直流电动机的电枢电流通常不大，电枢反应助磁作用不明显，不宜采用该结构。该结构适合于电枢反应强烈的电机，如起动机等。

三、实际应用[2]

参考文献 [2] 开发了两台永磁起动机，分别采用普通结构和带辅助极结构，两者的区别在于磁极，其他结构尺寸都相同，在最大功率点的性能基本相同。表 6-1、表 6-2 分别为普通结构和带辅助极结构的性能对比。两种电机的最大功率点性能基本不变，但带辅助极结构电机的起动转矩提高了 44.5%，空载转速提高了 28.5%，永磁材料成本降低了 34.8%。

表 6-1　普通结构永磁起动机的性能

性　能	电流 /A	转矩 /N·m	转速 /(r/min)	相应的电机端电压 /V
空载性能	12	—	3467	11.75
最大功率点性能	40	0.81	2064	9.0
起动性能	97	2.75	—	7.1

表 6-2　带辅助极结构永磁起动机的性能

性　能	电流 /A	转矩 /N·m	转速 /(r/min)	相应的电机端电压 /V
空载性能	14.2	—	4456	11.75
最大功率点性能	40	0.816	2052	9.0
起动性能	95	4.0	—	7.1

第七节　换　　向

直流电机的电枢旋转时，由于换向器的作用，电枢元件从一条支路进入另一条支路，元件内电流的方向发生了改变，元件电流改变方向的过程，称为换向。换向前后的电流大小相等、方向相反。在直流电机中，任何瞬间都有元件在换向。若直流电机换向不好，将在电刷和换向器之间引起火花，火花超过一定程度，将烧坏电刷和换向器。火花严重时，还可能与电位差火花汇合在一起，形成环火，烧毁电机。此外，火花还会产生电磁波，产生无线电干扰。

换向是直流电机的共同问题，对直流电机可靠性有很大影响。对于永磁直流电动机，由于永磁磁极径向尺寸很小，不能像用励磁直流电机那样安装换向极，使换向问题更加突出。

一、换向过程

图 6-23 表示一单叠绕组元件的换向过程。假设换向元件编号为 1，电刷宽度 b 等于换向片宽度 b_c，片间绝缘厚度忽略不计，电枢绕组以线速度 v 向左移动。

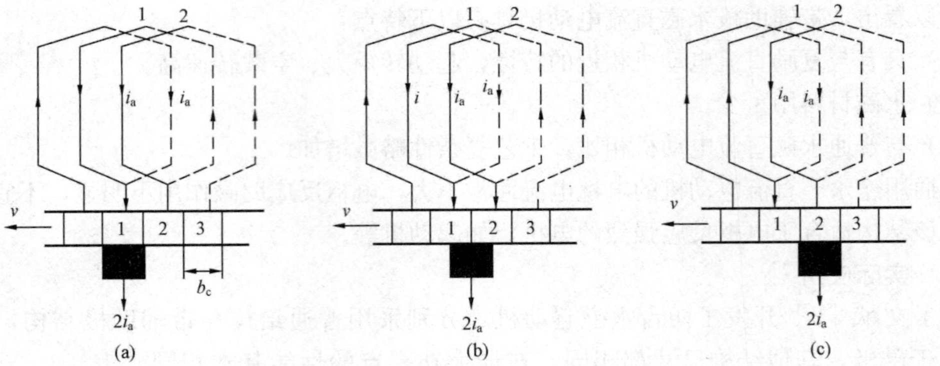

图 6-23 单叠绕组元件中电流的换向过程

（a）换向开始；（b）正在换向；（c）换向结束

图 6-23（a）中，元件 1 属于电刷右边的支路，其中的电流为 i_a，电刷仅与换向片 1 接触；运动到图 6-23（b）所示位置时，电刷同时与换向片 1 和 2 接触，元件 1 被短路，其中的电流发生变化，从 i_a 开始衰减，直至电刷与换向片 2 完全接触；在图 6-23（c）所示位置，元件 1 已属于电刷左边的支路，流过的电流是 $-i_a$。所以从图 6-23（a）到图 6-23（c），元件 1 经历了换向过程，称为换向元件。元件 1、换向片 1、换向片 2、电刷所构成的回路，称为换向回路。换向回路内的电流，也就是换向元件内的电流称为换向电流。换向过程经历的时间称为换向周期，用 T_c 表示。换向周期很短，一般约几个毫秒。

可以看出，换向实际上是换向元件在被电刷—换向片短路过程中发生的电磁现象，在此期间，由换向元件的电阻、电感、电刷接触电阻组成一个电路，这个电路中电流的变化规律对换向有很大影响。理想情况下，换向元件位于两极之间的中心线上，所在位置的气隙磁密为零，电刷接触电阻为常数，此时换向电流线性变化，是理想的换向过程。在实际换向过程中，换向元件所在位置的气隙磁密不为零，换向回路中存在多种感应电动势，电刷接触电阻也是非线性的，这些因素对换向电流产生很大影响，导致实际换向过程与理想换向过程差别很大。

1. 换向元件中的感应电动势

在换向过程中，换向元件内将产生两种感应电动势，下面分别讨论。

（1）电抗电动势。换向元件本身有自感，还有与其他元件之间的互感。换向电流的变化将在换向元件内产生自感电动势和互感电动势，两者的合成电动势称为电抗电动势。由于所有元件（包括换向元件在内）所产生的合成气隙磁通为交轴电枢反应磁通，不在换向元件内产生感应电动势，故电抗电动势仅由换向元件的漏磁通所感应产生；在换向周期内，电抗电动势的平均值为 e_r。根据电磁感应定律，电抗电动势总是阻碍电流的变化，由于换向元件内电流不断减小，故 e_r 的方向与换向前的电流方向相同。

（2）旋转电动势。理想情况下，换向元件的两个边位于几何中性线位置上。由于电枢反应磁场的影响，几何中性线位置的气隙磁密不为零，换向元件切割磁场，产生感应电动势 e_c，称为旋转电动势或运动电动势。无论是电动机还是发电机，旋转电动势的方向总与换向前的电流方向一致，即 e_c 与 e_r 的方向相同。

换向元件中总的电动势应是旋转电动势和电抗电动势的代数和，即

$$\sum e = e_c + e_r \tag{6-26}$$

$\sum e=0$ 为理想情况。通常情况下，$\sum e \neq 0$ 。若 $\sum e$ 较大，将导致换向不良，在电刷下产生火花。

2. 换向类型

根据换向电流变化规律的不同，将换向过程分为以下三种类型：

（1）直线换向。当换向元件中的合成电动势 $\sum e=0$ 时，换向元件中的电流变化规律大体为一直线，这种换向称为直线换向，如图 6-24（a）所示。

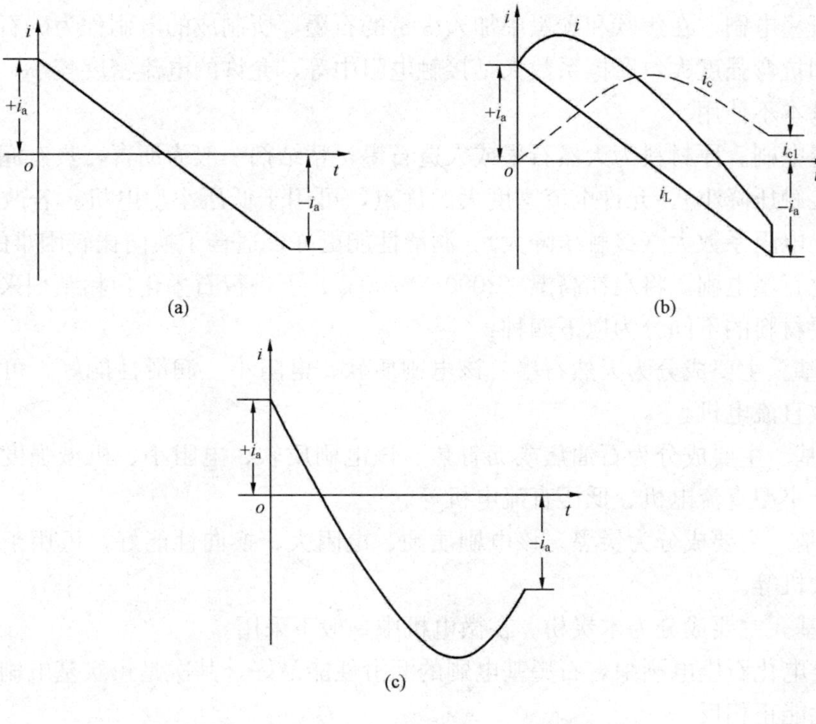

图 6-24　换向元件中电流的变化

（a）直线换向；（b）延迟换向；（c）超越换向

直线换向的特点是，换向电流产生的磁动势只有交轴分量、电刷接触面上的电流密度分布均匀、不易产生火花、换向良好。

（2）延迟换向。以电抗电动势 e_r 作为正值，如果 $\sum e>0$ ，则换向元件中的电流 i 由直线换向电流 i_L 和由合成电动势 $\sum e$ 产生的附加换向电流 i_c 叠加而成，如图 6-24（b）所示。i_c 的出现，使换向元件中的电流改变方向的时刻向后推延，因此这种换向称为延迟换向。延迟换向结束时，被电刷短路的换向元件瞬时断开，后刷边容易出现火花，导致换向不良。后刷边的电流密度大于前刷边的电流密度。换向元件产生的磁动势除了交轴分量外，还有直轴分量，直轴磁动势使发电机去磁、电动机助磁。

（3）超越换向。若换向极磁场较强，则换向元件中与电抗电动势反向的旋转电动势可能大于电抗电动势，此时 $\sum e<0$ ，附加换向电流 i_c 将反向，因而换向元件中电流改变方向的时刻将比直线换向时提前，如图 6-24（c）所示。这种换向称为超越换向，轻微的超越换向有一定好处，但过度的超越换向也是不利的。前刷边的电流密度大于后刷边的电流密度。换

向元件产生的磁动势除了交轴分量外，还有直轴分量，直轴磁动势使发电机助磁、电动机去磁。

二、电刷及其选择

正确选择电刷对直流电机的换向非常重要，下面介绍电刷的种类和选用原则。

1. 电刷的分类

根据所采用材料的不同，电刷可分为碳石墨电刷、石墨电刷、电化石墨电刷、金属石墨电刷四类。

(1) 碳石墨电刷。在焦碳和碳黑中加入少量的石墨，所制成的电刷称为碳石墨电刷。该电刷的硬度和抗弯强度大，摩擦系数大，接触电阻中等，允许的电流密度较小，整体性能较差，目前已基本不使用。

(2) 石墨电刷。原材料为天然石墨或人造石墨，粘结剂一般为沥青，具有润滑性好、电阻系数小（接触压降小）、允许电流密度大的优点，可用于低压小型电机。若改用酚醛树脂作粘结剂时，电阻系数大（接触压降大）、润滑性能更好，适合于换向比较困难的电机。

(3) 电化石墨电刷。将炭在高温（2000～2700℃）下进行石墨化，粘结剂采用沥青或煤焦油。按主要材料的不同分为以下四种：

1) 石墨基。主要成分为天然石墨。该电刷质软、电阻小、润滑性能好，可用于低压直流电机和轻载直流电机。

2) 焦炭基。主要成分为石油焦或沥青焦。该电刷质软、电阻小、机械强度高、换向性能差，可用于小型直流电机、低压直流电机等。

3) 炭黑基。主要成分为炭黑。该电刷质硬、电阻大、换向性能好，可用于直流伺服电机、功率扩大机等。

4) 木炭基。主要成分为木炭粉。在微电机中一般不采用。

上述四类电化石墨电刷中，石墨基电刷的润滑性能最好，其次是焦炭基电刷和炭黑基电刷，而换向性能正相反。

(4) 金属石墨电刷。将金属粉与天然石墨混合，采用沥青或煤焦油作粘结剂。按使用的金属材料的不同分为铜石墨、铜铅石墨和银石墨三种。金属石墨电刷电阻小、换向性能差、不耐磨、允许的电流密度小、损耗小，一般用于低压直流电机。

直流电机常用电刷的特性见表 6-3。

表 6-3　　直流电机常用电刷的特性

特性 电刷	允许的最大电流密度 /(A/cm^2)	一对电刷接触压降 /V	摩擦系数	单位面积的压力 /(N/cm^2)
碳石墨电刷	6～8	2±0.5	0.25～0.30	1.96～2.35
石墨电刷	7～11	(1.9～2.2) ±0.5	0.25～0.30	1.96～2.35
电化石墨	10	(2.4～2.7) ±0.6	0.25～0.75	1.96～3.92
金属石墨	20	(0.2～1.8) ±0.5	0.25～0.25	1.47～2.35

2. 电刷的选用原则

不同种类的电刷具有不同的特性，差别较大，在选择和使用电刷时应考虑以下因素：

(1) 电刷接触压降。电刷接触压降越小，电刷接触损耗越小，但换向性能越差。

(2) 额定转速。转速越高，换向越困难，电刷磨损越大。对高速电机，电刷的润滑性能很重要。因为摩擦系数过大将导致电刷接触不稳定，从而加大火花并加速电刷磨损，应首先采用石墨电刷。

(3) 单位面积的压力。单位面积的压力过小将使电刷和换向器接触不好，产生较大火花，火花过大将使机械摩擦损耗增加。为保证可靠接触，高速电机的单位面积压力应比低速电机的大。

(4) 额定电压。额定电压为 110V 或 220V 以上的电机应首先采用前 3 类电刷，其次是电刷接触压降较大而金属含量不超过 30%～50%的金属石墨电刷。额定电压为 28V 及以下的电机应首先采用金属含量不超过 25%～40%的金属石墨电刷，但有时为保证电机寿命，也有采用前 3 类电刷的。额定电压为 12V 及以下的电机应采用金属含量 70%以上的金属石墨电刷。

三、火花等级

虽然直流电机在运行时电刷下往往产生火花，但只要火花被限制在一定程度，就不会危及电机的运行。火花严重时，会影响电机运行甚至损坏电机。根据国家标准，电刷下的火花可以分为五个等级，即 1 级、$1\frac{1}{4}$ 级、$1\frac{1}{2}$ 级、2 级和 3 级。火花等级与所对应的物理现象见表 6-4。1 级、$1\frac{1}{4}$ 级和 $1\frac{1}{2}$ 级火花均为持续运行中无害的火花。在 2 级火花作用下，换向器表面会出现炭渣和黑色痕迹，如运行时间过长，黑色痕迹也将扩展，同时电刷和换向器的磨损也显著增加。所以 2 级火花只允许在短时过载时出现。3 级火花是危险的，仅允许在直接起动或反转的瞬间出现，正常运行时是不允许的。

表 6-4　火花等级与所对应的物理现象

火花等级	1 级	$1\frac{1}{4}$级	$1\frac{1}{2}$级	2 级	3 级
物理现象	无火花	电刷边缘及小部分有微弱的火花点或者非放电性红色小火花，换向器上没有黑痕，电刷上没有灼痕	电刷边缘大部分或全部有轻微的火花，换向器上有黑痕，但用汽油可擦除，同时在电刷上有轻微的灼痕	电刷边缘全部或大部分有强烈的火花，换向器上有黑痕，用汽油不能擦除，同时电刷上有灼痕	在电刷的整个边缘上都有强烈的火花，同时有大火花飞出。换向器严重发黑，用汽油不能擦掉，而且电刷有烧焦和损坏

四、改善换向的方法

换向不良将使电刷下出现火花，使换向器表面受到损伤，电刷磨损加快。改善换向的目的在于消除电刷下的火花，虽然产生火花的原因比较复杂，但若能设法减少或消除附加换向电流 i_c，就可以改善换向。下面介绍常见的改善换向方法。

(1) 移动电刷。由于电枢反应的存在，几何中性线位置的磁密不再为零，换向元件内产生旋转电动势，使换向恶化。可以采用移动电刷的方法，使几何中性线位置的磁密为零，可以改善换向。对于直流发电机，应顺电机旋转方向移动电刷；对于直流电动机，应逆电机旋转方向移动电刷。电刷的移动是在电机生产过程中实现的，电机制成之后，电刷无法移动。

该方法缺点比较明显，当负载变动时，电枢反应发生变化，电刷位置不一定合适，可能使换向恶化；此外，若电机允许正反转，则该方法也不适合。这种方法只在运行情况固定而负载变化不大的单向旋转直流电机中采用。

(2) 选用接触压降大的电刷。

(3) 尽可能降低线圈匝数。

(4) 电刷压力要适当。

第八节 永磁直流电动机的电磁设计

永磁直流电动机的电磁设计是根据额定数据和性能指标确定主要尺寸、永磁体尺寸、冲片尺寸、电枢绕组数据、换向器尺寸等，然后进行性能计算。若性能不满足要求，则调整结构数据，重新进行性能计算，直至得到合格的设计方案。

一、永磁直流电机的额定数据和性能指标

永磁直流电动机的额定数据有额定功率 P_N、额定电压 U_N、额定转速 n_N 等。性能指标主要有效率、温升和火花等级等，有时也可能给出起动转矩、转速变化率等指标。

二、主要尺寸的确定

永磁直流电动机的主要尺寸是指电枢直径 D_a 和电枢计算长度 L_{ef}，它们和电动机的电磁负荷有关。

1. 主要尺寸与功率、转速、电磁负荷的关系

与普通直流电动机相似，永磁直流电动机的主要尺寸与计算功率 P'、转速、电磁负荷之间的关系为

$$\frac{D_a^2 L_{ef} n_N}{P'} = \frac{6.1\times 10^4}{\alpha_i A B_\delta} \tag{6-27}$$

式中，P' 为计算功率（W），$P' = E_a I_a$，实际电机设计中，可由 $P' = \frac{1+2\eta_N}{3\eta_N} P_N$ 近似计算；η_N 为额定效率。

电机长径比 $\lambda = L_{ef}/D_a$ 的选择对电机的性能和经济性有很大影响。λ 越大，则电枢越长，换向器片间电压和换向元件的电抗电动势越大，换向变差。通常小型永磁直流电机换向问题不大，λ 可以大些，但为了保证电枢有足够槽数，λ 取较小的值，一般取为 0.7～1.5。对于永磁直流伺服电动机，为减小机械时间常数和转子的转动惯量，λ 可取较大值，有的可达 2.5。

将 $L_{ef} = \lambda D_a$ 代入式（6-27）可得

$$D_a = \sqrt[3]{\frac{6.1 P' \times 10^4}{\alpha_i A B_\delta \lambda n_N}} \tag{6-28}$$

2. 电磁负荷的选择

电磁负荷的选择直接影响到电机的体积、重量、损耗和效率，关系到电机的经济性和性能。在永磁直流电动机中，磁负荷基本上由永磁材料的性能和磁路尺寸决定，当永磁材料、磁极尺寸和外磁路尺寸确定后，B_δ 就基本上被确定，变化范围很小。初选时可根据永磁材

料和磁极结构选取，对于铝镍钴永磁体，一般取 $B_\delta=(0.5\sim0.7)B_r$；对于铁氧体和稀土永磁材料，一般取 $B_\delta=(0.7\sim0.85)B_r$。

当线负荷 A 较高时，电机体积较小，节约钢铁材料，铁耗减小，但绕组用铜量增加，铜耗增加，绕组温升增大。对于连续运行的小功率永磁直流电动机，一般取 $A=30\sim100\text{A/cm}$，电枢绕组电流密度 J 取为 $7\sim9\ \text{A/mm}^2$。

3. 气隙长度选取

从建立气隙磁场的角度考虑，气隙长度 δ 应取较小的值，但由于受制造和装配的限制，δ 不能取得太小。此外，在永磁电机中，气隙磁场随气隙长度的变化没有电励磁电机那样敏感，当永磁体充磁方向长度较大时，略微调整气隙长度对气隙磁场影响不大。对于小功率永磁直流电动机，气隙长度通常取为 0.15～0.6mm。

三、永磁体尺寸的确定

1. 永磁体充磁方向长度

永磁体充磁方向长度 h_m 与气隙 δ 大小有关。通常先根据电机的磁动势平衡关系预估 h_m 初值，再根据具体的电磁性能计算进行调整；h_m 的大小决定了电机的抗去磁能力。在永磁直流电动机中，后极尖去磁最严重，因此应该校核最大电枢电流时后极尖永磁体的工作点，在保证不产生不可逆退磁的前提下，h_m 应尽可能小。

2. 永磁体轴向长度

对于稀土永磁材料，一般取永磁体轴向长度 L_m 与电枢铁心长度 L_a 相同，有时为节约永磁材料，L_m 比电枢铁心长度略短。对于铁氧体永磁材料，由于价格便宜且 B_r 较低，为减少用铜量，往往取 $L_m=(1.1\sim1.2)L_a$。

四、极数的选择

永磁直流电机的极数虽与转速无关，但对电机性能有较大影响。极数增多，每极磁通减少，电枢轭部和定子机壳厚度小；绕组端部缩短，用铜量减少；片间电压平均值增加，换向器出现环火的可能性增大；电枢铁心中磁场交变频率随极数增大而增高，轭部铁耗因轭部磁密的降低而增加不多或不增加，齿部铁耗随极数的增加而迅速增加。一般来讲，极数增加时，低速电机的效率略有增加，高速电机的效率有所降低。小型永磁直流电动机的极数一般为 2～6 极。

五、电枢冲片设计

1. 槽数的确定

在永磁直流电动机中，采用较多槽数时，可以减少线圈匝数，降低换向元件中的感应电动势，有利于换向，但槽绝缘增加，槽利用率降低，还可能造成齿根部过窄。此外，槽数 Q 的选择还应保证绕组满足对称条件

$$\begin{cases} Q/a=\text{整数} \\ K/a=\text{整数} \\ p/a=\text{整数} \end{cases} \tag{6-29}$$

式中，K 为换向片数。槽数通常按以下经验公式确定

$$Q=(2\sim4)D_a \tag{6-30}$$

2. 电枢槽形

一般小功率永磁直流电动机多选用梨形槽或半梨形槽；尺寸特别小的电动机常采用圆形槽；汽车、摩托车用起动电机中，因电压低、电流大，常采用矩形导体和半闭口矩形槽。图6-25为常用电枢槽形结构示意图，下面说明各部分尺寸的选择原则和设计计算方法。

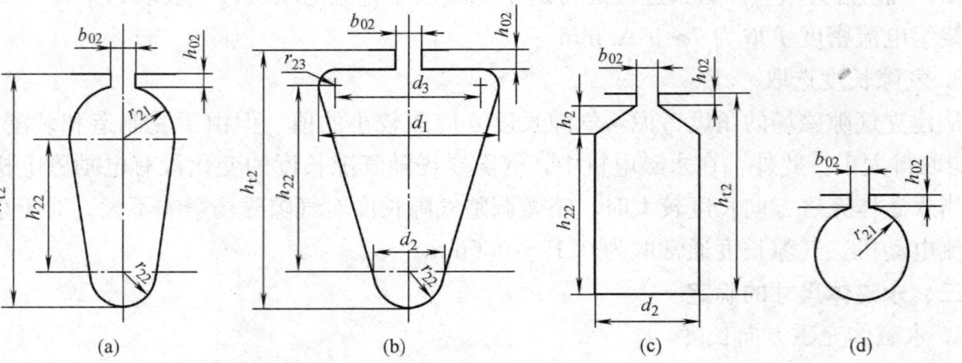

图 6-25　永磁直流电动机常用槽形

(a) 梨形槽；(b) 半梨形槽；(c) 半闭口矩形槽；(d) 圆形槽

(1) 梨形槽。槽口宽 b_{02} 应保证线圈能方便地嵌入或绕入槽中，其大小约为带绝缘漆包线直径的 2～3 倍，一般为 2～3mm；槽口高 h_{02} 一般为 0.8～2mm；在确定齿宽时，通常取齿部磁密 $B_{t2}=(1.2\sim1.8)\mathrm{T}$，且齿宽要满足机械强度要求；确定轭高 h_{j2} 时，通常取转子轭部磁密 $B_{j2}=(1.2\sim1.6)\mathrm{T}$；电枢冲片内径 D_{i2} 应与转轴外径相匹配。

(2) 矩形槽。矩形槽的槽口宽度及高度可与梨形槽一样。由于采用矩形导线，导体从铁心端部穿入，槽口只起到限制漏磁的作用。槽口斜肩高 $h_2=(1\sim1.5)h_{02}$，在确定最小齿宽 $b_{t2\min}$ 时，该处的磁密不超过 1.8T。

六、换向器和电刷

1. 换向器尺寸的确定

(1) 换向器直径。在直流电机中，换向器直径通常如下选取

$$D_k=(0.35\sim0.9)D_a \tag{6-31}$$

为了获得足够的换向片数而不致换向片太薄，换向器直径接近于电枢直径。

(2) 换向器长度。小功率电动机一般每极只有一只电刷，换向器长度 L_k 比电刷长度大 10～25mm。

(3) 换向器片距。换向器片距为

$$t_k=\frac{\pi D_k}{K}=\beta_i+\beta_k \tag{6-32}$$

式中，换向片数 K 应满足式 (6-29) 的绕组对称条件；β_i 为云母片的厚度，一般为 0.4～1.0mm；β_k 为换向片的厚度，应使铣槽后的最薄处不小于 0.5mm。

在晶闸管整流供电的直流电动机中，为减小电流脉动，通常采用较多换向片数。

2. 电刷

合适的电刷对抑制换向火花有重要作用。电压等级较高的永磁直流电动机通常采用电化石墨电刷，因其接触电压较高且耐磨，对换向有利。低压永磁直流电动机通常采用接触电压

小的金属石墨电刷。

（1）电刷宽度。为避免因电刷振动产生的火花，电刷所覆盖的换向片数不得少于1.5片，但若电刷宽度b_b过大，会使换向区宽度过大，不利于换向。在换向区宽度允许的前提下，用较宽电刷以降低电抗电动势、减小换向器长度。在小型永磁直流电动机中，通常取

$$b_b=(1.5\sim4)t_k \tag{6-33}$$

一般为10～15mm。

（2）电刷长度。在电刷宽度确定后，电刷长度为

$$L_b=\frac{I_N}{p_b b_b J_b} \tag{6-34}$$

式中，J_b为电刷电流密度，一般可取10～15 A/cm^2；p_b为电刷对数。

电刷长度过大时，电刷与换向器接触不可靠，应增加刷杆上的电刷并联数，使每只电刷的长度不致太大，接触更为可靠。电刷长度和宽度应选择标准尺寸。

七、换向条件的校核

在小功率永磁直流电动机中，换向问题不严重，为使结构简单，通常不设换向极。在设计中，通过限制换向区宽度和换向元件内的感应电动势来保证换向性能。在单方向旋转的永磁直流电动机中，常移动电刷以改善换向。

1. 换向区域宽度

在直流电机中，每个槽内有多个元件边，从槽内第一个元件边开始换向到最后一个元件边换向结束，这段时间称为换向周期。在一个换向周期内，电枢所移过的弧长称为换向区宽度b_{Kr}，采用下式计算

$$b_{Kr}=\left[b_b+\left(u-\frac{a}{p}+\varepsilon_k\right)t_k\right]\frac{D_a}{D_k} \tag{6-35}$$

式中，ε_k为线圈节距的缩短，$\varepsilon_k=\dfrac{K}{2p}-y_1$；$y_1$为线圈节距；$u$为虚槽数。

设计中应使b_{Kr}满足

$$\frac{b_{Kr}}{\tau(1-\alpha_p)}\leqslant0.8 \tag{6-36}$$

2. 电枢反应电动势与电抗电动势

在换向元件中，存在电抗电动势e_r和电枢反应电动势e_a，它们在换向元件中产生附加电流，使电刷的后刷边产生火花，火花的强烈程度取决于$\sum e=e_r+e_a$的大小。

（1）电抗电动势。电抗电动势是由于槽、齿顶和端部漏磁通随换向元件中电流变化而在换向元件中感应的电动势。

对于常用的梨形槽，电抗电动势可按下式算出

$$e_r=2W_s v_a A L_a \sum\lambda\times10^{-6} \tag{6-37}$$

式中，v_a为电枢圆周速度（m/s）；W_s为元件匝数；$\sum\lambda=\lambda_s+\lambda_e+\lambda_t$；$\lambda_s$为槽部比漏磁导，不同的槽形有不同的计算公式，对于梨形槽，有

$$\lambda_s = 0.6\frac{h_{t2}}{r_{21}+r_{22}} \tag{6-38}$$

对于半梨形槽，有

$$\lambda_s = \frac{h_2}{d_1} + \frac{2h_{22}}{3(d_1+d_2)} + \frac{h_{02}}{b_{02}} \tag{6-39}$$

λ_e为绕组端部比漏磁导

$$\lambda_e = (0.5\sim1.0)\frac{L_{av}}{2L_a} \tag{6-40}$$

λ_t为齿顶比漏磁导

$$\lambda_t = 0.92\lg\frac{\pi t_2}{b_{02}} \tag{6-41}$$

（2）电枢反应电动势。电枢反应电动势e_a是换向元件切割交轴电枢反应磁通所产生的电动势

$$e_a = 2W_s v_a L_a B_{aq} \times 10^{-2} \tag{6-42}$$

式中，B_{aq}为交轴电枢反应磁密（T）。

对于稀土永磁直流电动机

$$B_{aq} = \frac{\mu_0 A\tau}{2(\delta+h_m)} \tag{6-43}$$

对于瓦片形的铁氧体永磁直流电动机

$$B_{aq} = \frac{\pi D_a A}{4p}\left(1-\frac{2p}{K}\frac{b_b}{t_k}\right)\frac{\mu_0}{\delta_{aq}} \times 10^2 \tag{6-44}$$

$$\delta_{aq} = \delta + \mu_r h'_m \tag{6-45}$$

$$h'_m = \frac{h_m(D_{mi}-\delta)}{\mu_r(D_{mi}+h_m)} \tag{6-46}$$

式中，D_{mi}为永磁体内径。

（3）换向元件的合成电动势。换向元件的合成电动势为

$$\sum e = e_r + e_a \tag{6-47}$$

对于低压大电流永磁电动机，要求$\sum e < 0.5$V；对于 110V 以上的小功率永磁直流电动机，要求$\sum e < 1.5$V。

第九节　永磁直流电动机计算实例❶

一、额定数据

1. 额定功率　$P_N = 55$W
2. 额定电压　$U_N = 24$V

❶ 本算例参考文献［3］的方法计算。

3. 额定转速　$n_N = 3000\text{r/min}$

4. 额定效率　$\eta_N = 63\%$

5. 起动转矩倍数　$T_{stN}^* = 4.5$

二、主要尺寸及永磁体尺寸选择

6. 额定电流　$I_N = \frac{P_N}{\eta_N U_N} = \frac{55}{0.63 \times 24} = 3.64\text{A}$

7. 计算功率　$P' = \left(\frac{1+2\eta_N/100}{3\eta_N/100}\right)P_N = \frac{1+2\times0.63/100}{3\times0.63/100}\times 55 = 65.77\text{W}$

8. 感应电动势初值计算　$E_a = \frac{P'}{I_N} = \frac{65.77}{3.64} = 18.06\text{V}$

9. 极对数　$p=1$

10. 永磁材料类型　粘结钕铁硼

11. 预计工作温度　$t=75℃$

12. 永磁体剩磁密度　$B_{r20} = 0.65\text{T}$

工作温度时的剩磁密度

$$B_r = [1+(t-20)\alpha_{Br}]\times\left(1-\frac{IL}{100}\right)B_{r20}$$

$$= \left[1+(75-20)\times\frac{(-0.07)}{100}\right]\times\left(1-\frac{0}{100}\right)\times 0.65 = 0.625\text{T}$$

式中，$\alpha_{Br} = -0.07\%/\text{K}$ 为 B_r 的温度系数；$IL=0$ 为 B_r 的不可逆损失率。

13. 永磁体计算矫顽力　$H_{c20} = 440\text{kA/m}$

工作温度时的矫顽力为

$$H_c = [1+(t-20)\alpha_{Br}]\times\left(1-\frac{IL}{100}\right)H_{c20}$$

$$= \left[1+(75-20)\frac{(-0.07)}{100}\right]\times\left(1-\frac{0}{100}\right)\times 440 = 423.1\text{kA/m}$$

14. 永磁体相对回复磁导率

$$\mu_r = \frac{B_r}{\mu_0 H_c}\times 10^{-3} = \frac{0.625}{4\pi\times10^{-7}\times423.1}\times10^{-3} = 1.17$$

式中，$\mu_0 = 4\pi\times10^{-7}\text{H/m}$。

15. 在最高工作温度（铁氧体为最低温度）时退磁曲线拐点　$b_k = 0.2$

16. 电枢铁心材料　DR510-50

17. 电负荷预估值　$A' = 95\text{A/cm}$

18. 气隙磁密预估值　$B'_\delta = (0.60\sim0.85)B_r = 0.696\times0.625 = 0.435\text{T}$

19. 计算极弧系数　$\alpha_i = 0.6\sim0.75$，取 0.74

20. 长径比预估值　$\lambda = 0.6\sim1.5$，取 0.80

21. 电枢直径　$D_a = \sqrt[3]{\frac{6.1P'\times10^4}{\alpha_i A' B'_\delta n_N \lambda}} = \sqrt[3]{\frac{6.1\times65.77\times10^4}{0.74\times95\times0.435\times3000\times0.8}} = 3.8\text{cm}$

取 $D_a=3.8\text{cm}$

22. 电枢长度 $L_a=\lambda D_a=0.8\times3.8=3.04\text{cm}$

取 $L_a=3.0\text{cm}$

23. 极距 $\tau=\dfrac{\pi D_a}{2p}=\dfrac{3.14\times3.8}{2\times1}=5.97\text{cm}$

24. 气隙长度 $\delta=0.05\text{cm}$

25. 永磁磁极结构 瓦片形

26. 极弧系数 $\alpha_p=0.70$（查图 3-16）

27. 磁瓦圆心角 θ_p 对于瓦片形结构 $\theta_p=\alpha_p\times180°=0.7\times180°=126°$

28. 永磁体磁厚度 $h_m=0.4\text{cm}$

29. 永磁体轴向长度 $L_m=L_a=3.0\text{cm}$

对于钕铁硼永磁 $L_m=L_a$

对于铁氧体永磁 $L_m=(1.1\sim1.2)L_a$

30. 电枢计算长度 对于钕铁硼永磁 $L_{ef}=L_a+2\delta=3.0+2\times0.05=3.1\text{cm}$

对于铁氧体永磁 $L_{ef}=L_a+\Delta L_a^*(h_m+\delta)$

式中，ΔL_a^* 可由电磁场计算求得或根据 ΔL_m^* 和 h_m/δ 查图 3-21

$$\Delta L_m^*=\frac{L_m-L_a}{h_m+\delta}$$

31. 永磁体内径 $D_{mi}=D_a+2\delta+2h_p=3.8+2\times0.05+2\times0=3.9\text{cm}$ 本例 $h_p=0$

32. 永磁体外径 $D_{mo}=D_{mi}+2h_m=3.9+2\times0.4=4.7\text{cm}$

33. 电枢圆周速度 $v_a=\dfrac{\pi D_a n_N}{6000}=\dfrac{3.14\times3.8\times3000}{6000}=5.97\text{m/s}$

34. 机座材料 铸钢

35. 机座长度 $L_j=(2.0\sim3.0)L_a=2.5\times3.0=7.5\text{cm}$

36. 机座厚度 $h_j=\dfrac{\sigma a_i\tau L_{ef}B'_\delta}{2L_jB'_j}=\dfrac{1.21\times0.74\times5.97\times3.1\times0.435}{2\times7.5\times1.5}=0.321\text{cm}$，取 $h_j=0.30\text{cm}$

B'_j——初选机座轭磁密一般 $B'_j=1.5\sim1.8\text{T}$；

σ——漏磁系数，对于小电机，一般可取 $\sigma=\sigma_0$；

$\sigma_0=k(\sigma_1+\sigma_2-1)=0.92\times(1.016+1.3-1)=1.21$；

σ_1——端部漏磁系数，$\sigma_1=\dfrac{\sigma'_1}{L_{ef}}+1=\dfrac{0.05}{3.1}+1=1.016$；

σ'_1——单位端部漏磁参数，由电磁场计算求得或查图 3-27 得 0.05；

σ_2——极间漏磁系数，由电磁场计算求得或查图 3-23 得 1.3；

k——经验修正系数。

37. 机座外径 $D_j=D_{mo}+2h_j=4.7+2\times0.3=5.3\text{cm}$

三、电枢冲片及电枢绕组计算

38. 绕组形式 单叠

在小功率直流电动机中，两极的采用单叠绕组，多极的采用单波绕组

39. 绕组并联支路对数 $a=1$

单叠绕组 $a=p$；单波绕组 $a=1$

40. 槽数 Q　取 $Q=13$

41. 槽距　$t_2=\frac{\pi D_a}{Q}=\frac{3.14\times3.8}{13}=0.918\text{cm}$

42. 预计满载气隙磁通　$\phi'_\delta=a_i\tau L_{ef}B'_\delta\times10^{-4}=0.74\times5.97\times3.1\times0.435\times10^{-4}=5.96\times10^{-4}\text{Wb}$

43. 预计导体总数　$N'=\frac{60aE_a}{p\phi'_\delta n_N}=\frac{60\times1\times18.06}{1\times5.96\times10^{-4}\times3000}=606$

44. 每槽导体数　$N'_s=\frac{N'}{Q}=\frac{606}{13}=46.6$

45. 每槽元件数　$u=2$

46. 每元件匝数　$W'_s=\frac{N'_s}{2u}=\frac{46.6}{2\times2}=11.65$

将 W'_s 归整为整数 W_s，取 $W_s=12$

47. 实际每槽导体数　$N_s=2uW_s=2\times2\times12=48$

48. 实际导体总数　$N=QN_s=13\times48=624$

49. 换向片数　$K=uQ=2\times13=26$

50. 实际电负荷　$A=\frac{NI_N}{2\pi aD_a}=\frac{624\times3.64}{2\times1\times3.14\times3.8}=95.13\text{A/cm}$

51. 支路电流　$I_a=\frac{I_N}{2a}=\frac{3.64}{2\times1}=1.82\text{A}$

52. 预计电枢电流密度　$J'_2=6.5\text{A/mm}^2$（一般选取 $J'_2=5\sim13\text{A/mm}^2$）

53. 预计导体截面积　$A'_{Cua}=\frac{I_a}{J'_2}=\frac{1.82}{6.5}=0.28\text{mm}^2$

根据此截面积选用截面积相近的铜线，查附录 A。

54. 并绕根数　$N_t=1$

55. 导线裸线线径　$d_i=0.6\text{mm}$

56. 导线绝缘后线径　$d=0.65\text{mm}$

57. 实际导线截面积　$A_{Cua}=\frac{\pi}{4}N_t d_i^2=\frac{\pi}{4}\times1\times0.6^2=0.283\text{mm}^2$

58. 实际电枢电流密度　$J_2=\frac{I_a}{A_{Cua}}=\frac{1.82}{0.283}=6.44\text{A/mm}^2$

59. 实际热负荷　$AJ_2=95.13\times6.44=612\text{A}^2/(\text{cm}\cdot\text{mm}^2)$

60. 槽形选择　半梨形槽

61. 槽口宽度　$b_{02}=0.16\text{cm}$

62. 槽口高度　$h_{02}=0.08\text{cm}$

63. 槽上部半径　$r_{21}=0\text{cm}$

64. 槽下部半径　$r_{22}=0.13\text{cm}$

65. 槽上部倒角半径　$r_{23}=0.1\text{cm}$

66. 槽上部高度　$h_2=0.1\text{cm}$　　（对于梨形槽，可取 $h_2=r_{21}$；对于半梨形槽，可取

$h_2=r_{23}$）

67. 槽上部宽度　$d_1=0.57\text{cm}$

68. 槽中部高度　$h_{22}=0.64\text{cm}$

69. 槽下部宽度　$d_2=0.26\text{cm}$

70. 槽上部倒角圆心距　$d_3=0.37\text{cm}$

71. 槽高　$h_{t2}=0.95\text{cm}$

72. 齿宽　$b_{t2}=0.261\text{cm}$

齿上部宽度

$$b_{t21}=\frac{\pi(D_a-2h_{02}-2h_2)}{Q}-d_1=\frac{3.14\times(3.8-2\times0.08-2\times0.1)}{13}-0.57=0.261\text{cm}$$

齿下部宽度

$$b_{t22}=\frac{\pi(D_a-2h_{t2}+2r_{22})}{Q}-2r_{22}=\frac{3.14\times(3.8-2\times0.95+2\times0.13)}{13}-2\times0.13$$
$$=0.262\text{cm}$$

若 $b_{t21}>b_{t22}$，则 $b_{t2}=\dfrac{b_{t21}+2b_{t22}}{3}$

若 $b_{t22}>b_{t21}$，则 $b_{t2}=\dfrac{b_{t22}+2b_{t21}}{3}=\dfrac{0.262+2\times0.261}{3}=0.261\text{cm}$

73. 槽净面积

（1）梨形槽 $A_s=\dfrac{\pi}{2}(r_{21}^2+r_{22}^2)+h_{22}(r_{21}+r_{22})-C_i[\pi(r_{21}+r_{22})+2h_{22}]$

（2）半梨形槽 $A_s=\dfrac{\pi}{2}(r_{22}^2+r_{23}^2)+\dfrac{1}{2}h_{22}(d_1+2r_{22})+r_{23}d_3-C_i(\pi r_{22}+2h_{22}+d_1)$

$$=\frac{3.14}{2}\times(0.13^2+0.1^2)+\frac{1}{2}\times0.64\times(0.57+2\times0.13)+0.13\times0.37-$$
$$0.03\times(3.14\times0.13+2\times0.64+0.57)=0.288\text{cm}^2$$

（3）圆形槽 $A_s=\pi r_{21}^2-2C_i\pi r_{21}$

（4）矩形槽 $A_s=\dfrac{1}{2}(b_{02}+d_2)h_2+h_{22}d_2-C_i[d_2+2h_{22}+\sqrt{(d_2-b_{02})^2+4h_2^2}]$

（5）斜肩圆底槽

$$A_s=\frac{\pi}{2}r_{22}^2+\frac{1}{2}h_{22}(d_1+2r_{22})+\frac{1}{2}(b_{02}+d_1)h_2-C_i[\pi r_{22}+2h_{22}+\sqrt{(d_1-b_{02})^2+4h_2^2}]$$

式中，C_i——槽绝缘厚度。

74. 槽满率　$S_f=\dfrac{N_tN_sd^2}{A_s}=\dfrac{1\times48\times0.65^2}{0.288}\times10^{-2}=70.4\%$

75. 绕组平均半匝长度　$L_{av}=L_a+K_eD_a=3.0+1.35\times3.8=8.13\text{cm}$

$$K_e=\begin{cases}1.35 & p=1\\ 1.10 & p=2\\ 0.80 & \text{其他}\end{cases}$$

76. 电枢绕组电阻　$R_{a20}=\dfrac{\rho_{20}NL_{av}}{4A_{Cua}a^2}=\dfrac{0.1785\times10^{-3}\times624\times8.13}{4\times0.283\times1^2}=0.8\Omega$

$$R_{a75}=\frac{\rho_{75}NL_{av}}{4A_{Cua}a^2}=\frac{0.217\times10^{-3}\times624\times8.13}{4\times0.283\times1^2}=0.972\Omega$$

$$\rho_{20}=0.1785\times10^{-3}\Omega\cdot\mathrm{mm}^2/\mathrm{cm},\ \rho_{75}=0.217\times10^{-3}\Omega\cdot\mathrm{mm}^2/\mathrm{cm}$$

77. 转子冲片内径　$D_{i2}=0.7\mathrm{cm}$

78. 电枢轭高　$h_{j2}=\frac{1}{2}(D_a-2h_{t2}-D_{i2})=\frac{1}{2}\times(3.8-2\times0.95-0.7)=0.6\mathrm{cm}$

79. 电枢轭有效高　$h_{j21}=h_{j2}+\frac{D_{i2}}{8}=0.6+\frac{0.7}{8}=0.688\mathrm{cm}$

转子冲片直接压装在转轴上时，可认为转轴表面是轭高的一部分，一般取 $D_{i2}/8$。

四、磁路计算

80. 气隙系数　$K_\delta=K_{\delta m}+(K_{\delta m}-1)\frac{h_m}{\delta}=1.01+(1.01-1)\times\frac{0.4}{0.05}=1.089$

$$K_{\delta m}=\frac{t_2}{t_2-\sigma_s b_{02}}=\frac{0.918}{0.918-0.0563\times0.16}=1.01$$

$$\sigma_s=\frac{2}{\pi}\left\{\arctan\frac{1}{2}\left(\frac{b_{02}}{h_m+\delta}\right)-\left(\frac{h_m+\delta}{b_{02}}\right)\ln\left[1+\frac{1}{4}\left(\frac{b_{02}}{h_m+\delta}\right)^2\right]\right\}$$

$$=\frac{2}{\pi}\left\{\arctan\frac{1}{2}\left(\frac{0.16}{0.4+0.05}\right)-\left(\frac{0.4+0.05}{0.16}\right)\ln\left[1+\frac{1}{4}\left(\frac{0.16}{0.4+0.05}\right)^2\right]\right\}$$

$$=0.0563$$

81. 气隙磁密　$B_\delta=\frac{\phi'_\delta\times10^4}{a_i\tau L_{ef}}=\frac{5.80}{0.74\times5.9\times3.1}=0.429\mathrm{T}$

82. 每对极气隙磁位差

$$F_\delta=1.6K_\delta\delta B_\delta\times10^4=1.6\times1.089\times0.05\times0.429\times10^4=373.7\mathrm{A}$$

83. 电枢齿磁密　$B_{t2}=\frac{t_2L_{ef}B_\delta}{b_{t2}L_aK_{Fe}}=\frac{0.918\times3.1\times0.429}{0.261\times3.0\times0.95}=1.64\mathrm{T}$

84. 电枢齿磁场强度　$H_{t2}=50.0\mathrm{A/cm}$（查附表 B-1）

85. 电枢齿磁位差　$F_{t2}=2h_{t2}H_{t2}=2\times0.95\times50.0=95.0\mathrm{A}$

86. 电枢轭磁密　$B_{j2}=\frac{\phi'_\delta\times10^4}{2K_{Fe}h_{j21}L_a}=\frac{5.80}{2\times0.95\times0.688\times3}=1.48\mathrm{T}$

87. 电枢轭磁场强度　$H_{j2}=18.1\mathrm{A/cm}$（查附表 B-1）

88. 电磁轭磁位差　$F_{j2}=L_{j2}H_{j2}=2.04\times18.1=36.9\mathrm{A}$

式中，电枢轭部磁路平均计算长度 $L_{j2}=\frac{\pi(D_{i2}+h_{j2})}{2p}=\frac{\pi(0.7+0.6)}{2}=2.04\mathrm{cm}$

89. 定子轭磁密　$B_{j1}=\frac{\sigma\phi'_\delta\times10^4}{2h_jL_j}=\frac{1.21\times5.80}{2\times0.3\times7.5}=1.56\mathrm{T}$

90. 定子轭磁场强度　$H_{j1}=28.5\mathrm{A/cm}$（查附表 B-1）

91. 定子轭磁位差　$F_{j1}=L_{j1}H_{j1}=7.85\times28.5=223.7\mathrm{A}$

其中定子轭部磁路平均计算长度　$L_{j1}=\frac{\pi(D_j-h_j)}{2p}=\frac{\pi(5.3-0.3)}{2}=7.85\mathrm{cm}$

92. 外磁路总磁位差　$\sum F=F_\delta+F_{t2}+F_{j2}+F_{j1}=373.7+95+36.9+223.7=729.3\mathrm{A}$

93. 空载特性计算表（见表 6-5）

表 6-5 空载特性计算表

$\phi_\delta/(\mathrm{Wb}\times10^{-4})$	4.0	4.5	5.0	5.5	6.0	6.5
$B_\delta=\dfrac{\phi_\delta\times10^4}{a_i\tau L_{ef}}$(T)	0.296	0.332	0.369	0.406	0.443	0.480
$F_\delta=1.6K_\delta\delta B_\delta\times10^4$(A)	259.7	289.2	321.4	353.7	385.9	418.2
$B_{t2}=\dfrac{t_2L_{ef}B_\delta}{b_{t2}L_aK_{Fe}}$ (T)	1.12	1.27	1.41	1.55	1.69	1.83
H_{t2}(A/cm)	5.21	8.10	13.1	26.7	67.8	140
$F_{t2}=2h_{t2}H_{t2}$(A)	9.9	15.4	24.9	50.7	128.8	266
$B_{j2}=\dfrac{\phi_\delta\times10^4}{2K_{Fe}H_{j2}L_a}$(T)	1.02	1.15	1.28	1.40	1.53	1.66
H_{j2}/(A/cm)	4.01	5.68	8.36	12.6	23.7	56.8
$F_{j2}=L_{j1}H_{j2}$(A)	8.18	11.6	17.0	25.7	48.3	115.8
$B_{j1}=\dfrac{\sigma_0\phi_\delta\times10^4}{2h_jL_j}$(T)	1.08	1.21	1.34	1.48	1.61	1.75
H_{j1}/(A/cm)	4.67	6.72	10.1	18.1	40.7	95.0
$F_{j1}=L_{j1}H_{j1}$(A)	36.7	52.7	79.2	142.1	319.5	745.7
$\sum F=F_\delta+F_{t2}+F_{j2}+F_{j1}$(A)	314.5	368.9	442.5	572.2	882.5	1545.7
$\phi_m=\sigma_0\phi_\delta(\mathrm{Wb}\times10^{-4})$	4.84	5.45	6.05	6.66	7.26	7.87

五、负载工作点计算

94. 气隙主磁导 $\Lambda_\delta=\dfrac{\phi'_\delta}{\sum F}=\dfrac{5.80\times10^{-4}}{729.3}=7.95\times10^{-7}\mathrm{H}$

95. 磁导基值 $\Lambda_b=\dfrac{B_rA_m}{H_c(2h_m)\times10^5}=\dfrac{0.625\times14.18}{423.1\times(2\times0.4)\times10^5}=2.62\times10^{-7}\mathrm{H}$

式中，$A_m=\dfrac{\pi}{2p}\alpha_pL_m(D_{mi}+h_m)=\dfrac{\pi}{2}\times0.7\times3.0\times(3.9+0.4)=14.18\mathrm{cm}^2$。

96. 主磁导标幺值 $\lambda_\delta=\dfrac{\Lambda_\delta}{\Lambda_b}=\dfrac{7.95\times10^{-7}}{2.62\times10^{-7}}=3.03$

97. 外磁路总磁导 $\lambda_n=\sigma_0\lambda_\delta=1.21\times3.03=3.67$

98. 电枢去磁磁动势 $F_a=F_{adN}+F_{asN}=0+1.9=1.9\mathrm{A}$

$$F_{adN}=b_\beta A=0\times95.13=0\mathrm{A}$$

$$F_{asN}=b_sA=0.02\times95.13=1.9\mathrm{A}$$

式中 b_β——电刷相对几何中性线逆旋转方向的偏移距离；

b_s——装配偏差，一般取 0.02～0.03cm。

99. 永磁体负载工作点 $b_{mN}=\dfrac{\lambda_n(1-f'_a)}{1+\lambda_n}=\dfrac{3.67(1-0.000928)}{1+3.67}=0.785$

$$h_{mN}=\frac{\lambda_nf'_a+1}{1+\lambda_n}=\frac{3.67\times0.000928+1}{1+3.67}=0.219$$

其中电枢反应去磁磁动势标幺值

$$f'_a=\frac{2F_a\times10^{-1}}{\sigma_0H_c(2h_m)}=\frac{2\times1.9\times10^{-1}}{1.21\times423.1\times(2\times0.4)}=0.000928$$

100. 实际气隙磁通　$\phi_\delta=\frac{b_{mN}B_rA_m}{\sigma}\times10^{-4}=\frac{0.785\times0.625\times14.18}{1.21}\times10^{-4}=5.75\times10^{-4}\text{Wb}$

$$\frac{\phi'_\delta-\phi_\delta}{\phi'_\delta}\times100\%=\frac{5.80-5.75}{5.80}\times100\%=0.87\%$$

注：ϕ_δ与ϕ'_δ应接近，若相差较大，应重新假设ϕ'_δ，重算第81～100项。

六、换向计算

101. 电刷尺寸　电刷长　$L_b=1.2\text{cm}$

　　电刷宽　$b_b=0.55\text{cm}$

　　电刷对数　$p_b=1$

102. 电刷面积　$A_b=L_bb_b=1.2\times0.55=0.66\text{cm}^2$

103. 每杆电刷数　$N_b=1$

104. 电刷电流密度　$J_b=\frac{I_N}{N_bp_bL_bb_b}=\frac{3.64}{1\times1\times1.2\times0.66}=4.6\text{A/cm}^2$

105. 换向器长度　$L_k=1.8\text{cm}$

106. 一对电刷接触压降　$2\Delta U_b=2\text{V}$

107. 换向器直径　$D_k=2.4\text{cm}$

108. 换向器圆周速度　$v_k=\frac{\pi D_Kn_N}{6000}=\frac{\pi\times2.4\times3000}{6000}=3.77\text{m/s}$

109. 换向器片距　$t_k=\frac{\pi D_k}{K}=\frac{\pi\times2.4}{26}=0.29\text{cm}$

110. 换向元件电抗电动势

$$e_r=2W_sV_aAL_a\sum\lambda\times10^{-6}=2\times12\times5.97\times95.13\times3\times3.71\times10^{-6}=0.15\text{V}$$

式中　$\sum\lambda=\lambda_s+\lambda_e+\lambda_t=1.19+1.36+1.16=3.71$

λ_s——槽部比漏磁导，不同的槽形λ_s有不同的计算公式，可参阅有关资料。对于本例槽形

$$\lambda_s=\frac{h_2}{d_1}+\frac{2h_{22}}{3(d_1+d_2)}+\frac{h_{02}}{b_{02}}=\frac{0.1}{0.57}+\frac{2\times0.64}{3\times(0.57+0.26)}+\frac{0.08}{0.16}=1.19$$

λ_e——绕组端部比漏磁导

$$\lambda_e=(0.5\sim1.0)\frac{L_{av}}{2L_a}=1.0\times\frac{8.13}{2\times3.0}=1.36$$

λ_t——齿顶比漏磁导

$$\lambda_t=0.92\lg\frac{\pi t_2}{b_{02}}=0.92\times\lg\frac{3.14\times0.918}{0.16}=1.16$$

111. 换向元件交轴电枢反应电动势

$$e_a=2W_sV_aL_aB_{aq}\times10^{-2}=2\times12\times5.97\times3.0\times0.00794\times10^{-2}=0.34\text{V}$$

式中，对无换向极的稀土永磁电机

$$B_{aq}=\frac{\mu_0A\tau}{2(\delta+h_m)}\times10^2=\frac{4\pi\times10^{-7}\times95.13\times5.97}{2(0.05+0.4)}\times10^2=0.0794\text{T}$$

对于瓦片形铁氧体永磁电机　$B_{aq}=\frac{\pi D_aA}{4p}\left(1-\frac{2pb_b}{K\ t_k}\right)\frac{\mu_0}{\delta_{aq}}\times10^2$

$$\delta_{aq}=\delta+\mu_r h'_M$$

$$h'_M=\frac{h_m(D_{mi}-\delta)}{\mu_r(D_{mi}+h_m)}$$

112. 换向元件中合成电动势　$\sum e=e_r+e_a=0.15+0.34=0.49\text{V}$

一般要求$\sum e<1.5\text{V}$（$U_N\geqslant 110\text{V}$），$\sum e<0.5\text{V}$（低压电机）

113. 换向区宽度　$b_{Kr}=b'_b+\left[\frac{K}{Q}+\left(\frac{K}{2p}-y_1\right)-\frac{a}{p}\right]t'_k=0.87+\left[\frac{26}{13}+\left(\frac{26}{2}-13\right)-\frac{1}{1}\right]\times 0.46=1.33\text{cm}$

式中，$b'_b=\frac{D_a}{D_k}b_b=\frac{3.8}{2.4}\times 0.55=0.87\text{cm}$；$t'_k=\frac{D_a}{D_k}t_k=\frac{3.8}{2.4}\times 0.29=0.46\text{cm}$；$y_1$ 为以换向片数计的绕组节距。

114. 换向区宽度检查　$\frac{b_{kr}}{\tau(1-\alpha_p)}=\frac{1.33}{5.97\times(1-0.7)}=0.74<0.8$

七、最大去磁校核

115. 不同工况时的最大瞬时电流　I_{max}

突然起动时　$I_{max}=\frac{U_N-2\Delta U_b}{R_{a20}}=\frac{24-2}{0.8}=27.5\text{A}$

瞬时堵转时　$I_{max}=\frac{U_N-2\Delta U_b}{R_{a75}}=\frac{24-2}{0.972}=22.6\text{A}$

突然停转时　$I_{max}=\frac{E_a-2\Delta U_b}{R_{a75}}=\frac{18.06-2}{0.972}=16.5\text{A}$

突然反转时　$I_{max}=\frac{U_N+E_a-2\Delta U_b}{R_{a75}}=\frac{24+18.06-2}{0.972}=41.2\text{A}$

116. 直轴电枢磁动势　$F_{ad}=b_\beta A_{max}=0$

$$F_{as}=b_s A_{max}=0.02\times 718.7=14.37\text{A}$$

式中，$A_{max}=\frac{NI_{max}}{2\pi aD_a}=\frac{624\times 27.5}{2\times\pi\times 1\times 3.8}=718.7\text{A}$

117. 交轴电枢磁动势　$F_{aq}=\frac{1}{2}a_p\tau A_{max}=\frac{1}{2}\times 0.7\times 5.97\times 718.7=1502\text{A}$

注：F_{aq}为极尖处最大磁动势。

118. 换向元件电枢磁动势　$F_k=\frac{b_{Kr}N^2W_sL_an_NI_{max}}{120a\pi D_a\sum R}\sum\lambda\times 10^{-8}$

式中，$\sum R$ 为换向回路总电阻。

注：如果电机不运行在突然堵转、反转状态时，此项去磁磁动势等于零。

119. 电枢总去磁磁动势

$$\sum F_{am}=2(F_{ad}+F_{as}+F_{aq}+F_k)=2\times(0+14.37+1502+0)=3033\text{A}$$

120. 最大去磁时永磁体工作点　$b_{mh}=\frac{\lambda_n(1-f'_a)}{1+\lambda_n}=\frac{3.67\times(1-0.74)}{1+3.67}=0.204$

$$h_{mh}=\frac{\lambda_n f'_a+1}{1+\lambda_n}=\frac{3.67\times 0.74+1}{1+3.67}=0.796$$

其中电枢去磁磁动势标幺值

$$f'_a=\frac{\sum F_{am}\times 10^{-1}}{\sigma_0 H_c(2h_m)}=\frac{3033\times 10^{-1}}{1.21\times 423.1\times(2\times 0.4)}=0.74$$

121. 可逆退磁校核　$b_{mh}>b_h$

八、工作特性

122. 电枢绕组铜耗　$p_{Cua}=I_N^2R_{a75}=3.64^2\times0.972=12.88W$

123. 电刷接触电阻损耗　$p_b=2I_N\Delta U_b=3.64\times2=7.28W$

124. 电枢铁损耗

$$p_{Fe}=kp_{10/50}\left(\frac{f}{50}\right)^{1.3}\times[m_{t2}B_{t2}^2+m_{j2}B_{j2}^2]$$

$$=3.0\times2.1\times\left(\frac{50}{50}\right)^{1.3}\times(0.106\times1.64^2+0.0544\times1.48^2)=2.55W$$

式中，$k=2\sim3$；$p_{10/50}$为铁耗系数，可查手册得到；$f=\frac{pn_N}{60}=\frac{1\times3000}{60}=50Hz$。

电枢齿质量

$$m_{t2}=7.8K_{Fe}L_a\left\{\frac{\pi}{4}\times[D_a^2-(D_a-2h_{t2})^2]-QA_s\right\}\times10^{-3}$$

$$=7.8\times0.95\times3.0\times\left\{\frac{\pi}{4}\times[3.8^2-(3.8-2\times0.95)^2]-13\times0.288\right\}\times10^{-3}=0.106kg$$

电枢轭质量

$$m_{j2}=7.8K_{Fe}L_a\times\frac{\pi}{4}\times[(D_a-2h_{t2})^2-D_{i2}^2]\times10^{-3}$$

$$=7.8\times0.95\times3.0\times\frac{\pi}{4}\times[(3.8-2\times0.95)^2-0.7^2]\times10^{-3}=0.0544kg$$

125. 电刷对换向器的摩擦损耗

$$p_{kbm}=2\mu\,p_bA_bp_sV_k=2\times0.25\times1\times0.66\times3.5\times3.77=4.35W$$

式中，p_s为电刷单位面积压力，一般取$p_s=2\sim6N/cm^2$；μ为摩擦系数，一般取$\mu=0.2\sim0.3$。

126. 轴承摩擦和电枢对空气摩擦损耗　$p_{Bf}+p_{Wf}\approx0.04P_N=0.04\times55=2.2W$

127. 总机械损耗　$p_{fw}=p_{kbm}+p_{Bf}+p_{Wf}=4.35+2.2=6.55W$

128. 总损耗　$\sum p=p_{Cua}+p_b+p_{Fe}+p_{fw}=12.88+7.28+2.55+6.55=29.26W$

129. 输入功率　$P_1=P_N+\sum p=55+29.26=84.26W$

130. 效率　$\eta=\frac{P_N}{P_1}\times100\%=\frac{55}{84.26}\times100\%=65.3\%$

131. 电流校核　$I_N'=\frac{P_1}{U_N}=\frac{84.26}{24}=3.51A$

$$\frac{I_N-I_N'}{I_N}\times100\%=\frac{3.64-3.51}{3.64}\times100\%=3.57\%<5\%$$

否则需重新计算

132. 实际感应电动势　$E_a=U_N-2\Delta U_b-IR_{a75}=24-2-3.51\times0.972=18.59V$

133. 满载实际转速　$n=\frac{60aE_a}{p\phi_\delta N}=\frac{60\times1\times18.59}{1\times5.75\times624\times10^{-4}}=3109r/min$

134. 起动电流　$I_{st}=\frac{U_N-2\Delta U_b}{R_{a20}}=\frac{24-2}{0.8}=27.5A$

135. 起动电流倍数　$\frac{I_{st}}{I_N}=\frac{27.5}{3.51}=7.83$

136. 起动转距 $T_{st}=\frac{pN\phi_\delta}{2\pi a}I_{st}=\frac{1\times624\times5.75\times10^{-4}}{2\pi\times1}\times27.5=1.57\text{N}\cdot\text{m}$

137. 起动转距倍数 $\frac{T_{st}}{T_N}=\frac{1.57}{0.175}=8.87$

式中，$T_N=9.549\frac{P_N}{n_N}=9.549\times\frac{55}{3000}=0.175\text{N}\cdot\text{m}$

138. 工作特性曲线计算（见表 6-6）

表 6-6　工作特性曲线计算

I/I_N	0.2	0.5	0.8	1.0	1.2	1.3
I/A	0.702	1.76	2.81	3.51	4.21	4.56
IR_{a75}/V	0.682	1.71	2.73	3.41	4.09	4.43
$E_a=U_N-\Delta U_b-IR_{a75}$(V)	21.32	20.29	19.27	18.59	17.91	17.57
$\phi_\delta/(\times10^{-4}W_b)$	5.75	5.75	5.75	5.75	5.75	5.75
$n=\frac{60aE_a}{p\phi_\delta N}$(r/min)	3566	3393	3223	3109	2995	2938
$p_{Cua}=I^2R_{a75}$(W)	0.48	3.01	7.68	11.98	17.23	20.21
$p_b=I\Delta U_b$(W)	1.40	3.52	5.62	7.02	8.42	9.12
p_{Fe}/W	2.55	2.55	2.55	2.55	2.55	2.55
$p'_{fw}=p_{fw}\left(\frac{n}{n_N}\right)$(W)	7.21	7.15	6.79	6.55	6.31	6.19
$\sum p$(W)	11.94	16.23	22.64	28.10	34.51	38.77
$P_1=U_NI$(W)	16.85	42.24	67.44	84.24	101.04	109.44
$P_2=P_1-\sum p$(W)	4.91	26.01	44.80	56.14	66.53	70.67
$\eta=\frac{P_2}{P_1}\times100(\%)$	29.1	61.6	66.4	66.6	65.8	64.6
$T=9.549\frac{P_2}{n}$ (N·m)	0.0131	0.0732	0.133	0.172	0.212	0.23

工作特性曲线如图 6-26 所示。

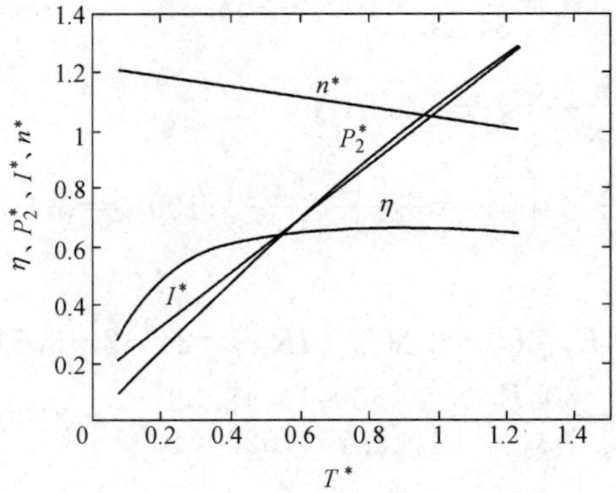

图 6-26　永磁直流电动机工作特性

参 考 文 献

[1] 李仲明，刘卫国. 稀土永磁电机 [M]. 北京：机械工业出版社，1999.
[2] 王秀和，唐任远. 带辅助极永磁起动机的设计计算方法 [J]. 山东工业大学学报，1998 (6).
[3] 唐任远. 现代永磁电机 [M]. 北京：机械工业出版社，1997.
[4] Jacek F. Gierras，Mitchell Wing. Permanent magnet motor technology [M]. New York：Marcel Dekker. Inc，1997.
[5] 陈永校，汤宗武. 小功率电动机 [M]. 北京：机械工业出版社，1992.
[6] 陈俊峰. 永磁电机 [M]. 北京：机械工业出版社，1982.

第七章　永磁无刷直流电动机

永磁无刷直流电动机（Permanent magnet brushless DC motor）用电子换向装置替代直流电动机的换向器，保留了直流电动机的优良特性。它既具有交流电动机结构简单、运行可靠、维护方便的优点，又具有直流电动机起动转矩大、调速性能好的优点。近十几年来，随着电力电子技术、永磁材料和微机控制技术的发展，永磁无刷直流电动机得到了迅速发展，出现了多种多样结构各异的永磁无刷直流电动机，具有广阔的应用前景和强大的生命力。

1983 年问世的高性能永磁材料——钕铁硼永磁为永磁无刷直流电动机的应用奠定了坚实的基础。钕铁硼永磁材料具有高剩磁、高矫顽力和高磁能积，大大提高了永磁无刷直流电动机的功率密度和性能，而较低的磁导率减小了电枢反应的影响，使绕组电感小，有利于永磁无刷直流电动机的运行，提高了电磁转矩的平稳性。但是，钕铁硼永磁材料在提高电机功率密度的同时，也增大了齿槽转矩，人们提出了许多抑制齿槽转矩的方法，取得了较好的效果。

永磁无刷直流电动机具有高效、高功率密度、高可靠性的特点，在国民经济的各个领域，如医疗器械、仪器仪表、航空航天、电动车、精密电子仪器与设备、工业自动化等方面的应用日益广泛。

第一节　永磁无刷直流电动机的工作原理与结构

永磁无刷直流电动机的控制器和电机本体紧密结合，是典型的机电一体化器件，由电动机本体、控制器和转子位置传感器三部分组成，如图 7-1 所示。

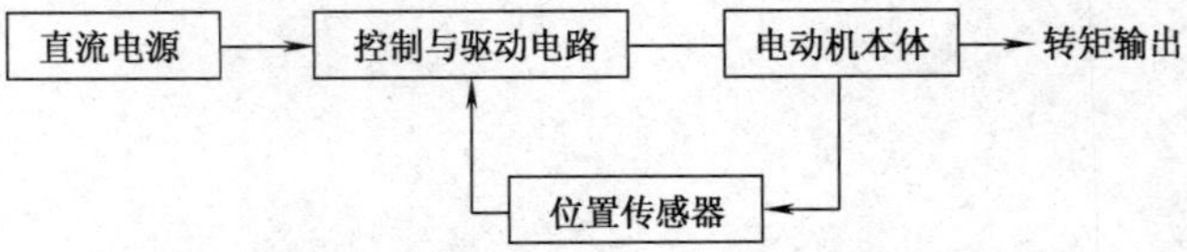

图 7-1　永磁无刷直流电动机的构成

一、工作原理

在永磁无刷直流电动机中，电枢绕组安放于定子铁心中，永磁体固定在转子上，利用转子位置传感器检测永磁磁极的位置，据此确定定子绕组的导通状态，使电机产生稳定持续的电磁转矩。下面以两相导通星形三相六状态永磁无刷直流电动机为例说明其工作原理，图 7-2为其工作原理图。

当转子位于图 7-3（a）所示位置时，电机处于第一个导通状态，此时控制电路根据转子位置传感器信号进行逻辑译码，产生驱动信号，使逆变电路中 VT1、VT6 导通，a 相绕组正向导通、b 相绕组反向导通。永磁磁动势 F_m和定子合成磁动势 F_a的空间位置如图 7-3（a）所示，永磁转子产生顺时针方向的电磁转矩，转子沿顺时针方向转动，电流路径为：电源正极→VT1 管→a 相绕组→b 相绕组→VT6 管→电源负极。

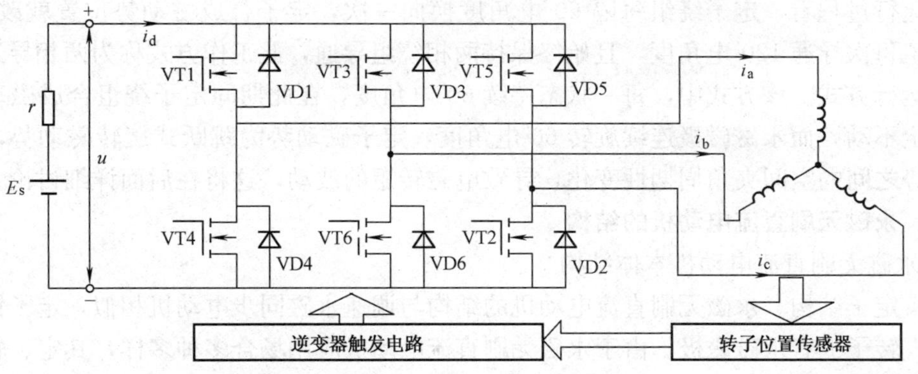

图 7-2　永磁无刷直流电动机的工作原理

当转子转过 60°电角度后，转子位置如图 7-3（b）所示，电机处于第二个导通状态。此时转子位置传感器信号发生变化，经过转子位置译码电路产生新的驱动信号，使 VT1、VT2 导通，a 相绕组正向导通、c 相绕组反向导通。永磁磁动势 F_m 与电机定子合成磁动势 F_a 的空间位置如图 7-3（b）所示，电机产生顺时针方向的电磁转矩，转子继续沿顺时针方向转动，电流路径为：电源正极→VT1 管→a 相绕组→c 相绕组→VT2 管→电源负极。以此类推，电机转子每转过 60°电角度，绕组改变一次导通状态，其导通顺序为：ab→ac→bc→ba→ca→cb→ab→…可见，转子位置变化后，控制电路总能够根据转子位置信息改变定子绕组的导通状态，使转子连续转动。表 7-1 给出了两相导通星形三相六状态导通工作方式下的绕组导通顺序表。

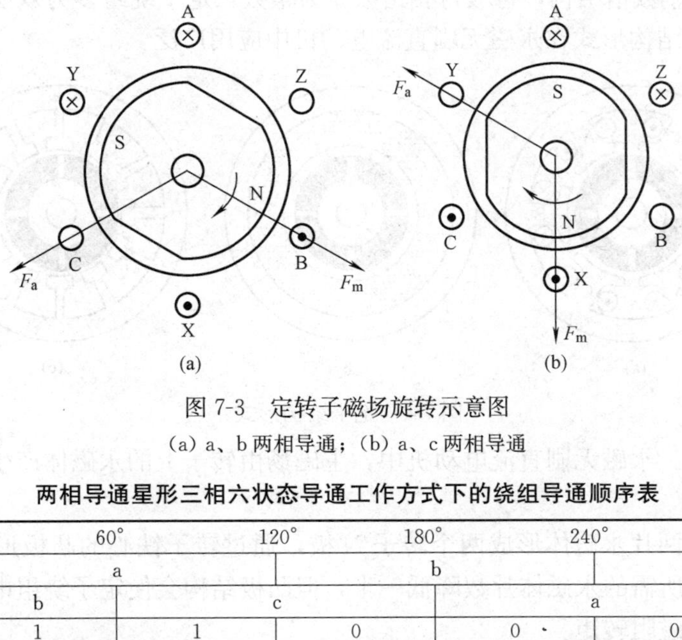

图 7-3　定转子磁场旋转示意图

（a）a、b 两相导通；（b）a、c 两相导通

表 7-1　　两相导通星形三相六状态导通工作方式下的绕组导通顺序表

电角度	0°　60°	60°　120°	120°　180°	180°　240°	240°　300°	300°　360°
导通顺序	a		b		c	
	b	c		a		b
VT1	1	1	0	0	0	0
VT2	0	1	1	0	0	0
VT3	0	0	1	1	0	0
VT4	0	0	0	1	1	0
VT5	0	0	0	0	1	1
VT6	1	0	0	0	0	1

注　1—功率开关管导通，0—功率开关管截止。

从运行过程看，定子绕组每隔 60°电角度换向一次，定子合成磁动势位置就改变一次，每相绕组每次导通 120°电角度，且始终保持两相绕组导通，此工作方式称为两相导通的三相六状态运行方式。该方式中，每一状态持续 60°电角度，在此期间定子绕组合成磁动势空间位置固定不动，而永磁磁极连续旋转 60°电角度，定子磁动势为跳跃式旋转磁动势，使定转子磁动势之间的空间夹角周期性变化，导致电磁转矩的波动，这将在后面详细讨论。

二、永磁无刷直流电动机的结构

1. 永磁无刷直流电动机本体结构

(1) 定子结构。永磁无刷直流电动机的结构与调速永磁同步电动机相似，定子铁心中放置绕组，转子上有永磁磁极。由于永磁无刷直流电动机应用场合多种多样，其定、转子结构形式比永磁同步电动机更加多样化，图 7-4 为其常用的定子结构形式。

分数槽定子结构应用较多，特别是图 7-4 (a) 所示转子极数和定子槽数之比为 2/3 的结构，相绕组线圈绕在一个定子齿上，每对磁极下有三个定子齿。此结构的优点是：绕组端部尺寸小，绕组利用率高，一个线圈可以形成一个独立的磁极，相绕组之间互感小；缺点是：相绕组不能与全部转子磁场耦合，永磁体利用率低。

图 7-4 (b) 为无齿槽结构，定子绕组均匀分布于定子铁心内表面的气隙中。由于无定子齿，不产生齿槽转矩，非常适于对转速稳定性和振动、噪声要求较高的场合。但此结构也会带来一些不利影响：①绕组的分布区域大，由于绕组导热能力远远低于铁心，绕组内部散热能力差，温升高；②电机内的有效气隙为转子表面到定子铁心内圆的距离，远大于普通电机的有效气隙，气隙磁密低，为获得较高的气隙磁密，需增大永磁体厚度，使电机的成本增加。

图 7-4 (c) 为整数槽结构，每极每相槽数 q 为整数，定子绕组多为双层叠绕组或单层同心式绕组。该定子结构形式在永磁无刷直流电动机中应用广泛。

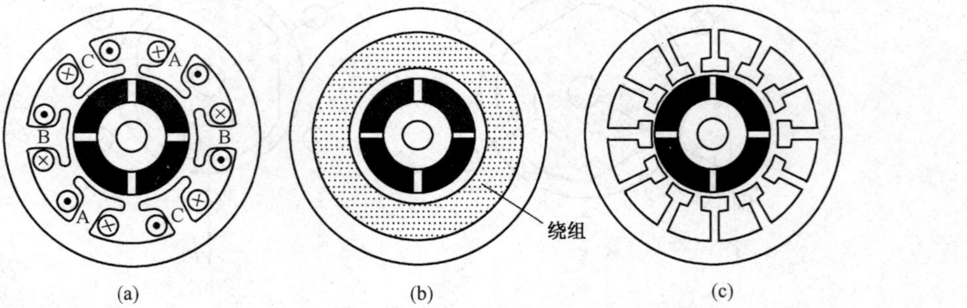

图 7-4 定子结构形式

(2) 转子结构。永磁无刷直流电动机中，主磁场由转子上的永磁体产生，常见的转子结构如图 7-5 所示。

图 7-5 (a) 中两片永磁体形成两个转子 N 极，通过转子铁心的凸极形成两个 S 极。该结构可使永磁转子所需的永磁体片数降低一半，但凸极结构会使定子绕组电感随转子位置而变化，产生附加的磁阻转矩。

图 7-5 (b) 中的永磁体切向充磁，可获得较大的气隙磁密，使用铁氧体永磁时多采用此结构，既能降低成本又能获得较高的气隙磁密。但此结构的电枢反应磁场较强，会引起气隙磁场畸变。

图 7-5 (c) 中，转子永磁磁极之间为铁心，运行时产生一附加磁阻转矩，通过合理设计

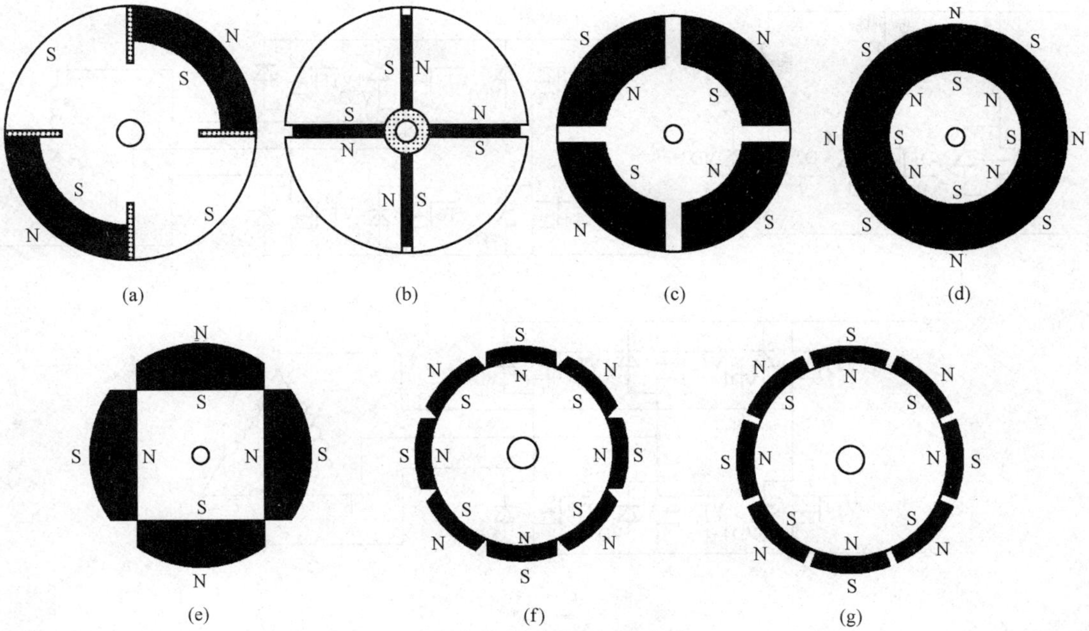

图 7-5　转子结构形式

可以使该磁阻转矩为有用的驱动转矩，提高电机的功率密度。

对于多极永磁无刷直流电动机，转子多采用图 7-5（d）所示的结构，虽然其磁性能较低，但结构简单、工艺性好、成本低，故应用较多。

图 7-5（e）、（f）、（g）所示转子结构中的永磁体均为表面安装，且一般为平行充磁，永磁体直接面对气隙，气隙磁场较强。由于永磁材料磁导率低，所以定子绕组电感较小，电枢反应磁场较弱，对永磁无刷直流电动机的运行有利。对永磁体的外圆、厚度和极弧宽度进行优化，可以有效抑制齿槽转矩。

2. 逆变器

逆变器的主要作用是根据转子位置信号适时给定子绕组通电，其拓扑结构主要分为桥式逆变和半桥式逆变电路两种，如图 7-6 所示。其中图（a）为半桥式逆变电路，电机工作于单相导通的三相三状态工作方式，图（b）、（c）为桥式逆变电路，电机工作于两相导通的三相六状态工作方式，其中应用最广泛的是图（b）所示的拓扑结构。由于电机相绕组感应电动势非正弦，其中含有大量的三次谐波，所以图（c）所示的绕组连接方式很少采用。

此外，还有四相、五相桥式逆变电路，其绕组导通时间较三相桥式逆变电路长，提高了绕组利用率和功率密度，但逆变电路复杂，成本较高。

3. 转子位置传感器

转子位置传感器是永磁无刷直流电动机的重要部件，其作用是检测转子位置以获得转子位置信息，经逻辑处理产生相应的逆变器驱动信号。转子位置传感器一般包括传感器转子和传感器定子两部分，其中传感器转子与电机转子同轴安装，二者同步旋转；传感器定子固定在电机定子或端盖上，传感器定子和传感器转子之间的位置关系直接反映了永磁无刷直流电动机定转子之间的位置关系。转子位置传感器主要有磁敏式、电磁式、光电式、接近开关式、旋转编码器等，其中常用的有以下几种：

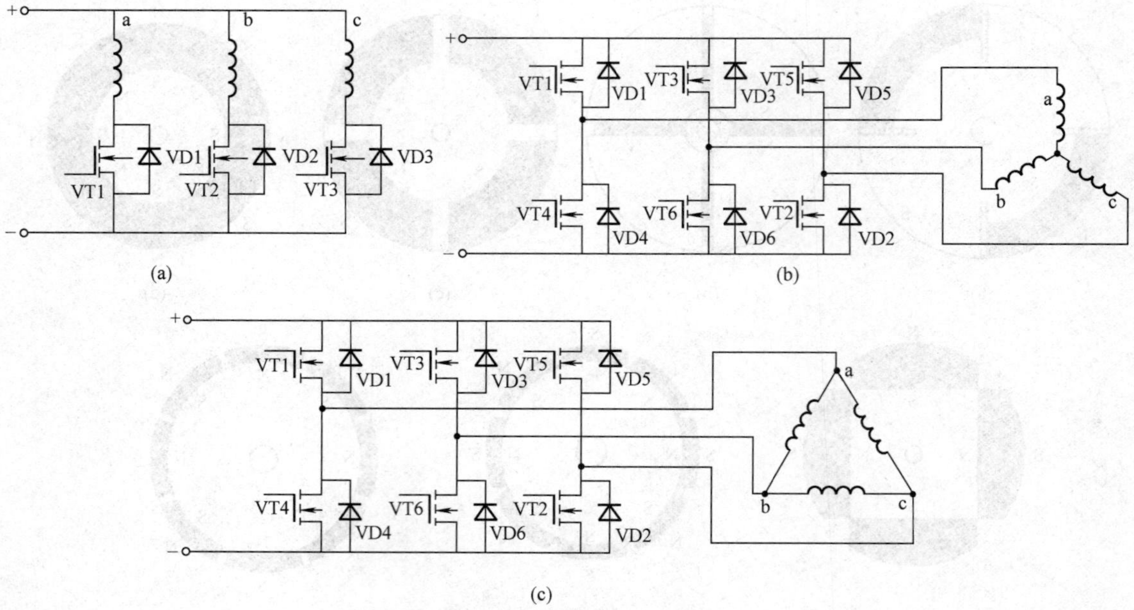

图 7-6　逆变电路拓扑结构

(a) 半桥电路；(b) 绕组星形连接的桥式电路；(c) 绕组三角形连接的桥式电路

(1) 霍尔元件式位置传感器。霍尔元件式位置传感器是根据半导体薄片的霍尔效应来工作的，如图 7-7 所示。当通有恒定电流的半导体薄片处于磁场中时，半导体中的电子受到洛仑兹力作用，在半导体两侧面间产生电压，称为霍尔电压，这一现象称为霍尔效应。霍尔电压可表示为

$$E=R_{\mathrm{H}}\frac{I_{\mathrm{H}}B}{d} \tag{7-1}$$

式中，R_{H} 为霍尔系数，($\mathrm{m^3/C}$)，$R_{\mathrm{H}}=\frac{3\pi}{8}\rho\lambda$；$I_{\mathrm{H}}$ 为控制电流（A）；B 为磁感应强度（T）；d 为薄片的厚度（m）；ρ 为材料电阻率（$\Omega\cdot\mathrm{m}$）；λ 为材料迁移率［$\mathrm{m^3/(V\cdot s)}$］。式（7-1）中的常数项用 K_{H} 表示，则有

$$E=K_{\mathrm{H}}I_{\mathrm{H}}B \tag{7-2}$$

式中，K_{H} 为霍尔元件的灵敏度［$\mathrm{mV/(mA\cdot T)}$］，$K_{\mathrm{H}}=R_{\mathrm{H}}/d$。

霍尔元件就是利用霍尔效应产生输出电压的元件，但所产生的电压较低，需要外接放大

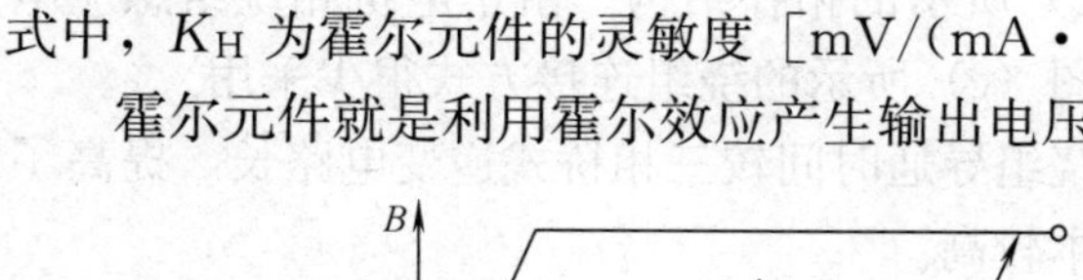

图 7-7　霍尔效应原理

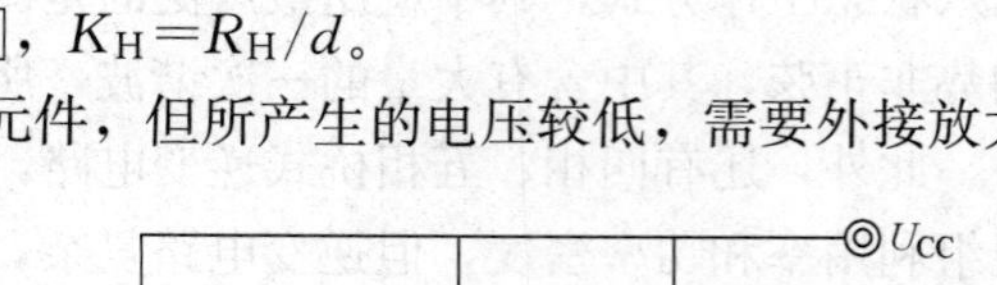

图 7-8　霍尔集成电路内部原理

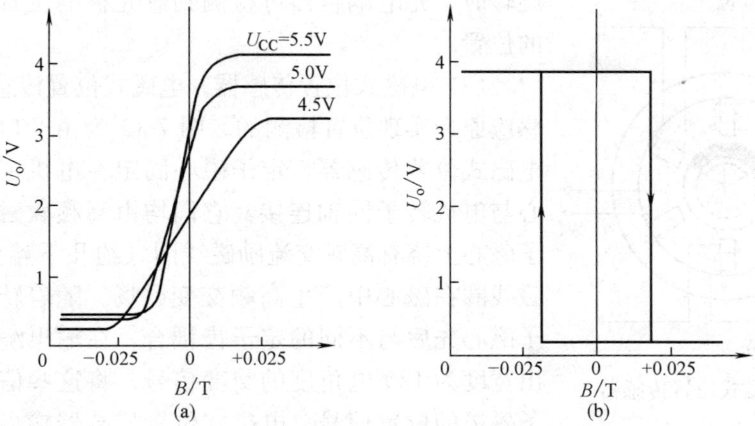

图 7-9　霍尔集成电路的特性

(a) 线性型霍尔元件的特性；(b) 开关型霍尔元件的特性

电路才能获得较强的输出信号，可以将其与放大电路封装为一个集成电路芯片。图 7-8 为典型的霍尔元件集成电路内部电路原理图，它通过放大器来驱动输出级。霍尔集成电路有线性型和开关型两种，其灵敏度特性如图 7-9 所示。永磁无刷直流电动机中只需要几个固定位置的信号，故选用开关型霍尔元件。

对于两相导通星形三相六状态工作的无刷直流电动机，需要 3 个霍尔元件，它们在空间上相隔 120°或 60°电角度（角度不同，位置信号的逻辑关系不同），并且传感器转子永磁体的极弧宽度为 180°电角度。电机旋转时，3 个位置传感器分别产生宽度为 180°电角度的方波信号。霍尔元件可以直接安放在电机定子铁心内表面或绕组端部靠近铁心处，直接检测转子磁极的位置，简化了电机结构。由于霍尔元件体积小、价格低廉，可以满足大部分永磁无刷直流电动机的要求，被广泛使用。

(2) 光电式位置传感器。光电式位置传感器是根据光敏器件对光的感应来实现位置检测的，如图 7-10 所示。红外发光二极管 VD1 通电后发出红外光，若遮光板 P 没有遮住 VD1 发出的红外光，与之相对的光敏三极管 VT1 感受红外光后导通，则输出信号 U_0 由高电平变为低电平，实现对遮光板 P 运动位置的检测。在永磁无刷直流电动机中，将发光二极管和光敏三极管构成的光电耦合器均匀布置在定子端部，遮光板与电机转子同轴连接。当电机

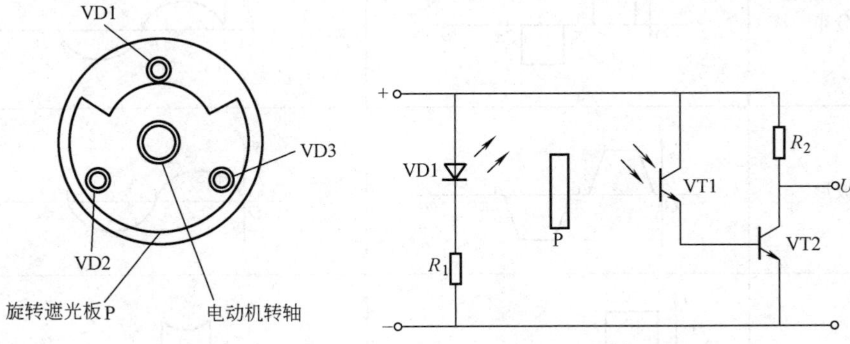

图 7-10　光电式位置传感器原理图

(a) 光电式位置传感器；(b) 光电耦合器原理图

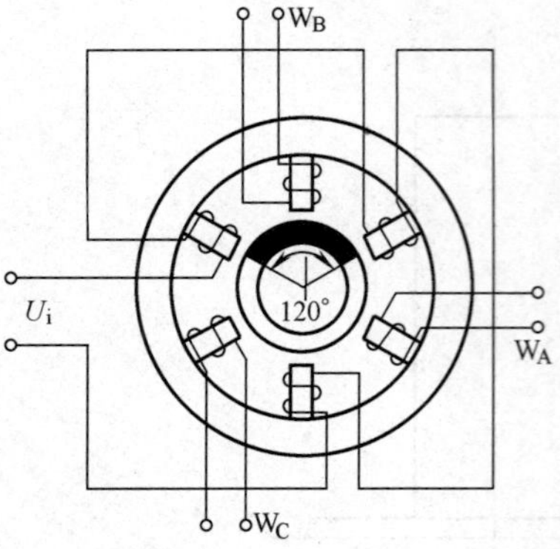

图 7-11 电磁式位置传感器

旋转时，光电耦合器可检测到遮光板的位置，即转子磁极的位置。

(3) 电磁式位置传感器。电磁式位置传感器是根据电磁感应原理实现位置检测的。图 7-11 为由开口变压器构成的电磁式位置传感器，定子磁心固定在电机定子上，转子磁心与电机转子同轴连接，它们均由高频软磁材料构成。定子磁心上绕有高频交流励磁线圈（约几千赫兹），通电的励磁线圈在磁心中产生高频交变磁场。随着转子的旋转，转子磁心先后与不同的定子齿耦合，在输出绕组中依次感应出宽度为 120°电角度的交变信号，将这些信号整流即得转子磁极的位置信号。电磁式位置传感器输出信号强，无需放大，并且抗冲击能力强，可靠性好，但其结构复杂、体积大。

第二节 永磁无刷直流电动机工作特性的传统计算方法

永磁无刷直流电动机工作时，定子绕组切割气隙磁场产生运动电动势，单根导体中的感应电动势波形与气隙磁场的波形相同，根据绕组导体排放和连接顺序可计算获得相绕组感应电动势。转子结构和永磁体充磁方式不同，气隙磁场波形也不同，定子相绕组的感应电动势大小、波形也不同，电磁转矩、转速便会有一定差别。因此，永磁无刷直流电动机电磁参数和电机特性的分析必须考虑电机内的气隙磁场分布。

永磁无刷直流电动机的气隙磁场分布可为近似方波，也可以为近似正弦波或梯形波，主要取决于定转子结构、永磁体形状及其充磁方式。在工程实际中，为简化分析，一般假设气隙磁场为方波或近似正弦波两种理想情况进行讨论，其气隙磁场、电动势和电流波形如表 7-2所示。

表 7-2　　方波和正弦波永磁无刷直流电动机有关波形对比

	方波永磁无刷直流电动机	正弦波永磁无刷直流电动机
气隙磁密分布	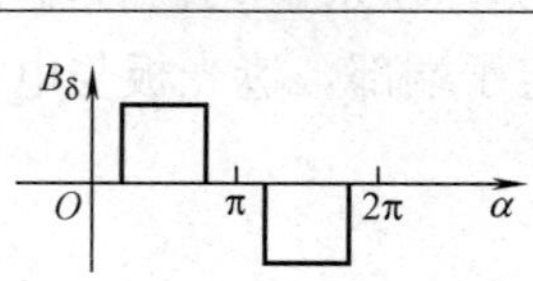	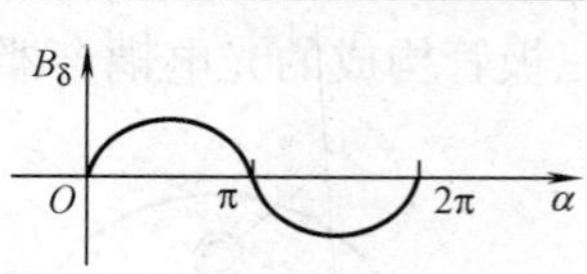
相电动势波形	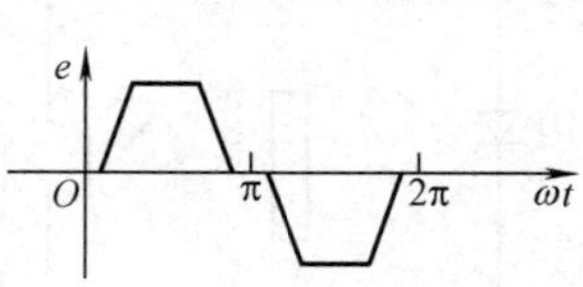	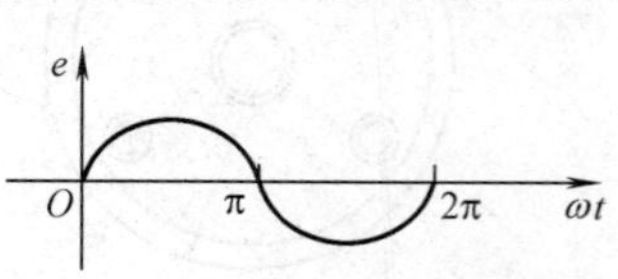
相电流波形	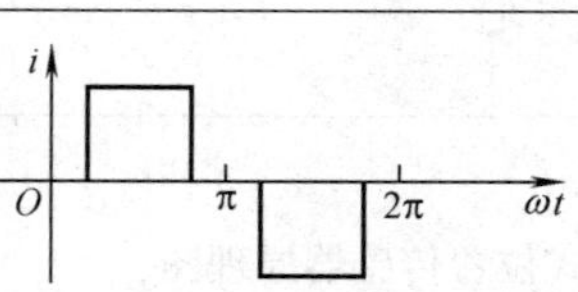	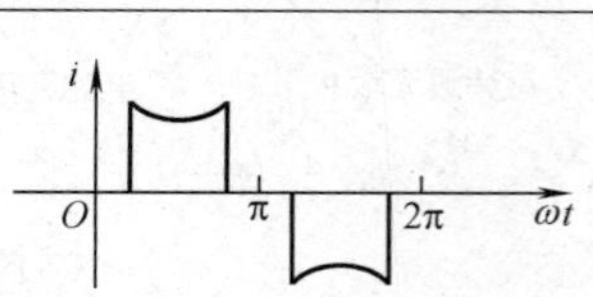

一、基于方波的永磁无刷直流电动机特性计算

当图 7-5（g）所示转子结构的永磁体采用径向充磁时，由于永磁体表面直接面向气隙，并且气隙较小，气隙磁场分布接近方波，其理想波形如图 7-12 所示。对于方波气隙磁场，定子绕组一般采用 $q=1$ 的整距集中绕组，绕组中的感应电动势为梯形波。当电机采用两相导通星形三相六状态方式工作时，若气隙磁场和绕组感应电动势的平顶宽度均大于 120°电角度，则在绕组导通的 120°电角度范围内，电流也为方波，如图 7-13 所示。

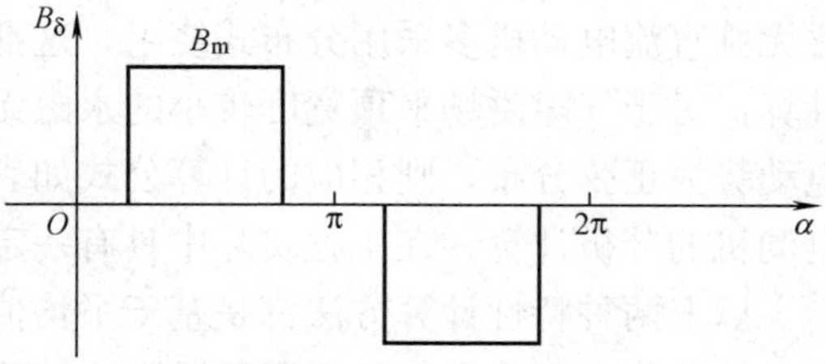

图 7-12　方波永磁无刷直流电动机理想气隙磁场波形

方波永磁无刷直流电动机的运行特性与传统有刷直流电动机相似，为了分析方便，不考虑开关管动作的过渡过程和电枢绕组电感，可采用基于直流电机平均值的概念分析和计算电磁参数，相应的计算公式见表 7-3[1]。表中，N_Φ、K_{dp1}、α_i、ΔU、r_a 分别为绕组每相串联匝数、基波绕组系数、计算极弧系数、开关器件的导通压降和每相绕组电阻。

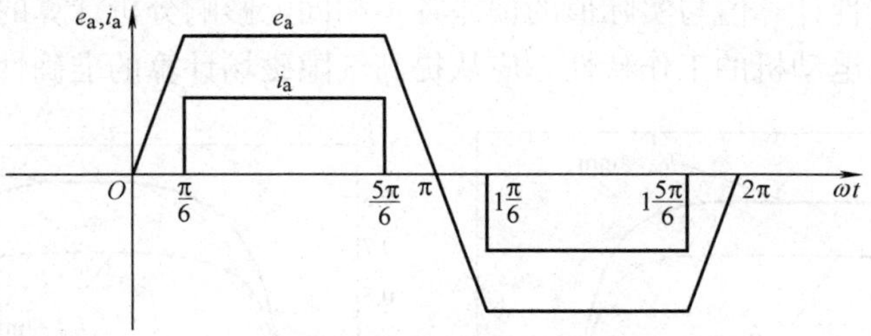

图 7-13　方波永磁无刷直流电动机相电动势与相电流波形

表 7-3　　方波与正弦波永磁无刷直流电动机的计算公式对比

连接状态	物理量	方波永磁无刷直流电动机	正弦波永磁无刷直流电动机
星形三相六状态	相电动势幅值 E_m	$\frac{p}{15\alpha_i}N_\Phi\Phi_\delta n$	$0.1045pN_\Phi K_{dp1}\Phi_\delta n$
	平均电枢电流 I_{av}	$\frac{u-2\Delta U-2E_m}{2r_a}$	$\frac{u-2\Delta U}{2r_a}-0.827\frac{E_m}{r_a}$
	平均电磁转矩 T_{av}	$\frac{4p}{\pi\alpha_i}N_\Phi\Phi_\delta I_{av}$	$0.607\frac{N_\Phi p\Phi_\delta}{\alpha_i r_a}(u-2\Delta U-1.655E_m)$
	空载转速 n_0	$7.5\alpha_i\frac{u-2\Delta U}{pN_\Phi\Phi_{\delta0}}$	$5.785\frac{u-2\Delta U}{pN_\Phi K_{dp1}\Phi_{\delta0}}$
星形三相三状态	相电动势幅值 E_m	$\frac{p}{15\alpha_i}N_\Phi\Phi_\delta n$	$0.1045pN_\Phi K_{dp1}\Phi_\delta n$
	平均电枢电流 I_{av}	$\frac{u-\Delta U-E_m}{r_a}$	$\frac{u-\Delta U}{r_a}-0.827\frac{E_m}{r_a}$
	平均电磁转矩 T_{av}	$\frac{2p}{\pi\alpha_i}N_\Phi\Phi_\delta I_{av}$	$0.304\frac{N_\Phi p\Phi_\delta}{\alpha_i r_a}[\sqrt{3}(u-\Delta U)-1.48E_m]$
	空载转速 n_0	$15\alpha_i\frac{u-\Delta U}{pN_\Phi\Phi_{\delta0}}$	$11.55\frac{u-\Delta U}{pN_\Phi K_{dp1}\Phi_{\delta0}}$

二、基于正弦波的永磁无刷直流电动机特性计算

在永磁无刷直流电动机中，有些转子结构产生的气隙磁场分布接近正弦，功率较大的永磁无刷直流电动机多采用分布式绕组，这都使相绕组感应电动势波形接近正弦。为便于分析计算，对于气隙磁场平顶宽度较小的永磁无刷直流电动机，可假设其气隙磁场和相绕组感应电动势为正弦分布，则相应的计算公式如表 7-3 所示[1]。这种等效大大简化了永磁无刷直流电动机的分析计算，在工程实际中具有一定的实用价值，因而得到了广泛应用。

以上两种特性计算方法都是基于平均值的计算方法，其磁场计算的基础是等效磁路法，永磁体工作点的确定依赖于漏磁系数、计算极弧系数的准确度，电机的电路和特性计算忽略了电动势波形、电流波形和绕组电感的影响，计算精度不高。

第三节　永磁无刷直流电动机气隙磁场的解析计算

上节所述的永磁无刷直流电动机分析计算都是基于理想气隙磁场波形进行的。转子结构和充磁方式不同，其气隙磁场分布与理想波形的差别也各不相同。以图 7-5（g）的结构为例，不同充磁方式、不同永磁体厚度时的气隙磁密分布曲线如图 7-14 所示，气隙磁场分布的差异将导致电机特性计算值与实际值的偏差各不相同，影响分析计算的准确性。因此要准确计算永磁无刷直流电动机的工作特性，应从提高气隙磁场计算的准确性入手。

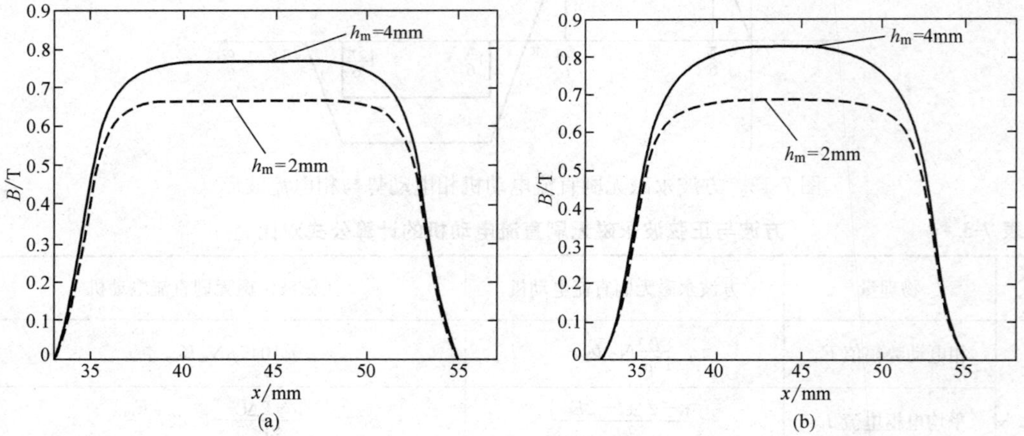

图 7-14　不同参数时的气隙磁密分布

（a）永磁体径向充磁（厚度 h_m 不同）；（b）永磁体平行充磁（厚度 h_m 不同）

众所周知，有限元法是准确计算电机内磁场分布的有效工具，但有限元法前处理复杂、计算时间较长，在工程实际中的应用受到限制；而解析法具有简洁、快速的特点，其关键在于建立正确的数学模型，以便于气隙磁场分布的求解。在图 7-5 所示的转子结构中，表面式永磁转子结构（g）的工艺简单，气隙磁密分布波形易于控制，适于大批量生产，在计算机、办公设备、家用电器等领域中广泛应用，下面以其为例介绍表面式永磁无刷直流电动机气隙磁场的解析计算方法。

一、表面式永磁无刷直流电动机气隙磁场的解析计算模型[2]

对于表面式永磁无刷直流电动机，有效气隙长度为

$$\delta'=k_\delta\delta \tag{7-3}$$

式中，δ为气隙长度，mm；k_δ为气隙系数。忽略定子铁心齿槽影响，可认为电机的气隙均匀，为δ'，如图 7-15 所示。

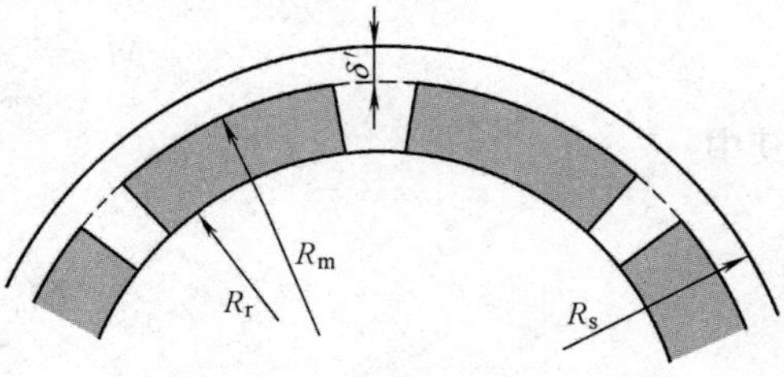

图 7-15　永磁体和气隙结构

假设铁心磁导率为无穷大，取永磁体和空气隙为求解区域。在求解区域内，有

$$\begin{cases}\boldsymbol{B}_1=\mu_0\boldsymbol{H}_1(\text{空气})\\ \boldsymbol{B}_2=\mu_0\mu_r\boldsymbol{H}_2+\mu_0\boldsymbol{M}_0(\text{永磁体})\end{cases} \tag{7-4}$$

式中，$\boldsymbol{M}_0$ 为剩余磁化强度，为

$$\boldsymbol{M}_0=M_r\boldsymbol{r}+M_\theta\boldsymbol{\theta} \tag{7-5}$$

M_r为$\boldsymbol{M}_0$ 的径向分量；M_θ为$\boldsymbol{M}_0$ 的切向分量。

用标量磁位φ求解，则气隙和永磁体中分别满足

$$\begin{cases}\nabla^2\varphi=0 & (\text{气隙})\\ \nabla^2\varphi=\dfrac{\mathbf{div}\boldsymbol{M}_0}{\mu_r} & (\text{永磁体})\end{cases} \tag{7-6}$$

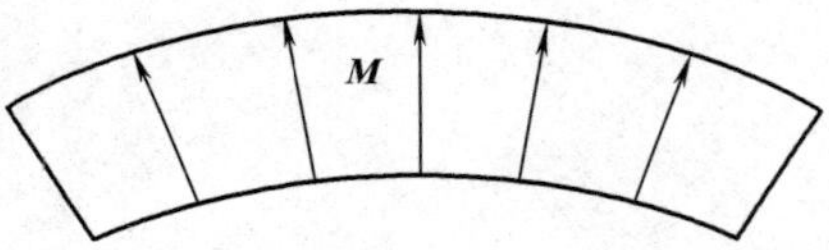

图 7-16　径向充磁永磁体的磁化模型

式中，$\mathbf{div}\boldsymbol{M}_0=\dfrac{M_r}{r}+\dfrac{\partial M_r}{\partial r}+\dfrac{1}{r}\dfrac{\partial M_\theta}{\partial\theta}$。

1. 径向充磁永磁无刷直流电动机的气隙磁场求解

对于径向充磁表面式永磁无刷直流电动机，瓦片形永磁体的磁化模型如图 7-16 所示，其磁化强度径向分量为恒定值，切向分量为零，$\boldsymbol{M}_0=M_r\boldsymbol{r}$，且 $M_0=M_r=\dfrac{B_r}{\mu_0}$。磁化强度径向分量的分布如图 7-17 所示，可表示为

$$M_r=\begin{cases}-M_0 & -\dfrac{\pi}{p}\leqslant\theta\leqslant-\dfrac{\pi}{p}+\dfrac{\alpha_p\pi}{2p}\\ 0 & -\dfrac{\pi}{p}+\dfrac{\alpha_p\pi}{2p}<\theta<-\dfrac{\alpha_p\pi}{2p}\\ M_0 & -\dfrac{\alpha_p\pi}{2p}\leqslant\theta\leqslant\dfrac{\alpha_p\pi}{2p}\\ 0 & \dfrac{\alpha_p\pi}{2p}<\theta<\dfrac{\pi}{p}-\dfrac{\alpha_p\pi}{2p}\\ -M_0 & \dfrac{\pi}{p}-\dfrac{\alpha_p\pi}{2p}\leqslant\theta\leqslant\dfrac{\pi}{p}\end{cases} \tag{7-7}$$

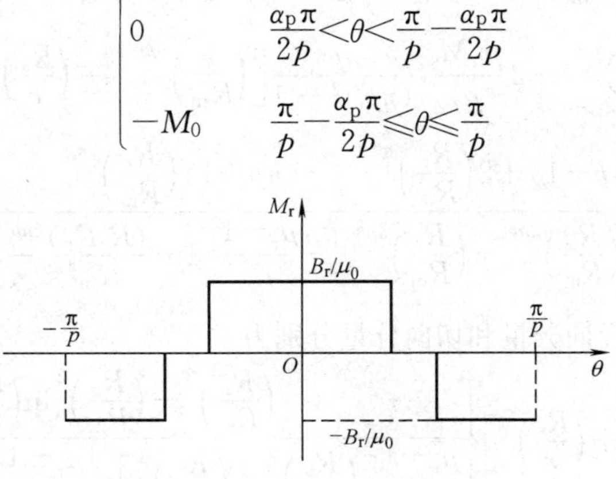

图 7-17　径向充磁永磁体磁化强度径向分量的分布

式中，α_p为永磁体极弧系数。

将磁化强度径向分量M_r用傅里叶级数展开得

$$M_r = \sum_{n=1,3,5,\cdots}^{\infty} 2M_n \cos np\theta \tag{7-8}$$

其中

$$M_n=\frac{B_r}{\mu_0}\alpha_p\frac{\sin\dfrac{n\alpha_p\pi}{2}}{\dfrac{n\alpha_p\pi}{2}} \tag{7-9}$$

在极坐标系下，标量磁位φ满足

$$\begin{cases}\dfrac{\partial^2\varphi_1}{\partial r^2}+\dfrac{1}{r}\dfrac{\partial\varphi_1}{\partial r}+\dfrac{1}{r^2}\dfrac{\partial^2\varphi_1}{\partial\theta^2}=0 & \text{（空气）}\\ \dfrac{\partial^2\varphi_2}{\partial r^2}+\dfrac{1}{r}\dfrac{\partial\varphi_2}{\partial r}+\dfrac{1}{r^2}\dfrac{\partial^2\varphi_2}{\partial\theta^2}=\dfrac{M_r}{r\mu_r} & \text{（永磁体）}\end{cases} \tag{7-10}$$

定解条件为

$$\begin{cases}H_{\theta1}(r,\theta)\big|_{r=R_s}=0\\ H_{\theta2}(r,\theta)\big|_{r=R_r}=0\\ B_{r1}(r,\theta)\big|_{r=R_m}=B_{r2}(r,\theta)\big|_{r=R_m}\\ H_{\theta1}(r,\theta)\big|_{r=R_m}=H_{\theta2}(r,\theta)\big|_{r=R_m}\end{cases} \tag{7-11}$$

可得到求解区域内的磁场分布表达式。在气隙中，当$np\neq1$时，磁密径向分量和切向分量分别为

$$B_{r1}(r,\theta)=\sum_{n=1,3,5,\cdots}^{\infty}2\frac{\mu_0M_n}{\mu_r}\frac{np}{(np)^2-1}\left[\left(\frac{r}{R_m}\right)^{np-1}+\left(\frac{R_s}{r}\right)^{np+1}\left(\frac{R_s}{R_m}\right)^{np-1}\right]\times\left\{\frac{(np-1)+2\left(\dfrac{R_r}{R_m}\right)^{np+1}-(np+1)\left(\dfrac{R_r}{R_m}\right)^{2np}}{\dfrac{\mu_r+1}{\mu_r}\left[\left(\dfrac{R_s}{R_m}\right)^{2np}-\left(\dfrac{R_r}{R_m}\right)^{2np}\right]-\dfrac{\mu_r-1}{\mu_r}\left[1-\dfrac{(R_sR_r)^{2np}}{{R_m}^{4np}}\right]}\right\}\cos np\theta \tag{7-12}$$

$$B_{\theta1}(r,\theta)=\sum_{n=1,3,5,\cdots}^{\infty}-2\frac{\mu_0M_n}{\mu_r}\frac{np}{(np)^2-1}\left[\left(\frac{r}{R_m}\right)^{np-1}-\left(\frac{R_s}{r}\right)^{np+1}\left(\frac{R_s}{R_m}\right)^{np-1}\right]\times\left\{\frac{(np-1)+2\left(\dfrac{R_r}{R_m}\right)^{np+1}-(np+1)\left(\dfrac{R_r}{R_m}\right)^{2np}}{\dfrac{\mu_r+1}{\mu_r}\left[\left(\dfrac{R_s}{R_m}\right)^{2np}-\left(\dfrac{R_r}{R_m}\right)^{2np}\right]-\dfrac{\mu_r-1}{\mu_r}\left[1-\dfrac{(R_sR_r)^{2np}}{{R_m}^{4np}}\right]}\right\}\sin np\theta \tag{7-13}$$

当$np=1$时，气隙磁密径向分量和切向分量分别为

$$B_{r1}(r,\theta)=\frac{\mu_0M_1}{\mu_r}\left[1+\left(\frac{R_s}{r}\right)^2\right]\left\{\frac{1-\left(\dfrac{R_r}{R_m}\right)^2+\left(\dfrac{R_r}{R_m}\right)^2\ln\left(\dfrac{R_m}{R_r}\right)^2}{\dfrac{\mu_r+1}{\mu_r}\left[\left(\dfrac{R_s}{R_m}\right)^2-\left(\dfrac{R_r}{R_m}\right)^2\right]-\dfrac{\mu_r-1}{\mu_r}\left[1-\dfrac{(R_sR_r)^2}{{R_m}^4}\right]}\right\}\cos\theta \tag{7-14}$$

$$B_{\theta1}(r,\theta)=-\frac{\mu_0 M_1}{\mu_r}\left[1-\left(\frac{R_s}{r}\right)^2\right]\left\{\frac{1-\left(\frac{R_r}{R_m}\right)^2+\left(\frac{R_r}{R_m}\right)^2\ln\left(\frac{R_m}{R_r}\right)^2}{\frac{\mu_r+1}{\mu_r}\left[\left(\frac{R_s}{R_m}\right)^2-\left(\frac{R_r}{R_m}\right)^2\right]-\frac{\mu_r-1}{\mu_r}\left[1-\frac{(R_sR_r)^2}{{R_m}^4}\right]}\right\}\sin\theta \tag{7-15}$$

在永磁体内，当 $np\neq1$ 时，磁密径向分量和切向分量分别为

$$B_{r2}(r,\theta)=\sum_{n=1,3,5,\cdots}^{\infty}2\mu_0 M_n\frac{np}{(np)^2-1}\left[\left(\frac{R_r}{r}\right)^{np+1}+\left(\frac{r}{R_r}\right)^{np-1}\right]\cos np\theta\times$$
$$\left\{\frac{\left(np-\frac{1}{\mu_r}\right)\left(\frac{R_r}{R_m}\right)^{np-1}+\left(1+\frac{1}{\mu_r}\right)\left(\frac{R_r}{R_m}\right)^{2np}-\left(np+\frac{1}{\mu_r}\right)\left(\frac{R_s}{R_m}\right)^{2np}\left(\frac{R_r}{R_m}\right)^{np-1}-\left(1-\frac{1}{\mu_r}\right)\left(\frac{R_sR_r}{R_m^2}\right)^{2np}}{\frac{\mu_r+1}{\mu_r}\left[\left(\frac{R_s}{R_m}\right)^{2np}-\left(\frac{R_r}{R_m}\right)^{2np}\right]-\frac{\mu_r-1}{\mu_r}\left[1-\frac{(R_sR_r)^{2np}}{R_m^{4np}}\right]}\right\}+$$
$$\sum_{n=1,3,5,\cdots}^{\infty}2\mu_0 M_n\frac{np}{(np)^2-1}\left[np+\left(\frac{R_r}{r}\right)^{np+1}\right]\cos np\theta \tag{7-16}$$

$$B_{\theta2}(r,\theta)=\sum_{n=1,3,5,\cdots}^{\infty}2\mu_0 M_n\frac{np}{(np)^2-1}\left[\left(\frac{R_r}{r}\right)^{np+1}-\left(\frac{r}{R_r}\right)^{np-1}\right]\sin np\theta\times$$
$$\left\{\frac{\left(np-\frac{1}{\mu_r}\right)\left(\frac{R_r}{R_m}\right)^{np-1}+\left(1+\frac{1}{\mu_r}\right)\left(\frac{R_r}{R_m}\right)^{2np}-\left(np+\frac{1}{\mu_r}\right)\left(\frac{R_s}{R_m}\right)^{2np}\left(\frac{R_r}{R_m}\right)^{np-1}-\left(1-\frac{1}{\mu_r}\right)\left(\frac{R_sR_r}{R_m^2}\right)^{2np}}{\frac{\mu_r+1}{\mu_r}\left[\left(\frac{R_s}{R_m}\right)^{2np}-\left(\frac{R_r}{R_m}\right)^{2np}\right]-\frac{\mu_r-1}{\mu_r}\left[1-\frac{(R_sR_r)^{2np}}{{R_m}^{4np}}\right]}\right\}+$$
$$\sum_{n=1,3,5,\cdots}^{\infty}2\mu_0 M_n\frac{np}{(np)^2-1}\left[\left(\frac{R_r}{r}\right)^{np+1}-1\right]\sin np\theta \tag{7-17}$$

当 $np=1$ 时，磁密径向分量和切向分量分别为

$$B_{r2}(r,\theta)=\mu_0 M_1\left\{\frac{1-\left(\frac{R_s}{R_m}\right)^2+\left[\frac{\mu_r+1}{\mu_r}\left(\frac{R_r}{R_m}\right)^2-\frac{\mu_r-1}{\mu_r}\left(\frac{R_rR_s}{R_m^2}\right)^2\right]\ln\left(\frac{R_m}{R_r}\right)}{\frac{\mu_r+1}{\mu_r}\left[\left(\frac{R_s}{R_m}\right)^2-\left(\frac{R_r}{R_m}\right)^2\right]-\frac{\mu_r-1}{\mu_r}\left[1-\left(\frac{R_sR_r}{R_m^2}\right)^2\right]}\right\}\left[1+\left(\frac{R_r}{r}\right)^2\right]\cos\theta+$$
$$\mu_0 M_1\left[1-\ln\left(\frac{r}{R_m}\right)+\left(\frac{R_r}{r}\right)^2\ln\left(\frac{R_m}{R_r}\right)\right]\cos\theta \tag{7-18}$$

$$B_{\theta2}(r,\theta)=-\mu_0 M_1\left\{\frac{1-\left(\frac{R_s}{R_m}\right)^2+\left[\frac{\mu_r+1}{\mu_r}\left(\frac{R_r}{R_m}\right)^2-\frac{\mu_r-1}{\mu_r}\left(\frac{R_rR_s}{R_m^2}\right)^2\right]\ln\left(\frac{R_m}{R_r}\right)}{\frac{\mu_r+1}{\mu_r}\left[\left(\frac{R_s}{R_m}\right)^2-\left(\frac{R_r}{R_m}\right)^2\right]-\frac{\mu_r-1}{\mu_r}\left[1-\left(\frac{R_sR_r}{R_m^2}\right)^2\right]}\right\}\left[1-\left(\frac{R_r}{r}\right)^2\right]\sin\theta+$$
$$\mu_0 M_1\left[\ln\left(\frac{r}{R_m}\right)+\left(\frac{R_r}{r}\right)^2\ln\left(\frac{R_m}{R_r}\right)\right]\sin\theta \tag{7-19}$$

对于内转子电机，有 $R_r<R_m<R_s$；对于外转子电机，有 $R_s<R_m<R_r$。

2. 平行充磁永磁无刷直流电动机的气隙磁场求解[3]

对于平行充磁表面式永磁无刷直流电动机，其瓦片形永磁体模型如图 7-18 所示。永磁体的磁化强度为

$$\boldsymbol{M}_0=M_r\boldsymbol{r}+M_\theta\boldsymbol{\theta} \tag{7-20}$$

式中，$M_r=M_0\cos\theta$；$M_\theta=M_0\sin\theta$，其分布如图 7-19 所示，可分别表示为

$$M_r=\begin{cases}-M_0\cos\left(\theta+\dfrac{\pi}{p}\right) & -\dfrac{\pi}{p}\leqslant\theta\leqslant-\dfrac{\pi}{p}+\dfrac{\alpha_p\pi}{2p}\\ 0 & -\dfrac{\pi}{p}+\dfrac{\alpha_p\pi}{2p}<\theta<-\dfrac{\alpha_p\pi}{2p}\\ M_0\cos\theta & -\dfrac{\alpha_p\pi}{2p}\leqslant\theta\leqslant\dfrac{\alpha_p\pi}{2p}\\ 0 & \dfrac{\alpha_p\pi}{2p}<\theta<\dfrac{\pi}{p}-\dfrac{\alpha_p\pi}{2p}\\ -M_0\cos\left(\theta-\dfrac{\pi}{p}\right) & \dfrac{\pi}{p}-\dfrac{\alpha_p\pi}{2p}\leqslant\theta\leqslant\dfrac{\pi}{p}\end{cases} \tag{7-21}$$

$$M_\theta=\begin{cases}M_0\sin\left(\theta+\dfrac{\pi}{p}\right) & -\dfrac{\pi}{p}\leqslant\theta\leqslant-\dfrac{\pi}{p}+\dfrac{\alpha_p\pi}{2p}\\ 0 & -\dfrac{\pi}{p}+\dfrac{\alpha_p\pi}{2p}<\theta<-\dfrac{\alpha_p\pi}{2p}\\ -M_0\sin\theta & -\dfrac{\alpha_p\pi}{2p}\leqslant\theta\leqslant\dfrac{\alpha_p\pi}{2p}\\ 0 & \dfrac{\alpha_p\pi}{2p}<\theta<\dfrac{\pi}{p}-\dfrac{\alpha_p\pi}{2p}\\ M_0\sin\left(\theta-\dfrac{\pi}{p}\right) & \dfrac{\pi}{p}-\dfrac{\alpha_p\pi}{2p}\leqslant\theta\leqslant\dfrac{\pi}{p}\end{cases} \tag{7-22}$$

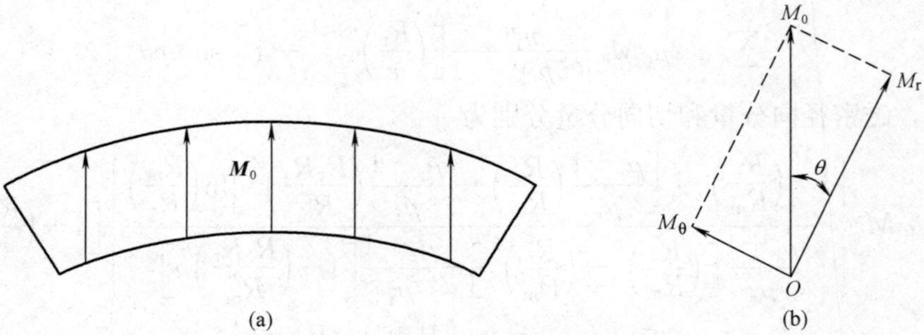

图 7-18　平行充磁永磁体的磁化模型

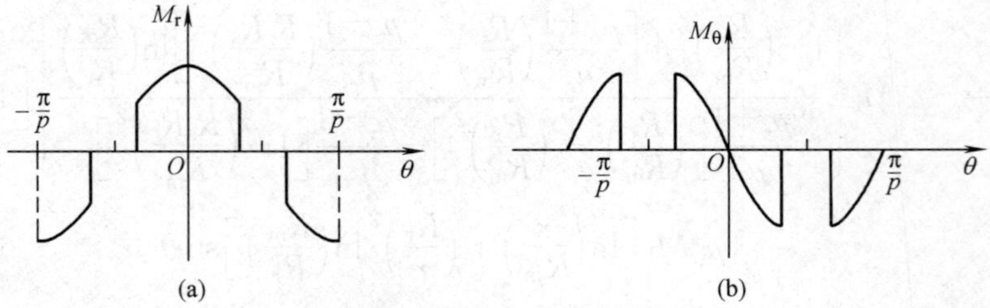

图 7-19　平行充磁永磁体磁化强度的分布

(a) 磁化强度径向分量；(b) 磁化强度切向分量

将磁化强度的径向和切向分量分别用傅里叶级数展开得

$$M_r=\sum_{n=1,3,5,\cdots}^{\infty}M_{rn}\cos np\theta \tag{7-23}$$

$$M_\theta = \sum_{n=1,3,5,\cdots}^{\infty} M_{\theta n}\sin np\theta \tag{7-24}$$

当 $np\neq1$ 时

$$\begin{cases} M_{rn}=\dfrac{B_r}{\mu_0}\alpha_p\left\{\dfrac{\sin\left[(np+1)\dfrac{\alpha_p\pi}{p}\right]}{(np+1)\dfrac{\alpha_p\pi}{p}}+\dfrac{\sin\left[(np-1)\dfrac{\alpha_p\pi}{p}\right]}{(np-1)\dfrac{\alpha_p\pi}{p}}\right\} \\ M_{\theta n}=\dfrac{B_r}{\mu_0}\alpha_p\left\{\dfrac{\sin\left[(np+1)\dfrac{\alpha_p\pi}{p}\right]}{(np+1)\dfrac{\alpha_p\pi}{p}}-\dfrac{\sin\left[(np-1)\dfrac{\alpha_p\pi}{p}\right]}{(np-1)\dfrac{\alpha_p\pi}{p}}\right\} \end{cases} \tag{7-25}$$

当 $np=1$ 时

$$\begin{cases} M_{r1}=\dfrac{B_r}{\mu_0}\alpha_p\left[\dfrac{\sin\left(\dfrac{\alpha_p\pi}{p}\right)}{\dfrac{\alpha_p\pi}{p}}+1\right] \\ M_{\theta1}=\dfrac{B_r}{\mu_0}\alpha_p\left[\dfrac{\sin\left(\dfrac{\alpha_p\pi}{p}\right)}{\dfrac{\alpha_p\pi}{p}}-1\right] \end{cases} \tag{7-26}$$

在求解区域内，标量磁位满足

$$\begin{cases} \dfrac{\partial^2\varphi_1}{\partial r^2}+\dfrac{1}{r}\dfrac{\partial\varphi_1}{\partial r}+\dfrac{1}{r^2}\dfrac{\partial^2\varphi_1}{\partial\theta^2}=0 \quad (\text{空气}) \\ \dfrac{\partial^2\varphi_2}{\partial r^2}+\dfrac{1}{r}\dfrac{\partial\varphi_2}{\partial r}+\dfrac{1}{r^2}\dfrac{\partial^2\varphi_2}{\partial\theta^2}=\dfrac{\mathbf{div}\boldsymbol{M}_0}{\mu_r} \quad (\text{永磁体}) \end{cases} \tag{7-27}$$

其中

$$\mathbf{div}\boldsymbol{M}_0=\frac{M_r}{r}+\frac{\partial M_r}{\partial r}+\frac{1}{r}\frac{\partial M_\theta}{\partial\theta}=\frac{1}{r}\sum_{n=1,3,5,\cdots}^{\infty}(M_{rn}+npM_{\theta n})\cos np\theta=\frac{1}{r}\sum_{n=1,3,5,\cdots}^{\infty}M_n\cos np\theta \tag{7-28}$$

定解条件为

$$\begin{cases} H_{\theta1}(r,\theta)\big|_{r=R_s}=0 \\ H_{\theta2}(r,\theta)\big|_{r=R_r}=0 \\ B_{r1}(r,\theta)\big|_{r=R_m}=B_{r2}(r,\theta)\big|_{r=R_m} \\ H_{\theta1}(r,\theta)\big|_{r=R_m}=H_{\theta2}(r,\theta)\big|_{r=R_m} \end{cases} \tag{7-29}$$

可得到求解区域内的磁场分布表达式。当 $np\neq1$ 时，气隙中的磁密分布为

$$B_{r1}(r,\theta)=\sum_{n=1,3,5,\cdots}^{\infty}\frac{\mu_0M_n}{\mu_r}\frac{np}{(np)^2-1}\left[\left(\frac{r}{R_m}\right)^{np-1}+\left(\frac{R_s}{r}\right)^{np+1}\left(\frac{R_s}{R_m}\right)^{np-1}\right]\times$$
$$\left\{\frac{\left[\left(np-\dfrac{1}{np}\right)\dfrac{M_{rn}}{M_n}+\dfrac{1}{np}-1\right]+2\left(\dfrac{R_r}{R_m}\right)^{np+1}-\left[\left(np-\dfrac{1}{np}\right)\dfrac{M_{rn}}{M_n}+\dfrac{1}{np}+1\right]\left(\dfrac{R_r}{R_m}\right)^{2np}}{\dfrac{\mu_r+1}{\mu_r}\left[\left(\dfrac{R_s}{R_m}\right)^{2np}-\left(\dfrac{R_r}{R_m}\right)^{2np}\right]-\dfrac{\mu_r-1}{\mu_r}\left[1-\dfrac{(R_sR_r)^{2np}}{R_m{}^{4np}}\right]}\right\}\cos np\theta \tag{7-30}$$

$$B_{\theta1}(r,\theta)=\sum_{n=1,3,5,\cdots}^{\infty}\frac{\mu_0 M_n}{\mu_r}\frac{np}{(np)^2-1}\left[\left(\frac{r}{R_m}\right)^{np-1}-\left(\frac{R_s}{r}\right)^{np+1}\left(\frac{R_s}{R_m}\right)^{np-1}\right]\times$$
$$\left\{\frac{\left[\left(np-\frac{1}{np}\right)\frac{M_{rn}}{M_n}+\frac{1}{np}-1\right]+2\left(\frac{R_r}{R_m}\right)^{np+1}-\left[\left(np-\frac{1}{np}\right)\frac{M_{rn}}{M_n}+\frac{1}{np}+1\right]\left(\frac{R_r}{R_m}\right)^{2np}}{\frac{\mu_r+1}{\mu_r}\left[\left(\frac{R_s}{R_m}\right)^{2np}-\left(\frac{R_r}{R_m}\right)^{2np}\right]-\frac{\mu_r-1}{\mu_r}\left[1-\frac{(R_sR_r)^{2np}}{R_m{}^{4np}}\right]}\right\}\sin np\theta \tag{7-31}$$

永磁体中的磁密分布为

$$B_{r2}(r,\theta)=\sum_{n=1,3,5,\cdots}^{\infty}\mu_0 M_n\frac{np}{(np)^2-1}\left[\left(\frac{R_r}{r}\right)^{np+1}+\left(\frac{r}{R_r}\right)^{np-1}\right]\cos np\theta\times$$
$$\left\{\frac{\left[\left(np-\frac{1}{np}\right)\frac{M_{rn}}{M_n}+\frac{1}{np}-\frac{1}{\mu_r}\right]\left(\frac{R_r}{R_m}\right)^{np-1}+\left(1+\frac{1}{\mu_r}\right)\left(\frac{R_r}{R_m}\right)^{2np}-\left[\left(np-\frac{1}{np}\right)\frac{M_{rn}}{M_n}+\frac{1}{np}-\frac{1}{\mu_r}\right]\left(\frac{R_s}{R_m}\right)^{2np}\left(\frac{R_r}{R_m}\right)^{np-1}-\left(1-\frac{1}{\mu_r}\right)\left(\frac{R_sR_r}{R_m^2}\right)^{2np}}{\frac{\mu_r+1}{\mu_r}\left[\left(\frac{R_s}{R_m}\right)^{2np}-\left(\frac{R_r}{R_m}\right)^{2np}\right]-\frac{\mu_r-1}{\mu_r}\left[1-\left(\frac{R_sR_r}{R_m^2}\right)^{2np}\right]}\right\}+$$
$$\sum_{n=1,3,5,\cdots}^{\infty}\mu_0 M_n\frac{np}{(np)^2-1}\left[\left(np-\frac{1}{np}\right)\frac{M_{rn}}{M_n}+\frac{1}{np}+\left(\frac{R_r}{r}\right)^{np+1}\right]\cos np\theta \tag{7-32}$$

$$B_{\theta2}(r,\theta)=\sum_{n=1,3,5,\cdots}^{\infty}\mu_0 M_n\frac{np}{(np)^2-1}\left[\left(\frac{R_r}{r}\right)^{np+1}-\left(\frac{r}{R_r}\right)^{np-1}\right]\sin np\theta\times$$
$$\left\{\frac{\left[\left(np-\frac{1}{np}\right)\frac{M_{rn}}{M_n}+\frac{1}{np}-\frac{1}{\mu_r}\right]\left(\frac{R_r}{R_m}\right)^{np-1}+\left(1+\frac{1}{\mu_r}\right)\left(\frac{R_r}{R_m}\right)^{2np}-\left[\left(np-\frac{1}{np}\right)\frac{M_{rn}}{M_n}+\frac{1}{np}-\frac{1}{\mu_r}\right]\left(\frac{R_s}{R_m}\right)^{2np}\left(\frac{R_r}{R_m}\right)^{np-1}-\left(1-\frac{1}{\mu_r}\right)\left(\frac{R_sR_r}{R_m^2}\right)^{2np}}{\frac{\mu_r+1}{\mu_r}\left[\left(\frac{R_s}{R_m}\right)^{2np}-\left(\frac{R_r}{R_m}\right)^{2np}\right]-\frac{\mu_r-1}{\mu_r}\left[1-\left(\frac{R_sR_r}{R_m^2}\right)^{2np}\right]}\right\}-$$
$$\sum_{n=1,3,5,\cdots}^{\infty}\mu_0 M_n\frac{1}{(np)^2-1}\left[\left(np-\frac{1}{np}\right)\frac{M_{rn}}{M_n}+\frac{1}{np}-np\left(\frac{R_r}{r}\right)^{np+1}\right]\sin np\theta \tag{7-33}$$

当 $np=1$ 时，气隙中的磁密分布为

$$B_{r1}(r,\theta)=\frac{\mu_0 M_1}{2\mu_r}\left[1+\left(\frac{R_s}{r}\right)^2\right]\left\{\frac{\left(2\frac{M_{r1}}{M_1}-1\right)\left[1-\left(\frac{R_r}{R_m}\right)^2\right]+\left(\frac{R_r}{R_m}\right)^2\ln\left(\frac{R_m}{R_r}\right)^2}{\frac{\mu_r+1}{\mu_r}\left[\left(\frac{R_s}{R_m}\right)^2-\left(\frac{R_r}{R_m}\right)^2\right]-\frac{\mu_r-1}{\mu_r}\left[1-\frac{(R_sR_r)^2}{R_m{}^4}\right]}\right\}\cos\theta \tag{7-34}$$

$$B_{\theta1}(r,\theta)=\frac{\mu_0 M_1}{2\mu_r}\left[\left(\frac{R_s}{r}\right)^2-1\right]\left\{\frac{\left(2\frac{M_{r1}}{M_1}-1\right)\left[1-\left(\frac{R_r}{R_m}\right)^2\right]+\left(\frac{R_r}{R_m}\right)^2\ln\left(\frac{R_m}{R_r}\right)^2}{\frac{\mu_r+1}{\mu_r}\left[\left(\frac{R_s}{R_m}\right)^2-\left(\frac{R_r}{R_m}\right)^2\right]-\frac{\mu_r-1}{\mu_r}\left[1-\frac{(R_sR_r)^2}{R_m{}^4}\right]}\right\}\sin\theta \tag{7-35}$$

永磁体中的磁密分布为

$$B_{r2}(r,\theta)=\frac{\mu_0 M_1}{2}\left[1+\left(\frac{R_r}{r}\right)^2\right]$$
$$\left\{\frac{\left(2\frac{M_{r1}}{M_1}-1\right)\left[1-\left(\frac{R_s}{R_m}\right)^2\right]+\ln\frac{R_m}{R_r}\left[\frac{\mu_r+1}{\mu_r}\left(\frac{R_r}{R_m}\right)^2-\frac{\mu_r-1}{\mu_r}\left(\frac{R_rR_s}{R_m^2}\right)^2\right]}{\frac{\mu_r+1}{\mu_r}\left[\left(\frac{R_s}{R_m}\right)^2-\left(\frac{R_r}{R_m}\right)^2\right]-\frac{\mu_r-1}{\mu_r}\left[1-\frac{(R_sR_r)^2}{R_m{}^4}\right]}\right\}\cos\theta+$$

$$\frac{\mu_0 M_1}{2}\left[2\frac{M_{r1}}{M_1}-1-\ln\left(\frac{r}{R_m}\right)+\left(\frac{R_r}{r}\right)^2\ln\left(\frac{R_m}{R_r}\right)\right]\cos\theta \tag{7-36}$$

$$B_{\theta2}(r,\theta)=\frac{\mu_0 M_1}{2}\left[\left(\frac{R_r}{r}\right)^2-1\right]$$

$$\left\{\frac{\left(2\frac{M_{r1}}{M_1}-1\right)\left[1-\left(\frac{R_s}{R_m}\right)^2\right]+\ln\left(\frac{R_m}{R_r}\right)\left[\frac{\mu_r+1}{\mu_r}\left(\frac{R_r}{R_m}\right)^2-\frac{\mu_r-1}{\mu_r}\left(\frac{R_sR_r}{R_m^2}\right)^2\right]}{\frac{\mu_r+1}{\mu_r}\left[\left(\frac{R_s}{R_m}\right)^2-\left(\frac{R_r}{R_m}\right)^2\right]-\frac{\mu_r-1}{\mu_r}\left[1-\frac{(R_sR_r)^2}{R_m{}^4}\right]}\right\}\sin\theta-$$

$$\frac{\mu_0 M_1}{2}\left[2\frac{M_{r1}}{M_1}-2-\ln\left(\frac{r}{R_m}\right)-\left(\frac{R_r}{r}\right)^2\ln\left(\frac{R_m}{R_r}\right)\right]\sin\theta \tag{7-37}$$

对于内转子电机，有 $R_r<R_m<R_s$；对于外转子电机，有 $R_s<R_m<R_r$。

二、永磁磁场解析计算算例

对一台 4 极永磁无刷直流电动机，忽略齿槽和铁心饱和的影响，取其气隙为有效气隙长度，分别对径向充磁和平行充磁两种方式下的气隙磁场分布进行解析计算，同时利用二维有限元法进行数值计算，结果如图 7-20 所示，解析计算与有限元计算的结果吻合较好。

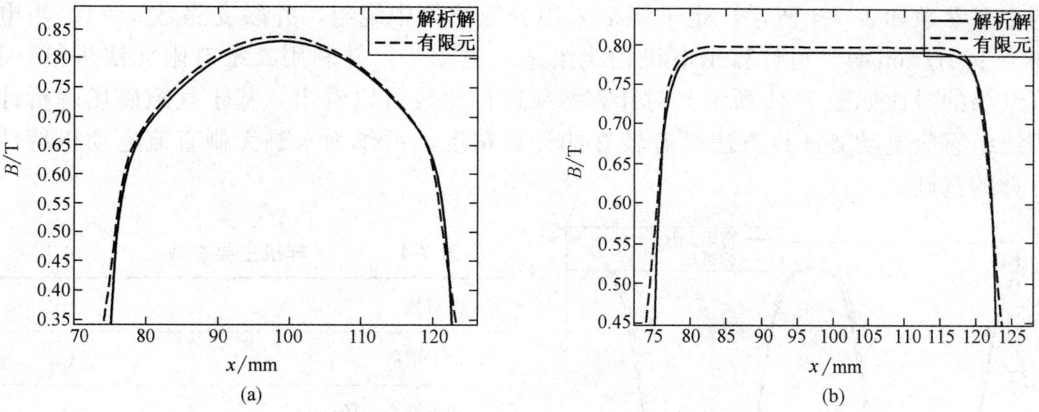

图 7-20　气隙磁场波形计算值的比较

(a) 平行充磁，$r=R_s$处径向磁密分布；(b) 径向充磁，$r=R_s$处径向磁密分布

三、空载电动势的计算

当电机转子旋转时，永磁磁极产生的磁场是旋转的，而定子绕组是静止不动的，因此定子绕组和气隙磁场所交链的磁链随时间变化，在相绕组中感应出旋转电动势

$$e=-\frac{\mathrm{d}\Psi}{\mathrm{d}t} \tag{7-38}$$

式中，Ψ为相绕组交链的磁链。

此外，电枢反应磁场也在相绕组中产生感应电动势，尤其是绕组换向时电枢反应磁场的瞬变过程会产生较大的感应电动势脉冲。这里只讨论空载时绕组的感应电动势，负载时绕组的感应电动势将在后面讨论。

以集中式绕组为例，设每个线圈节距为 α_y 机械角度，每相绕组串联线圈数为 N，当转

子 N 极轴线与 a 相绕组轴线重合时刻为相绕组感应电动势的计时起点，即 $t=0$ 时刻，由式(7-12)、式(7-30)、式(7-38)可计算出 a 相绕组的感应电动势。

$$e=-\sum_{k=1}^{N}\frac{\mathrm{d}\phi_k}{\mathrm{d}t}=-\sum_{k=1}^{N}\frac{N_s\mathrm{d}\phi_k}{\mathrm{d}\gamma}\cdot\frac{\mathrm{d}\gamma}{\mathrm{d}t}=-\Omega\sum_{k=1}^{N}\frac{N_s\mathrm{d}\phi_k}{\mathrm{d}\gamma}$$

$$=-\Omega\sum_{k=1}^{N}\frac{N_sR_sL_{ef}\mathrm{d}\left[\int_{\alpha_k}^{\alpha_k+\alpha_y}B(R_s,\alpha-\gamma)\mathrm{d}\alpha\right]}{\mathrm{d}\gamma}$$

$$=-\Omega N_sR_sL_{ef}\sum_{k=1}^{N}\int_{\alpha_k}^{\alpha_k+\alpha_y}B_\gamma(R_s,\alpha-\gamma)\mathrm{d}\alpha \tag{7-39}$$

式中，L_{ef}为铁心有效长度；α_k 为第 k 个线圈的首边相对于相绕组轴线的空间位置角；Ω 为转子机械角速度；N_s为单个线圈的匝数；$\gamma=\Omega t$。

$$B_\gamma(R_s,\alpha-\gamma)=\frac{\mathrm{d}B(R_s,\alpha-\gamma)}{\mathrm{d}\gamma} \tag{7-40}$$

同理，根据绕组的具体排列方式可以计算分布绕组、短距绕组、分数槽绕组等各种绕组形式的相绕组感应电动势瞬时值。

以一台 22 极 21 槽外转子永磁无刷直流电动机为例计算相绕组的空载感应电动势，电机的主要参数如表 7-4 所示。定子绕组采用分数槽集中绕组，并联支路数 $a=1$。当电机转速为 184r/min 时，可计算出电机相绕组感应电动势，并利用二维有限元法进行计算，计算结果的对比如图 7-21 所示。对计算结果进行比较可以看出，基于气隙磁场解析计算的相绕组感应电动势计算方法具有较好的计算精度，可作为永磁无刷直流电动机特性分析计算的基础。

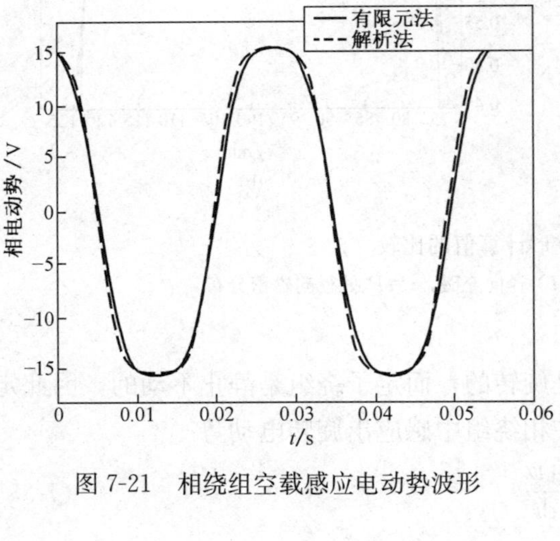

图 7-21　相绕组空载感应电动势波形

表 7-4　样机主要参数

极对数	11
定子槽数	21
转子铁心内径/mm	140
定子铁心外径/mm	132
铁心长度/mm	43
永磁体厚度/mm	3
相绕组电阻/Ω	0.35
线圈匝数	24

第四节　电枢反应磁场及相绕组电感参数的计算

负载运行时，电枢绕组产生的磁场为跳跃式旋转磁场，由于电枢相绕组有一定的电感，当电枢反应磁场跳跃，即相绕组电流换向时，变化的电枢反应磁场会在相绕组中产生感应电动势，从而影响电枢绕组的电流波形和电机的转矩特性。准确计算电枢反应磁场和相绕组电感参数，对于永磁无刷直流电动机的特性计算非常重要。

一、电枢反应磁场的解析计算

在表面式永磁无刷直流电动机中，由于永磁体的磁导率与空气的磁导率相当，故电机定转子铁心之间的等效气隙很大，忽略饱和的影响对计算精度影响不大。

下面以内转子式电机为例，分析图 7-22（a）所示位于光滑电枢表面上的通以电流 i 的单根导体在气隙内产生的电枢反应磁场。

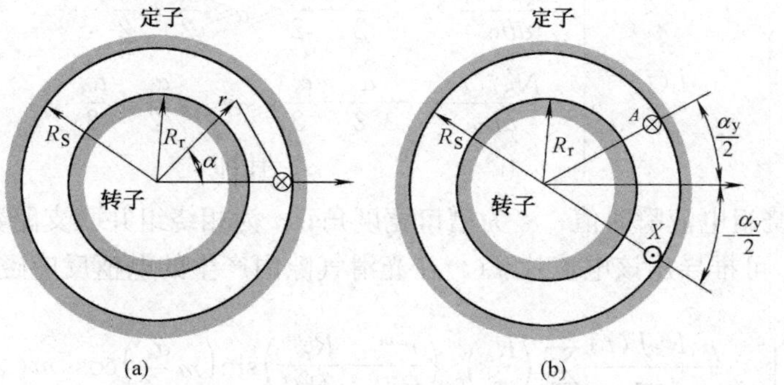

图 7-22　通电导体在光滑气隙中产生磁场的物理模型
（a）单导体；（b）单线圈

为分析方便，作如下假设：

（1）铁心的磁导率为无穷大。

（2）忽略电机端部的影响。

（3）永磁材料磁导率与空气的相等。

在二维极坐标下，气隙内矢量磁位 A 满足拉普拉斯方程

$$\frac{\partial^2 A}{\partial r^2}+\frac{1}{r}\frac{\partial A}{\partial r}+\frac{1}{r^2}\frac{\partial^2 A}{\partial \alpha^2}=0 \tag{7-41}$$

其边界条件为

$$\begin{cases} H_\alpha \big|_{r=R_r}=0 \\ H_\alpha \Big|_{r=R_s}=\dfrac{i}{2\pi R_s} \end{cases} \tag{7-42}$$

可求得气隙磁密径向分量和切向分量分别为[4]

$$\begin{cases} B_{r1}(r,\alpha)=-\dfrac{\mu_0 i}{\pi r}\displaystyle\sum_{m=1}^{\infty}\left(\frac{R_s}{r}\right)^m\left(\frac{r^{2m}+R_r^{2m}}{R_s^{2m}-R_r^{2m}}\right)\sin m\alpha \\ B_{\alpha1}(r,\alpha)=-\dfrac{\mu_0 i}{\pi r}\displaystyle\sum_{m=1}^{\infty}\left(\frac{R_s}{r}\right)^m\left(\frac{r^{2m}-R_r^{2m}}{R_s^{2m}-R_r^{2m}}\right)\cos m\alpha \end{cases} \tag{7-43}$$

同理，图 7-22（b）所示的单匝线圈 AX（其跨距角为 α_y）产生的气隙磁密径向分量和切向分量分别为

$$\begin{cases} B_{\mathrm{r}}(r,\alpha)=2\dfrac{\mu_0 i}{\pi r}\sum\limits_{m=1}^{\infty}\left(\dfrac{R_{\mathrm{s}}}{r}\right)^m\left(\dfrac{r^{2m}+R_{\mathrm{r}}^{2m}}{R_{\mathrm{s}}^{2m}-R_{\mathrm{r}}^{2m}}\right)\sin\left(m\dfrac{\alpha_{\mathrm{y}}}{2}\right)\cos m\alpha \\ B_{\alpha}(r,\alpha)=-2\dfrac{\mu_0 i}{\pi r}\sum\limits_{m=1}^{\infty}\left(\dfrac{R_{\mathrm{s}}}{r}\right)^m\left(\dfrac{r^{2m}-R_{\mathrm{r}}^{2m}}{R_{\mathrm{s}}^{2m}-R_{\mathrm{r}}^{2m}}\right)\sin\left(m\dfrac{\alpha_{\mathrm{y}}}{2}\right)\sin m\alpha \end{cases} \tag{7-44}$$

忽略铁心饱和时，一个 N_{s} 匝的线圈通有电流时，其位于电枢槽内的导体电流可等效为位于光滑电枢表面上的电流片，电流片宽度等于槽口宽度 b_0，电流片分布为

$$J(t)=\begin{cases} \dfrac{N_{\mathrm{S}}i(t)}{ab_0} & \dfrac{\alpha_{\mathrm{y}}}{2}-\dfrac{\alpha_0}{2}\leqslant\alpha\leqslant\dfrac{\alpha_{\mathrm{y}}}{2}+\dfrac{\alpha_0}{2} \\ -\dfrac{N_{\mathrm{S}}i(t)}{ab_0} & -\dfrac{\alpha_{\mathrm{y}}}{2}-\dfrac{\alpha_0}{2}\leqslant\alpha\leqslant-\dfrac{\alpha_{\mathrm{y}}}{2}+\dfrac{\alpha_0}{2} \\ 0 & \text{其他} \end{cases} \tag{7-45}$$

式中，$i(t)$ 为相绕组电流瞬时值；α_0 为槽口宽度角；a 为相绕组并联支路数。

由式（7-44）可推导出该电流片 $J(t)$ 在光滑气隙内产生的电枢反应磁场的径向分量为

$$\begin{aligned} B_{\mathrm{r}}(r,\alpha,t)&=\int_{-\frac{\alpha_0}{2}}^{+\frac{\alpha_0}{2}}\frac{\mu_0 R_{\mathrm{s}}J(t)}{\pi r}\sum_{m=1}^{\infty}\left(\frac{R_{\mathrm{s}}}{r}\right)^m\left(\frac{r^{2m}+R_{\mathrm{r}}^{2m}}{R_{\mathrm{s}}^{2m}-R_{\mathrm{r}}^{2m}}\right)\sin\left(m\frac{\alpha_{\mathrm{y}}}{2}\right)\cos[m(\alpha+\beta_{\mathrm{c}}+\theta)]\mathrm{d}\theta \\ &=4\frac{\mu_0 R_{\mathrm{s}}J(t)}{\pi r}\sum_{m=1}^{\infty}\frac{1}{m}\left(\frac{R_{\mathrm{s}}}{r}\right)^m\left(\frac{r^{2m}+R_{\mathrm{r}}^{2m}}{R_{\mathrm{s}}^{2m}-R_{\mathrm{r}}^{2m}}\right)\sin\left(m\frac{\alpha_{\mathrm{y}}}{2}\right)\sin\left(m\frac{\alpha_0}{2}\right)\cos[m(\alpha+\beta_{\mathrm{c}})] \end{aligned} \tag{7-46}$$

式中，β_{c} 为线圈轴线与相绕组轴线的空间夹角。

下面以双层整距叠绕组为例分析计算电机相绕组产生的电枢反应磁场。假设相绕组有 $2p$ 个线圈组，每个线圈组有 q 个线圈。以 a 相绕组轴线为极坐标轴，由式（7-46）可推出由 q 个线圈组成的线圈组在光滑气隙中产生的气隙磁场径向分量：

$$\begin{aligned} B_{\mathrm{rq}}(r,\alpha,t)=&\sum_{n=1}^{q}4\frac{\mu_0 R_{\mathrm{s}}J(t)}{\pi r}\sum_{m=1}^{\infty}\frac{1}{m}\left(\frac{R_{\mathrm{s}}}{r}\right)^m\left(\frac{r^{2m}+R_{\mathrm{r}}^{2m}}{R_{\mathrm{s}}^{2m}-R_{\mathrm{r}}^{2m}}\right) \\ &\sin\left(mp\frac{\alpha_{\mathrm{y}}}{2}\right)\sin\left(\frac{mp\alpha_0}{2}\right)\cos\left[mp\left(\alpha-\frac{2n-q-1}{2}\alpha_{\mathrm{t}}\right)\right] \end{aligned} \tag{7-47}$$

式中，α_{t} 为槽距角。

由于电机电枢绕组的空间对称性，a 相绕组 $2p$ 个线圈组在电机内对称分布，彼此间隔 π/p 空间角，由式（7-47）利用叠加原理可求出 a 相绕组通电流 $i(t)$ 时产生的电枢反应磁场径向分量

$$\begin{aligned} B_{\mathrm{ra}}(r,\alpha,t)=&\sum_{k=0}^{2p-1}\sum_{n=1}^{q}4\frac{\mu_0 R_{\mathrm{s}}J(t)}{\pi r}\sum_{m=1}^{\infty}\frac{1}{m}\left(\frac{R_{\mathrm{s}}}{r}\right)^m\left(\frac{r^{2m}+R_{\mathrm{r}}^{2m}}{R_{\mathrm{s}}^{2m}-R_{\mathrm{r}}^{2m}}\right) \\ &\sin\left(mp\frac{\alpha_{\mathrm{y}}}{2}\right)\sin\left(\frac{mp\alpha_0}{2}\right)\cos\left[mp\left(\alpha-\frac{2n-q-1}{2}\alpha_{\mathrm{t}}+k\frac{\pi}{p}\right)\right] \end{aligned} \tag{7-48}$$

采用同样方法可求得 b 相、c 相绕组电枢反应磁场 $B_{\mathrm{rb}}(r,\alpha,t)$、$B_{\mathrm{rc}}(r,\alpha,t)$。

对于表 7-4 中的样机，当 a 相绕组电流为 1A 时，采用以上计算方法和二维有限元法分别计算电机 a 相绕组电枢反应磁场的分布波形，如图 7-23 所示。

二、绕组电感参数的计算

在表面式永磁无刷直流电动机中，假设永磁体的磁导率近似为 μ_0，铁心的磁导率 $\mu_{Fe}=\infty$。当转子旋转时，电枢绕组产生的电枢反应磁场并不变化，所以相绕组的自感及互感为常数，即 $L_a=L_b=L_c=L$，$M_{ab}=M_{ba}=M_{ac}=M_{ca}=M_{bc}=M_{cb}=M$。

当 a 相绕组通以电流 $i_a(t)$ 时，产生的电枢反应磁场与 a 相绕组交链的磁链为

$$\Psi_a(t)=2p\sum_{k=1}^{q}\int_{-\frac{(q-2k+1)\alpha_t+\alpha_y}{2}}^{-\frac{(q-2k+1)\alpha_t-\alpha_y}{2}} N_s L_{ef} R_s B_{ra}(R_s,\alpha,t)\,d\alpha \tag{7-49}$$

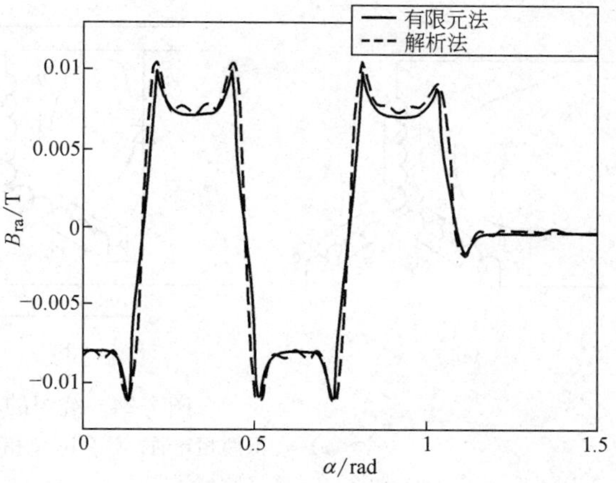

图 7-23　a 相绕组电枢反应磁场分布

相绕组自感为

$$L=\frac{\Psi_a(t)}{i_a(t)} \tag{7-50}$$

同理可求得 a 相绕组产生的电枢反应磁场 $B_{ra}(r,\ \alpha,\ t)$ 与 b 相绕组交链的磁链

$$\Psi_{ba}(t)=2p\sum_{k=1}^{q}\int_{-\frac{(q-2k+1)\alpha_t+\alpha_y}{2}+\frac{2\pi}{3p}}^{-\frac{(q-2k+1)\alpha_t-\alpha_y}{2}+\frac{2\pi}{3p}} N_s L_{ef} R_s B_{ra}(R_s,\alpha,t)\,d\alpha \tag{7-51}$$

则 a 相绕组对 b 相绕组的互感为

$$M_{ba}=M=\frac{\Psi_{ba}(t)}{i_a(t)} \tag{7-52}$$

第五节　永磁无刷直流电动机的场路耦合模型

一、永磁无刷直流电动机的场路耦合模型

以两相导通星形三相六状态方式工作的永磁无刷直流电动机为例，电机相绕组根据转子位置依次导通，使每一状态有两相导通，每相导通 120°电角度，每隔 60°电角度有一次换向，电路拓扑结构如图 7-2 所示。

电机运行时，逆变器主电路、电枢绕组、转子永磁磁场、绕组电枢反应磁场互相耦合，构成一个场路耦合系统。忽略铁心饱和时，电机的气隙磁场可等效为转子永磁磁场和相绕组电枢反应磁场的叠加。永磁磁场在绕组中感应旋转电动势 $e_a(t)$、$e_b(t)$、$e_c(t)$，电枢反应磁场在绕组中产生的感应电动势可等效为绕组的阻抗压降，电机的场路耦合模型可等效为图 7-24。其中电动势和电感参数通过磁场解析计算求得。

当 a、b 两相绕组导通时，电路拓扑结构如图 7-24（a）所示，回路 1 的回路电流方程为

$$\begin{cases} e_a-e_b+2r_a i_1+2L\dfrac{di_1}{dt}-2M\dfrac{di_1}{dt}=u \\ i_1=i_a=-i_b \end{cases} \tag{7-53}$$

电流状态方程为

$$\frac{di_1}{dt}=-\frac{r_a}{L-M}i_1+\frac{u-e_a+e_b}{2(L-M)} \tag{7-54}$$

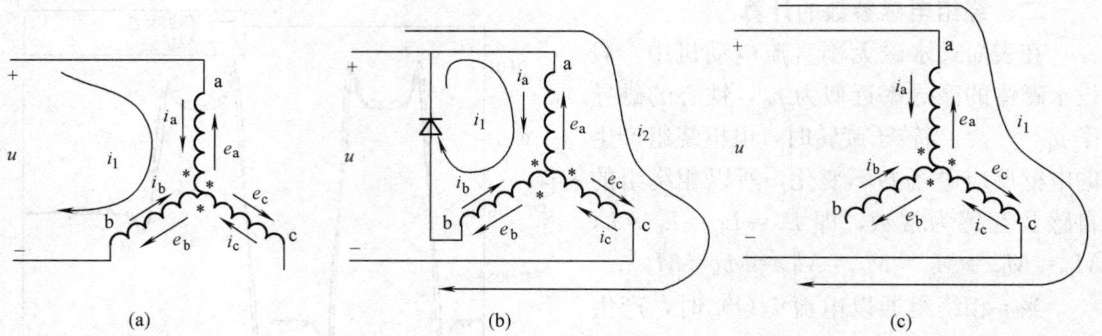

图 7-24　绕组的场路耦合模型

(a) a、b 两相导通；(b) b、c 相换向过程；(c) a、c 两相导通

当由 a、b 两相导通转变为 a、c 两相导通时，即由 b 相向 c 相换向时，由于续流二极管的作用，电路的拓扑结构如图 7-24（b）所示，回路电流方程为

$$\begin{cases} e_a - e_b + 2r_a i_1 + r_a i_2 + 2(L-M)\dfrac{di_1}{dt} + (L-M)\dfrac{di_2}{dt} = 0 \quad (\text{回路}1) \\ e_a - e_c + r_a i_1 + 2r_a i_2 + (L-M)\dfrac{di_1}{dt} + 2(L-M)\dfrac{di_2}{dt} = u \quad (\text{回路}2) \\ i_a = i_1 + i_2 \\ i_b = -i_1 \\ i_c = -i_2 \end{cases} \tag{7-55}$$

电流状态方程为

$$\begin{cases} \dfrac{di_1}{dt} = -\dfrac{r_a}{L-M} i_1 + \dfrac{-e_a + 2e_b - e_c - u}{3(L-M)} \\ \dfrac{di_2}{dt} = -\dfrac{r_a}{L-M} i_2 + \dfrac{2u - e_a - e_b + 2e_c}{3(L-M)} \end{cases} \tag{7-56}$$

当 b 相电流衰减为零时，电路的拓扑结构变为图 7-24（c），回路 1 的回路电流方程为

$$\begin{cases} e_a - e_c + 2r_a i_1 + 2(L-M)\dfrac{di_1}{dt} = u \\ i_1 = i_a = -i_c \end{cases} \tag{7-57}$$

电流状态方程为

$$\frac{di_1}{dt} = -\frac{r_a}{L-M} i_1 + \frac{u - e_a + e_c}{2(L-M)} \tag{7-58}$$

根据常微分方程数值计算的向前欧拉法，有

$$i_{n+1} = i_n + h\frac{di_n}{dt} \tag{7-59}$$

式中，h 为迭代步长。

式（7-38）、式（7-54）、式（7-56）、式（7-58）、式（7-59）和电机绕组的导通顺序构成永磁无刷直流电动机的场路耦合模型。利用此场路耦合模型可求得各相绕组的电流波形、电磁转矩波形等。

忽略绕组槽漏感、端部漏感时，根据图 7-24 电路的拓扑结构可求得 a、b、c 相绕组的负载感应电动势 e_{a1}、e_{b1}、e_{c1}，分别为

$$\begin{cases} e_{a1}=e_a+L\dfrac{di_a}{dt}+M\left(\dfrac{di_b}{dt}+\dfrac{di_c}{dt}\right) \\ e_{b1}=e_b+L\dfrac{di_b}{dt}+M\left(\dfrac{di_a}{dt}+\dfrac{di_c}{dt}\right) \\ e_{c1}=e_c+L\dfrac{di_c}{dt}+M\left(\dfrac{di_b}{dt}+\dfrac{di_a}{dt}\right) \end{cases} \tag{7-60}$$

负载运行时，相绕组的电压为

$$\begin{cases} u_a=e_{a1}+i_a r_a \\ u_b=e_{b1}+i_b r_a \\ u_c=e_{c1}+i_c r_a \end{cases} \tag{7-61}$$

则线电压为

$$\begin{cases} u_{ab}=e_{a1}-e_{b1}+r_a(i_a-i_b) \\ u_{bc}=e_{b1}-e_{c1}+r_a(i_b-i_c) \\ u_{ca}=e_{c1}-e_{a1}+r_a(i_c-i_a) \end{cases} \tag{7-62}$$

当忽略铁心饱和时，永磁电机的负载气隙磁场可等效为转子永磁磁场与电枢反应磁场的叠加。以 a 相绕组轴线为极坐标轴，且当永磁体 N 极轴线与 a 相绕组轴线重合时为 $t=0$ 时刻。当电机的转子位于 γ 角位置时，气隙中的负载磁场为

$$B_{load}(r,\alpha,\gamma)=B_{rm}(r,\alpha-\gamma)+B_{ra}(r,\alpha,t)+B_{rb}(r,\alpha,t)+B_{rc}(r,\alpha,t) \tag{7-63}$$

式中，$B_{rm}(r,\alpha-\gamma)$为转子永磁磁极位于 γ 角位置时光滑气隙内产生的磁场。

电机的电磁转矩为

$$T=\frac{1}{\Omega}(e_a i_a+e_b i_b+e_c i_c) \tag{7-64}$$

二、算例

对表 7-4 所示的电机，当直流电压 $u=36$V、电机转速为 184r/min 时，分别用上述场路耦合计算模型和时步有限元法进行计算，相电流和电磁转矩的计算结果如图 7-25 所示。图

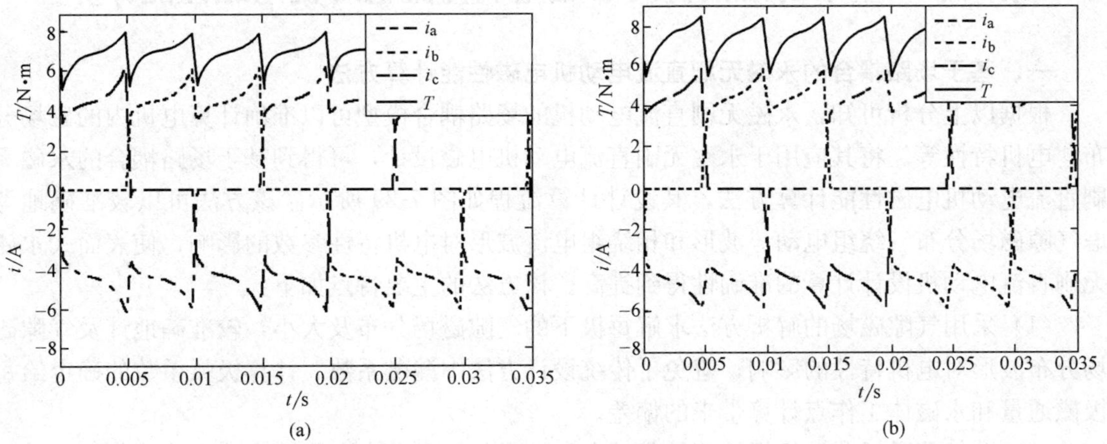

图 7-25　相电流、电磁转矩计算结果的比较

(a) 解析计算结果；(b) 有限元计算结果

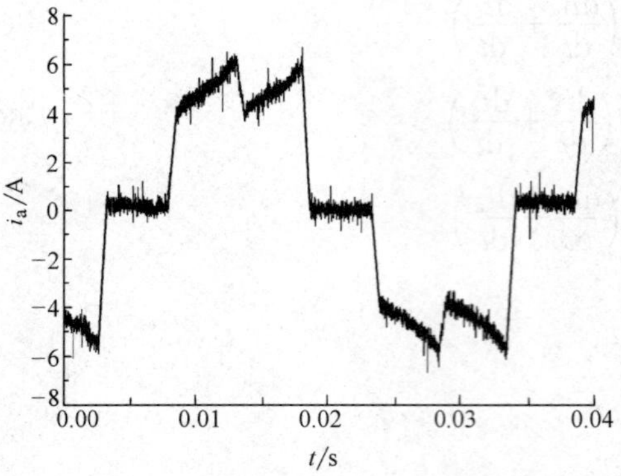

图 7-26　a 相电流实验波形

7-26 为 a 相绕组电流实验波形，图 7-27 为考虑电源内阻和开关导通电阻影响时的线电压计算波形，图 7-28 为线电压实验波形。可以看出，上述场路耦合模型的解析计算结果与二维时步有限元计算结果一致，并且与实验结果相吻合。另外，工作状态的切换直接影响了相电流的波形和电磁转矩的平稳性，这正反映了永磁无刷直流电动机本身固有的局限性。图 7-27、图 7-28 中线电压平顶部分出现向下倾斜，其原因是：在平顶部分时间段内电枢绕组的电流逐渐增大，电源内阻和开关导通电阻上的电压降也逐渐增大，从而导致加在绕组上的实际线电压降低。图中线电压波形上的尖峰脉冲是由于绕组换向时相电流瞬时变化引起的较大的感应电动势所致。

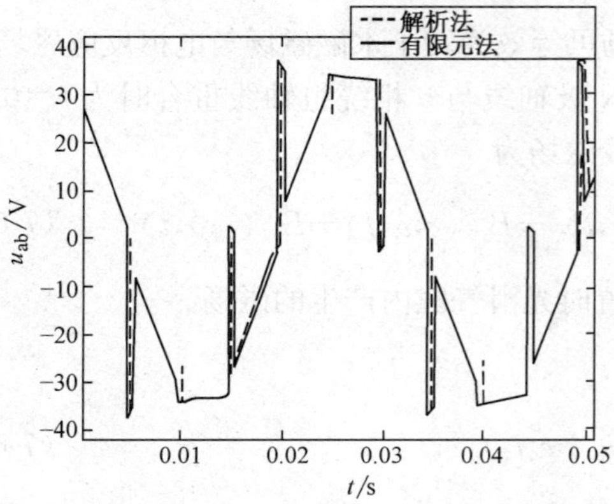

图 7-27　线电压计算结果比较

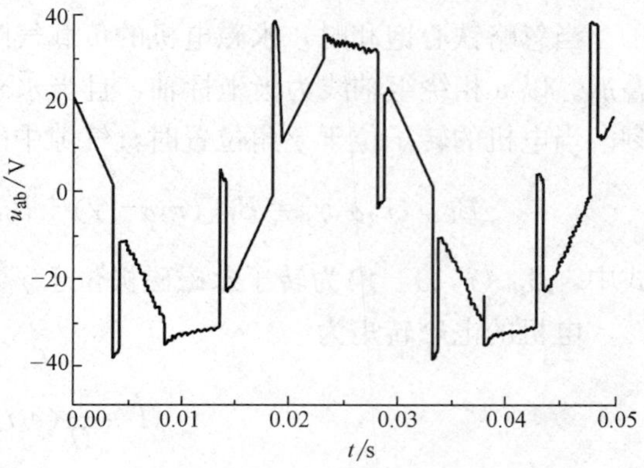

图 7-28　线电压实验波形

第六节　基于场路耦合的永磁无刷直流电动机电磁性能计算

一、基于场路耦合的永磁无刷直流电动机电磁性能计算方法

根据以上分析可知，永磁无刷直流电动机的场路耦合模型可以准确计算电机内的磁场分布、电机特性等。将其应用于永磁无刷直流电动机电磁设计，可得到基于场路耦合的永磁无刷直流电动机电磁性能计算方法，其设计计算流程如图 7-29 所示。该方法可以较准确地考虑气隙磁场分布、绕组电动势波形和相绕组电流波形对电机特性参数的影响，使表面式永磁无刷直流电动机设计计算的准确性得到提高。该方法的主要特点如下：

（1）采用气隙磁场的解析方法求解每极下的气隙磁场分布及大小，较准确地计及气隙磁场分布波形对电机特性的影响；避免了传统设计方法中漏磁系数、计算极弧系数的确定给每极磁通量和永磁体工作点计算带来的偏差。

（2）在气隙磁场分布解析计算的基础上，结合相绕组分布和具体连接方式进行绕组感应电动势的计算，可以较准确地计算各种整数槽和分数槽绕组的感应电动势。

（3）结合电枢反应磁场解析计算和电机设计中槽漏感、端部漏感的计算方法，较准确地

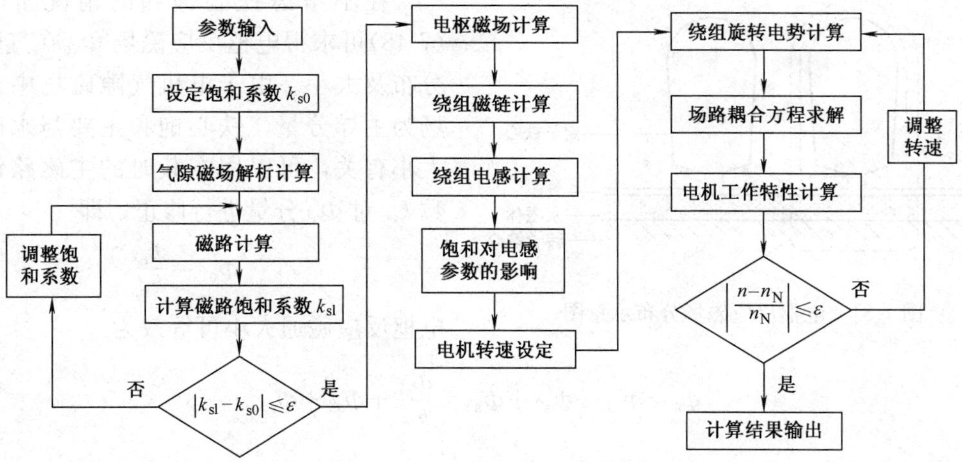

图 7-29　永磁无刷直流电动机电磁设计计算流程

计算绕组的电感参数。

(4) 考虑了主电路拓扑结构、开关参数、电机相电动势瞬时值和绕组换向位置角的影响，较准确地计算绕组电流和电磁转矩。

二、特性分析计算

1. 考虑铁心饱和时的磁通计算

采用前述解析法可计算出忽略齿槽影响和铁心磁压降时的气隙磁场，进而可求出转子在某一位置角 γ 处时的每极磁通：

$$\Phi'_{\delta}=R_{s}L_{ef}\int_{\gamma-\frac{\pi}{2p}}^{\gamma+\frac{\pi}{2p}}B_{r}(R_{s},\alpha,\gamma)\mathrm{d}\alpha \tag{7-65}$$

但实际上铁心的磁导率并非无穷大，在铁心中有一定的磁压降。计及饱和时，主磁路饱和系数为

$$k_{s0}=\frac{\sum F}{F_{\delta}} \tag{7-66}$$

式中，F_{δ}为实际气隙磁压降；$\sum F$ 为外磁路的总磁压降。用主磁路饱和系数 k_{s0} 对解析法得到的磁通 Φ'_{δ}进行修正，得

$$\Phi_{\delta}=\frac{\Phi'_{\delta}}{k_{s0}} \tag{7-67}$$

为了得到较高的计算精度，需对饱和系数 k_{s0} 进行迭代计算，其流程图如图 7-30 所示。

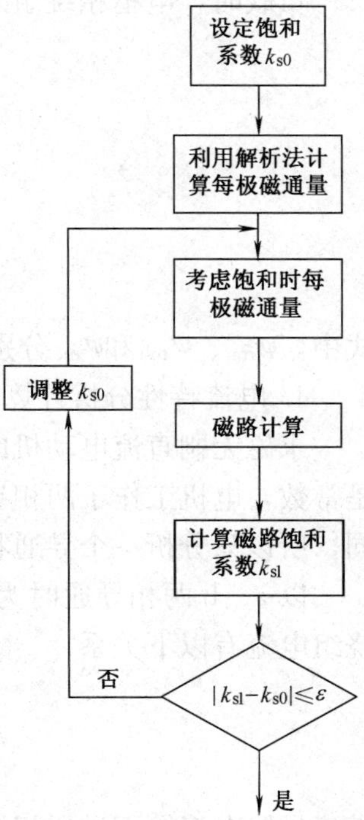

图 7-30　考虑饱和时气隙磁通的计算

2. 饱和电感计算

当电枢绕组通电时，电枢绕组会在电机中产生如图 7-31 所示的电枢反应磁场，根据电枢反应磁通路径的不同，可将其分为三部分：①与定、转子铁心都交链的电枢反应磁通 Φ_{a1}；②槽漏磁通 Φ_{a2}；③端部漏磁通 Φ_{a3}。其中 Φ_{a2}、Φ_{a3} 的磁通路径主要为空气，所以 Φ_{a2}、Φ_{a3} 可近似认为与铁心饱和程度无关。而 Φ_{a1} 与定、转子铁心同时交链，其大小受铁心饱和程度的影响。

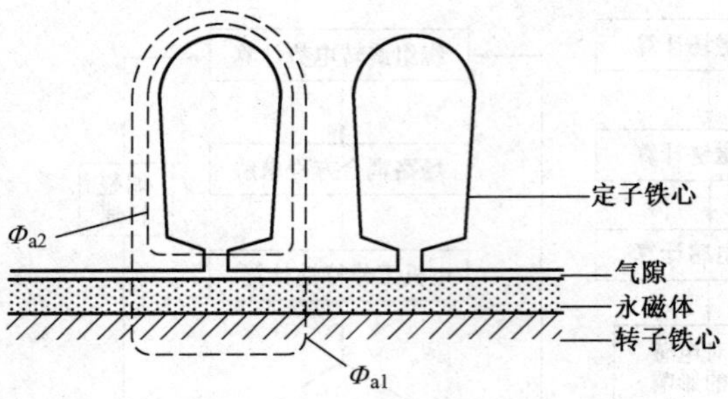

图 7-31　电枢反应磁场分布示意图

在不考虑铁心饱和的情况下，由式(7-48)可求得电枢反应磁场 Φ_{a1} 在气隙中的分布及大小。由于电机气隙磁场中永磁磁场为主导分量，铁心饱和主要与永磁磁场大小有关，可以用空载时的主磁路饱和系数 k_{s0} 对 Φ_{a1} 分量进行修正，即

$$\Phi'_{a1}=\frac{\Phi_{a1}}{k_{s0}} \tag{7-68}$$

电枢反应磁通大小可等效为

$$\Phi_a=\Phi'_{a1}+\Phi'_{a2}+\Phi'_{a3}=\frac{\Phi_{a1}}{k_{s0}}+\Phi_{a2}+\Phi_{a3} \tag{7-69}$$

则电枢绕组电感为

$$\begin{cases}L_a=L'+L_s+L_e\approx\dfrac{L}{k_{s0}}+L_s+L_e\\ M_a=M'=\dfrac{M}{k_{s0}}\end{cases} \tag{7-70}$$

式中，L_s、L_e分别为电枢绕组槽漏感、端部漏感，可参照电机设计中的方法根据绕组的具体连接方式计算。

3. 相绕组感应电动势的计算

负载时，电枢相绕组感应电动势为

$$\begin{cases}e_a=\dfrac{d\psi_{ma}}{dt}+L_a\dfrac{di_a}{dt}-M_a\dfrac{di_b}{dt}-M_a\dfrac{di_c}{dt}\\ e_b=\dfrac{d\psi_{mb}}{dt}-M_a\dfrac{di_a}{dt}+L_a\dfrac{di_b}{dt}-M_a\dfrac{di_c}{dt}\\ e_c=\dfrac{d\psi_{mc}}{dt}-M_a\dfrac{di_a}{dt}-M_a\dfrac{di_b}{dt}+L_a\dfrac{di_c}{dt}\end{cases} \tag{7-71}$$

式中，ψ_{ma}、ψ_{mb}和ψ_{mc}分别为永磁体与 a、b、c 三相绕组交链的磁链。

4. 电流特性分析计算

永磁无刷直流电动机的电路拓扑结构如图 7-2 所示。为便于分析，假定直流母线电压 u 是常数，电机工作于两相导通星形三相六状态工作方式。由于各导通状态下电路拓扑结构相同，所以只分析一个导通状态过程中的电流特性就可以得到整个电机的电流特性。

以 a、b 两相导通时为例，开关 VT1、VT6 开通，VD1、VD6 阻断，直流母线电流与绕组电流有以下关系

$$\begin{cases}i_d=i_{VT1}=i_a=-i_b=i_{VT6}\\ i_{VD1}=i_{VD6}=0\end{cases} \tag{7-72}$$

直流母线电流等于导通相绕组电流值。

在 a 相导通、b 相向 c 相换向过程中，开关 VT1、VT2 开通，VD1、VD2 阻断，VD3 正向导通，u_+→VT1 →a 相绕组→c 相绕组→VT2 →u_-形成回路 1，回路电流为 i_1；VD3

→VT1→a 相绕组→b 相绕组→VD3 形成回路 2，回路电流为 i_2。直流母线电流与绕组电流有以下关系

$$\begin{cases} i_d = i_1 = -i_c = i_{VT2} \\ i_a = i_1 + i_2 = -i_b - i_c = i_{VT1} \\ i_{VD3} = i_2 = -i_b \end{cases} \tag{7-73}$$

直流母线电流 i_d 不等于导通相绕组电流 i_a。

从以上分析可知，在换向过程中，直流母线电流并不能简单地以导通相的电流值来代替，尤其是当电机工作于 PWM 斩波方式时，直流母线电流与导通相电流差别会更大。这一点在永磁无刷直流电动机设计和计算时应引起足够重视。

以表 7-4 中的样机为例，电机在 $u=36$V、转速为 176r/min 时，电机 a 相电流、直流母线电流的计算波形如图 7-32 所示。$t_1 \sim t_4$ 为 a 相绕组正向导通时段。在 $t_1 \sim t_2$ 时段内，a、b 两相绕组导通，a 相电流 i_a 等于母线电流 i_d；在

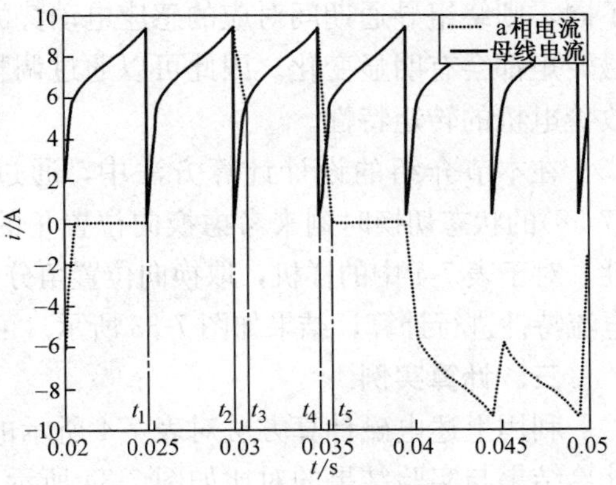

图 7-32　a 相电流与母线电流波形

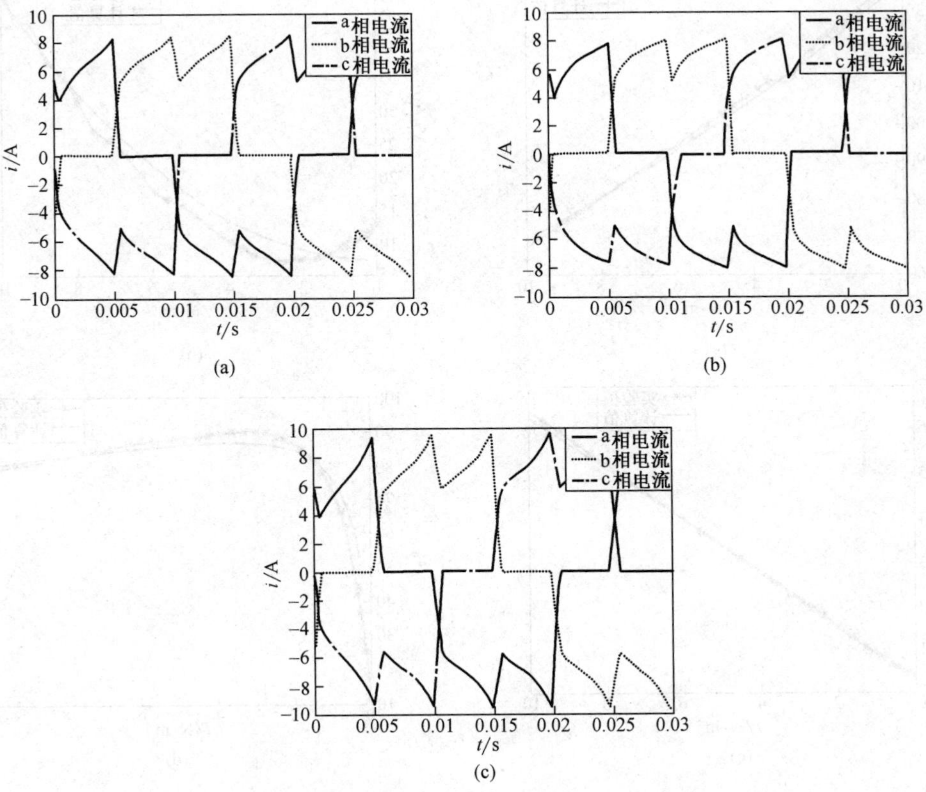

图 7-33　不同换向位置角 β 时的电流波形

(a) $\beta=0°$；(b) $\beta=+10°$（超前）；(c) $\beta=-10°$（滞后）

$t_2 \sim t_3$ 时段，电流由 b 相向 c 相换向，a 相电流 i_a 不等于母线电流 i_d；在 $t_3 \sim t_4$ 时段，a、c 两相绕组导通，a 相电流 i_a 等于母线电流 i_d。可见，在一个状态周期内，导通相电流与母线电流并不相等，以相电流值代替母线电流 i_d 来计算电机的特性会产生一定的偏差，应以实际母线电流值进行计算。

5. 换向位置角对绕组电流的影响

电机相绕组电流是由电源电压与绕组感应电动势的差值产生的，若相绕组换向位置角 β 不同，则绕组导通期间对应的感应电动势波形不同，相电流的大小和波形也不同，转速、电磁转矩都会有明显变化。因此可以通过调整电枢绕组的换向位置角，实现电机的弱磁控制或改善电机的转矩特性。

在本节介绍的设计计算方法中，通过调整场路耦合模型中式（7-54）、式（7-56）、式(7-58)的状态切换时刻来考虑换向位置角的影响，可以分析计算任意换向位置角下的电流特性。对于表 7-4 中的样机，取换向位置角分别为 0°、+10°（超前）和 −10°（滞后），对电机的电流特性进行计算，结果如图 7-33 所示。可以看出，换向位置角对绕组电流的影响较大。

三、计算实例

利用上述电磁计算方法对表 7-4 所示的 22 极 21 槽永磁无刷直流电动机进行校核计算，计算结果与实验结果的对比如图 7-34 所示。

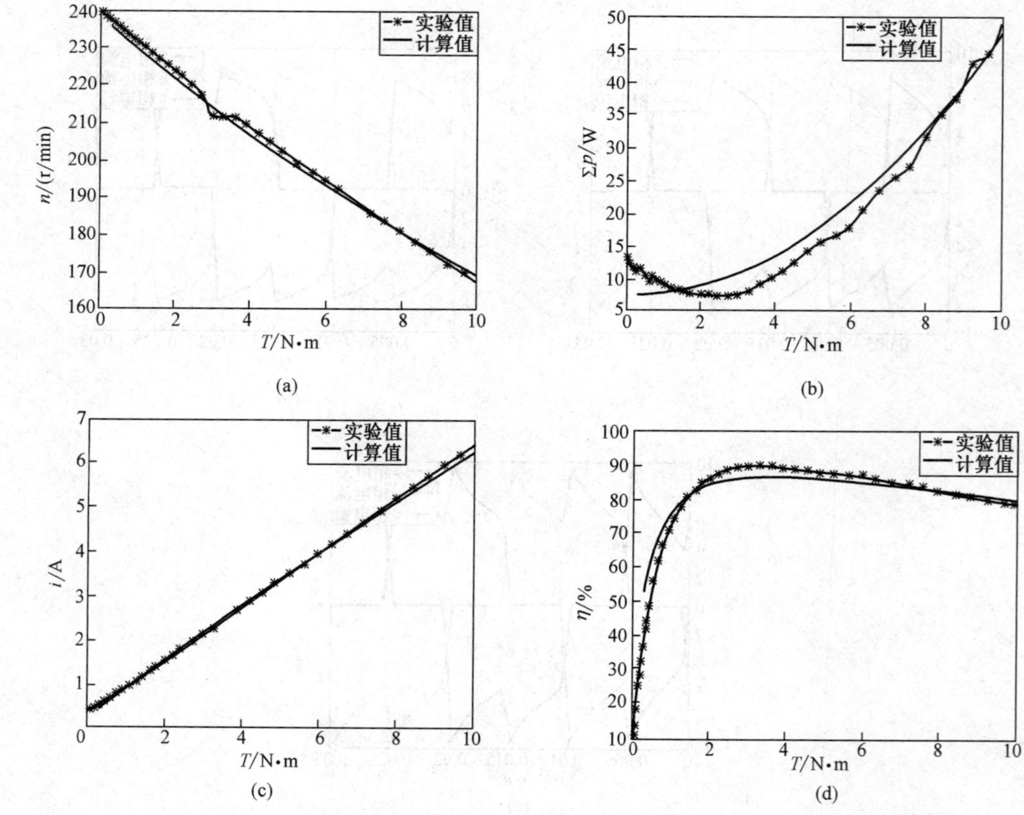

图 7-34 样机电磁计算与实验结果对比

(a) 转速—转矩曲线；(b) 总损耗—转矩曲线；(c) 电流—转矩曲线；(d) 效率—转矩曲线

第七节　永磁无刷直流电动机的转矩波动

一、永磁无刷直流电动机的转矩波动概述

忽略工艺影响，永磁无刷直流电动机的转矩波动主要包括齿槽引起的齿槽转矩、电流换向引起的转矩波动、电磁因素引起的转矩波动和电枢反应引起的转矩波动。齿槽转矩已在第五章讨论，不再赘述。下面讨论后三项转矩波动。

1. 电流换向引起的转矩波动

无刷直流电动机每经过一个导通状态，定子绕组中的电流就要进行一次换向，对电磁转矩产生一定的影响。这种相电流换向引起的电磁转矩波动称为换向转矩波动，后面将详细讨论。

2. 电磁因素引起的转矩波动

电磁因素引起的转矩波动是由于定子电流和转子磁场相互作用而产生的转矩波动。由于磁极间漏磁的影响，永磁磁场的极弧宽度通常小于实际极弧宽度，因此在相绕组的一个导通状态内，导通相绕组的所有导体并不总处于均匀磁场下，导致电磁转矩波动的产生。

一般情况下，永磁无刷直流电动机的极弧宽度较大，电磁因素引起的电磁转矩波动较小，有些情况下可以忽略。在电机设计时，一般取电机磁极的极弧系数尽量接近 1，增加气隙磁场的平顶宽度，以减小电磁转矩波动。

3. 电枢反应引起的转矩波动

电枢反应对转矩波动的影响主要体现在以下两个方面：①电枢反应使气隙磁场发生畸变，畸变的磁场与定子相绕组电流相互作用，使电机的电磁转矩随定、转子的相对位置的变化而波动；②相绕组刚刚导通时，电枢反应磁场去磁，每极磁通量减小；当相绕组电流即将关断时，电枢反应磁场助磁，每极磁通量增大，每极磁通量的这种快速变化也会引起电机转矩的波动。

为减小因电枢反应引起的转矩波动，永磁体应设计为瓦片形或环形结构，也可将转子磁路设计得较饱和，增大电枢反应磁场路径的磁阻。

二、换向转矩波动分析

对于换向引起的转矩波动，诸多文献进行了分析和论述。参考文献［5］采用电流滞环控制方式，使不换向绕组的电流不变，从而使换向引起的转矩波动为零。参考文献［6］指出，即使控制不换向绕组的电流为恒定值，由于相感应电动势波形斜边的影响，同样会产生换向转矩波动。参考文献［7］、［8］指出，换向转矩波动是换向时电机 Y 接绕组中性点电位突变造成的，可采用 120°导通区间内后 60°斩波的控制方法，以减小换向转矩波动，并且推导出了斩波占空比的计算公式。参考文献［9］研究了 4 种 PWM 斩波模式对换向转矩波动的影响，并给出各种模式下的最佳斩波占空比。参考文献［5］～［9］均以理想梯形波（平顶宽度为 120°电角度）相感应电动势为例进行分析讨论，但实际电机中由于永磁磁极的边缘效应、齿槽结构以及电机绕组的连接方式等因素的影响，电机相绕组的感应电动势并不是理想的梯形波，若以理想梯形波感应电动势为基础讨论换向转矩会带来一定偏差。

目前，方波气隙磁场的永磁无刷直流电动机应用十分广泛，换向转矩波动对电机的性能

影响较大，因此，本节以两相导通星形三相六状态工作方式下的方波永磁无刷直流电动机为例分析换向转矩波动。

1. 永磁无刷直流电动机的换向转矩分析

电机运行时，每个状态有两个运行区域：导通运行区域和换向运行区域。在导通运行区域内，定子绕组有两相导通；在换向运行区域内，三相定子绕组（电流上升相、电流衰减相、不换向相）中都有电流，但时间很短。导通运行区域和换向运行区域出现的周期为 60°电角度。

（1）导通运行区域的电磁转矩。当绕组 a、b 两相导通时，其拓扑结构如图 7-24（a）所示，其回路电流方程如式（7-53）所示，利用式（7-54）可求出 i_a，因

$$\begin{cases} i_1 = i_a = -i_b \\ i_c = 0 \end{cases} \tag{7-74}$$

假设电机转速为常数，则电磁转矩为

$$T_e = \frac{1}{\Omega}(e_a i_a + e_b i_b + e_c i_c) = \frac{1}{\Omega}(e_a i_a + e_b i_b) = \frac{1}{\Omega} i_a (e_a - e_b) \tag{7-75}$$

（2）换向运行区域的电磁转矩。当电流从一相向另一相换向时，即进入换向运行区域，电路拓扑结构如图 7-24（b）所示，回路电流方程如式（7-55）所示，利用式（7-56）可求出 i_1、i_2，因

$$\begin{cases} i_a = i_1 + i_2 \\ i_b = -i_1 \\ i_c = -i_2 \end{cases} \tag{7-76}$$

可求出三相电流，此时的电磁转矩为三相电流共同作用的结果

$$T_e = \frac{1}{\Omega}(e_a i_a + e_b i_b + e_c i_c) \tag{7-77}$$

以图 7-35 所示一台 6 极 9 槽（每个齿上开两个辅助槽）的永磁无刷直流电动机为例，其参数如表 7-5 所示。采用以上解析方法可计算出该电机运行于 1500r/min 时的相绕组旋转电动势、相电流变化波形，如图 7-36、图 7-37 所示。图 7-36 中相绕组旋转电动势波形与齿槽结构、永磁体极弧宽度有关，其中曲线下凹是由辅助凹槽引起的。在导通区域，电磁转矩大小仅与相绕组旋转电动势及导通相的电流瞬时值有关，由图 7-37 可以看出，在导通区域内电磁转矩波动较小。

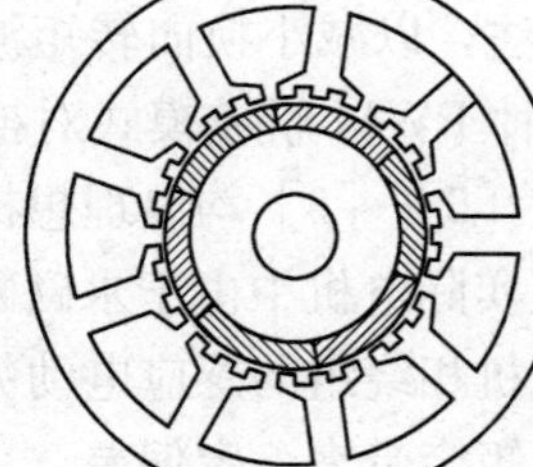

图 7-35　6 极 9 槽无刷直流电动机结构

表 7-5　电机参数

相数	3
极数	6
定子槽数	9
定子铁心内径/mm	61
定子铁心长/mm	44.6
永磁体厚/mm	3
永磁体剩磁/T	1.05

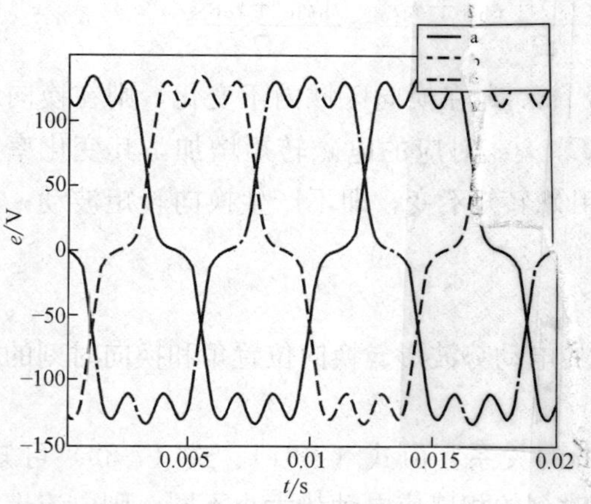

图 7-36 相绕组旋转电动势

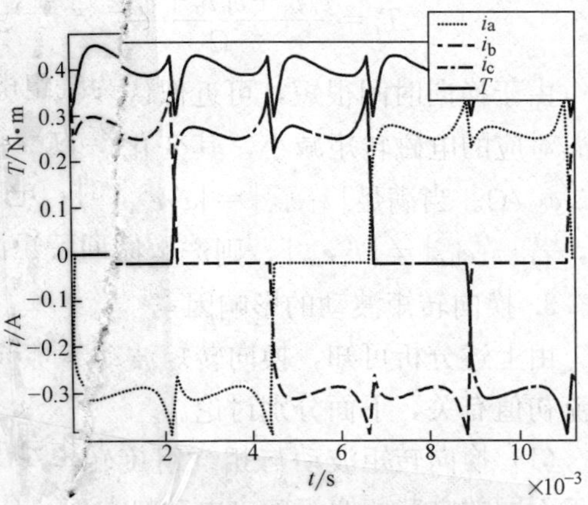

图 7-37 相绕组电流和电磁转矩波形

2. 换向转矩波动产生的原因

在图 7-24（b）所示的换向过程中，a、b 两相构成续流回路，回路电流与 b 相绕组的续流电流相等。由于续流时间很短，可近似认为续流时间内相绕组感应电动势 e_a、e_b、e_c 不变。则由式（7-55）可求得续流回路的电流表达式为

$$i_1=\frac{e_{bc}-e_{ab}-u}{3r_a}+\left(i_{01}-\frac{e_{bc}-e_{ab}-u}{3r_a}\right)e^{-\frac{r_a}{L-M}t} \tag{7-78}$$

式中，i_{01} 为换向前一时刻 i_1 的值；$e_{ab}=e_a-e_b$；$e_{bc}=e_b-e_c$。

i_1 衰减到零所需的时间为

$$t_{dec}=-\frac{L-M}{r_a}\ln\left(\frac{\dfrac{u-e_{bc}+e_{ab}}{3r_a}}{i_{01}-\dfrac{e_{bc}-e_{ab}-u}{3r_a}}\right) \tag{7-79}$$

开始导通相绕组（c 相）与 a 相绕组构成回路 2，由式（7-55）可求得回路 2 的电流表达式

$$i_2=\frac{2u+e_{ca}-e_{bc}}{3r_a}-\frac{2u+e_{ca}-e_{bc}}{3r_a}e^{-\frac{r_a}{L-M}t} \tag{7-80}$$

式中，$e_{ca}=e_c-e_a$。

由式（7-78）和式（7-80）可看出：换向区域内，关断相电流呈指数规律衰减，衰减速率为

$$i_1'=\frac{di_1}{dt}=-\frac{r_a}{L-M}\left(i_{01}-\frac{e_{bc}-e_{ab}-u}{3r_a}\right)e^{-\frac{r_a}{L-M}t} \tag{7-81}$$

开始导通相电流呈指数规律上升，上升速率为

$$i_2'=\frac{di_2}{dt}=\frac{2u+e_{ca}-e_{bc}}{3(L-M)}e^{-\frac{r_a}{L-M}t} \tag{7-82}$$

b、c 相换向时，电机的电磁转矩为

$$T_e=\frac{e_a i_a+e_b i_b+e_c i_c}{\Omega}=\frac{e_a(-i_b-i_c)+e_b i_b+e_c i_c}{\Omega}=\frac{i_b e_{ba}+i_c e_{ca}}{\Omega} \tag{7-83}$$

由于换向时间很短，可近似认为绕组电动势 e_{ba}、e_{ca} 在换向区域内不变化，则在换向时 $i_b e_{ba}$对应的电磁转矩减小，其变化率为$-i'_1 e_{ba}/\Omega$；$i_c e_{ca}$对应的电磁转矩增加，其变化率为$-i'_2 e_{ca}/\Omega$。当满足$|i'_1 e_{ba}|=|i'_2 e_{ca}|$时，电机的电磁转矩不变，即不产生换向转矩波动；反之，若$|i'_1 e_{ba}|\neq|i'_2 e_{ca}|$，则产生换向转矩波动。

3. 换向转矩波动的影响因素

由上述分析可知，换向转矩波动与相绕组旋转电动势波形、换向位置角和换向时刻的相电流初值有关，下面分别讨论。

（1）换向转矩波动与相绕组旋转电动势波形的关系。由式（7-81）、式（7-82）可知，对于不同的空载相绕组感应电动势波形，在换向时刻的相感应电动势大小不同，则电流上升相、电流衰减相的电流变化率不同，产生的换向转矩波动也不同。图 7-38 所示为不同极弧系数 α_p、不同槽口宽度 b_0 时的换向转矩比较。表 7-6 为其对应的电流变化率和绕组电动势平均值。可以看出，极弧系数和槽口宽度对换向转矩波动有影响。

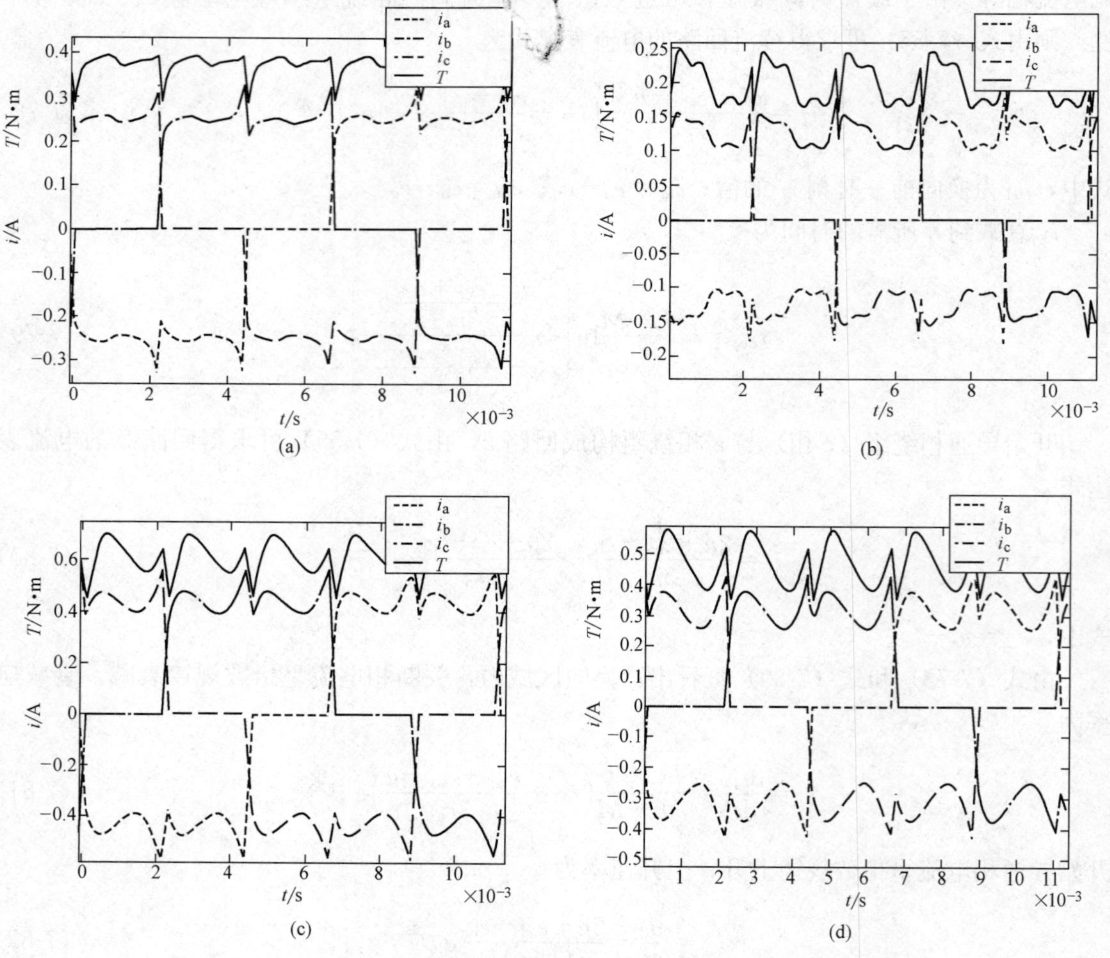

图 7-38　不同极弧系数、不同槽宽时的电流和电磁转矩波形

(a) $\alpha_p=1$，$b_0=3.54$mm；(b) $\alpha_p=1$，$b_0=2.54$mm；(c) $\alpha_p=0.84$，$b_0=3.54$mm；(d) $\alpha_p=0.84$，$b_0=2.54$mm

表 7-6　　b、c 换向时，不同 α_p 和 b_0 值对应的电流变化率和电动势平均值

α_p	b_0/mm	b 相电流下降速度/(A/s)	c 相电流上升速度/(A/s)	电动势 e_{ba} 平均值/V	电动势 e_{ca} 平均值/V
1	3.54	−2623	1882	−176.9	−204.0
1	2.54	−2810	1965	−187.9	−205.9
0.84	3.54	−2644	2068	−175.0	−184.2
0.84	2.54	−2793	2073	−187.4	−193.1

(2) 换向转矩波动与换向位置角的关系。当绕组换向时，电流上升相的感应电动势值和电流衰减相的感应电动势都与换向位置角有关。对于不同的换向位置角，它们对应的感应电动势值不相同，由式（7-81）、式（7-82）可知，不同的相感应电动势值会引起不同的电流变化率，进而影响换向转矩波动。图 7-39 为不同换向位置角 β 对应的换向转矩波动。表 7-7 为在 b、c 换向时不同换向角对应的电流变化率和绕组电动势平均值。

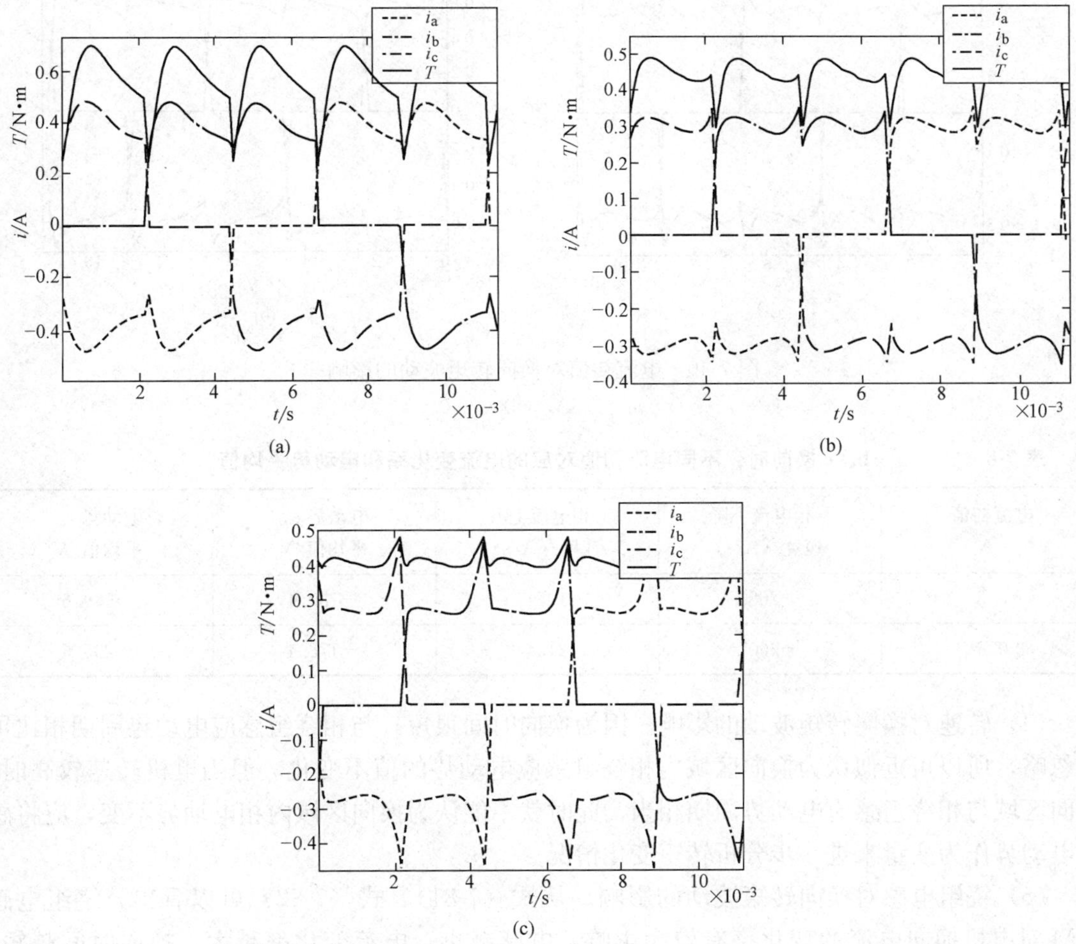

图 7-39　换向位置角对换向转矩波动的影响

(a) β=10°（超前）；(b) β=0°；(c) β=−5°（滞后）

表 7-7 b、c 换向时，不同 β 角对应的电流变化率和电动势平均值

β (°)	b 相电流下降速度/(A/s)	c 相电流上升速度/(A/s)	电动势 e_{ba} 平均值/V	电动势 e_{ca} 平均值/V
10	−3677	3016	−226.8	−144.2
0	−2680	1953	−180.4	−199.6
−5	−2034	1380	−146.5	−224.2

（3）换向时相绕组电流初值与换向转矩波动的关系。从式（7-81）可以看出，电流初值直接影响续流相的电流衰减速率，并且不同的电流初值会引起换向转矩波动的不同。图 7-40 为不同电流初值时的换向转矩波动比较，表 7-8 为其对应的电流变化率和绕组电动势平均值。

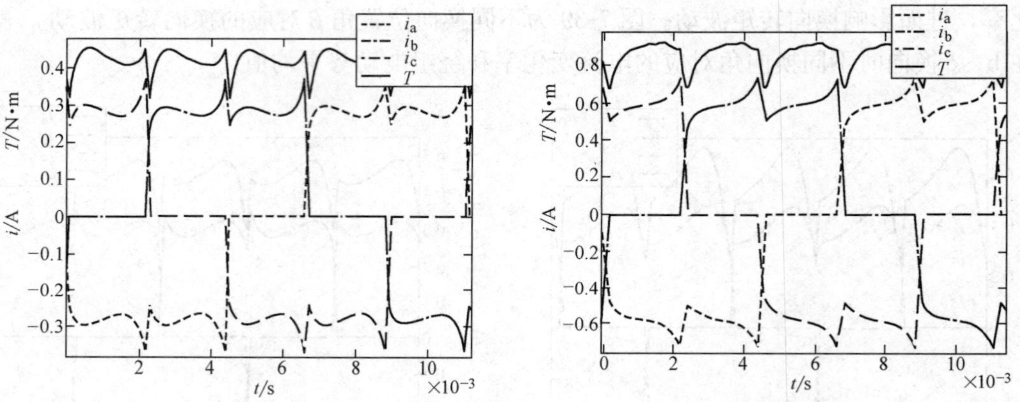

图 7-40 电流初值对换向转矩波动的影响

(a) $i_{01}=0.3$A；(b) $i_{01}=0.6$A

表 7-8 b、c 换向时，不同电流初值对应的电流变化率和电动势平均值

电流初值/A	b 相电流下降速度/(A/s)	c 相电流上升速度/(A/s)	电动势 e_{ba} 平均值/V	电动势 e_{ca} 平均值/V
0.3	−2680	1954	−180.4	−199.6
0.6	−2607	2134	−172.4	−205.6

（4）转速对换向转矩波动的影响。因为换向时间很短，与相绕组感应电动势周期相比可以忽略，所以可近似认为换向区域内相绕组感应电动势的值不变化。但当电机转速较高时，换向区域与相绕组感应电动势周期相当，此时就不能认为换向区域内相电动势不变，应将感应电动势作为变量来进一步分析转矩变化情况。

（5）绕组电感对换向转矩波动的影响。从式（7-81）、式（7-82）可以看出，绕组电感 L-M 对电机换向电流的变化率有较大影响，电感越小，电流变化率越大，换向时间越短，换向转矩波动对电机转速的影响也越小。因此从减小电机转速波动的角度考虑，电机绕组的电感越小越好。

第八节　永磁无刷直流电动机的设计特点

一、工作方式的确定

永磁无刷直流电动机是集电动机本体、控制器和转子位置传感器于一体的机电一体化器件，电动机的工作特性是各组成部分共同作用的结果。要满足一定的技术指标要求，需从系统的角度出发确定永磁无刷直流电动机的具体工作方式，主要包括电动机相数、绕组连接方式、逆变器拓扑结构、绕组通电方式、转子位置检测方式等。

目前三相永磁无刷直流电动机应用最为广泛。逆变器采用半桥结构的三相三状态工作方式时，多用于小功率高速电机；逆变器采用桥式结构的三相六状态工作方式时，可应用于多种驱动系统中。由于绕组电动势非正弦，其中含有大量高次谐波，所以三相绕组多采用星形连接。当对电动机体积要求不高、环境不恶劣时，一般采用位置传感器检测转子位置，使电动机具有较好的起动特性和抗过载、抗冲击能力，动态特性较好。恒转速运行的永磁无刷直流电动机可采用无位置传感器控制方式，由于无需转子位置传感器，减小了电机的体积，降低了成本，但起动困难、动态特性较差。

二、电磁负荷选择

由于永磁无刷直流电动机的电枢是定子，绕组的散热条件优于直流电动机，故其电负荷选取可适当高于直流电动机。磁负荷 B_δ 取决于永磁体与其外部磁路的匹配关系，同时永磁体的几何尺寸、性能及其充磁方式对 B_δ 也有较大影响。通常情况下，采用烧结钕铁硼永磁时，其气隙磁密可取 0.7～0.9T；采用粘结钕铁硼时，气隙磁密可取0.35～0.45T。

三、极数和槽数的确定

当转子外径、铁心有效长度和气隙磁密确定后，电机内气隙圆周的磁通量就确定了，如果选用较多的极数，每极磁通量减小，电机轭部截面积也可以减小；同时绕组端部缩短，用铜量减少，绕组电感减小，有利于绕组电流换向。但极数选得过多会使转子永磁磁极的极间漏磁通增大，降低永磁体的利用率。在相同转速下，极数越多，电机铁心内磁场的交变频率越高，导致电机的铁耗增大，效率下降。随电流交变频率的增大，逆变器开关的开关频率升高，开关损耗增大，所以极数增大后电机的综合效率降低。极数的确定应综合考虑电机的工作性能和经济性。电机设计时，可选择几种极数，对电机特性进行计算，综合比较性能后，确定合适的极数。

电机极数确定后，可参考电机设计的原则选定定子槽数。一般有两种方案供选择，即整数槽结构和分数槽结构。分数槽结构可有效减小齿槽转矩，其极槽数配合种类多种多样，其中图 7-4（a）所示的结构应用较广泛，分数槽电机工艺性好，适合大批量生产的小功率电动机，但其永磁体利用率较低。整数槽结构电机多在功率较大的电动机中采用，其永磁材料利用率较高，但需要采取适当措施削弱齿槽转矩。

确定了电机的主要参数后，可以根据本章所述的场路耦合电磁设计方法计算电机的工作特性，将计算结果与设计指标要求相对比，若不满足要求，则调整相应的设计参数重新计算，直至满足设计要求。

第九节　永磁无刷直流电动机的控制器

控制器是永磁无刷直流电动机的重要组成部分，其主要作用是实现无刷直流电动机的换向、调速和起动等功能，主要包括逆变开关电路、开关信号驱动放大电路和控制电路，如图 7-41 所示。

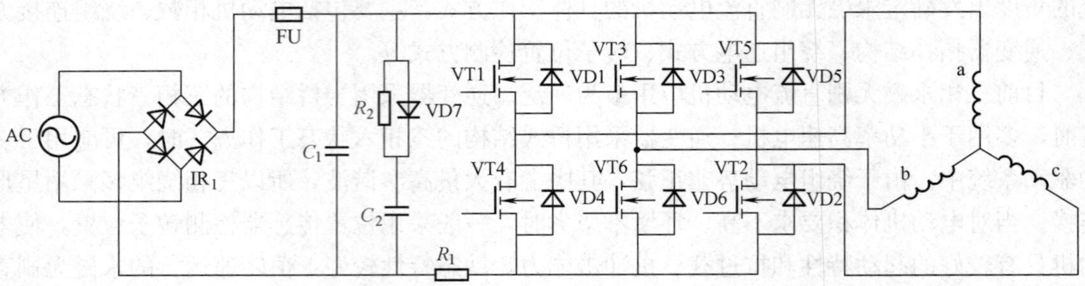

图 7-41　永磁无刷直流电动机的控制系统组成

一、逆变开关电路

对于不同相数、不同工作方式的永磁无刷直流电动机，其逆变开关电路的拓扑结构不同，其中图 7-41 所示三相桥式逆变电路应用最为广泛。它主要包括整流电路 IR_1、滤波电路、缓冲吸收电路和逆变桥。

整流桥 IR_1 和滤波电容 C_1 将交流输入电压转换为直流电压，形成低内阻直流电压源，电容 C_1 与绕组这一感性负载交换无功功率，保证电机系统输入端具有较高的功率因数。缓冲吸收电路由无感电容 C_2、快速恢复二极管 VD7 和电阻 R_2 构成，主要作用是吸收逆变开关动作时在绕组电感上产生的尖峰电压，保护逆变开关。对于小功率逆变电路，可以只在电源母线上连接一个吸收电路；对于大功率的逆变电路，需要在每一开关旁边连接一个吸收电路，并且吸收电路要尽可能靠近开关。

逆变电路由功率开关 VT1～VT6 和续流二极管 VD1～VD6 构成，它是逆变电路的核心部分，常用的功率开关为功率场效应晶体管 MOSFET、绝缘栅晶体管 IGBT 和智能功率模块（IPM）。功率场效应晶体管 MOSFET 具有驱动功率小、开关频率高、导通电阻具有负温度系数的优点，非常适合于低电压、大电流的驱动场合。绝缘栅晶体管 IGBT 的优点在于驱动输入阻抗高、开关损耗小、饱和压降低、通断速度快、热稳定性能好、耐高压且能承受大电流、驱动电路简单，其对应的 IGBT 功率模块品种多样，应用日益广泛。由 IGBT 单元构成的功率模块也得到了迅速发展，智能功率模块不仅包括功率开关单元和驱动电路，还具有保护和报警功能，简化了电路结构，缩短了开发周期。IGBT、IPM 适用于变频器、直流调速系统、DC-DC 变换器以及有源电力滤波器等，目前，富士、三菱、西门子均有多种规格的 IPM 智能功率模块。

二、驱动电路

驱动电路的作用是将控制电路输出的脉冲信号进行功率放大，以驱动 MOSFET 或 IGBT，对驱动电路的基本要求如下：

（1）提供适当的正向和反向输出电压，使功率开关管可靠地开通和关断。

(2) 提供足够大的瞬态功率或瞬时电流，使功率开关管能迅速导通。

(3) 尽可能小的输入输出延迟时间。

(4) 足够高的输入输出电气隔离性能，使信号电路与驱动电路隔离。

(5) 具有灵敏的过电流保护能力。

驱动电路有多种形式，按照驱动电路的组成不同可分为由分立元件组成的驱动电路和集成驱动电路；按照驱动方式不同可分为直接驱动和隔离驱动。

图 7-42 为美国 IR 公司生产的桥式驱动集成电路芯片 IR2110，它兼有光耦隔离和电磁隔离的优点，体积小，速度快，是中小功率变换装置中驱动器件的首选。IR2110 是一种双通道、栅极驱动、可驱动高压高速功率器件的单片式集成驱动模块，在芯片中采用了高度集成的电平转换技术，大大简化了逻辑电路对功率器件的控制要求，同时提高了驱动电路的可靠性。上桥采用外部自举电容上电，使得驱动电源数目较其他 IC 驱动电路大大减少。对于三相桥式逆变器，采用 3 片 IR2110 驱动 3 个桥臂，仅需一路 10～20V 电源，大大缩小了变压器体积，减少了电源数目，降低了成本，提高了系统可靠性。

IR2110 由低压侧驱动电路、高压侧驱动电路、电平转换电路以及输入逻辑电路等部分组成，输入逻辑电路与 TTL/CMOS 电平兼容。当下桥导通、上桥关闭时，LO 输出高电平，VT2 导通，HO 与 VS 导通，VT1 关断，VCC 经 VD3、C_1、VT2 给 C_1 充电；当上桥导通、下桥关闭时，LO 输出低电平，VT2 关断，HO 与 VB 导通，C_1 经 VB、HO、R_1 放电，VT1 导通。

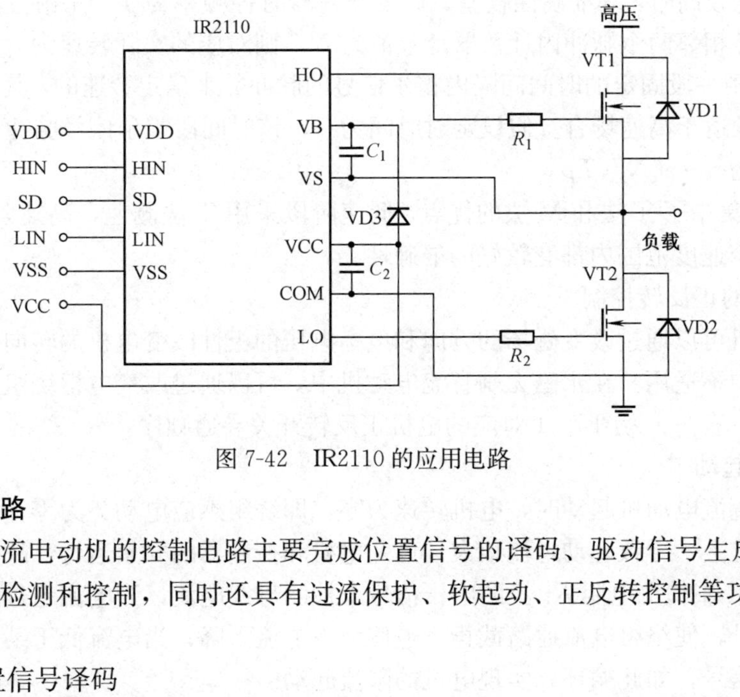

图 7-42　IR2110 的应用电路

三、控制电路

永磁无刷直流电动机的控制电路主要完成位置信号的译码、驱动信号生成、PWM 斩波信号控制、转速检测和控制，同时还具有过流保护、软起动、正反转控制等功能，它是电机控制器的核心。

1. 转子位置信号译码

转子位置传感器发出的位置信号经过光耦隔离得到宽度为 180°电角度的方波信号，根据电机正反转的设置情况对位置方波信号采用不同的逻辑处理，使控制电路产生正转或反转所需要的驱动信号。

2. PWM 斩波信号控制

永磁无刷直流电动机的转速与直流电压成正比，通过控制 PWM 斩波信号占空比可以方便地控制电动机的转速。一般采用 RC 振荡电路或晶振电路产生锯齿波，与转速设定信号相比较产生 PWM 斩波信号。

3. 转速检测电路

电动机的转速检测一般采用测速发电机或光电编码器，但永磁无刷直流电动机一般功率较小，不宜在轴上安装转速传感器。通常利用转子位置传感器的信号检测转速，电机每转对应 P 个方波脉冲，因此方波信号的频率与电机的速度成正比。可以利用图 7-43 所示的单稳态触发器测速电路检测电机转速。电机位置传感器的脉冲信号送到触发器输入端 TR，其上升沿使触发器输出 Q 端产生等宽等高的脉冲，再经过 RC 低通滤波器后输出一个直流电压，该电压幅值正比于电机的转速，即为电机的转速信号。这种测速方法只适用于电机转速较高的场合，且转速检测精度较低。此外，还可根据位置传感器信号的特点和单片机的运算功能实现测速，以提高电机转速的检测精度，使电机的速度控制更加灵活。常用的测速方法有三种，分别为 T 法、M 法和 M/T 法。

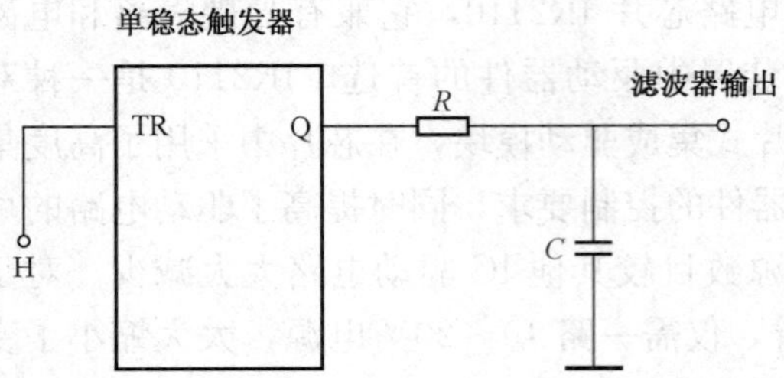

图 7-43　单稳态触发器测速电路

T 法是通过霍尔信号两个相邻脉冲的时间间隔来确定转速的，该方法适合于速度比较低的场合，当转速较高时，其准确性较差。假设计数器时钟频率为 f，无刷直流电动机极对数为 p，霍尔信号相邻两个脉冲内计数器计数值为 N，则对应的实际转速为 $n=60f/(Np)$。

M 法是利用一段固定的时间间隔内霍尔信号的脉冲数来确定转速的，其性能特点正好与 T 法相反，比较适于高速场合。假设定时时间为 T，该时间段霍尔信号脉冲计数为 N，则对应的实际转速为 $n=60N/(Tp)$。

M/T 法则集中了 T 法和 M 法的优点，低速阶段采用 T 法测速，高速阶段采用 M 法测速，从而在整个速度范围内都有较好的准确性。

4. 电动机的正反转控制

直流电动机可以通过改变磁场的方向和电枢电压的极性改变电机的转向，但这在永磁无刷直流电动机中不适用。在永磁无刷直流电动机中，可以通过改变电枢绕组的导通顺序来改变电动机转向，表 7-9 为图 7-41 对应的电机正反转开关导通顺序。

5. 电机的起动

永磁无刷直流电动机起动时，电机转速为零，即绕组感应电动势为零，直流母线电压全部加在绕组阻抗上，导致起动电流很大，危及电机和控制器的安全运行，故一般采用限流起动。通过图 7-41 中检测电阻 R_1 上的电压信号来检测母线电流，当电流超过限定值时，封锁逆变器驱动信号，使绕组电流通路截止，迫使绕组电流下降；当电流低于某一值时，重新开通逆变器驱动信号，如此循环，实现电机的限流起动。

6. 变结构控制的实现

无刷直流电动机的本体结构与调速永磁同步电动机相同。永磁无刷直流电动机具有起动性能好、调速方便、动态特性优良的特点；调速永磁同步电动机具有转速精确、运行稳定的特点。因此可以采用变结构的控制方法使电动机具有这两种方式的优点，即电机低速起动或

表 7-9　　电机正反转开关导通顺序

位置传感器信号 60° S_A S_B S_C	位置传感器信号 120° S_A S_B S_C	正向/反向 F/R	上侧驱动 VT1 VT3 VT5	下侧驱动 VT4 VT6 VT2
1 0 0	1 0 0	1	1 0 0	0 0 1
1 1 0	1 1 0	1	0 1 0	0 0 1
1 1 1	0 1 0	1	0 1 0	1 0 0
0 1 1	0 1 1	1	0 0 1	1 0 0
0 0 1	0 0 1	1	0 0 1	0 1 0
0 0 0	1 0 1	1	1 0 0	0 1 0
1 0 0	1 0 0	0	0 0 1	1 0 0
1 1 0	1 1 0	0	0 0 1	0 1 0
1 1 1	0 1 0	0	1 0 0	0 1 0
0 1 1	0 1 1	0	1 0 0	0 0 1
0 0 1	0 0 1	0	0 1 0	0 0 1
0 0 0	1 0 1	0	0 1 0	1 0 0

注　正向/反向：1 代表正向，0 代表反向；上下桥驱动：1 代表导通，0 代表关断。

调速过程中，采用无刷直流电动机运行方式，提高系统的动态性能；在电机进入转速稳定区域后，则采用同步电动机运行方式，转子转速与供电频率同步，使其具有高的转速稳定度。用转子位置传感器信号检测电机转速，一旦电机失去同步，马上转换为无刷直流电动机运行方式，重新将转子拉入同步。

四、控制器实例

无刷直流电动机控制器类型主要有：①分立器件组成的控制器，其结构复杂，抗干扰性和可靠性较差，不利于大批量生产；②基于专用集成电路的控制器，其结构简单，外围器件少，功能齐全，可靠性高，成本低廉；③基于微处理器的控制器，随着微处理器技术的发展，可以开发出各种功能完善、控制灵活的控制器，极大地拓宽了其适用领域。

基于专用集成电路的控制器具有较高的性价比，其应用日益广泛，已出现了多种无刷直流电动机控制集成电路，其中 MC33035 是美国 Motorola 公司生产的高性能第二代无刷直流电动机控制器专用集成电路。它具备控制一个全特性开环三相无刷直流电动机所需要的全部功能，可实现电动机的 PWM 开环速度控制、使能控制（起动或停止）、正反转控制和能耗制动。此外，MC33035 还可以用作有刷直流电动机的控制器芯片。

1. MC33035 功能介绍

MC33035 芯片采用 24 脚 DIP 塑料封装，其管脚功能说明如表 7-10 所示，其管脚排列和内部结构如图 7-44 所示。从功能上讲，该芯片主要包括：①转子位置传感器译码电路；②带温度补偿的内部基准电源；③频率可设定的锯齿波振荡器；④全通误差放大器；⑤脉宽调制（PWM）比较器；⑥输出驱动电路；⑦限流保护电路。

(1) 转子位置传感器译码电路。图 7-44 中的译码电路将根据电机正反转信号、60°/120°信号的状态确定三路位置传感器信号的逻辑处理方式，最后将逻辑处理结果转换为逆变桥开关的 6 路驱动信号。另外，位置传感器信号输入端 4、5、6 脚内含上拉电阻，输入电路与 TTL 电平兼容，门限典型值为 2.2V，它适用于集电极开路型霍尔效应开关或者光电耦合器等位置传感器类型。该译码电路可用于传感器相位差为60°、120°、240°、300°这4种空间

表 7-10　　MC33035 芯片管脚功能介绍

管脚号	符号与功能	功 能 说 明
1,2,24	B_T,A_T,C_T	集电极开路输出，用来驱动三相逆变桥上桥三个功率开关
3	正向/反向	用来改变电动机旋转方向
4,5,6	S_A,S_B,S_C	转子位置传感器信号输入端
7	使能控制	逻辑高电平使电动机起动，逻辑低电平使电动机停车
8	基准电压输出	典型值 6.25V。可为振荡器定时电容 C_T 提供充电电流，并为误差放大器提供一个基准电压，还可为位置传感器提供电源
9	电流检测输入	电流检测比较器的同相输入端
10	振荡器	通过外接定时元件 R_T 和 C_T 决定其振荡频率
11	误差放大器同相输入端	这个输入端通常是与速度设置电位计相连的
12	误差放大器反相输入端	这个输入端通常是与开环应用中的误差放大器输出端相连的
13	误差放大器输出端	在闭环控制时连接校正阻容元件。此引脚也连接到内部 PWM 比较器反相输入端
14	故障信号输出	集电极开路输出，故障时输出低电平
15	电流检测反相输入端	通常连接在电流传感电阻器的底边一侧
16	接地点	用于向控制集成电路提供接地点并且应当返回到电源接地点
17	V_{CC}	用于向控制集成电路提供正电源，10～30V
18	V_C	为下桥驱动输出提供正电源，10～30V
19,20,21	C_B,B_B,A_B	推挽式输出，用来直接驱动三相桥下桥三个功率开关
22	60°/120°选择	高电平对应传感器相位差为 60°，低电平对应传感器相位差为 120°
23	制动输入	逻辑低电平使电动机运转，逻辑高电平使电动机迅速制动

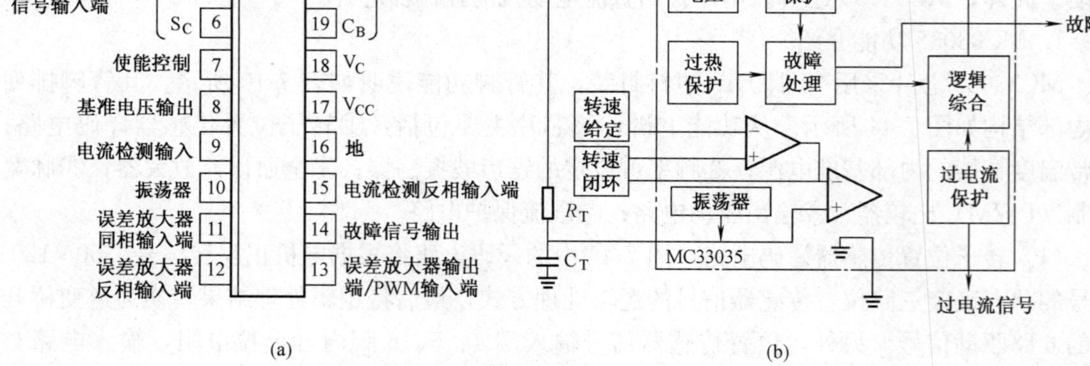

(a)　　　　(b)

图 7-44　MC33035 的管脚排列和内部结构

(a) 管脚排列；(b) 内部结构

位置的三相无刷直流电动机。表 7-9 中 3 个传感器输入端原则上可有 8 种输入方式组合，其中 6 种是有效的转子位置信息，其余两种则是无效的，通常是由传感器引线开路或短路造成的。当输入为无效组合时，14 脚将输出故障信号，同时封锁驱动输出，以保证电机系统的安全。

（2）正/反转控制。电机正/反转控制是由 3 脚的逻辑电平决定的。当 3 脚逻辑状态改变时，位置译码器首先将传感器信号在内部逻辑取反，再经译码后，得到反相序的换向输出，改变电机相绕组的导通顺序，实现电动机的反转。

（3）起/停和制动控制。电机的起/停控制通过芯片 7 脚使能端来实现。当 7 脚悬空时，内部 40μA 电流源使驱动输出电路正常工作。若 7 脚接地，3 个上桥驱动输出开路（1 状态），3 个下桥驱动输出强制为低电平，使电动机绕组没有激励而停车，电机停转的同时 14 脚输出低电平。

当制动输入端 23 脚为高电平时，电动机进入制动状态。此时，上桥 3 个驱动输出开路，下桥 3 个驱动输出为高电平，外接逆变桥下桥 3 个功率开关导通，使电动机三相绕组对地短接，实现能耗制动。

（4）锯齿波振荡器。图 7-44（b）中内部振荡器的振荡频率由外接定时元件 C_T 和 R_T 决定。8 脚输出的基准电压通过电阻 R_T 向电容 C_T 充电，然后 C_T 又通过内部放电晶体管迅速放电而形成锯齿波振荡信号，其波峰和波谷分别为 4.1V 和 1.5V。建议使用振荡器频率为 20～30kHz，以兼顾频率过低产生可闻噪声和频率过高影响功率开关效率的矛盾。

（5）脉宽调制器。电机正常运行时，误差放大器输出与振荡器输出锯齿波信号比较后，产生脉宽调制（PWM）信号，控制下桥 3 个驱动输出。改变输出脉冲宽度，相当于改变供给电动机绕组的平均电压，从而控制其转速和转矩。

（6）限流保护电路。为了避免电机电流过大而损坏电机及控制器，必须对电机电流进行必要的限制。一般电机逆变桥经一个小电阻接地，将电阻上的电压信号作为电流采样值。采样电压由 9 脚和 15 脚输入至芯片内的电流检测比较器，比较器反相输入端设置有 100mV 基准电压，作为电流限流基准。在振荡器锯齿波上升时间内，若电流过大，比较器翻转，将驱动输出关闭，以限制电流继续增大。在锯齿波下降时间，重新使驱动输出开通。利用这样的逐个周期电流比较，实现了限流。

（7）欠电压锁定。MC33035 内设有欠电压保护电路，在下列三种情况下关闭驱动输出：芯片供电电压 U_{CC} 低于 9.1V、下桥驱动电源 U_C 低于 9.1V、基准电压低于 4.5V。该锁定信号可以保证芯片内部正常工作以及向下桥驱动输出提供足够高的驱动电压。当电压恢复正常后，系统会自动恢复正常。

（8）故障信号输出。为了实时地观测芯片的工作情况，芯片提供了一个集电极开路的故障信号输出端 14 脚，它可直接驱动 LED 作故障显示，也可与微处理机接口。当出现下列情况之一时，14 脚输出低电平故障信号：①无效的位置传感器输入组合；②7 脚使能端为低电平；③电流检测端输入电压大于 100mV；④欠电压锁定；⑤芯片过热，典型值超过 170℃。通过此故障信号输出端可以方便地检测控制电路的工作状态是否正常。

（9）驱动输出。MC33035 内部嵌入了逆变桥驱动电路，其中上桥 3 个驱动输出是集电极开路 NPN 晶体管，其吸入电流能力为 50mA，耐压为 40V，可用来驱动外接逆变桥上桥臂的 PNP 功率晶体管和 P 沟道 MOSFET 功率管。下桥 3 个驱动输出是推挽输出，驱动能力为 100mA，可直接驱动 NPN 晶体管和 N 沟道功率 MOSFET，下桥驱动输出的电源 V_C可由 18 脚单独引入。为了防止 MOSFET 栅极击穿，应当在 18 脚上接入一个 18V 稳压二极管进行钳位。

2. 基于 MC33035 的无刷直流电动机控制器

MC33035 内部集成了无刷直流电动机控制电路的所有功能，利用它开发的控制器外围电路简单，运行可靠。当电机驱动电压低于 24V 时，可以用芯片直接驱动逆变桥中的 MOSFET 功率管，实现无刷直流电动机的各项控制功能。图 7-45 为基于 MC33035 的三相全波无刷直流电动机开环速度控制电路，该电路简单、成本低廉，非常适合于低压小功率永磁无刷直流电动机的控制。

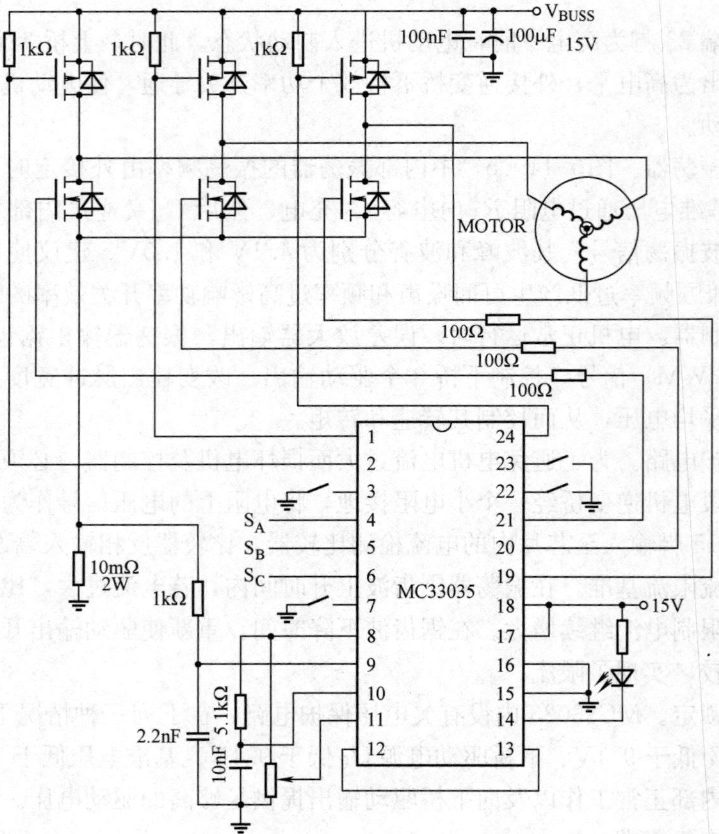

图 7-45　基于 MC33035 的无刷直流电动机控制电路

参　考　文　献

[1]　李钟明，刘卫国. 永磁电机［M］. 北京：国防工业出版社，1999.

[2]　Z. Q. Zhu，David Howe，Ekkehard Bolte，Bernd Ackermann. Instantaneous magnetic field distribution in brushless permanent-magnet dc motor，Part I：open-circuit field［J］. IEEE Transaction on magnetics，1993，29 (1)：124-135.

[3]　Z. Q. Zhu，David Howe，C. C. Chan. Improved analytical model for predicting the magnetic field distribution in

brushless permanent-magnet machines [J]. IEEE Transaction on magnetics. 2002，38 (1)：229-238.

[4] 汤蕴璆. 电机内的电磁场 [M]. 北京：科学出版社，1998.

[5] Renato Carlson，Michel Lajoie-Mazenc，Joao C. dos S. Fagundes. Analysis of torque ripple due to phase commutation in brushless dc machines [J]. IEEE Transaction on industry applications，1992，28 (3)：632-638.

[6] Byoyng-Hee Kang，Choel-Ju Kim，Hyung-Su Mok，Gyu-Ha Choe. Analysis of torque ripple in BLDC motor with commutation time [C]. Proceedings of ISIE 2001，1044-1048.

[7] Xiangjun Zhang，Boshi Chen，Pingping Zhu. A new method to minimize the commutation torque ripple in trapezoidal BLDC motor with sensorless drive [C]. Power Electronics and Motion Control Conference. 2000，607-611.

[8] 张相军，陈伯时，朱平平. 无刷直流电动机换向转矩脉动的分析及其补偿方法 [J]. 电工技术杂志，2000 (8)，13-15.

[9] Xiangjun Zhang，Boshi Chen，The different influence of four PWM modes on the commutation torque ripples in sensorless brushless DC motors control system [C]. Electrical Machines and Systems Conference，2001，575-578.

[10] 张琛. 永磁无刷直流电动机原理及其应用 [M]. 北京：机械工业出版社，2004.

[11] 叶金虎. 无刷直流电动机 [M]. 北京：科学出版社，1982.

[12] 唐任远. 现代永磁电机 [M]. 北京：机械工业出版社，1997.

[13] Tomy Sebastian. Analysis of induced EMF waveforms and torque ripple in a brushless permanent magnet machine [J]. IEEE Transaction on industry applications，1996，32 (1)：195-200.

[14] Z. Q. Zhu and D. Howe. Analytical prediction of the cogging torque in radial-field permanent magnet brushless motors [J]. IEEE Transaction on magnetics，1992，28 (2)：1371-1374.

[15] 程福秀，林金铭. 现代电机设计 [M]. 北京：机械工业出版社，1993.

[16] 胡之光. 电机电磁场的分析与计算 [M]. 北京：机械工业出版社，1989.

[17] Carsten-Sünnke Berendsen，Gérard Champenois，Alain Bolopion. Commutation strategies for brushless DC motors：influence on instant torque [J]. IEEE Transaction on industry applications，1995，31 (2)：373-378.

[18] W. N. Fu，Z. J. Lin，C. Bi. A dynamic model of disk drive spindle motor and its applications [J]. IEEE Transaction on magnetics，2002，38 (2)：973-976.

[19] Yong Wang，K. T. Chau，C. C. Chan，J. Z. Jiang. Transient analysis of new outer-rotor permanent-magnet brushless DC drive using circuit-field-torque coupled time-stepping finite-element method [J]. IEEE Transaction on magnetics，2002，38 (2)：1297-1300.

[20] Ki-Chae Lim，Jung-Pyo Hong，Gyu- Tak Kim. The novel technique considering slot effect by equivalent magnetizing current [J]. IEEE Transaction on magnetics，1999，35 (5)：3691-3693.

[21] Zeroug H，Boukais B，sahraoui H. Analysis of torque ripple in BLDCM [J]. IEEE Transaction on magnetics，2002，38 (2)：1293-1296.

[22] Commutation torque ripple minimization for permanent magnet synchronous machines with Hall effect position feedback [J]. IEEE Transaction on Energy Conversion，1998，13 (3)：257-262.

第八章　异步起动永磁同步电动机

第一节　异步起动永磁同步电动机的结构与特点

异步起动永磁同步电动机是具有自起动能力的永磁同步电动机，兼有感应电动机和电励磁同步电动机的特点。它依靠定子旋转磁场与笼型转子相互作用产生的异步转矩实现起动。正常运行时，转子运行在同步速，笼型转子不再起作用，其工作原理与电励磁同步电动机基本相同，不同之处在于永磁同步电动机由永磁体提供机电能量转换所需要的磁场，取消了电励磁同步电动机中的集电环、电刷以及励磁电源，结构简单紧凑，能量密度显著提高。随着永磁材料性能的不断提高和对高效节能电机的迫切需求，异步起动永磁同步电动机在纺织、油田等行业得到了较大范围的应用。

一、异步起动永磁同步电动机的结构

与其他旋转电机一样，异步起动永磁同步电动机由定子和转子组成，定、转子之间存在空气隙。图 8-1 为异步起动永磁同步电动机的典型结构示意图。

1. 定子结构

永磁同步电动机的定子结构与感应电动机相同。为减小磁场引起的涡流损耗和磁滞损耗，定子铁心通常由 0.5mm 厚的硅钢片叠压而成，上面冲有均匀分布的槽，槽内嵌三相对称绕组。定子槽形通常采用半闭口槽，如图 8-2 所示，其中梨形槽的槽面积利用率高，冲模寿命长，且槽绝缘的弯曲程度较小，不易损伤，应用广泛。定子绕组通常由圆铜线绕制而成，为减小杂散损耗，大多采用双层短距和星形接法，小功率电机中也有采用单层绕组的。

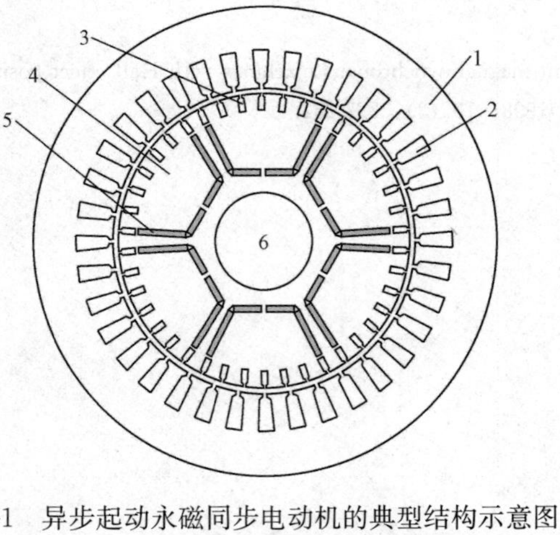

图 8-1　异步起动永磁同步电动机的典型结构示意图

1—定子铁心；2—定子槽；3—转子槽；4—转子铁心；5—永磁体；6—轴

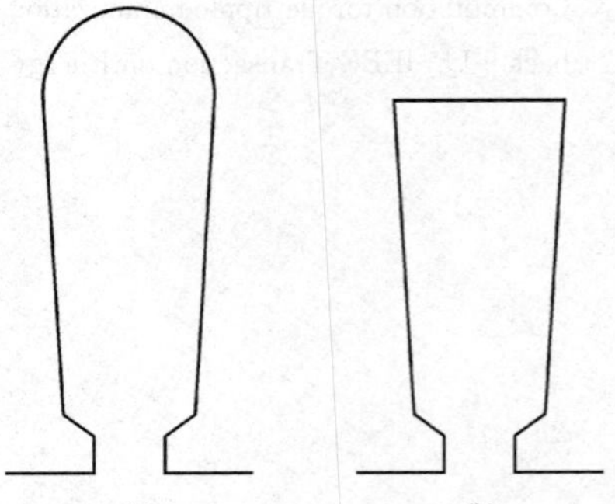

图 8-2　定子槽形

(a) 梨形槽；(b) 梯形槽

为提高零部件的通用性、缩短开发周期，在进行异步起动永磁同步电动机设计时，常常选用感应电动机的定子冲片、机壳、端盖和轴等。

2. 转子结构

按照转子是否有起动笼，可将转子结构分为实心永磁转子和笼型永磁转子两种。实心永磁转子结构如图8-3所示，铁心由整块钢加工而成，上面铣出槽以放置永磁体。这种结构靠旋转磁场在转子铁心感应的涡流产生起动转矩，无需起动绕组。

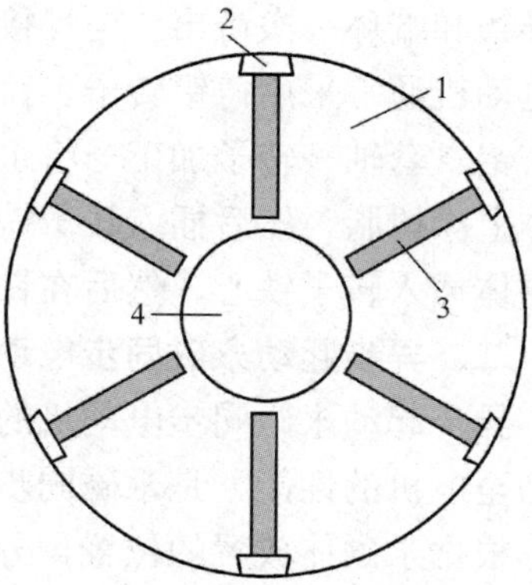

图 8-3　实心永磁转子结构

1—铁心；2—槽楔；3—永磁体；4—轴

笼型永磁转子是最常见的结构，转子铁心由 0.5mm 厚的硅钢片叠压而成，上面冲有均匀分布的槽，通常采用半闭口槽，如图 8-4 所示。其中图（g）、（h）、（i）和（j）所示的闭口槽可以简化冲模、减小杂散损耗，但转子漏抗较大，对起动性能有较大影响，故应用很少；图（b）、（c）、（f）所示的槽形，槽底为圆形，不利于隔磁，为保证隔磁效果，隔磁磁桥的形状应如图 8-9（e），加工相对复杂，性能相对于平底槽并无优势，故应用也很少；图（d）所示的凸形槽和图（e）所示的刀形槽，模具加工复杂，但可以增强集肤效应、提高起动转矩，由于转子上要放置永磁体，转子槽一般不深，电流的集肤效应没有同规格感应电动机那么明显。图（a）具有结构简单、模具制造方便的优点，可以采用减小转子槽面积的方法提高起动转矩，因而在小型异步起动永磁同步电动机中应用广泛。图8-4中，L_{vv}为各槽形的代号，将在后面的电磁计算程序中用到。

需要指出的是，感应电动机中常采用转子斜槽，但在永磁同步电动机中，由于受永磁体放置的限制，通常采用定子斜槽。

转子笼型绕组有铜导条焊接式和铸铝式两种。前者在转子槽内插入铜导条，在转子铁心两端各放置一个铜端环，将铜端环和导条焊接在一起；后者采用离心铸铝或压力铸铝工艺，

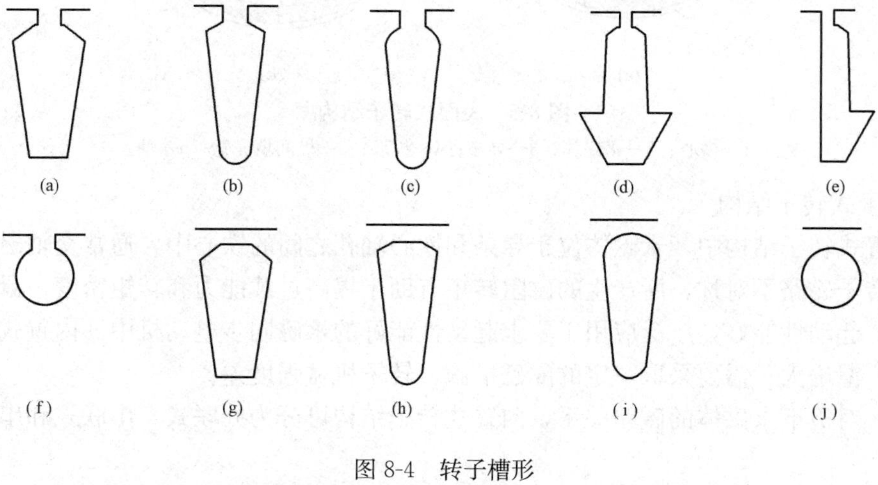

图 8-4　转子槽形

（a）梯形槽（$L_{vv}=1$）；（b）斜肩梨形槽（$L_{vv}=2$）；（c）梨形槽（$L_{vv}=3$）；（d）凸形槽（$L_{vv}=4$）；（e）刀形槽（$L_{vv}=5$）；（f）圆形槽（$L_{vv}=6$）；（g）闭口梯形槽（$L_{vv}=7$）；（h）闭口斜肩梨形槽（$L_{vv}=8$）；（i）闭口梨形槽（$L_{vv}=9$）；（j）闭口圆形槽（$L_{vv}=10$）

将导条和端环一次铸出。与焊接法相比，铸铝式具有工艺简单、成本低的优点，因此永磁同步电动机通常采用铸铝转子。铸铝转子的加工过程如下：铁心冲剪→铁心叠压→套假轴→转子铸铝→套轴→转子加工→将永磁体从铁心端部放入。永磁体的固定方式有两种，一是在永磁体上涂树脂，然后插入转子铁心，树脂凝固后将永磁体和转子铁心固定在一起；二是先将永磁体插入转子铁心，然后在铁心两端加非磁性端环，端环固定在转子铁心上。

二、异步起动永磁同步电动机的转子磁极结构

异步起动永磁同步电动机的永磁体放置在转子上，其放置的方式影响到气隙磁通、漏磁通乃至电机的性能，是永磁同步电动机设计中的核心问题。

根据永磁体放置的位置，分为表面式和内置式两种转子磁极结构。

1. 表面式转子结构

表面式转子结构如图 8-5 所示，永磁体用高强度非导磁圈固定在鼠笼转子的外部，磁极之间可以用非导磁材料，如树脂、铝、铜等填充，也可用导磁材料填充。若采用非导磁材料填充，则交直轴磁路对称，属于隐极电机；若采用导磁材料，则交轴磁阻小于直轴磁阻，为凸极电机，可以利用凸极效应产生的磁阻转矩提高过载能力。当极数较少时，每极永磁体圆弧角度较大，材料利用率低、加工困难，可以采用拼块式结构，由多块小永磁体拼成整个磁极。表面式转子结构的缺点是：导条在转子内部，产生的异步转矩较小，仅适合于对起动性能要求不高的场合。

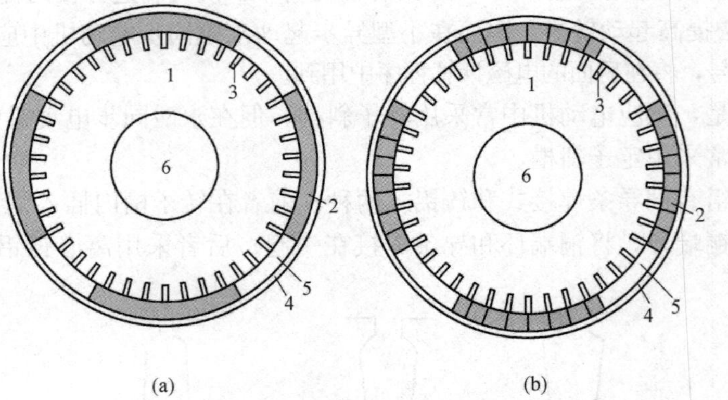

图 8-5　表面式转子结构

1—铁心；2—永磁体；3—导条；4—护环；5—极间填充物；6—轴

2. 内置式转子结构

在内置式转子结构中，永磁体位于导条和铁心轴孔之间的铁心中，通常交轴磁阻小于直轴磁阻，转子磁路不对称，所产生的磁阻转矩有助于提高过载能力和转矩密度，鼠笼直接面向空气隙，起动性能好，广泛应用于要求起动性能好的永磁同步电动机中。内置式转子结构的缺点是：漏磁大，需要采取一定的隔磁措施，转子机械强度差。

根据一对极下永磁体的磁路关系，内置式转子结构可分为并联式、串联式和串并联混合式三种。

（1）并联式磁路结构。在并联式磁路结构中，相邻两磁极的永磁体并联提供每极磁通，如图 8-6 所示。其中图（a）采用非磁性轴隔磁，而图（b）采用空气槽隔磁，可使用磁性轴。图（c）是西门子公司采用的并联式磁路结构，主要适用于磁性能低的永磁材料，如铁氧体，其缺

点是电机正反转时电枢反应程度不同，造成运行性能的不同，目前该结构已很少应用。

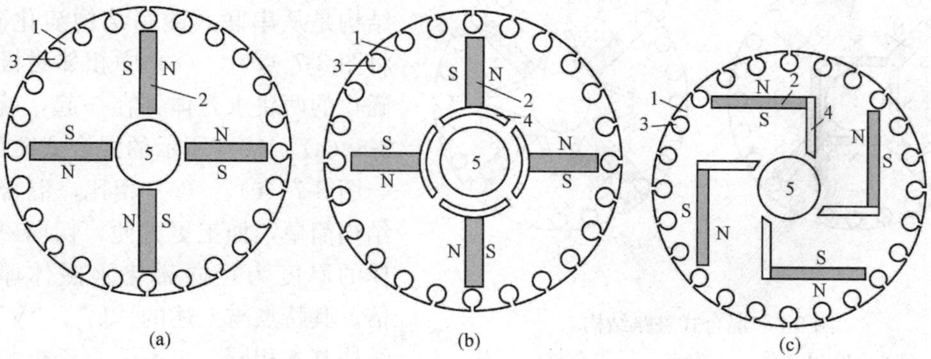

图 8-6　并联式磁路结构

1—铁心；2—永磁体；3—导条；4—空气槽；5—轴

（2）串联式磁路结构。串联式磁路结构如图 8-7 所示，两个磁极的永磁体串联提供一对极的磁动势，每极磁通由一个磁极的永磁体面积提供。其优点是转子轴不需要采用非导磁材料。其中图（a）为早期结构，目前已不采用；图（b）的永磁体放置空间较小，不利于提高转矩密度；图（c）、（d）、（e）的每极永磁体分别组成字母“U”、“V”、“W”的形状，分别称为“U”、“V”、“W”结构，它们的优点是可以放置较多的永磁体，每极磁通大，电机体积小，转矩密度高，缺点是加工工艺复杂。当极数较多时，在图（c）、（d）、（e）中，径向磁化的永磁体放置空间很小，且影响切向磁化永磁体的放置空间，此时往往采用（a）、（b）所示的并联式磁路结构。图（f）、（g）也是相邻两极磁路串联，可以归入这一类，其优点是结构简单。

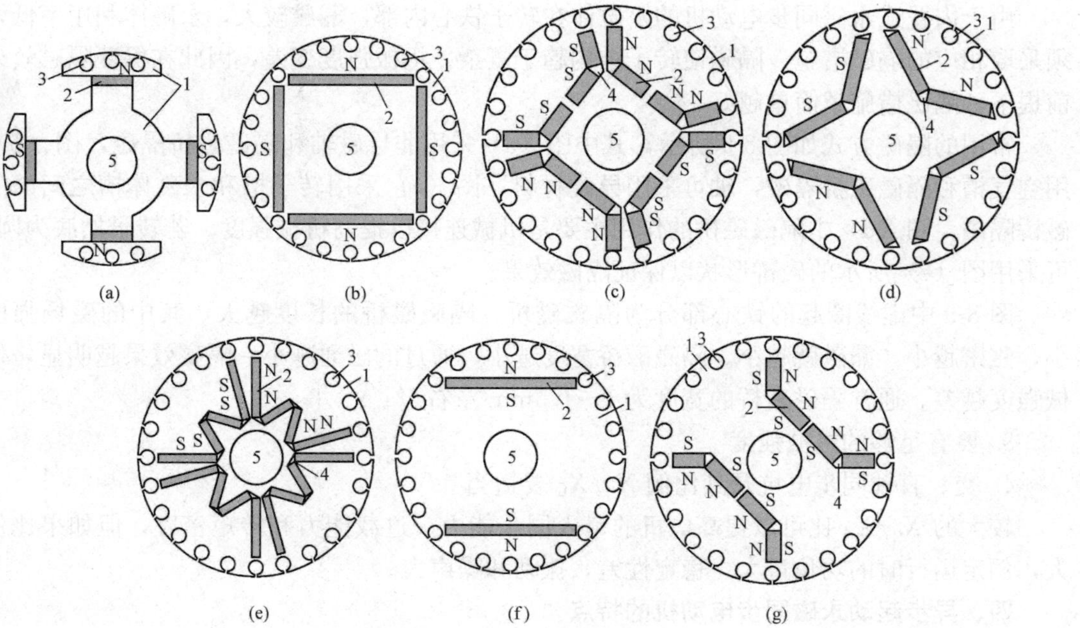

图 8-7　串联式磁路结构

1—铁心；2—永磁体；3—导条；4—空气槽；5—轴

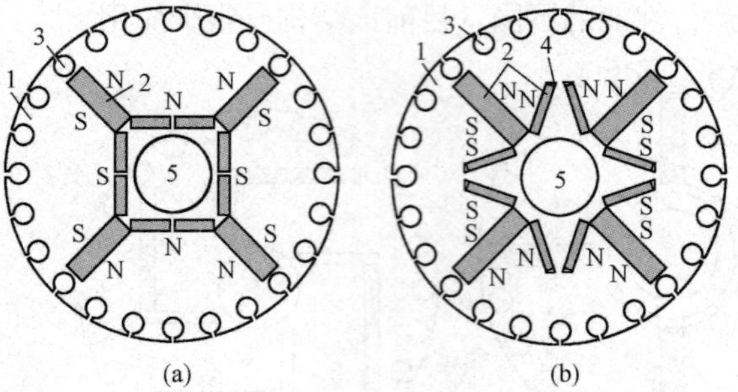

图 8-8 混合式磁路结构

1—铁心；2—永磁体；3—导条；4—空气槽；5—轴

（3）混合式磁路结构。混合式磁路结构是从串联式磁路结构演化而成的，将图 8-7（c）、（e）中相邻磁极中切向磁化的两块永磁体并在一起，就变成图 8-8（a）、（b）所示的混合式磁路结构。与图 8-7（c）、（e）相比，混合式磁路结构简单，加工更方便，切向磁化永磁体的厚度为径向磁化永磁体厚度的 2 倍。其特点与上述的“U”、“V”、“W”结构基本相同，也不适合于极数多的场合。

在进行性能分析时，混合式磁路结构可归并到串联式磁路结构，只是每极所跨槽数与串联式磁路结构不同。本书在进行磁路分析计算时，只针对串联式和并联式两种结构。

三、转子磁路结构的选择原则

从上述分析可以看出，内置式永磁同步电机的磁路结构多种多样，各有其特点，设计的第一步就是选择合适的转子磁路结构，转子磁路结构的选择原则如下：

1. 能放置足够多的永磁体以保证电机的性能

要保证电机性能，必须保证一定的气隙磁密，气隙磁密与每极永磁体的宽度直接相关，每极永磁体的宽度越大，聚磁效果就越明显，气隙磁密越高。但需要注意的是，在设计异步起动永磁同步电动机时，往往采用感应电动机的定子冲片，气隙磁密的提高必然引起定子齿部和轭部磁密的提高，从而导致铁耗的增加，必要时需要重新设计定子冲片。

2. 隔磁措施要可行

由于内置式永磁同步电动机的永磁体在转子铁心内部，漏磁较大，永磁体利用率低，必须采取相应的隔磁措施。隔磁使转子结构趋于复杂、机械强度变差，因此在保证隔磁效果的前提下，隔磁措施越简单越好。

常用的隔磁方式如图 8-9 所示，其中图（a）采用非导磁轴和隔磁磁桥隔磁，图（b）采用空气槽和隔磁磁桥隔磁，轴可采用导磁材料，图（c）采用转子槽和永磁体槽之间的隔磁磁桥隔磁，图（d）中隔磁磁桥的作用主要是机械连接以提高机械强度。若转子槽底为圆形，可采用图（e）所示的磁桥形状以保证隔磁效果。

图 8-9 中虚线圈起的铁心部分为隔磁磁桥，隔磁磁桥的长度越大，其中的磁场强度越小，磁密越小，漏磁就越小。隔磁磁桥宽度越小，通过的磁通越小，隔磁效果越明显，但机械强度越差。通常隔磁磁桥的宽度为 1～1.5mm 左右。

3. 要有足够的机械强度

4. 交、直轴同步电抗及其比例 X_q/X_d 要适当

较大的 X_q/X_d 比可以提高电机的牵入同步能力、过载能力和转矩密度，但如果比例过大，额定运行时的功角过大，稳定性差，振动和噪声大。

四、异步起动永磁同步电动机的特点

与感应电动机相比，异步起动永磁同步电动机具有以下特点：

（1）转速恒定，为同步速。

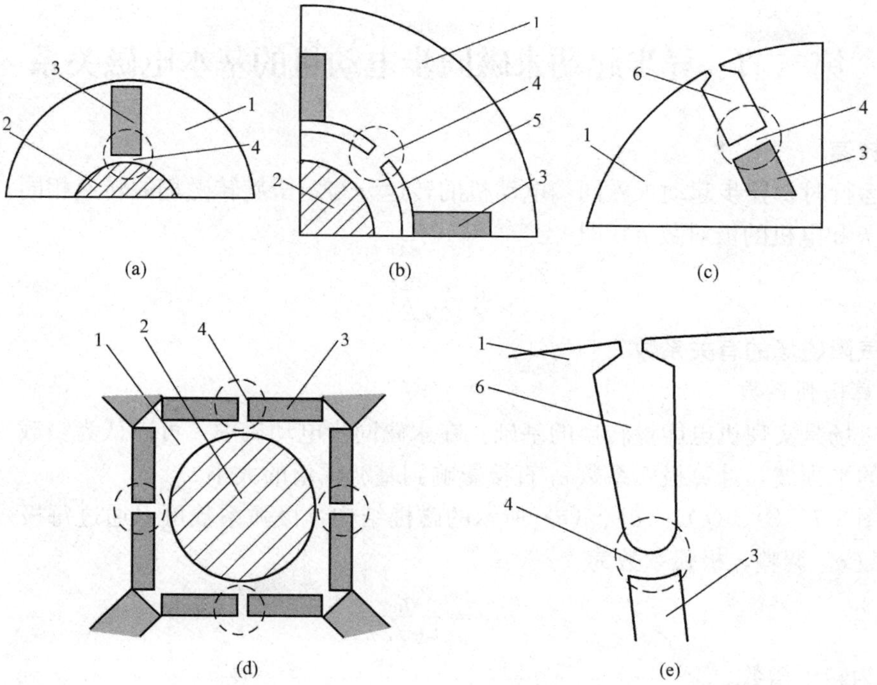

图 8-9 常用的隔磁方式

1—转子铁心；2—轴；3—永磁体；4—隔磁磁桥；5—空气槽；6—转子导条

(2) 功率因数高。通过合理设计，可以使其工作在滞后功率因数、单位功率因数，甚至超前功率因数。

(3) 性能受气隙长度的影响较感应电动机小，因而气隙可比同容量感应电动机大。

(4) 体积小、重量轻。采取合适的磁路结构，可以提高气隙磁密、减小电机体积。

(5) 效率高。正常运行时转子无绕组损耗，高功率因数使得定子电流较小，定子绕组损耗较小，因而永磁同步电动机的效率比感应电动机高，这在小功率电机中体现得尤为明显。

(6) 具有宽的经济运行范围。感应电动机的经济运行范围一般为额定负载的60%～100%。永磁同步电动机的经济运行范围远比感应电动机宽，不仅额定负载时效率较高，而且在25%～120%额定负载范围内都有较高的效率，而感应电动机在35%额定负载附近效率迅速下降。永磁同步电动机在25%额定负载时功率因数仍可达到0.9以上，而感应电动机从额定负载时的0.85左右迅速下降到0.5以下。

(7) 成本高。采用低性能永磁材料的永磁同步电动机，由于气隙磁密低，往往体积较大。目前小型永磁同步电动机通常采用高性能的钕铁硼永磁材料，制造成本较高。

(8) 可靠性较低。钕铁硼永磁材料在高温环境下的退磁曲线弯曲，当电机设计或使用不当时，可能出现不可逆退磁，使电机工作可靠性变差。随着耐高温钕铁硼永磁材料的出现，这种状况已有很大改善。

(9) 加工工艺复杂，机械强度差。永磁体放置在转子铁心内部，工艺复杂，且需要隔磁，导致转子机械强度较感应电动机差。

(10) 电机性能受环境温度、供电电压等因素影响较大。

第二节 异步起动永磁同步电动机的基本电磁关系

一、转速

稳态运行时，异步起动永磁同步电动机的转速 n 与定子旋转磁场的转速相同，取决于电源的频率 f 和电机的极对数 p，即

$$n=\frac{60f}{p} \tag{8-1}$$

二、气隙磁场的有关系数

1. 计算极弧系数

基波磁场是实现机电能量转换的基础。在永磁同步电动机中，可以认为空载气隙磁场是带有谐波的平顶波，计算极弧系数 α_i 直接影响到基波幅值的大小。

对于图 8-7 (b)、(c)、(d)、(e) 所示的磁极结构，极弧系数可以通过每极永磁体所跨的转子槽数 q_m 调整，极弧系数为

$$\alpha_p=\frac{q_m}{Q_2/2p} \tag{8-2}$$

式中，Q_2 为转子槽数。

对于图 8-3、图 8-6、图 8-8 及图 8-7 (a)、(f)、(g) 所示的磁极结构，极弧系数为每极极弧长度 $\widehat{b}_p$ 与转子极距 τ_2 的比值，即

$$\alpha_p=\frac{\widehat{b}_p}{\tau_2} \tag{8-3}$$

转子极距 τ_2 为

$$\tau_2=\frac{\pi D_2}{2p} \tag{8-4}$$

式中，D_2 为转子外径 (cm)。

与 α_p 对应的计算极弧系数为

$$\alpha_i\approx\alpha_p \tag{8-5}$$

2. 空载气隙磁密波形系数

在永磁同步电动机中，忽略齿槽影响，空载气隙磁密波形可以近似为矩形波，如图 8-10 所示，对其进行傅里叶分解，得到图 8-10 中虚线所示的基波磁密，其幅值为

$$B_{\delta 1}=\frac{4}{\pi}B_\delta\sin\frac{\alpha_i\pi}{2} \tag{8-6}$$

气隙磁密波形系数定义为空载气隙磁场中基波磁密幅值与气隙磁密最大值的比值，即

$$K_f=\frac{B_{\delta 1}}{B_\delta}=\frac{4}{\pi}\sin\frac{\alpha_i\pi}{2} \tag{8-7}$$

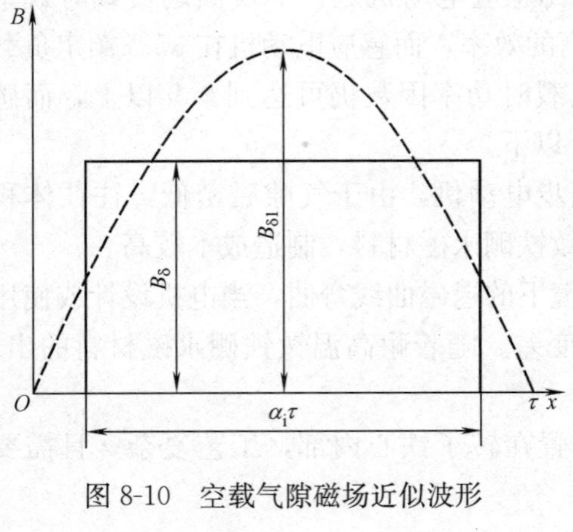

图 8-10 空载气隙磁场近似波形

3. 电枢反应磁密波形系数

在直轴上施加直轴电枢反应基波磁动势 F_{ad}，所产生的气隙磁密最大值和磁密基波幅值分别为 B_{ad} 和 B_{ad1}，直轴电枢反应磁密波形系数 K_d 定义为

$$K_d = \frac{B_{ad1}}{B_{ad}} \tag{8-8}$$

在交轴上施加交轴电枢反应基波磁动势 F_{aq}，所产生的气隙磁密基波幅值为 B_{aq1}。假设交轴位置与直轴位置的磁阻情况相同，则 F_{aq} 产生一假想的气隙磁密正弦波，其幅值为 B_{aq}，交轴电枢反应磁密波形系数 K_q 定义为

$$K_q = \frac{B_{aq1}}{B_{aq}} \tag{8-9}$$

异步起动永磁同步电动机的极弧系数很大且气隙均匀，可以近似认为 $K_d = 1$。交轴附近磁路结构复杂，且永磁体的厚度对 K_q 有很大影响，K_q 的确定非常困难，为交轴电枢反应电抗的计算带来了很大难度。在电磁计算中，本书力求避免使用 K_q。

4. 电枢反应系数

电枢反应磁动势为正弦波，励磁磁动势为方波，两者的波形不同，求合成磁场时，通常将电枢反应磁动势折算到相应的励磁磁动势。折算的原则是：折算前后产生的基波磁密相同。

直轴电枢反应磁动势 F_{ad} 折算到励磁磁动势时应乘以直轴电枢反应系数 K_{ad}，交轴电枢反应磁动势折算到励磁磁动势时应乘以交轴电枢反应系数 K_{aq}。直轴电枢反应系数 K_{ad} 和交轴电枢反应系数 K_{aq} 分别定义为

$$\begin{cases} K_{ad} = \dfrac{K_d}{K_f} \\ K_{aq} = \dfrac{K_q}{K_f} \end{cases} \tag{8-10}$$

K_{ad} 和 K_{aq} 的意义是：产生同样大小的基波气隙磁场时，一安匝的直轴或交轴电枢反应磁动势所相当的励磁磁动势。

5. 空载漏磁系数的计算

异步起动永磁同步电动机的空载漏磁系数 σ_0 定义为

$$\sigma_0 = 1 + \frac{\Phi_\sigma}{\Phi_{\delta 0}} \tag{8-11}$$

式中，$\Phi_{\delta 0}$ 为永磁体产生的穿过空气隙进入定子的那部分磁通；Φ_σ 为由永磁体产生的在转子内部闭合的那部分磁通。由于永磁体位于转子内部，漏磁场分布非常复杂，漏磁系数受结构尺寸、饱和程度的影响很大。有限元法虽可以准确计算漏磁系数，但计算量大，使用不便。可采用如下的磁路方法进行计算，将漏磁通分为转子内部漏磁通和转子端部漏磁通两部分，分别引进转子内部漏磁系数 σ_1 和转子端部漏磁系数 σ_2 予以考虑。在磁路计算时，先假定一空载漏磁系数，确定每极磁通，计算每极磁压降，进而采用下面要介绍的方法得到转子内部漏磁系数 σ_1 和转子端部漏磁系数 σ_2，则空载漏磁系数为

$$\sigma_0 = \sigma_1 + \sigma_2 - 1 \tag{8-12}$$

若计算值与假设值之间误差超出一定范围，则重新设定假设值，重新计算，直到两者吻合为止。下面讨论转子内部漏磁系数和转子端部漏磁系数的确定方法。

(1) 转子内部漏磁系数。在转子上，每极范围内存在如图 8-11 中虚线所示的两条等磁

位线，如图 8-11 中虚线所示，这两条等磁位线之间的磁压降等于每极磁压降 F_0（不包括残隙磁压降，残隙 δ_2 是充磁方向上永磁体和永磁体槽之间的间隙）。磁路计算时，根据每极气隙磁通 $\Phi_{\delta 0}$ 得到每极磁压降 F_0，认为 F_0 施加在转子槽壁和隔磁磁桥上，可以求出通过隔磁转子槽的磁通和隔磁磁桥的磁通之和 Φ_σ，即可利用式（8-11）求出转子内部漏磁系数。下面以梯形槽为例进行说明。梯形槽和隔磁磁桥的尺寸如图 8-12 所示。

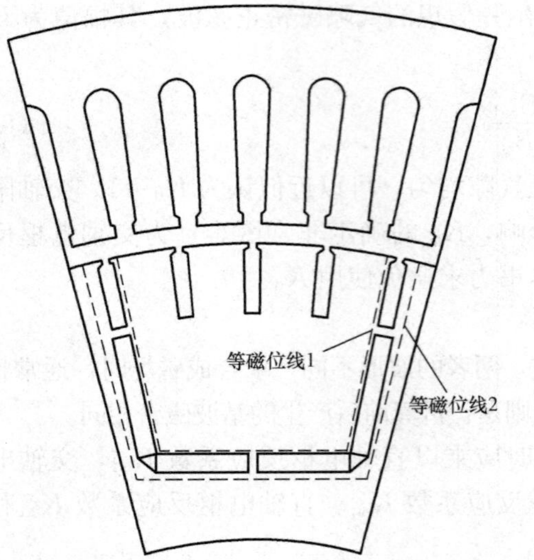

图 8-11　转子内部漏磁系数的计算

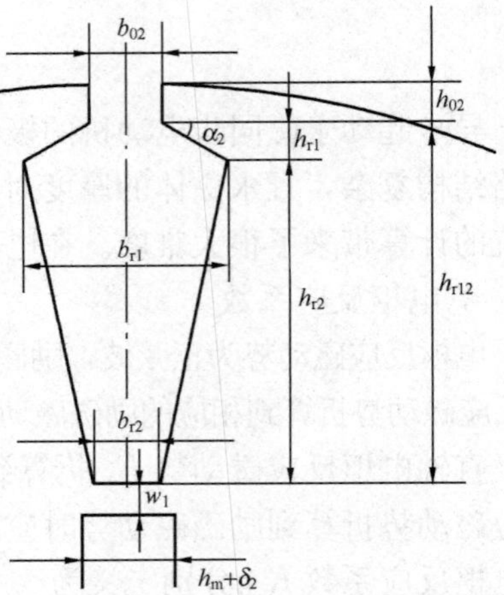

图 8-12　梯形槽和隔磁磁桥的尺寸

1）通过转子槽的漏磁通 Φ_r。通过槽口的漏磁通 Φ_{02}、通过转子槽斜肩的漏磁通 Φ_{r1} 和通过转子槽槽身的漏磁通 Φ_{r2} 分别为

$$\begin{cases}\Phi_{02}=2\mu_0\dfrac{F_0}{b_{02}}h_{02}L_{ef}\times 10^{-2}\\[2ex]\Phi_{r1}=2\mu_0\dfrac{F_0}{(b_{02}+b_{r1})/2}h_{r1}L_{ef}\times 10^{-2}\\[2ex]\Phi_{r2}=2\mu_0\dfrac{F_0}{(b_{r2}+b_{r1})/2}h_{r2}L_{ef}\times 10^{-2}\end{cases}\tag{8-13}$$

则通过槽的每极漏磁通为

$$\Phi_r=\Phi_{02}+\Phi_{r1}+\Phi_{r2}\tag{8-14}$$

2）通过隔磁磁桥的磁通 Φ_x。隔磁磁桥包括两部分：转子槽和永磁体槽之间的隔磁磁桥（简称为磁桥 1）和两永磁体槽之间的隔磁磁桥（简称为磁桥 2）。通过隔磁磁桥的磁通 Φ_x 为通过这两部分磁桥的磁通之和，即

$$\Phi_x=\Phi_{x1}+\Phi_{x2}\tag{8-15}$$

隔磁磁桥 1 的宽度为 w_1，长度为 $l_{b1}=\min(b_{r2},\ h_m+\delta_2)$。隔磁磁桥 2 的宽度为 w_2，磁桥的长度为 $l_{b2}=h_m+\delta_2$。F_0 在磁桥 1 和磁桥 2 中产生的磁场强度分别为

$$\begin{cases}H_{b1}=\dfrac{F_0}{l_{b1}}\\[2ex]H_{b2}=\dfrac{F_0}{l_{b2}}\end{cases}\tag{8-16}$$

根据磁化曲线即可得到对应的磁密，但 H_{b1}、H_{b2} 远远超出了硅钢片正常的磁密范围，无法利用正常的硅钢片磁化曲线。文献［1］中给出了“齿部磁密≥1.8T 时的校正磁化曲线”，如图 8-13 所示，可利用 $k_s=0.2$ 对应的磁化曲线近似求取高饱和情况下硅钢片的磁密。当磁场强度在 750～3000A/cm 时，磁化曲线为直线，可表示为

$$B=2.24+\frac{0.15}{1500}(H-1500) \tag{8-17}$$

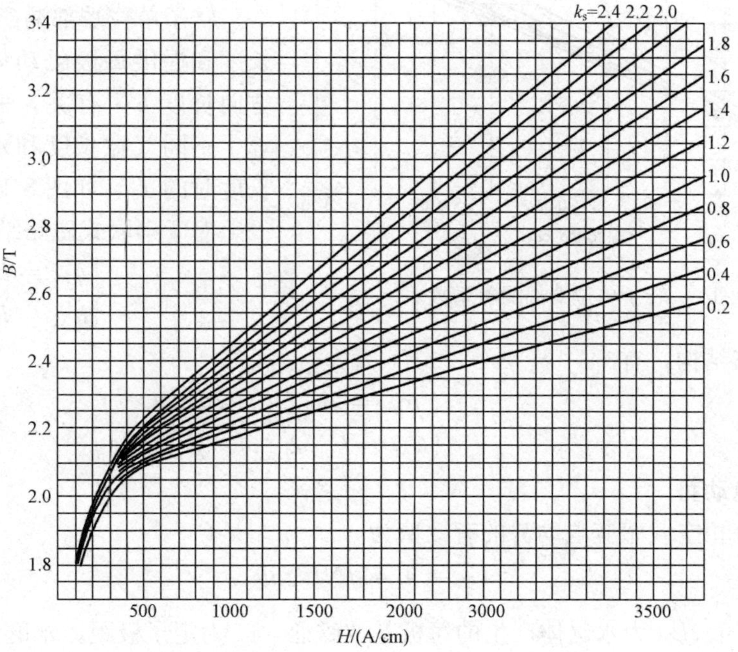

图 8-13　齿部磁密≥1.8T 时的校正磁化曲线

H_{b1} 和 H_{b2} 对应的磁密分别为

$$\begin{cases} B_{b1}=2.24+\dfrac{0.15}{1500}(H_{b1}-1500) \\ B_{b2}=2.24+\dfrac{0.15}{1500}(H_{b2}-1500) \end{cases} \tag{8-18}$$

通过磁桥 1 和磁桥 2 的磁通分别为

$$\begin{cases} \Phi_{x1}=2B_{b1}w_1L_{ef}\times10^{-4} \\ \Phi_{x2}=B_{b2}w_2L_{ef}\times10^{-4} \end{cases} \tag{8-19}$$

3）转子内部漏磁系数为

$$\sigma_1=\frac{\Phi_{\delta0}+\Phi_r+\Phi_x}{\Phi_{\delta0}} \tag{8-20}$$

（2）转子端部漏磁系数

转子端部漏磁是指永磁体产生的磁通在转子端部闭合、没有进入定子的那部分磁通。在电机气隙不大的情况下，这部分磁通受电机铁心的轴向长度影响很小，可以忽略不计。但端部漏磁系数 σ_2 随铁心的轴向长度改变而变化。为得到通用的确定方法，引进了转子单位端

部漏磁系数 σ'_2 的概念，定义为端部漏磁通与转子单位计算长度内主磁通 Φ_1/L_2 之比，则 σ'_2 与端部漏磁系数 σ_2 的关系为

$$\sigma_2 = 1 + \frac{\sigma'_2}{L_2}\frac{b'_M}{\tau_2} \tag{8-21}$$

式中，b'_M 为提供每极磁通的永磁体宽度；L_2 为转子铁心长度（cm）。

转子单位端部漏磁系数 σ'_2 与气隙长度和提供每极磁动势的永磁体充磁方向长度 h'_M 有关。采用有限元法计算了不同气隙长度和永磁体充磁方向长度时的 σ'_2，如图 8-14 所示。

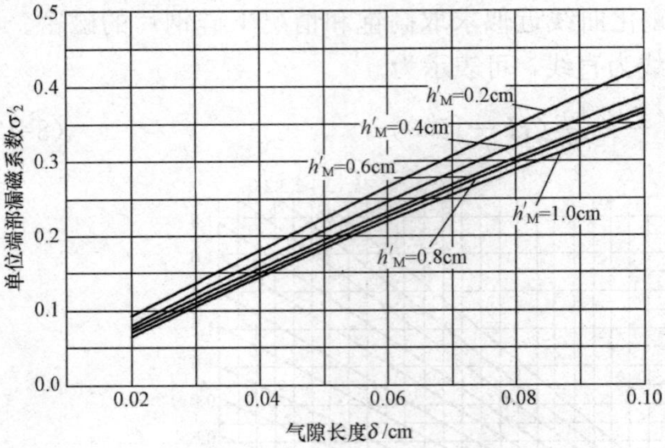

图 8-14　转子单位端部漏磁系数

对于串联式磁路结构，有

$$\begin{cases} b'_M = b_m \\ h'_M = h_m \end{cases} \tag{8-22}$$

对于并联式磁路结构，有

$$\begin{cases} b'_M = 2b_m \\ h'_M = h_m/2 \end{cases} \tag{8-23}$$

三、感应电动势

定子绕组每相空载感应电动势的有效值为

$$E_0 = 4.44 fNK_{dp}\Phi_0 \tag{8-24}$$

式中，$\Phi_0 = \frac{2}{\pi}B_{\delta 1}\tau_1 L_{ef}$ 为永磁体产生的每极基波磁通，τ_1 为定子极距。永磁体产生的每极气隙磁通 $\Phi_{\delta 0}$ 为 $\Phi_{\delta 0} = B_\delta \alpha_i \tau_1 L_{ef}$，将两者之比定义为气隙磁通波形系数 K_Φ

$$K_\Phi = \frac{\Phi_0}{\Phi_{\delta 0}} = \frac{8}{\alpha_i \pi^2}\sin\frac{\alpha_i \pi}{2} \tag{8-25}$$

因此空载电动势 E_0 又可表示为

$$E_0 = 4.44 fNK_{dp}K_\Phi \Phi_{\delta 0} \tag{8-26}$$

直轴电枢反应磁通 Φ_{ad} 在定子每相绕组中感应的直轴电枢反应电动势 E_{ad} 为

$$E_{ad} = 4.44 fNK_{dp}\Phi_{ad} \tag{8-27}$$

$\dot{E}_{ad}$ 与直轴电枢反应电抗之间满足

$$\dot{E}_{ad} = -\mathrm{j}\dot{I}_d X_{ad} \tag{8-28}$$

交轴电枢反应磁通 Φ_{aq} 在定子每相绕组中感应的交轴电枢反应电动势 E_{aq} 为

$$E_{aq} = 4.44 fNK_{dp}\Phi_{aq} \tag{8-29}$$

$\dot{E}_{aq}$ 与交轴电枢反应电抗之间满足

$$\dot{E}_{aq} = -\mathrm{j}\dot{I}_q X_{aq} \tag{8-30}$$

气隙合成磁场在定子每相绕组中感应的电动势 E_δ 为

$$E_\delta = 4.44 fNK_{dp}\Phi_\delta \tag{8-31}$$

式中，Φ_δ 为永磁体和电枢反应磁动势共同产生的每极基波磁通。

四、永磁同步电动机的相量图

在永磁同步电动机中，定子绕组满足的电压平衡方程式为

$$\dot{E}_0-\dot{E}_{ad}-\dot{E}_{aq}=\dot{U}-\dot{I}_1(R_1+jX_1) \tag{8-32}$$

故

$$\dot{U}=\dot{I}_1(R_1+jX_1)+\dot{E}_0+j\dot{I}_dX_{ad}+j\dot{I}_qX_{aq}=\dot{I}_1R_1+\dot{E}_0+j\dot{I}_dX_d+j\dot{I}_qX_q \tag{8-33}$$

根据式（8-33）可画出永磁同步电动机在不同工作状态下的相量图，如图 8-15 所示。可以看出，永磁同步电动机有三种工作状态：过激去磁状态、欠激增磁状态和临界状态。图(a)、(b)、(c) 为过激去磁状态，在该状态下，电枢反应直轴分量产生去磁作用，必须有较大的 E_0 才能获得与外加电压相应的气隙合成磁场。图 (a)、(b)、(c) 分别对应超前功率因数、单位功率因数和滞后功率因数。E_0 越大，气隙基波磁通越大，铁心饱和程度越高，铁耗越大。要获得接近于 1 的功率因数，图 (c) 比图 (a) 所用永磁体少，因此永磁同步电动机通常设计在这一状态，以获得高效率和高功率因数。图 (d) 为欠激增磁状态，在该状态下，电枢反应直轴分量为增磁作用，较小的 E_0 就能获得与外加电压对应的气隙合成磁场，但功率因数滞后，且难以获得高的功率因数。图 (e) 为增去磁临界状态。

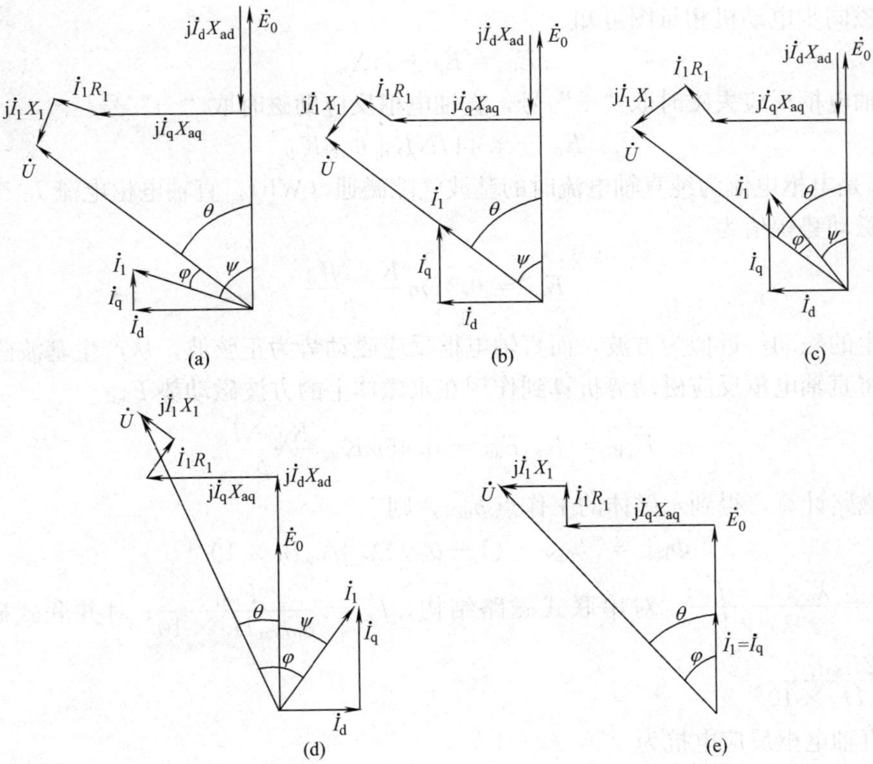

图 8-15　永磁同步电动机的相量图

(a) 过激去磁（超前功率因数）；(b) 过激去磁（单位功率因数）；

(c) 过激去磁（滞后功率因数）；(d) 欠激增磁；(e) 增去磁临界状态

从相量图可以看出，永磁同步电动机满足以下关系

$$\begin{cases}\psi = \arctan\ (I_d/I_q) \\ U\sin\theta = R_1 I_d + X_q I_q \\ U\cos\theta = E_0 + R_1 I_q - X_d I_d \\ I_d = I_1 \sin\psi \\ I_q = I_1 \cos\psi \end{cases} \tag{8-34}$$

定子电流的直轴和交轴分量分别为

$$\begin{cases} I_d = \dfrac{R_1 U\sin\theta + X_q(E_0 - U\cos\theta)}{R_1^2 + X_d X_q} \\ I_q = \dfrac{X_d U\sin\theta - R_1(E_0 - U\cos\theta)}{R_1^2 + X_d X_q} \end{cases} \tag{8-35}$$

五、交直轴电枢反应电抗

由于永磁体的存在，异步起动永磁同步电动机的直轴磁导小，交轴磁导大，分别引进了直轴电枢反应电抗 X_{ad}和交轴电枢反应电抗 X_{aq}。在进行计算时，可以认为 X_{ad}不随铁心饱和程度变化，而 X_{aq}则受磁路饱和程度影响较大，应考虑饱和的影响。

1. 直轴电枢反应电抗

由永磁同步电动机相量图可知

$$E_0 = E_d \pm I_d X_{ad} \tag{8-36}$$

式中，直轴电枢反应去磁时取“+”号，直轴电枢反应助磁时取“－”号。

$$E_d = 4.44 f N K_{dp} \Phi_{1N} K_\Phi \tag{8-37}$$

式中，Φ_{1N}是电枢电流为纯直轴电流时的基波气隙磁通（Wb）。直轴电枢电流 I_d 产生的直轴电枢反应磁动势幅值为

$$F_{ad} = 0.45m\frac{K_{dp} N I_d}{p} \tag{8-38}$$

永磁体产生的磁动势近似为方波，而直轴电枢反应磁动势为正弦波，从产生基波磁动势的角度出发，将直轴电枢反应磁动势折算到作用在永磁体上的方波磁动势 F_{ad1}

$$F_{ad1} = K_{ad} F_{ad} = 0.45m K_{ad}\frac{K_{dp} N I_d}{p} \tag{8-39}$$

据此进行磁路计算，得到永磁体的工作点 b_{mN}，则

$$\Phi_{1N} = [b_{mN} - (1 - b_{mN})\lambda_\sigma] A_m B_r \times 10^{-4} \tag{8-40}$$

式中，$b_{mN} = \dfrac{\lambda_n\ (1 - f'_a)}{\lambda_n + 1}$。对串联式磁路结构，$f'_a = \dfrac{F_{ad1}}{\sigma_0 h_m H_c \times 10}$；对并联式磁路结构，$f'_a = \dfrac{2F_{ad1}}{\sigma_0 h_m H_c \times 10}$。

因此直轴电枢反应电抗为

$$X_{ad} = \frac{|E_0 - E_d|}{I_d} = \frac{4.44 f N K_{dp}\ |\Phi_0 - \Phi_{1N}|}{I_d} \tag{8-41}$$

该方法具有较高的计算精度，能满足工程需要。

2. 交轴电枢反应电抗

交轴位置的结构复杂多样，交轴磁路受负载电流的影响很大，此外直轴磁路对交轴磁路的影响也很大。相对于 X_{ad}的计算，交轴电枢反应电抗 X_{aq}的计算难度大。有限元计算结果

表明，永磁磁场和负载电流都对 X_{aq} 有较大影响，有限元法可以计算具体电机在简单工况下的 X_{aq}，但也很难求出实际复杂工况下的 X_{aq}。现有的 X_{aq} 解析计算方法的精度取决于 K_q 的计算准确度，而难以给出 K_q 的通用确定方法，因此目前尚无较准确的 X_{aq} 解析计算方法。

表 8-1 是保持一台 30kW、8 极永磁同步电动机其他参数不变，只改变 X_{aq} 时电机运行性能的计算值。可以看出，X_{aq} 的计算准确度对效率影响较小，对功率因数、额定电流有一定影响，但影响不大，而对额定负载时的功角、失步转矩倍数有较大影响。

为了避免现有方法中的 K_q 选取问题，可以利用空载磁路计算的结果得到主磁导 Λ_δ 和漏磁导 Λ_σ，并认为交轴磁路的磁导等于 Λ_δ，利用交轴和直轴磁导之间的关系，根据直轴电枢反应电抗得到交轴电枢反应电抗

$$X_{aq} = X_{ad}\left(1+\frac{\Lambda_\delta}{\Lambda_m+\Lambda_\sigma}\right) = X_{ad}\left(1+\frac{\lambda_\delta}{1+\lambda_\sigma}\right) \tag{8-42}$$

表 8-1　　不同 X_{aq} 时电机的性能

性能 \ X_{aq}/Ω	1.74	2.32	2.90	3.47	4.05	4.62	5.20	5.77
额定效率（%）	94.55	94.56	94.59	94.62	94.63	94.61	94.59	94.57
额定功率因数	0.973	0.979	0.988	0.996	0.999	1.0	0.998	0.994
额定电流/A	49.57	49.25	48.75	48.38	48.19	48.185	48.295	48.478
额定功角/（°）	25.7	32.4	37.6	41.5	44.3	46.4	48.0	49.3
失步转矩倍数	2.40	2.48	2.57	2.64	2.70	2.74	2.78	2.80

六、永磁同步电动机的电磁转矩

永磁同步电动机的输入功率为

$$P_1 = mUI_1\cos\varphi = mUI_1\cos(\psi-\theta) = m(UI_d\sin\theta+UI_q\cos\theta) \tag{8-43}$$

将式（8-34）代入式（8-43）得

$$P_1 = m[I_1^2R_1 + I_qI_d(X_q-X_d)+E_0I_q] \tag{8-44}$$

将式（8-44）扣除定子绕组损耗 $mI_1^2R_1$ 就是包括铁耗和杂散损耗在内的电磁功率，即

$$P_{em} = P_1 - mI_1^2R_1 = m[I_qI_d(X_q-X_d)+E_0I_q] = \frac{m}{(R_1^2+X_dX_q)^2}[X_dU\sin\theta-R_1(E_0-U\cos\theta)]\times$$
$$[R_1U\sin\theta(X_q-X_d)+X_q(E_0-U\cos\theta)(X_q-X_d)+E_0(R_1^2+X_dX_q)] \tag{8-45}$$

通常定子绕组电阻较小，忽略其影响，则

$$\begin{aligned}P_{em} &\approx \frac{m}{X_dX_q}U\sin\theta[(E_0-U\cos\theta)(X_q-X_d)+E_0X_d]\\ &= \frac{mUE_0}{X_d}\sin\theta+\frac{mU^2}{2}\left(\frac{1}{X_q}-\frac{1}{X_d}\right)\sin2\theta\end{aligned} \tag{8-46}$$

永磁同步电动机的电磁转矩为

$$T_{em} = \frac{P_{em}}{\Omega} = \frac{P_{em}p}{\omega} \approx \frac{mpUE_0}{\omega X_d}\sin\theta+\frac{mpU^2}{2\omega}\left(\frac{1}{X_q}-\frac{1}{X_d}\right)\sin2\theta \tag{8-47}$$

式中，Ω 和 ω 分别为电动机的机械角速度和电角速度。

从式（8-47）可以看出，电磁转矩由两部分组成，一是由永磁磁场和电枢反应磁场相互作用产生的基本电磁转矩，称为永磁转矩；二是由于交、直轴磁阻不相等引起的磁阻转矩，

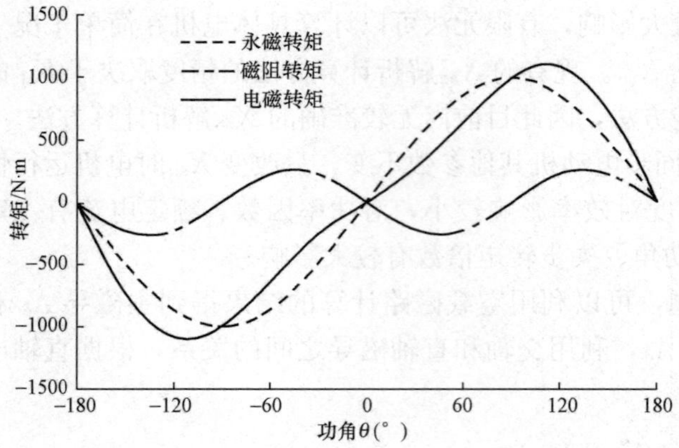

图 8-16　某永磁同步电动机的永磁转矩、磁阻转矩和合成电磁转矩

当交直轴磁阻相等时，该项转矩为零。由于通常情况下永磁同步电动机的直轴电抗小于交轴电抗，与普通同步电动机中直轴电抗大于交轴电抗的情况相反，磁阻转矩的作用也不同。在普通同步电动机中，合成转矩最大值对应的功角小于 90°，而永磁同步电动机中，合成转矩最大值对应的功角大于 90°。图 8-16 为某永磁同步电动机的永磁转矩、磁阻转矩和电磁转矩。

在 0°～90°功角范围内，永磁转矩为正值，磁阻转矩为负值，电磁转矩有为负的可能。下面讨论出现这种可能的条件。电磁转矩为负时满足

$$\frac{mpUE_0}{\omega X_d}\sin\theta_0 < \frac{mpU^2}{2\omega}\left(\frac{1}{X_d}-\frac{1}{X_q}\right)\sin 2\theta_0 \tag{8-48}$$

整理得

$$\cos\theta_0 > \frac{E_0}{U}\,\frac{X_q}{X_q - X_d} \tag{8-49}$$

电动机运行时，在 90°～180°功角范围内，电磁转矩恒为正，负值只能出现在 0～90°，故

$$\theta_0 < \arccos\frac{E_0}{U}\,\frac{X_q}{X_q - X_d} \tag{8-50}$$

将图 8-16 所对应的永磁同步电动机的感应电动势 E_0 降为 30V，其他数据不变，则其各转矩如图 8-17 所示，合成转矩出现了负值。正常设计的永磁同步电动机，通常有较高的功率因数，E_0 接近于 U，不会出现负的电磁转矩。

磁阻转矩的产生可解释如下。图 8-18 为永磁同步电机产生磁阻转矩的物理模型，定子旋转磁场用一对磁极表示，假设转子永磁体不显示磁性。根据磁场理论，磁力线产生的力总是力图使磁力线最短，在图 8-18（a）、（b）所示的位置，磁力线没有扭曲，为最短，因此转矩为零；在图（c）所示的位置，磁力线因为扭曲而被拉长，拉长后的磁力线力图收缩，因而产生转矩，称为磁阻转矩。从图 8-18 还可以看出，磁阻转矩随着功角的变化而变化。

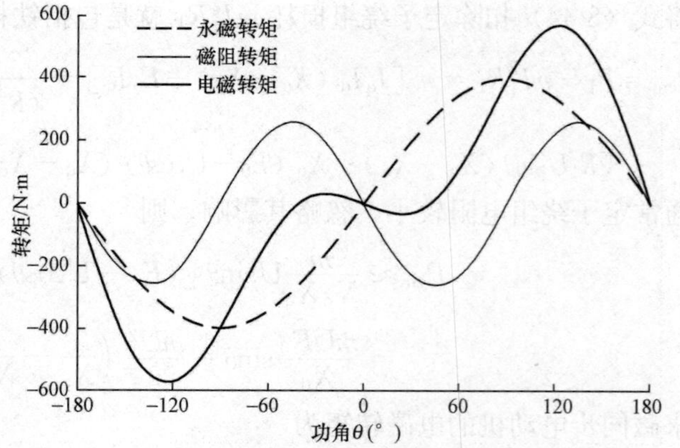

图 8-17　出现电磁转矩负值时的电磁转矩曲线

电磁转矩曲线上的最大电磁转矩 T_m 称为永磁同步电动机的失步转矩，若负载转矩超过该转矩，电动机将失去同步。该转矩与额定转矩的比值，称为失步转矩倍数，它是永磁同步

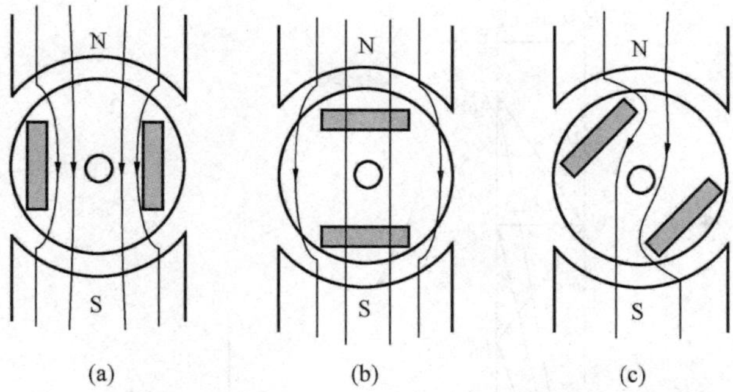

(a)　(b)　(c)

图 8-18　磁阻转矩的产生原理

电动机的一个重要参数，表征其过载能力。电磁功率中应包含铁耗和杂散损耗在内，但式（8-46）没有计及，因此达到最大电磁转矩时输出的机械转矩应为 $T_{\mathrm{m}}\eta$（η 为效率），实际过载能力比计算值低。

七、永磁同步电动机的 V 形曲线

永磁同步电动机在制成之后，励磁无法调节。但在设计阶段，我们可以通过调整 E_0 来调整功率因数。在电机制成之后，也可以通过调节供电电压来调节无功功率和功率因数。

为便于分析，我们假定永磁同步电动机交直轴磁阻相等，忽略定子电阻，用隐极同步电动机的相量图进行分析。当电动机负载转矩不变即输出功率不变时，不计 U 和 E_0 的变化引起的定子铁耗和附加损耗的变化，则电磁功率也不变，有

$$P_{\mathrm{em}} = \frac{mUE_0}{X_{\mathrm{s}}}\sin\theta = mUI_1\cos\varphi = C \tag{8-51}$$

式中，X_{s} 为同步电抗。

1. 供电电压一定时的 V 形曲线

由上式可知，当供电电压 U 一定时，要保持电磁功率不变，必须满足

$$\begin{cases} E_0\sin\theta = C_1 \\ I_1\cos\varphi = C_2 \end{cases} \tag{8-52}$$

式中，C_1、C_2 为常数。其相量图如图 8-19 所示。当调节 E_0 时，$\dot{E}_0$ 的端点总是在与 $\dot{U}$ 平行的垂线 AB 上，$\dot{I}$ 的端点落在水平线 CD 上。可以看出：当调节 E_0 使其功率因数为 1 时，电枢电流全部为有功电流，电流数值最小；当 E_0 从功率因数为 1 时对应的值增大时，为保持气隙合成磁通不变，除有功电流外，还有超前的无功电流，功率因数超前；当 E_0 从功率因数为 1 时对应的值减小时，为保持气隙合成磁通不变，除有功电流外，还有滞后的无功电流，功率因数滞后。

可以看出，当调节 E_0 时，曲线 $I_1 = f(E_0)$ 的形状为 V 形，称为电压恒定时永磁同步电动机的 V 形曲线，如图 8-20 所示。

2. 感应电动势 E_0 一定时的 V 形曲线

当永磁同步电动机制成之后，感应电动势 E_0 一定，但调节外加电压，同样有类似的 V 形曲线。根据式（8-51）可知，当输出功率一定时，满足

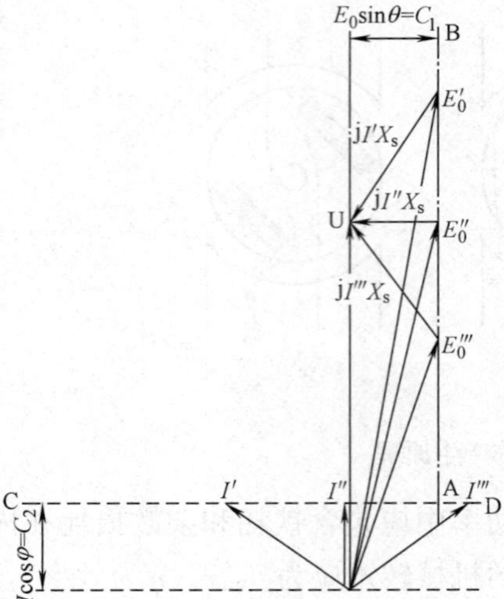

图 8-19　外加电压一定时隐极同步电动机的相量图

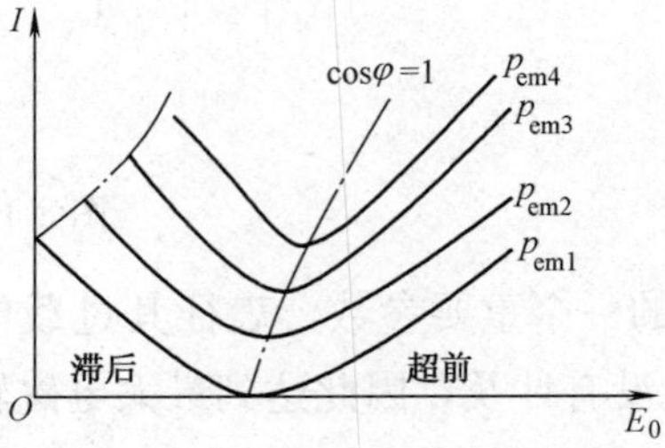

图 8-20　外加电压一定时的 V 形曲线

$$\begin{cases} U\sin\theta = C_1 \\ I_1\cos\varphi = C_2/U \end{cases} \tag{8-53}$$

其相量图如图 8-21 所示。当调节外加电压时，$\dot{U}$ 的端点总是在与 $\dot{E}$ 平行的垂线 AB 上，$\dot{I}$ 的端点落在曲线 CD 上。可以看出：当外加电压变化时，电流从超前变为滞后，存在一个电流最小值。曲线 $I=f(U)$ 形状为 V 形，称为感应电动势恒定时永磁同步电动机的 V 形曲线，如图 8-22 所示。

综上所述，在设计阶段，可以通过调节 E_0（调整永磁体用量和每相串联匝数）对永磁同步电动机的功率因数进行调节，使其工作在超前功率因数、单位功率因数或滞后功率因数。在电机运行过程中，可以通过调节供电电压来调节永磁同步电动机的功率因数。

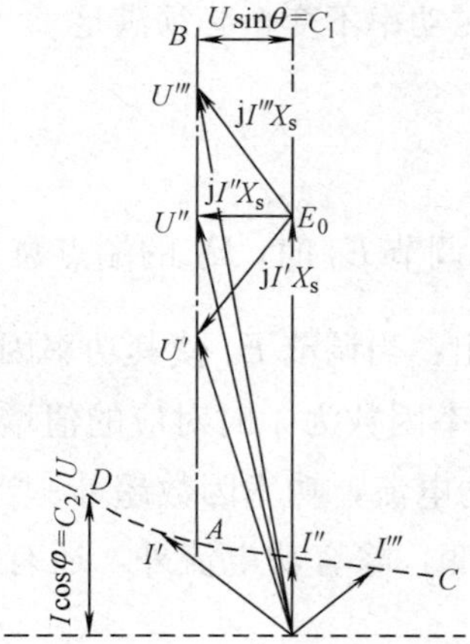

图 8-21　E_0 一定时隐极同步电动机的相量图

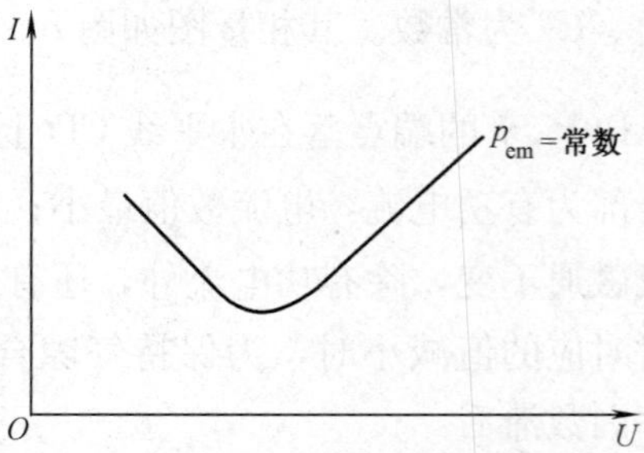

图 8-22　E_0 一定时的 V 形曲线

第三节　异步起动永磁同步电动机的工作特性计算

在感应电动机中，已知等效电路参数，就可以求出不同转差率下的输出功率、输出转矩、电枢电流、效率和功率因数。同样，在永磁同步电动机中，若已知电枢绕组电阻 R_1、漏电抗 X_1、直轴电枢反应电抗 X_{ad}、交轴电枢反应电抗 X_{aq} 和感应电动势 E_0，就可以计算不同功角下的性能。

一、损耗计算

1. 电枢绕组铜耗计算

电枢绕组每相的直流电阻为

$$R_1 = \rho \frac{2NL_{av}}{a_1 A_a} \tag{8-54}$$

式中，L_{av} 为平均半匝长度；A_a 为导体截面积；ρ 为导线在给定温度下的电阻率；a_1 为并联支路数。电阻率与温度有关，15℃时铜的电阻率为 $\rho_{15}=0.0175\times10^{-6}\Omega\cdot m$，在正常的温度范围内，其电阻率为

$$\rho_t = \rho_{15}[1+\alpha(t-15)] \tag{8-55}$$

式中，α 为导体电阻的温度系数，对于铜 $\alpha\approx0.004/℃$。计算性能时，各绕组的损耗要折算到相应的基准工作温度，A、E、B 级绝缘的基准工作温度为 75℃，F、H 级绝缘的基准工作温度为 115℃。

当流过交流电流时，由于存在集肤效应，电枢绕组每相交流电阻应为

$$R_{1\sim} = k_{1r}R_1 \tag{8-56}$$

式中，k_{1r} 为电枢绕组电阻的集肤效应系数。对于用圆导线绕制的电枢绕组，在通以工频电流时，可认为

$$R_{1\sim} \approx R_1 \tag{8-57}$$

电枢绕组铜耗为

$$p_{Cu} = mI_1^2R_1 \tag{8-58}$$

2. 电枢铁耗计算

电枢铁心的损耗可如下计算

$$p_{Fe} = k_1 p_{t1d}V_{t1} + k_2 p_{j1d}V_{j1} \tag{8-59}$$

式中，p_{t1d}、p_{j1d}分别为定子齿部和轭部的单位铁耗，可根据磁密查铁心的损耗曲线得到；V_{t1}、V_{j1}分别为定子齿和轭部的体积；k_1 和 k_2 为考虑由于加工和磁场分布不均匀而引进的系数，在小型永磁同步电动机中，通常取 $k_1=2.5$，$k_2=2.0$。

3. 杂散损耗计算

杂散损耗是由于磁场高次谐波和开槽引起的高次谐波在铁心中产生的损耗，其计算非常困难且难以得到准确的结果。在工程实际中，通常用以下经验公式计算

$$p_s = \left(\frac{I_1}{I_N}\right)^2 p_{sN}^* P_N \tag{8-60}$$

式中，I_N 为额定电流；p_{sN}^* 为额定功率时的杂散损耗与额定功率的比值，通常按经验选取。

4. 机械损耗的计算

电机中的机械损耗 p_{fw}包括轴承摩擦损耗和风摩耗，计算机械损耗的经验公式很多。对于小型永磁同步电动机，通常参考感应电动机中机械损耗的计算方法。

二、工作特性的计算

工作特性的计算按以下步骤进行：

(1) 给定功角 θ。

(2) 已知 U、E_0、R_1、X_1、X_d、X_q，根据式 (8-35) 计算交轴电流 I_q 和直轴电流 I_d。

(3) 计算功率因数

$$\cos\varphi = \cos\left(\theta - \arctan\frac{I_d}{I_q}\right) \tag{8-61}$$

(4) 确定气隙磁通，计算铁耗、铜耗、杂散损耗和机械损耗

$$\Phi_\delta = \frac{E_\delta}{4.44 f N K_{dp}} \tag{8-62}$$

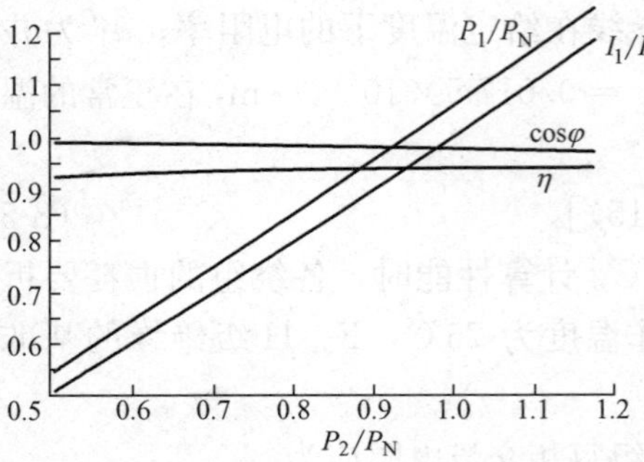

图 8-23 380V、22kW 永磁同步电动机的工作特性曲线

式中

$$E_\delta = \sqrt{(E_0 - I_d X_{ad})^2 + (I_q X_{aq})^2} \tag{8-63}$$

根据磁通确定定子齿部和轭部磁密，进而计算铁耗。其他几种损耗的计算如上文所述。

(5) 输出功率和效率的计算

$$P_2 = P_1 - (p_{Cu} + p_{Fe} + p_s + p_{fw}) \tag{8-64}$$

$$\eta = \frac{P_2}{P_1} \times 100\% \tag{8-65}$$

计算出不同功角时的输入功率 P_1、输出功率 P_2、效率 η、电枢电流 I_1 和功率因数 $\cos\varphi$，即可得到永磁同步电动机的工作特性。图 8-23 为一台 380V、22kW 永磁同步电动机的工作特性曲线。

第四节 永磁同步电动机的起动过程与起动性能计算

所谓起动就是电机的转子从静止到牵入同步的整个过程。异步起动永磁同步电动机是靠定子旋转磁场与转子导条相互作用产生的异步转矩起动的，由于转子上存在永磁体，以及转子交直轴磁路的不对称，使其起动过程远比三相感应电动机复杂。

一、起动过程中的磁场

在起动过程中，定子三相绕组通以频率为 f 的对称三相交流电流，产生以同步速 n_1 旋转的旋转磁场，在起动过程中的任一转差率 s 下，转子的转速为 $(1-s)n_1$，定子旋转磁场与转子导条存在相对运动，在转子导条内产生频率为 sf 的电流，由于转子磁路不对称，转子电流产生的磁场可分解为两个旋转磁场，它们相对于转子的转向相反，转速相同，都是 sn_1，相对于定子的转速分别为 n_1 和 $(1-2s)n_1$，分别在定子绕组中产生频率为 f 和 $(1-2s)f$ 的电流，定子绕组中 $(1-2s)f$ 频率的电流产生的磁场在转子中产生频率为 sf 的电流。

除了定子旋转磁场外，转子上还有永磁体产生的磁场，永磁体相对于定子绕组的转速为 $(1-s)n_1$，在定子绕组中产生频率为 $(1-s)f$ 的电流，该电流产生以速度 $(1-s)n_1$ 旋转的正向旋转磁场，与转子的转速相同，不在转子中感生电流。

可以看出，起动过程中定转子磁场都包括三种不同转速的磁场，分别为 n_1、$(1-s)n_1$ 和 $(1-2s)n_1$，见表 8-2。

表 8-2 定转子产生的旋转磁场的转速及其相互作用产生的转矩

转子 \ 定子	n_1	$(1-s)n_1$	$(1-2s)n_1$
n_1	恒定转矩	脉动转矩(频率 sf)	脉动转矩(频率 $2sf$)
$(1-s)n_1$	脉动转矩(频率 sf)	恒定转矩	脉动转矩(频率 sf)
$(1-2s)n_1$	脉动转矩(频率 $2sf$)	脉动转矩(频率 sf)	恒定转矩

二、起动过程中的转矩分析

根据电机理论，当定子磁场和转子磁场相对静止且极数相同时，它们相互作用产生恒定转矩；当两个磁场之间有相对运动时，产生脉动转矩。

1. 平均转矩

定子和转子中都有转速为 n_1 的旋转磁场，它们相互作用，产生恒定转矩，就是所谓的异步转矩 T_a。

定子和转子中都有转速为 $(1-2s)n_1$ 的旋转磁场，它们相互作用，产生恒定转矩 T_b，相当于一台感应电动机，转子为初级绕组，定子为次级绕组。当 $n<0.5n_1$ 时，$s>0.5$，$(1-2s)n_1<0$，T_b 方向与转子的转向相反，但定子是静止的，相当于作用在转子上一个正向的转矩，起驱动作用；当转速为 $n=0.5n_1$ 时，$s=0.5$，$(1-2s)n_1=0$，不产生转矩；当 $n>0.5n_1$ 时，$s<0.5$，$(1-2s)n_1>0$，T_b 方向与转子的转向相同，相当于作用在转子上一个反向的转矩，起制动作用。

定子和转子中都有转速为 $(1-s)n_1$ 的旋转磁场，它们相互作用，产生恒定转矩，这个转矩称为发电制动转矩 T_g，是永磁体相对于定子绕组运动产生的，这时电机相当于一台同步发电机，所产生的转矩作用在定子上，与转子的转向相同，但定子静止，故作用在转子上一个反向转矩，起制动作用。

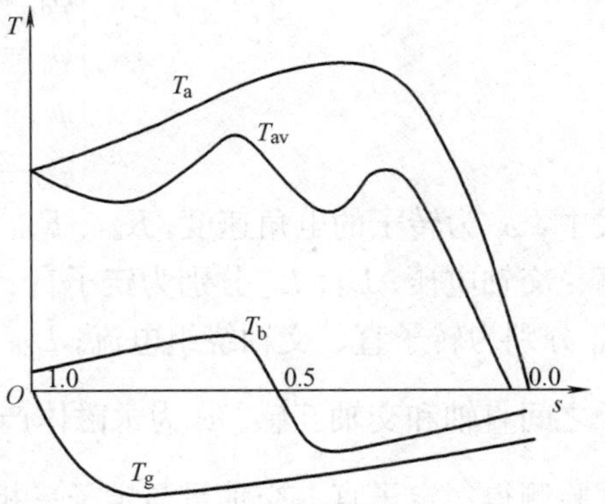

图 8-24 永磁同步电动机的平均转矩

永磁同步电动机起动过程中的总平均转矩 T_{av} 为上述三项转矩的和。图 8-24 为永磁同步电动机的平均转矩与转差率的关系曲线。可以看出，永磁同步电动机在起动过程中出现两次转矩曲线的下凹，一次在低速处，一次在稍高于半同步速处。

2. 脉动转矩

永磁同步电动机起动过程中，除了平均转矩外，还有脉动转矩。定（转）子中转速为 n_1 的磁场与转(定)子中转速为$(1-s)n_1$ 的磁场相互作用，定（转）子中转速为 $(1-2s)n_1$ 的磁场与转(定) 子中转速为$(1-s)n_1$ 的磁场相互作用，都产生频率 sf 的脉动转矩；定（转）子中转速为 n_1 的磁场与转(定) 子中转速为$(1-2s)n_1$ 的磁场相互作用，产生频率 $2sf$ 的脉动转矩。

三、起动过程中平均转矩的计算

计算起动性能时，将 T_a 和 T_b 合并为一项，用 T_c 表示，采用三相感应电动机的转矩计算公式，即

$$T_c=\frac{mpU^2R'_2/s}{2\pi f\left[(R_1+c_1R'_2/s)^2+(X_1+c_1X'_2)^2\right]} \tag{8-66}$$

式中，R'_2 和 X'_2 分别为转子电阻、漏电抗的折算值，$c_1=1+X_1/X_m$。励磁电抗 X_m 近似为

$$X_m=\frac{2X_{ad}X_{aq}}{X_{ad}+X_{aq}} \tag{8-67}$$

发电制动转矩 T_g 为

$$T_g=-\frac{mp}{2\pi f(1-s)}\frac{R_1E_0^2(1-s)^2}{R_1^2+X_dX_q(1-s)^2}\frac{R_1^2+X_q^2(1-s)^2}{R_1^2+X_dX_q(1-s)^2} \tag{8-68}$$

四、起动过程仿真

采用 dq0 坐标系，设转子逆时针方向旋转，取永磁体基波磁场轴线方向为 d 轴，而 q 轴顺着旋转方向超前 d 轴 90°，转子参考坐标系的旋转速度即为转子速度，则电压方程为

$$\begin{cases}u_d=R_1i_d+\dfrac{d\psi_d}{dt}-\omega_r\psi_q\\ u_q=R_1i_q+\dfrac{d\psi_q}{dt}+\omega_r\psi_d\\ u_{2d}=0=R_{2d}i_{2d}+\dfrac{d\psi_{2d}}{dt}\\ u_{2q}=0=R_{2q}i_{2q}+\dfrac{d\psi_{2q}}{dt}\end{cases} \tag{8-69}$$

磁链方程为

$$\begin{cases}\psi_d=L_di_d+L_{ad}i_{2d}+\psi_f\\ \psi_q=L_qi_q+L_{aq}i_{2q}\\ \psi_{2d}=L_{2d}i_{2d}+L_{ad}i_d+\psi_f\\ \psi_{2q}=L_{2q}i_{2q}+L_{aq}i_q\end{cases} \tag{8-70}$$

式中，ω_r 为转子的电角速度；R_{2d}、R_{2q} 分别为转子直、交轴绕组的电阻；u_d、u_q 分别为定子直、交轴电压；L_d、L_q 分别为定子直、交轴电感；i_d、i_q 分别为定子直、交轴绕组电流；i_{2d}、i_{2q} 分别为转子直、交轴绕组电流；L_{2d}、L_{2q} 分别为转子直、交轴自感；L_{ad}、L_{aq} 分别为定转子之间直轴和交轴互感。ψ_f 为永磁体产生的磁链，可以根据 $\psi_f=\sqrt{3}\dfrac{E_0}{\omega}$ 求得，E_0 可以由空载试验测得。定子直、交轴量与定子三相绕组中的实际物理量的转换关系（以电压为例）为

$$\begin{bmatrix}u_d\\u_q\\u_0\end{bmatrix}=\begin{bmatrix}\frac{2}{3}\cos\gamma & \frac{2}{3}\cos\left(\gamma-\frac{2}{3}\pi\right) & \frac{2}{3}\cos\left(\gamma+\frac{2}{3}\pi\right)\\ -\frac{2}{3}\sin\gamma & -\frac{2}{3}\sin\left(\gamma-\frac{2}{3}\pi\right) & -\frac{2}{3}\sin\left(\gamma+\frac{2}{3}\pi\right)\\ \frac{1}{3} & \frac{1}{3} & \frac{1}{3}\end{bmatrix}\begin{bmatrix}u_a\\u_b\\u_c\end{bmatrix} \tag{8-71}$$

所产生的电磁转矩为

$$T_{em}=p(\psi_di_q-\psi_qi_d) \tag{8-72}$$

在不计铁耗和附加损耗的情况下，转子机械运动方程为

$$J\frac{d\omega_r}{dt}=p(T_{em}-T_L) \tag{8-73}$$

式中，T_L 为负载转矩；J 为转子和所带负载总的转动惯量。

利用上述模型，可得到电动机的动态曲线，图 8-25 为一永磁同步电动机起动过程的仿

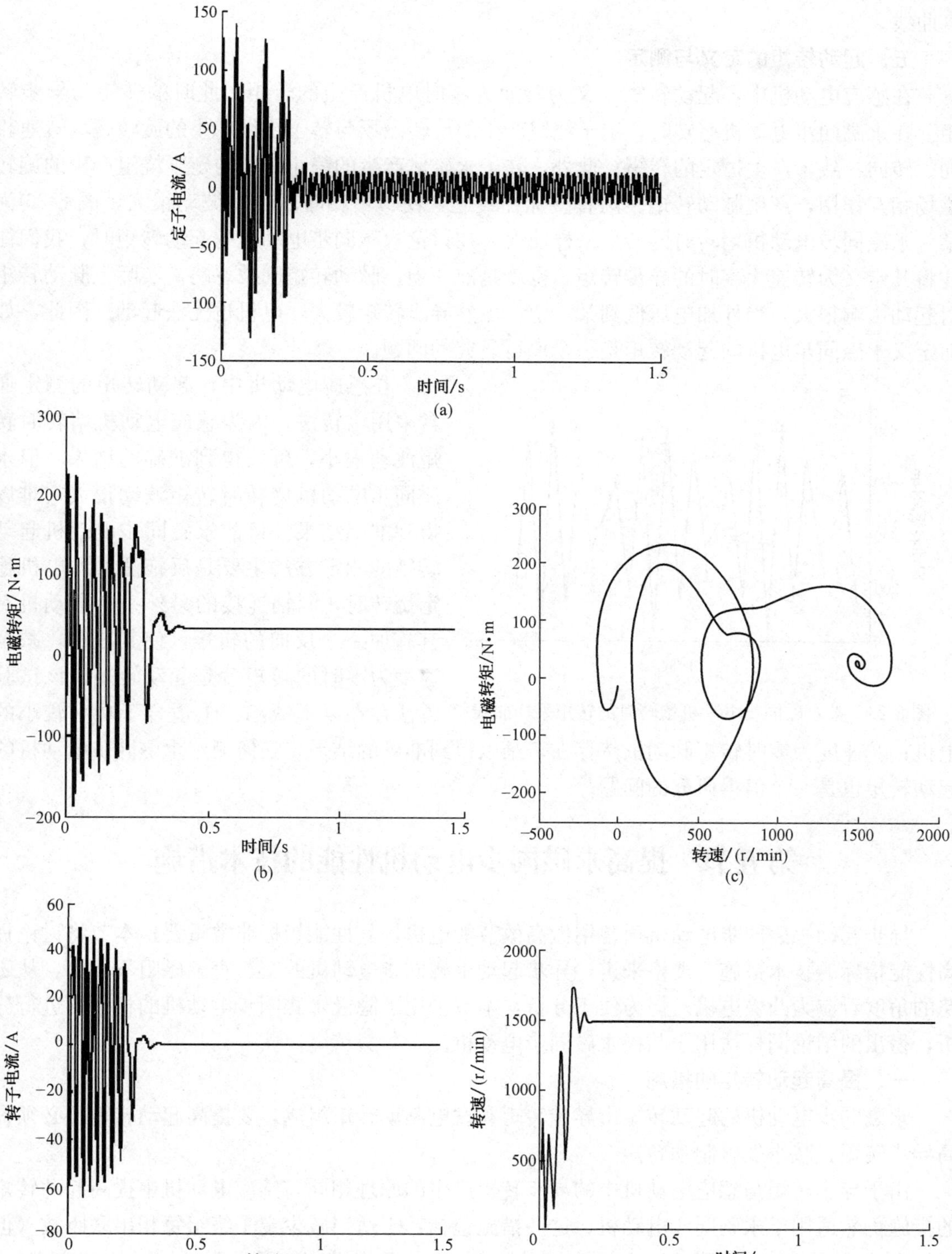

图 8-25　永磁同步电动机起动过程的仿真曲线

(a) 定子电流曲线；(b) 电磁转矩的曲线；(c) 电磁转矩-转速曲线；
(d) 转子电流曲线；(e) 转速曲线

真曲线。

五、起动转矩的定义与测定

在感应电动机中，起动转矩定义为转速为零时电机产生的转矩，此时的转矩为异步转矩。在永磁同步电动机堵转时，定子绕组产生的旋转磁场与转子绕组产生的旋转磁场转速相同、转向一致，产生恒定的转矩；此外，转子永磁体产生的静止磁场与定子绕组产生的旋转磁场相互作用，产生脉动转矩。两者叠加在一起，使得堵转时的转矩波动很大，图 8-26 为某一永磁同步电动机堵转时的转矩采样曲线。在讨论永磁同步电动机的起动转矩时，我们往往将其定义为转速为零时的异步转矩，也就是前一项，脉动转矩则被忽略。实际上脉动转矩对起动影响很大，当外加电压低到某一值，虽然异步转矩较大，电机也无法起动。因此，如何定义永磁同步电机的起动转矩是一个值得研究的问题。

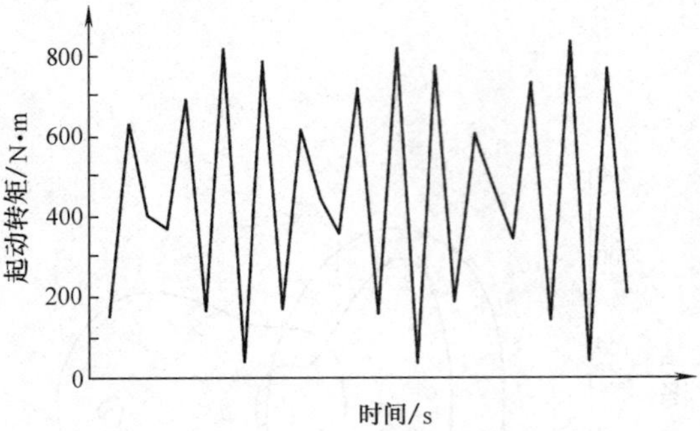

图 8-26　某永磁同步电动机堵转时的转矩采样曲线

在感应电动机中，起动转矩的测定通常采用堵转法，因为感应电动机堵转时转矩波动很小，可以得到准确的结果。但永磁同步电动机堵转时转矩波动很大，难以得到准确结果。目前永磁同步电动机起动转矩的测定方法主要是反拖法，即电机稳定旋转时，同轴连接的另外一个电动机对其施加一个反向的转矩，使其减速，减至速度为零时的转矩就是起动转矩。该试验方法存在以下缺陷：①适合于功率较小的电机；②速度为零时转矩脉动依然存在，难以得到准确的结果。如何测定永磁同步电动机的起动转矩也是一个值得研究的问题。

第五节　提高永磁同步电动机性能的技术措施

异步起动永磁同步电动机通常用做高效节能电机，其性能指标非常重要，本节将讨论提高性能指标的技术措施。严格来讲，异步起动永磁同步电动机的交、直轴磁阻不相等，从磁路的角度看应为凸极电机。但为便于分析，本节采用了隐极永磁同步电动机的相量图进行分析，得出的结论同样适用于凸极永磁同步电动机。

一、提高起动转矩的措施

永磁同步电动机的起动转矩由异步转矩和发电制动转矩组成，要提高起动转矩，必须提高异步转矩，减小发电制动转矩。

由于异步转矩与感应电动机中的异步转矩产生的原理相同，感应电动机中提高起动转矩的措施仍然适用于永磁同步电动机，这些措施包括：①适当减少定子绕组每相串联匝数（但可能会造成功率因数的降低和起动电流的增加）；②适当增大转子电阻，转子槽变窄变浅，端环截面积减小，在必要的时候采用凸形槽或刀形槽以充分利用集肤效应。为减小发电制动转矩，应适当减小定子绕组电阻，并控制感应电动势 E_0 不要过高。

图 8-27 为保持某永磁同步电动机其他结构参数不变时，起动转矩倍数 T_{st}^* 和起动电流倍数 I_{st}^* 随定子每槽导体数 N_s 的变化曲线。图 8-28 为保持其他结构参数不变时，起动转矩

倍数 T_{st}^* 和起动电流倍数 I_{st}^* 随转子槽深 h_s 的变化曲线。可以看出，起动电流倍数和起动转矩倍数随每槽导体数的增加迅速减小，转子槽面积的大小对起动转矩的影响也很大，要提高起动转矩，必须合理设计定、转子绕组。

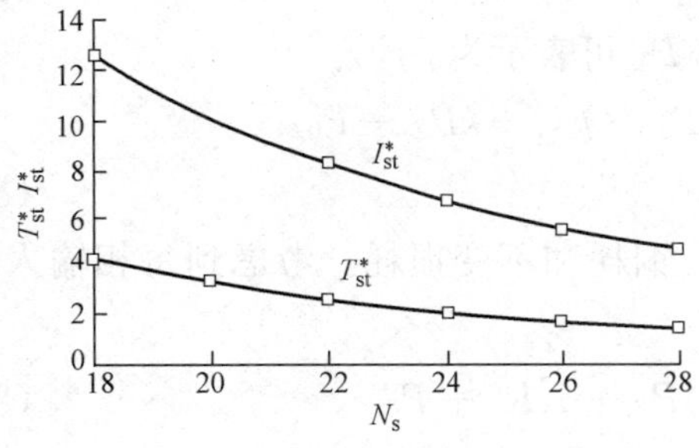

图 8-27　起动转矩倍数、起动电流倍数与定子每槽导体数的关系

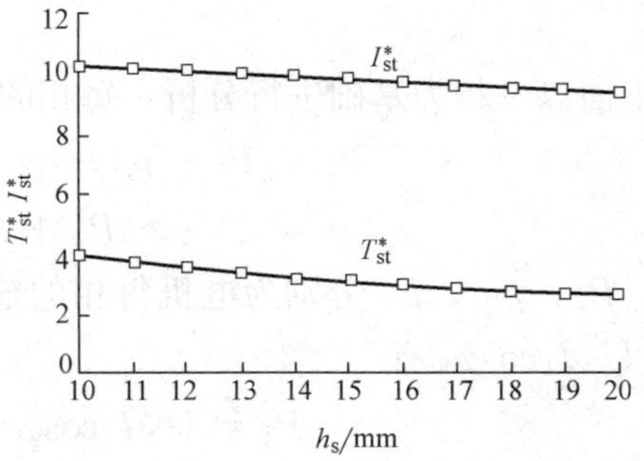

图 8-28　起动转矩倍数、起动电流倍数与转子槽深的关系

二、提高功率因数的措施

隐极永磁同步电动机的相量图（忽略定子绕组电阻）如图 8-29 所示。可以看出，相量 $\mathrm{j}\dot{I}_1X_s$ 总是垂直于定子电流相量 $\dot{I}_1$，要使 $\cos\varphi=1$，$\mathrm{j}\dot{I}_1X_s$ 必须垂直于 $\dot{U}$，因此有

$$I_1^2X_s^2+U_N^2=E_0^2 \tag{8-74}$$

式中，U_N 为额定相电压。与 E_0、U_N 相比，I_1X_s 较小，因此要得到接近于 1 的功率因数，E_0 应接近于外加电压 U_N。对于相电压 220V（线电压为 380V）的永磁同步电动机，额定负载时的 I_1X_s通常为 86V 左右，因此要使功率因数为 1，则 E_0 为 236V 左右，E_0 值高，造成永磁体浪费。在实际中，通常保持 E_0 小于并接近于 U_N 以获得接近于 1 的功率因数。后面的分析还表明，E_0 满足这一要求还可使永磁同步电动机在不同负载下效率最高，获得较宽的经济运行范围。

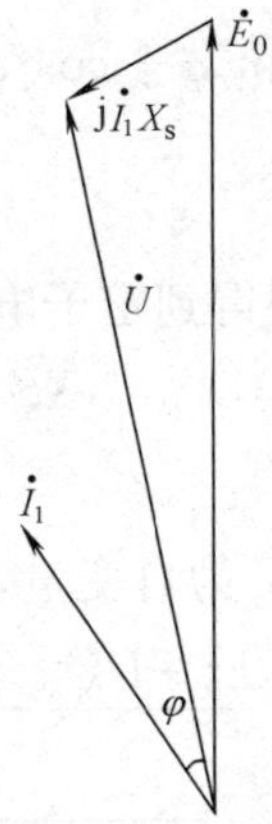

图 8-29　隐极永磁同步电动机的相量图

三、提高效率，扩大经济运行范围的措施

要提高效率、获得宽广的经济运行范围，应从两方面入手，一是降低不变损耗，二是降低可变损耗。

1. 降低不变损耗

永磁同步电动机的不变损耗主要包括铁耗和机械损耗，减小铁耗的主要措施是：采用损耗低的铁心材料、降低气隙磁密和优化气隙磁场波形。气隙磁场波形优化的目的在于减少气隙磁场中的谐波含量，减小附加损耗，降低气隙磁密会引起铜铁材料用量的增加和电机体积的增大。减小机械损耗的主要措施是：提高电机制造工艺水平和装配质量，采用合适的轴承和风扇。

2. 降低可变损耗

永磁同步电动机的可变损耗包括铜耗和杂散损耗。由于气隙磁场波形中谐波含量高，永磁同步电动机的杂散损耗比同容量的感应电动机大。减小杂散损耗的措施有：合理设计极弧系数、选取合适的槽配合、采用合适的绕组型式（如 Y 接双层短距绕组或正弦绕组）、减小槽口宽度或采用闭口槽、适当增大气隙长度、定子斜槽等。

减小可变损耗的另一个途径是降低定子绕组铜耗。若能使每一输出功率对应的定子电流最小，则可获得尽可能高的功率因数和效率。永磁同步电动机的杂散损耗 p_s 和输出功率成正比，可以表示为

$$p_s = kP_2 \tag{8-75}$$

下面以一相为基础进行分析，每相的输入功率 P_1 可表示为

$$\begin{aligned} P_1 &= P_2 + p_{Cu} + p_s + P_0 = P_2 + p_{Cu} + kP_2 + P_0 \\ &= (1+k)P_2 + I_1^2 R_1 + P_0 \end{aligned} \tag{8-76}$$

式中，P_2、p_{Cu}、P_0 分别为电机每相的输出功率、铜耗和不变损耗。考虑到每相输入功率 $P_1 = U_N I_1 \cos\varphi$，有

$$P_1 = U_N I_1 \cos\varphi = (1+k)P_2 + I_1^2 R_1 + P_0 \tag{8-77}$$

整理得

$$\cos\varphi = \frac{(1+k)P_2 + I_1^2 R_1 + P_0}{U_N I_1} \tag{8-78}$$

根据相量图，有

$$(U_N \sin\varphi + I_1 X_s)^2 + (U_N \cos\varphi)^2 = E_0^2 \tag{8-79}$$

整理得

$$\sin\varphi = \frac{E_0^2 - U_N^2 - I_1^2 X_s^2}{2U_N I_1 X_s} \tag{8-80}$$

因 $\sin^2\varphi + \cos^2\varphi = 1$，根据式（8-78）和式（8-80）得

$$\left[\frac{(1+k)P_2 + I_1^2 R_1 + P_0}{U_N I_1}\right]^2 + \left[\frac{E_0^2 - U_N^2 - I_1^2 X_s^2}{2U_N I_1 X_s}\right]^2 = 1 \tag{8-81}$$

整理得到定子电流满足的方程为

$$\begin{aligned} X_s^2 (X_s^2 + 4R_1^2) I_1^4 - 2X_s^2 [U_N^2 + E_0^2 - 4(1+k)R_1 P_2 - 4P_0 R_1] I_1^2 + \\ (E_0^2 - U_N^2)^2 + 4X_s^2 [(1+k)P_2 + P_0]^2 = 0 \end{aligned} \tag{8-82}$$

以 I_1^2 为自变量，求解该方程，得

$$I_1^2 = \frac{E_0^2 + U_N^2 - 4R_1[(1+k)P_2 + P_0]}{X_s^2 + 4R_1^2} \pm \frac{\sqrt{X_s^2\{E_0^2 + U_N^2 - 4R_1[(1+k)P_2 + P_0]\}^2 - (X_s^2 + 4R_1^2)\{(E_0^2 - U_N^2)^2 + 4X_s^2[(1+k)P_2 + P_0]^2\}}}{X_s(X_s^2 + 4R_1^2)} \tag{8-83}$$

可求解得到两个 I_1^2，其中较大的解不合理，不予考虑，则 I_1^2 为

$$I_1^2 = \frac{E_0^2 + U_N^2 - 4R_1[(1+k)P_2 + P_0]}{X_s^2 + 4R_1^2} - \frac{\sqrt{X_s^2\{E_0^2 + U_N^2 - 4R_1[(1+k)P_2 + P_0]\}^2 - (X_s^2 + 4R_1^2)\{(E_0^2 - U_N^2)^2 + 4X_s^2[(1+k)P_2 + P_0]^2\}}}{X_s(X_s^2 + 4R_1^2)} \tag{8-84}$$

令 $(1+k)P_2 + P_0 = x$，从表达式可以看出，如果负载不变，x 为一定值。以空载反电动势 E_0 为自变量，对式（8-84）求导，得

$$\frac{\mathrm{d}I_1^2}{\mathrm{d}E_0}=\left\{2X_sE_0-\frac{2X_s^2E_0\ (E_0^2+U_N^2-4R_1x)-2E_0(X_s^2+4R_1^2)(E_0^2-U_N^2)}{\sqrt{X_s^2\ (E_0^2+U_N^2-4R_1x)^2-(X_s^2+4R_1^2)\left[(E_0^2-U_N^2)^2+4X_s^2x^2\right]}}\right\}\times$$
$$\frac{1}{X_s\ (X_s^2+4R_1^2)} \tag{8-85}$$

令式（8-85）等于零，整理得

$$R_1^2E_0^4-(X_s^2U_N^2+2R_1^2U_N^2-2xR_1X_s^2)E_0^2+(X_s^2+R_1^2)U_N^4-2xR_1X_s^2U_N^2+x^2X_s^4=0 \tag{8-86}$$

以 E_0^2 为自变量，求解式（8-86）得

$$E_0^2=\frac{2R_1^2U_N^2+X_s^2U_N^2-2xR_1X_s^2\pm\sqrt{X_s^4U_N^4-4xR_1X_s^4U_N^2}}{2R_1^2} \tag{8-87}$$

可以看出，其中较大的解远大于 U_N^2，在实际中是不可行的，因此取较小的解，得

$$E_0^2=\frac{2R_1^2U_N^2+X_s^2U_N^2-2xR_1X_s^2-\sqrt{X_s^4U_N^4-4xI_1^2X_s^4U_N^2}}{2R_1^2} \tag{8-88}$$

永磁同步电动机中定子电阻 R_1 的值很小，因此在上式的根号下增加一项 $4x^2R_1^2X_s^4$ 之后，对计算结果的影响不大

$$E_0^2\approx\frac{2R_1^2U_N^2+X_s^2U_N^2-2xR_1X_s^2-\sqrt{(X_s^2U_N^2-2xR_1X_s^2)^2}}{2R_1^2} \tag{8-89}$$

整理式（8-89），得

$$E_0\approx U_N \tag{8-90}$$

因此，可以得到以下结论：在输出功率 P_2 一定的情况下，要使定子电流最小，必须满足条件

$$E_0/U_N\approx 1.0 \tag{8-91}$$

图 8-30 为一台 22kW、6 极永磁同步电动机在不同 E_0/U_N 时的效率和功率因数随负载变化的曲线。由图 8-29 还可得

$$\cos\varphi=\sqrt{1-\left(\frac{E_0^2-U_N^2-I_1^2X_s^2}{2I_1X_sU_N}\right)^2} \tag{8-92}$$

以额定相电压 U_N 和额定相电流 I_N 为基值，将式中感应电动势、电压和电流表示为标幺值，则

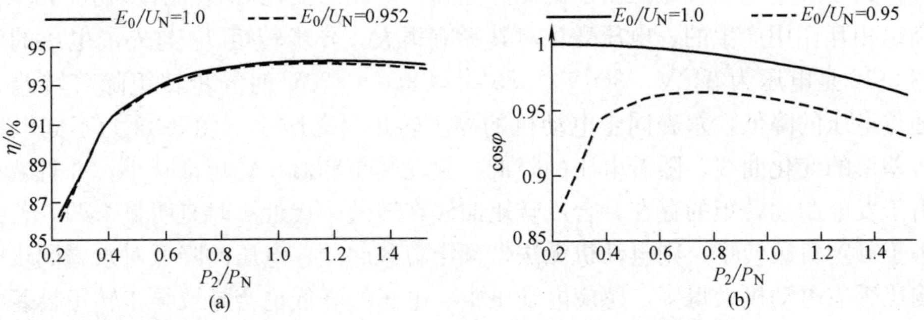

图 8-30　不同 E_0/U_N 时效率、功率因数与输出功率的关系

（a）效率；（b）功率因数

$$\cos\varphi = \sqrt{1-\left(\frac{E_0^{*2}-1-I_1^* U_s^{*2}}{2I_1^* U_s^*}\right)^2} \tag{8-93}$$

式中，$U_s^* = \dfrac{I_N X_s}{U_N}$。图 8-31 为 $U_s^* = 0.25$、不同 E_0/U_N 时功率因数随负载电流变化的曲线。其中图（b）方框中为该图右上部分的局部放大图。

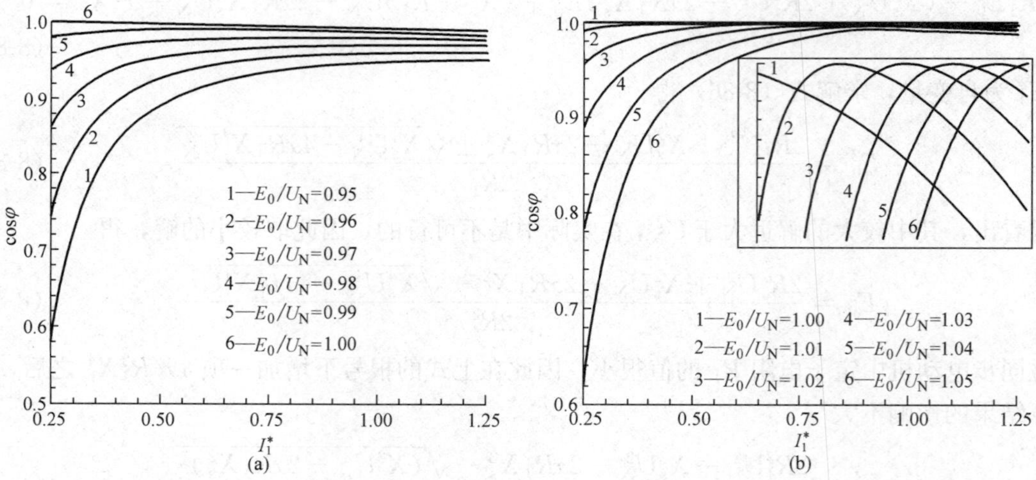

图 8-31　$U_s^* = 0.25$ 时，功率因数与负载电流的关系

(a) $E_0/U_N \leqslant 1$；(b) $E_0/U_N \geqslant 1$

第六节　永磁同步电动机性能的敏感性分析

永磁同步电动机性能受环境温度、外加电压和永磁体性能的影响较大，研究这些因素的影响，对于永磁同步电动机设计和使用具有参考价值。本节以 380V、22kW、6 极永磁同步电动机为例介绍这些因素对起动性能和稳态性能的影响，所给出的曲线都是从该电机得到的。

一、外加电压的影响

1. 电压变化对起动性能的影响

（1）对平均转矩的影响。永磁同步电动机起动过程中的平均转矩由异步转矩和发电制动转矩组成，其中发电制动转矩是由永磁体产生的，电压的变化对其没有影响；异步转矩是由定转子绕组相互作用产生的，电压变化对其影响很大。异步转矩 T_c 与外加电压的二次方成正比。图 8-32 是电压为 340V、360V、380V、400V、420V 时异步转矩随着转差率变化的曲线，随着电压的降低，永磁同步电动机的异步转矩显著减小。图 8-33 为不同电压下合成转矩随转差率的变化曲线，随着电压的降低，起动转矩和最小转矩都减小，并且减小的幅度较大；由于发电制动转矩的存在，合成转矩曲线在转差率接近 1 时有明显下凹，若该点对应的转矩小于额定负载转矩，则电动机无法带额定负载起动。电压的降低对永磁同步电动机起动的影响比感应电动机大得多，感应电动机中，电压的降低也会导致异步转矩显著减小，但其中无发电制动转矩。在永磁同步电动机中，当供电电压低于额定电压的一半时，往往无法空载起动。

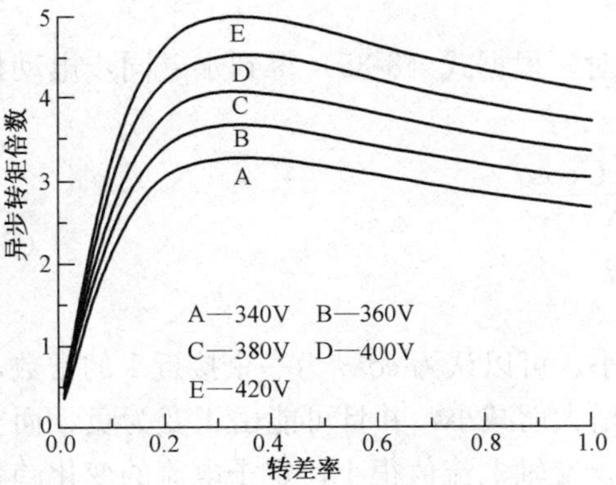

图 8-32　不同电压下异步转矩倍数—转差率曲线

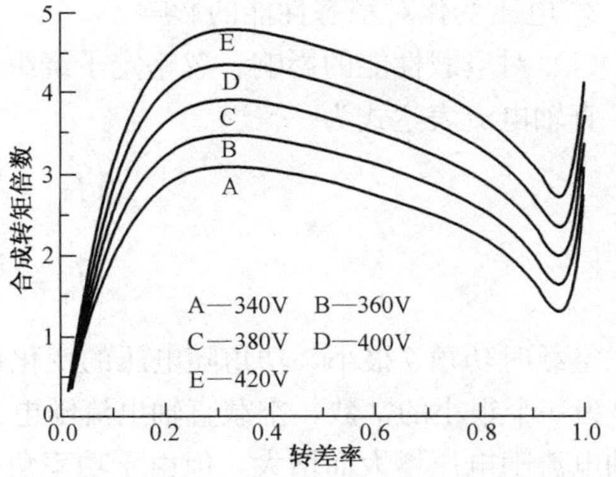

图 8-33　不同电压下的合成转矩—转差率曲线

（2）对起动电流的影响。起动电流 I_{st} 的表达式为

$$I_{st}=\frac{U}{\sqrt{(R_1+c_1R'_2)^2+(X_1+c_1X'_2)^2}} \tag{8-94}$$

起动电流与外加电压成正比，随着电压的升高，起动电流也增大。图 8-34 为起动电流倍数随着电压变化的曲线。过高的起动电流会造成永磁体不可逆去磁以及对电网的冲击。

（3）对最大去磁工作点的影响。起动过程中，当转子转速接近同步速、电枢磁场和转子磁场轴线重合且方向相反时，电枢磁动势对永磁体的去磁作用最为严重。不计定子绕组电阻时，定子电流 I_h 为

$$I_h=\frac{E_0+U}{X_d} \tag{8-95}$$

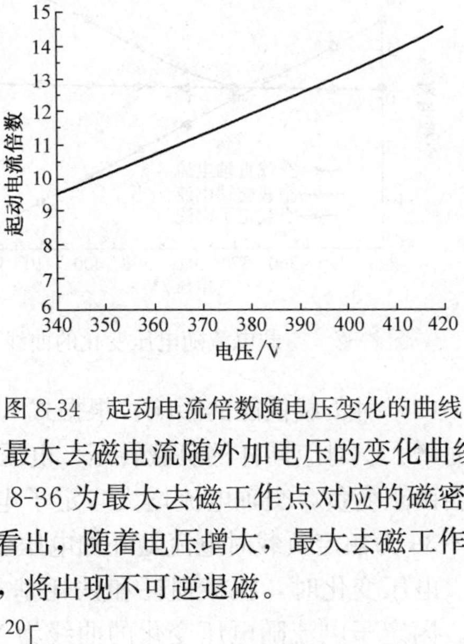

图 8-34　起动电流倍数随电压变化的曲线

随着电压的升高，最大去磁电流增大。图 8-35 为最大去磁电流随外加电压的变化曲线。根据去磁电流可计算最大去磁工作点对应的磁密，图 8-36 为最大去磁工作点对应的磁密标幺值（以剩磁为基值）随外加电压的变化曲线，可以看出，随着电压增大，最大去磁工作点迅速下降，当永磁体工作点在其退磁曲线拐点以下时，将出现不可逆退磁。

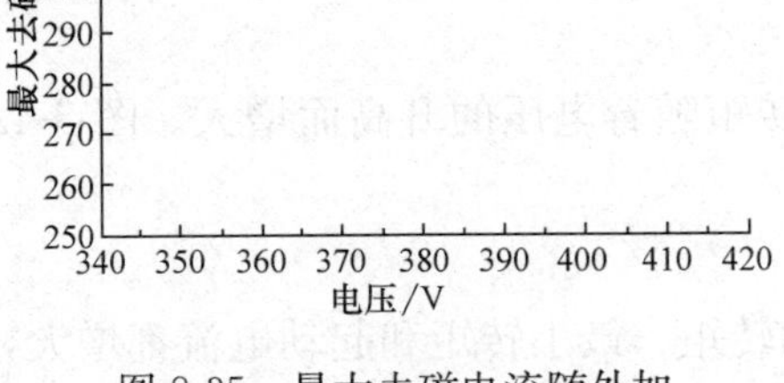

图 8-35　最大去磁电流随外加电压的变化曲线

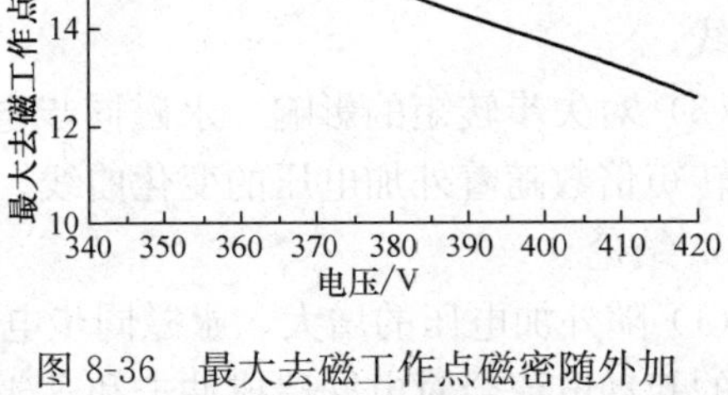

图 8-36　最大去磁工作点磁密随外加电压的变化曲线

2. 电压变化对稳态性能的影响

(1) 对空载性能的影响。忽略定子绕组电阻时，根据式 (8-35) 得到永磁同步电动机的交、直轴电流表达式为

$$\begin{cases} I_{\mathrm{d}} = \dfrac{E_0 - U\cos\theta}{X_{\mathrm{d}}} \\ I_{\mathrm{q}} = \dfrac{U\sin\theta}{X_{\mathrm{q}}} \end{cases} \tag{8-96}$$

空载时功角 θ 很小，功角随电压的变化也很小，可以认为 $\cos\theta$ 为一个接近 1 的常数，而 $\sin\theta$ 为一个很小的常数，空载直轴电流随电压的增大而减小，并且可能由正变为负，而空载交轴电流随电压增大而增大，但由于功率角很小，交轴电流值很小，定子电流的变化趋势与直轴电流的绝对值的变化趋势是一致的，是一条 V 形曲线，空载功率因数曲线是一条反 V 形曲线。图 8-37、8-38 分别为空载电流和空载功率因数随电压变化的曲线。可以看出，永磁同步电动机的空载电流和空载功率因数对电压的变化非常敏感。

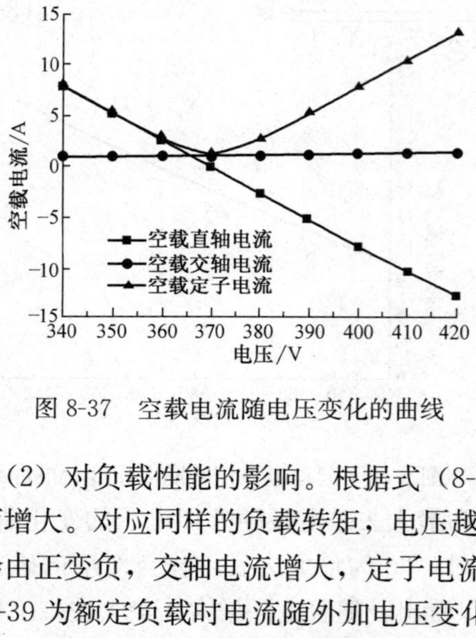

图 8-37　空载电流随电压变化的曲线

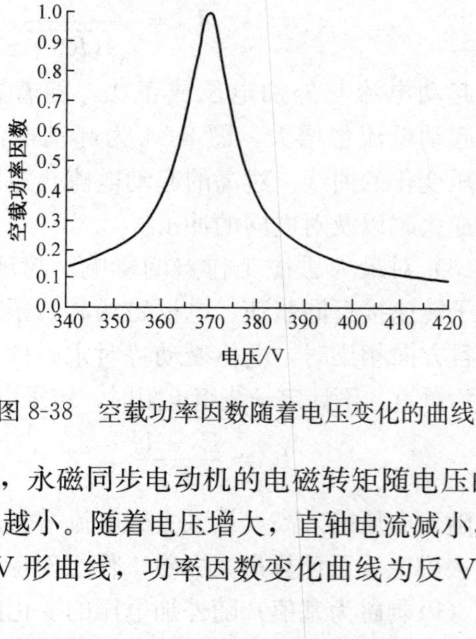

图 8-38　空载功率因数随着电压变化的曲线

(2) 对负载性能的影响。根据式 (8-47) 可知，永磁同步电动机的电磁转矩随电压的升高而增大。对应同样的负载转矩，电压越高，功角越小。随着电压增大，直轴电流减小，可能会由正变负，交轴电流增大，定子电流为一条 V 形曲线，功率因数变化曲线为反 V 形。图 8-39 为额定负载时电流随外加电压变化的曲线。

电压变化时，机械损耗和铁耗基本不变，铜耗和杂散损耗与定子电流的二次方成正比。因定子电流随电压变化的曲线为 V 形，铜耗和杂散损耗随着电压变化曲线也为 V 形，因此总损耗随电压的变化曲线为 V 形。在输出功率不变的前提下，效率随电压的变化曲线为反 V 形。图 8-40 为铜耗、杂散损耗以及总损耗随外加电压的变化曲线。图 8-41 为效率和功率因数随电压的变化曲线，可以看出，随着电压的增大，功率因数和效率为反 V 形曲线。

(3) 对失步转矩的影响。永磁同步电动机失步转矩随着电压的升高而增大。图 8-42 为失步转矩倍数随着外加电压的变化曲线。

3. 结论

(1) 随外加电压的增大，永磁同步电动机的起动转矩、最小转矩和起动电流都增大，但过高的起动电流会对电网造成冲击和永磁体不可逆去磁，因此起动时电压不宜过高。电压过低，起动过程中的最小转矩过小，可能导致电动机无法带额定负载起动。

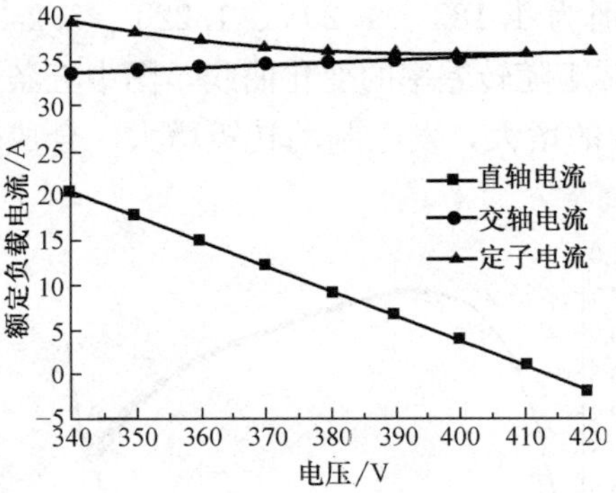

图 8-39　负载电流随外加电压的变化曲线

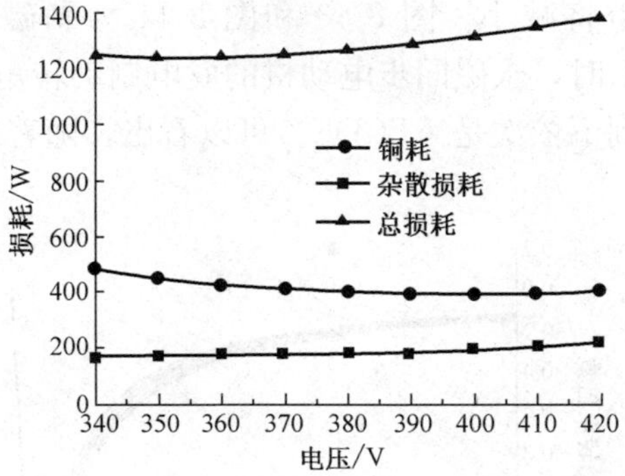

图 8-40　额定负载时损耗随外加电压的变化曲线

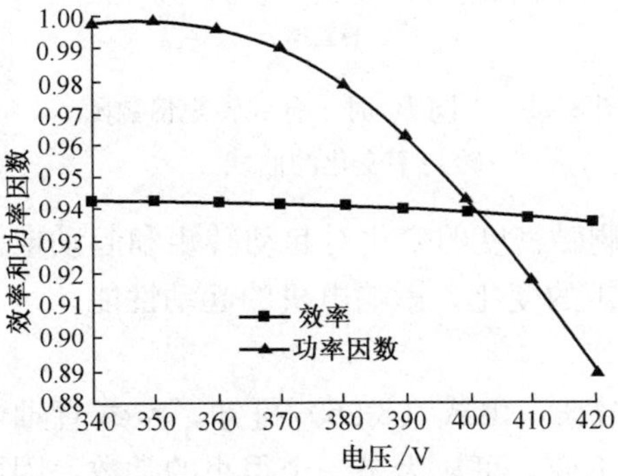

图 8-41　效率、功率因数随外加电压变化的曲线

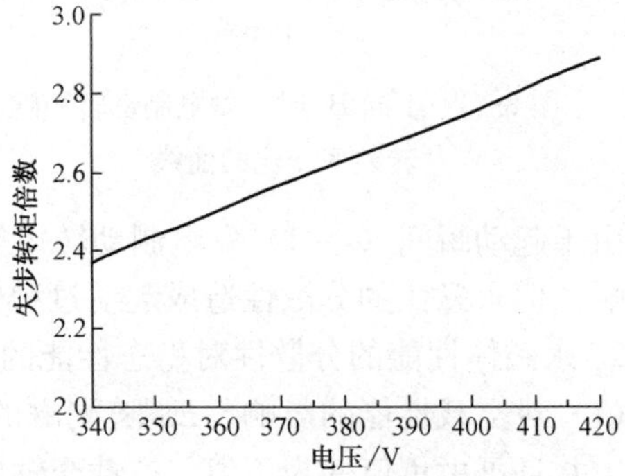

图 8-42　失步转矩倍数随外加电压变化的曲线

（2）随外加电压增大，最大去磁工作点对应的去磁电流增大，工作点降低，严重时会导致不可逆去磁。

（3）空载电流和空载功率因数随电压的变化非常敏感。

（4）外加电压变化时，负载性能变化较大，尤其是功率因数。

二、永磁材料分散性的影响

剩磁密度 B_r 是表征永磁材料性能的重要指标，永磁材料性能的分散性在剩磁密度上的表现最为明显，可以等效成剩磁密度在一个范围内变化。

永磁材料对电机性能的影响主要通过反电动势反映出来。反电动势和基波磁通的关系为

$$E_0 = 4.44 f N K_{dp} \Phi_{\delta 0} \tag{8-97}$$

可以看出，反电动势 E_0 和每极基波磁通成正比，也就与剩磁密度 B_r 成正比，永磁材料性能的分散性将导致反电动势 E_0 的变化，从而影响永磁同步电动机性能。

同样以上述 380V、22kW、6 极永磁同步电动机为例研究永磁材料分散性对性能的影响，所采用的永磁材料的剩磁密度标称值为 1.22T，假设其在 1.18～1.26 T 范围内变化。

1. 永磁体性能的分散性对起动性能的影响

对于已经制成的永磁同步电动机，可认为由起动笼产生的异步转矩与永磁体剩磁没有关系，而永磁体性能的分散性直接影响发电制动转矩。由发电制动转矩的表达式可知，发电制动转矩与空载反电动势的二次方成正比，随着空载反电动势增大，发电制动转矩增大，总平

均转矩将减小。图 8-43 和图 8-44 为剩磁密度分别为 1.18T、1.20T、1.22T、1.24T 和 1.26T 时，永磁同步电动机的发电制动转矩和合成转矩随转差率的变化曲线，图中五条曲线从上到下依次是 ABCDE。可以看出，随着剩磁密度的增大，发电制动转矩增大，合成转矩减小。

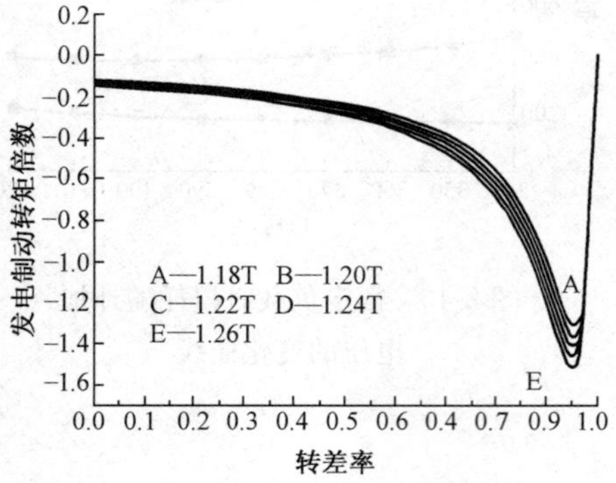

图 8-43 不同 B_r 时，发电制动转矩随转差率变化的曲线

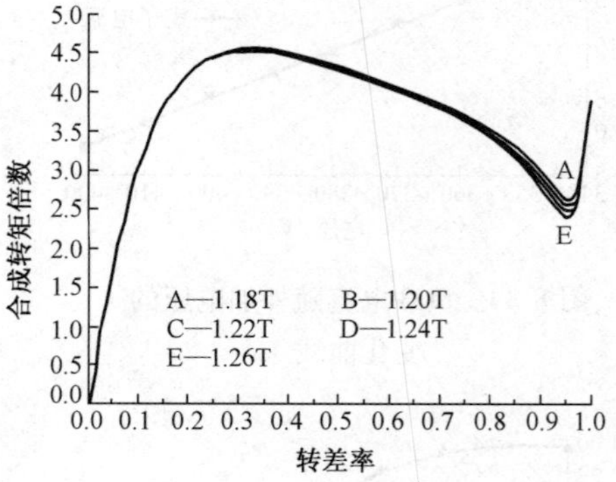

图 8-44 不同 B_r 时，合成转矩倍数随转差率变化的曲线

由于起动瞬间（$s=1$）发电制动转矩等于零，剩磁密度的变化对起动转矩和起动电流没有影响。但永磁体的分散性造成起动过程中最小转矩的变化，影响电机的起动性能。

2. 永磁体性能的分散性对稳态性能的影响

（1）对空载性能的影响。E_0 随剩磁的增大而增大，由式（8-96）可知，空载直轴电流增大，并且可由负值变为正值，空载交轴电流近似不变，可认为是一个很小的常数，因此定子电流的变化趋势和直轴电流是一致的，是一条 V 形曲线，并且随着剩磁密度的增大，功率因数曲线为一条反 V 形曲线。图 8-45 和图 8-46 分别为空载电流、空载功率因数随剩磁密度变化的曲线。由于所给出的剩磁密度变化范围不大，得到的空载功率因数只是反 V 形曲线的一部分。

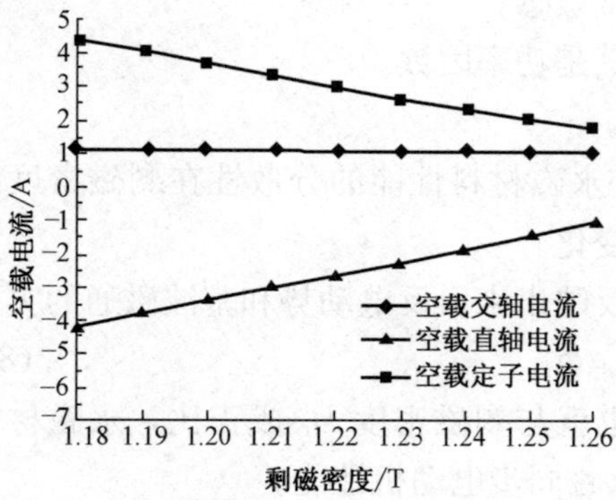

图 8-45 空载电流随剩磁密度的变化曲线

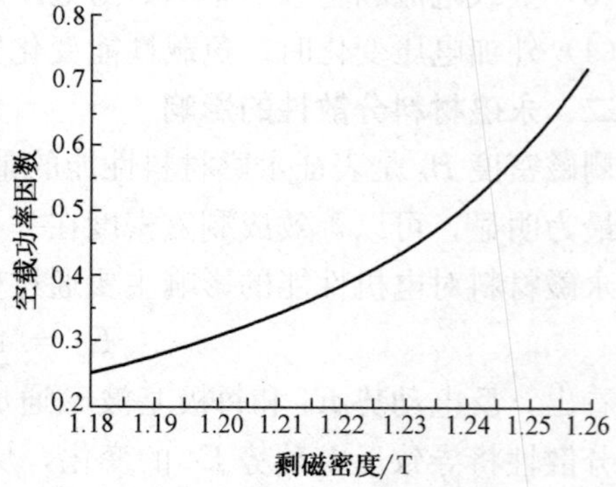

图 8-46 空载功率因数随剩磁密度的变化曲线

（2）对负载性能的影响。在额定负载时，随着反电动势的增大，功率角减小，直轴电流增大，而交轴电流减小，由于交轴电流幅值远大于直轴电流，故定子电流减小。图 8-47 为额定负载时电流随剩磁密度的变化曲线。

随着剩磁密度增大，定子电流减小，因而铜耗和杂散损耗也减小，但铁耗增大，效率相应发生变化。由于永磁同步电动机的功率因数一般设计在感性且低于 1，反电动势增大引起功率因数增大，甚至得到超前功率因数。图 8-48 和图 8-49 分别为额定负载时损耗、效率和功率因数随剩磁密度的变化曲线。

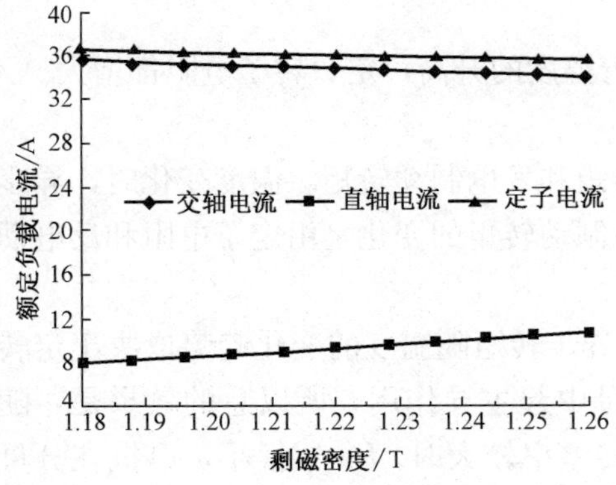

图 8-47　额定负载电流随剩磁密度的变化曲线

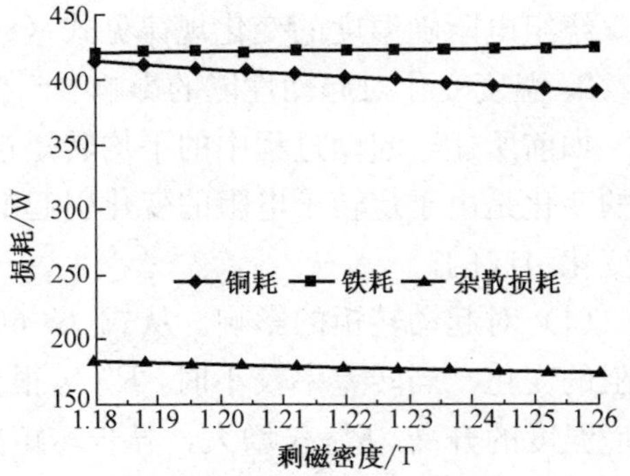

图 8-48　损耗随剩磁密度的变化曲线

（3）对失步转矩的影响。从永磁同步电动机的电磁转矩表达式可以看出，剩磁密度越大，失步转矩倍数越大，过载能力越强，图 8-50 为失步转矩倍数随剩磁密度的变化曲线。

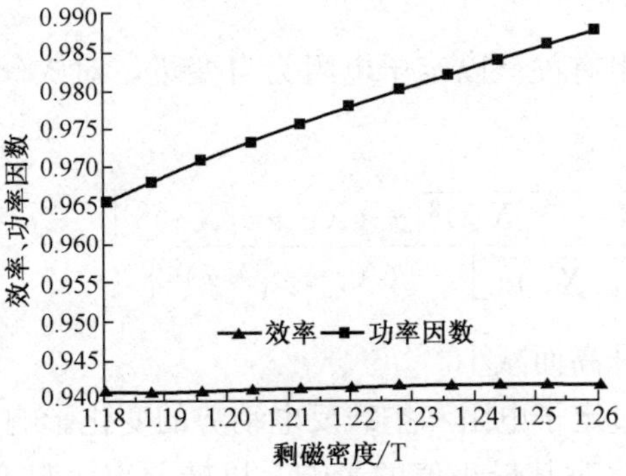

图 8-49　效率、功率因数随剩磁密度的变化曲线

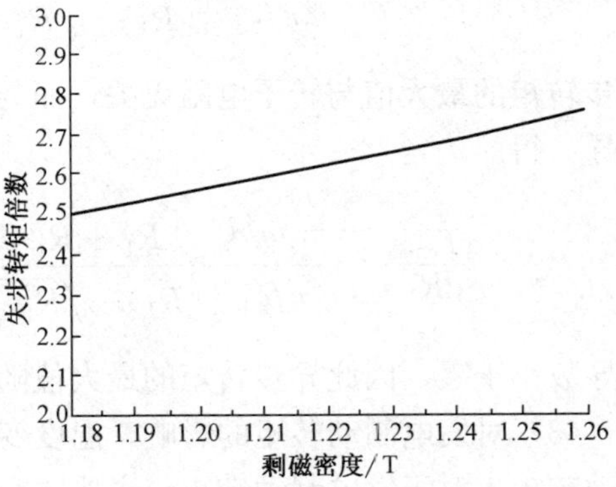

图 8-50　失步转矩倍数随剩磁密度的变化曲线

3. 结论

（1）永磁体性能的分散性影响发电制动转矩的大小，进而影响起动过程中的最小转矩，对电机的起动有影响。

（2）永磁体性能的分散性对永磁同步电动机的空载电流、空载功率因数、负载功率因数和失步转矩倍数影响较大，而对永磁同步电动机额定运行时的效率、电流等影响不大。

三、环境温度的影响

对 6 台上述的永磁同步电动机进行了温升试验，稳态后的温升范围为 35.1～42.5K。本节在考虑环境温度的影响时，假设平均温升为 40K。分析起动性能时，计算用温度为环境温度，分析稳态性能时，计算用温度为环境温度加平均温升，据此分析了环境温度变化对起动性能和稳态性能的影响。

1. 温度变化对永磁同步电动机参数的影响

环境温度变化主要影响永磁体性能和绕组电阻。永磁体剩磁密度与环境温度的关系为

$$B_r = B_{r20}\left[1+\alpha_{Br}(t-20)\right] \tag{8-98}$$

式中，B_{r20} 为 20℃时的剩磁密度；α_{Br} 为 B_r 的温度系数；t 为永磁体工作温度。剩磁密度随温度的升高而减小。

绕组电阻随温度的变化规律见式（8-55），随着温度的升高，定、转子电阻都增大。

2. 温度变化对起动性能的影响

如前所述，起动过程中的平均转矩包括异步转矩和发电制动转矩。温度变化时，异步转矩的变化是由于定转子电阻的变化引起的，而发电制动转矩的变化是由定子电阻和反电动势的变化引起的。

（1）对起动转矩的影响。从式（8-66）可知，异步转矩随温度的变化趋势取决于定转子电阻的变化。当转差率较小时，R'_2/s 很大，在分母中起主导作用，所以总的效果是：随着环境温度的升高，R'_2/s 增大，异步转矩减小；当转差率较大时，R'_2/s 很小，电抗在分母中起主导作用，而电抗不随环境温度变化，分母基本不变，所以异步转矩随环境温度的升高而增大。

（2）对最大转矩的影响。以转差率为自变量可以求得异步转矩的最大值

$$T_{cmax} = \frac{mpU^2\sqrt{R_1^2+(X_1+c_1X'_2)^2}}{2\pi fc_1\left\{\left[R_1+\sqrt{R_1^2+(X_1+c_1X'_2)^2}\right]^2+(X_1+c_1X'_2)^2\right\}} \tag{8-99}$$

异步转矩的最大值与转子电阻无关，而与定子电阻有关。以定子电阻为自变量，对式(8-99)求导，得

$$\frac{dT_{cmax}}{dR_1} = \frac{-mpU^2\left[R_1^2+R_1\sqrt{R_1^2+(X_1+c_1X'_2)^2}+(X_1+c_1X'_2)^2\right]}{\pi fc_1\left\{\left[R_1+\sqrt{R_1^2+(X_1+c_1X'_2)^2}\right]^2+(X_1+c_1X'_2)^2\right\}^2} \tag{8-100}$$

该导数小于零，因此异步转矩的最大值随温度的升高而减小。

（3）对发电制动转矩的影响。温度变化会通过定子电阻和空载反电动势的变化影响发电制动转矩。对于发电制动转矩，主要关心温度变化对其最小值的影响，以转差率为自变量，对式（8-68）求导，得到发电制动转矩的最小值 T_{gm} 和对应的转差率 s_{gm}

$$T_{gm} = -\frac{mpk^2E_0^2\left[1+\frac{3}{2}(k-1)+\sqrt{\frac{9}{4}(k-1)^2+k}\right]\sqrt{\frac{3}{2}(k-1)+\sqrt{\frac{9}{4}(k-1)^2+k}}}{2\pi fX_q\left[k+\frac{3}{2}(k-1)+\sqrt{\frac{9}{4}(k-1)^2+k}\right]^2} \tag{8-101}$$

$$s_{gm} = 1-\frac{R_1}{X_q}\sqrt{\frac{3}{2}(k-1)+\sqrt{\left[\frac{3}{2}(k-1)\right]^2+k}} \tag{8-102}$$

式中，$k=\dfrac{X_q}{X_d}$。可以看出，定子电阻增大，发电制动转矩最小值对应的转差率减小，而发电制动转矩的最小值与定子电阻无关，定子电阻的变化只会影响发电制动转矩最小值出现的位置。发电制动转矩和 E_0^2 成正比，因此，随着温度的降低，发电制动转矩增大。

(4) 对起动电流的影响。随着温度的升高，绕组电阻增大，起动电流减小。

图 8-51(a)、(b)、(c)分别为不同环境温度下，永磁同步电动机起动过程中异步转矩、发电制动转矩和合成转矩随转差率的变化曲线，图 8-51(d)为起动电流随温度的变化曲线。计算时环境温度从－20～50℃共取八个值，间隔为 10℃。可以看出，起动转矩随着温度的升高而增大（八条曲线从下向上依次是 ABCDEFGH），但异步转矩的最大值却随着温度的升高而减小（曲线从下向上依次为 HGFEDCBA），发电制动转矩随温度的升高而减小，温度的变化对发电制动转矩的影响在最小值处表现的最为明显（曲线从下向上依次是 ABCDEFGH），起动电流随温度的升高而减小。随着温度的降低，在发电制动转矩的最小值点，异步转矩减小，发电制动转矩增大，因此永磁同步电动机的最小转矩减小较多。如果设计不合理，将导致低温时电机的最小转矩过小而无法带额定负载起动。

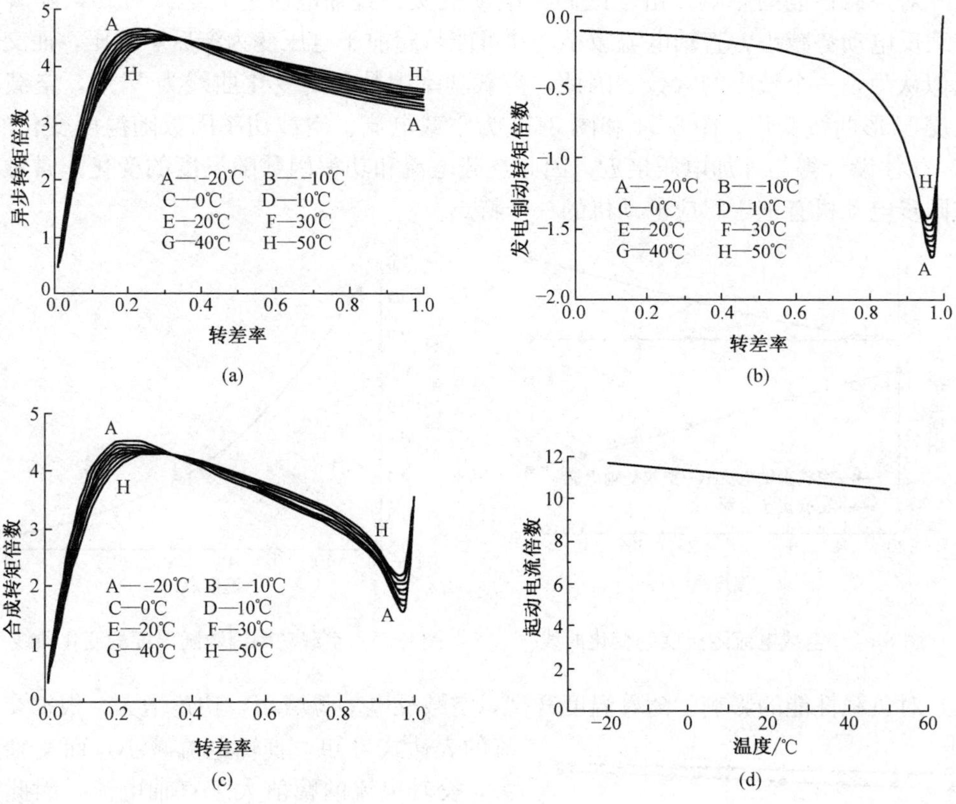

图 8-51 起动性能与环境温度的关系

(a) 异步转矩；(b) 发电制动转矩；(c) 合成转矩；(d) 起动电流

(5) 对最大去磁工作点的影响。随着温度的升高，E_0 减小。由式（8-95）可知，最大去磁电流 I_h 也减小，图 8-52 为 I_h 随着温度的变化曲线。根据最大去磁工作点电流，得到最大去磁工作点磁密，如图 8-53 所示，可以看出，随着温度升高，最大去磁工作点下降，有可能在拐点以下，将导致不可逆去磁，必须通过合理设计保证永磁同步电动机在最高工作温度下永磁体不退磁。

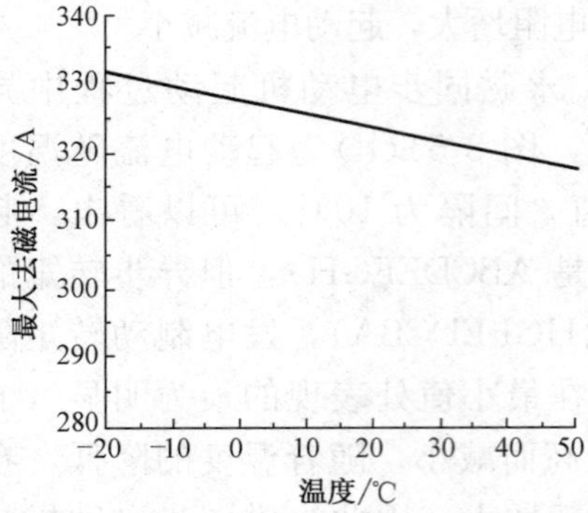

图 8-52　最大去磁电流随温度变化的曲线

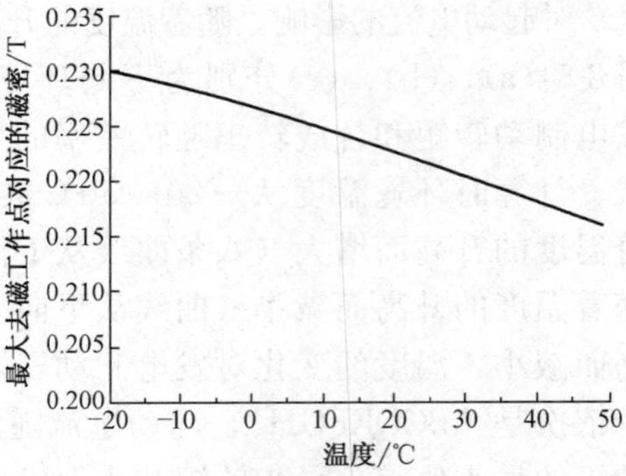

图 8-53　最大去磁工作点磁密随温度变化的曲线

3. 温度的变化对稳态性能的影响

(1) 对空载性能的影响。由永磁同步电动机交、直轴电流的表达式可知，随着温度升高，空载反电动势减小，直轴电流减小，并可能从超前于电压变为滞后于电压，而交轴电流则可近似认为是一个较小的常数。因此，空载功率因数角的变化曲线为 V 形，空载功率因数就以反 V 形曲线变化。图 8-54 和图 8-55 为空载电流、空载功率因数随温度变化的曲线。由于 E_0 往往设计得与外加电压接近，因此空载电流和功率因数随温度的变化非常敏感，这是永磁同步电动机有别于感应电动机的一个特点。

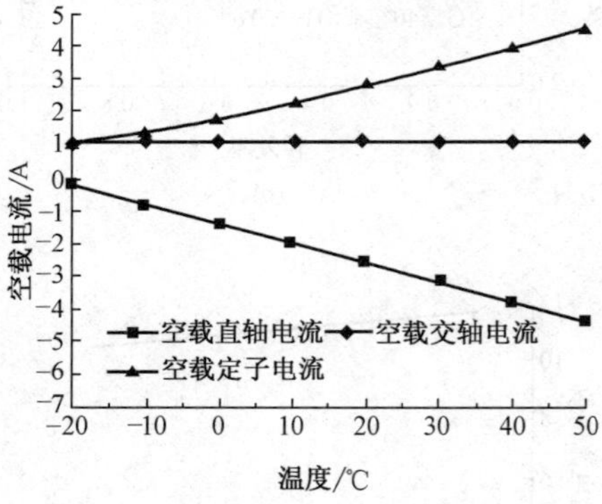

图 8-54　空载电流随温度的变化曲线

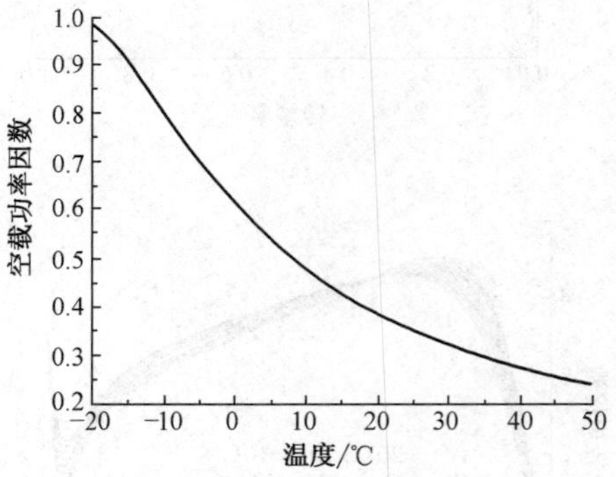

图 8-55　空载功率因数随温度的变化曲线

(2) 对负载性能的影响。随着温度升高，空载反电动势减小，功角增大，根据交直轴电流的表达式可知，直轴电流减小，而交轴电流增大，交轴电流的幅值大于直轴电流，因此定子电流的变化趋势与交轴电流一致，即随着温度升高而增大。铜耗和杂散损耗增加，而铁耗随着温度的升高而降低，总损耗和效率都要发生变化。同时，永磁体剩磁随环境温度的升高而减小，使得 E_0 减小，功率因数降低。图 8-56 为额定电流随温度变化的曲线，图 8-57 为效率和功率因数随着温度变化的曲线。

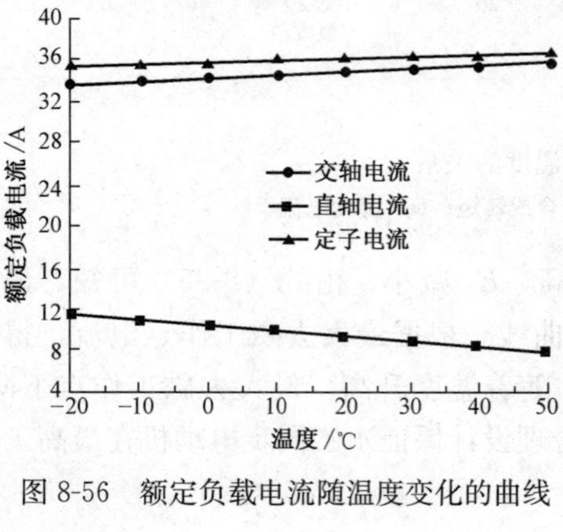

图 8-56　额定负载电流随温度变化的曲线

(3) 对失步转矩的影响。从永磁同步电动机的电磁转矩表达式可知，失步转矩随空载反电动势增大而增大，即温度升高，失步转矩减小，过载能力下降。图 8-58 为失步转矩倍数随温度的变化曲线。

4. 结论

(1) 随着温度升高，起动转矩和最小转矩都增大，起动电流减小，对起动有利，但在低温时可能会因最小转矩过小而导致无法带载起动。

(2) 随着温度升高，最大去磁工作点对应的电流和磁密都减小，若设计不当，可能会造成不可逆去磁。

(3) 空载电流和空载功率因数对温度变化非常敏感，而额定效率和额定功率因数受温度影响较小，但失步转矩随温度的升高下降较快，过载能力下降。

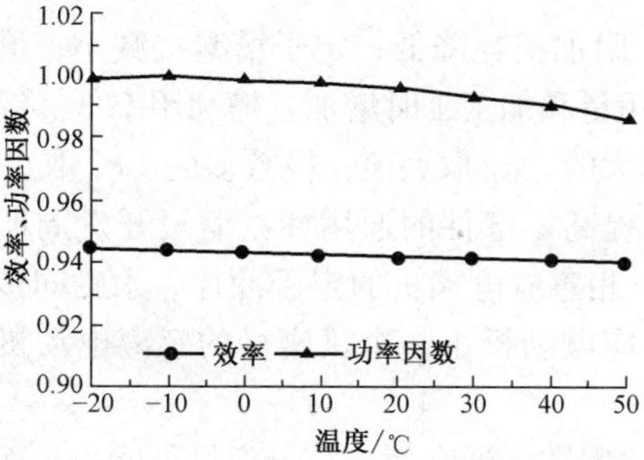

图 8-57　额定效率和功率因数随温度变化的曲线

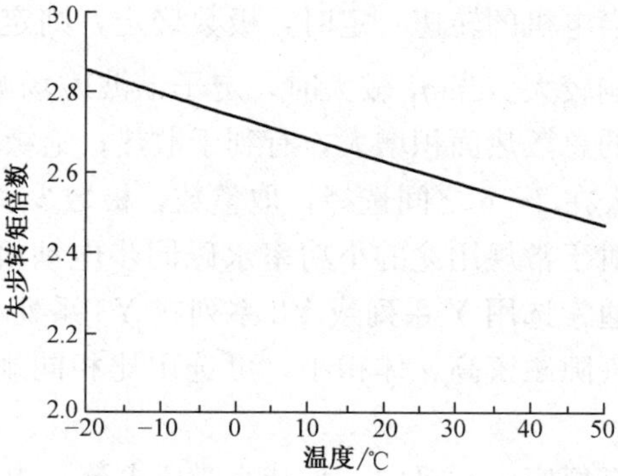

图 8-58　失步转矩倍数随温度的变化曲线

第七节　异步起动永磁同步电动机的电磁设计

与感应电动机相比，异步起动永磁同步电动机虽有诸多性能方面的优点，但在产品种类、使用场合和设计技术的成熟度方面都存在一定差距。异步起动永磁同步电动机主要在要求高效节能的场合替代感应电动机，因此其设计的目标是：高功率因数、高效率、起动性能好、经济性好、工作可靠。异步起动永磁同步电动机设计就是根据产品规格、性能要求和外形尺寸要求等，结合国家标准和生产实际，运用有关设计理论与计算方法，设计出性能符合要求、可靠性高、经济性好的合格产品。其中电磁设计的主要任务是：确定转子磁极结构、定转子冲片尺寸、定转子绕组数据等设计参数以满足设计要求。

一、异步起动永磁同步电动机的额定数据和主要性能指标

1. 额定数据

异步起动永磁同步电动机的额定数据主要有：

(1) 额定功率 P_N：额定运行时转轴上输出的机械功率。

(2) 额定电压 U_N：额定运行时的供电电压。

(3) 额定频率 f：额定运行时的电源频率。

(4) 额定转速 n_N：额定运行时的转速。

2. 主要性能指标

异步起动永磁同步电动机的主要性能指标有：

（1）额定效率 η_N。

（2）额定功率因数 $\cos\varphi_N$。

（3）最大转矩倍数（失步转矩倍数）T_m/T_N：最大电磁转矩与额定转矩的比值，也称为过载能力。

（4）起动转矩倍数 T_{st}/T_N：起动转矩与额定转矩的比值。

（5）起动电流倍数 I_{st}/I_N ：起动电流与额定电流的比值。

（6）最小转矩倍数 T_{min} / T_N ：起动过程中的最小转矩与额定转矩的比值。

（7）牵入转矩倍数 T_{pi}/T_N：牵入转矩与额定转矩的比值。

二、定子冲片尺寸和气隙长度的确定

当电机的转速一定时，极数确定，则定子槽数取决于每极每相槽数 q_1，q_1 对参数、性能影响较大。当 q_1 较大时，定子谐波磁场减小，附加损耗降低；定子槽漏抗减小；槽中线圈边的总散热面积增大，有利于散热；绝缘材料用量和加工工时增加，槽利用率低。综合考虑，q_1 在 2～6 之间选择，取整数，极数少、功率大的，q_1 取大值；极数多的，q_1 取小值。

对于常规用途的小功率永磁同步电动机，为提高零部件的通用性，缩短开发周期和成本，通常选用 Y 系列或 Y2 系列或 Y3 系列小型三相感应电动机的定子冲片。永磁同步电动机的气隙磁密高、体积小，可选用比相同规格感应电动机小一个机座号的感应电动机定子冲片。

在感应电动机中，为减小激磁电流、提高功率因数，通常使气隙长度尽可能小，而在永磁同步电动机中，功率因数可以通过调整绕组匝数和永磁体进行调整，气隙长度对杂散损耗影响较大，因此通常比同容量的感应电动机气隙长度大 0.1～0.2mm。在永磁体尺寸一定的前提下，适当增大气隙，对每极基波磁通影响较小。

三、定子绕组的设计

永磁同步电动机转子永磁体产生的磁场含有大量的谐波，感应电动势中谐波含量也较高，为避免三次谐波在绕组各相之间产生环流，三相绕组的连接通常采用 Y 形接法。

1. 定子绕组型式和节距选择

与感应电动机一样，永磁同步电动机使用的绕组型式有单层绕组、双层绕组和正弦绕组等。其中单层绕组又分为同心式、链式和交叉式，区别在于端接形状、线圈节距和线圈之间的连接顺序。这些绕组形式各有其特点和适用场合。

（1）单层绕组。单层绕组的优点是：①槽内无层间绝缘，槽利用率高；②同一槽内导体属于同一相，不会发生层间击穿；③线圈数比双层少一倍，线圈制造和嵌线方便。但也存在缺点，如不能做成短距以改善磁场波形，主要用于 160 及以下机座。其中同心式绕组的端部用铜多，线圈尺寸不同，制造复杂，适用于 $q_1=4$、6、8 的二极电机；链式绕组适合于 $q_1=2$ 的 4、6、8 极电机；交叉式绕组适合于 q_1 为奇数的电机。

（2）双层绕组。双层绕组的优点是：①可通过合理选择节距改善磁场波形；②端部排列整齐，线圈尺寸相同，便于制造。缺点是绝缘材料用量多，嵌线麻烦。主要用于 180 及以上机座号的电机。为削弱磁势及感应电动势中的 5 次、7 次谐波，通常选择节距 $y=\frac{5}{6}\tau$。对于两极电机，为便于嵌线和缩短端部长度，除铁心很长的以外，取 $y=\frac{2}{3}\tau$。

(3) 正弦绕组。正弦绕组的优点是谐波含量少、磁场波形好，但线圈尺寸、匝数不同，制作较复杂，主要用于对感应电动势波形要求较高的场合。

2. 每相串联匝数的确定

永磁同步电动机的起动性能和功率因数都与每相串联匝数直接相关。在确定每相串联匝数时，通常先满足起动要求，再通过调整永磁体来满足功率因数的要求。永磁同步电动机的起动能力比感应电动机差，故每相串联匝数少，起动电流倍数高。

3. 电流密度选择、线规、并绕根数和并联支路数的确定

一般来讲，在永磁同步电动机中，为达到高效节能的目的，电流密度通常比同容量的感应电动机低，同时每相串联匝数较小也为低电流密度的采用提供了保证。导线截面积为

$$A_{C1} = \frac{I_1}{a_1 N_{t1} J_1} \tag{8-103}$$

式中，N_{t1} 为并绕根数。对于小电机，每槽导体数较多，非常容易选择合适的每槽导体数以满足起动性能的要求，为避免极间连线过多，a_1 通常取小值；对于容量较大的电机，每槽导体数较少，a_1 通常取大值以增加每槽导体数，增大其选择余地，满足起动性能的要求。小型永磁同步电动机通常采用圆铜线，为便于嵌线，线径不超过 1.68mm，线径应为标准值。线规确定后，要核算槽满率，槽满率一般控制在 75%～80%，机械化下线控制在 75%以下。

四、转子铁心的设计

1. 定转子槽配合

同感应电动机类似，当永磁同步电动机定转子槽配合不当时，会出现附加转矩，产生的振动和噪声增加，效率下降。在选择槽配合时，通常遵循以下原则：

(1) 考虑到转子磁路的对称性，转子槽数 Q_2 为极数的整数倍，且采用多槽远槽配合。

(2) 为避免起动过程中产生较强的异步附加转矩，应使 $Q_2 \leqslant 1.25(Q_1 + p)$。

(3) 为避免产生同步附加转矩，应使 $Q_2 \neq Q_1$、$Q_2 \neq Q_1 \pm p$、$Q_2 \neq Q_1 \pm 2p$。

(4) 为避免单向振动力，应 $Q_2 \neq Q_1 \pm 1$、$Q_2 \neq Q_1 \pm p \pm 1$。

2. 转子槽形及其尺寸

永磁同步电动机可用的转子槽形如图 8-4 所示。为了有效隔磁，通常采用平底槽。在小型内置式永磁同步电动机中，为提供足够空间放置，槽高度较小，集肤效应远不如感应电动机明显，且凸形槽和刀形槽形状复杂、冲模制造困难，故通常采用梯形槽。

转子导条的主要作用是用于起动，同步运行时，气隙基波磁场不在转子导条中感应电流，因此在设计转子槽和导条时，主要考虑起动性能、牵入同步性能和转子齿、轭部磁密，由于槽通常窄且浅，转子齿、轭部磁密裕度较大。通常情况下，增大转子电阻，可以提高起动转矩，但牵入同步能力下降，因此在设计转子槽和端环时，要兼顾起动转矩和牵入转矩的需要。

由于永磁体是从转子端部放入转子铁心的，从工艺方面考虑，通常永磁体槽和永磁体之间有一定的间隙，其大小取决于冲片的加工和叠压工艺水平，通常为 0.1～0.2mm。

3. 转子磁极结构的选择

无论何种磁极结构，都需要能放置足够的永磁体。在保证永磁体放置空间的前提下，尽量选用结构简单、机械性能好、隔磁效果好的磁极结构。在小型永磁同步电动机中，图 8-6(a)、(b)，图 8-7(c)、(d)、(e)和图 8-8(a)、(b)所示的磁极结构应用较多。通常后 5 种磁

极结构能放置较多的永磁体，但当极数较多时，其优势不明显，且结构复杂，故适合于极数较少的场合。当极数较多时，宜选用图 8-6(a)、(b)所示的磁极结构。

4. 永磁体设计

在异步起动永磁同步电动机设计中，永磁体形状通常为矩形，主要尺寸为：每极永磁体的总宽度、永磁体充磁方向长度和永磁体轴向长度，其中永磁体轴向长度跟电机转子铁心长度相同，因此只需确定每极永磁体的总宽度和永磁体充磁方向长度。

确定永磁体充磁方向长度的原则是：在永磁材料用量尽可能少的前提下，保证永磁体在电机最大去磁工作状态下不会发生不可逆去磁，保证永磁体在稳态运行下有合理的工作点。此外永磁体充磁方向长度还与直轴电抗有关，但在设计时这方面的考虑较少。

每极永磁体的总宽度关系到每极永磁体产生的磁通量，进而关系到每相绕组感应电动势，乃至电机的整体性能和经济性，通常保证永磁同步电动机每相绕组感应电动势小于并接近于外加电压，同时保证各部分磁密不超过限值。

第八节　油田抽油机用永磁同步电动机设计

一、油田抽油机用电动机的特点

抽油机是油田主要生产机械，所消耗的电能占油田电能消耗的 60%左右。抽油机对电动机的要求是大起动转矩、高效率和宽广的经济运行范围。若采用感应电动机，为满足抽油机大起动转矩的要求，需配置大容量的感应电动机，而正常运行时平均负载率较低，效率和功率因数低，造成电能的大量浪费。与感应电动机相比，将永磁同步电动机应用于抽油机，具有以下优点：①经合理设计，可获得大起动转矩，因而可用小机座号的永磁同步电动机代替比其大 1～2 个机座号的感应电动机，在降低永磁同步电动机体积的同时，提高了负载率；②可获得高效率和高功率因数；③经济运行范围宽。

二、油田抽油机用永磁同步电动机的设计准则

结合油田抽油机用电动机的特点及前述提高性能的技术措施，得到油田抽油机用永磁同步电动机的设计准则如下：

(1) 适当减小气隙磁通，以降低铁耗，但应保证一定的反电动势 E_0，使 E_0 小于并接近于 U_N，以保证具有高的功率因数和宽的经济运行范围。

(2) 确定定子绕组的匝数时，要兼顾起动转矩、起动电流、功率因数和永磁材料用量。

(3) 转子槽形和端环设计时应考虑适当增大转子电阻，以提高起动转矩，但必须保证电动机有足够的牵入转矩。

(4) 转子磁路设计应考虑增大直轴电抗 X_d，并且尽量减小交直轴电抗的比值 X_q/X_d，使发电制动转矩的最大值减小，电机最小转矩增大，对电动机的起动有利。

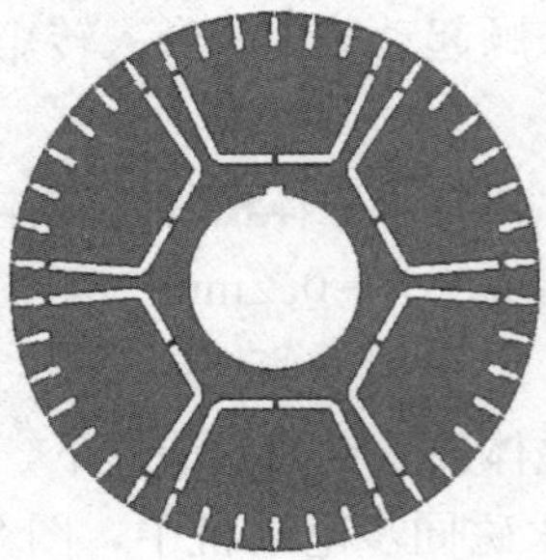

图 8-59　转子冲片

三、油田抽油机用永磁同步电动机的设计

为增加零部件的通用性，抽油机永磁同步电动机采用 Y2 系列感应电动机的定子冲片、机座、端盖、接线盒、风罩等。定子绕组采用双层分布短距绕组，三相绕组采用星形接法。转子冲片如图 8-59 所示，转子结构为内置式 U 形或 W 形结构，

以放置较多的永磁体，提高电机的功率因数。转子槽采用平底槽或凸形槽。

油田抽油机用 380V 系列永磁同步电动机包括 11kW、15kW、18.5kW、22kW、30kW、37kW、45kW 共 7 个功率等级，每个功率等级都有 6、8 极两个规格，与三相感应电动机的替代关系见表 8-3。

表 8-3　　抽油机用永磁同步电动机与感应电动机的替代关系

永磁同步电动机/kW	11	15	18.5	22	30	37	45
感应电动机/kW	18.5	22	30	37	45	55	75

四、主要性能

表 8-3 为 22kW、6 极永磁同步电动机与其所代替的 37kW、6 极感应电动机的比较，可以看出，起动转矩能够满足要求，起动电流与感应电动机基本相当，效率和功率因数明显高于感应电动机。

表 8-4　　22kW、6 极永磁同步电动机与其所代替的 37kW、6 极感应电动机的比较

电　　机	效率（%）	功率因数	起动转矩/N·m	起动电流/A
22kW、6 极永磁同步电动机	93.5	0.989	704.14	423.9
37kW、6 极感应电动机（性能要求）	90.8	0.86	636.31	433.6
37kW、6 极感应电动机（性能）	91.6	0.885	774.17	427.0

油田抽油机用永磁同步电动机的主要性能如下：

(1) 起动性能：该系列电机的起动转矩倍数大于 3，起动电流倍数小于 11。

(2) 功率因数：其功率因数在额定负载时应不低于 0.93，在 1/2 负载到额定负载范围内应不低于 0.9，在 1/4 负载时应不低于 0.85。

(3) 经济运行性能：额定负载时的效率大于 93%，1/2 负载时的效率大于 90%，1/4 负载时的效率大于 84%。

第九节　异步起动永磁同步电动机的电磁计算程序和算例

本节给出的算例用于说明计算过程，不是最佳设计。

一、额定数据和技术要求

1. 额定功率：　$P_N = 30\text{kW}$
2. 相数：　$m = 3$
3. 额定线电压：　$U_{Nl} = 380\text{V}$
4. 额定频率：　$f = 50\ \text{Hz}$
5. 极对数：　$p = 3$
6. 额定效率：　$\eta_N = 94\%$
7. 额定功率因数：　$\cos\varphi_N = 0.95$
8. 失步转矩倍数：　$T^*_{poN} = 1.8$
9. 起动转矩倍数：　$T^*_{stN} = 3.0$
10. 起动电流倍数：　$I^*_{stN} = 9.7$

11. 绕组形式：双层、Y 联结

12. 额定相电压：

$$U_N = U_{Nl}/\sqrt{3} = (380/\sqrt{3})\text{V} = 219.39\text{V}$$

13. 额定相电流：

$$I_N = \frac{P_N \times 10^3}{mU_N \eta_N \cos\varphi_N} = \frac{30 \times 10^3}{3 \times 219.39 \times 0.94 \times 0.95}\text{A} = 51.04\text{ A}$$

14. 额定转速：

$$n_N = \frac{60f}{p} = \frac{60 \times 50}{3}\text{r/min} = 1000\text{ r/min}$$

15. 额定转矩：

$$T_N = \frac{9.549P_N \times 10^3}{n_N} = \frac{9.549 \times 30 \times 10^3}{1000}\text{N} \cdot \text{m} = 286.47\text{N} \cdot \text{m}$$

16. 绝缘等级：B 级

二、主要尺寸

17. 转子磁路结构：串联式结构

18. 气隙长度： $\delta = 0.07\text{ cm}$

19. 定子外径： $D_1 = 40\text{ cm}$

20. 定子内径： $D_{i1} = 28.5\text{ cm}$

21. 转子外径：$D_2 = D_{i1} - 2\delta = (28.5 - 2 \times 0.07)\text{cm} = 28.36\text{cm}$

22. 转子内径： $D_{i2} = 10\text{ cm}$

23. 定/转子铁心长度： $L_1/L_2 = 21/21\text{cm}$

24. 电枢计算长度：

$$L_{ef} = L_a + 2\delta = (21 + 0.14)\text{cm} = 21.14\text{cm}$$

式中，L_a 为 L_1 和 L_2 中较小者。

25. 定/转子槽数： $Q_1/Q_2 = 72/54$

26. 定子每极每相槽数：

对于 60°相带，$q = Q_1/(2mp) = 72/(2 \times 3 \times 3) = 4$

对于 120°相带，$q = Q_1/(mp)$

27. 极距：

$$\tau_1 = \frac{\pi D_{i1}}{2p} = \frac{28.5\pi}{6}\text{cm} = 14.923\text{ cm}$$

28. 硅钢片重量：

$$G_{Fe} = \rho_{Fe} L_b K_{Fe} (D_1 + \Delta)^2 \times 10^{-3} = 7.8 \times 21 \times 0.93 \times (40 + 0.5)^2 \times 10^{-3} = 249.87\text{ kg}$$

式中，冲剪余量：$\Delta = 0.5\text{ cm}$；L_b 为 L_1 和 L_2 中较大者；铁的密度 $\rho_{Fe} = 7.8\text{ g/cm}^3$；铁心叠压系数 $K_{Fe} = 0.93$

三、永磁体计算

29. 永磁材料

烧结钕铁硼永磁。20℃时，剩磁为 $B_{r20}=1.18\ \mathrm{T}$，矫顽力为 $H_{c20}=898\ \mathrm{kA/m}$

30. 计算剩磁密度：

$$B_r=[1+(t-20)\alpha_{Br}]\left(1-\frac{IL}{100}\right)B_{r20}=\left[1+(60-20)\times\frac{-0.12}{100}\right]\times 1.18$$
$$=1.123\ \mathrm{T}$$

式中，B_r 的可逆温度系数 $\alpha_{Br}=-0.12\ \%\mathrm{K}^{-1}$；$B_r$ 的不可逆损失率 $IL=0\ \%\mathrm{K}^{-1}$；预计永磁体工作温度 $t=60$℃。

31. 计算矫顽力：

$$H_c=[1+(t-20)\alpha_{Br}]\left(1-\frac{IL}{100}\right)H_{c20}=\left[1+(60-20)\times\frac{-0.12}{100}\right]\times 898$$
$$=854.9\mathrm{kA/m}$$

32. 相对回复磁导率：

$$\mu_r=\frac{B_{r20}}{\mu_0 H_{c20}\times 10^3}=\frac{1.18}{4\pi\times 10^{-7}\times 898\times 10^3}=1.05$$

式中，真空磁导率 $\mu_0=4\pi\times 10^{-7}\mathrm{H/m}$。

33. 磁化方向长度：　　$h_m=0.42\mathrm{cm}$

34. 每极永磁体宽度：　　$b_m=12.4\mathrm{cm}$

35. 永磁体轴向长度：　　$L_m=21\mathrm{cm}$

36. 提供每极磁通的截面积：

串联式结构：　　$A_m=b_m L_m=12.4\times 21=260.4\mathrm{cm}^2$

并联式结构：　　$A_m=2b_m L_m$

37. 永磁体重量：

$$G_m=2pb_m h_m L_m\rho_m\times 10^{-3}=6\times 12.4\times 0.42\times 21\times 7.45\times 10^{-3}=4.889\mathrm{kg}$$

式中，永磁体密度 $\rho_m=7.45\mathrm{g/cm^3}$。

四、定、转子冲片

38. 定子槽形

定子槽形尺寸如图 8-60 所示：

$h_{01}=0.1\ \mathrm{cm}$

$b_{01}=0.38\ \mathrm{cm}$

$b_1=0.68\ \mathrm{cm}$

$r_1=0.45\ \mathrm{cm}$

$h_{12}=2.1\ \mathrm{cm}$

$\alpha_1=35°$

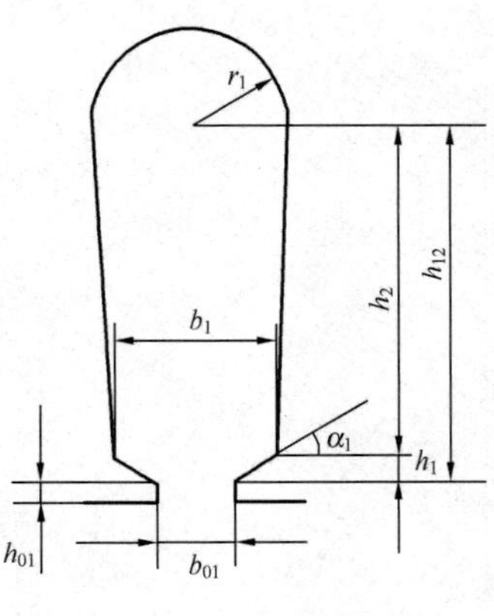

图 8-60　定子槽形尺寸

39. 转子槽形

本计算程序考虑了图 8-61 所示的转子槽形，槽形的编号为 1～10。

$L_{vv}=1$

$h_{02}=0.08\ \mathrm{cm}$

$b_{02}=0.15\ \mathrm{cm}$

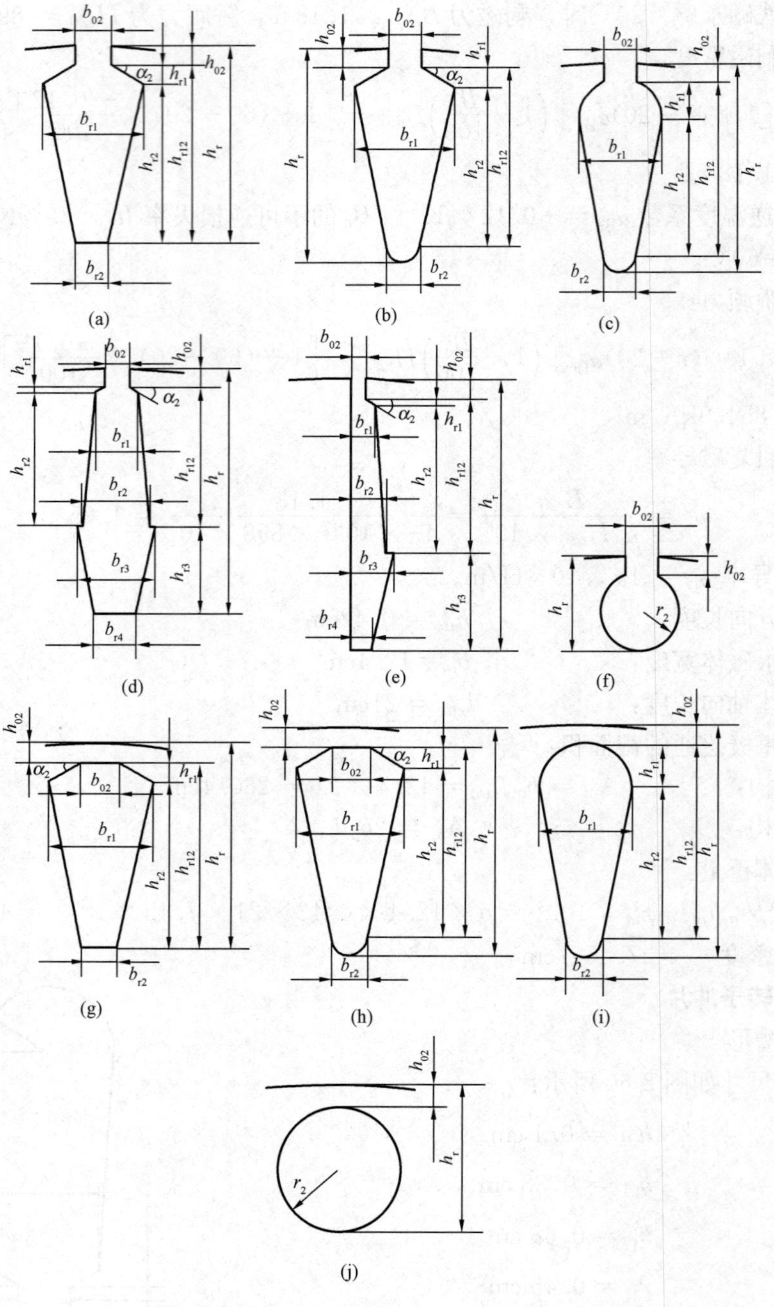

图 8-61　转子槽形尺寸

(a) $L_{vv}=1$；(b) $L_{vv}=2$；(c) $L_{vv}=3$；(d) $L_{vv}=4$；(e) $L_{vv}=5$；(f) $L_{vv}=6$；(g) $L_{vv}=7$；(h) $L_{vv}=8$；(i) $L_{vv}=9$；(j) $L_{vv}=10$

$$b_{r1} = 0.32\ \text{cm}$$

$$b_{r2} = 0.3\ \text{cm}$$

$$h_{r12} = 1.8\ \text{cm}$$

$$\alpha_2 = 30°$$

40. 定子齿距：

$$t_1 = \frac{\pi D_{i1}}{Q_1} = \frac{28.5\pi}{72} = 1.244\ \text{cm}$$

41. 定子斜槽距离：

取
$$t_{sk} = t_1 = 1.244\ \text{cm}$$

42. 定子计算齿宽：

$$b_{t11} = \frac{\pi[D_{i1} + 2(h_{01} + h_{12})]}{Q_1} - 2r_1 = \frac{\pi[28.5 + 2\times(0.1 + 2.1)]}{72} - 2\times 0.45$$
$$= 0.5355\text{cm}$$

$$b_{t12} = \frac{\pi[D_{i1} + 2(h_{01} + h_1)]}{Q_1} - b_1 = \frac{\pi[28.5 + 2\times(0.1 + 0.105)]}{72} - 0.68$$
$$= 0.5814\text{cm}$$

式中，$h_1 = \dfrac{b_1 - b_{01}}{2}\tan\alpha_1 = \dfrac{0.68 - 0.38}{2}\tan\dfrac{35\pi}{180} = 0.105\text{cm}$。

定子计算齿宽 b_{t1} 取为距齿最窄处 1/3 高度处的齿宽

若 $b_{t12} \leqslant b_{t11}$

$$b_{t1} = b_{t12} + \frac{b_{t11} - b_{t12}}{3}$$

否则

$$b_{t1} = b_{t11} + \frac{b_{t12} - b_{t11}}{3} = 0.5355 + \frac{0.5814 - 0.5355}{3} = 0.5508\text{cm}$$

43. 定子轭计算高度：

$$h_{j1} = \frac{D_1 - D_{i1}}{2} - \left(h_{01} + h_{12} + \frac{2}{3}r_1\right) = \frac{40 - 28.5}{2} - \left(0.1 + 2.1 + \frac{2}{3}\times 0.45\right)$$
$$= 3.25\text{cm}$$

44. 定子齿磁路计算长度：

$$h_{t1} = h_{12} + \frac{r_1}{3} = 2.1 + \frac{1}{3}\times 0.45 = 2.25\text{cm}$$

45. 定子轭磁路计算长度：

$$L_{j1} = \frac{\pi}{4p}(D_1 - h_{j1}) = \frac{\pi}{12}(40 - 3.25) = 9.621\text{cm}$$

46. 定子齿体积：

$$V_{t1} = Q_1 L_1 K_{Fe} h_{t1} b_{t1} = 72\times 21\times 0.93\times 2.25\times 0.5508 = 1742.65\text{cm}^3$$

47. 定子轭体积：

$$V_{j1} = \pi L_1 K_{Fe} h_{j1}(D_1 - h_{j1}) = \pi\times 21\times 0.93\times 3.25\times(40 - 3.25) = 7328.12\text{cm}^3$$

48. 转子齿距：

$$t_2 = \frac{\pi D_2}{Q_2} = \frac{28.36\pi}{54} = 1.65\text{cm}$$

49. 转子齿磁路计算长度：

若 L_{vv}=1，7 则 $h_{t2} = h_{r12} = 1.8\text{cm}$

若 L_{vv}=2，8 则 $h_{t2} = h_{r12} + b_{r2}/6$

若 $L_{vv}=3$，9 则 $h_{t2}=h_{r12}+b_{r1}/2+b_{r2}/6$

若 $L_{vv}=4$，5 则齿部按三段磁路计算

槽上部段磁路计算长度：$h_{t2t}=h_{r1}$

槽中部段磁路计算长度：$h_{t2m}=h_{r2}$

槽下部段磁路的计算长度：$h_{t2b}=h_{r3}$

若 $L_{vv}=6$，10：$h_{t2}=2r_2$

50. 转子轭计算高度：

若采用串联式磁极结构，则

平底槽：$h_{j2}=\dfrac{D_2-D_{i2}}{2}-h_r-h_m=\dfrac{28.36-10}{2}-1.88-0.42=6.88\text{cm}$

圆底槽：$h_{j2}=\dfrac{D_2-D_{i2}}{2}-h_r+\dfrac{b_{r2}}{6}-h_m$

圆形槽：$h_{j2}=\dfrac{D_2-D_{i2}}{2}-h_r+\dfrac{b_{r1}}{6}-h_m$

式中，h_r 为转子槽的总高度。

若为两极电机，则轭部磁路计算高度再加上 $\dfrac{D_{i2}}{3}$。

若采用并联式磁极结构，则 $h_{j2}=b_m$

51. 转子轭磁路计算长度：

$$L_{j2}=\frac{\pi}{4p}(D_{i2}+h_{j2})=\frac{\pi}{12}\times(10+6.88)=4.42\text{ cm}$$

五、绕组计算

52. 每槽导体数：　$N_s=32$

53. 并联支路数：　$a_1=6$

54. 并绕根数-线径：

$$N_{t1}-d_{11}=2-1.3$$

$$N_{t2}-d_{12}=0-0.0$$

式中，N_{t1}、N_{t2} 为并绕根数；d_{11}、d_{12} 为导线裸线直径（mm）。

55. 每相绕组串联匝数：

$$N=\frac{N_sQ_1}{2ma_1}=\frac{32\times72}{2\times3\times6}=64$$

56. 槽满率计算：

槽面积

$$A_s=\frac{2r_1+b_1}{2}(h_{12}-h)+\frac{\pi r_1^2}{2}=\frac{2\times0.45+0.68}{2}\times(2.1-0.2)+\frac{0.45^2\pi}{2}$$
$$=1.819\text{cm}^2$$

式中，槽楔厚度 $h=0.2\text{cm}$。

槽绝缘面积：

双层绕组　$A_i=C_i(2h_{12}+\pi r_1+2r_1+b_1)=0.035\times(2\times2.1+0.45\pi+2\times0.45+0.68)$

$= 0.251\ 8\text{cm}^2$

单层绕组　$A_i = C_i(2h_{12} + \pi r_1)$

槽绝缘厚度$C_i = 0.035\text{cm}$

槽有效面积$A_{ef} = A_s - A_i = 1.819 - 0.251\ 8 = 1.567\text{cm}^2$

槽满率

$$S_f = \frac{N_s[N_{t1}(d_{11} + h_{d1})^2 + N_{t2}(d_{12} + h_{d2})^2]}{A_{ef}} = \frac{32 \times 2 \times (1.3 + 0.08)^2}{1.567 \times 100}$$

$= 77.78\%$

对应于 d_{11}、d_{12} 导线的双边绝缘厚度 $h_{d1} = 0.08\text{mm}$、$h_{d2} = 0.08\text{mm}$

57. 节距：$y = 11$ 槽

58. 绕组节距因数：

$$K_{p1} = \sin\left(\frac{\pi}{2}\beta\right) = \sin\left(\frac{11\pi}{24}\right) = 0.991\ 4$$

式中，$\beta = \dfrac{y}{mq} = \dfrac{11}{3 \times 4} = \dfrac{11}{12}$。

59. 绕组分布因数：

$$K_{d1} = \frac{\sin\left(q\dfrac{\alpha_3}{2}\right)}{q\sin\left(\dfrac{\alpha_3}{2}\right)} = \frac{\sin\left(4 \times \dfrac{\pi}{12} \times \dfrac{1}{2}\right)}{4 \times \sin\left(\dfrac{\pi}{12} \times \dfrac{1}{2}\right)} = 0.957\ 7$$

式中，$\alpha_3 = \dfrac{2p\pi}{Q_1} = \dfrac{6\pi}{72} = \dfrac{\pi}{12}$。

60. 斜槽因数：

$$K_{sk1} = \frac{2\sin\left(\dfrac{\alpha_s}{2}\right)}{\alpha_s} = \frac{2 \times \sin\left(\dfrac{0.262}{2}\right)}{0.262} = 0.997\ 1$$

式中，$\alpha_s = \dfrac{t_{sk}}{\tau_1}\pi = \dfrac{1.244\pi}{14.923} = 0.262$。

61. 绕组因数：

$$K_{dp} = K_{d1}K_{p1}K_{sk1} = 0.957\ 7 \times 0.991\ 4 \times 0.997\ 1 = 0.947$$

62. 线圈平均半匝长：

定子线圈如图 8-62 所示。

$$L_{av} = L_1 + 2(d + L'_E) = 21 + 2 \times (1.5 + 9.313) = 42.626\text{cm}$$

式中，d 为绕组直线部分伸出长，一般取 1～3cm，这里取 $d = 1.5\text{cm}$；单层线圈端部斜边长 $L'_E = k\tau_y$；双层线圈端部斜边长 $L'_E = \tau_y/(2\cos\alpha_0) = 15.05/(2 \times 0.808) = 9.313\text{cm}$；$k$ 为系数，2 极电机取 0.58；4、6 极电机取 0.6；8 极电机取 0.625。

$$\cos\alpha_0 = \sqrt{1 - \sin^2\alpha_0}$$

$$= \sqrt{1 - 0.589\ 2^2}$$

$$= 0.808$$

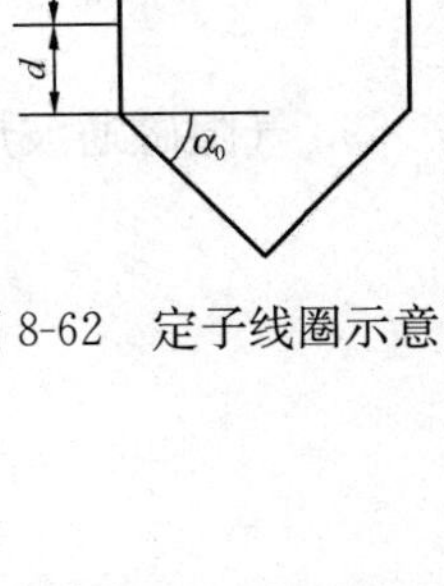

图 8-62　定子线圈示意图

$$\sin\alpha_0 = \frac{b_1 + 2r_1}{b_1 + 2r_1 + 2b_{t1}}$$

$$= \frac{0.68 + 2 \times 0.45}{0.68 + 2 \times 0.45 + 0.550\ 8 \times 2}$$

$$= 0.589\ 2$$

$$\tau_y = \frac{\pi(D_{i1} + 2h_{01} + h_1 + h_{12} + r_1)\beta_0}{2p}$$

$$= \frac{11\pi}{12 \times 6}(28.5 + 2 \times 0.1 + 0.105 + 2.1 + 0.45) = 15.05\text{cm}$$

式中，β_0 为与线圈节距有关的系数，对单层同心式线圈或单层交叉式线圈，β_0 取平均值，对其他形式线圈，$\beta_0 = \beta$。

63. 线圈端部轴向投影长：

$$f_d = L'_E \sin\alpha_0 = 9.313 \times 0.589\ 2 = 5.49\text{cm}$$

64. 线圈端部平均长：

$$L_E = 2(d + L'_E) = 2 \times (1.5 + 9.313) = 21.63\text{cm}$$

65. 定子导线重量：

$$G_{Cu} = 1.05\pi\rho_{Cu} Q_1 N_s L_{av} \times \frac{(N_{t1} d_{11}^2 + N_{t2} d_{12}^2)}{4} \times 10^{-5}$$

$$= 1.05\pi \times 8.9 \times 72 \times 32 \times 42.626 \times \frac{2 \times 1.3^2}{4} \times 10^{-5}$$

$$= 24.36\text{kg}$$

式中，铜的密度 $\rho_{Cu} = 8.9\ \text{g/cm}^3$。

六、磁路计算

66. 极弧系数：

对于图 8-7(b)、(c)、(d) 、(e)所示的磁极结构，$\alpha_p = \dfrac{q_m}{Q_2/2p} = \dfrac{8}{9} = 0.889$

对于图 8-3、图 8-6、图 8-7(a)、(f)、(g)及图 8-8 所示的磁极结构，$\alpha_p = \dfrac{b_p}{\tau_2} = \dfrac{\tau_2 - b_{02}}{\tau_2}$

67. 计算极弧系数：

$$\alpha_i \approx \alpha_p = 0.889$$

68. 气隙磁密波形系数：

$$K_f = \frac{4}{\pi}\sin\frac{\alpha_i\pi}{2} = \frac{4}{\pi}\sin\frac{0.889\pi}{2} = 1.254$$

69. 气隙磁通波形系数：

$$K_\Phi = \frac{8}{\pi^2\alpha_i}\sin\frac{\alpha_i\pi}{2} = \frac{8}{0.889\pi^2}\sin\frac{0.889\pi}{2} = 0.898$$

70. 气隙系数：

$$K_\delta = K_{\delta 1} K_{\delta 2} = 1.243 \times 1.034 = 1.285$$

式中

$$K_{\delta 1} = \frac{t_1(4.4\delta + 0.75 b_{01})}{t_1(4.4\delta + 0.75 b_{01}) - b_{01}^2} = \frac{1.244 \times (4.4 \times 0.07 + 0.75 \times 0.38)}{1.244 \times (4.4 \times 0.07 + 0.75 \times 0.38) - 0.38^2} = 1.243$$

$$K_{\delta 2} = \frac{t_2(4.4\delta + 0.75 b_{02})}{t_2(4.4\delta + 0.75 b_{02}) - b_{02}^2} = \frac{1.65 \times (4.4 \times 0.07 + 0.75 \times 0.15)}{1.65 \times (4.4 \times 0.07 + 0.75 \times 0.15) - 0.15^2} = 1.034$$

71. 永磁体空载工作点假定值：$b'_{m0} = 0.791$

72. 空载漏磁系数假设值：$\sigma'_0 = 1.25$

73. 空载主磁通：

$$\Phi_{\delta 0} = \frac{b'_{m0} B_r A_m \times 10^{-4}}{\sigma'_0} = \frac{0.791 \times 1.123 \times 260.4 \times 10^{-4}}{1.25} = 1.85 \times 10^{-2}\ \text{Wb}$$

74. 气隙磁密：

$$B_\delta = \frac{\Phi_{\delta 0} \times 10^4}{\alpha_i \tau_1 L_{ef}} = \frac{0.0185 \times 10^4}{0.889 \times 14.923 \times 21.14} = 0.66\ \text{T}$$

75. 气隙磁位差：

直轴磁路

$$F_\delta = \frac{2B_\delta}{\mu_0}(\delta_2 + K_\delta \delta) \times 10^{-2} = \frac{2 \times 0.66}{4\pi \times 10^{-7}}(0.015 + 1.285 \times 0.07) \times 10^{-2} = 1102.4\ \text{A}$$

交轴磁路

$$F_{\delta q} = \frac{2B_\delta}{\mu_0} K_\delta \delta \times 10^{-2} = \frac{2 \times 0.66}{4\pi \times 10^{-7}} \times 1.285 \times 0.07 \times 10^{-2} = 944.9\ \text{A}$$

式中，永磁体在磁化方向上与永磁体槽间的间隙 $\delta_2 = 0.015\text{cm}$

76. 定子齿磁密：

$$B_{t1} = \frac{B_\delta t_1 L_{ef}}{b_{t1} K_{Fe} L_1} = \frac{0.66 \times 1.244 \times 21.14}{0.5508 \times 0.93 \times 21} = 1.614\ \text{T}$$

77. 定子齿磁位差：

$$F_{t1} = 2H_{t1} h_{t1} = 2 \times 41.9 \times 2.25 = 188.6\ \text{A}$$

根据 B_{t1} 查附表 B-1(2)得到：$H_{t1} = 41.9\ \text{A/cm}$

78. 定子轭部磁密：

$$B_{j1} = \frac{\Phi_{\delta 0} \times 10^4}{2L_1 K_{Fe} h_{j1}} = \frac{1.85 \times 10^{-2} \times 10^4}{2 \times 21 \times 0.93 \times 3.25} = 1.46\ \text{T}$$

79. 定子轭磁位差：

$$F_{j1} = 2C_1 H_{j1} L_{j1} = 2 \times 0.38 \times 16.3 \times 9.621 = 119.2\ \text{A}$$

通过 B_{j1} 查附表 B-1（2）得 $H_{j1} = 16.3\ \text{A/cm}$

查图 8-63 得定子轭部校正系数 $C_1 = 0.38$

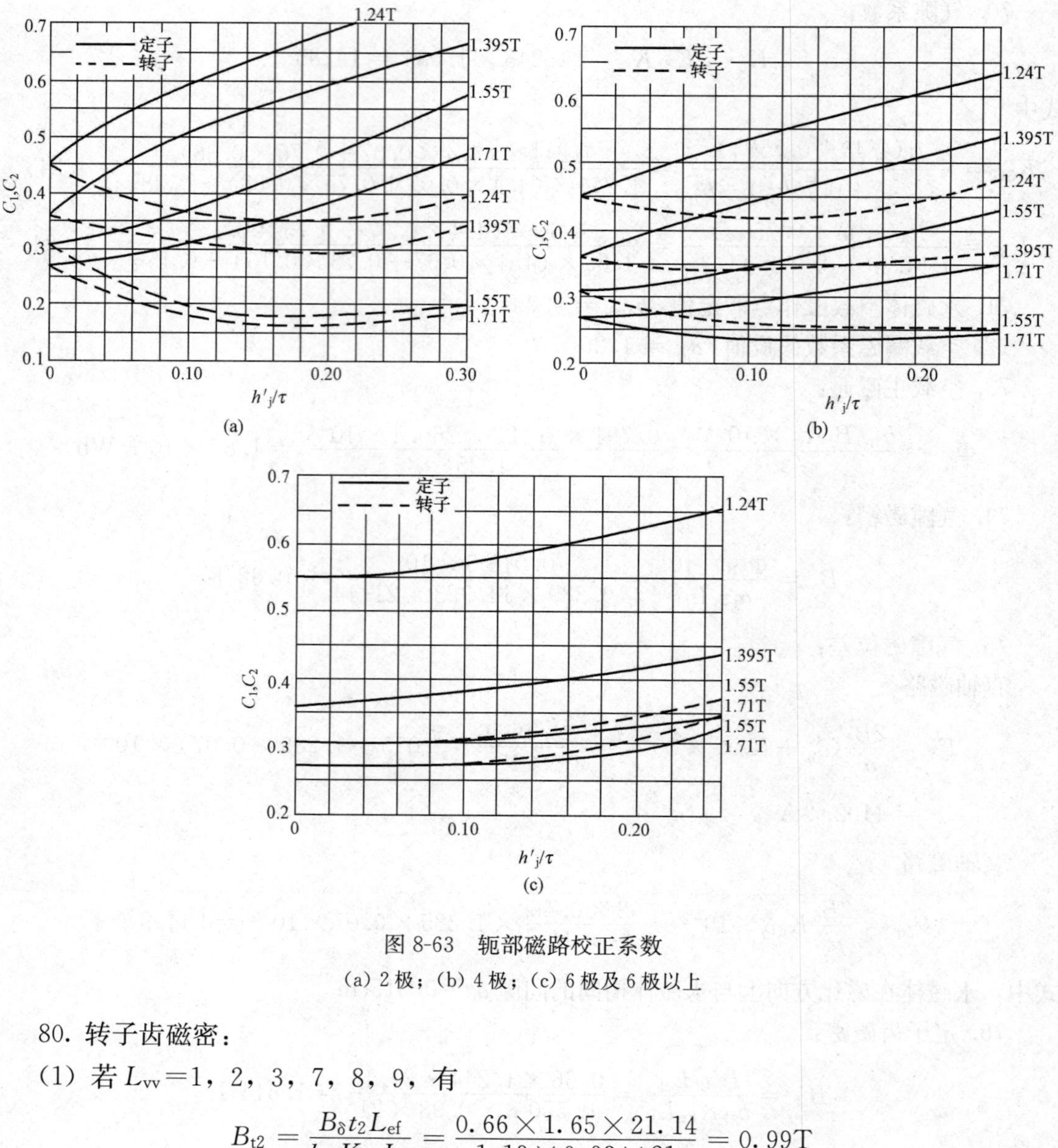

图 8-63 轭部磁路校正系数

(a) 2 极；(b) 4 极；(c) 6 极及 6 极以上

80. 转子齿磁密：

(1) 若 $L_{vv}=1，2，3，7，8，9$，有

$$B_{t2}=\frac{B_\delta t_2 L_{ef}}{b_{t2}K_{Fe}L_2}=\frac{0.66\times 1.65\times 21.14}{1.19\times 0.93\times 21}=0.99\mathrm{T}$$

式中，b_{t2}为转子齿宽，对非平行齿取距齿最窄处 1/3 齿高的位置。

若 $b_{t22}\leqslant b_{t21}$，则齿宽为 $b_{t2}=b_{t22}+\dfrac{b_{t21}-b_{t22}}{3}=1.131+\dfrac{1.314-1.131}{3}=1.19\mathrm{cm}$

否则齿宽为 $b_{t2}=b_{t21}+\dfrac{b_{t22}-b_{t21}}{3}$

若 $L_{vv}=1$ 或 7，有

$$b_{t21}=\frac{\pi[D_2-2(h_{02}+h_{r1})]}{Q_2}-b_{r1}=\frac{\pi[28.36-2\times(0.08+0.05)]}{54}-0.32=1.314\mathrm{cm}$$

$$b_{t22}=\frac{\pi[D_2-2(h_{r12}+h_{02})]}{Q_2}-b_{r2}=\frac{\pi[28.36-2\times(1.8+0.08)]}{54}-0.3=1.131\mathrm{cm}$$

若 $L_{vv}=2$，8，$b_{t21}=\dfrac{\pi\left[D_2-2\left(h_{02}+h_{r1}\right)\right]}{Q_2}-b_{r1}$，$b_{t22}=\dfrac{\pi\left[D_2-2\left(h_{02}+h_{r12}\right)\right]}{Q_2}-b_{r2}$

若 $L_{vv}=3$ 或 9，$b_{t21}=\dfrac{\pi\left[D_2-2\left(h_{02}+b_{r1}/2\right)\right]}{Q_2}-b_{r1}$，$b_{t22}=\dfrac{\pi\left[D_2-2\left(h_{02}+b_{r1}/2+h_{r2}\right)\right]}{Q_2}-b_{r2}$

(2) 若 $L_{vv}=6$，10，有

$$B_{t2}=\frac{B_\delta t_2 L_{ef}}{b_{t2}K_{Fe}L_2}$$

式中，$b_{t2}=\dfrac{\pi\left[D_2-2\left(h_{02}+r_2\right)\right]}{Q_2}-2r_2$。

(3) 若 $L_{vv}=4$，5，转子齿部应分段计算

槽上部磁密 $B_{t2t}=\dfrac{B_\delta t_2 L_{ef}}{b_{t2t}K_{Fe}L_2}$

槽中部磁密 $B_{t2m}=\dfrac{B_\delta t_2 L_{ef}}{b_{t2m}K_{Fe}L_2}$

槽下部磁密 $B_{t2b}=\dfrac{B_\delta t_2 L_{ef}}{b_{t2b}K_{Fe}L_2}$

式中，$b_{t2t}=\dfrac{b_{t21}+b_{t22}}{2}$，$b_{t2m}=b_{t23}+\dfrac{b_{t22}-b_{t23}}{3}$。

若 $b_{t24}\leqslant b_{t25}$，则 $b_{t2b}=b_{t24}+\dfrac{b_{t25}-b_{t24}}{3}$，否则 $b_{t2b}=b_{t25}+\dfrac{b_{t24}-b_{t25}}{3}$

$$b_{t21}=\frac{\pi(D_2-2h_{02})}{Q_2}-b_{02}$$

$$b_{t22}=\frac{\pi\left[D_2-2(h_{02}+h_{r1})\right]}{Q_2}-b_{r1}$$

$$b_{t23}=\frac{\pi\left[D_2-2(h_{02}+h_{r1}+h_{r2})\right]}{Q_2}-b_{r2}$$

$$b_{t24}=\frac{\pi\left[D_2-2(h_{02}+h_{r1}+h_{r2})\right]}{Q_2}-b_{r3}$$

$$b_{t25}=\frac{\pi\left[D_2-2(h_{02}+h_{r1}+h_{r2}+h_{r3})\right]}{Q_2}-b_{r4}$$

81. 转子齿磁位差：

(1) 若 $L_{vv}\neq 4$ 和 5，则

$$F_{t2}=2H_{t2}h_{t2}=2\times 3.74\times 1.8=13.5\text{A}$$

根据 B_{t2} 查附表 B-1 (2) 得 $H_{t2}=3.74\text{A/cm}$

(2) 若 $L_{vv}=4$ 和 5，则

$$F_{t2}=F_{t2t}+F_{t2m}+F_{t2b}$$

式中，$F_{t2t}=2H_{t2t}h_{t2t}$；$F_{t2m}=2H_{t2m}h_{t2m}$；$F_{t2b}=2H_{t2b}h_{t2b}$。

根据 B_{t2t}、B_{t2m}、B_{t2b} 查硅钢片磁化曲线分别得 H_{t2t}、H_{t2m}、H_{t2b}。

82. 转子轭磁密：

$$B_{j2}=\frac{\Phi_{\delta0}\times 10^4}{2L_2K_{Fe}h_{j2}}=\frac{1.85\times 10^{-2}\times 10^4}{2\times 21\times 0.93\times 6.88}=0.69\text{T}$$

83. 转子轭磁位差：

$$F_{j2} = 2C_2 H_{j2} L_{j2} = 2 \times 0.60 \times 2.06 \times 4.42 = 10.9\text{A}$$

根据 B_{j2}查附表 B-1（2）得 H_{j2}＝2.06A/cm

查图 8-63，得到转子轭部校正系数 C_2＝0.60

84. 每对极总磁位差：

$$\sum F = F_\delta + F_{t1} + F_{j1} + F_{t2} + F_{j2} = 1102.4 + 188.6 + 119.2 + 13.5 + 10.9 = 1434.6\ \text{A}$$

计算漏磁系数时，每极总磁位差为：

$$F_0 = (F_{\delta q} + F_{t1} + F_{j1} + F_{t2} + F_{j2})/2 = 1277.1/2 = 638.6\text{A}$$

85. 空载漏磁系数：

根据第八章第二节的方法计算确定

（1）通过转子槽的漏磁通 Φ_r 为

$$\Phi_r = 2\mu_0 F_0 \left(\frac{h_{02}}{b_{02}} + \frac{2h_{r1}}{b_{02} + b_{r1}} + \frac{2h_{r2}}{b_{r2} + b_{r1}}\right) L_{ef} \times 10^{-2}$$

$$= 2 \times 4\pi \times 10^{-7} \times 638.6 \times \left(\frac{0.08}{0.15} + \frac{2 \times 0.05}{0.15 + 0.32} + \frac{2 \times 1.75}{0.3 + 0.32}\right) \times 21.14 \times 10^{-2}$$

$$= 2.169 \times 10^{-3}\,\text{Wb}$$

（2）通过隔磁磁桥的磁通 Φ_x

$$H_{b1} = \frac{F_0}{\min(b_{r2}, h_m + \delta_2)} = \frac{638.6}{\min(0.3, 0.42 + 0.015)} = 2128.7\text{A/cm}$$

$$B_{b1} = 2.24 + \frac{0.15}{1500}(H_{b1} - 1500) = 2.24 + \frac{0.15}{1500}(2128.7 - 1500) = 2.303\text{T}$$

$$\Phi_{x1} = 2B_{b1} w_1 L_{ef} \times 10^{-4} = 2 \times 2.303 \times 0.15 \times 21.14 \times 10^{-4} = 1.461 \times 10^{-3}\,\text{Wb}$$

$$H_{b2} = \frac{F_0}{h_m + \delta_2} = \frac{638.6}{0.42 + 0.015} = 1468.0\text{A/cm}$$

$$B_{b2} = 2.24 + \frac{0.15}{1500}(H_{b2} - 1500) = 2.24 + \frac{0.15}{1500}(1468.0 - 1500) = 2.237\text{T}$$

$$\Phi_{x2} = B_{b2} w_2 L_{ef} \times 10^{-4} = 2.237 \times 0.15 \times 21.14 \times 10^{-4} = 7.1 \times 10^{-4}\,\text{Wb}$$

$$\Phi_x = \Phi_{x1} + \Phi_{x2} = 1.461 \times 10^{-3} + 7.1 \times 10^{-4} = 2.171 \times 10^{-3}\,\text{T}$$

式中，w_1、w_2分别为隔磁磁桥 1 和隔磁磁桥 2 的宽度，w_1＝0.15cm，w_2＝0.15cm。

（3）转子内部漏磁系数

$$\sigma_1 = \frac{\Phi_{\delta 0} + \Phi_r + \Phi_x}{\Phi_\delta} = \frac{1.85 \times 10^{-2} + 2.169 \times 10^{-3} + 2.171 \times 10^{-3}}{1.85 \times 10^{-2}} = 1.235$$

（4）转子端部漏磁系数

查图 8-14 得，σ'_2＝0.282，则 $\sigma_2 = 1 + \frac{\sigma'_2}{L_2}\frac{b'_M}{\tau_2} = 1 + \frac{0.282}{21} \times \frac{12.4}{14.85} = 1.0112$

（5）空载漏磁系数

$$\sigma_0 = \sigma_1 + \sigma_2 - 1 = 1.235 + 1.0112 - 1 = 1.246$$

如计算得到的 σ_0 与假设值 σ'_0之间误差超过 1%，则应重新设定 σ'_0，重复第 73～85 项的计算

86. 齿磁路饱和系数：

$$K_{st}=\frac{F_{\delta q}+F_{t1}+F_{t2}}{F_{\delta q}}=\frac{944.9+188.6+13.5}{944.9}=1.214$$

87. 主磁导：

$$\Lambda_{\delta}=\frac{\Phi_{\delta 0}}{\sum F}=\frac{1.85\times 10^{-2}}{1434.6}=1.29\times 10^{-5}\text{H}$$

88. 主磁导标幺值：

串联式磁路结构

$$\lambda_{\delta}=\frac{2\Lambda_{\delta}h_{m}\times 10^{2}}{\mu_{r}\mu_{0}A_{m}}=\frac{2\times 1.29\times 10^{-5}\times 0.42\times 10^{2}}{1.05\times 4\pi\times 10^{-7}\times 260.4}=3.154$$

并联式磁路结构

$$\lambda_{\delta}=\frac{\Lambda_{\delta}h_{m}\times 10^{2}}{\mu_{r}\mu_{0}A_{m}}$$

89. 外磁路总磁导标幺值：

$$\lambda_{n}=\sigma_{0}\lambda_{\delta}=1.246\times 3.154=3.93$$

90. 漏磁导标幺值：

$$\lambda_{\sigma}=(\sigma_{0}-1)\lambda_{\delta}=(1.246-1)\times 3.154=0.78$$

91. 永磁体空载工作点：

$$b_{m0}=\frac{\lambda_{n}}{\lambda_{n}+1}=\frac{3.93}{3.93+1}=0.797$$

如计算得到的 b_{m0} 与假设值 b'_{m0} 之间误差超过 1%，则应重新设定 b'_{m0}，重复第 72～91 项的计算

92. 气隙磁密基波幅值：

$$B_{\delta 1}=K_{f}\frac{\Phi_{\delta 0}\times 10^{4}}{\alpha_{i}\tau_{1}L_{ef}}=1.254\times\frac{1.85\times 10^{-2}\times 10^{4}}{0.889\times 14.923\times 21.14}=0.827\text{T}$$

93. 空载反电动势：

$$E_{0}=4.44fK_{dp}N\Phi_{\delta 0}K_{\Phi}=4.44\times 50\times 0.947\times 64\times 0.0185\times 0.898=223.5\text{V}$$

七、参数计算

94. 定子直流电阻：

$$R_{1}=\rho\frac{2L_{av}N}{\pi a_{1}\left[N_{t1}\left(\frac{d_{11}}{2}\right)^{2}+N_{t2}\left(\frac{d_{12}}{2}\right)^{2}\right]}=2.17\times 10^{-4}\times\frac{2\times 42.626\times 64}{6\pi\times 2\times\left(\frac{1.3}{2}\right)^{2}}=0.0743\Omega$$

式中，铜线电阻率 $\rho=2.17\times 10^{-4}\,\Omega\cdot\text{mm}^{2}/\text{cm}$

95. 转子折算电阻：

$$R_{2}=R_{B}+R_{R}=0.1407+0.0176=0.1583\Omega$$

导条电阻　$R_{B}=\dfrac{K_{B}k_{c}\rho_{B}L_{B}}{A_{B}}=\dfrac{1.04\times 816.3\times 4.34\times 10^{-4}\times 21}{55}=0.1407\Omega$

端环电阻　$R_{R}=\dfrac{k_{c}Q_{2}\rho_{R}D_{R}}{2\pi p^{2}A_{R}}=\dfrac{816.3\times 54\times 4.34\times 10^{-4}\times 25.96}{2\pi\times 3^{2}\times 500}=0.0176\Omega$

式中，$K_{B}=1.04$（对于铸铝转子）；$K_{B}=1.0$（对于铜条转子）；$k_{c}=\dfrac{4m\,(NK_{dp})^{2}}{Q_{2}}=$

$\frac{12\times(64\times0.947)^2}{54}=816.3$；转子导条长度 $L_B=21$cm；导条截面积 $A_B=55\text{mm}^2$；端环平均直径 $D_R=25.96$cm；端环截面积 $A_R=500\text{mm}^2$；导条电阻率 $\rho_B=4.34\times10^{-4}\Omega\cdot\text{mm}^2/\text{cm}$；端环电阻率 $\rho_R=4.34\times10^{-4}\Omega\cdot\text{mm}^2/\text{cm}$。

96. 转子绕组重量：

对铜条转子

$$G_{Cu2}=8.9(Q_2A_BL_B+2A_R\pi D_R)\times10^{-5}$$

对铸铝转子

$$\begin{aligned}G_{Al}&=2.7(Q_2A_BL_B+2A_R\pi D_R)\times10^{-5}\\&=2.7\times(54\times55\times21+2\pi\times500\times25.96)\times10^{-5}=3.89\text{kg}\end{aligned}$$

97. 漏抗系数：

$$\begin{aligned}C_x&=\frac{4\pi f\mu_0L_{ef}(K_{dp}N)^2\times10^{-2}}{p}\\&=\frac{4\pi\times50\times4\pi\times10^{-7}\times21.14\times(0.947\times64)^2\times10^{-2}}{3}=0.2044\end{aligned}$$

98. 定子槽比漏磁导：

$$\lambda_{s1}=K_{U1}\lambda_{U1}+K_{L1}\lambda_{L1}=0.9375\times0.4613+0.953\times1.131=1.51$$

式中，K_{U1}、K_{L1}分别为槽上、下部节距漏抗系数。对于60°相带绕组。

当 $0\leqslant\beta\leqslant1/3$ 时　$K_{U1}=3\beta/4$，$K_{L1}=(9\beta+4)/16$

当 $1/3\leqslant\beta\leqslant2/3$ 时　$K_{U1}=(6\beta-1)/4$，$K_{L1}=(18\beta+1)/16$

当 $2/3\leqslant\beta\leqslant1$ 时　$K_{U1}=(3\beta+1)/4=(11/4+1)/4=0.9375$

$K_{L1}=(9\beta+7)/16=(33/4+7)/16=0.953$

对于120°相带绕组

当 $0\leqslant\beta\leqslant2/3$ 时　$K_{U1}=8\beta/9$，$K_{L1}=27\beta/32+1/4$

当 $2/3\leqslant\beta\leqslant1$ 时　$K_{U1}=3/4$，$K_{L1}=13/16$

$$\lambda_{U1}=\frac{h_{01}}{b_{01}}+\frac{2h_1}{b_{01}+b_1}=\frac{0.1}{0.38}+\frac{2\times0.105}{0.38+0.68}=0.4613$$

$$\begin{aligned}\lambda_{L1}&=\frac{\beta_s}{\left[\frac{\pi}{8\beta_s}+\frac{(1+\alpha)}{2}\right]^2}(K_{r1}+K_{r2})\\&=\frac{2.2167}{\left[\frac{\pi}{8\times2.2167}+\frac{(1+0.7556)}{2}\right]^2}(0.337+0.231)=1.131\end{aligned}$$

式中，$\alpha=\frac{b_1}{2r_1}=\frac{0.68}{2\times0.45}=0.7556$；$\beta_s=\frac{h_2}{2r_1}=\frac{1.995}{2\times0.45}=2.2167$。

$$\begin{aligned}K_{r1}&=\frac{1}{3}-\frac{1-\alpha}{4}\left[\frac{1}{4}+\frac{1}{3(1-\alpha)}+\frac{1}{2(1-\alpha)^2}+\frac{1}{(1-\alpha)^3}+\frac{\ln\alpha}{(1-\alpha)^4}\right]\\&=\frac{1}{3}-\frac{1-0.7556}{4}\left[\frac{1}{4}+\frac{1}{3(1-0.7556)}+\frac{1}{2(1-0.7556)^2}+\frac{1}{(1-0.7556)^3}+\frac{\ln0.7556}{(1-0.7556)^4}\right]\\&=0.337\end{aligned}$$

$$K_{r2}=\frac{2\pi^3-9\pi}{1536\beta_s^3}+\frac{\pi}{16\beta_s}-\frac{\pi}{8\ (1-\alpha)\ \beta_s}-\left[\frac{\pi^2}{64\ (1-\alpha)\ \beta_s^2}+\frac{\pi}{8\ (1-\alpha)^2\beta_s}\right]\ln\alpha$$

$$=\frac{2\pi^3-9\pi}{1536\times2.216\ 7^3}+\frac{\pi}{16\times2.216\ 7}-\frac{\pi}{8\times\ (1-0.755\ 6)\ \times2.216\ 7}-$$

$$\left[\frac{\pi^2}{64\times\ (1-0.755\ 6)\ \times2.216\ 7^2}+\frac{\pi}{8\times(1-0.755\ 6)^2\times2.216\ 7}\right]\ln0.755\ 6$$

$$=0.231$$

99. 定子槽漏抗：

$$X_{s1}=\frac{2pmL_1\lambda_{s1}}{L_{ef}K_{dp}^2Q_1}C_x=\frac{2\times3\times3\times21\times1.51\times0.204\ 4}{21.14\times0.947^2\times72}=0.085\ 5\Omega$$

100. 定子谐波漏抗：

$$X_{d1}=\frac{m\tau_1\sum s}{\pi^2K_\delta\delta K_{dp}^2K_{st}}C_x=\frac{3\times14.923\times0.006\ 6\times0.204\ 4}{\pi^2\times1.285\times0.07\times0.947^2\times1.214}=0.062\ 5\Omega$$

查图 8-64 得$\sum s=0.006\ 6$

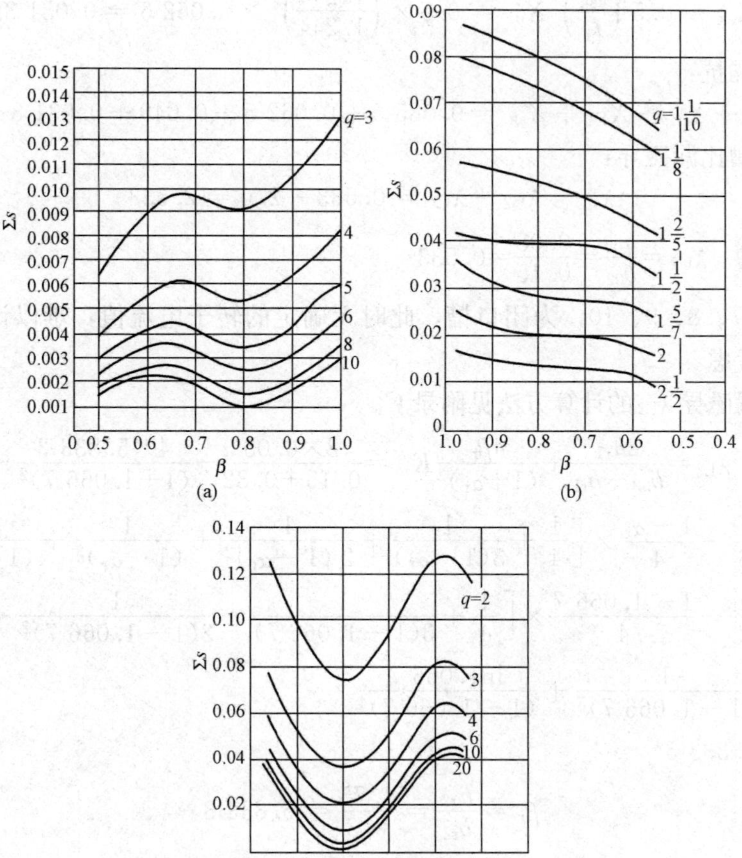

图 8-64　定子三相绕组的谐波漏磁导

(a) 三相 60°相带（整数槽）；(b) 三相 60°相带（分数槽）；(c) 三相 120°相带

101. 定子端部漏抗：

双层叠绕组

$$X_{E1}=\frac{1.2(d+0.5f_d)}{L_{ef}}C_x=\frac{1.2\times(1.5+0.5\times5.49)}{21.14}\times0.2044=0.049\Omega$$

单层同心式

$$X_{E1}=0.67\frac{L_E-0.64\tau_y}{L_{ef}K_{dp}^2}C_x$$

单层交叉式、同心式（分组的）

$$X_{E1}=0.47\frac{L_E-0.64\tau_y}{L_{ef}K_{dp}^2}C_x$$

单层链式

$$X_{E1}=0.2\frac{L_E}{L_{ef}K_{dp}^2}C_x$$

102. 定子斜槽漏抗：

$$X_{sk}=0.5\left(\frac{t_{sk}}{t_1}\right)^2X_{d1}=0.5\times\left(\frac{1.244}{1.244}\right)^2\times0.0625=0.0313\Omega$$

103. 定子漏抗：

$$X_1=X_{s1}+X_{d1}+X_{E1}+X_{sk}=0.0855+0.0625+0.049+0.0313=0.228\Omega$$

104. 转子槽比漏磁导：

$$\lambda_{s2}=\lambda_{U2}+\lambda_{L2}=0.533+2.0=2.533$$

对半闭口槽　$\lambda_{U2}=\frac{h_{02}}{b_{02}}=\frac{0.08}{0.15}=0.533$

对于 $L_{vv}=7$、8、9、10，为闭口槽，此时无确定的转子电流值，难以计算，在起动性能计算时予以考虑。

槽下部比漏磁导 λ_{L2} 的计算方法见附录 C。

$L_{vv}=1$ 时，$\lambda_{L2}=\frac{2h_{r1}}{b_{02}+b_{r1}}+\frac{4\beta_r}{(1+\alpha_r)^2}K_{r1}=\frac{2\times0.05}{0.15+0.32}+\frac{4\times5.8333}{(1+1.0667)^2}\times0.3335=2.0$

$$K_{r1}=\frac{1}{3}-\frac{1-\alpha_r}{4}\times\left[\frac{1}{4}+\frac{1}{3(1-\alpha_r)}+\frac{1}{2(1-\alpha_r)^2}+\frac{1}{(1-\alpha_r)^3}+\frac{\ln\alpha_r}{(1-\alpha_r)^4}\right]$$
$$=\frac{1}{3}-\frac{1-1.0667}{4}\times\left[\frac{1}{4}+\frac{1}{3(1-1.0667)}+\frac{1}{2(1-1.0667)^2}+\frac{1}{(1-1.0667)^3}+\frac{\ln1.0667}{(1-1.0667)^4}\right]$$
$$=0.3335$$

$$\beta_r=\frac{h_{r2}}{b_{r2}}=\frac{1.75}{0.3}=5.8333$$

$$\alpha_r=\frac{b_{r1}}{b_{r2}}=\frac{0.32}{0.3}=1.0667$$

105. 转子槽漏抗：

$$X_{s2}=\frac{2mpL_2\lambda_{s2}}{L_{ef}Q_2}C_x=\frac{2\times3\times3\times21\times2.533}{21.14\times54}\times0.2044=0.1714\Omega$$

106. 转子谐波漏抗：

$$X_{d2}=\frac{m\tau_1\sum R}{\pi^2 K_\delta \delta K_{st}}C_x=\frac{3\times 14.923\times 0.01015}{\pi^2\times 1.285\times 0.07\times 1.214}\times 0.2044=0.0862\Omega$$

式中，$\sum R=\frac{\pi^2\left(\frac{2p}{Q_2}\right)^2}{12}=\frac{\pi^2\left(\frac{6}{54}\right)^2}{12}=0.01015\Omega$

107. 转子端部漏抗：

$$X_{E2}=\frac{0.757}{L_{ef}}\left(\frac{L_B-L_2}{1.13}+\frac{D_R}{2p}\right)C_x=\frac{0.757}{21.14}\times\frac{25.96}{6}\times 0.2044=0.032\Omega$$

108. 转子漏抗：

$$X_2=X_{s2}+X_{d2}+X_{E2}=0.1714+0.0862+0.032=0.2896\Omega$$

109. 直轴电枢磁动势折算系数：

$$K_{ad}=\frac{1}{K_f}=\frac{1}{1.254}=0.797$$

110. 直轴电枢反应电抗：

$$X_{ad}=\frac{|E_0-E_d|}{I_d}=\frac{|223.5-163.1|}{25.5}=2.37\Omega$$

式中，$E_d=4.44fK_{dp}N\Phi_{\delta N}K_\Phi=4.44\times 50\times 0.947\times 64\times 0.0135\times 0.898=163.1\text{V}$

$$\begin{aligned}\Phi_{\delta N}&=[b_{mN}-(1-b_{mN})\lambda_\sigma]A_m B_r\times 10^{-4}\\&=[0.698-(1-0.698)\times 0.78]\times 260.4\times 1.123\times 10^{-4}\\&=0.0135\text{Wb}\end{aligned}$$

$$b_{mN}=\frac{\lambda_n(1-f'_a)}{\lambda_n+1}=\frac{3.93\times(1-0.1239)}{3.93+1}=0.698$$

对串联式磁路结构：

$$f'_a=\frac{F_{ad1}}{\sigma_0 h_m H_c\times 10}=\frac{554.3}{1.246\times 0.42\times 854.9\times 10}=0.1239$$

对并联式磁路结构：

$$f'_a=\frac{2F_{ad1}}{\sigma_0 h_m H_c\times 10}$$

$$F_{ad1}=0.45mK_{ad}\frac{K_{dp}NI_d}{p}=0.45\times 3\times 0.797\times\frac{0.947\times 64\times 25.5}{3}=554.3\text{A}$$

式中，$I_d=I_N/2=51.04/2=25.5\text{A}$

111. 直轴同步电抗：

$$X_d=X_{ad}+X_1=2.37+0.228=2.60\Omega$$

112. 交轴电枢反应电抗：

$$X_{aq}=X_{ad}\left(1+\frac{\lambda_\delta}{1+\lambda_\sigma}\right)=2.37\times\left(1+\frac{3.154}{1+0.78}\right)=6.57\Omega$$

113. 交轴同步电抗：

$$X_q=X_{aq}+X_1=6.57+0.228=6.80\Omega$$

八、工作特性计算

114. 机械损耗：

对于 2 极防护式，有

$$p_{fw} = 5.5\left(\frac{3}{p}\right)^2 D_2^3 \times 10^{-3}$$

对于 4 极及以上防护式，有

$$p_{fw} = 6.5\left(\frac{3}{p}\right)^2 D_2^3 \times 10^{-3} = 6.5 \times \left(\frac{3}{3}\right)^2 \times 28.36^3 \times 10^{-3} = 148.3\text{W}$$

对于 2 极封闭型自扇冷式，有

$$p_{fw} = 13(1 - D_1 \times 10^{-2})\left(\frac{3}{p}\right)^2 D_1^4 \times 10^{-5}$$

对于 4 极及以上封闭型自扇冷式，有

$$p_{fw} = \left(\frac{3}{p}\right)^2 D_1^4 \times 10^{-4}$$

也可参考同规格感应电动机的机械损耗。

115. 设定功角：

$$\theta = 56.5°$$

116. 输入功率：

$$P_1 = \frac{m}{X_d X_q + R_1^2} \times [E_0 U_N (X_q \sin\theta - R_1 \cos\theta) + R_1 U_N^2 + 0.5 U_N^2 (X_d - X_q) \sin 2\theta]$$

$$= \frac{3}{2.6 \times 6.8 + 0.0743^2} \times [223.5 \times 219.39 \times (6.8 \times \sin 56.5° - 0.0743 \times \cos 56.5°) + 0.0743 \times 219.39^2 + 0.5 \times 219.39^2 \times (2.6 - 6.8) \times \sin 113°] = 31\,647.1\text{W}$$

117. 直轴电流：

$$I_d = \frac{R_1 U_N \sin\theta + X_q (E_0 - U_N \cos\theta)}{X_d X_q + R_1^2}$$

$$= \frac{0.0743 \times 219.39 \times \sin 56.5° + 6.8 \times (223.5 - 219.39 \times \cos 56.5°)}{2.6 \times 6.8 + 0.0743^2} = 40.14\text{A}$$

118. 交轴电流：

$$I_q = \frac{X_d U_N \sin\theta - R_1 (E_0 - U_N \cos\theta)}{X_d X_q + R_1^2}$$

$$= \frac{2.6 \times 219.39 \times \sin 56.5° - 0.0743 \times (223.5 - 219.39 \times \cos 56.5°)}{2.6 \times 6.8 + 0.0743^2} = 26.47\text{A}$$

119. 功率因数：

$$\cos\varphi = \cos(-0.1°) = 1.0$$

式中，$\varphi = \theta - \Psi = 56.5 - 56.6 = -0.1°$；$\Psi = \arctan\frac{I_d}{I_q} = \arctan\frac{40.14}{26.47} = 56.6°$

120. 定子电流：

$$I_1=\sqrt{I_d^2+I_q^2}=\sqrt{40.14^2+26.47^2}=48.08\text{A}$$

121. 定子电阻损耗：

$$p_{Cu}=mI_1^2R_1=3\times48.08^2\times0.0743=515.3\text{W}$$

122. 负载气隙磁通：

$$\Phi_\delta=\frac{E_\delta}{4.44fK_{dp}NK_\Phi}=\frac{216.15}{4.44\times50\times0.947\times64\times0.898}=0.01789\text{Wb}$$

式中，$E_\delta=\sqrt{(E_0-I_dX_{ad})^2+(I_qX_{aq})^2}=\sqrt{(223.5-40.14\times2.37)^2+(26.47\times6.57)^2}$
$=216.15\text{V}$

123. 负载气隙磁密：

$$B_{\delta d}=\frac{\Phi_\delta\times10^4}{\alpha_i\tau_1L_{ef}}=\frac{0.01789\times10^4}{0.889\times14.923\times21.14}=0.638\text{T}$$

124. 负载定子齿磁密：

$$B_{t1d}=B_{\delta d}\frac{t_1L_{ef}}{b_{t1}K_{Fe}L_1}=\frac{0.638\times1.244\times21.14}{0.5508\times0.93\times21}=1.560\text{T}$$

125. 负载定子轭磁密：

$$B_{j1d}=\frac{\Phi_\delta\times10^4}{2L_1K_{Fe}h_{j1}}=\frac{0.01789\times10^4}{2\times21\times0.93\times3.25}=1.409\text{T}$$

126. 铁耗：

$$p_{Fe}=k_1p_{t1d}V_{t1}+k_2p_{j1d}V_{j1}=2.5\times0.0429\times1742.65+2\times0.0351\times7328.12=701.3\text{W}$$

式中，p_{t1d}、p_{j1d}为定子齿及轭单位铁损耗，可由B_{t1d}和B_{j1d}查附表B-2（2）得到。k_1、k_2为铁损耗修正系数，一般分别取2.5、2，或根据实验确定。

127. 杂散损耗：

$$p_s=\left(\frac{I_1}{I_N}\right)^2p_{sN}^*P_N\times10^3=\left(\frac{48.08}{48.08}\right)^2\times0.008\times30\times10^3=240.0\text{W}$$

p_{sN}^*可参考实验值或根据经验给定，此处取为0.8%。

128. 总损耗：

$$\sum p=p_{Cu}+p_{Fe}+p_{fw}+p_s=515.3+701.3+148.3+240.0=1604.9\text{W}$$

129. 输出功率：

$$P_2=P_1-\sum p=31647.1-1577.9=30042.2\text{W}$$

130. 效率：

$$\eta=\frac{P_2}{P_1}=\frac{30042.2}{31647.1}=94.93\%$$

131. 工作特性：给定一系列递增的功角θ，分别求出不同功角时的P_2、η、I_1、$\cos\varphi$等性能，即为电机的工作特性，见表8-5。

表 8-5　　工作特性

θ (°)	P_1/W	P_2/W	I_1/A	I_d/A	I_q/A	η (%)	cosφ
20.0	8349.4	7424.6	12.99	6.98	10.96	88.92	0.976
25.0	10 815.3	9855.1	16.75	9.87	13.53	91.12	0.981
30.0	13 502.6	12 493.7	20.82	13.34	15.99	92.53	0.985
35.0	16 429.9	15 356.3	25.24	17.36	18.32	93.47	0.989
40.0	19 603.8	18 446.4	30.00	21.91	20.50	94.10	0.993
45.0	23 017.6	21 754.4	35.11	26.94	22.52	94.51	0.996
50.0	26 651.3	25 257.4	40.55	32.42	24.36	94.77	0.999
55.0	30 471.4	28 919.1	46.30	38.31	26.01	94.91	1.000
56.5	31 647.1	30 042.2	48.08	40.14	26.47	94.93	1.000
60.0	34 431.1	32 690.1	52.33	44.56	27.45	94.94	1.000
65.0	38 471.5	36 509.3	58.62	51.12	28.68	94.9	0.997
70.0	42 522.9	40 306.0	65.11	57.95	29.68	94.79	0.992
75.0	46 506.2	44 001.5	71.77	64.99	30.45	94.61	0.984
80.0	50 335.5	47 507.7	78.56	72.19	30.98	94.38	0.973

132. 失步转矩倍数：

根据电磁功率的表达式，以功角为自变量，求导得到：

$$\frac{dP_{em}}{d\theta}=\frac{mU_NE_0}{X_d}\cos\theta+mU_N^2\left(\frac{1}{X_q}-\frac{1}{X_d}\right)\cos2\theta$$

令上式为零，求解得到功角的值。由于永磁同步电动机最大功率出现在 $\theta>90°$时，因此功角取第二象限的值，得到 $\theta=113.97°$，据此得到电磁功率的最大值：

$$P_{emmax}=\frac{mU_NE_0}{X_d}\sin\theta+\frac{mU_N^2}{2}\left(\frac{1}{X_q}-\frac{1}{X_d}\right)\sin2\theta$$

$$=\frac{3\times219.39\times223.5}{2.6}\sin113.97°+\frac{3\times219.39^2}{2}\left(\frac{1}{6.8}-\frac{1}{2.6}\right)\sin227.94°=64\ 431.7\text{W}$$

$$T_{po}^*\approx\frac{P_{emmax}}{P_N}=\frac{64\ 431.7}{30\times10^3}=2.148$$

由于电磁功率中还包含铁耗、机械损耗和杂散损耗，所以输出功率会略小于电磁功率，因此实际的失步转矩倍数会小于该值。

133. 永磁体额定负载工作点：

$$b_{mN}=\frac{\lambda_n(1-f'_{aN})}{\lambda_n+1}=\frac{3.93\times(1-0.195)}{3.93+1}=0.641\ 7$$

对串联式磁极结构

$$f'_{aN}=\frac{0.45mK_{ad}K_{dp}NI_{dN}}{p\sigma_0H_ch_m\times10}=\frac{0.45\times3\times0.797\times0.947\times64\times40.14}{3\times1.246\times854.9\times0.42\times10}=0.195$$

对并联式磁极结构

$$f'_{aN}=\frac{0.9mK_{ad}K_{dp}NI_{dN}}{p\sigma_0 H_c h_m\times 10}$$

输出额定功率时定子电流的直轴分量 $I_{dN}=40.14\text{A}$

134. 电负荷：

$$A=\frac{2mNI_1}{\pi D_{i1}}=\frac{2\times 3\times 64\times 48.08}{28.5\pi}=206.2\text{A/cm}$$

135. 电流密度：

$$J_1=\frac{I_1}{a_1\pi\left[N_{t1}\left(\frac{d_{11}}{2}\right)^2+N_{t2}\left(\frac{d_{12}}{2}\right)^2\right]}=\frac{48.08}{6\pi\times 2\left(\frac{1.3}{2}\right)^2}=3.02\text{A/mm}^2$$

136. 热负荷：

$$AJ_1=206.2\times 3.02=622.7\text{A/(cm}\cdot\text{mm}^2)$$

137. 永磁体最大去磁工作点：

$$b_{mh}=\frac{\lambda_n(1-f'_{adh})}{\lambda_n+1}=\frac{3.93\times(1-0.827)}{3.93+1}=0.138$$

对串联式磁极结构

$$f'_{adh}=\frac{0.45mK_{ad}K_{dp}NI_{adh}}{p\sigma_0 H_c h_m\times 10}=\frac{0.45\times 3\times 0.797\times 0.947\times 64\times 170.2}{3\times 1.246\times 854.9\times 0.42\times 10}=0.827$$

对并联式磁极结构

$$f'_{adh}=\frac{0.9mK_{ad}K_{dp}NI_{adh}}{p\sigma_0 H_c h_m\times 10}$$

$$I_{adh}=\frac{E_0X_d+\sqrt{E_0^2X_d^2-(R_1^2+X_d^2)(E_0^2-U_N^2)}}{R_1^2+X_d^2}$$

$$=\frac{223.5\times 2.6+\sqrt{223.5^2\times 2.6^2-(0.0743^2+2.6^2)\times(223.5^2-219.39^2)}}{0.0743^2+2.6^2}$$

$$=170.2\text{A}$$

b_{mh}应高于最高工作温度（钕铁硼）或最低温度（铁氧体）时永磁材料退磁曲线的拐点。

九、起动性能计算

138. 起动电流假定：

$$I'_{st}=460.0\text{A}$$

139. 漏抗饱和系数：

由图 8-65 查得 $K_z=0.6$

$$B_L=\frac{\mu_0 F_{st}}{2\delta\beta_c\times 10^{-2}}=\frac{4\pi\times 10^{-7}\times 3798.9}{2\times 0.07\times 1.029\times 10^{-2}}=3.31\text{T}$$

式中，$\beta_c=0.64+2.5\sqrt{\delta/(t_1+t_2)}=0.64+2.5\times\sqrt{0.07/(1.244+1.65)}=1.029$

$$F_{st}=0.707I'_{st}\frac{N_s}{a}\times\left(K_{U1}+K_{d1}^2K_{p1}\frac{Q_1}{Q_2}\right)\frac{E_0}{U_N}$$

$$=0.707\times 460.0\times\frac{32}{6}\times(0.9375+0.9577^2\times 0.9914\times\frac{72}{54})\times\frac{223.5}{219.39}=3798.9\text{A}$$

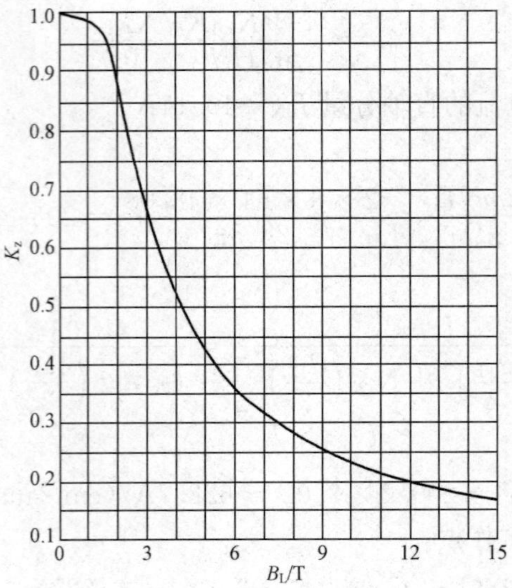

图 8-65 漏抗饱和系数

140. 齿顶漏磁饱和引起定子齿顶宽度的减小：

$$C_{s1}=(t_1-b_{01})(1-K_z)=(1.244-0.38)\times(1-0.6)=0.346\text{cm}$$

141. 齿顶漏磁饱和引起转子齿顶宽度的减小：

若 $L_{vv}=1\sim6$，则 $C_{s2}=(t_2-b_{02})(1-K_z)=(1.65-0.15)\times(1-0.6)=0.60\text{cm}$

142. 起动时定子槽比磁导：

$$\begin{aligned}\lambda_{s1st}&=K_{U1}(\lambda_{U1}-\Delta\lambda_{U1})+K_{L1}\lambda_{L1}\\&=0.9375\times(0.4613-0.160)+0.953\times1.131\\&=1.36\end{aligned}$$

$$\Delta\lambda_{U1}=\frac{h_{01}+0.58h_1}{b_{01}}\left(\frac{C_{s1}}{C_{s1}+1.5b_{01}}\right)=\frac{0.1+0.58\times0.105}{0.38}\times\left(\frac{0.346}{0.346+1.5\times0.38}\right)=0.160$$

143. 起动时定子槽漏抗：

$$X_{s1st}=\frac{\lambda_{s1st}}{\lambda_{s1}}X_{s1}=\frac{1.36}{1.51}\times0.0855=0.077\Omega$$

144. 起动时定子谐波漏抗：

$$X_{d1st}=K_zX_{d1}=0.6\times0.0625=0.0375\Omega$$

145. 起动时定子斜槽漏抗：

$$X_{skst}=K_zX_{sk}=0.6\times0.0313=0.0188\Omega$$

146. 起动时定子漏抗：

$$X_{1st}=X_{s1st}+X_{d1st}+X_{E1}+X_{skst}=0.077+0.0375+0.049+0.0188=0.1823\Omega$$

147. 考虑挤流效应的转子导条相对高度：

$$\xi = 2\pi h_B \sqrt{\frac{b_B}{b_s}\frac{f}{\rho_B \times 10^7}} = 2\pi \times 1.8\sqrt{\frac{50}{4.34 \times 10^3}} = 1.214$$

式中，h_B 为转子导条高度，对铸铝转子，不包括槽口高度；b_B/b_s 为转子导条宽与槽宽之比，对铸铝转子可取 1 对窄长的铜导条取 0.9。

148. 导条电阻等效高度：

$$h_{PR} = \frac{h_B}{\varphi(\xi)} K_a = \frac{1.8}{1.18} = 1.53$$

式中，$\varphi(\xi) = \xi\left(\frac{sh2\xi + \sin 2\xi}{ch2\xi - \cos 2\xi}\right) = 1.214 \times \left(\frac{sh2.428 + \sin 2.428}{ch2.428 - \cos 2.428}\right) = 1.18$；$K_a$ 为导条截面宽度突变系数，查图 8-66。

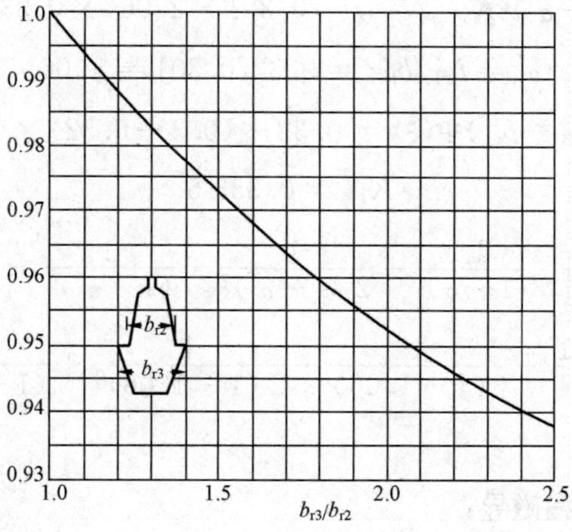

图 8-66　转子导体截面宽度突变修正系数

149. 槽漏抗等效高度：

$$h_{PX} = h_B \Psi(\xi) K_a = 1.8 \times 0.949 = 1.708\text{cm}$$

式中，$\Psi(\xi) = \frac{3}{2\xi}\left(\frac{sh2\xi - \sin 2\xi}{ch2\xi - \cos 2\xi}\right) = \frac{3}{2.428}\left(\frac{sh2.428 - \sin 2.428}{ch2.428 - \cos 2.428}\right) = 0.949$

150. 起动转子电阻增大系数：

若 $L_{vv}=1$，2，3，7，8，9 则

$$K_R = \frac{(1+\alpha_r)\varphi^2(\xi)}{1+\alpha_r[2\varphi(\xi)-1]} = \frac{(1+1.0667) \times 1.18^2}{1+1.0667 \times (2 \times 1.18 - 1)} = 1.174$$

若 $L_{vv}=6$，10，则 $K_R=1$

若 $L_{vv}=4$，5，则

当 $h_{PR} > h_{r1} + h_{r2}$ 时

$$K_R = \frac{A_s}{A_{s1} + A_{s2} + \frac{1}{2}(b_{PR} + b_{r3}) h_R}$$

式中，$b_{PR}=b_{r4}+\frac{(b_{r3}+b_{r4})(h_B-h_{PR})}{h_{r3}}$，$h_R=h_{PR}-h_{r1}-h_{r2}$

当 $h_{PR}\leqslant h_{r1}+h_{r2}$ 时

$$K_R=\frac{A_s}{A_{s1}+\frac{1}{2}(b_{PR}+b_{r1})h_R}$$

式中，$b_{PR}=b_{r1}+\frac{(b_{r2}-b_{r1})(h_{PR}-h_{r1})}{h_{r2}}$，$h_R=h_{PR}-h_{r1}$

A_{s1}、A_{s2}、A_{s3} 的计算见附录 C。

151. 起动转子漏抗减小系数：

若 $L_{vv}=6$，10，则 $K_X=1$

若 $L_{vv}\neq 6$ 和 10，则

$$K_X=\frac{b_{r2}(1+\alpha_r)^2\Psi(\xi)K'_{r1}}{b_{PX}(1+\alpha')^2K_{r1}}=\frac{0.3\times 2.067^2\times 0.949\times 0.333\ 5}{0.301\times 2.06^2\times 0.333\ 5}=0.952$$

$$\alpha'=b_{r1}/b_{PX}=0.32/0.301=1.06$$

$$b_{PX}=b_{r1}+(b_{r2}-b_{r1})\Psi(\xi)=0.32+(0.3-0.32)\times 0.949=0.301$$

$$K_{r1}=0.333\ 5$$

$$K'_{r1}=\frac{1}{3}-\frac{1-\alpha'}{4}\times\left[\frac{1}{4}+\frac{1}{3(1-\alpha')}+\frac{1}{2(1-\alpha')^2}+\frac{1}{(1-\alpha')^3}+\frac{\ln\alpha'}{(1-\alpha')^4}\right]$$

$$=\frac{1}{3}-\frac{1-1.06}{4}\times\left[\frac{1}{4}+\frac{1}{3(1-1.06)}+\frac{1}{2(1-1.06)^2}+\frac{1}{(1-1.06)^3}+\frac{\ln 1.06}{(1-1.06)^4}\right]$$

$$=0.333\ 5$$

152. 起动转子槽下部漏磁导：

$$\lambda_{L2st}=K_X\lambda_{L2}=0.952\times 2.0=1.904$$

153. 起动时转子槽比漏磁导：

$$\lambda_{s2st}=\lambda_{U2st}+\lambda_{L2st}=0.106+1.904=2.01$$

对半闭口槽

$$\lambda_{U2st}=\lambda_{U2}-\Delta\lambda_{U2}=0.533-0.427=0.106$$

$$\lambda_{U2}=\frac{h_{02}}{b_{02}}=\frac{0.08}{0.15}=0.533$$

$$\Delta\lambda_{U2}=\frac{h_{02}}{b_{02}}\left(\frac{C_{s2}}{C_{s2}+b_{02}}\right)=\frac{0.08}{0.15}\times\left(\frac{0.6}{0.6+0.15}\right)=0.427$$

对闭口槽，λ_{U2st} 的计算可根据导条实际电流查图 8-67。

154. 起动时转子槽漏抗：

$$X_{s2st}=\frac{\lambda_{s2st}}{\lambda_{s2}}X_{s2}=\frac{2.01}{2.533}\times 0.171\ 4=0.136\ 0\Omega$$

155. 起动时转子谐波漏抗：

$$X_{d2st}=K_zX_{d2}=0.6\times 0.086\ 2=0.051\ 7\Omega$$

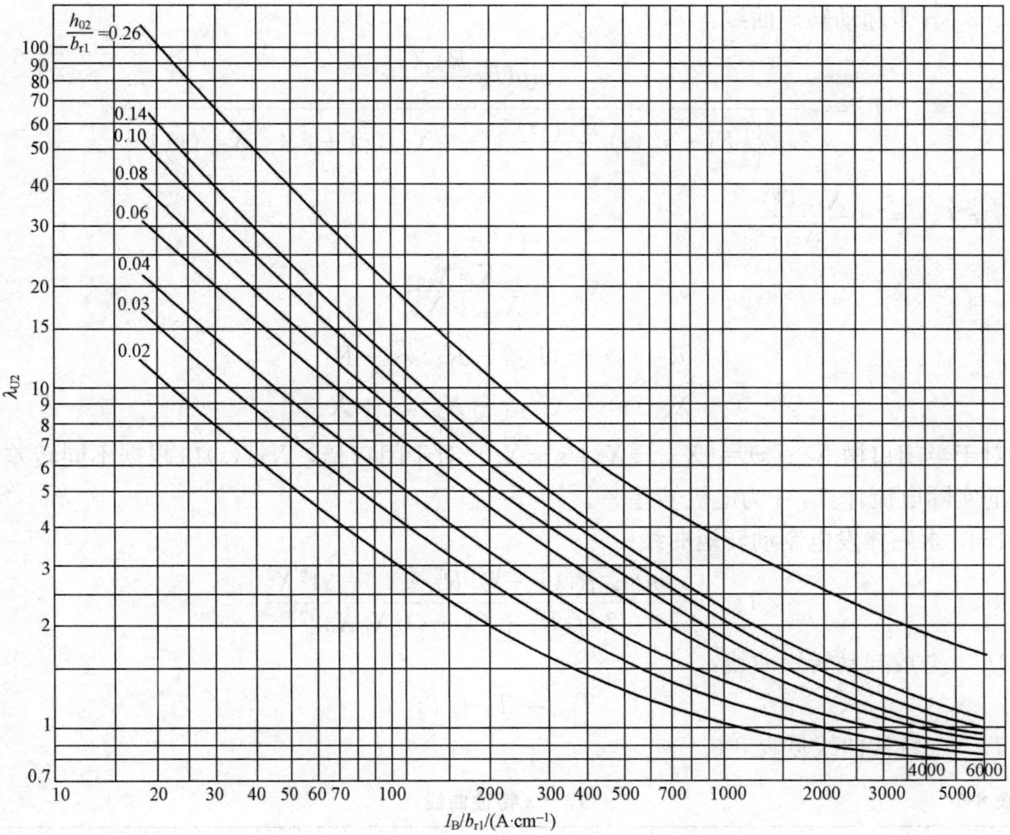

图 8-67 转子闭口槽上部比漏磁导

156. 转子起动漏抗：

$$X_{2st} = X_{s2st} + X_{d2st} + X_{E2} = 0.1360 + 0.0517 + 0.032 = 0.2197\Omega$$

157. 起动总漏抗：

$$X_{st} = X_{1st} + X_{2st} = 0.1823 + 0.2197 = 0.402\Omega$$

158. 转子起动电阻：

$$R_{2st} = \left[K_R \frac{L_2}{L_B} + \frac{L_B - L_2}{L_B}\right] R_B + R_R = 1.174 \times 0.1407 + 0.0176 = 0.1828\Omega$$

159. 起动时总电阻：

$$R_{st} = R_1 + R_{2st} = 0.0743 + 0.1828 = 0.2571\Omega$$

160. 起动总阻抗：

$$Z_{st} = \sqrt{R_{st}^2 + X_{st}^2} = \sqrt{0.2571^2 + 0.402^2} = 0.4772\Omega$$

161. 起动电流：

$$I_{st} = \frac{U_N}{Z_{st}} = \frac{219.39}{0.4772} = 459.74A$$

应与第 138 项的假设值足够接近，否则重复第 139～161 项

162. 起动电流倍数：

$$I_{st}^* = \frac{I_{st}}{I_N} = \frac{459.74}{48.08} = 9.56$$

163. 异步起动转矩曲线：

$$T_c = \frac{mpU_N^2 \frac{R_{2st}(s)}{s}}{2\pi f\left\{\left[R_1 + c_1(s)\frac{R_{2st}(s)}{s}\right]^2 + [X_{1st}(s) + c_1(s)X_{2st}(s)]^2\right\}}$$

式中，$c_1(s)=1+\frac{X_{1st}(s)}{X_m}$

$$X_m = \frac{2X_{ad}X_{aq}}{X_{ad}+X_{aq}}$$

$$R_{2st}(s) = (R_{2st}-R_2)\sqrt{s}+R_2$$

$$X_{1st}(s) = (X_{1st}-X_1)\sqrt{s}+X_1$$

对于半闭口槽 $X_{2st}(s)=(X_{2st}-X_2)\sqrt{s}+X_2$，对于闭口槽，$X_{2st}(s)$应根据不同转差率下导条的实际电流计算，$s$ 为电机转差率。

164. 永磁体发电制动转矩曲线：

$$T_g = -\frac{mpE_0^2R_1(1-s)[R_1^2+(1-s)^2X_q^2]}{2\pi f[R_1^2+(1-s)^2X_dX_q]^2}$$

165. 合成起动转矩曲线：

$$T_{av} = T_c + T_g$$

$T_{av}-s$ 特性曲线见表 8-6。

表 8-6　**$T_{av}-s$ 特性曲线**

s	1.0	0.9	0.8	0.7	0.6	0.5	0.4	0.3	0.2	0.1	0.05
T_c^* （倍）	3.64	3.76	3.89	4.02	4.14	4.23	4.23	4.04	3.47	2.21	1.22
$-T_g^*$ （倍）	0	0.522	0.271	0.182	0.137	0.110	0.091	0.078	0.069	0.061	0.058
T_{av}^* （倍）	3.64	3.24	3.62	3.84	4.00	4.12	4.13	3.96	3.40	2.15	1.16

166. 起动转矩倍数

$$T_{st}^* = \frac{T_{av(s=1)}}{T_N} = 3.64$$

参　考　文　献

[1]　陈世坤. 电机设计. 北京：机械工业出版社. 1997.

[2]　唐任远. 现代永磁电机. 北京：机械工业出版社. 1997.

[3]　Jacek F. Gierras, Mitchell Wing. Permanent magnet motor technology. New York: Marcel Dekker. Inc. 1997.

[4]　李钟明，刘卫国. 稀土永磁电机. 北京：国防工业出版社，1999.

[5]　孙昌志. 钕铁硼永磁电机 [M]. 沈阳：辽宁科技出版社，1997.

[6]　丁婷婷，王秀和，杨玉波，张鑫. 供电电压变化对永磁同步电动机性能的影响. 电机与控制学报，2005 年 06 期.

[7]　杨玉波，王秀和，宋伟，付大金. 油田抽油机用永磁同步电动机性能的环境温度敏感性研究. 电机与控制学报，2004 年 02 期.

[8]　王道涵，王秀和，仲慧，申宁，张鑫. 三相不对称供电异步起动永磁同步电动机的仿真研究. 中国电机工程学报，2005 年 19 期.

第九章　永磁同步发电机

同步发电机是一种应用广泛的交流电机，其显著特点是转子转速 n 与定子电流频率 f 之间具有固定不变的关系，即 $n=n_s=60f/p$，其中 n_s 为同步转速，p 为极对数。现代社会中使用的交流电能几乎全部是由同步发电机产生的。

永磁同步发电机是一种结构特殊的同步发电机，它与普通同步发电机的主要不同之处在于：其主磁场由永磁体产生，而不是由励磁绕组产生。与普通同步发电机相比，永磁同步发电机具有以下特点：

（1）省去了励磁绕组、磁极铁心和电刷—集电环结构，结构简单紧凑，可靠性高，免维护。

（2）不需要励磁电源，没有励磁绕组损耗，取消了电刷—滑环结构，减小了机械摩擦损耗，效率高。

（3）采用稀土永磁时，气隙磁密高，功率密度高，体积小，质量轻。

（4）直轴电枢反应电抗小，因而固有电压调整率比电励磁同步发电机小。

（5）普通同步发电机可以通过调节励磁电流方便地调节输出电压和无功功率；永磁磁场难以调节，因此永磁同步发电机制成之后，难以通过调节励磁的方法调节输出电压和无功功率。

（6）永磁同步发电机通常采用钕铁硼或铁氧体永磁，永磁体的温度系数较高，输出电压随环境温度的变化而变化，导致输出电压偏离额定电压，且难以调节。

目前，永磁同步发电机的应用领域非常广阔，如航空航天用主发电机、大型火电站用副励磁机、风力发电、余热发电、移动式电源、备用电源、车用发电机等都广泛使用各种类型的永磁同步发电机，永磁同步发电机在许多应用场合有逐步代替电励磁同步发电机的趋势。

目前，关于永磁同步发电机的许多研究集中在输出电压调节方面，主要有两大类方法：一是采用电励磁和永磁励磁并存的混合励磁方式，通过调节电励磁绕组中的电流对气隙磁场进行调节；二是采用电力电子技术对输出电压等进行调节。这两种方法都会使发电机的结构趋于复杂、成本增加、可靠性降低，目前还没有理想的输出电压调节方法。无论如何，输出电压调节问题的解决，必将使永磁同步发电机的应用范围更加广阔。

第一节　永磁同步发电机的结构和工作原理

一、永磁同步发电机的结构

与普通交流电机一样，永磁同步发电机也由定子和转子两部分组成，定转子之间有空气隙。图 9-1 为典型永磁同步发电机的结构示意图。

永磁同步发电机的定子铁心通常由 0.5mm 厚的硅钢片制成以减小铁耗，上面冲有均匀分布的槽，槽内放置三相对称绕组。定子槽形通常采用与永磁同步电动机相同的半闭口槽。

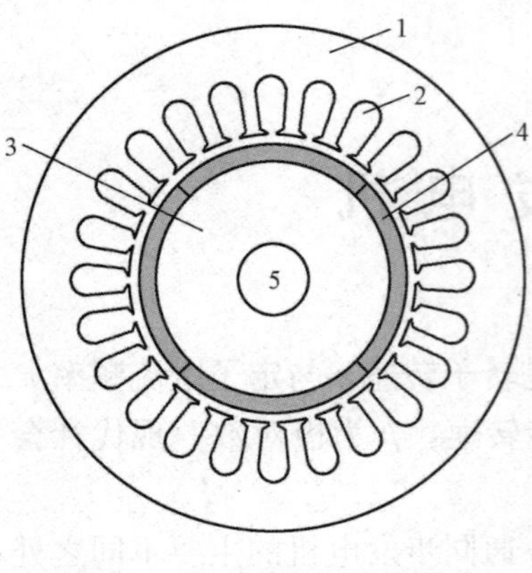

图 9-1　典型永磁同步发电机的结构示意图

1—定子铁心；2—定子槽；3—转子铁心；4—永磁体；5—轴

为有效地削弱齿谐波电动势和齿槽转矩，通常采用定子斜槽。

定子绕组通常由圆铜线绕制而成，为减少输出电压中的谐波含量，大多采用双层短距和星形接法，小功率电机中也有采用单层绕组的，特殊场合也有采用正弦绕组的。

由于永磁同步发电机不需要起动绕组，转子结构比异步起动永磁同步电动机简单，有较充足的空间放置永磁体。转子通常由转子铁心和永磁体组成。转子铁心既可以由硅钢片叠压而成，也可是整块钢加工而成。

根据永磁体放置位置的不同，将转子磁极结构分为表面式和内置式两种。表面式转子结构的永磁体固定在转子铁心的表面，结构简单，易于制造。内置式转子结构的永磁体位于转子铁心内部，不直接面对空气隙，转子铁心对永磁体有一定的保护作用，转子磁路的不对称产生磁阻转矩，相对于表面式结构可以产生更强的气隙磁场，有助于提高电机的过载能力和功率密度，但转子内部漏磁较大，需要采取一定的隔磁措施，转子结构和加工工艺复杂，且永磁体用量多。

1. 表面式转子结构

根据定转子相对位置的不同，表面式转子结构又可分为内转子结构和外转子结构两种。内转子结构的转子在内、定子在外，如图 9-2（a）、（b）所示。外转子结构的转子在外、定子在内，如图 9-2（c）所示。表面式内转子结构又分为表面凸出式结构和表面插入式结构。

表面凸出式结构如图 9-2（a）所示，具有结构简单、易于制造等优点，在永磁同步发电机、无刷直流电动机、调速永磁同步电动机中应用广泛。由于铁氧体永磁和稀土永磁的相对回复磁导率都接近于 1，可以近似认为与空气的相同，因此表面凸出式结构的交直轴磁阻基本相等，在电磁性能上属于隐极转子结构。此外，还可通过改变永磁体形状使气隙磁密波形接近正弦，削弱输出电压中的谐波含量。表面插入式结构如图 9-2（b）所示，相邻永磁磁极之间为铁心，永磁体安装时易于定位，制造简单，但漏磁较大。此外，直轴磁阻大于交轴磁阻，在电磁上属于凸极转子结构，因转子磁路不对称而产生磁阻转矩，可以提高发电机的过载能力。

在表面式结构中，永磁体通常为瓦片形，贴在转子铁心表面。永磁体的抗拉强度远远低于抗压强度，在内转子结构中，高速运行时产生的离心力接近甚至超过永磁材料的抗拉强度，容易损坏永磁体，此外离心力和电磁力的作用可能会导致永磁体脱落，因此高速运行时需要在转子外加套环。套环是一个用高强度材料制成的圆筒，把转子各部件紧紧包住，使其处于压缩状态，保证了转子的机械强度。套环分为非金属套环、单金属套环和双金属套环三种。非金属套环是用碳纤维等材料绑扎转子，然后经加热固化形成的高强度套环。单金属套环由一种非导磁金属材料制成。非金属套环和单金属套环结构简单，易于制造，但都增大了气隙有效长度，为保证一定的气隙磁密，必须增加永磁体用量。双金属套环由一种导磁金属材料和一种非导磁金属材料制成，与永磁体对应的位置采用导磁金属材料，与极间区域对应

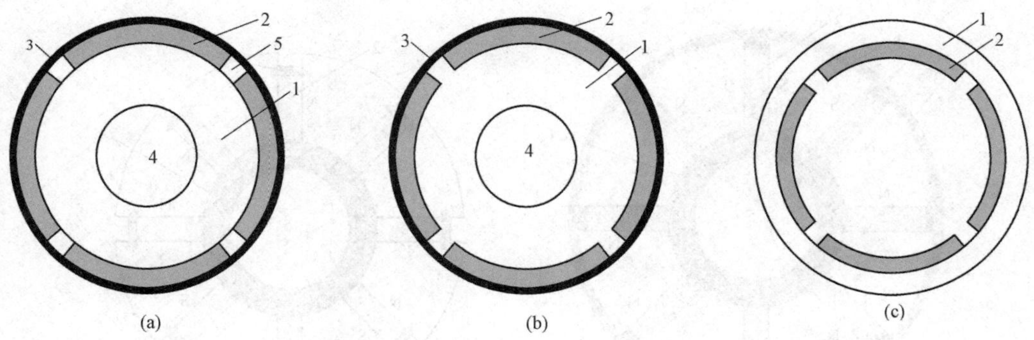

图 9-2 表面式转子结构

(a) 表面凸出式结构；(b) 表面插入式结构；(c) 外转子结构

1—转子铁心；2—永磁体；3—套环；4—轴；5—非磁性材料

的位置用非导磁金属材料，其优点是不增加气隙长度，但结构复杂，制造困难。

图 9-2（c）所示为外转子结构，可以产生较大的每极磁通，离心力不会损坏永磁体，除非特殊需要，无需外加套环，转子结构简单，但整个电机的结构复杂。

图 9-3 为一台表面凸出式结构的 8 极永磁同步发电机采用不同磁极形状时的气隙磁场分布对比，可以看出，采用等半径形状的磁极后，气隙磁密分布的正弦性大大改善。

2. 内置式转子结构

在内置式转子结构中，主要采用切向式转子结构，如图 9-4 所示。每极永磁体提供一对极磁路上的磁压降，每极磁通由两个永磁体面积共同提供，是一种聚磁结构，可以产生较高的气隙磁密，特别适合于极数较多的永磁同步发电机。由于永磁体在铁心内，需要采取隔磁措施，在转轴和铁心之间加非磁性金属衬套。图 9-4(a)用套环将转子各部件紧固在一起，机械强度好；图 9-4(b)用槽楔固定永磁体，工艺简单，适合于中、低速或小功率的永磁同步发电机。

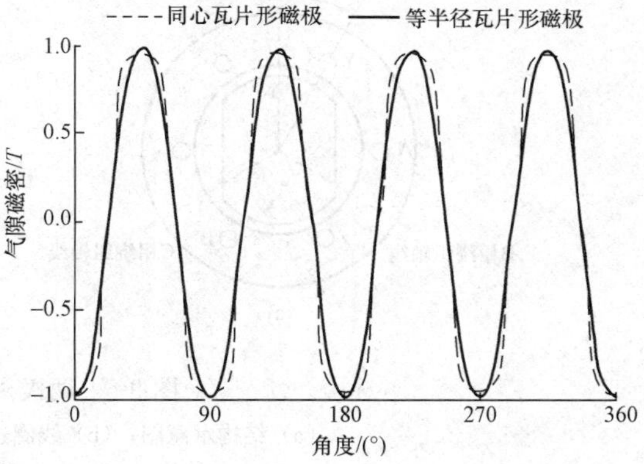

图 9-3 一台 8 极永磁同步发电机在不同磁极形状时的气隙磁密分布

二、工作原理

图 9-5（a）为一台两极永磁同步发电机，定子三相绕组用三个线圈 AX、BY、CZ 表示，转子由原动机拖动以转速 n_s 旋转，永磁磁极产生旋转的气隙磁场，其基波为正弦分布

$$B = B_m \sin\theta \tag{9-1}$$

式中，B_m 为气隙磁密的幅值；θ 为距坐标原点的电角度，坐标原点取为转子两个磁极之间中心线的位置。

在图 9-5（a）瞬间，基波磁场与各线圈的相对位置如图 9-5（b）所示。定子导体切割该旋转磁场产生感应电动势，根据感应电动势公式 $e=Blv$ 可知，导体中的感应电动势 e 将正比于气隙磁密 B，其中 l 为导体在磁场中的有效长度。基波磁场旋转时，磁场与导体间产

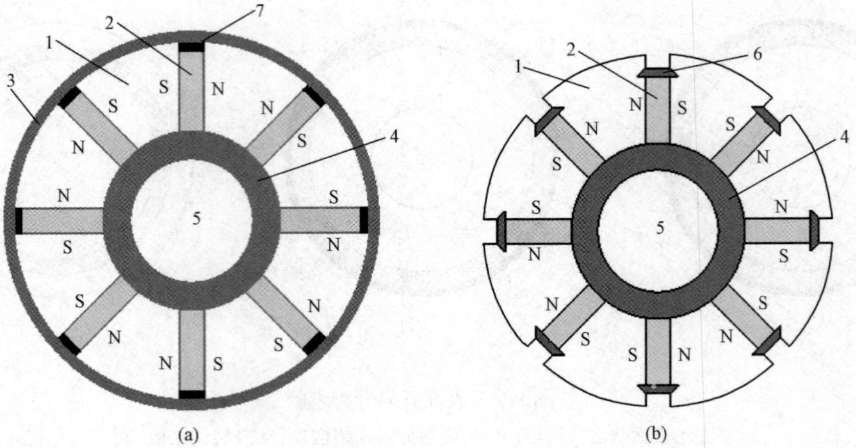

图 9-4　内置式转子结构

（a）切向套环式；（b）切向槽楔式

1—转子铁心；2—永磁体；3—套环；4—非磁性衬套；5—轴；6—非磁性槽楔；7—非磁性垫片

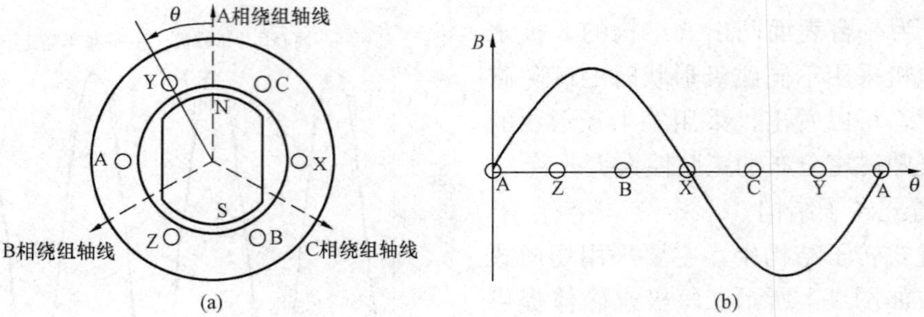

图 9-5　两极永磁同步发电机

（a）结构示意图；（b）线圈边与基波磁场的瞬时相对位置

生相对运动且在不同瞬间磁场以不同的气隙磁密 B 切割导体，在导体中感应出与磁密成正比的感应电动势。设导体切割 N 极磁场时感应电动势为正，切割 S 极磁场时感应电动势为负，则导体内感应电动势是一个交流电动势。

对于 A 相绕组，线圈的两个导体边相互串联，其中的感应电动势大小相等，方向相反，为一个线圈边内感应电动势的 2 倍。将转子的转速用每秒钟内转过的电弧度 ω 表示，ω 称为角频率。在时间 $0\sim t$ 内，主极磁场转过的电角度 $\theta=\omega t$，则 A 相绕组的感应电动势瞬时值为

$$e_A = B_m lv\sin\theta = \sqrt{2}E_1\sin\omega t \tag{9-2}$$

式中，E_1 为感应电动势的有效值。B、C 相绕组的感应电动势分别滞后于 A 相绕组的感应电动势 120°和 240°电角度，即

$$\begin{cases} e_B = \sqrt{2}E_1\sin(\omega t - 120^\circ) \\ e_C = \sqrt{2}E_1\sin(\omega t - 240^\circ) \end{cases} \tag{9-3}$$

可以看出，永磁磁场在三相对称绕组中产生三相对称感应电动势。

导体中感应电动势的频率与转子的转速和极对数有关。若电机为两极电机，转子转一周，感应电动势交变一次，设转子每分钟转 n_s 周（即每秒$\frac{n_s}{60}$周），则导体中电动势交变的频率应为 $f=\frac{n_s}{60}$。若电机有 p 对极，则转子每旋转一周，感应电动势将交变 p 次，感应电动势的频率为

$$f=\frac{pn_s}{60} \tag{9-4}$$

在我国，工业用电的标准频率为 50Hz，所以

$$n_s=\frac{3000}{p}\text{r/min} \tag{9-5}$$

若给发电机接上三相对称负载，则在定子三相对称绕组中产生三相对称电流，进而产生三相基波合成磁场。该三相基波合成磁场以转速 $n_s=\frac{60f}{p}$旋转，旋转方向取决于三相电流的相序，由电流超前的相绕组轴线向电流滞后的相绕组轴线转动。可以看出，三相基波合成磁场与永磁磁极产生的基波磁场转速相等、转向相同、相对静止，产生恒定的电磁转矩。电磁转矩与转子上的驱动转矩方向相反，为制动性质。

第二节　永磁同步发电机的电枢反应

永磁同步发电机空载时，气隙中只有一个以同步速旋转的永磁磁场，它在电枢绕组内产生三相对称感应电动势。外加三相对称负载时，电枢绕组中将流过三相对称电流，产生电枢反应磁场，电机气隙内的磁场由电枢磁动势和永磁磁动势共同作用所产生。与空载时相比，电机的气隙磁场发生了变化。电枢磁动势的基波对气隙基波磁场的影响称为电枢反应。永磁同步发电机的空载磁场与永磁同步电动机相同，不再赘述，这里只讨论电枢反应磁场。

电枢反应使气隙磁场的幅值和空间相位发生变化，除了直接关系到机电能量转换之外，还有去磁或助磁作用，对电机的运行性能产生影响。电枢反应的性质（助磁、去磁或交磁）取决于电枢磁动势和主磁场在空间的相对位置，这一相对位置与励磁电动势 $\dot{E}_0$ 和负载电流 $\dot{I}$ 之间的相位差 Ψ_0（内功率因数角）有关。下面根据 Ψ_0 值的不同，分成两种情况加以分析。

一、电枢电流 $\dot{I}$ 与励磁电动势 $\dot{E}_0$ 同相位

图 9-6（a）为一台两极同步发电机的示意图，每相绕组用一个集中线圈表示，磁极画成凸极式。电枢绕组中电动势和电流的正方向规定为从首端流出、从尾端流入。

在图 9-6（a）所示的瞬间，主极轴线（直轴）与电枢 A 相绕组的轴线正交，A 相绕组交链的主磁通为零。因为感应电动势滞后于产生它的磁通 90°，故 A 相励磁电动势 $\dot{E}_{0A}$的瞬

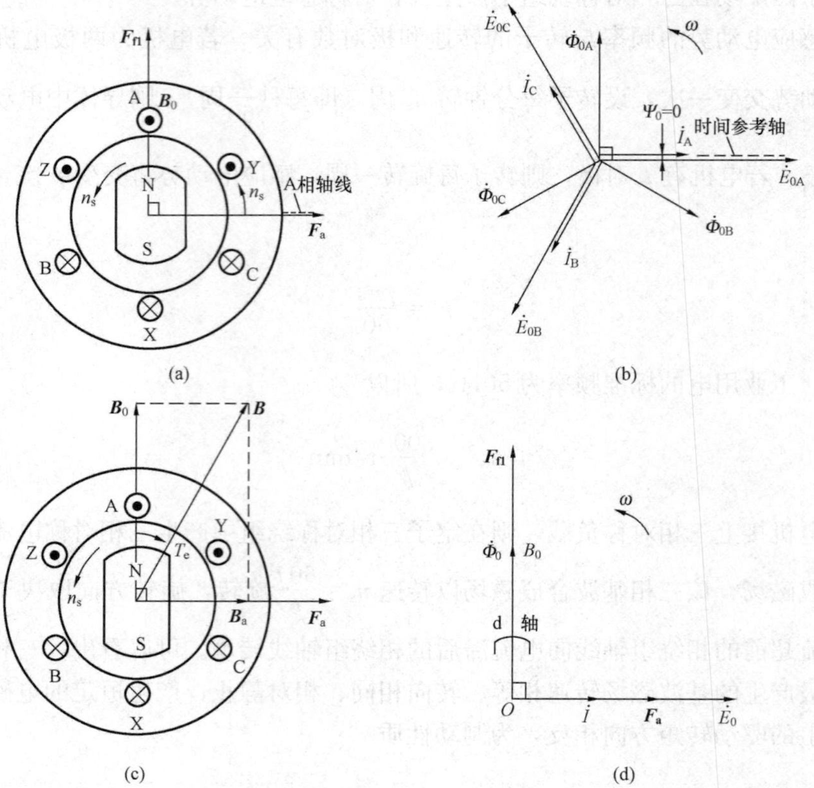

图 9-6　$\Psi_0=0$ 时同步电机的电枢反应

(a) 定子绕组内的电动势、电流和磁动势空间矢量图；(b) 时间相量图；

(c) 气隙合成磁场与主磁场的相对位置；(d) 时一空统一矢量图

时值此时达到正的最大值，其方向如图 9-6 所示；B、C 两相的励磁电动势 $\dot{E}_{0B}$和 $\dot{E}_{0C}$分别滞后于 A 相电动势 120°和 240°，如图 9-6（b）中的相量图所示。

若电枢电流 $\dot{I}$ 与励磁电动势 $\dot{E}_0$ 同相位，即内功率因数角 $\Psi_0=0°$，则在图示瞬间，A 相电流也将达到正的最大值，B 相和 C 相电流分别滞后于 A 相电流 120°和 240°，如图 9-6（b）所示。由电机学理论可知，在对称三相绕组中通以对称三相电流时，若某相电流达到最大值，则在同一瞬间，三相基波合成磁动势的幅值（轴线）就将与该相绕组的轴线重合。因此在图 9-6（a）所示瞬间，基波电枢磁动势 $\boldsymbol{F}_a$ 的轴线应与 A 相绕组轴线重合。相对于主磁极而言，此时电枢磁动势的轴线与转子的交轴重合。由于电枢磁动势和主磁极均以同步转速旋转，它们之间的相对位置始终保持不变，所以在其他任意瞬间，电枢磁动势的轴线恒与转子交轴重合。由此可见，$\Psi_0=0°$时，电枢反应磁动势是一个纯交轴的磁动势，即

$$\boldsymbol{F}_{a(\Psi_0=0°)}=\boldsymbol{F}_{aq} \tag{9-6}$$

交轴电枢磁动势所产生的电枢反应称为交轴电枢反应。由于交轴电枢反应的存在，气隙合成磁场 $\boldsymbol{B}$ 与主磁场 $\boldsymbol{B}_0$ 之间形成一定的空间相角差，并且幅值有所增加，称之为交磁作

用。正是由于交轴电枢反应的存在，使磁极受到力的作用而产生电磁转矩。由图 9-6（c）可见，对于发电机，当 $\Psi_0=0°$时，主磁场将超前于气隙合成磁场，于是主极上将受到一个制动性质的电磁转矩。交轴电枢磁动势与电磁转矩的产生及能量转换直接相关。

由图 9-6（a）和（b）可知，用电角度表示时，主磁场 $\boldsymbol{B}_0$ 与电枢磁动势 $\boldsymbol{F}_a$ 之间的空间相位关系，恰好与 A 相的主磁通 $\dot{\Phi}_{0A}$与 A 相电流 $\dot{I}_A$ 之间的时间相位关系相一致，且图 9-6（a）的空间矢量与图 9-6（b）的时间相量均为同步旋转。于是，若把图 9-6（b）中的时间参考轴与图 9-6（a）中的 A 相绕组轴线取为重合，就可以把图 9-6（a）和图 9-6（b）合并，得到一个时一空统一矢量图，如图 9-6（d）所示。由于三相电动势和电流均为对称，所以在统一矢量图中仅画出 A 相的励磁电动势、电流和与之交链的主磁通，并把下标 A 省略，写成 $\dot{E}_0$、$\dot{I}$ 和 $\dot{\Phi}_0$。在统一矢量图中，$\boldsymbol{F}_{f1}$既代表主极基波磁动势的空间矢量，也表示时间相量 $\dot{\Phi}_0$ 的相位；$\dot{I}$ 既代表 A 相电流相量，又表示电枢磁动势 $\boldsymbol{F}_a$ 的空间相位。需要注意的是，在统一矢量图中，空间矢量是指整个电枢（三相）或主极的作用，而时间相量仅对一相而言。

二、电枢电流 $\dot{I}$ 与励磁电动势 $\dot{E}_0$ 不同相位

现在进一步分析电枢电流 $\dot{I}$ 与励磁电动势 $\dot{E}_0$ 不同相位时的情况。在图 9-7（a）所示瞬间，A 相绕组的励磁电动势 $\dot{E}_0$ 达到正的最大值。若电枢电流滞后于励磁电动势某一相角 Ψ_0（$0°<\Psi_0<90°$），则 A 相电流在经过时间 $t=\Psi_0/\omega$ 后才达到其正的最大值。也就是说，$t=\Psi_0/\omega$秒后电枢磁动势的幅值才与 A 相绕组轴线重合。所以在图 9-7（a）所示瞬间，电枢磁动势 $\boldsymbol{F}_a$ 应在距离 A 相轴线 Ψ_0 电角度处，即 $\boldsymbol{F}_a$ 滞后于主极磁动势 $\boldsymbol{F}_{f1}$ 以$90°+\Psi_0$ 电角度。由于电枢磁动势与主极磁动势同方向、同速旋转，所以它们之间的相对位置将一直保持不变。不难看出，此时电枢磁动势 $\boldsymbol{F}_a$ 可以分成两个分量，一个为交轴电枢磁动势 $\boldsymbol{F}_{aq}$，另一个为直轴电枢磁动势 $\boldsymbol{F}_{ad}$，即

$$\boldsymbol{F}_a=\boldsymbol{F}_{aq}+\boldsymbol{F}_{ad} \qquad (9\text{-}7)$$

式中，$\boldsymbol{F}_{ad}=F_a\sin\Psi_0$，$\boldsymbol{F}_{aq}=F_a\cos\Psi_0$。

交轴电枢反应的影响已在前面说明。直轴电枢磁动势所产生的直轴电枢反应，对主极而言，其作用可为去磁，也可为助磁，视 Ψ_0 角的正、负而定。由图 9-7（b）和（c）不难看出，对于同步发电机，若电枢电流 $\dot{I}$ 滞后于励磁电动势 $\dot{E}_0$，则直轴电枢反应磁动势 $\boldsymbol{F}_{ad}$与励磁磁动势 $\boldsymbol{F}_{f1}$ 反向，直轴电枢反应是去磁的；若 $\dot{I}$ 超前于 $\dot{E}_0$，则直轴电枢反应磁动势 $\boldsymbol{F}_{ad}$与励磁磁动势 $\boldsymbol{F}_{f1}$ 同向，直轴电枢反应将是助磁的。直轴电枢反应对同步电机的运行

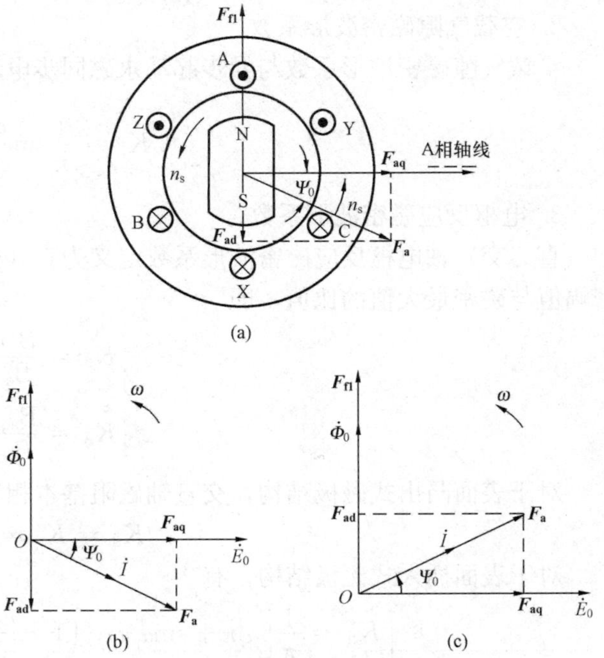

图 9-7　$\Psi_0\neq0$ 时同步电机的电枢反应

（a）$\dot{I}$ 滞后于 $\dot{E}_0$ 时的空间矢量图；（b）$\dot{I}$ 滞后于 $\dot{E}_0$ 的时一空统一矢量图；（c）$\dot{I}$ 超前于 $\dot{E}_0$ 时的时一空统一矢量图

性能影响很大。若同步发电机单独给对称负载供电，则负载以后，去磁或助磁的直轴电枢反应将使气隙内的合成磁通减少或增加，从而使发电机的端电压发生变化。

第三节　永磁同步发电机的磁场波形系数与参数计算

永磁同步发电机与异步起动永磁同步电动机在结构上有一定区别，因此在磁场波形系数与参数计算方面也有所不同。

一、气隙磁场的有关系数

1. 计算极弧系数

与异步起动永磁同步电动机类似，永磁同步发电机的空载气隙磁场也是带有谐波的平顶波。但二者结构不同，计算极弧系数 α_i 的确定方法也不同。

极弧系数为每极极弧长度 $\widehat{b}_p$ 与极距 τ 的比值

$$\alpha_p = \frac{\widehat{b}_p}{\tau} \tag{9-8}$$

对于表面式磁极结构，$\widehat{b}_p$ 为每极永磁体靠近气隙侧的弧长；对于内置式结构，$\widehat{b}_p$ 为每个磁极对应的转子铁心外弧弧长。

计算极弧系数为

$$\alpha_i = \alpha_p + \frac{2\delta}{\tau} \tag{9-9}$$

式中，δ 为气隙长度。

2. 空载气隙磁密波形系数

空载气隙磁密波形系数与异步起动永磁同步电动机的相同，为

$$K_f = \frac{4}{\pi}\sin\frac{\alpha_i \pi}{2} \tag{9-10}$$

3. 电枢反应磁密波形系数

直（交）轴电枢反应磁密波形系数定义为直（交）轴电枢反应所产生的气隙磁场基波磁密幅值与磁密最大值的比值，即

$$\begin{cases} K_d = \dfrac{B_{ad1}}{B_{ad}} \\ K_q = \dfrac{B_{aq1}}{B_{aq}} \end{cases} \tag{9-11}$$

对于表面凸出式磁极结构，交直轴磁阻基本相等，可视为隐极电机，因而有

$$K_d = K_q = 1 \tag{9-12}$$

对于表面插入式磁极结构，有[3]

$$\begin{cases} K_d = \dfrac{1}{\pi}\left[\alpha_i\pi + \sin\alpha_i\pi + \left(1+\dfrac{h_m}{\delta}\right)(\pi - \alpha_i\pi - \sin\alpha_i\pi)\right] \\ K_q = \dfrac{1}{\pi}\left[\dfrac{1}{1+\dfrac{h_m}{\delta}}(\alpha_i\pi - \sin\alpha_i\pi) + \pi(1-\alpha_i) + \sin\alpha_i\pi\right] \end{cases} \tag{9-13}$$

对于内置式磁极结构，有[3]

$$
\begin{cases}
K_d = \dfrac{4}{\pi}\dfrac{\alpha_i^2}{\alpha_i^2 - 1}\cos\dfrac{\pi}{2\alpha_i} \\
K_q = \dfrac{1}{\pi}(\alpha_i \pi - \sin\alpha_i \pi)
\end{cases}
\tag{9-14}
$$

4. 电枢反应系数

直轴电枢反应系数 K_{ad} 和交轴电枢反应系数 K_{aq} 分别定义为

$$
\begin{cases}
K_{ad} = \dfrac{K_d}{K_f} \\
K_{aq} = \dfrac{K_q}{K_f}
\end{cases}
\tag{9-15}
$$

二、电抗参数的计算

1. 电枢反应电抗

对于表面凸出式永磁同步发电机，直、交轴电枢反应电抗相等，为

$$
X_{ad} = X_{aq} = 4m\mu_0 f\frac{(N_1 K_{dp})^2}{\pi p}\frac{\tau L_{ef}}{K_\delta K_s\left(K_\delta \delta + \dfrac{h_m}{\mu_r}\right)}
\tag{9-16}
$$

式中，K_s 为磁路的饱和系数。由于永磁体的磁阻很大，可认为磁路不饱和，即 $K_s=1$。

2. 同步电抗

直轴同步电抗 X_d 和交轴同步电抗 X_q 分别为

$$
\begin{cases}
X_d = X_1 + X_{ad} \\
X_q = X_1 + X_{aq}
\end{cases}
\tag{9-17}
$$

式中，X_1 为定子绕组每相漏电抗。

第四节　永磁同步发电机的电压方程和相量图

不计磁路饱和时，利用双反应理论，把电枢反应磁动势 $\boldsymbol{F}_a$ 分解成直轴和交轴磁动势 $\boldsymbol{F}_{ad}$、$\boldsymbol{F}_{aq}$，分别求出其所产生的直轴、交轴电枢反应磁通 $\dot{\Phi}_{ad}$、$\dot{\Phi}_{aq}$ 及其在电枢绕组中产生的感应电动势 $\dot{E}_{ad}$、$\dot{E}_{aq}$，再与主磁通 $\dot{\Phi}_0$ 所产生的励磁电动势 $\dot{E}_0$ 相加，便得一相绕组的合成电动势 $\dot{E}$，再从合成电动势 $\dot{E}$ 中减去电枢绕组的电阻和漏抗压降，则得到电枢端电压 $\dot{U}$。因此，永磁同步发电机的电压方程为

$$
(\dot{E}_0 + \dot{E}_{ad} + \dot{E}_{aq}) - \dot{I}(R_1 + jX_1) = \dot{U}
\tag{9-18}
$$

E_{ad} 和 E_{aq} 分别正比于 Φ_{ad} 和 Φ_{aq}，不计磁路饱和时 Φ_{ad} 和 Φ_{aq} 又分别正比于 F_{ad} 和 F_{aq}，而 F_{ad} 和 F_{aq} 又分别正比于电枢电流的直轴分量 I_d 和交轴分量 I_q，因此有 $E_{ad}\propto I_d$，$E_{aq}\propto I_q$。

不计定子铁耗时，$\dot{E}_{ad}$、$\dot{E}_{aq}$ 分别滞后于 $\dot{I}_d$、$\dot{I}_q$ 90°电角度，所以 $\dot{E}_{ad}$ 和 $\dot{E}_{aq}$ 可用负的电抗压降来表示

$$
\begin{cases}
\dot{E}_{ad} = -j\dot{I}_d X_{ad} \\
\dot{E}_{aq} = -j\dot{I}_q X_{aq}
\end{cases}
\tag{9-19}
$$

将式（9-19）代入式（9-18），并考虑到 $\dot{I}=\dot{I}_{\mathrm{d}}+\dot{I}_{\mathrm{q}}$，可得

$$\dot{E}_0=\dot{U}+\dot{I}R_1+\mathrm{j}\dot{I}X_1+\mathrm{j}\dot{I}_{\mathrm{d}}X_{\mathrm{ad}}+\mathrm{j}\dot{I}_{\mathrm{q}}X_{\mathrm{aq}}=\dot{U}+\dot{I}R_1+\mathrm{j}\dot{I}_{\mathrm{d}}(X_{\mathrm{ad}}+X_1)+\mathrm{j}\dot{I}_{\mathrm{q}}(X_{\mathrm{aq}}+X_1)$$
$$=\dot{U}+\dot{I}R_1+\mathrm{j}\dot{I}_{\mathrm{d}}X_{\mathrm{d}}+\mathrm{j}\dot{I}_{\mathrm{q}}X_{\mathrm{q}} \quad (9\text{-}20)$$

图 9-8 为与式（9-20）相对应的永磁同步发电机相量图。

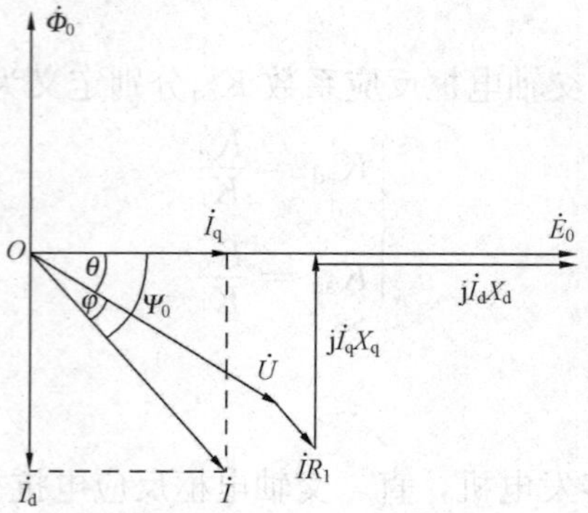

图 9-8　永磁同步发电机的相量图

第五节　永磁同步发电机的功率方程、转矩方程和功角特性

一、功率方程

永磁同步发电机负载运行时，要产生多种损耗。从转轴上输入的机械功率 P_1 中扣除机械损耗 p_{mec} 和定子铁耗 p_{Fe} 后，便得到电磁功率 P_{em}，电磁功率即为由气隙磁场从转子传到定子上的功率，即

$$P_1=p_{\mathrm{mec}}+p_{\mathrm{Fe}}+P_{\mathrm{em}} \quad (9\text{-}21)$$

从电磁功率中减去电枢绕组损耗 p_{Cu}，便得到电枢输出的电功率 P_2，即

$$\begin{cases}P_2=P_{\mathrm{em}}-p_{\mathrm{Cu}}=P_{\mathrm{em}}-mI^2R_1\\P_2=mUI\cos\varphi\end{cases} \quad (9\text{-}22)$$

式中，m 为定子绕组相数；U 和 I 分别为相电压有效值和相电流有效值。

式（9-21）和式（9-22）就是同步发电机的功率方程。

二、转矩方程

把功率方程式（9-21）两边除以同步角速度 Ω_{s}，可得同步发电机的转矩方程

$$T_1=T_0+T_{\mathrm{em}} \quad (9\text{-}23)$$

式中，$T_1=\dfrac{P_1}{\Omega_{\mathrm{s}}}$ 为原动机的驱动转矩；$T_0=\dfrac{p_{\mathrm{mec}}+p_{\mathrm{Fe}}}{\Omega_{\mathrm{s}}}$ 为发电机的空载转矩；$T_{\mathrm{em}}=\dfrac{P_{\mathrm{em}}}{\Omega_{\mathrm{s}}}$ 为电磁转矩。

三、功角特性

当永磁同步发电机的端电压 U 保持不变时，发电机产生的电磁功率 P_{em} 与功率角 θ 之间的关系 $P_{\mathrm{em}}=f(\theta)$ 称为功角特性。永磁同步发电机功角特性的表达式与永磁同步电动机的相同，即

$$P_{\mathrm{em}}=m\frac{E_0U}{X_{\mathrm{d}}}\sin\theta+m\frac{U^2}{2}\left(\frac{1}{X_{\mathrm{q}}}-\frac{1}{X_{\mathrm{d}}}\right)\sin2\theta \quad (9\text{-}24)$$

第六节　永磁同步发电机的运行特性

永磁同步发电机的运行特性包括外特性和效率特性。根据这些特性可以确定发电机的电压调整率和额定效率，这些都是标志永磁同步发电机性能的基本数据。

一、外特性与电压调整率

永磁同步发电机的外特性是当 $n=n_s$、$\cos\varphi=$常数时，端电压与负载电流之间的关系曲线 $U=f(I)$。

图 9-9 表示带有不同功率因数负载时永磁同步发电机的外特性。带感性负载和纯电阻负载时，外特性是下降的，这是由电枢反应的去磁作用和漏阻抗压降引起的。带容性负载且内功率因数角为超前时，由于电枢反应的助磁作用和容性电流的漏抗压降上升，外特性可能是上升的。与普通同步发电机相比，永磁同步发电机的电枢反应去磁作用较小，外特性下降得小，电压调整率较小。

从外特性可以求出发电机的电压调整率，如图 9-10 所示。调节负载使发电机工作在额定工况，卸去负载，读取空载电动势 E_0，则发电机的电压调整率 Δu 为

$$\Delta u=\frac{E_0-U_N}{U_N}\times 100\% \tag{9-25}$$

电压调整率是同步发电机的重要性能指标之一，过高的电压调整率将对用电设备的运行产生较大影响。永磁同步发电机的励磁难以调节，如何减小电压调整率是永磁同步发电机设计的重要问题之一。

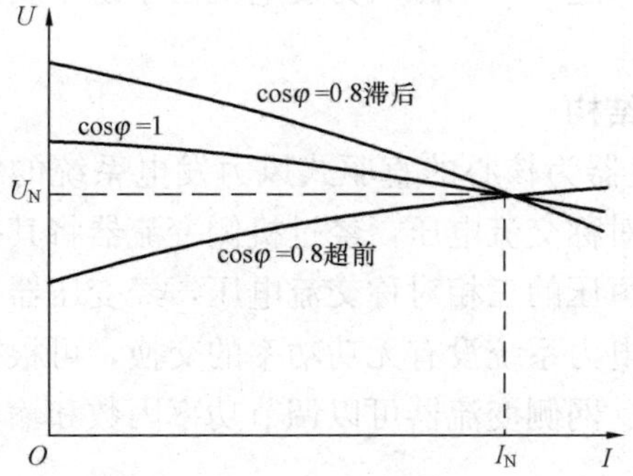

图 9-9　永磁同步发电机的外特性

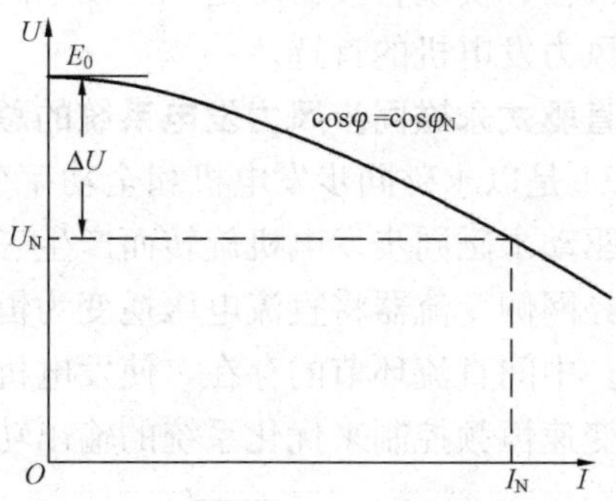

图 9-10　由外特性求电压调整率

由相量图可得到永磁同步发电机的输出电压。对于感性负载，额定负载时的输出电压为

$$U=\sqrt{E_\delta^2-I_N^2\ (R_1\sin\varphi-X_1\cos\varphi)^2+I_N^2X_{aq}^2\cos\varphi}-I_N(R_1\cos\varphi+X_1\sin\varphi) \tag{9-26}$$

式中，$E_\delta=4.44fNK_{dp}\Phi_{\delta N}K_\Phi$，$\Phi_{\delta N}$为额定负载时的每极气隙合成磁通。

从式 (9-26) 可以看出，影响电压调整率的既有外部负载因素，也有电机内部参数。当发电机带感性负载且功率因数一定时，减小直轴电枢反应电抗和电枢绕组电阻、增大交轴电枢反应电抗，都可以降低电压调整率。电压调整率主要取决于电机的内部参数，其中以电枢反应电抗的影响为最大。因此，在进行永磁同步发电机设计时，应从以下两方面入手：

(1) 削弱电枢反应的去磁作用。需要增大永磁体充磁方向长度。

(2) 减少绕组匝数以减小电阻和电抗。这就需要增加永磁体产生的磁通量，导致永磁体面积增大。

二、效率特性

效率特性是发电机在 $n=n_s$、$U=U_N$、$\cos\varphi=$常数时，发电机的效率与输出功率之间的关系曲线 $\eta=f(P_2)$。

和其他电机一样，永磁同步发电机的效率可以用直接负载法或损耗分析法求出。永磁同步发电机的损耗可分为基本损耗和杂散损耗两部分。基本损耗包括电枢的基本铁耗 p_{Fe}、电枢基本铜耗 p_{Cu} 和机械损耗 p_{mec}。电枢基本铁耗是指主磁通在电枢铁心齿部和轭部交变所引起的损耗。电枢基本铜耗是换算到基准工作温度时电枢绕组的直流电阻损耗。机械损耗包括轴承的摩擦损耗和通风损耗。杂散损耗包括电枢漏磁通在电枢绕组和其他金属结构部件中所引起的涡流损耗。总损耗 $\sum p$ 求出后，效率即可确定

$$\eta=\left(1-\frac{\sum p}{P_2+\sum p}\right)\times 100\% \tag{9-27}$$

第七节　直驱永磁风力发电机

随着世界各国对可再生能源开发和利用的重视，风力发电越来越被人们所关注。在大型风力发电系统中，通常采用双馈发电机。风力机的转速很低，而双馈发电机受结构的限制无法采用很多极数，即无法实现很低的转速。为实现风力机和发电机之间的转速匹配，增加了增速机构。增速机构增加了振动和噪声，且需要定期维护，是风力发电机的一个薄弱环节。取消增速机构、实现直接驱动是风力发电的趋势之一，永磁风力发电机由于易于实现多极而成为直驱风力发电机的首选。

一、直驱式永磁同步风力发电系统的总体结构

图 9-11 是以永磁同步发电机和全功率变换器为核心的直驱式风力发电系统的结构。风力机直接驱动永磁同步发电机旋转而产生三相对称交流电压，经过机侧变流器将其变为直流电压，再经网侧变流器将直流电压逆变为恒频恒压的三相对称交流电压，经变压器升压后输送到电网。中间直流环节的存在，使发电机与电力系统没有无功功率的交换，可根据风能变化，通过变速恒频控制来优化系统的输出功率。网侧变流器可以调节功率因数和输出电压。

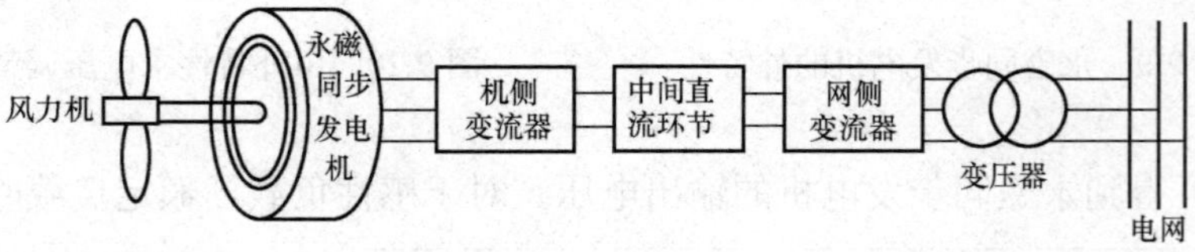

图 9-11　直驱式永磁同步风力发电机系统的结构

根据结构的不同，直驱式永磁同步发电机有内转子和外转子两种结构。内转子是一种应用广泛的结构形式，风力机和永磁体内转子同轴安装，定子绕组和铁心通风散热好，温度低，定子外形尺寸小。在外转子结构中，风力机与发电机的永磁外转子直接连接，定子电枢安装在静止轴上，永磁体易于安装固定，转动惯量大，易于平抑风力机的转速波动，缺点是不利于电枢铁心和绕组的通风冷却，转子直径大，不易密封防护等。

二、结构特点

由电机设计理论可知，在功率一定的情况下，电机的体积与转速成反比，转速越低，体积越大。与带齿轮增速机构的发电机相比，直驱永磁风力发电机转速低，体积大，成本高。为适应这一特点和解决这一特点带来的问题，直驱式永磁同步风力发电机的设计具有以下特点：

（1）采用高性能永磁材料。要减小电机体积、获得高功率密度，必须有足够高的气隙磁密，因而所采用的永磁材料应具有足够的剩磁密度和矫顽力；由于直驱式永磁同步风力发电机在野外使用，环境条件恶劣，永磁材料应具有较好的磁性能稳定性；直驱式永磁同步风力发电机的损耗较大，温升较高，因此应选择工作温度高的永磁材料，确保不会发生不可逆去磁；考虑到电机制造的经济性，永磁材料价格要适宜。综合考虑以上因素，耐温等级高的钕铁硼永磁是最合适的。

（2）采用表面式多极结构。直驱式永磁同步风力发电机的转速较低，一般为每分钟几十转甚至十几转，为保证一定的频率，发电机的极数较多，如一台转速为 22r/min 的直驱式永磁同步风力发电机，要达到 22Hz 的频率，电机的极对数应为 60。为适应多极数，定、转子尺寸大，电机呈扁平状。内置式结构虽然可以产生较高的气隙磁密，但难以实现极数如此多的转子结构。表面式结构易于实现多极，在实际中应用广泛。

（3）采用分数槽绕组。在有限的定子铁心尺寸和满足工艺要求的前提下，如何用较少的槽数获得较多的极数是定子铁心和绕组设计中需要考虑的问题。由于受外形尺寸和工艺的限制，定子槽数不能太多，而电机极数很多。若电机的每极每相槽数 q 取较小的整数，虽然可以减少槽数，但不能利用绕组分布削弱非正弦分布磁场所产生的感应电动势中的谐波，且每极每相槽数较小时齿谐波电动势的次数较低而数值较大，这使感应电动势中含有大量的谐波。为解决上述矛盾，直驱式永磁同步风力发电机的每极每相槽数通常为分数，可写为如下形式

$$q = b + \frac{c}{d} \tag{9-28}$$

分数槽绕组既可以削弱感应电动势中的谐波，又可以大幅度削弱齿槽转矩。分数槽绕组与整数槽绕组计算上的不同主要在于绕组分布因数。分数槽绕组的 ν 次谐波绕组分布因数为

$$K_{d\nu} = \frac{\sin\frac{\nu q_e \alpha_e}{2}}{q_e \sin\frac{\nu \alpha_e}{2}} \tag{9-29}$$

式中，$q_e = bd + c$，$\alpha_e = 60°/q_e$。

（4）采用外转子结构。与内转子结构相比，外转子结构具有诸多优点，如：叶片能方便地装设在转子毂表面；转子周长变大，可允许更多极数；离心力作用使永磁体与转子铁心接触更紧密，转子的机械可靠性高；转动惯量大，有助于平抑风力起伏引起的转速波动。因此有的直驱式永磁同步风力发电机采用外转子结构。

（5）采取措施降低起动阻转矩。起动阻转矩是直驱式永磁同步风力发电机的一个重要参数。一般来讲，起动阻转矩包括机械摩擦转矩、磁滞转矩和齿槽转矩。

机械摩擦转矩是转子与机座等部件之间的轴承配合、密封及润滑等方面的原因引起的摩

擦转矩，很大程度上取决于工艺水平，其计算非常复杂，但在起动阻转矩中所占比例非常小。

当永磁体相对于电枢铁心运动时，会在电枢中产生磁滞损耗，被永磁体磁化的电枢铁心内的磁场滞后于永磁磁场一个角度，两者相互所用产生磁滞转矩。磁滞转矩在起动阻转矩中所占比例也非常小。

起动阻转矩的主要部分为齿槽转矩，要降低起动阻转矩，必须降低齿槽转矩。齿槽转矩的产生机理和削弱方法详见第五章。由于直驱式永磁同步风力发电机的电枢铁心呈扁平状，不能采用斜槽的方法，常用的方法是分数槽。

(6) 结构设计时需考虑冷却与散热。大型风力发电机通常安装在距离地面较高的机舱内，会因散热不畅而导致电机部件出现故障，维护和保养非常不便。另外，永磁材料对温度变化比较敏感，温度过高将造成永磁材料性能的降低，甚至不可逆去磁。因此，永磁同步风力发电机的温升计算和冷却系统设计非常重要。进行兆瓦级永磁同步风力发电机组的冷却设计时，需要考虑整个系统的效率、尺寸和工艺实现的难度等。鉴于直驱式永磁同步发电机本身的特点，以及整体经济性方面的考虑，直驱式永磁同步风力发电机多采用风冷和水冷技术。

风冷风力发电机具有结构简单、投资与运行费用较低、便于管理与维护等优点，但其冷却效果受气温影响较大，冷却能力较弱。风冷分为自然风冷和强迫风冷，功率较小的风力发电机只需通过自然通风就可以达到冷却要求。对于直驱式永磁同步风力发电机，主要考虑两个方面：一是电机外径较大，考虑在轭部加装离心式风扇以及利用转子的“扇风”作用，促进冷却气流的流动；二是风力发电机的机体外就是促使电机运转的自然风，且风速较大，可以考虑利用自然风来冷却电机。

水冷是风力发电机采用的另一种冷却方式，由于水的导热系数比较高，其冷却效果比风冷要好。采用水冷的发电机结构更为紧凑，虽增加了换热器与冷却介质管道的费用，却大大提高了发电机的冷却效果。同时由于机舱可以设计成密封型，避免了风沙雨水的侵入，给机组创造了洁净的工作环境，延长了设备使用寿命。

三、直驱式永磁同步风力发电机的特点

与常规发电机相比，直驱式永磁同步风力发电机具有以下特点：

(1) 无齿轮增速箱，消除了齿轮箱渗漏油、磨损等隐患，系统维护工作量小，运行成本低，进入机舱维护方便。

(2) 噪声小，系统简单，运行可靠。

(3) 损耗小，系统效率高。

(4) 在 20 年的设计寿命期内，总使用成本比带增速齿轮箱的双馈型风力发电机低 15%。

(5) 机舱、发电机分开吊装，单件起吊重量小于同功率带增速箱的发电机。

(6) 机舱、发电机、轮毂采用正压技术，可防止潮湿、盐雾、沙尘等进入。

(7) 采用全功率变流器，可根据要求进行有功功率、无功功率及频率输出的任意调节，谐波含量低，具有很强的低电压穿越能力以适应电网扰动，并网特性完全满足目前国际上最新风电并网技术标准的要求。

四、直驱式永磁同步风力发电机存在的问题

直驱式永磁同步风力发电机存在以下问题：

（1）电机直径大、重量大，需要考虑运输、安装等问题。

（2）永磁体退磁问题。

（3）风力发电机的使用环境恶劣、永磁体耐温不高，所以冷却问题尤为突出。

（4）轴承和振动问题。

（5）为避免电网对发电机的冲击，需要考虑保护问题。

五、典型的直驱式永磁同步风力发电机

由于直驱式永磁同步风力发电机组具有噪声低、寿命长、体积小、运行维护成本低、低风速时效率高等多种优点，显著提高了风力发电的效益。世界各国的学者和风力发电企业针对上述关键技术进行研究，开发了一批直驱式风力发电机，其中荷兰 Zephyros 公司的 Z72 直驱永磁风力发电机较为典型[7]。

荷兰 Zephyros 公司在 2002 年生产出 Z72 直驱永磁风力发电机，如图 9-12 所示，主要用于海上风力发电，具体性能参数见表 9-1。采用内转子结构，定子空气冷却。图 9-13 为不同输出功率和不同转速时的效率曲线。图 9-14 为不同风速时的输出功率。该发电机组在安装之后的 1.5 年内，工作了 7000h，发电 4500MW·h。

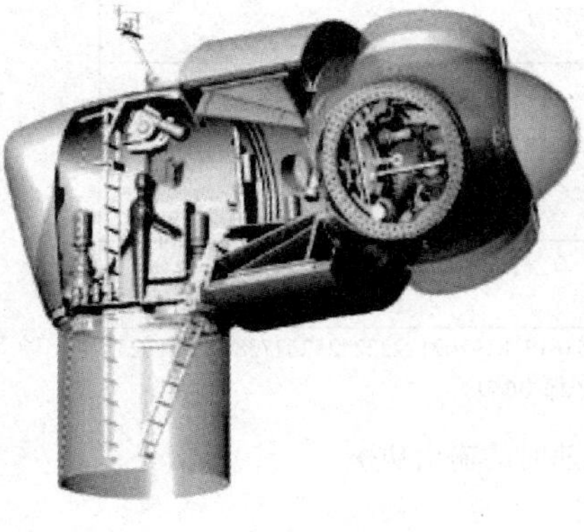

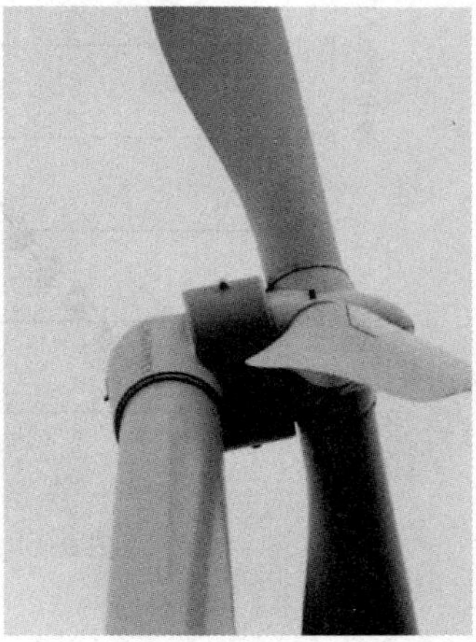

图 9-12　荷兰 Zephyros 公司的 Z72 直驱永磁风力发电机

表 9-1　**Zephyros 公司 1.5MW 风力发电机的性能参数**

额定输入功率	1670kW	绝缘等级	F
额定输出功率	1562kW	防护形式	IP54
额定转矩	862kN·m	冷却方式	IC40
额定电压	3000V	转动惯量	35 000kg·m^2
功率因数	0.92	总重量	47 200kg
额定电流	327A	定子重量	25 000kg
频率范围	3～9.25Hz（额定）	转子重量	12 500kg
转速范围	9～18.5r/min（额定）	支撑重量	9000kg
相数	3	风轮直径	70m
气隙长度	3mm	电机铁心长度	1200mm
极数	60	环境温度	40℃
短路电流	569A	发电机外径	4m

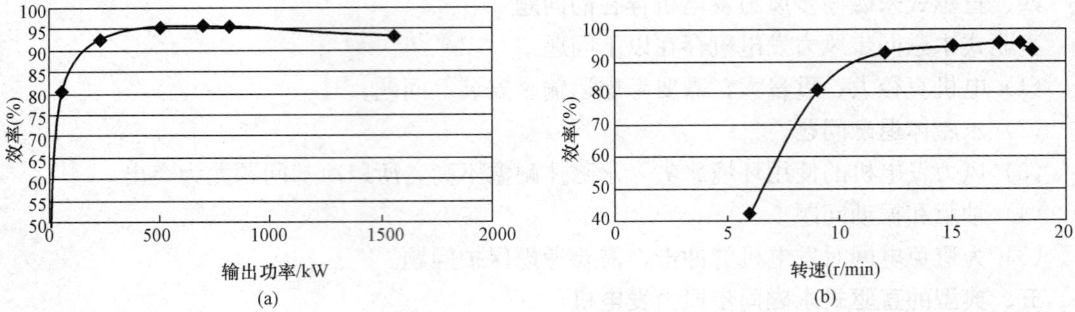

图 9-13　效率曲线

(a) 不同输出功率时的效率；(b) 不同转速时的效率

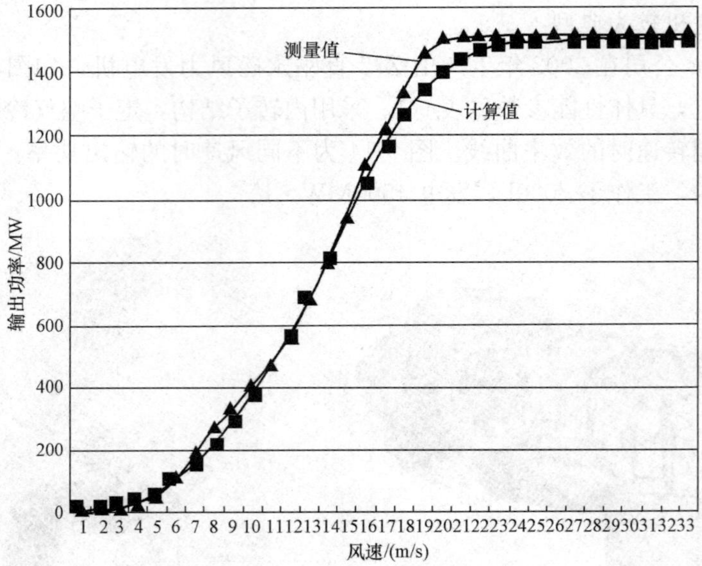

图 9-14　不同风速时的输出功率

第八节　混合励磁永磁同步发电机

永磁同步发电机取消了励磁绕组和滑环——电刷结构，虽然具有诸多优点，但其气隙磁通是由永磁磁动势、电枢反应磁动势和磁路结构共同决定的。在发电机运行过程中，环境温度的变化引起的永磁体性能和绕组电阻变化、负载变化引起的电枢反应磁动势的变化和转速的变化都会导致发电机输出电压的变化，无法像普通电励磁同步发电机那样通过调节励磁电流而实现对气隙磁通的调节，影响了发电机负载的正常工作，使永磁同步发电机的应用受到了一定的限制。

近年来，随着人们对独立发电系统（如风力发电）研究的日益深入，混合励磁同步发电机受到了广泛关注。混合励磁同步发电机的气隙磁场由永磁体和通电励磁绕组共同产生，气隙磁场的主要部分由永磁磁极建立，而电压调节所需的磁场变化部分靠电励磁绕组来实现。与普通永磁同步发电机相比，混合励磁同步发电机具有调节气隙磁密的能力；与电励磁同步发电机相比，混合励磁同步发电机的电枢反应电抗较小，电压调整率低，励磁损耗小。因此，混合励磁同步发电机综合了永磁同步发电机和电励磁同步发电机的优点。

目前，混合励磁电机主要分为以下几种。

一、组合转子混合励磁电机

组合转子混合励磁发电机[9]的结构如图 9-15(a)所示。电机转子由两段组成，一段是永磁部分，一段是电励磁部分，两者的截面分别如图 9-15(b)、(c)所示。励磁绕组放置在转子槽内，永磁体段既可以采用表面式结构，也可以采用内置式结构。电励磁段也可以采用爪极励磁结构。两段转子之间用非导磁材料隔开，两段转子的磁路彼此独立，磁动势并联，产生的气隙磁场均为径向。发电机运行在额定转速时，可设计为气隙磁场完全由永磁磁场提供，此时励磁电流为零。当某些因素（如转速、负载等的变化）导致输出电压低于额定电压时，

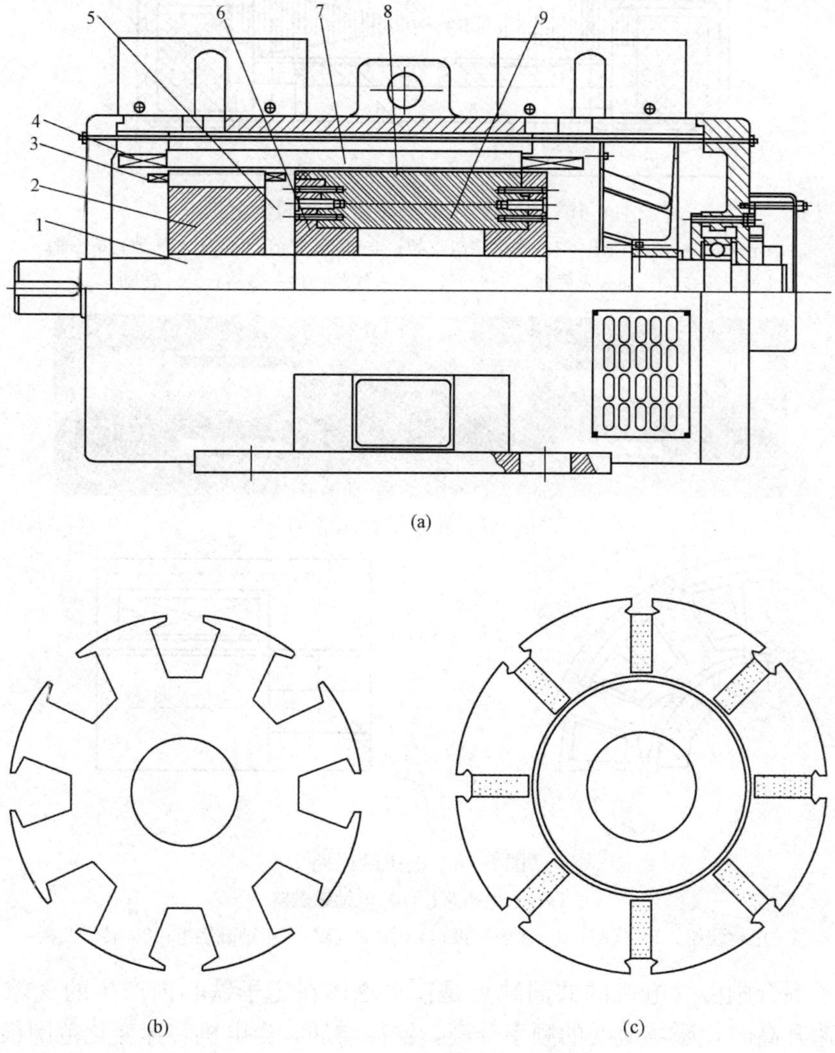

图 9-15　组合转子混合励磁发电机的结构图

(a) 结构图；(b) 电励磁段截面图；(c) 永磁段截面图

1—转轴；2—电励磁转子段；3—励磁绕组；4—电枢绕组；5—两段转子间的间隙；6—永磁段的支架；7—定子铁心；8—永磁体；9—永磁转子段的铁心

调节励磁电流至适当值并使其产生的气隙磁场方向与永磁转子产生的相同，气隙磁场加强，使输出电压保持稳定。当输出电压高于额定电压时，调整励磁电流至适当值并使其产生的气隙磁场方向与永磁转子产生的相反，气隙磁场削弱，维持输出电压恒定。

上述结构存在电刷，使电机运行的可靠性降低。图 9-16 是一种组合转子混合励磁无刷同步电机[10]。其转子如图 9-17 所示，中间为永磁段，两边为凸极段，励磁绕组通过励磁支架固定在电机端盖上，励磁支架和转子凸极之间存在一附加气隙。永磁转子产生的磁通路径为：永磁 N 极→气隙→定子齿→定子轭部→定子齿→气隙→转子 S 极→转子轭部→转子 N 极；励磁绕组产生的磁通路径为：端盖→定子铁心→气隙→转子凸极→附加气隙→端盖，如图 9-18 所示，永磁磁场与电励磁磁场相互独立，没有耦合。这种结构取消了电刷，但结构复杂。

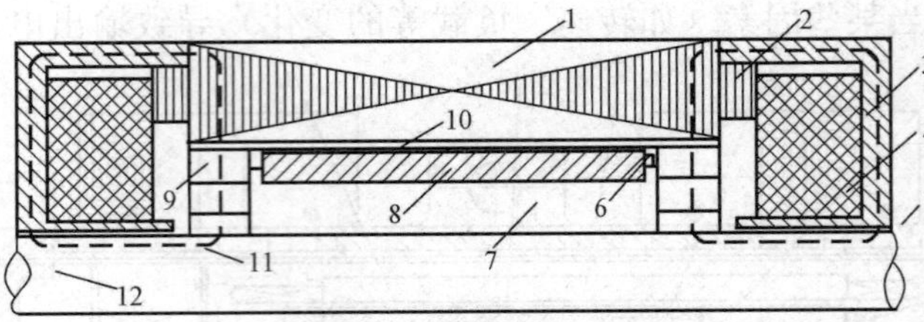

图 9-16　组合转子混合励磁无刷同步电机

1—定子；2—电枢绕组；3—励磁绕组支架；4—励磁绕组；5—附加气隙；6—槽；7—转子；8—永磁体；9—凸极；10—气隙；11—磁路；12—转轴

图 9-17　转子结构示意图

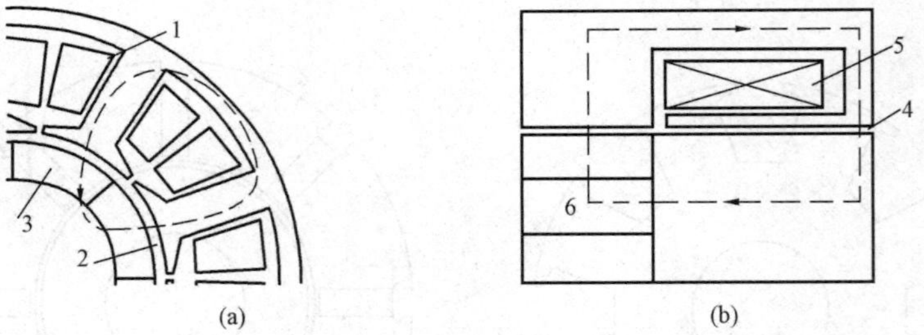

图 9-18　电机的磁路

(a) 永磁磁路；(b) 电励磁磁路

1—电枢绕组；2—气隙；3—永磁磁极；4—附加气隙；5—励磁绕组；6—转子凸极

组合转子混合励磁发电机的共同缺点是：永磁体在定子铁心内产生的气隙磁密基本不变，电机转速升高时，磁场交变的频率升高，铁耗增加。当电机转速变化范围很大时，会导致铁耗过高。

二、励磁绕组内嵌式混合励磁电机

这类电机的特点是转子不分段，上面同时存在永磁体和励磁绕组，励磁绕组放置在转子槽内。根据永磁体和励磁绕组产生的励磁磁动势之间的关系，分为串联式和并联式两种结构。

1. 串联式[11]

串联式混合励磁同步电机的结构如图 9-19 所示，永磁磁动势和电励磁磁动势是串联的，相当于两个磁动势作用在同一个磁路上。通过调节励磁电流改变作用在磁路上的磁动势，进而改变气隙磁场。由于永磁体的磁导率与空气的非常接近，磁路的磁阻非常大，需要较大的励磁电流，且容易使永磁体产生退磁，磁场调节范围小。此外，由于转子上存在励磁绕组，无法取消电刷一集电环结构。

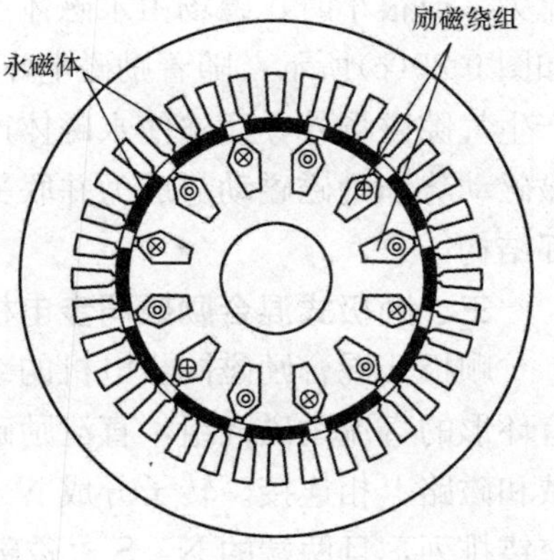

图 9-19　串联式混合励磁同步电机

2. 并联式[12]

针对串联式混合励磁同步电机的不足，参考文献[12]提出了一种并联式混合励磁同步电机，其结构如图 9-20(a)所示，图 9-20(b)为转子截面图。转子上有均匀分布的槽，槽内放置励磁绕组，槽口放置切向磁化的永磁体。当励磁电

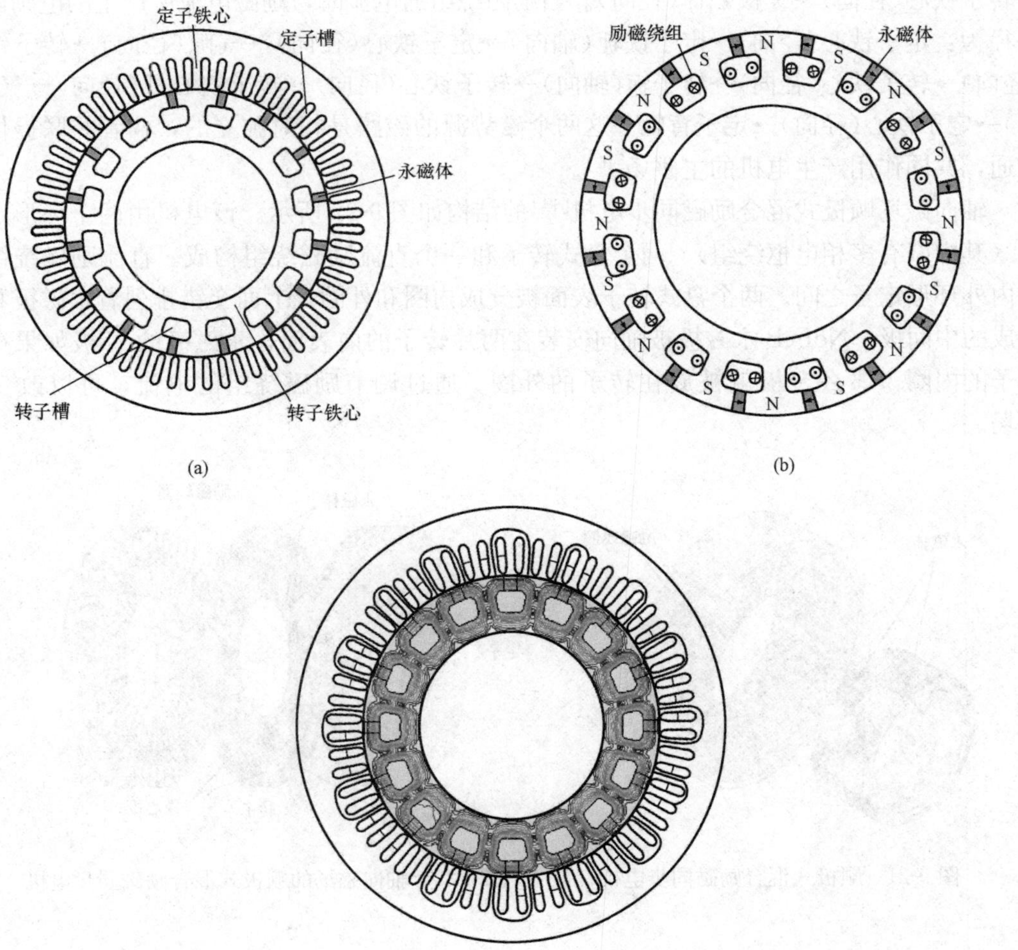

图 9-20　并联式混合励磁同步电机

(a) 电机结构图；(b) 转子结构图；(c) 无励磁电流时的磁场分布

流为零或很小时，磁场由永磁体产生，基本上都沿转子铁心闭合，气隙磁密很小，磁场分布如图 9-20(c)所示。随着励磁电流的增加，励磁磁动势增大，励磁磁动势除了作用在气隙上产生气隙磁场外，还迫使永磁体产生的磁场不再在转子内部闭合，而是通过气隙。这样，永磁磁动势和励磁磁动势成为并联关系。与串联式混合励磁同步电机一样，无法取消电刷—滑环结构。

三、顺极式混合励磁同步电机[13]

顺极式混合励磁同步电机的结构如图 9-21 所示。电机定子上有三相对称电枢绕组，还有环形的直流励磁绕组，直流励磁绕组将定子铁心分成两段，两段铁心由其外侧的铁轭在机械和磁路上相连接。转子分成 N 极端和 S 极端两部分，每极端由同极性永磁磁极和铁心极交错排列，且两端的 N、S 永磁磁极和铁心极也相互错开。转子铁心和转轴间为导磁性能好的转子轭，用于转子的轴向导磁[8]。

永磁体产生的磁通路径为：N 极磁体(径向)→气隙(径向)→定子铁心(径向)→定子铁轭(轴向)→定子铁心(径向)→气隙(径向)→S 极磁体(径向)→转子铁心(径向)→转子轭(轴向)→转子铁心(径向)→N 极磁体(径向)。当励磁绕组通电流时，励磁电流所产生的电励磁磁通路径为：定子铁心(径向)→定子铁轭(轴向)→定子铁心(径向)→气隙(径向)→转子铁心极(径向)→转子铁心(径向)→转子轭(轴向)→转子铁心(径向)→转子铁心极(径向)→气隙(径向)→定子铁心(径向)→定子背轭。这两个磁势源的磁路是相对独立的，两者并联提供工作磁通，共同作用产生电机的主磁场[16]。

轴向磁场顺极式混合励磁同步电机[14]的结构如图 9-22 所示。该电机由两个环形定子铁心（其中嵌有多相电枢绕组）、两个盘式转子和一个直流励磁绕组构成。直流励磁绕组放置在内外环形定子之间。两个盘式转子表面被分成内圈和外圈，上面交错排列着永磁极和铁心形成的中间极。NdFeB 永磁极被轴向安装在两片转子的内表面，永磁极的 N 极如果被放在转子的内圈，那么 S 极就被放在转子的外圈。通过调节励磁绕组的电流，可以改变气隙磁场。

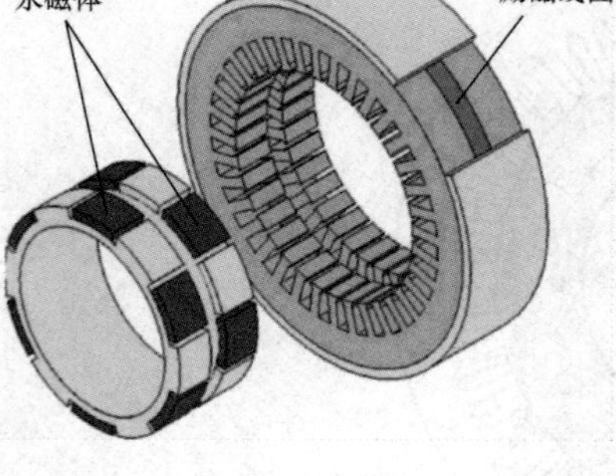

图 9-21 顺极式混合励磁同步电机

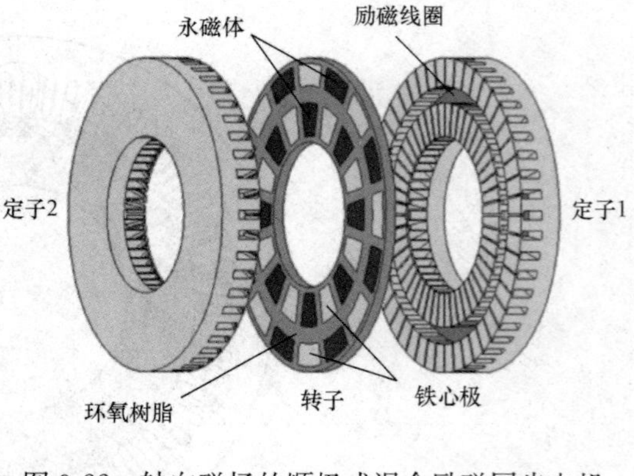

图 9-22 轴向磁场的顺极式混合励磁同步电机

四、爪极混合励磁同步电机[15]

爪极混合励磁同步电机采用爪极电励磁与永磁励磁相结合的结构。第三章第二节介绍了永磁爪极结构，将其中的永磁体更换为一个环形集中绕组，就得到电励磁爪极结构，如图

9-23所示，爪极转子由两个带爪的法兰盘和一个环形集中绕组组成。两个带爪法兰盘的爪数相等（等于极数的一半）。左右两个法兰盘对合，爪极相互错开，沿圆周均匀分布，励磁线圈夹在两个带爪法兰盘中间。励磁绕组通电时，一个法兰盘的爪为N极，另一个法兰盘上的爪为S极，形成极性相异、相互错开的多极转子。爪极混合励磁同步电机将普通电励磁爪极转子与永磁励磁组合在一起实现气隙磁通的调节。

爪极混合励磁同步电机主要由定子、转子爪极、转子磁轭、永磁体和励磁绕组组成。定子与普通交流电机的定子相同，槽中嵌有多相对称绕组。直流励磁绕组位于两个带爪法兰盘之间，为一个环形线圈，通电后所产生的轴向磁通经转子磁轭到达爪极，然后流经气隙、定子铁心、气隙和爪极，回到转子磁轭，形成一个闭合磁路。永磁体位于两极之间，切向充磁，图9-24为其转子外形图。其磁场调节原理与图9-20所示的并联式混合励磁同步电机相同，励磁电流为零时永磁体产生的磁场也在转子内部闭合。车辆用起动/发电机也有采用该结构的。

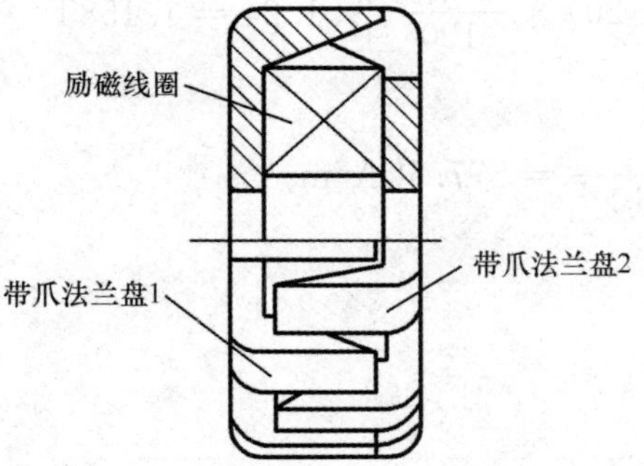

图9-23　普通电励磁爪极转子

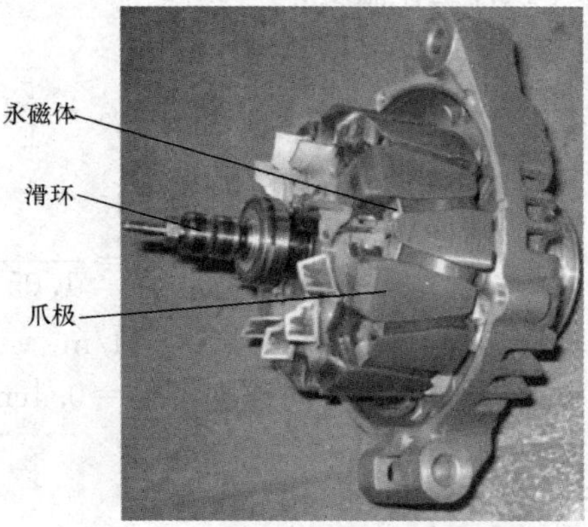

图9-24　爪极混合励磁同步电机的转子外形图

第九节　表面凸出式永磁同步发电机的电磁计算程序和算例

一、额定数据

1. 额定功率：$P_N=3$kW
2. 相数：$m=3$
3. 额定线电压：$U_{Nl}=400$V
4. 额定频率：$f=50$Hz
5. 额定转速：$n_N=1500$r/min
6. 极对数：$p=60f/n_N=60\times50/1500=2$
7. 额定效率：$\eta_N=93.4\%$
8. 额定功率因数：$\cos\varphi_N=0.9$（滞后）
9. 绕组形式：双层、Y接
10. 固有电压调整率：$\Delta U_N<10\%$
11. 额定相电压：

$$U_N = U_{Nl}/\sqrt{3} = 400/\sqrt{3} = 231V \quad (Y接法)$$

$$U_N = U_{Nl} \quad (\triangle接法)$$

12. 额定相电流：

$$I_N = \frac{P_N \times 10^3}{mU_N \cos\varphi_N} = \frac{3 \times 10^3}{3 \times 231 \times 0.9} = 4.81A$$

二、永磁材料性能

13. 永磁材料：N38SH

14. 20℃时永磁材料的性能：

剩磁密度：$B_{r20}=1.24T$

矫顽力：$H_{c20}=900kA/m$

相对回复磁导率：$\mu_r=1.05$

剩磁密度温度系数：$\alpha_{Br}=-0.12\%K^{-1}$

15. 预计工作温度：$t=75℃$

16. 工作温度时的剩磁密度：

$$B_r = [1+(t-20)\alpha_{Br}]B_{r20} = \left[1+(75-20)\times\frac{-0.12}{100}\right]\times 1.24 = 1.158T$$

17. 工作温度时的计算矫顽力：

$$H_c = \frac{B_r}{\mu_0\mu_r} = \frac{1.158}{1.05\times 4\pi\times 10^{-7}} = 877.6kA/m$$

式中，真空磁导率 $\mu_0=4\pi\times10^{-7}H/m$。

18. 永磁体磁化方向长度：$h_m=0.4cm$

19. 极弧系数：$\alpha_p=0.785$

三、定子铁心

20. 定子铁心材料：DR510－50

21. 定子外径：$D_1=23.0cm$

22. 定子内径：$D_{i1}=15.6cm$

23. 定子铁心长度：$L_1=10.0cm$

24. 定子铁心叠压系数：$K_{Fe}=0.95$

K_{Fe}一般取 0.92～0.95

25. 定子槽数：$Q=36$

26. 定子斜槽数：$t_{sk}=1$

27. 定子槽形及尺寸

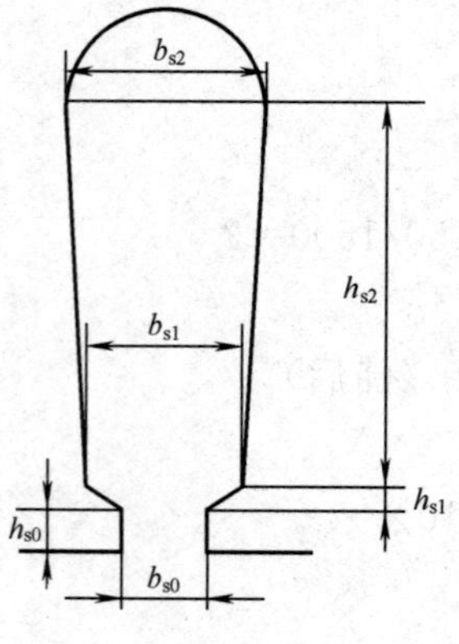

h_{s0}：0.08cm

h_{s1}：0.12cm

h_{s2}：0.72cm

b_{s0}：0.20cm

b_{s1}：0.58cm

b_{s2}：0.70cm

28. 定子齿距：$t=\frac{\pi D_{i1}}{Q}=\frac{15.6\pi}{36}=1.36\text{cm}$

29. 定子极距：$\tau=\frac{\pi D_{i1}}{2p}=\frac{15.6\pi}{4}=12.25\text{cm}$

30. 定子计算齿宽：

$$b_{t1}=\frac{\pi[D_{i1}+2(h_{s0}+h_{s1}+h_{s2})]}{Q}-b_{s2}$$
$$=\frac{\pi[15.6+2\times(0.08+0.12+0.72)]}{36}-0.70=0.822\text{cm}$$
$$b_{t2}=\frac{\pi[D_{i1}+2(h_{s0}+h_{s1})]}{Q}-b_{s1}$$
$$=\frac{\pi[15.6+2\times(0.08+0.12)]}{36}-0.58=0.816\text{cm}$$

定子计算齿宽 b_t 取为距齿最窄处 1/3 处的齿宽

若 $b_{t2}\leqslant b_{t1}$

$$b_t=b_{t2}+\frac{b_{t1}-b_{t2}}{3}=0.816+\frac{0.822-0.816}{3}=0.818\text{cm}$$

否则

$$b_t=b_{t1}+\frac{b_{t2}-b_{t1}}{3}$$

四、定子绕组

31. 每极每相槽数：

整数槽绕组：$q=Q/(2mp)=36/(2\times3\times2)=3$

分数槽绕组：$q=Q/(2mp)=b+\frac{c}{d}$

32. 绕组节距：$y=8$

33. 绕组节距因数：

$$K_p=\sin\left(\frac{\pi}{2}\beta\right)=\sin\left(\frac{8\pi}{18}\right)=0.985$$

式中，$\beta=\frac{y}{mq}=\frac{8}{3\times3}=\frac{8}{9}$。

34. 绕组分布因数：

整数槽绕组：$K_d=\frac{\sin\left(\frac{\pi}{2m}\right)}{q\sin\left(\frac{\pi}{2mq}\right)}=\frac{\sin\left(\frac{\pi}{6}\right)}{3\times\sin\left(\frac{\pi}{18}\right)}=0.959\,8$

分整数槽绕组：$K_d = \dfrac{\sin\dfrac{q_e\alpha_e}{2}}{q_e\sin\dfrac{\alpha_e}{2}}$

式中，$q_e = bd + c$，$\alpha_e = 60°/q_e$。

35. 斜槽因数：

$$K_{sk} = \frac{2\sin\left(\frac{\alpha_s}{2}\right)}{\alpha_s} = \frac{2\times\sin\left(\frac{0.349}{2}\right)}{0.349} = 0.995$$

式中，$\alpha_s = \dfrac{t_{sk}t}{\tau}\pi = \dfrac{1.36\pi}{12.25} = 0.349$。

36. 绕组因数：

$$K_{dp} = K_d K_p K_{sk} = 0.9598\times 0.985\times 0.995 = 0.941$$

37. 每槽导体数：$N_s=56$

38. 并联支路数：$a=2$

39. 并绕根数-线径：

$$N_t - d_1 = 2 - 0.56$$

式中，N_t 为并绕根数；d_1 为导线裸线直径（mm）。

40. 每相绕组串联匝数：

$$N = \frac{N_s Q}{2ma} = \frac{56\times 36}{2\times 3\times 2} = 168$$

41. 槽满率计算：

槽面积

$$\begin{aligned}A_s &= \frac{b_{s1}+b_{s2}}{2}(h_{s1}+h_{s2}-h) + \frac{\pi b_{s2}^2}{8}\\ &= \frac{0.58+0.70}{2}\times(0.12+0.72-0.1) + \frac{0.7^2\pi}{8}\\ &= 0.666\text{cm}^2\end{aligned}$$

式中，槽楔厚度 $h=0.1$cm。

槽绝缘面积

双层绕组

$$\begin{aligned}A_i &= C_i[2(h_{s1}+h_{s2}) + \pi b_{s2}/2 + b_{s2} + b_{s1}]\\ &= 0.02\times[2\times(0.12+0.72) + 0.7\pi/2 + 0.70 + 0.58] = 0.081\text{cm}^2\end{aligned}$$

单层绕组　　$A_i = C_i[2(h_{s1}+h_{s2}) + \pi b_{s2}/2]$

槽绝缘厚度　　$C_i = 0.02$cm

槽有效面积　　$A_{ef} = A_s - A_i = 0.666 - 0.081 = 0.585\text{cm}^2$

槽满率

$$S_f = \frac{N_s N_t\,(d_1 + h_{d1})^2}{A_{ef}} = \frac{56\times 2\times(0.56+0.08)^2}{0.585\times 100} = 78.4\%$$

对应于 d_1 导线的双边绝缘厚度（厚绝缘）$h_{d1}=0.08$mm

42. 电流密度：

$$J=\frac{I_N}{aN_tA_{Cu}}=\frac{4.81}{2\times2\times0.246}=4.89\text{A/mm}^2$$

式中，导线截面积 $A_{Cu}=\frac{\pi}{4}d_1^2=\frac{\pi}{4}\times0.56^2=0.246\text{mm}^2$。

43. 电负荷：

$$A=\frac{QN_sI_N}{a\pi D_{i1}}=\frac{36\times56\times4.81}{2\times\pi\times15.6}=99.0\text{A/cm}$$

五、转子结构尺寸

44. 气隙长度：

均匀气隙：$\delta=\delta_1+\Delta=0.05+0.1=0.15\text{cm}$

式中，δ_1 为空气隙长度，0.05cm；Δ 为无纬玻璃丝带厚度或非磁性套环厚度，0.1cm

不均匀气隙：$\delta_{max}=1.5\delta$

45. 转子外径：$D_2=D_{i1}-2\delta=15.6-2\times0.15=15.3\text{cm}$

46. 转子内径：$D_{i2}=8.0\text{cm}$

47. 转子铁心长度：$L_2=10.0\text{cm}$

48. 转子极距：$\tau_2=\frac{\pi D_2}{2p}=\frac{15.3\pi}{4}=12.0\text{cm}$

49. 永磁体轴向长度：$L_m=10.0\text{cm}$

50. 永磁体极弧宽度：$b_m=\alpha_p\tau_2=0.785\times12.0=9.42\text{cm}$

51. 永磁体每极截面积：

$$A_m=b_mL_m=9.42\times10.0=94.2\text{cm}^2$$

52. 永磁体每对极磁化方向长度

径向结构：$h_{Mp}=2h_m=0.8\text{cm}$

切向结构：$h_{Mp}=h_m$

53. 永磁体体积：$V_m=pA_mh_{Mp}=2\times94.2\times0.8=150.72\text{cm}^3$

54. 永磁体重量：$G_m=\rho_mV_M\times10^{-3}=7.4\times150.72\times10^{-3}=1.12\text{kg}$

式中，ρ_m 为永磁体的密度。对于稀土钴永磁，$\rho_m=8.1\sim8.3\text{g/cm}^3$；对于铁氧体永磁，$\rho_m=4.8\sim5.2\text{g/cm}^3$；对于钕铁硼永磁，$\rho_m=7.3\sim7.5\text{g/cm}^3$。

55. 硅钢片质量：

$$G_{Fe}=\rho_{Fe}L_1K_{Fe}(D_1+\Delta)^2\times10^{-3}=7.8\times10.0\times0.95\times(23+0.5)^2\times10^{-3}=40.9\text{kg}$$

式中，冲剪余量：$\Delta=0.5\text{cm}$；铁的密度：$\rho_{Fe}=7.8\text{g/cm}^3$。

六、磁路计算

56. 预估空载电动势：$E'_0=(1+\Delta U_N)U_N=(1+0.1)\times231=254.1\text{V}$

57. 计算极弧系数 α_i

对于表面凸出式结构，可认为 $\alpha_i\approx\alpha_p=0.785$

58. 气隙磁通波形系数 K_Φ

$$K_\Phi=\frac{8}{\alpha_i\pi^2}\sin\frac{\alpha_i\pi}{2}=\frac{8}{0.785\pi^2}\sin\frac{0.785\pi}{2}=0.974$$

59. 预估空载磁通：

$$\Phi'_{\delta 0}=\frac{E'_0}{4.44fNK_{dp}K_{\Phi}}=\frac{254.1}{4.44\times 50\times 168\times 0.941\times 0.974}=7.43\times 10^{-3}\text{Wb}$$

取 $\Phi'_{\delta 0}=7.37\times 10^{-3}\text{Wb}$

60. 铁心有效长度：

定转子轴向长度相等时，$L_{ef}=L_1+2\delta=10+2\times 0.15=10.3\text{cm}$

定转子轴向长度不相等时：

$$(L_1-L_2)/2\delta=8\text{ 时 }L_{ef}=L_1+3\delta$$

$$(L_1-L_2)/2\delta=14\text{ 时 }L_{ef}=L_1+4\delta$$

61. 气隙磁密 $B_\delta=\dfrac{\Phi'_{\delta 0}}{\alpha_i\tau L_{ef}}\times 10^4=\dfrac{7.37\times 10^{-3}}{0.785\times 12.25\times 10.3}\times 10^4=0.744\text{T}$

62. 气隙系数

$$K_\delta=\frac{t(4.4\delta+0.75b_{s0})}{t(4.4\delta+0.75b_{s0})-b_{s0}^2}=\frac{1.36\times(4.4\times 0.15+0.75\times 0.2)}{1.36\times(4.4\times 0.15+0.75\times 0.2)-0.2^2}=1.038$$

63. 气隙磁压降 $F_\delta=\dfrac{2B_\delta\delta K_\delta}{\mu_0}\times 10^{-2}=\dfrac{2\times 0.744\times 0.15\times 1.038}{4\pi\times 10^{-7}}\times 10^{-2}=1844\text{A}$

64. 定子齿磁密 $B_t=B_\delta\dfrac{tL_{ef}}{b_tK_{Fe}L_1}=0.744\times\dfrac{1.36\times 10.3}{0.818\times 0.95\times 10.0}=1.34\text{T}$

65. 定子齿磁压降 $F_t=2H_th_t=2\times 10.1\times 0.957=19.3\text{A}$

根据 B_t 查附表 B-1（2）的磁化曲线得 $H_t=10.1\text{A/cm}$

定子齿磁路计算长度 $h_t=h_{s1}+h_{s2}+b_{s2}/6=0.12+0.72+0.7/6=0.957\text{cm}$

66. 定子轭磁密 $B_j=\dfrac{\Phi'_{\delta 0}}{2L_1K_{Fe}h_j}\times 10^4=\dfrac{7.37\times 10^{-3}}{2\times 10.0\times 0.95\times 2.55}\times 10^4=1.52\text{T}$

$$h_j=\frac{D_1-D_{i1}}{2}-(h_{s0}+h_{s1}+h_{s2}+b_{s2}/3)$$

$$=\frac{23-15.6}{2}-(0.08+0.12+0.72+0.70/3)=2.55\text{cm}$$

67. 定子轭磁压降 $F_j=2C_jH_jl_j=2\times 0.43\times 22.4\times 8.0=154.1\text{A}$

根据 B_j 查附表 B-1（2）的磁化曲线得 $H_j=22.4\text{A/cm}$

C_j 为考虑到轭部磁通密度不均匀而引入的轭部磁路长度校正系数，查图 8-63 得 $C_j=0.43$

l_j 为定子轭磁路计算长度，$l_j=\dfrac{\pi(D_1-h_j)}{4p}=\dfrac{\pi(23.0-2.55)}{8}=8.0\text{cm}$

68. 转子轭部磁密 $B_C=\dfrac{\sigma_0\Phi'_{\delta 0}}{2h_CK_{Fe}L_1}\times 10^4=\dfrac{1.037\times 7.37\times 10^{-3}}{2\times 3.25\times 0.95\times 10}\times 10^4=1.24\text{T}$

式中，转子轭部计算高度 $h_C=\dfrac{D_2-D_{i2}}{2}-h_m=\dfrac{15.3-8.0}{2}-0.4=3.25\text{cm}$。

漏磁系数 δ_0 的确定可近似参考第三章的方法。

查图 3-23 得 $\sigma_2=1.031$

查图 3-27 得 $\sigma'_1=0.65$，$\sigma_1=1+\dfrac{\sigma'_1}{L_{ef}\times 10}=1+\dfrac{0.65}{10.3\times 10}=1.006$

$$\sigma_0=\sigma_1+\sigma_2-1=1.031+1.006-1=1.037$$

69. 转子轭部磁压降　$F_C=2H_Cl_C=2\times7.38\times4.42=65.2A$

式中，转子轭部磁路计算长度 $l_C=\dfrac{\pi(D_{i2}+h_C)}{4p}=\dfrac{\pi(8+3.25)}{8}=4.42cm$。

根据 B_C 查附表 B-1（2）的磁化曲线得 $H_C=7.38A/cm$

70. 总磁压降

$$\Sigma F=F_\delta+F_t+F_j+F_C=1844+19.3+154.1+65.2=2082.6A$$

71. 饱和系数　$$k_s=\frac{\Sigma F}{F_\delta}=\frac{2082.6}{1844}=1.129$$

72. 主磁导　$$\Lambda_\delta=\frac{\Phi'_{\delta0}}{\Sigma F}=\frac{7.37\times10^{-3}}{2082.6}=3.54\times10^{-6}H$$

主磁导标幺值

$$\lambda_\delta=\Lambda_\delta\frac{h_{Mp}}{\mu_r\mu_0A_m}\times10^2=3.54\times10^{-6}\times\frac{0.8}{1.05\times4\pi\times10^{-7}\times94.2}\times10^2=2.3$$

73. 漏磁导 $\Lambda_\sigma=(\sigma_0-1)\Lambda_\delta=(1.037-1)\times3.54\times10^{-6}=1.31\times10^{-7}H$

74. 漏磁导标幺值

$$\lambda_\sigma=\Lambda_\sigma\frac{h_{Mp}}{\mu_r\mu_0A_m}\times10^2=1.31\times10^{-7}\frac{0.8}{1.05\times4\pi\times10^{-7}\times94.2}\times10^2=0.084$$

75. 外磁路总磁导标幺值 $\lambda_n=\lambda_\delta+\lambda_\sigma=2.3+0.084=2.384$

76. 永磁体空载工作点

$$b_{m0}=\varphi_{m0}=\frac{\lambda_n}{\lambda_n+1}=\frac{2.384}{2.384+1}=0.704$$

$$h_{m0}=f_{m0}=\frac{1}{\lambda_n+1}=\frac{1}{2.384+1}=0.296$$

77. 空载气隙磁通

$$\Phi_{\delta0}=(b_{m0}-h_{m0}\lambda_\sigma)B_rA_m\times10^{-4}$$
$$=(0.704-0.296\times0.084)\times1.158\times94.2\times10^{-4}=7.41\times10^{-3}Wb$$

$$\left|\frac{\Phi_{\delta0}-\Phi'_{\delta0}}{\Phi_{\delta0}}\right|=\left|\frac{7.41\times10^{-3}-7.37\times10^{-3}}{7.41\times10^{-3}}\right|=0.54\%$$

若 $\left|\dfrac{\Phi_{\delta0}-\Phi'_{\delta0}}{\Phi_{\delta0}}\right|$ 小于 1%，则进入下一步，否则调整 $\Phi'_{\delta0}$，重新计算第 61～77 项

78. 空载气隙磁密 $B_{\delta0}=\dfrac{\Phi_{\delta0}}{\alpha_i\tau L_{ef}}\times10^4=\dfrac{7.41\times10^{-3}}{0.785\times12.25\times10.3}\times10^4=0.75T$

79. 空载定子齿磁密 $B_{t0}=B_{\delta0}\dfrac{tL_{ef}}{b_tK_{Fe}L_1}=0.75\times\dfrac{1.36\times10.3}{0.818\times0.95\times10.0}=1.35T$

80. 空载定子轭磁密 $B_{j0}=\dfrac{\Phi_{\delta0}}{2L_1h_jK_{Fe}}\times10^4=\dfrac{7.41\times10^{-3}}{2\times10.0\times2.55\times0.95}\times10^4=1.53T$

81. 空载励磁电动势：

$$E_0=4.44fNK_{dp}\Phi_{\delta0}K_\Phi=4.44\times50\times168\times0.941\times7.41\times10^{-3}\times0.974$$
$$=253.3V$$

七、参数计算

82. 线圈平均半匝长：

$$L_{av}=L_1+2(d+L'_E)=10+2\times(1.0+6.79)=25.58\text{cm}$$

式中，d 为绕组直线部分伸出长度，一般取 1～3cm，这里取 $d=1.0$cm。单层线圈端部斜边长 $L'_E=k\tau_y$，双层线圈端部斜边长 $L'_E=\tau_y/(2\cos\alpha_0)=12.2/(2\times0.898)=6.79$cm；$k$ 为系数，2 极电机取 0.58；4、6 极电机取 0.6；8 极电机取 0.625。

$$\cos\alpha_0=\sqrt{1-\sin^2\alpha_0}=\sqrt{1-0.44^2}=0.898$$

$$\sin\alpha_0=\frac{b_{s1}+b_{s2}}{b_{s1}+b_{s2}+2b_{t1}}=\frac{0.58+0.7}{0.58+0.7+0.818\times2}=0.44$$

$$\tau_y=\frac{\pi(D_{i1}+2h_{s0}+2h_{s1}+h_{s2}+b_{s2})\beta_0}{2p}$$

$$=\frac{8\pi}{9\times4}(15.6+2\times0.08+2\times0.12+0.72+0.7)=12.2\text{cm}$$

式中，β_0 为与绕组节距有关的系数，对单层同心式绕组或单层交叉式绕组，β_0 取平均值，对其他形式绕组，$\beta_0=\beta$。

83. 线圈端部轴向投影长：

$$f_d=L'_E\sin\alpha_0=6.79\times0.44=3.0\text{cm}$$

84. 线圈端部平均长：

$$L_E=2(d+L'_E)=2\times(1.0+6.79)=15.58\text{cm}$$

85. 每相绕组电阻　$R_1=\dfrac{2\rho L_{av}N}{aN_tA_{Cu}}=\dfrac{2\times0.217\times10^{-3}\times25.58\times168}{2\times2\times0.246}=1.9\Omega$

A、E、B 级绝缘：$\rho=0.217\times10^{-3}\Omega\cdot\text{mm}^2/\text{cm}$

F、H 级绝缘：$\rho=0.245\times10^{-3}\Omega\cdot\text{mm}^2/\text{cm}$

86. 定子铜线质量：

$$G_{Cu}=1.05\pi\rho_{Cu}QN_sL_{av}\times\frac{N_td_1^2}{4}\times10^{-5}$$

$$=1.05\pi\times8.9\times36\times56\times25.58\times\frac{2\times0.56^2}{4}\times10^{-5}$$

$$=2.37\text{kg}$$

式中，铜的密度：$\rho_{Cu}=8.9\text{g/cm}^3$。

87. 定子槽比漏磁导：

$$\lambda_s=K_{U1}\lambda_{U1}+K_{L1}\lambda_{L1}=0.917\times0.7077+0.938\times0.564=1.18$$

式中，K_{U1}、K_{L1} 分别为槽上、下部节距漏抗系数，对于 60°相带绕组

当 $0\leqslant\beta\leqslant1/3$ 时，　$K_{U1}=3\beta/4, K_{L1}=(9\beta+4)/16$

当 $1/3\leqslant\beta\leqslant2/3$ 时，$K_{U1}=(6\beta-1)/4, K_{L1}=(18\beta+1)/16$

当 $2/3\leqslant\beta\leqslant1$ 时，　$K_{U1}=(3\beta+1)/4=(3\times8/9+1)/4=0.917$

$K_{L1}=(9\beta+7)/16=(9\times8/9+7)/16=0.938$

对于 120°相带绕组

当 $0\leqslant\beta\leqslant2/3$ 时，　$K_{U1}=8\beta/9, K_{L1}=27\beta/32+1/4$

当 $2/3\leqslant\beta\leqslant1$ 时，　$K_{U1}=3/4, K_{L1}=13/16$

$$\lambda_{U1} = \frac{h_{s0}}{b_{s0}} + \frac{2h_{s1}}{b_{s0}+b_{s1}} = \frac{0.08}{0.2} + \frac{2\times 0.12}{0.2+0.58} = 0.7077$$

$$\lambda_{L1} = \frac{\beta_s}{\left[\frac{\pi}{8\beta_s}+\frac{(1+\alpha)}{2}\right]^2}(K_{r1}+K_{r2}) = \frac{1.03}{\left[\frac{\pi}{8\times 1.03}+\frac{(1+0.83)}{2}\right]^2}(0.335+0.585) = 0.564$$

式中，$\alpha = \frac{b_{s1}}{b_{s2}} = \frac{0.58}{0.7} = 0.83$。

$$\beta_s = \frac{h_{s2}}{b_{s2}} = \frac{0.72}{0.7} = 1.03$$

$$K_{r1} = \frac{1}{3} - \frac{1-\alpha}{4}\left[\frac{1}{4}+\frac{1}{3(1-\alpha)}+\frac{1}{2(1-\alpha)^2}+\frac{1}{(1-\alpha)^3}+\frac{\ln\alpha}{(1-\alpha)^4}\right]$$
$$= \frac{1}{3} - \frac{1-0.83}{4}\left[\frac{1}{4}+\frac{1}{3(1-0.83)}+\frac{1}{2(1-0.83)^2}+\frac{1}{(1-0.83)^3}+\frac{\ln 0.83}{(1-0.83)^4}\right]$$
$$= 0.335$$

$$K_{r2} = \frac{2\pi^3-9\pi}{1536\beta_s^3} + \frac{\pi}{16\beta_s} - \frac{\pi}{8(1-\alpha)\beta_s} - \left[\frac{\pi^2}{64(1-\alpha)\beta_s^2}+\frac{\pi}{8(1-\alpha)^2\beta_s}\right]\ln\alpha$$
$$= \frac{2\pi^3-9\pi}{1536\times 1.03^3} + \frac{\pi}{16\times 1.03} - \frac{\pi}{8\times(1-0.83)\times 1.03}$$
$$- \left[\frac{\pi^2}{64\times(1-0.83)\times 1.03^2}+\frac{\pi}{8\times(1-0.83)^2\times 1.03}\right]\ln 0.83$$
$$= 0.585$$

88. 端部比漏磁导

$$\lambda_E = 0.34\frac{q}{L_1}(L_E - 0.64\tau\beta) = 0.34\times\frac{3}{10}\times\left(15.58-0.64\times 12.25\times\frac{8}{9}\right) = 0.878$$

89. 差比漏磁导　$\lambda_d = \alpha_p \dfrac{\frac{5\delta}{b_{s0}}}{5+\frac{4\delta}{b_{s0}}} = 0.785\times\dfrac{\frac{5\times 0.15}{0.2}}{5+\frac{4\times 0.15}{0.2}} = 0.368$

90. 齿顶比漏磁导　$\lambda_t = \dfrac{t-b_{s0}}{4(\delta+h_m)} = \dfrac{1.36-0.2}{4\times(0.15+0.4)} = 0.53$

91. 总比漏磁导：$\Sigma\lambda = \lambda_s+\lambda_E+\lambda_d+\lambda_t = 1.18+0.878+0.368+0.53 = 2.96$

92. 每相绕组漏抗：

$$X_1 = 15.5\frac{f}{100}\left(\frac{N}{100}\right)^2\frac{L_1}{pq}\Sigma\lambda\times 10^{-2}$$
$$= 15.5\times\frac{50}{100}\times\left(\frac{168}{100}\right)^2\times\frac{10}{2\times 3}\times 2.96\times 10^{-2} = 1.08\Omega$$

标幺值：$X_1^* = \dfrac{X_1 I_N}{U_N} = \dfrac{1.08\times 4.81}{231} = 0.02$

93. 每极电枢磁动势：

$$F_a = 0.45m\frac{NK_{dp}}{p}I_N = 0.45\times 3\times\frac{168\times 0.941}{2}\times 4.81 = 513.3\text{A}$$

94. 直交轴电枢反应电抗：

$$X_{ad}=4m\mu_0 f\frac{(NK_{dp})^2}{\pi p}\frac{\tau L_{ef}}{\left(k_\delta\delta+\frac{h_m}{\mu_r}\right)k_s}k_d\times10^{-2}$$

$$=4\times3\times4\pi\times10^{-7}\times50\times\frac{(168\times0.941)^2}{\pi\times2}\frac{12.25\times10.3}{\left(1.038\times0.15+\frac{0.4}{1.05}\right)\times1.129}\times$$

$$1\times10^{-2}=6.25\Omega$$

$$X_{aq}=4m\mu_0 f\frac{(NK_{dp})^2}{\pi p}\frac{\tau L_{ef}}{\left(k_\delta\delta+\frac{h_m}{\mu_r}\right)k_s}k_q\times10^{-2}$$

$$=4\times3\times4\pi\times10^{-7}\times50\times\frac{(168\times0.941)^2}{\pi\times2}\frac{12.25\times10.3}{\left(1.038\times0.15+\frac{0.4}{1.05}\right)\times1.129}\times$$

$$1\times10^{-2}=6.25\Omega$$

$$k_d=k_q=1$$

95. 交轴同步电抗：

$$X_d=X_q=X_1+X_{aq}=1.08+6.25=7.33\Omega$$

$$X_d^*=X_q^*=\frac{X_qI_N}{U_N}=\frac{7.33\times4.81}{231}=0.153$$

96. 内功率因数角：

$$\Psi_N=\arctan\frac{U_N\sin\varphi+I_NX_q}{U_N\cos\varphi+I_NR_1}=\arctan\frac{231\times0.436+4.81\times7.33}{231\times0.9+4.81\times1.9}=32°$$

97. 每极直轴电枢磁动势：

$$F_{ad}=0.45m\frac{NK_{dp}}{p}K_{ad}I_N\sin\Psi_N=0.45\times3\times\frac{168\times0.941}{2}\times$$

$$0.832\times4.81\times\sin32°=226.3\text{A}$$

式中，K_{ad}为直轴电枢磁动势折算系数。

$$K_{ad}=K_{aq}=\frac{\pi}{4\sin\frac{\alpha_i\pi}{2}}=\frac{\pi}{4\sin\frac{0.785\pi}{2}}=0.832$$

每极直轴电枢磁动势的标幺值

$$f_{ad}=\frac{2F_{ad}}{H_ch_{Mp}}\times10^{-1}=\frac{2\times226.3}{877.6\times0.8}\times10^{-1}=0.0645$$

98. 永磁体负载工作点：

$$b_{mN}=\varphi_{mN}=\frac{\lambda_n(1-f'_{ad})}{\lambda_n+1}=\frac{2.384\times(1-0.062)}{2.384+1}=0.66$$

$$h_{mN}=f_{mN}=\frac{\lambda_nf'_{ad}+1}{\lambda_n+1}=\frac{2.384\times0.062+1}{2.384+1}=0.34$$

式中，$f'_{ad}=\frac{f_{ad}}{\sigma_0}=\frac{0.0645}{1.037}=0.062$。

99. 额定负载气隙磁通：

$$\Phi_{\delta N}=(b_{mN}-h_{mN}\lambda_\sigma)B_rA_m\times10^{-4}=(0.66-0.34\times0.084)\times$$

$$1.158\times94.2\times10^{-4}=6.9\times10^{-3}\text{Wb}$$

100. 负载气隙磁密：

$$B_{\delta N}=\frac{\Phi_{\delta N}}{\alpha_i \tau L_{ef}}\times 10^4=\frac{6.9\times 10^{-3}}{0.785\times 12.25\times 10.3}\times 10^4=0.70\mathrm{T}$$

101. 负载定子齿磁密：

$$B_{tN}=B_{\delta N}\frac{tL_{ef}}{b_t K_{Fe} L_1}=0.7\times\frac{1.36\times 10.3}{0.818\times 0.95\times 10.0}=1.26\mathrm{T}$$

102. 负载定子轭磁密：

$$B_{jN}=\frac{\Phi_{\delta N}}{2L_1 K_{Fe} h_j}\times 10^{-4}=\frac{6.9\times 10^{-3}}{2\times 10.0\times 0.95\times 2.55}\times 10^4=1.42\mathrm{T}$$

八、电压调整率和短路电流计算

103. 额定负载时直轴内电动势：

$$E_\delta=4.44fNK_{dp}\Phi_{\delta N}K_\Phi=4.44\times 50\times 168\times 0.941\times 6.9\times 10^{-3}\times 0.974$$
$$=236.0\mathrm{V}$$

104. 输出电压：

$$U=\sqrt{E_\delta^2-I_N^2(R_1\sin\varphi-X_1\cos\varphi)^2+I_N^2X_{aq}^2\cos^2\Psi_N}-I_N(R_1\cos\varphi+X_1\sin\varphi)$$
$$=\sqrt{236.0^2-4.81^2\times(1.9\times 0.436-1.08\times 0.9)^2+4.81^2\times 6.25^2\times\cos^2 32^\circ}$$
$$-4.81\times(1.9\times 0.9+1.08\times 0.436)$$
$$=227\mathrm{V}$$

105. 电压调整率：

$$\Delta U=\frac{E_0-U}{U_N}\times 100\%=\frac{253.3-227}{231}\times 100\%=11.38\%$$

106. 短路电流倍数：

$$I_k^*=\frac{4.44\lambda_\delta fNK_{dp}B_rA_mK_\Phi\times 10^{-4}}{4.44fNK_{dp}(1+\lambda_\sigma)\lambda_n f'_{ad}B_rA_mK_\Phi\times 10^{-4}+(1+\lambda_n)I_N\sqrt{R_1^2+X_1^2-X_{aq}^2\cos^2\psi_k}}$$
$$=\frac{4.44\times 2.3\times 50\times 168\times 0.941\times 1.158\times 94.2\times 0.974\times 10^{-4}}{\left[\begin{array}{l}4.44\times 50\times 168\times 0.941\times(1+0.084)\times 2.384\times 0.062\times 1.158\times 94.2\times 0.974\times 10^{-4}\\+(1+2.384)\times 4.81\times\sqrt{1.9^2+0.9^2-6.26^2\times\cos^2 75.47^\circ}\end{array}\right]}$$
$$=10.4$$

式中，ψ_k 为稳态短路时的内功率因数角

$$\psi_k=\arctan\frac{x_q}{R_1}$$
$$=\arctan\frac{7.33}{1.9}$$
$$=75.47^\circ$$

107. 永磁体最大去磁工作点：

$$f'_k=I_k^* f'_{ad}=10.4\times 0.062=0.6448$$

$$b_{mh}=\varphi_{mh}=\frac{\lambda_n(1-f'_k)}{\lambda_n+1)}=\frac{2.384(1-0.6448)}{2.384+1}=0.25$$

$$h_{mh}=f_{mh}=1-b_{mh}=1-0.25=0.75$$

九、损耗和效率计算

108. 定子齿体积：

$$V_t = QL_1K_{Fe}h_tb_t = 36\times 10.0\times 0.95\times 0.957\times 0.818 = 267.7\text{cm}^3$$

109. 定子轭体积：

$$V_j = \pi(D_1-h_j)h_jL_1K_{Fe} = \pi\times(23-2.55)\times 2.55\times 10.0\times 0.95 = 1556.3\text{cm}^3$$

110. 齿部单位铁耗：

按齿部磁密 B_{tN} 查附表 B-2（2）的损耗曲线得 $p_t = 27.5\times 10^{-3}\text{W/cm}^3$

111. 轭部单位损耗：

按轭部磁密 B_{jN} 查附表 B-2（2）的损耗曲线得 $p_j = 35.7\times 10^{-3}\text{W/cm}^3$

112. 定子铁耗：

$$\begin{aligned} p_{Fe} &= k_1p_tV_t + k_2p_jV_j \\ &= 2.5\times 0.0275\times 267.7 + 2\times 0.0357\times 1556.3 = 129.5\text{W} \end{aligned}$$

式中，k_1、k_2 为铁损耗修正系数，一般分别取 2.5、2，或根据经验确定。

113. 定子绕组铜耗：

$$p_{Cu} = mI_N^2R_1 = 3\times 4.81^2\times 1.9 = 131.9\text{W}$$

114. 机械损耗：

对于 2 极防护式，有

$$p_{fw} = 5.5\left(\frac{3}{p}\right)^2 D_2^3\times 10^{-3}\text{W}$$

对于 4 极以上防护式，有

$$p_{fw} = 6.5\left(\frac{3}{p}\right)^2 D_2^3\times 10^{-3} = 6.5\times\left(\frac{3}{2}\right)^2\times 15.3^3\times 10^{-3} = 52.4\text{W}$$

对于 2 极封闭型自扇冷式，有

$$p_{fw} = 13(1-D_1\times 10^{-2})\left(\frac{3}{p}\right)^2 D_1^4\times 10^{-5}\text{W}$$

对于 4 极及以上封闭型自扇冷式，有

$$p_{fw} = \left(\frac{3}{p}\right)^2 D_1^4\times 10^{-4}\text{W}$$

115. 杂散损耗：

$$p_s = (0.5\sim 2.5)P_N\times 10 = 1\times 3\times 10 = 30\text{W}$$

116. 总损耗：

$$\sum p = p_{Fe} + p_{Cu} + p_{fw} + p_s = 129.5 + 131.9 + 52.4 + 30 = 343.8\text{W}$$

117. 效率：

$$\eta = \left(1-\frac{\Sigma p}{P_N\times 10^3+\Sigma p}\right)\times 100\% = \left(1-\frac{343.8}{3000+343.8}\right)\times 100\% = 90\%$$

参 考 文 献

[1] 唐任远. 现代永磁电机. 北京：机械工业出版社，1997.
[2] 李钟明，刘卫国. 稀土永磁电机. 北京：国防工业出版社，1999.

[3] Jacek F. Gierras, Mitchell Wing. Permanent magnet motor technology. New York: Marcel Dekker. Inc. 1997.
[4] 王秀和主编. 电机学. 北京：机械工业出版社，2009.
[5] Florence Libert. Design, Optimization and Comparison of Permanent Magnet Motor for a Low-Speed Direct-Driven Mixer [M]. Stockholm, 2004.
[6] 苗立杰. 直驱式变速变桨距永磁风力发电机组研制. 上海电力[J]，2007(3)：306-309.
[7] C. J. A. Versteegh. Design of the Zephyros Z72 wind turbine with emphasis on the direct drive PM generator. NORPIE 2004, NTNU Trondheim Norway 14-16 June, 2004.
[8] Chao-hui Zhao, Yang-guang Yan . A Review of Development of Hybrid Excitation Synchronous Machine, IEEE ISIE 2005, June 20-23, 2005, Dubrovnik, Croatia.
[9] Shoudao Huang, Zhaohui Yang, Gao Jian. Study and Design of The Hybrid Excitation Synchronous Generator Operating Constant Voltage Over a Wide Range of Speeds. IEEE Vehicle Power and Propulsion Conference(VPPC), September 3-5, 2008, Harbin, China.
[10] Zou Jibin, Fu Xinghe. Study on the Structure and Flux Regulation Performance of a Novel Hybrid Excitation Synchronous Generator. ICEMS 2008. pp. 3549 - 3553, 17-20 Oct, 2008.
[11] D. Fodorean, A. Djerdir, I. A. Viorel, and A. Miraoui. A double excited synchronous machine for direct drive application-Design and proto-type tests. IEEE Trans. Energy Conversion, vol. 22, no. 3, pp. 656-665, Sep, 2007.
[12] Kaixiang Xiao, Chuang Liu, Qiang Zhou. The Structural and Characteristic Study on the Novel Parallel Magnetic Path Hybrid Excitation Synchronous Generator. ICEMS 2008. pp. 3608 - 3611, 17-20 Oct, 2008.
[13] Tapia Juan A, Leonardi Franco, and Lipo T. A, Consequent Pole Permanent Magnet Machine with Field Weakening Capability, IEEE International Electric Machine and Drives Conference, Cambridge, USA, pp. 126-131, 2001.
[14] AYDIN M, HUANG S R, LIPO T A. A new axial flux surface mounted permanent magnet machine capable of field control [J]. IEEE IAS Annual Meeting Pittsburgh, 2002, (7): 1250-1257.
[15] 王群京，李国丽，马飞. 具有永磁励磁的混合式爪极发电机空载磁场分析和电感计算[J]. 电工技术学报，2002，(5)：1-5.
[16] 赵朝会，李遂亮，严仰光. 混合励磁电机的研究现状及进展. 河南农业大学学报 2004(4)：461-466.

第十章　调速永磁同步电动机

调速永磁同步电动机又称为正弦波电流驱动永磁无刷电动机。相对于方波电流驱动永磁无刷电动机，调速永磁同步电动机避免了电流换向时产生的较大转矩脉动，具有更理想的伺服驱动性能。永磁同步电动机及其驱动系统是在以下基础上发展起来的：①高性能钕铁硼永磁材料的出现及其性能的日益提高；②矢量控制理论的提出；③高性能、高集成度的电子元器件、微处理器以及专用集成电路的出现和应用，以及大功率、大电流、高电压、高开关速度的功率电子器件的出现。高性能钕铁硼永磁材料的出现，提高了电机的功率密度、转矩密度和运行效率，降低了其体积及重量，扩大了其应用领域，并使电动机向大功率化发展。矢量控制理论从原理上解决了包括调速永磁同步电动机在内的交流电动机的驱动控制策略问题，使交流电动机可以像直流电动机那样进行控制。电子技术的发展不但使控制策略得以实现，而且使成本及电路体积大大降低。

调速永磁同步电动机在结构形式及理论分析上都和非调速永磁同步电动机类似，但采用新的控制策略——矢量控制理论进行控制时，具有和直流电动机类似的特性，其运行、驱动、控制都与电路系统紧密联系在一起。

第一节　调速永磁同步电动机的基本结构和数学模型

一、调速永磁同步电动机的基本结构

调速永磁同步电动机的定子与普通感应电动机相似，采用分布及短距的三相对称定子绕组，以得到接近正弦的相电动势，采用转子斜极或定子斜槽等措施以降低齿槽转矩、振动和噪声。

调速永磁同步电动机的转子结构形式多种多样。由于采用变频起动，可以省去异步起动永磁同步电动机所具有的转子笼形绕组（某些调速永磁同步电动机也有转子笼形绕组，用以改善电机的动态性能）。图 10-1 是调速永磁同步电动机常见的转子结构形式，其中图 10-1（a）为表面张贴式，图 10-1（b）为表面插入式，图 10-1（c）～(f) 为内置式。由于永磁体特别是稀土永磁体的磁导率近似等于真空磁导率，对于图 10-1（a）所示的转子结构，直轴磁阻与交轴磁阻相等，因此交、直轴电感相等，即 $L_d=L_q$，表现出隐极性质。而对其他结构，直轴磁阻大于交轴磁阻，因此 $L_d<L_q$，表现出凸极电机的性质。图 10-2 为图 10-1（c）所示结构的交、直轴电枢反应磁通路径。

值得注意的是，通过改变图 10-1（b）～(f) 所示结构的永磁体磁化方向长度、极弧系数等结构尺寸，可以得到较大的交直轴电感比，从而提高电动机的转矩输出及弱磁扩速能力。

二、调速永磁同步电动机的数学模型

分析调速永磁同步电动机时常用 dq 坐标系下的数学模型，它不仅可用于分析稳态运行性能，也可用于分析动态性能。在不计铁心饱和及铁耗、三相电流对称、转子无阻尼绕组

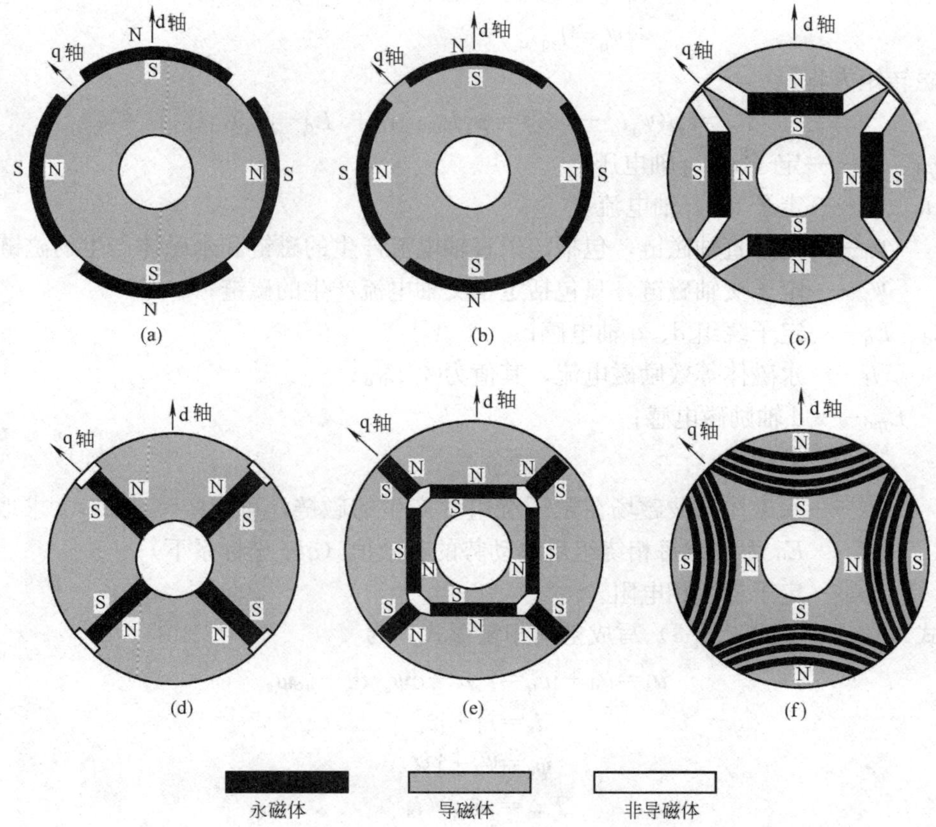

图 10-1　调速永磁同步电动机的转子结构

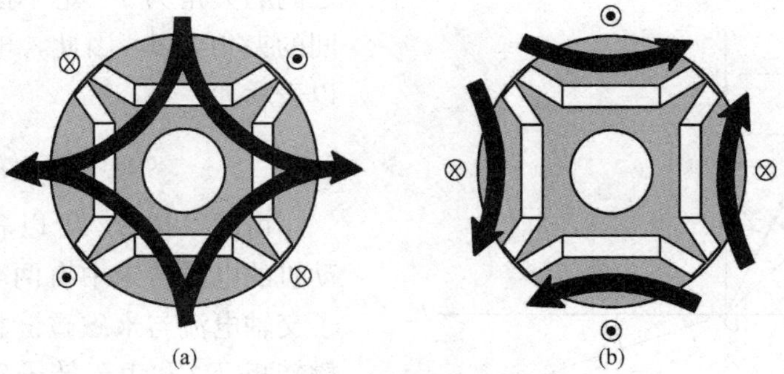

图 10-2　d、q 轴电枢反应磁通路径

(a) d 轴电枢反应磁通路径；(b) q 轴电枢反应磁通路径

时，可得到 dq 坐标系下调速永磁同步电动机的数学模型：

电压方程

$$\begin{cases} u_d = \dfrac{d\psi_d}{dt} - \omega\psi_q + r_1 i_d \\ u_q = \dfrac{d\psi_q}{dt} + \omega\psi_d + r_1 i_q \end{cases} \tag{10-1}$$

磁链方程

$$\begin{cases}\psi_d = L_d i_d + L_{md} i_f = L_d i_d + \psi_f \\ \psi_q = L_q i_q\end{cases} \tag{10-2}$$

电磁转矩方程：

$$T_{em} = p(\psi_d i_q - \psi_q i_d) = p[L_{md} i_f i_q + (L_d - L_q) i_d i_q] \tag{10-3}$$

式中　u_d、u_q——定子 d、q 轴电压；

i_d、i_q——定子 d、q 轴电流；

ψ_d——定子直轴磁链，包括定子直轴电流产生的磁链和永磁体产生的磁链；

ψ_q——定子交轴磁链，只包括定子交轴电流产生的磁链；

L_d、L_q——定子绕组 d、q 轴电感；

i_f——永磁体等效励磁电流，其值为ψ_f/L_{md}；

L_{md}——d 轴励磁电感；

ω——角频率；

ψ_f——永磁体基波磁场在定子绕组中产生的磁链，可由$\psi_f=\sqrt{3}E_0/\omega$求取，其中 E_0 为空载每相绕组反电动势的有效值（abc 坐标系下）；

r_1——定子绕组相电阻。

把式（10-1）～式（10-3）写成空间相量形式，为

$$\boldsymbol{u_s} = u_d + \mathrm{j}u_q = r_1 \boldsymbol{i_s} + \mathrm{d}\boldsymbol{\psi_s}/\mathrm{d}t + \mathrm{j}\omega\boldsymbol{\psi_s} \tag{10-4}$$

$$\boldsymbol{i_s} = i_d + \mathrm{j}i_q \tag{10-5}$$

$$\boldsymbol{\psi_s} = \psi_d + \mathrm{j}\,\psi_q \tag{10-6}$$

$$T_{em} = p\boldsymbol{\psi_s} \times \boldsymbol{i_s} \tag{10-7}$$

图 10-3 为调速永磁同步电动机的空间相量图。从图中可以看出，定子电流相量与 q 轴之间的夹角为 α，定子电压相量与 q 轴之间的夹角为 β，因此，电机的功率因数可以表示为

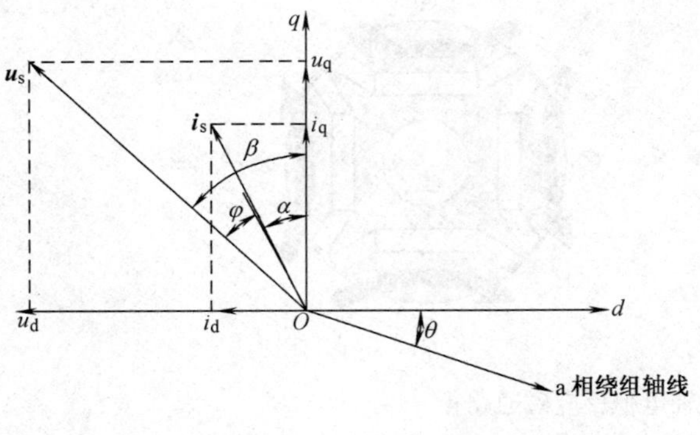

图 10-3　调速永磁同步电动机空间相量图

$$\cos\varphi = \cos(\beta - \alpha) \tag{10-8}$$

由式（10-3）可以看出，永磁同步电动机的电磁转矩中有两个分量，分别为定子交轴电流与永磁磁链相互作用产生的永磁转矩 T_m 和由于转子磁路不对称所产生的磁阻转矩 T_r。对于凸极永磁同步电动机，一般 $L_d < L_q$，为充分利用磁阻转矩，应使电动机直轴电流为负值。

若 abc 坐标系中的变量为稳态正弦量，采用功率不变约束进行 dq 坐标变换，变换后相应的 d、q 轴量为恒定的直流量，且此直流量的大小为 abc 坐标系下相应正弦量（相值）有效值的$\sqrt{3}$倍。在电动机稳定运行时，式（10-1）和式（10-3）分别变为

$$\begin{cases}u_d = -\omega L_q i_q + r_1 i_d \\ u_q = \omega L_d i_d + \omega\,\psi_f + r_1 i_q\end{cases} \tag{10-9}$$

$$T_{em}=p[\psi_f i_q+(L_d-L_q)i_d i_q]=\frac{p}{\omega}[e_0 i_q+(X_d-X_q)i_d i_q] \tag{10-10}$$

而电磁功率为

$$P_{em}=\Omega T_{em}=e_0 i_q+(X_d-X_q)i_d i_q \tag{10-11}$$

式中，e_0 为空载反电动势，其值为每相绕组反电动势有效值的$\sqrt{3}$倍，即 $e_0=\sqrt{3}E_0$。

利用上述数学模型分析永磁同步电动机时，必须知道电感参数。电感的计算主要有解析法和有限元法两种。一般来讲，永磁体产生的气隙磁场并不是正弦分布的，且永磁电机的磁路极为复杂，因此采用有限元法计算电感具有更高的计算精度，但计算复杂。在精度要求不是很高的情况下，通常采用解析法。下面针对图 10-1（a）所示的结构采用解析法计算 i_f 和 L_m（此时 $L_m=L_{md}=L_{mq}$）。

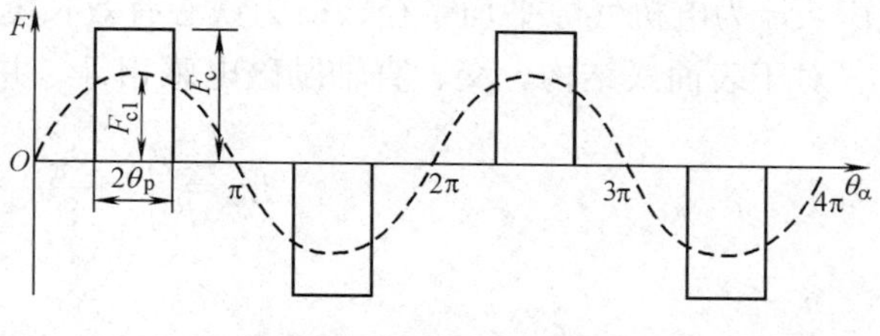

图10-4　永磁体气隙磁动势分布

对图 10-1（a）所示的表面式转子结构，永磁体等效励磁线圈产生的空间磁动势如图 10-4 所示。图中矩形磁动势波的幅值为

$$F_c=\frac{B_r}{\mu_r\mu_0}h_m \tag{10-12}$$

该磁动势波的基波分量表示为

$$f_{c1}\ (\theta_\alpha)\ =F_{c1}\sin\theta_\alpha=\frac{4}{\pi}\frac{B_r}{\mu_r\mu_0}h_m\sin\theta_p\sin\theta_\alpha \tag{10-13}$$

式中，θ_p为永磁体极弧宽度的 1/2（电弧度）。

若将永磁体等效励磁线圈归算到定子侧，则定子 d 轴绕组产生的基波磁动势幅值应与 F_{c1}相等，即

$$\frac{\sqrt{3/2}N_s}{2p}i_f=F_{c1} \tag{10-14}$$

式中，N_s 为等效正弦分布绕组的每相串联匝数，与每相实际串联匝数 N 的关系为

$$N_s=\frac{4}{\pi}k_{dp1}N \tag{10-15}$$

式中，k_{dp1}为基波绕组系数，由此可得永磁体的等效励磁电流为

$$i_f=\frac{8}{\pi}\sqrt{\frac{2}{3}}\frac{p}{N_s}\frac{B_r}{\mu_r\mu_0}h_m\sin\theta_p \tag{10-16}$$

基波永磁磁动势 $f_{c1}(\theta_\alpha)$ 所产生的基波磁密为

$$b_{c1}(\theta_\alpha)=\mu_0\frac{f_{c1}(\theta_\alpha)}{l_g} \tag{10-17}$$

式中，l_g 为气隙等效长度，考虑到永磁体磁导率接近于 1，有 $l_g\approx\delta+h_m$，该基波磁密的幅

值 B_{c1} 为

$$B_{c1}=\frac{4}{\pi}\int_0^{\frac{\pi}{2}}b_{c1}(\theta_\alpha)\sin\theta_\alpha\mathrm{d}\theta_\alpha \tag{10-18}$$

由 $b_{c1}(\theta_\alpha)$ 产生的永磁磁链 ψ_f 可由下式给出

$$\psi_f=\frac{1}{2}\sqrt{\frac{3}{2}}\frac{N_s}{p}\pi r_g l_{ef}B_{c1} \tag{10-19}$$

式中，r_g 为电机气隙平均半径；l_{ef} 为铁心有效长度。

对于表面式结构，交、直轴励磁电感相等，并用 L_m 表示，得

$$L_m=\frac{\psi_f}{i_f}=\frac{3\pi}{8}\mu_0\frac{N_s^2 l_{ef}r_g}{p^2 l_g} \tag{10-20}$$

第二节 调速永磁同步电动机的矢量控制

一、矢量控制原理

电动机的速度控制实际上是通过控制转矩来实现的。在永磁直流电动机中，仅仅改变电枢电流便可实现对转矩的控制，这是因为，无论转子在什么位置，电枢电流产生的磁动势总与永磁磁场正交，转矩可表示为

$$T_{em}=K_T\Phi_f I_a \tag{10-21}$$

式中，K_T 为比例常数；Φ_f 为永磁磁动势所产生的每极磁通，可认为是常数；I_a 为电枢电流。可以看出，通过控制电枢电流便可控制转矩，从而实现对电动机转速的控制。

与永磁直流电动机不同，调速永磁同步电动机的电枢反应磁动势与永磁磁场不正交，难以通过控制电枢电流来调节电动机的转矩。但从静止三相 abc 坐标系变换到 dq 坐标系后，永磁同步电动机的转矩表达式变为式（10-3）。当 $L_d=L_q$ 时，式（10-3）和式（10-21）的形式相同，其中交轴电流相当于永磁直流电动机中的电枢电流，因此可以通过调节交轴电流实现对转矩及转速的控制。当 $L_d\neq L_q$ 时，通过调节交直轴电流，不但可以利用磁阻转矩加大转矩输出能力，还可以改变直轴磁链大小，从而实现永磁同步电动机的弱磁调速控制。

总之，在永磁磁链和直、交轴电感确定后，电动机的转矩取决于定子电流的空间相量 i_s，而 i_s 的大小和相位又取决于 i_d 和 i_q，也就是说，控制 i_d 和 i_q 便可以控制电动机的转矩。一定的转速和转矩对应于一定的直交轴电流给定值 i_d' 和 i_q'，通过适当的控制，使实际直交轴电流 i_d 和 i_q 跟踪 i'_d 和 i'_q，便可实现电动机转矩和转速的控制。

由于电枢绕组的实际电流是三相交流电流 i_a、i_b、i_c，因此三相电流的给定值 i_a'、i_b' 和 i_c' 由下面的变换从 i_d' 和 i_q' 得到

$$\begin{bmatrix}i_a'\\ i_b'\\ i_c'\end{bmatrix}=\sqrt{\frac{3}{2}}\begin{bmatrix}\cos\theta & -\sin\theta\\ \cos\left(\theta-\frac{2\pi}{3}\right) & -\sin\left(\theta-\frac{2\pi}{3}\right)\\ \cos\left(\theta+\frac{2\pi}{3}\right) & -\sin\left(\theta+\frac{2\pi}{3}\right)\end{bmatrix}\begin{bmatrix}i_d'\\ i_q'\end{bmatrix} \tag{10-22}$$

式中，θ 的含义见图 10-3，为电动机转子直轴与定子 a 相绕组轴线之间的夹角（电角度），可以通过位于电动机非轴伸端上的位置传感器获得。

通过电流控制环，可使电动机实际输入电流与给定电流一致，从而实现对电动机转矩的控制。需要指出，上述电流控制方法对电动机稳态和运行动态都适用，且 i_d 和 i_q 是各自独立控制的，便于实现各种控制策略。

二、永磁同步电动机的电流控制策略

1. 恒转矩控制

恒转矩控制一般采用最大转矩/电流比控制，此时直、交轴电流满足式（10-23）

$$\begin{cases} i_d=\dfrac{-\psi_f+\sqrt{\psi_f^2+8(L_d-L_q)^2 i_s^2}}{4(L_d-L_q)} \\ i_q=\sqrt{i_s^2-i_d^2} \end{cases} \tag{10-23}$$

式中，i_s为 dq 坐标系下电枢电流值，可为逆变器电流容量的任何允许值。由逆变器容量决定的电枢电流最大值用 i_{lim}表示。

在恒转矩控制过程中，随电动机转速的升高，电枢绕组电动势增大。当增大到逆变器最高输出电压（即电机的极限电压）u_{lim}时，电机转速达到恒转矩控制时的最高转速，该转速定义为电机的转折转速，以电角速度 ω_b 表示。由式（10-23）和电压方程式可得转折转速为

（1）当凸极率 $\rho\neq1$ 时，为

$$\omega_b=\frac{u_{lim}}{\sqrt{(L_q i_s)^2+\psi_f^2+\dfrac{(L_d+L_q)C^2+8\psi_f L_d C}{16(L_d-L_q)}}} \tag{10-24}$$

式中，凸极率 $\rho=\dfrac{L_q}{L_d}$；$C=-\psi_f+\sqrt{\psi_f^2+8(L_d-L_q)^2 i_s^2}$。

（2）$\rho=1$ 时，最大转矩/电流比控制即为 $i_d=0$ 控制，转折转速为

$$\omega_b=\frac{u_{lim}}{\sqrt{(L_q i_s)^2+\psi_f^2}} \tag{10-25}$$

在电机恒转矩控制过程中，输出转矩保持不变，功率线性增加并在转折转速时达到最大值。

2. 普通弱磁控制

当电机转速增至转折转速时，要继续增加转速就必须采用弱磁控制。永磁同步电动机弱磁控制的思想来自他励直流电动机的励磁控制。他励直流电动机转速随端电压的升高而升高，当端电压达到极限值时，如希望再升高转速，必须降低电动机的励磁电流，使磁场减弱，才能保证电动势和电压的平衡。永磁同步电动机的励磁磁动势由永磁体产生而无法调节，只有通过调节定子电流，即增加定子直轴去磁电流分量来维持高速运行时电压的平衡，达到弱磁扩速的目的。

在弱磁调速过程中，电机的电压保持其极限值 u_{lim}不变，因此由电压方程式可得到电动机运行于某一转速 ω 时的交、直轴电流。

当$\psi_f/L_d>i_s$时，有

$$\begin{cases} i_d = -\dfrac{\psi_f}{L_d} + \sqrt{\left(\dfrac{u_{lim}}{L_d\omega}\right)^2 - (\rho i_q)^2} \\ i_d^2 + i_q^2 = i_s^2 \end{cases} \tag{10-26}$$

当$\psi_f/L_d \leqslant i_s$时，有

$$\begin{cases} i_d = -\dfrac{\psi_f}{L_d} - \sqrt{\left(\dfrac{u_{lim}}{L_d\omega}\right)^2 - (\rho i_q)^2} \\ i_d^2 + i_q^2 = i_s^2 \end{cases} \tag{10-27}$$

3. 最大输入功率弱磁控制

当$\psi_f < L_d i_s$且电动机的普通弱磁控制达一定转速时，再增加电机转速，必须降低电机的电流，从而进入最大输入功率弱磁控制，此时电机直、交轴电流应满足

$$\begin{cases} i_d = -\dfrac{\psi_f}{L_d} + \Delta i_d \\ i_q = \dfrac{\sqrt{(u_{lim}/\omega)^2 - (L_d \Delta i_d)^2}}{L_q} \end{cases} \tag{10-28}$$

当$\rho \neq 1$时，$\Delta i_d = \dfrac{\rho\psi_f - \sqrt{(\rho\psi_f)^2 + 8(\rho-1)^2(u_{lim}/\omega)^2}}{4(\rho-1)L_d}$；当$\rho = 1$时，$\Delta i_d = 0$。

三、调速永磁同步电动机矢量控制系统

由上面给出的调速永磁同步电动机的电流控制策略可以看出，各电流控制均是基于对其幅值和相位的控制，也即对定子电流矢量的控制。图10-5为调速永磁同步电动机矢量控制系统简图。

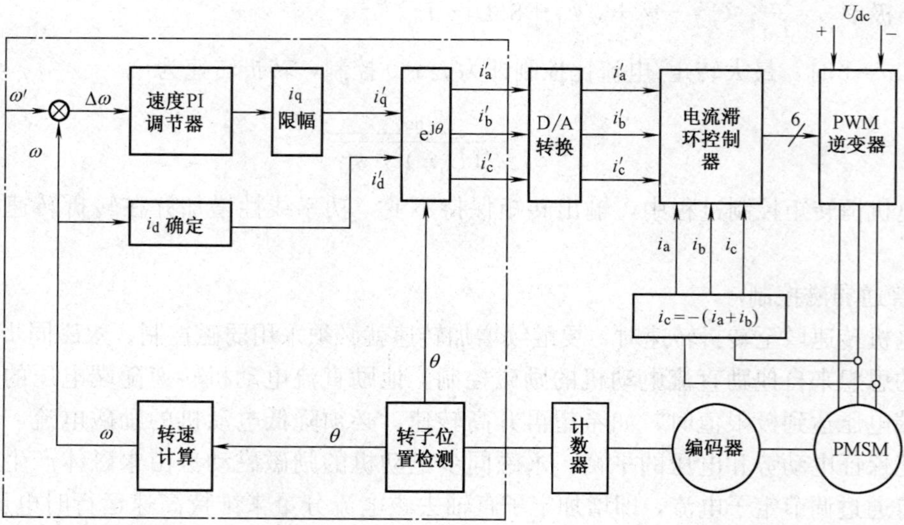

图10-5　调速永磁同步电动机矢量控制系统简图

指令速度ω'与实际反馈速度ω的差值作为速度PI调节器的输入，其输出经限幅后作为电机交轴给定电流i'_q；由电机实际转速确定的直轴给定电流i'_d连同交轴给定电流i'_q经坐标

变换（坐标变换所需的位置信号由位置检测元件得到）得到三相给定电流 i'_a、i'_b、i'_c，这一给定电流与实际反馈电流 i_a、i_b、i_c进行滞环比较，得到逆变器功率管的驱动信号，实现对电机转速、电流的双闭环控制。

第三节 矢量控制永磁同步电动机的功率特性及弱磁扩速能力分析

一、矢量控制调速永磁同步电动机的性能分析方法

由图 10-3 可以看出，在不计各种损耗的前提下，电动机的电磁功率可表示为

$$P_{em}=u_s i_s \cos\varphi \tag{10-29}$$

为使分析更具普遍性，对永磁同步电动机功率特性的分析采用标幺值形式，功率及电角速度的基值 P_c、ω_c分别定义为

$$P_c=P_{emN}=u_{lim} i_{limN} \tag{10-30}$$

$$\omega_c=\frac{u_{lim}}{\psi_f} \tag{10-31}$$

其中，$i_{limN}=\psi_f/L_d$。由于永磁同步电动机的功率特性及弱磁扩速能力不但决定于电机本身的参数，还与逆变器容量及直流母线电压大小有关，因此以下的分析是以电机的凸极率 ρ 和弱磁率 ξ 为参数。弱磁率 ξ 定义为

$$\xi=\frac{L_d i_s}{\psi_f} \tag{10-32}$$

二、永磁同步电动机恒转矩控制和普通弱磁控制时的功率特性

1. 电压和电流相量的变化轨迹

根据前述电流控制策略，永磁同步电动机在恒转矩控制及普通弱磁控制方式下，电压、电流相位角 α、β 满足：

$$\alpha=\begin{cases}\arctan[\rho\cos\beta/(1/\xi-\sin\beta)] & \xi<1/\sin\beta \\ 180^\circ-\arctan[\rho\cos\beta/(\sin\beta-1/\xi)] & \xi>1/\sin\beta \\ 90^\circ & \xi=1/\sin\beta\end{cases} \tag{10-33}$$

因此，在整个恒转矩控制区和普通弱磁控制区内，有如图 10-6 所示的电压、电流相量变化轨迹，可以看出：

（1）在恒转矩控制区，电流相量保持为 $\boldsymbol{OA}_i$ 不变，其相角 β_1 可表示为

$$\beta_1=\begin{cases}0^\circ & \rho=1 \\ \arcsin\dfrac{-1/\xi+\sqrt{(1/\xi)^2+8(1-\rho)^2}}{4(\rho-1)} & \rho\neq1\end{cases} \tag{10-34}$$

电压相量的相角为 α_1，幅值由 0 增加到极限电压 u_{lim}。

（2）在普通弱磁控制区，电流相量由 $\boldsymbol{OA}_i$ 变化到 $\boldsymbol{OB}_i$，即幅值不变，相角由 β_1变到 90°；电压相量幅值不变，但相位由 α_1 开始根据弱磁率的不同而具有不同的变化规律。

当 $\xi=1$ 时，若电流相量由 $\boldsymbol{OA}_i$ 变化到 $\boldsymbol{OB}_i$，电压相量则由 $\boldsymbol{OA}_u$ 变化到 $\boldsymbol{OB}_u$，即随电流

相位由 β_1 变到 90°，电压相位也由 α_1 变到 90°，如图 10-6（a）所示。

当 $\xi<1$ 时，在整个弱磁区内，电压相量相角先由 α_1 增大到某一最大值 α_z，然后再减少到零，变化轨迹如图 10-6（b）所示，即电压相量由 $\boldsymbol{OA}_u$ 变化到 $\boldsymbol{OB}_u$，然后变化到 $\boldsymbol{OC}_u$。电压相角为 α_z（即电压相量转折）时的电流相角 β_z 只与弱磁率 ξ 有关，而与凸极率无关，β_z 满足

$$\sin\beta_z=\xi \tag{10-35}$$

当 $\xi>1$ 时，在整个弱磁过程中，电压相角由 α_1 一直增大到 180°，如图 10-6（c）所示。α 达 90°时的电流相位角 β_p 也与 ρ 无关（由于 α_1 可能大于 90°，此时该点为假想点），且满足

$$\sin\beta_p=\frac{1}{\xi} \tag{10-36}$$

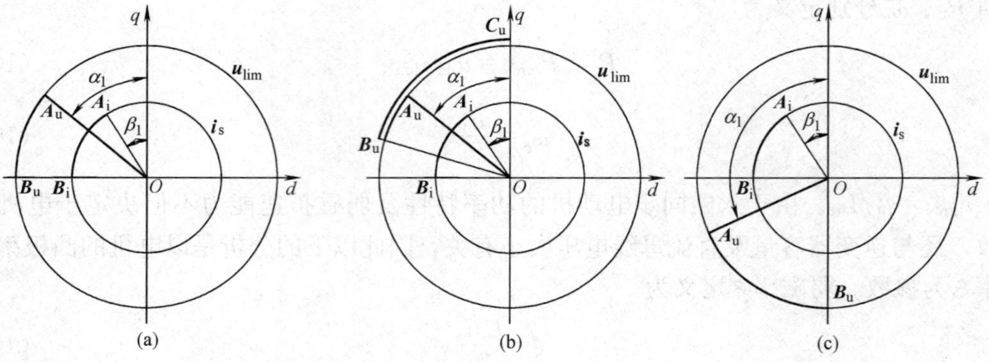

图 10-6　恒转矩控制及普通弱磁控制时电压电流相量变化轨迹

（a）$\xi=1$；（b）$\xi<1$；（c）$\xi>1$

2. 功率与电角速度之间的关系

在普通弱磁控制时，电机电角速度与电流相量角之间的关系为

$$\omega=\frac{u_{\rm lim}}{\sqrt{(L_{\rm q}i_{\rm q})^2+(\psi_{\rm f}+L_{\rm d}i_{\rm d})^2}}=\frac{u_{\rm lim}}{\sqrt{(L_{\rm q}i_{\rm s}\cos\beta)^2+(\psi_{\rm f}-L_{\rm q}i_{\rm s}\sin\beta)^2}} \tag{10-37}$$

以标幺值表示，上式变为

$$\omega^*=\omega/\omega_{\rm c}=1/\sqrt{(\rho\xi\cos\beta)^2+(1-\xi\sin\beta)^2} \tag{10-38}$$

此时功率标幺值为

$$P_{\rm em}^*=P_{\rm em}/P_{\rm emN}=\xi\cos\varphi \tag{10-39}$$

计及恒转矩运行时功率的变化特征，可得 $P_{\rm em}/P_{\rm emN}=f(\omega/\omega_{\rm c})$ 的变化曲线如图 10-7 所示。

最高转速 $\omega_{\max}^*$、最高转速时的功率 $P_{\rm em}^*(\omega=\omega_{\max})$ 和最大功率 $P_{\rm emmax}^*$ 分别为

$$\omega_{\max}^*=\begin{cases}\dfrac{1}{|1-\xi|} & (\xi\neq1)\\ \infty & (\xi=1)\end{cases} \tag{10-40}$$

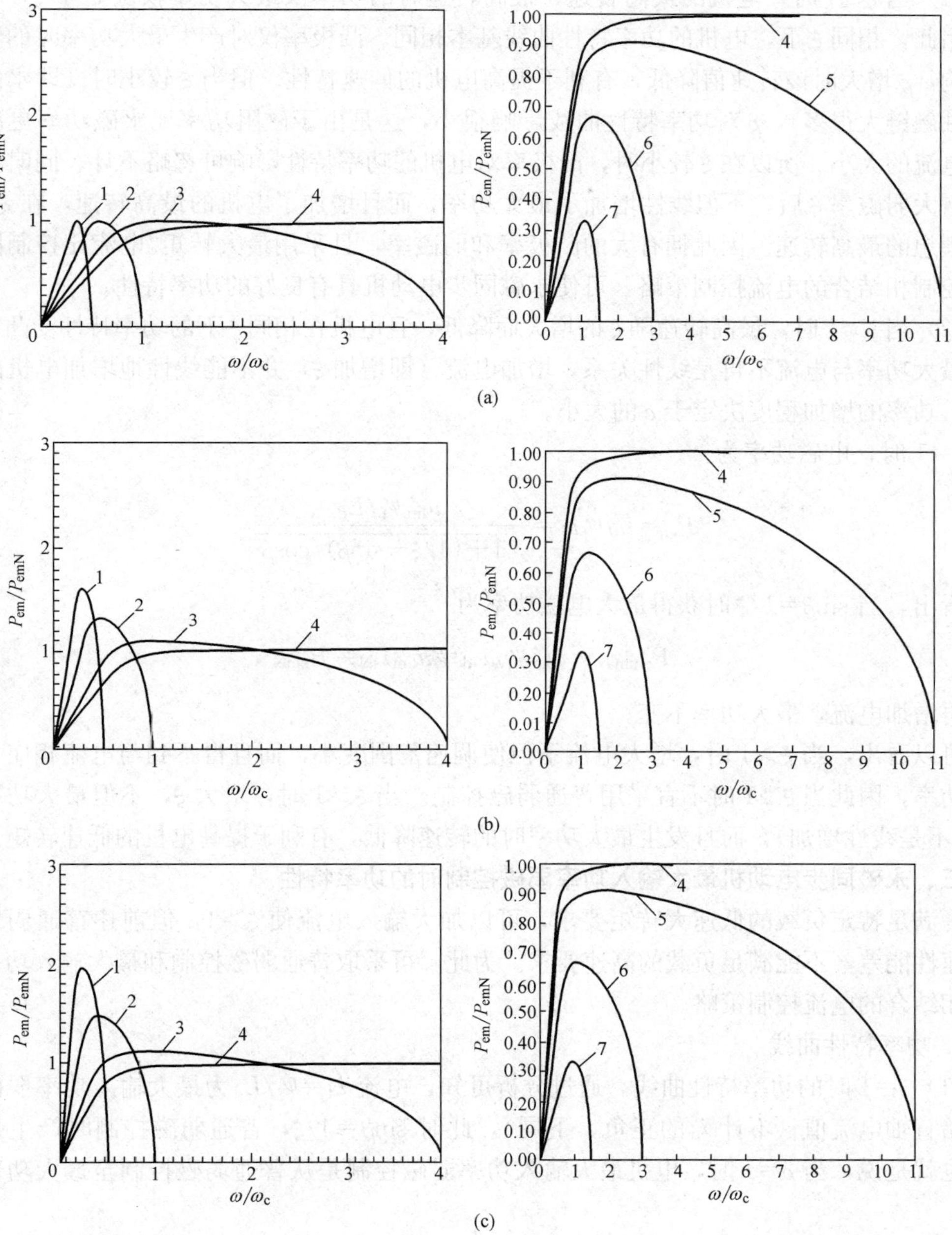

图 10-7　电磁功率与电角速度之间的关系

(a) $\rho=1$；(b) $\rho=2$；(c) $\rho=3$

1—$\xi=3$；2—$\xi=2$；3—$\xi=1.25$；4—$\xi=1$；5—$\xi=0.909$；6—$\xi=0.667$；7—$\xi=0.333$

$$P_{em}^{*}\ (\omega=\omega_{max})=\begin{cases}0 & (\xi\neq1)\\1 & (\xi=1)\end{cases}\tag{10-41}$$

$$P_{emmax}^{*}=\begin{cases}\xi & (\xi\leqslant1)\\>1 & (\xi>1)\end{cases}\tag{10-42}$$

（1）当$\xi \leqslant 1$时，电机的最高转速、最高转速时的功率及最大功率仅决定于ξ，与ρ无关。因此，相同ξ下，电机的功率特性曲线基本相同。凸极率仅对产生最大功率时的转速值有影响，ρ增大时该转速值降低，有利于提高电机的低速特性。但当ξ较小时（即永磁磁链比直轴磁链大很多），ρ对功率特性曲线影响很小，这是由于磁阻功率比永磁功率更决定于电机电流的大小。所以在ξ较小时，凸极率对电机的功率特性影响可忽略不计。同时可以看出，增大弱磁率ξ后，不但线性增加了最大功率，而且增加了电机的最高转速，在$\xi=1$时具有理想的最高转速。因此拥有大的凸极率和弱磁率，且采用最大转矩/电流比控制同普通弱磁控制相结合的电流控制策略，可使永磁同步电动机具有良好的功率特性。

（2）当$\xi>1$时，最高转速随ξ的增大而降低，且电机在相同ξ下的功率特性受凸极率影响；最大功率与电流不再是线性关系，增加电流（即增加ξ）并不能线性地增加电机的最大功率，功率的增加程度决定于ρ的大小。

$\rho=1$时，电磁功率为

$$P_{em}=\omega\Psi_f i_q=\frac{u_{lim}\Psi_f/L_d}{\sqrt{1+(1/\xi-\sin\beta)/\cos\beta^2}} \tag{10-43}$$

可以看出，当$\sin\beta=1/\xi$时获得最大电磁功率为

$$P_{emmax}=u_{lim}\Psi_f/L_d=u_{lim}i_{sN}=P_{emN} \tag{10-44}$$

此时再增加电流，最大功率不变。

可以看出，当$\xi>1$时，增大电流不但使调速范围变小，而且得不到与电流相应大小的最大功率，因此当$\xi>1$时不宜采用普通弱磁控制。当$\xi>1$时，增大ξ，不但最大功率增加（尽管不是线性增加），而且发生最大功率时的转速降低，有利于提高电机的低速转矩。

三、永磁同步电动机最大输入功率弱磁控制时的功率特性

为满足特定负载的低速大转矩要求，可以加大输入电流使$\xi>1$，但前述普通弱磁控制的调速性能差，不能满足负载的高速要求。为此，可采取普通弱磁控制和最大输入功率弱磁控制相结合的电流控制策略。

1. 功率特性曲线

（1）$\rho=1$时的功率特性曲线。通过分析可知，电流$i_d=\Psi_f/L_d$为最大输入功率弱磁控制的起始直轴电流值（不计i_d的正负，下同），此时$\sin\beta=1/\xi$，普通弱磁控制时产生最大功率。也就是说，当$\rho=1$时，电机最大输入功率弱磁控制是从普通弱磁控制至最大功率时开始的。

在最大输入功率弱磁控制过程中，电磁功率可表示为

$$P_{em}=\omega\Psi_f i_q=u_{lim}\Psi_f/L_q=P_{emN} \tag{10-45}$$

式中，$i_q=u_{lim}/\omega L_q$。

因此，$\rho=1$时的最大输入功率弱磁控制是从普通弱磁控制至最大功率开始，并保持这一功率不变。由此可得具有最大输入功率弱磁控制时的功率特性曲线，如图10-8所示，图中同时给出只采用普通弱磁控制时的功率特性曲线。可以看出，$\rho=1$、$\xi>1$时普通弱磁控制无法满足恒功率要求，调速范围低，改为普通弱磁控制与最大输入功率弱磁控制相结合的方法则可得到趋于无穷的恒功率弱磁调速范围。在图10-8中，比较$\xi=1$时的功率特性曲线

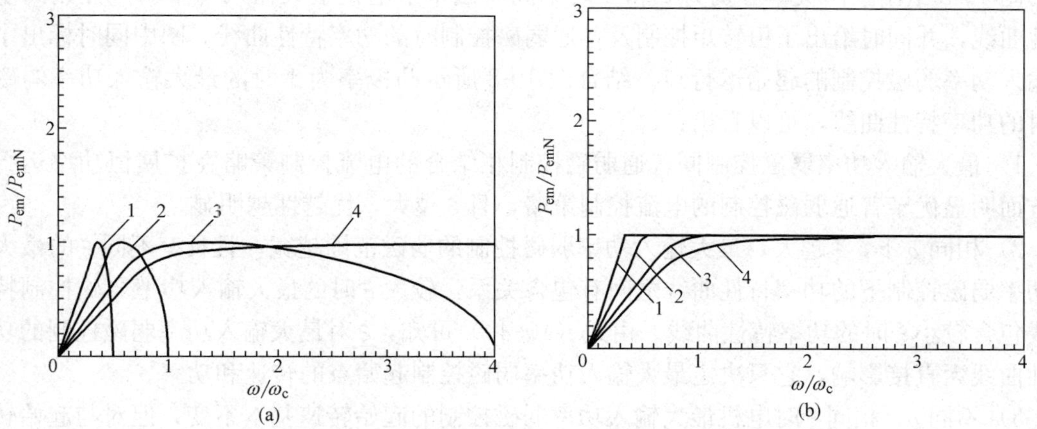

图 10-8　$\rho=1$ 时两种不同弱磁控制的功率特性曲线比较

(a) 普通弱磁；(b) 最大输入功率弱磁控制

1—$\xi=3$；2—$\xi=2$；3—$\xi=1.25$；4—$\xi=1$

及$\xi>1$时最大输入功率弱磁控制的功率特性曲线可以看出，两者的主要区别在于恒转矩运行区而非弱磁区，后者比前者在低速时有更高的转矩。

(2) $\rho\neq1$ 时的功率特性曲线。当 $\rho\neq1$ 时，最大输入功率弱磁控制运行的最高转速也趋于无穷，忽略定子绕组电阻时，有

$$u_{\mathrm{d}}=\omega L_{\mathrm{q}}i_{\mathrm{q}}=\sqrt{u_{\lim}^2-\left[\frac{\omega\rho\Psi_{\mathrm{f}}-\sqrt{(\omega\rho\Psi_{\mathrm{f}})^2+8(\rho-1)^2u_{\lim}^2}}{4(\rho-1)}\right]^2} \tag{10-46}$$

当 $\omega\rightarrow\infty$时有

$$u_{\mathrm{d}}=u_{\lim} \tag{10-47}$$

也就是说，当 $\rho\neq1$ 时，最大输入功率弱磁控制达到最高转速时电压电流同相位，都在直轴上，因此 $\cos\varphi=1$，且 $u_{\mathrm{s}}=u_{\mathrm{d}}=u_{\lim}$，$i_{\mathrm{s}}=i_{\mathrm{d}}=\Psi_{\mathrm{f}}/L_{\mathrm{d}}=i_{\mathrm{sN}}$。最高转速时的电磁功率同样可表示为

$$P_{\mathrm{em}}(\omega\rightarrow\infty)=u_{\lim}i_{\mathrm{sN}}=P_{\mathrm{emN}} \tag{10-48}$$

即同 $\rho=1$ 电机一样，$\rho\neq1$ 电机采用最大输入功率弱磁控制达到其最高转速时的电磁功率与 $\xi=1$ 时普通弱磁控制的最大电磁功率相等。

根据最大输入功率控制的电流控制策略，进行必要的推导可得最大输入功率弱磁控制时的电磁功率表达式

$$P_{\mathrm{em}}/P_{\mathrm{emN}}=\sqrt{1-[f(\rho,\omega/\omega_{\mathrm{c}})]^2(\omega/\omega_{\mathrm{c}})^2}\,[1+(1-\rho)(f(\rho,\omega/\omega_{\mathrm{c}})-1)]/\rho \tag{10-49}$$

显然有

$$\lim_{\omega/\omega_{\mathrm{c}}\rightarrow\infty}P_{\mathrm{em}}/P_{\mathrm{emN}}=1 \tag{10-50}$$

图 10-9 给出了凸极率分别为 2 和 3 时不同弱磁率下电机最大输入功率弱磁控制的功率特性曲线，并同时给出了恒转矩控制及普通弱磁控制时的功率特性曲线。图中同时标出了最大输入功率弱磁控制的起始运行点。结合图 10-8 所示凸极率为 1 时的最大输入功率弱磁控制时的功率特性曲线，可以看出：

1）最大输入功率弱磁控制同普通弱磁控制相结合的电流控制策略在扩展恒功率运行范围方面明显优于普通弱磁控制的电流控制策略，且 ξ 越大，优越性越明显。

2）相同 ρ 下，ξ 越大，最大输入功率弱磁控制的弱磁范围越宽，且具有不同 ξ 的最大输入功率弱磁控制下的功率特性曲线之间有包含关系，较大 ξ 时的最大输入功率弱磁控制特性曲线包含较小 ξ 时的功率特性曲线。由式（10-49）可知，ξ 对最大输入功率弱磁控制的功率特性曲线无直接影响，它只决定最大输入功率弱磁控制起始点的转速和功率。

3）不同 ρ、相同 ξ 时电机最大输入功率弱磁控制的起始转速基本不变，但对与起始转速对应的电磁功率有影响。增大 ρ，该功率增大，且 ξ 越大，ρ 的影响越大。总之，增大 ρ 不但可改善恒转矩运行特性、普通弱磁控制运行特性，而且也可改善最大输入功率弱磁控制的运行特性。

4）ξ 较大时，尽管最大输入功率弱磁控制的起始电磁功率较大，恒功率运行范围相对较宽，但该电磁功率很快衰减，最后至 P_{emN}，且其最大功率也不与电流成线性关系，即逆变器容量在弱磁阶段未能得到有效利用。

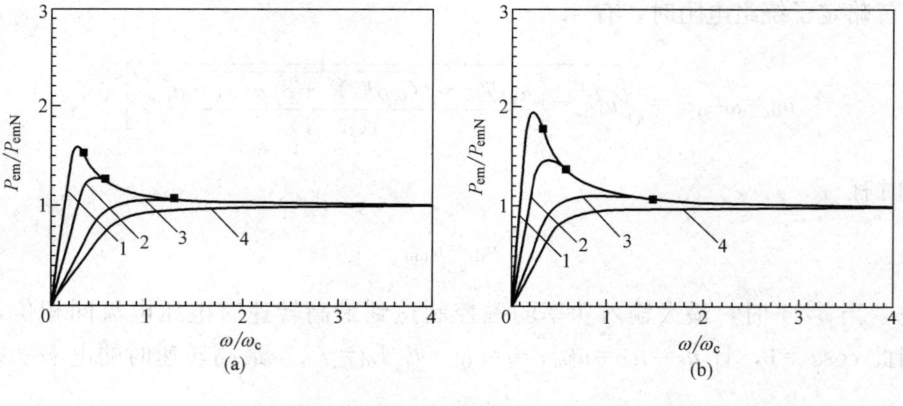

图 10-9 ξ>1 时最大输入功率弱磁控制的功率特性曲线

(a) $\rho=2$；(b) $\rho=3$

1—$\xi=3$；2—$\xi=2$；3—$\xi=1.25$；4—$\xi=1$

2. 电压电流相量轨迹

当 ξ>1 时，若普通弱磁至一定转速时改为最大输入功率弱磁控制，则整个调速范围内的电压电流相量轨迹如图 10-10 所示。恒转矩控制时，电流相量为 $\boldsymbol{OA}_i$ 保持不变，电压相量轨迹由 $\boldsymbol{O}$ 至 $\boldsymbol{A}_u$；普通弱磁时，电流相量轨迹由 $\boldsymbol{A}_i$ 至 $\boldsymbol{B}_i$，电压相量轨迹由 $\boldsymbol{A}_u$ 至 $\boldsymbol{B}_u$；最大输入功率弱磁控制时，电流相量轨迹由 $\boldsymbol{B}_i$ 至 $\boldsymbol{C}_i$，电压相量轨迹由 $\boldsymbol{B}_u$ 至 $\boldsymbol{C}_u$。

3. 最大输入功率弱磁控制的等效电流控制策略

从最大输入功率弱磁控制的电流控制策略可以看出，永磁同步电动机的最大输入功率弱磁控制是电机电流逐渐减少的控制，电流的计算极为复杂，在实际应用中难以实现，因此采

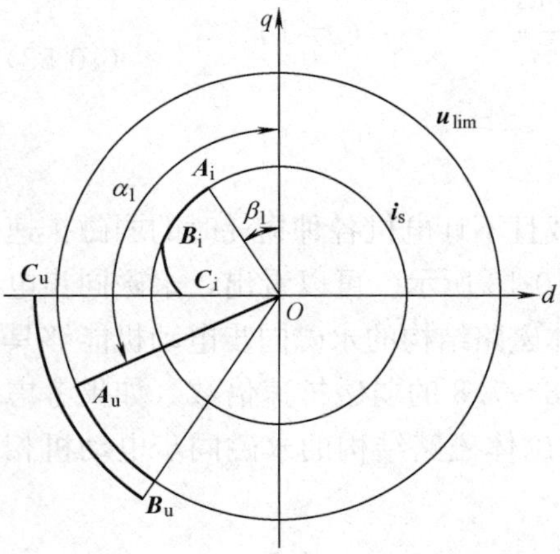

图 10-10　$\xi>1$ 时最大输入功率弱磁控制时电压电流相量轨迹

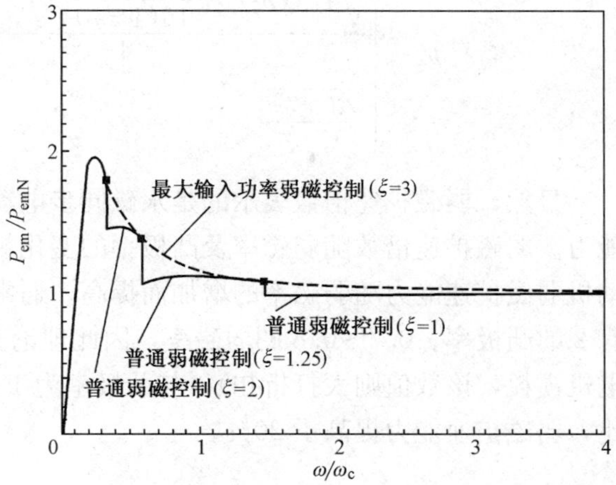

图 10-11　最大输入功率弱磁控制的等效电流控制策略

用等效电流控制策略。

在等效电流控制策略中，将最大输入功率弱磁控制转化为弱磁率逐渐降低的普通弱磁控制，避免了电流的复杂计算。图 10-11 为凸极率为 3 时，弱磁率由 3 降为 2，然后降为 1 的等效电流控制策略，图中同时给出了最大输入功率弱磁控制。可以看出，如果细化弱磁率的降低速度，等效电流控制策略可以很好地模拟最大输入功率弱磁控制。

四、永磁同步电动机弱磁扩速能力的提高

前面分析永磁同步电动机的功率特性时，已涉及弱磁扩速能力的提高，本节讨论弱磁扩速倍数。由于在 $\xi\geqslant1$（$\xi>1$ 时采用最大输入功率弱磁控制或 ξ 逐渐降低的普通弱磁功率控制）时已具有无穷大的理想最高转速，因此本节仅分析 $\xi<1$ 情况。

经推导得转折转速与凸极率、弱磁率之间的关系为

$$\omega_b^*=\begin{cases}\dfrac{1}{\sqrt{1+(\rho\xi)^2+\dfrac{1}{16(1-\rho)}[(1+\rho)C_f^2+8C_f]}} & (\rho\neq1)\\[2ex] \dfrac{1}{\sqrt{1+\xi^2}} & (\rho=1)\end{cases}\tag{10-51}$$

式中，$C_f=-1+\sqrt{1+8\ (1-\rho)^2\xi^2}$，其对应曲线如图 10-12 所示。可以看出，转折转速与弱磁率、凸极率有直接关系，凸极率、弱磁率增大，转折转速降低。同时由前述分析已知最高转速与凸极率无关，因此增加电机凸极率可显著提高电机的弱磁扩速能力。电机的弱磁扩速能力用弱磁扩速倍数 k_ξ 表示，定义为

$$k_\xi=\frac{\omega_{max}}{\omega_b}=\frac{\omega_{max}^*}{\omega_b^*}\tag{10-52}$$

k_ξ 的具体表达式为

$$k_\xi=\begin{cases}\dfrac{\sqrt{1+(\rho\xi)^2+\dfrac{1}{16(1-\rho)}[(1+\rho)C_f^2+8C_f]}}{1-\xi} & (\rho\neq1)\\ \dfrac{\sqrt{1+\xi^2}}{1-\xi} & (\rho=1)\end{cases}\tag{10-53}$$

显然，弱磁扩速倍数表示的是永磁同步电动机在空载且不计电机各种损耗时的弱磁扩速能力。弱磁扩速倍数随弱磁率及凸极率的变化规律如图 10-13 所示。可以看出，永磁同步电动机弱磁扩速能力随弱磁率的增加而提高。通常内置磁体磁路结构的永磁同步电动机能够具有 2 的凸极率、0.7～0.8 的弱磁率，因此理论上具有 4.8～7.8 的弱磁扩速倍数（如果考虑电机损耗，该数值则大打折扣），与凸极率为 1 的表面式磁体磁路结构的永磁同步电动机相比，弱磁扩速能力提高了 20%。

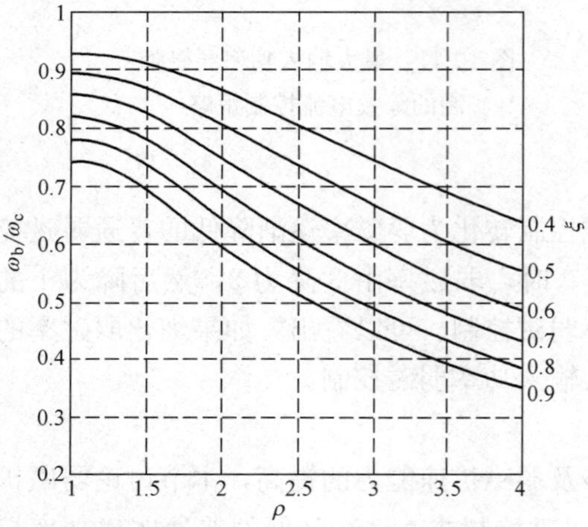

图 10-12　转折转速与 ξ、ρ 的关系

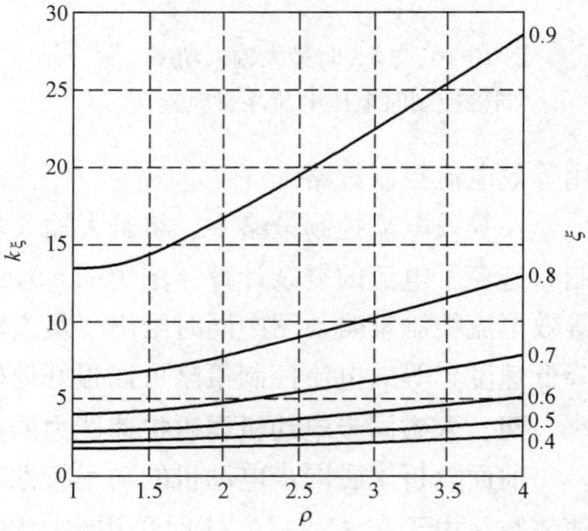

图 10-13　弱磁扩速倍数与 ξ、ρ 的关系

五、其他因素对功率特性及弱磁扩速能力的影响

前面分析了永磁同步电动机理想情况下的功率特性及弱磁扩速能力，未计及损耗和饱和的影响，实际电机中存在各种损耗（包括绕组铜耗、铁耗、机械损耗等）及磁路的非线性，下面具体分析这些因素的影响。

电机绕组电阻的存在使电机的功率特性曲线降低，在分析问题时可将理想的电压极限值扣除电机绕组的电阻压降作为实际的电压极限值，用以考虑电枢绕组电阻的影响。

电机的磁滞损耗近似正比于频率，涡流损耗则与频率的平方成正比。因此，变频驱动永磁同步电动机的铁耗非常复杂。高速时电机的基波磁通很低，所产生的铁耗不大，但谐波产生的铁耗较大，使电机高速时的输出功率降低，从而限制了电机的最高运行速度。

电机的机械损耗近似与转速的立方成正比，因此高速时电机的损耗大小更决定于机械损耗，在电机设计中必须充分考虑这一点。

磁路饱和对电机的功率特性也有重要影响。低速时交轴磁路的饱和使交轴电抗变小，从而降低了电机的凸极率，影响电机的功率特性。高速时由于磁密较低，且电枢反应磁场主要作用于直轴，而直轴电感几乎与直轴电流无关，因此高速时可以认为电机是线性的。

第四节　调速永磁同步电动机的电感参数计算方法

由前面的分析可知，调速永磁同步电动机交、直轴电感的大小直接决定电机弱磁扩速能力、转矩输出能力和功率输出能力，准确计算电机的交、直轴电感参数对电机的设计及控制至关重要。

显然，转子磁路结构、永磁体结构尺寸和性能、隔磁措施及尺寸、交直轴电流都影响调速永磁同步电动机的交、直轴电感。对于确定的调速永磁同步电动机，前三项因素是固定的，以下仅分析交、直轴电流对电感的影响。电机的电感参数在 dq 坐标系和 abc 坐标系中具有相同的数值，为分析方便，在 abc 坐标系下计算电感参数。

一、交、直轴电感的计算方法

图 10-14 为忽略电枢绕组电阻时的永磁同步电动机相量图，电机的直轴电枢反应电感 L_{ad}、交轴电枢反应电感 L_{aq}分别为

$$L_{ad}=\frac{E_0-E_d}{\omega I_d}=\frac{\psi_{abc-f}-\psi_{abc-d}}{I_d} \tag{10-54}$$

$$L_{aq}=\frac{E_q}{\omega I_q}=\frac{\psi_{abc-q}}{I_q} \tag{10-55}$$

式中，各量都是 abc 坐标系下的值，其中，ψ_{abc-f}为永磁体发出的空载基波磁链，而ψ_{abc-d}、ψ_{abc-q}分别为电机施加交、直轴电流后的直轴基波磁链和交轴基波磁链。

调速永磁同步电机具有复杂的转子磁路结构，因此难以采用解析分析方法精确地计算交、直轴电感。而必须采用场路结合的方法进行，即基于式（10-54）和式（10-55），对电机施加一系列不同的交、直轴电流分量，求得在不同交、直轴电流下永磁同步电动机的交、直轴电感。

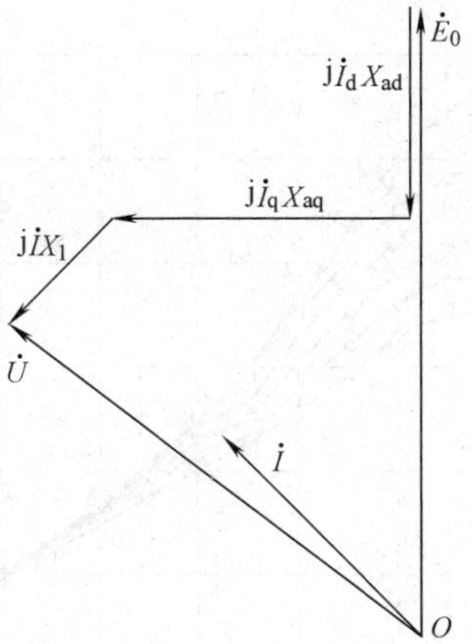

图 10-14　相量图

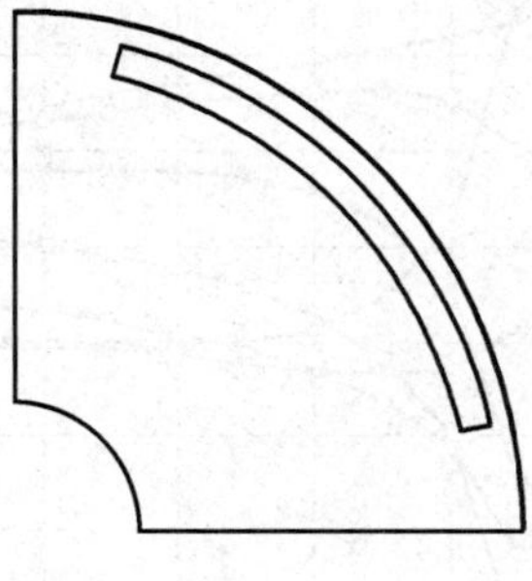

图 10-15　转子磁路结构

二、交、直轴电流对交、直轴电感的影响

图 10-15 为类似于图 10-1（b）所示的转子磁路结构，图 10-16 为该磁路结构电机在不同激励下的磁力线分布。其中，（a）为永磁体单独激励时的磁力线分布（即空载磁力线分

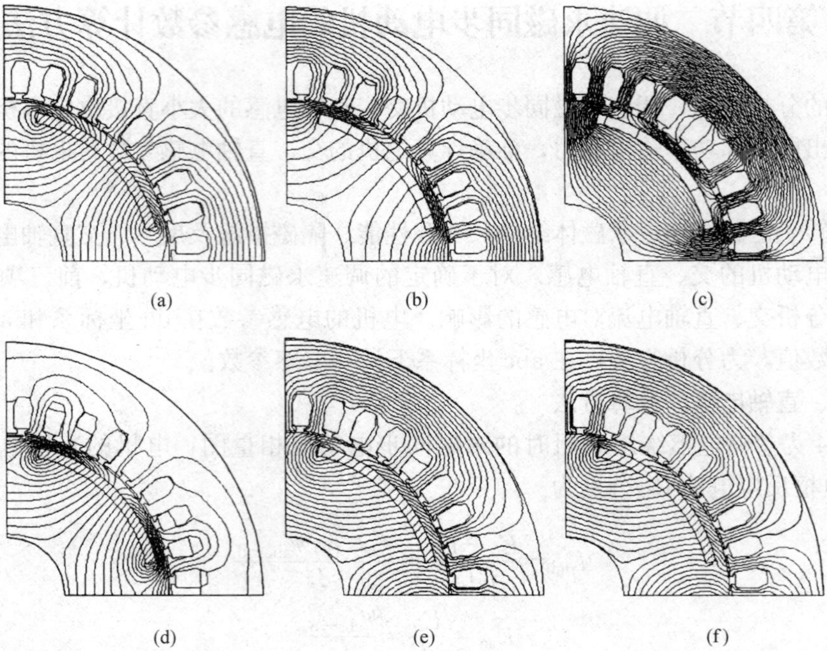

图 10-16 不同激励下电机磁场分布

布），（b）为直轴电流单独激励时的磁力线分布，（c）为交轴电流单独激励时的磁力线分布，（d）为永磁体和直轴电流共同激励时的磁力线分布，（e）为永磁体和交轴电流共同激励时的磁力线分布，（f）为永磁体和交、直轴电流共同激励时的磁力线分布。可以看出，在调速永磁同步电动机中，交直轴磁路耦合作用很强且存在局部饱和现象，说明交直轴电流对交直轴电感有影响，必须采用电磁场的数值计算方法才能进行电机交直轴电感的

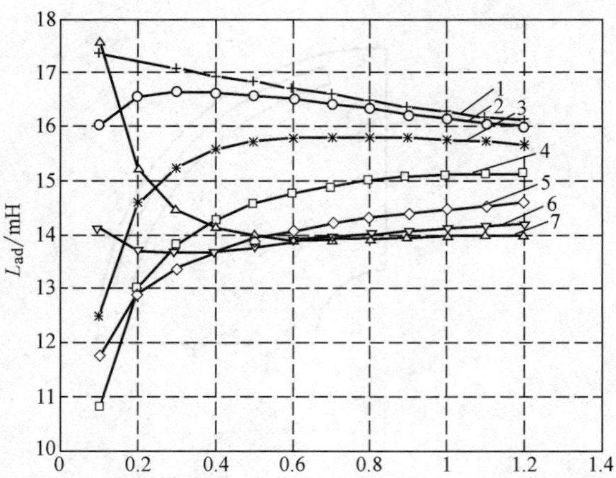

图 10-17 直轴电枢反应电感随交直轴电流的变化

1—I_q=0；2—I_q=0.2；3—I_q=0.4；4—I_q=0.6
5—I_q=0.8；6—I_q=1.0；7—I_q=1.2（交轴电流标幺值）

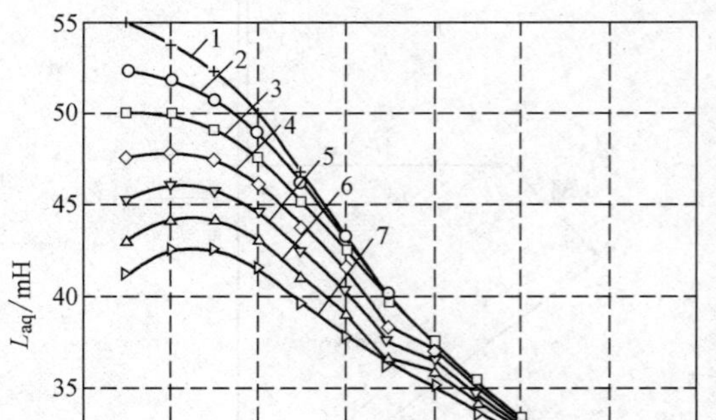

图 10-18 交轴电枢反应电感随交直轴电流的变化

1—I_d=0；2—I_d=0.2；3—I_d=0.4；4—I_d=0.6
5—I_d=0.8；6—I_d=1.0；7—I_d=1.2（直轴电流标幺值）

精确计算。

图 10-17、图 10-18 为采用有限元法计算得到的某一调速永磁同步电动机的直、交轴电感随交直轴电流的变化曲线。可以看出，当直轴电流较小时，随着交轴电流的增大，直轴电枢反应电感先减小而后又增大，当直轴电流大到一定程度后，随着交轴电流的增大，直轴电枢反应电感也随之减小；直轴电流的增大使得交轴电枢反应电感相应减小。上述现象可以归结为不同交、直轴电流作用下电机交、直轴磁路饱和程度的复杂变化。还可以看出，直轴电流对直轴电枢反应电感的影响比较小，而交轴电流对交轴电枢反应电感的影响则比较明显。

第五节　调速永磁同步电动机矢量控制运行的实现

一、驱动系统概述

图 10-5 为调速永磁同步电动机矢量控制系统简图，本节以 80C196KC 单片机为硬件核心，并与其他硬件电路相结合，以 PL/M 语言进行编程，设计并实现该控制系统。单片机通过 8253 计数器检测电机转子位置，计算电机速度，实现速度的 PI 调节及交轴电流限幅，完成坐标变换，然后通过 DAC1210 数模转换器实现给定电流数字量到模拟量的转换。同时，单片机可直接通过自身带的 A/D 转换读取由电位器输入的转速模拟给定。定子电流的滞环调节及电流调制所需的三角波信号都由硬件电路实现，以节约 CPU 资源。通过电流传感器检测电机三相电流以获得电流反馈和保护所需的电流信号。通过能耗制动单元防止快速降速及停机所引起的过电压对系统的影响，由电压传感器检测母线电压以实现系统的过电压及欠电压保护。

二、位置传感器的选用及安装

永磁同步电动机的矢量控制系统需要检测转子的精确位置，并根据转子的位置按正弦电流波形给出相电流，因此转子位置检测精度直接决定了电机的控制精度。有多种传感器可供选择，包括旋转变压器、光电编码器、磁电编码器、齿轮编码器等。磁电编码器、齿轮编码器难以满足永磁同步电动机的高响应频率和高位置分辨率要求。旋转变压器在高速运行时其输出信号畸变较大，从而导致较大的测量误差，而且具有较大的体积和重量。因此，采用光电编码器作为永磁同步电动机转子位置和速度的检测器件较为理想。

光电编码器分为绝对式编码器和相对式编码器两种，前者能够直接输出转子的绝对位置，且不受电机反复起动和停转的影响，是永磁同步电动机速度位置检测的理想选择。但目前的绝对式编码器难以满足高速运行要求，因此采用增量式编码器作为永磁同步电动机位置和速度检测装置，并在软件上采取相应措施实现电机转子绝对位置的检测。

以 LMA 增量式编码器为例。该编码器响应频率为 100kHz，分辨率（整周线数）为 1000，最高持续机械转速可达 5000r/min。编码器应保证其同步信号（编码 z 相信号）透光光栅位于电机永磁磁极轴线上，以利用该信号作为位置计数的复位信号，消除位置检测的积累误差。因此在安装时，使编码器同步信号位于 a 相反电动势波形的过零点，如图 10-19 所示。

三、位置和速度的采样

以可编程计数器 8253 配合单片机的定时器 1 进行电机转子位置和速度信号的采集。8253 有 3 个功能相同的 16 位计数器，分别是计数器 0、计数器 1 和计数器 2，它与编码器输出信号及单片机的连接如图 10-20 所示。光电编码器的 a 相输出信号经放大整形后接至 8253

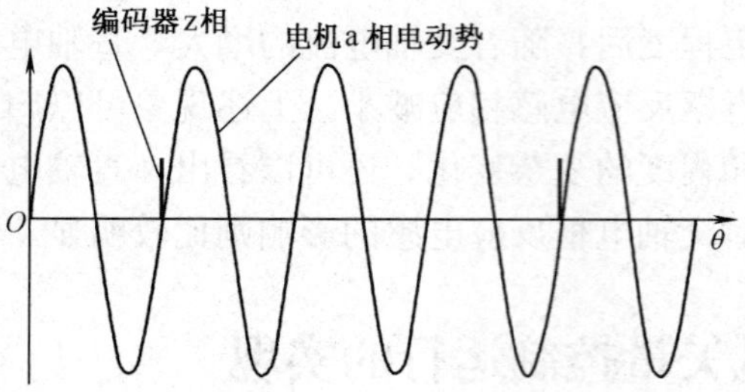

图 10-19 永磁同步电动机用编码器的定位安装

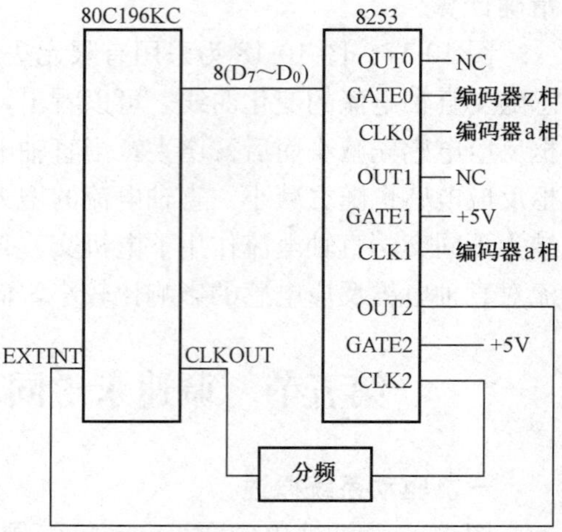

图 10-20 永磁同步电动机系统计数器同单片机及编码器信号的连接

计数器 0 和 1 的时钟输入端，整周信号（z 相）经放大整形后接至计数器 0 的门控输入，单片机 CLKOUT 引脚输出的时钟信号经 10 分频后接至计数器 2 的时钟输入，计数器 2 的输出作为单片机的外部中断源。发生中断时，单片机读计数器 0，得到电机转子的绝对位置。显然，可通过调整计数器 2 的初值调整转子位置的采样周期。如计数器 2 的初值为 0140H（320），则转子位置的采样周期为 $400\mu s$，能够保证电机在 6000r/min 时，每 360°电角度范围采样 25 次转子位置，从而保证最高速时给定电流的正弦性。连续两次读计数器 1，同时通过单片机定时器 1 记录读取计数器 1 的时间便可计算电机的速度。可以看出，计数器 0 的初值应为编码器整周线数的整数倍（编码器输出信号一般需倍频），而计数器 1 的初值应为最大值（0000H）。

四、永磁同步电动机控制系统软件设计

1. 永磁同步电动机控制软件框图

可靠、准确的控制软件是控制系统安全、高性能运行的重要保证。PL/M 语言是目前单片机开发的最优秀语言之一，它更接近和体现人的设计思想，可直接对单片机所有硬件进行操作，直接支持中断管理和服务，其内部过程的语言代码非常精炼，且占用的存储器空间少。

由于单片机的计算速度有限，为得到良好的电机驱动性能，首先要保证电机在可调转速范围内及时并尽可能多地采集转子位置信号，并根据转子位置信号输出三相给定正弦电流，而对转子速度的采集要求相对低一些。因此转子位置的采集、坐标变换及三相数字给定电流的输出作为一中断服务子程序，其中断源为外部中断，用软件确定中断发生时间，保证电机在最高运行转速时仍能输出良好的给定正弦电流波形。单片机其他时间用于速度的采样计算、速度的 PI 调节等，所以整个控制软件由一个主程序和一个中断服务子程序组成，如图 10-21 所示。

由于增量式光电编码器无法直接确定转子的绝对位置，因此必须对转子磁极进行初始定位。定位时，先通过逆变器给电机 a 相绕组通以直流电流 I，b、c 相绕组通入 $-I/2$ 的直流电流，从而使电机转子磁极中心线位于定子 a 相绕组轴线上，该位置即为转子磁极轴线的绝对零位置。

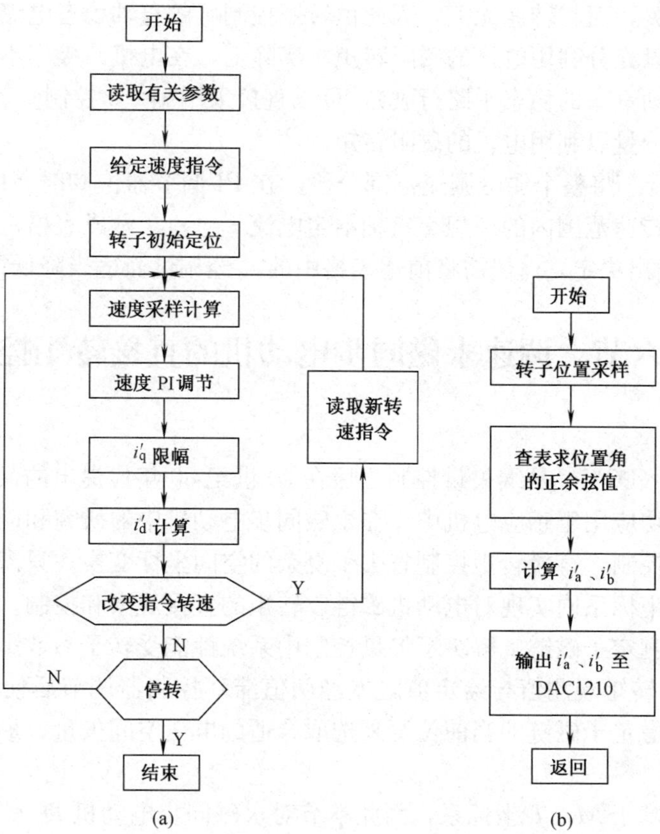

图 10-21　永磁同步电动机系统控制软件框图

(a) 主程序框图；(b) 中断服务子程序

2. 电流控制策略在单片机上的实现

对任一给定转速，系统中速度 PI 调节器都有一个饱和限幅过程及比例积分调节过程。对饱和限幅过程，给定交直轴电流由式（10-23）或式（10-26）给出（分恒转矩控制和弱磁控制范围）。在 PI 调节器起作用时，交轴给定电流由速度 PI 输出值决定，直轴给定电流决定于下式

$$i_d=\frac{\psi_f-\sqrt{\psi_f^2+4(\rho-1)^2L_d^2i_q^2}}{2(\rho-1)L_d}\quad（恒转矩运行范围）\tag{10-56}$$

$$i_d=-\frac{\psi_f}{L_d}+\sqrt{\left(\frac{u_{lim}}{L_d\omega}\right)^2-(\rho i_q)^2}\quad（恒功率运行范围）\tag{10-57}$$

显然，本系统所采用的单片机无法进行上述公式的计算，必须进行简化并做成表格形式。

(1) 恒转矩运行。在速度 PI 调节器饱和时，直轴给定电流为一确定的负值电流，通过系统调试确定一合适的数值，以充分利用电机的磁阻转矩。交轴给定电流即为速度 PI 输出的限幅值，该限幅值由逆变器的电流限值及直轴给定电流确定。

当电机转速接近给定转速、速度 PI 调节器起作用时，速度 PI 调节器的输出作为交轴给定电流 i'_q，直轴给定电流 i'_d查由式（10-56）制作的 i'_d-i'_q表求得。可以看出，i'_d值只与负载

转矩及电机参数有关，而与转速无关，因此恒转矩控制区的直轴稳态电流值可根据负载转矩大小经调试得到，以充分利用电机的磁阻转矩。实际上，在电机凸极率不大时，若小负载转矩稳态运行（如电动汽车的稳态平路行驶），可以直接采用 $i_d=0$ 控制；若大负载转矩运行，加一定的直轴电流分量以利用电机的磁阻转矩。

（2）恒功率运行。将整个弱磁调速范围分段，在 PI 调节器饱和时，由式（10-57）计算并经调试得到不同转速范围内的理想交直轴给定电流 i'_q、i'_d，做成表格；在稳态运行时，i'_q 由速度 PI 调节器输出决定，i'_d 仅需将前述表格中的 i'_d 经调试而适当降低即可。

第六节 调速永磁同步电动机的直接转矩控制

一、概述

直接转矩控制（DTC）是继矢量控制之后在 20 世纪 80 年代提出的又一高性能交流电动机控制策略，已成功应用于感应电机中，在永磁同步电动机中的研究和应用也得到了广泛的关注。相对于矢量控制，直接转矩控制省去了复杂的空间坐标变换；只需采用定子磁链定向控制，便可在定子坐标系内实现对电动机磁链、转矩的直接观察和控制。由于只需要检测定子电流即可准确观测定子磁链，解决了矢量控制中系统性能受转子参数影响的问题。在实施 DTC 时，将磁链、转矩观测值与给定值之差经两值滞环控制器调节后便获得磁链、转矩控制信号，再综合考虑定子磁链的当前位置来选取合适的电压空间矢量，形成对电动机转矩的直接控制。

直接转矩控制基于 M—T 坐标系，因此本节对永磁同步电动机 DTC 的介绍从永磁同步电动机的 M—T 坐标系下的转矩方程开始，给出其电压矢量的产生、磁链和转矩的控制，最后给出 DTC 的系统结构。

二、永磁同步电动机 *M—T* 坐标系下的转矩方程

由式（10-3）可知，永磁同步电动机的电磁转矩取决于定子交、直轴电流，还没有达到完全解耦。为此，需进行坐标变换解耦，求出在以定子磁链 ψ_s 方向为 M 轴的 M—T 坐标系中永磁同步电动机的转矩方程。图 10-22 为凸极式永磁同步电动机 M—T 坐标系及 d—q 坐标系的关系图及电动机各相量。图中，A 为定子 A 相绕组轴线，ψ_s 为定子磁链，该磁链包括定子电流产生的磁链 ψ_a 和永磁磁链 ψ_f，其幅值表示为下式

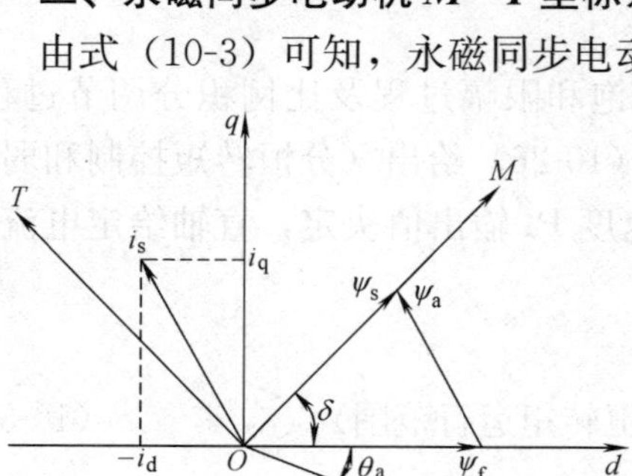

图 10-22 永磁同步电动机的 M—T 及 d—q 坐标系

$$\psi_s=\sqrt{\psi_d^2+\psi_q^2} \tag{10-58}$$

式中，ψ_d、ψ_q 见式（10-2）；M—T 坐标系与 d—q 坐标系之间的转换公式如下

$$\begin{bmatrix} V_d \\ V_q \end{bmatrix}=\begin{bmatrix} \cos\delta & -\sin\delta \\ \sin\delta & \cos\delta \end{bmatrix}\begin{bmatrix} V_M \\ V_T \end{bmatrix} \tag{10-59}$$

式中，**V** 代表任意矢量。

$M—T$ 坐标系下的磁链表达式为

$$\begin{bmatrix}\psi_M\\ \psi_T\end{bmatrix}=\begin{bmatrix}L_d\cos^2\delta+L_q\sin^2\delta & -L_d\sin\delta\cos\delta+L_q\sin\delta\cos\delta\\ -L_d\sin\delta\cos\delta+L_q\sin\delta\cos\delta & L_d\sin^2\delta+L_q\cos^2\delta\end{bmatrix}\begin{bmatrix}i_M\\ i_T\end{bmatrix}+\psi_f\begin{bmatrix}\cos\delta\\ -\sin\delta\end{bmatrix} \tag{10-60}$$

由于$\psi_T=0$，由式（10-60）可得

$$i_M=\frac{2\Psi_f\sin\delta-[(L_d+L_q)+(L_d-L_q)\cos2\delta]i_T}{(L_d-L_q)\sin^2\delta} \tag{10-61}$$

因为$\psi_M=\psi_s$，根据式（10-61）可得

$$i_T=\frac{1}{2L_dL_q}[2\psi_fL_q\sin\delta-|\psi_s|(L_q-L_d)\sin2\delta] \tag{10-62}$$

将电流 i_d、i_q 由坐标变换以电流 i_T、i_M 代替，得到在 $M—T$ 坐标系下电磁转矩 T_{em}的表达式为

$$T_{em}=\frac{3p|\psi_s|}{4L_dL_q}[2\psi_fL_q\sin\delta-|\psi_s|(L_q-L_d)\sin2\delta] \tag{10-63}$$

永磁同步电动机输出转矩与定子磁链幅值、转子磁链幅值及定转子磁链夹角 δ 的正弦成正比。在实际运行中，保持定子磁链幅值为额定值，以充分利用电动机铁心，永磁同步电动机转子磁链幅值也为恒值，要改变电动机转矩的大小，可以通过改变定、转子磁链夹角的大小来实现，这就是直接转矩控制理论的指导思想。

三、基于定子相电压矢量的定子磁链控制

定子电压矢量 $\boldsymbol{u}_s$由下式给出

$$\boldsymbol{u}_s=\frac{2}{3}(u_a+u_b e^{j2\pi/3}+u_c e^{j4\pi/3}) \tag{10-64}$$

式中，u_a、u_b、u_c 是三相电源相电压瞬时值。当电机由如图 10-23 所示的电压源逆变器供电时，电压 u_a、u_b、u_c 完全由 3 个开关状态 S_a、S_b、S_c 确定，如果 $S_a=1$，则 $u_a=U_{dc}$，否则 $u_a=0$，u_b、u_c 与 u_a 类似。这样有 6 个非零电压矢量 $\boldsymbol{U}_1$（100）、$\boldsymbol{U}_2$（110）、…、$\boldsymbol{U}_6$(101) 和 2 个零电压矢量 $\boldsymbol{U}_7$（000）、$\boldsymbol{U}_8$（111）。6 个非零电压矢量互相差 60°，如图 10-24 所示，逆变器的输出电压可以表示为下式

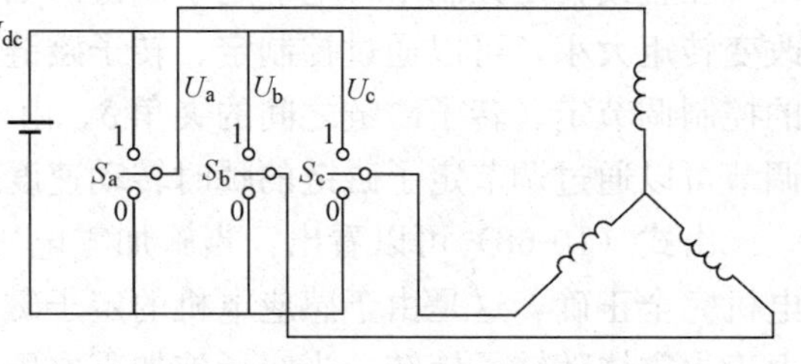

图 10-23　电压源供电的电机三相绕组

$$\begin{bmatrix}u_a\\ u_b\\ u_c\end{bmatrix}=\frac{1}{3}\begin{bmatrix}2 & -1 & -1\\ -1 & 2 & -1\\ -1 & -1 & 2\end{bmatrix}\begin{bmatrix}S_a\\ S_b\\ S_c\end{bmatrix}U_{dc} \tag{10-65}$$

在 $M—T$ 坐标系下，定子磁链与输入电压之间的关系为

$$\boldsymbol{\psi}_s = \int (\boldsymbol{u}_s - \boldsymbol{i}_s r)\mathrm{d}t \tag{10-66}$$

若忽略电阻，则

$$\boldsymbol{\psi}_s = \int \boldsymbol{u}_s \mathrm{d}t \tag{10-67}$$

将上式离散化处理，有

$$\boldsymbol{\psi}_s = \boldsymbol{u}_s t + \boldsymbol{\psi}_{s0} \tag{10-68}$$

式中，$\boldsymbol{\psi}_{s0}$为磁链初值。这表明，可以通过控制永磁同步电动机的输入电压矢量$\boldsymbol{u}_s$来精确控制定子磁链的幅值、旋转方向及速度。

定子磁链沿电压矢量方向的运动如图 10-24 所示。为了方便选择电压矢量以控制定子磁链幅值，将电压矢量平面分成 6 个部分，如图 10-25 中的 θ_1、θ_2、θ_3、θ_4、θ_5、θ_6 所示。在每一个部分，选定两个相邻的电压矢量用来控制磁链 $\boldsymbol{\psi}_s$ 的大小。当磁链在 θ_1 范围时，电压矢量 $\boldsymbol{U}_2$ 和 $\boldsymbol{U}_3$ 就可以用来控制磁链的大小，使其在确定的磁链变化范围内。

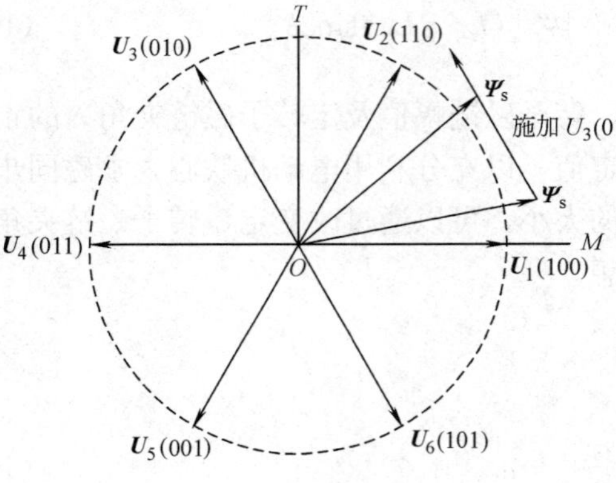

图 10-24　定子磁链的运动

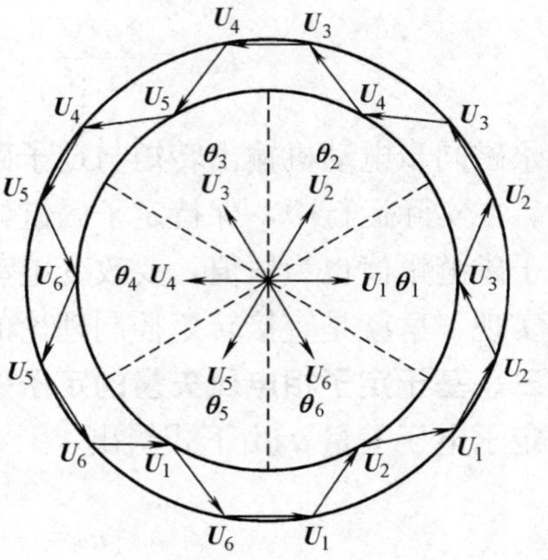

图 10-25　定子磁链的控制

在直接转矩控制中，电机定子磁链的幅值通过上述电压矢量的控制而保持为额定值，要改变转矩大小，可以通过控制定、转子磁链之间的夹角来实现，下面分析如何通过电压矢量的控制调节定、转子磁链之间的夹角 δ。由于转子磁链的转动速度保持不变，因此夹角 δ 的调节可以通过调节定子磁链的瞬时转动速度来实现。

由式（10-68）可以看出，当施加零电压矢量时，定子磁链位于其初始位置，这对感应电机完全正确，这是由于感应电机的定子磁链由定子电压唯一确定。但对永磁同步电动机，由于永磁体随转子旋转，当定子施加零电压矢量时定子磁链将变化。因此，在永磁同步电动机中，不采用零电压矢量控制定子磁链，即定子磁链一直随转子磁链的旋转而旋转。

假定电机转子逆时针方向旋转，如果实际转矩小于给定值，则选择使定子磁链逆时针方向旋转的电压矢量，这样角度 δ 增加，实际转矩增加；一旦实际转矩高于给定转矩，则选择的电压矢量使定子磁链反方向旋转，从而导致角度 δ 降低，实际转矩降低。通过这种方式选择电压矢量，定子磁链一直旋转，且其旋转方向由转矩滞环控制器决定。

表 10-1 为逆变器开关表，其中 ϕ 和 τ 分别为磁链和转矩滞环控制器的输出。如果 $\phi=1$，

表 10-1　　逆变器开关表

ϕ	τ	θ					
		θ_1	θ_2	θ_3	θ_4	θ_5	θ_6
$\phi=0$	$\tau=1$	$\boldsymbol{U}_2(110)$	$\boldsymbol{U}_3(010)$	$\boldsymbol{U}_4(011)$	$\boldsymbol{U}_5(001)$	$\boldsymbol{U}_6(101)$	$\boldsymbol{U}_1(100)$
	$\tau=0$	$\boldsymbol{U}_6(101)$	$\boldsymbol{U}_1(100)$	$\boldsymbol{U}_2(110)$	$\boldsymbol{U}_3(010)$	$\boldsymbol{U}_4(011)$	$\boldsymbol{U}_5(001)$
$\phi=1$	$\tau=1$	$\boldsymbol{U}_3(010)$	$\boldsymbol{U}_4(011)$	$\boldsymbol{U}_5(001)$	$\boldsymbol{U}_6(101)$	$\boldsymbol{U}_1(100)$	$\boldsymbol{U}_2(110)$
	$\tau=0$	$\boldsymbol{U}_5(001)$	$\boldsymbol{U}_6(101)$	$\boldsymbol{U}_1(100)$	$\boldsymbol{U}_2(110)$	$\boldsymbol{U}_3(010)$	$\boldsymbol{U}_4(011)$

则实际磁链小于给定值，对转矩同样如此。

四、永磁同步电动机直接转矩控制系统的实现

图 10-26 为永磁同步电动机 DTC 控制框图，三相坐标系变量通过式（10-69）转化为 M—T 坐标系下的变量：

$$\begin{bmatrix} f_M \\ f_T \end{bmatrix} = \begin{bmatrix} 1 & -1/2 & -1/2 \\ 0 & \sqrt{3}/2 & -\sqrt{3}/2 \end{bmatrix} \begin{bmatrix} f_a \\ f_b \\ f_c \end{bmatrix} \tag{10-69}$$

式中，f 表示电压、电流或磁链。

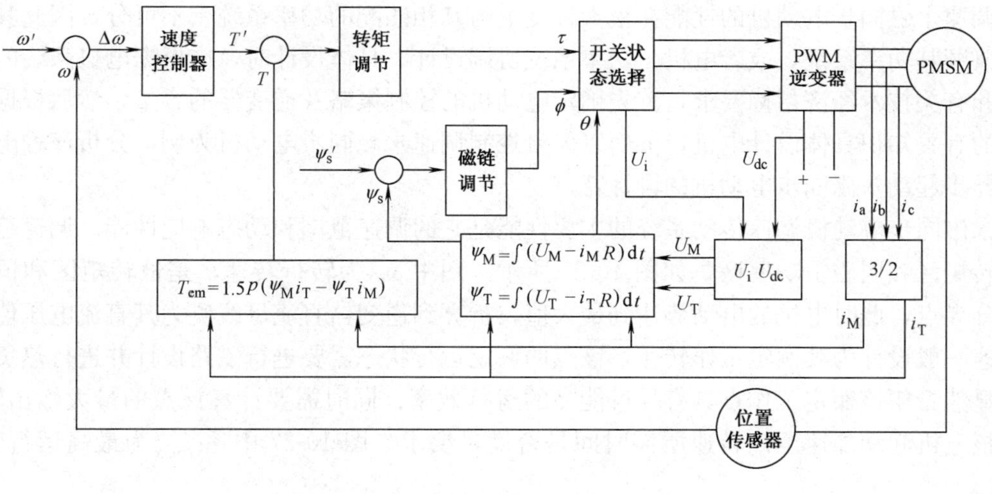

图 10-26　永磁同步电动机的 DTC 控制框图

M、T 轴电流 i_M、i_T 可以由三相实际电流 i_a、i_b、i_c 经过坐标变换而得，M、T 轴电压 U_M、U_T 根据开关状态由直流母线电压决定。

在第 k 个采样时刻，定子磁链幅值为

$$\begin{cases} \psi_M(k)=\psi_M(k-1)+[U_M(k-1)-Ri_M]T_s \\ \psi_T(k)=\psi_T(k-1)+[U_T(k-1)-Ri_T]T_s \\ \psi_s(k)=\sqrt{\psi_M^2(k)+\psi_T^2(k)} \end{cases} \tag{10-70}$$

式中，T_s 为采样时间；$(k-1)$ 为前一采样时刻。

定子磁链位置 θ 计算如下：

$$\theta=\arctan[\psi_M(k)/\psi_T(k)] \tag{10-71}$$

系统的速度调节器可以采用比例积分形式，其输入为电机指令速度和电机实际反馈速度的差值，输出为电磁转矩的给定值 T'。其控制规律为

$$T' = k_p(\Delta\omega + \frac{1}{T_i}\int_0^t \Delta\omega dt) \tag{10-72}$$

其离散格式为

$$T'(k)=T'(k-1)+k_p[\Delta\omega(k)-\Delta\omega(k-1)]+k_i\Delta\omega(k) \tag{10-73}$$

式中，k_p、k_i、T_i 分别为比例系数、积分系数和积分时间常数。

第七节　调速永磁同步电动机的设计

调速永磁同步电动机的磁路计算与异步起动永磁同步电动机相同，即针对某一工作点的磁路计算可以完全参照异步起动永磁同步电动机。不同之处在于，调速永磁同步电动机主要应用于高性能伺服驱动控制领域，其性能要求除了高效高转矩密度外，还包括调速范围宽、转矩转速平稳、动态响应快速准确等。

调速永磁同步电动机的性能在很大程度上与其相匹配的功率系统密不可分，因此其设计必须兼顾其功率系统，或者电机与功率系统协调设计。具体设计时，应根据电机系统的应用场合和有关技术经济指标要求，首先确定电动机的控制策略及逆变器的容量，然后根据电机设计的有关知识具体设计电机，下面以矢量控制调速永磁同步电动机为例，分析该种电机不同于异步起动永磁同步电动机的设计特点。

永磁同步电动机调速传动系统的主要性能是它的调速范围和动态响应性能。调速范围分为恒转矩区和弱磁恒功率区，如图 10-27 所示。图中 ω_b 为转折转速，是恒转矩区和恒功率区的分界点，此时电机的电动势达到最大值，折算到逆变器直流母线侧为其直流电压值。转折转速一般设计为其额定工作转速，该点的额定运行状态需要进行磁路设计并进行热负荷计算，显然希望该额定工作点具有尽可能高的运行效率；同时需要计算该点的最大输出转矩，并校核电机起动加速至该转速所需时间是否满足要求。图 10-27 中，ω_{max} 为最高运行转速，

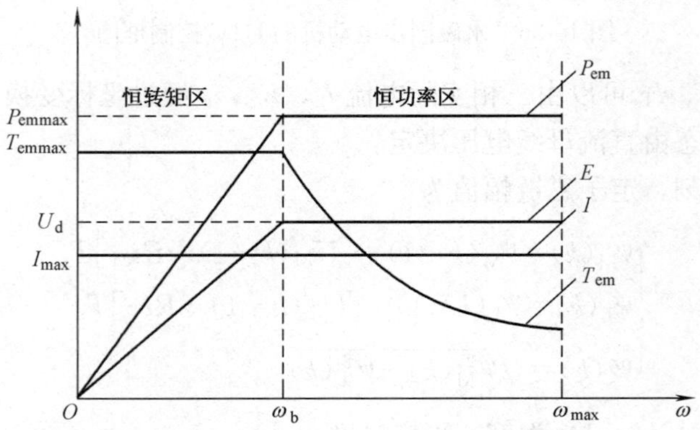

图 10-27　调速永磁同步电动机的调速范围

需要计算起动加速至该转速所需时间，并校核在该转速下产生最大转矩时的永磁体抗去磁能力。

一、主要尺寸及气隙选择

调速永磁同步电动机的主要尺寸可由所需的最大转矩和动态响应指标确定。下面以表面式转子磁路结构电动机为例给出电机主要尺寸的设计过程。

调速永磁同步电动机的最大转矩与电磁负荷、电动机主要尺寸之间满足如下关系式：

$$T_{\mathrm{emmax}}=\frac{\sqrt{2}\pi}{4}B_{\delta1}L_{\mathrm{ef}}D_{\mathrm{i1}}^{2}A \tag{10-74}$$

式中，$B_{\delta1}$和 A 分别为气隙磁密基波幅值和电负荷。

$$A=\frac{2mNI_1K_{\mathrm{dp1}}}{\pi D_{\mathrm{i1}}} \tag{10-75}$$

式中，D_{i1}为电枢直径。

因此，电动机的主要尺寸表示为

$$D_{\mathrm{i1}}^{2}L_{\mathrm{ef}}=\frac{4T_{\mathrm{emmax}}}{\sqrt{2}\pi B_{\delta1}A} \tag{10-76}$$

永磁同步电动机动态响应性能指标体现在最大电磁转矩作用下电动机由静止加速到转折转速所需时间 t_{b} 的大小，最大转矩与 t_{b} 之间满足下式

$$T_{\mathrm{emmax}}=\frac{J\Delta\omega}{p\Delta t}\approx\frac{J\omega_{\mathrm{b}}}{pt_{\mathrm{b}}} \tag{10-77}$$

式中，J 为电机系统的转动惯量（包括电机和负载的转动惯量），当忽略负载的转动惯量时，可近似表示为

$$J=\frac{\pi}{2}\gamma_{\mathrm{Fe}}L_{\mathrm{ef}}\left(\frac{D_{\mathrm{i1}}}{2}\right)^{4} \tag{10-78}$$

式中，γ_{Fe}为转子材料的平均密度。

由式（10-76）～式（10-78）可得电动机的定子内径为

$$D_{\mathrm{i1}}=\sqrt{\frac{8\sqrt{2}pt_{\mathrm{b}}B_{\delta1}A}{\omega_{\mathrm{b}}\gamma_{\mathrm{Fe}}}} \tag{10-79}$$

在保证电机动态响应性能指标的前提下确定定子内径的最大值，并由此确定电动机的定子铁心长度。

考虑到电机的安装等要求，调速永磁同步电动机的气隙长度一般大于同规格感应电动机。调速永磁同步电动机采用高性能的稀土永磁材料，因此稍微增大气隙不会引起电机性能的改变。电机气隙的选择不但与所采用的转子磁路结构有关，而且与电机的弱磁扩速能力要求有关。在表面式转子磁路结构的调速永磁同步电动机中，转子铁心上的瓦片形磁体需要加装磁体保护套。为减小漏磁，保护套一般采用非导磁材料，因此电机的有效气隙较大。对于采用内置式转子磁体结构且要求有一定恒功率运行速度范围的调速永磁同步电动机，气隙不宜太大，否则将导致电动机的直轴电感过小，弱磁能力不足，无法达到要求的最高转速。

确定电动机的定子外径时，一般是在保证电动机有足够散热能力的前提下，为提高电动机效率而加大定子外径或为减小电动机制造成本而缩小定子外径，视具体情况而定。

二、转子磁路结构的选择

转子磁路结构主要考虑机械强度、有无恒功率运行要求及加工成本等。当电动机最高转速不是很高时，可以选用表面凸出式转子磁路结构，采用无纬玻璃丝带作为磁体保护套，具有足够的机械强度且加工工艺简单、成本低廉，但电机没有凸极性，弱磁能力差；对于高速电机，采用表面凸出式转子磁路结构时必须采用高强度的金属材料（如钛合金或不锈钢）作磁体保护套；如电机要求一定的恒功率运行速度范围，则应采用内置式转子磁路结构。内置式转子磁路结构永磁同步电动机不但易于弱磁扩速，而且漏磁系数比表面式转子磁路结构电机要大，有助于提高电机的抗去磁能力。

三、永磁体选择及设计

(1) 永磁体选择。尽管永磁材料多种多样，但应用于调速永磁同步电动机的永磁材料只有稀土磁体，即钕铁硼永磁和钐钴永磁，两者都具有很高的磁性能。相对于后者，前者的剩磁密度更高，价格较低，但温度系数较高，居里温度较低，更适于民用调速永磁同步电动机，在设计时必须进行永磁体最大去磁工作点的校核。

(2) 永磁体设计。不同的转子磁路结构，永磁体尺寸的设计也不同。对表面式转子磁路结构调速永磁同步电动机，其永磁体尺寸可近似由下式确定：

$$\begin{cases} h_{\mathrm{m}}=\dfrac{\mu_{\mathrm{r}}}{B_{\mathrm{r}}/B_{\delta}-1}l_{\mathrm{g}} \\ b_{\mathrm{m}}=\alpha_{\mathrm{p}}\tau \end{cases} \tag{10-80}$$

式中 $B_{\mathrm{r}}/B_{\delta}$——永磁体剩磁密度与气隙磁密之比，一般取为1.1～1.35；

b_{m}——每极永磁体宽度。

对内置式转子磁路结构永磁同步电动机，永磁体尺寸的确定比较复杂，因为它与许多因素有关，如确定永磁体的磁化方向长度时，应考虑它对永磁体工作点、抗去磁能力和弱磁扩速能力的影响。

四、气隙磁密波形优化

调速永磁同步电动机需要正弦波分布的空载相电动势与正弦波相电流相互作用，产生没有波动的平稳电磁转矩。如果气隙磁密正弦分布，则电机的定子绕组可以不采用短距和分布等措施就能得到正弦性良好的空载相电动势。在通常的转子磁路结构中，由永磁体产生的气隙磁密不是正弦分布，为此必须进行气隙磁密波形的优化。

(1) 表面式磁体结构永磁同步电动机。对表面式磁体结构永磁同步电动机，可以通过优化电机的极弧改善气隙磁密波形，在相同极弧系数下，电机的极对数越多，永磁气隙磁密波形正弦性越好；通过对永磁体极弧范围内磁化方向长度的优化，同样可以改善永磁气隙磁密波形；还可采用HALBACH磁体结构得到较接近正弦波分布的气隙磁密波形。此外，HALBACH磁体结构还具有很强的磁屏蔽作用，可以大大降低转子轭部铁心厚度，甚至省去转子轭部铁心，对电机转动惯量和体积重量的减小极为有利。

(2) 内置式磁体结构永磁同步电动机。在内置式磁体结构永磁同步电动机中，要想得到较接近正弦波分布的永磁气隙磁密，可通过极靴的优化来实现，即采用不均匀气隙，参见第五章。

五、齿槽转矩的抑制和低速平稳性的改善

高精度的调速传动系统通常要求具有较高的定位精度。影响永磁同步电动机定位精度的主要因素是永磁体不通电时所呈现出的齿槽转矩，该转矩力图使电动机转子定位于某一位置。齿槽转矩的削弱方法已在第五章中讨论，在此不再赘述。

低速平稳性是调速永磁同步电动机的一个重要指标。影响电动机低速平稳性的主要原因是电动机低速运行时的脉动转矩，包括电动势或电流非正弦引起的纹波转矩和齿槽转矩。减小电动机低速转矩脉动的主要措施如下：

(1) 增大气隙长度。

(2) 采用定子斜槽或转子斜极。

(3) 减少定子槽口宽度或采用磁性槽楔，或采用无齿槽定子结构。

(4) 合理选择定子槽数，使电机绕组采用短距分布绕组或采用分数槽结构。

(5) 进行气隙磁密波形的优化。

(6) 采用阻尼绕组。

调速永磁同步电动机的设计除了上述特殊要求外，其他性能计算与异步起动永磁同步电动机相同，在此不再赘述。

附　录

附录 A　导线规格表

附表 A-1　　漆包圆铜（铝）线规格表　　(mm)

铜、铝导线外径	薄绝缘	厚绝缘	铜、铝导线外径	薄绝缘	厚绝缘
标　称	漆层最小厚度	漆层最小厚度	标　称	漆层最小厚度	漆层最小厚度
0.015	0.002		0.530	0.025	0.04
0.020	0.003		0.560	0.025	0.04
0.025	0.004		0.600	0.025	0.04
0.030	0.004		0.630	0.025	0.04
0.040	0.004		0.670	0.025	0.04
0.050	0.005		(0.690)	0.025	0.04
0.060	0.008	0.009	0.710	0.025	0.04
0.070	0.008	0.009	0.750	0.03	0.05
0.080	0.008	0.010	(0.770)	0.03	0.05
0.090	0.008	0.010	0.800	0.03	0.05
0.100	0.010	0.013	(0.830)	0.03	0.05
0.110	0.010	0.013	0.850	0.03	0.05
0.120	0.010	0.013	0.900	0.03	0.05
0.130	0.010	0.013	(0.930)	0.03	0.05
0.140	0.012	0.016	0.950	0.03	0.05
0.150	0.012	0.016	1.00	0.04	0.06
0.160	0.012	0.016	1.06	0.04	0.06
0.170	0.012	0.016	1.12	0.04	0.06
0.180	0.015	0.020	1.18	0.04	0.06
0.190	0.015	0.020	1.25	0.04	0.06
0.200	0.015	0.020	1.30	0.04	0.06
0.210	0.015	0.020	(1.35)	0.04	0.06
0.230	0.020	0.025	1.40	0.04	0.06
0.250	0.020	0.025	(1.45)	0.04	0.06
(0.270)	0.020	0.025	1.50	0.04	0.06
0.280	0.020	0.025	(1.56)	0.04	0.06
(0.290)	0.020	0.025	1.60	0.05	0.07
0.310	0.020	0.025	1.70	0.05	0.07
0.330	0.020	0.03	1.80	0.05	0.07
0.350	0.020	0.03	1.90	0.05	0.07
0.380	0.020	0.03	2.00	0.05	0.07
0.400	0.020	0.03	2.12	0.05	0.07
0.420	0.020	0.03	2.24	0.05	0.07
0.450	0.020	0.03	2.36	0.05	0.07
0.470	0.020	0.03	2.50	0.05	0.07
0.500	0.020	0.03			

注：1. 括号内规格为不推荐的保留规格。

2. 聚酯漆包圆铜线、缩醛漆包圆铜线规格为 0.02～2.5mm；聚氨酯漆包圆铜线规格为 0.015～1.00mm；聚氨酯漆包圆铝线规格为 0.06～2.50mm。

附录B　导磁材料磁化曲线和损耗曲线图表

附表 B-1　　　0.5mm 厚热轧硅钢片 50Hz 典型磁化曲线表

(1) B_{25}=1.48T 磁化曲线表（DR610-50）　　(A/cm)

B/T	0	0.01	0.02	0.03	0.04	0.05	0.06	0.07	0.08	0.09
0.4	1.40	1.43	1.46	1.49	1.52	1.55	1.58	1.61	1.64	1.67
0.5	1.71	1.75	1.79	1.83	1.87	1.91	1.95	1.99	2.03	2.07
0.6	2.12	2.17	2.22	2.27	2.32	2.37	2.42	2.48	2.54	2.60
0.7	2.67	2.74	2.81	2.88	2.95	3.02	3.09	3.16	3.24	3.32
0.8	3.40	3.48	3.56	3.64	3.72	3.80	3.89	3.98	4.07	4.16
0.9	4.25	4.35	4.45	4.55	4.65	4.76	4.88	5.00	5.12	5.24
1.0	5.36	5.49	5.62	5.75	5.88	6.02	6.16	6.30	6.45	6.60
1.1	6.75	6.91	7.08	7.26	7.45	7.65	7.86	8.08	8.31	8.55
1.2	8.80	9.06	9.33	9.61	9.90	10.2	10.5	10.9	11.2	11.6
1.3	12.0	12.5	13.0	13.5	14.0	14.5	15.0	15.6	16.2	16.8
1.4	17.4	18.2	18.9	19.8	20.6	21.6	22.6	23.8	25.0	26.4
1.5	28.0	29.7	31.5	33.7	36.0	38.5	41.3	44.0	47.0	50.0
1.6	52.9	55.9	59.0	62.1	65.3	69.2	72.8	76.6	80.4	84.2
1.7	88.0	92.0	95.6	100	105	110	115	120	126	132
1.8	138	145	152	159	166	173	181	189	197	205

(2) B_{25}=1.54T 磁化曲线表（DR510-50）　　(A/cm)

B/T	0	0.01	0.02	0.03	0.04	0.05	0.06	0.07	0.08	0.09
0.4	1.38	1.40	1.42	1.44	1.46	1.48	1.50	1.52	1.54	1.56
0.5	1.58	1.60	1.62	1.64	1.66	1.69	1.71	1.74	1.76	1.78
0.6	1.81	1.84	1.86	1.89	1.91	1.94	1.97	2.00	2.03	2.06
0.7	2.10	2.13	2.16	2.20	2.24	2.28	2.32	2.36	2.40	2.45
0.8	2.50	2.55	2.60	2.65	2.70	2.76	2.81	2.87	2.93	2.99
0.9	3.06	3.13	3.19	3.26	3.33	3.41	3.49	3.57	3.65	3.74
1.0	3.83	3.92	4.01	4.11	4.22	4.33	4.44	4.56	4.67	4.80
1.1	4.93	5.07	5.21	5.36	5.52	5.68	5.84	6.00	6.16	6.33
1.2	6.52	6.72	6.94	7.16	7.38	7.62	7.86	8.10	8.36	8.62
1.3	8.90	9.20	9.50	9.80	10.1	10.5	10.9	11.3	11.7	12.1
1.4	12.6	13.1	13.6	14.2	14.8	15.5	16.3	17.1	18.1	19.1
1.5	20.1	21.2	22.4	23.7	25.0	26.7	28.5	30.4	32.6	35.1
1.6	37.8	40.7	43.7	46.8	50.0	53.4	56.8	60.4	64.0	67.8
1.7	72.0	76.4	80.8	85.4	90.2	95.0	100	105	110	116
1.8	122	128	134	140	146	152	158	165	172	180

(3) B_{25}＝1.57T 磁化曲线表（DR490-50）　　(A/cm)

B/T	0	0.01	0.02	0.03	0.04	0.05	0.06	0.07	0.08	0.09
0.4	1.37	1.38	1.40	1.42	1.44	1.46	1.48	1.50	1.52	1.54
0.5	1.56	1.58	1.60	1.62	1.64	1.66	1.68	1.70	1.72	1.75
0.6	1.77	1.79	1.81	1.84	1.87	1.89	1.92	1.94	1.97	2.00
0.7	2.03	2.06	2.09	2.12	2.16	2.20	2.23	2.27	2.31	2.35
0.8	2.39	2.43	2.48	2.52	2.57	2.62	2.67	2.73	2.79	2.85
0.9	2.91	2.97	3.03	3.10	3.17	3.24	3.31	3.39	3.47	3.55
1.0	3.63	3.71	3.79	3.88	3.97	4.06	4.16	4.26	4.37	4.48
1.1	4.60	4.72	4.86	5.00	5.14	5.29	5.44	5.60	5.76	5.92
1.2	6.10	6.28	6.46	6.65	6.85	7.05	7.25	7.46	7.68	7.90
1.3	8.14	8.40	8.68	8.96	9.26	9.58	9.86	10.2	10.6	11.0
1.4	11.4	11.8	12.3	12.8	13.3	13.8	14.4	15.0	15.7	16.4
1.5	17.2	18.0	18.9	19.9	20.9	22.1	23.5	25.0	26.8	28.6
1.6	30.7	33.0	35.6	38.2	41.1	44.0	47.0	50.0	53.5	57.5
1.7	61.5	66.0	70.5	75.0	79.7	84.5	89.5	94.7	100	105
1.8	110	116	122	128	134	141	148	155	162	170

附表 B-2　　0.5mm 厚热轧硅钢片 50Hz 典型损耗曲线表

(1) $p_{10/50}$＝2.5W/kg 损耗曲线表（DR610-50）

B/T	0	0.01	0.02	0.03	0.04	0.05	0.06	0.07	0.08	0.09
0.5	6.28	6.50	6.74	7.00	7.22	7.47	7.70	7.94	8.18	8.42
0.6	8.66	8.90	9.14	9.40	9.64	9.90	10.1	10.4	10.6	10.9
0.7	11.1	11.4	11.6	11.9	12.1	12.4	12.7	12.9	13.2	13.4
0.8	13.6	14.0	14.2	14.4	14.7	15.0	15.2	15.5	15.8	16.0
0.9	16.3	16.6	16.9	17.2	17.5	17.8	18.1	18.5	18.8	19.1
1.0	19.5	19.9	20.2	20.6	21.0	21.4	21.8	22.3	22.7	23.2
1.1	23.7	24.2	24.7	25.2	25.7	26.3	26.8	27.3	27.9	28.5
1.2	29.0	29.6	30.1	30.7	31.3	31.9	32.5	33.1	33.7	34.3
1.3	34.9	35.5	36.0	36.7	37.3	37.9	38.5	39.1	39.7	40.3
1.4	40.9	41.5	42.1	42.7	43.3	44.0	44.6	45.2	45.8	46.4
1.5	47.1	47.7	48.3	48.9	49.6	50.2	50.8	51.4	51.9	52.6
1.6	53.1	53.7	54.3	54.9	55.5	56.1	56.7	57.3	57.9	58.5
1.7	59.1	59.7	60.3	60.9	61.6	62.3	62.9	63.6	64.4	65.0
1.8	65.8	66.6	67.4	68.2	69.0	69.9	70.8	71.7	72.6	73.5
1.9	74.4	75.4	76.3	77.1	78.0	78.9	79.8	80.8	81.8	82.8

(2) $p_{10/50}$ = 2.1W/kg 损耗曲线表（DR510-50、DR490-50）

B/T	0	0.01	0.02	0.03	0.04	0.05	0.06	0.07	0.08	0.09
0.5	5.15	5.35	5.55	5.76	5.98	6.17	6.38	6.57	6.78	7.00
0.6	7.22	7.42	7.62	7.84	8.05	8.26	8.48	8.70	8.90	9.12
0.7	9.35	9.55	9.76	9.98	10.2	10.4	10.6	10.8	11.0	11.3
0.8	11.5	11.7	12.0	12.2	12.4	12.6	12.8	13.1	13.3	13.5
0.9	13.8	14.0	14.3	14.5	14.8	15.1	15.3	15.6	15.9	16.2
1.0	16.5	16.8	17.1	17.4	17.8	18.1	18.4	18.8	19.2	19.6
1.1	20.0	20.4	20.8	21.2	21.7	22.1	22.6	23.0	23.5	24.0
1.2	24.5	25.0	25.4	26.0	26.4	27.0	27.5	28.0	28.5	29.0
1.3	29.5	30.0	30.5	31.0	31.6	32.1	32.6	33.1	33.6	34.2
1.4	34.7	35.2	35.7	36.2	36.7	37.2	37.8	38.3	38.8	39.4
1.5	39.8	40.4	40.9	41.4	41.9	42.4	42.9	43.5	44.0	44.5
1.6	45.0	45.6	46.1	46.6	47.1	47.7	48.2	48.7	49.2	49.7
1.7	50.2	50.7	51.3	51.8	52.3	52.9	53.5	54.1	54.7	55.4
1.8	56.1	56.8	57.4	58.1	58.9	59.6	60.3	61.0	61.8	62.6
1.9	63.4	64.1	64.8	65.6	66.4	67.2	67.9	68.7	69.4	70.3

注：表中查得数应 $\times 10^{-3}$ W/cm^3。

1. B_{25} 表示当磁场强度为 25A/cm 时产生得磁通密度 B 的值。

2. $p_{10/50}$ 表示频率为 50Hz，磁通密度为 1T 时的铁耗，以 W/kg 表示。

附表 B-3　　常用冷轧硅钢片磁化曲线和损耗曲线表（按 GB 2512—1988 标准）

(1) DW540-50 直流磁化特性表

B/T	0	0.01	0.02	0.03	0.04	0.05	0.06	0.07	0.08	0.09
0.1	35.03	36.15	37.74	39.01	40.61	42.20	42.99	44.27	45.38	46.18
0.2	46.97	47.77	49.36	50.16	50.96	52.55	52.95	54.14	54.94	55.73
0.3	57.32	58.12	58.92	59.71	60.51	62.10	62.90	63.69	64.49	65.29
0.4	66.08	66.88	67.68	68.47	69.27	70.06	70.86	71.66	72.45	73.25
0.5	74.04	74.84	75.64	76.04	77.23	78.03	78.82	79.62	80.41	81.21
0.6	82.01	82.80	84.39	85.99	86.78	87.58	88.38	89.17	89.97	90.76
0.7	91.56	92.37	93.15	93.95	95.54	97.13	98.73	100.32	101.91	102.71
0.8	103.50	104.30	105.89	108.28	109.87	110.67	111.46	113.06	116.24	117.04
0.9	117.83	118.63	121.02	122.61	124.20	125.80	126.59	128.98	132.17	135.35
1.0	156.15	136.94	139.33	141.72	144.90	148.09	151.27	152.87	156.05	159.24
1.1	160.83	162.42	167.20	171.18	173.57	179.14	185.51	187.90	191.08	199.04
1.2	203.03	207.01	214.97	222.93	230.89	238.85	248.41	257.96	267.52	277.07
1.3	286.62	294.95	302.55	318.47	334.39	350.32	366.24	398.09	414.01	429.94
1.4	461.78	477.71	517.52	549.36	589.17	636.94	700.64	748.41	796.18	875.80
1.5	955.41	1035.03	1114.65	1194.27	1433.12	1512.74	1671.97	1910.83	2070.06	2308.92
1.6	2547.77	2866.24	3025.48	3264.33	3503.18	3821.66	4140.13	4458.60	4617.83	5095.54
1.7	5254.78	5573.25	5891.72	6050.96	6369.43	6847.13	7165.61	7484.08	7802.55	

注：表中查得数应 $\times 10^{-2}$ A/cm。

（2）DW540-50 铁损耗特性表（50Hz）　(W/kg)

B/T	0	0.01	0.02	0.03	0.04	0.05	0.06	0.07	0.08	0.09
0.50	0.560	0.580	0.600	0.620	0.640	0.660	0.690	0.715	0.740	0.755
0.60	0.770	0.800	0.825	0.850	0.875	0.900	0.918	0.933	0.950	0.980
0.70	1.00	1.030	1.060	1.100	1.130	1.170	1.200	1.220	1.250	1.280
0.80	1.300	1.330	1.350	1.370	1.385	1.400	1.430	1.450	1.480	1.510
0.90	1.550	1.580	1.610	1.630	1.660	1.700	1.730	1.760	1.800	1.850
1.00	1.900	1.930	1.950	1.980	2.010	2.050	2.100	2.150	2.180	2.250
1.10	2.300	2.330	2.360	2.400	2.450	2.500	2.530	2.570	2.600	2.630
1.20	2.650	2.720	2.790	2.850	2.870	2.900	2.960	3.020	3.080	3.110
1.30	3.150	3.200	3.250	3.300	3.350	3.400	3.460	3.530	3.600	3.680
1.40	3.750	3.800	3.850	3.900	3.950	4.000	4.070	4.140	4.200	4.280
1.50	4.350	4.430	4.500	4.600	4.650	4.700	4.800	4.900	5.000	5.050
1.60	5.100	5.160	5.230	5.300	5.370	5.440	5.510	5.580	5.650	5.720
1.70	5.800									

注：密度为 7.75g/cm^3。

（3）DW465-50 直流磁化特性表

B/T	0	0.01	0.02	0.03	0.04	0.05	0.06	0.07	0.08	0.09
0.1	31.85	33.44	35.03	36.62	38.06	39.01	39.81	41.40	42.20	43.79
0.2	45.38	46.18	46.97	47.77	48.57	50.16	50.96	52.55	54.14	54.49
0.3	55.73	56.53	57.32	58.12	58.92	59.71	60.51	62.10	62.90	63.69
0.4	64.49	65.29	66.08	66.88	67.68	68.47	69.27	70.06	70.86	71.66
0.5	72.45	73.25	73.65	74.04	74.44	74.84	75.24	75.64	76.04	76.43
0.6	76.83	77.23	77.63	78.03	78.42	78.82	78.98	79.14	79.30	79.46
0.7	79.62	80.41	81.21	82.01	82.80	83.60	84.39	85.19	85.99	86.78
0.8	87.58	89.17	90.76	92.36	93.95	96.34	97.93	99.52	101.11	102.71
0.9	104.30	105.89	107.48	109.08	110.67	112.26	113.85	115.45	117.04	118.63
1.0	121.02	123.41	125.80	129.78	131.37	133.76	135.35	136.94	140.13	141.72
1.1	143.31	146.50	149.68	152.87	160.83	167.20	171.97	176.75	181.53	184.71
1.2	189.49	195.86	202.23	208.60	213.38	222.93	230.89	238.85	246.82	254.78
1.3	262.74	272.29	286.62	302.55	310.51	318.47	334.39	362.26	382.17	398.09
1.4	429.94	445.86	477.71	525.48	581.21	668.79	740.45	764.33	835.99	915.61
1.5	995.22	1114.65	1273.89	1353.50	1512.74	1592.30	1831.21	1990.45	2149.68	2308.92
1.6	2547.77	2866.24	3025.48	3184.71	3503.18	3742.04	3901.27	4219.75	4458.60	4777.07
1.7	5095.54	5414.01	5891.72	6210.19	6369.43	6687.90	7006.37	7165.61	7643.31	

注：表中查得数应×10^{-2}A/cm。

（4）DW465-50 铁损耗特性表（50Hz）　　(W/kg)

B/T	0	0.01	0.02	0.03	0.04	0.05	0.06	0.07	0.08	0.09
0.50	0.560	0.580	0.600	0.620	0.640	0.660	0.680	0.710	0.740	0.760
0.60	0.780	0.800	0.825	0.850	0.875	0.900	0.925	0.950	0.970	1.000
0.70	1.030	1.050	1.070	1.100	1.130	1.150	1.180	1.200	1.220	1.260
0.80	1.300	1.320	1.340	1.350	1.380	1.400	1.430	1.460	1.500	1.520
0.90	1.540	1.560	1.580	1.600	1.630	1.650	1.700	1.750	1.800	1.820
1.00	1.840	1.850	1.860	1.880	1.920	1.970	2.000	2.050	2.100	2.140
1.10	2.180	2.200	2.220	2.250	2.280	2.300	2.360	2.420	2.500	2.530
1.20	2.550	2.580	2.620	2.650	2.700	2.750	2.800	2.850	2.900	2.950
1.30	3.000	3.050	3.100	3.150	3.200	3.250	3.300	3.350	3.400	3.450
1.40	3.500	3.550	3.600	3.650	3.700	3.750	3.800	3.850	3.900	3.950
1.50	4.000	4.050	4.100	4.150	4.180	4.200	4.230	4.270	4.300	4.400
1.60	4.500	4.570	4.640	4.700	4.750	4.800	4.850	4.900	4.950	4.980
1.70	5.000	5.050	5.100	5.200	5.250	5.300	5.400	5.500	5.600	5.700

注：密度为 7.70g/cm^3。

（5）DW360-50 直流磁化特性表

B/T	0	0.01	0.02	0.03	0.04	0.05	0.06	0.07	0.08	0.09
0.1	28.66	31.85	33.44	35.03	36.62	38.22	39.01	39.81	41.40	42.99
0.2	44.59	46.18	46.97	47.77	48.17	48.57	49.36	50.96	52.55	54.14
0.3	54.94	55.73	56.53	57.17	58.12	58.92	59.71	60.51	62.90	63.69
0.4	64.49	64.89	65.29	65.68	66.08	66.48	66.89	67.28	67.68	68.47
0.5	69.27	69.67	70.06	70.46	70.86	71.66	72.05	72.45	73.25	73.65
0.6	74.04	74.84	75.64	76.43	77.23	78.03	78.62	78.82	79.22	79.64
0.7	82.01	82.80	83.60	84.39	85.19	85.99	87.58	91.56	92.36	93.95
0.8	95.54	98.73	100.32	101.91	102.71	103.50	105.10	106.69	108.28	109.87
0.9	111.46	113.06	114.65	116.24	117.83	119.43	121.02	122.61	124.20	125.80
1.0	127.39	130.57	133.76	136.84	140.13	143.31	146.49	149.68	152.87	156.05
1.1	159.25	165.61	171.97	178.34	184.71	191.08	197.45	203.82	212.19	216.51
1.2	218.95	221.34	223.73	224.52	225.32	254.78	262.74	278.66	286.62	302.55
1.3	314.49	326.34	342.36	366.24	382.17	406.05	437.90	453.82	493.63	525.48
1.4	557.32	605.10	636.00	716.56	796.18	835.99	915.61	995.22	1114.65	1194.27
1.5	1353.50	1512.74	1671.97	1910.83	2070.06	2308.92	2547.78	2866.24	3025.48	3343.95
1.6	3642.42	3901.27	4140.13	4458.59	4777.07	5254.78	5652.87	6130.57	6369.43	6847.13
1.7	7165.61	7802.55								

注：表中查得数应×10^{-2}A/cm。

(6) DW360-50 铁损耗特性表 (50Hz)　　(W/kg)

B/T	0	0.01	0.02	0.03	0.04	0.05	0.06	0.07	0.08	0.09
0.50	0.420	0.433	0.448	0.460	0.470	0.480	0.495	0.505	0.520	0.540
0.60	0.560	0.570	0.580	0.590	0.610	0.630	0.645	0.660	0.680	0.690
0.70	0.700	0.715	0.735	0.750	0.780	0.800	0.815	0.830	0.840	0.860
0.80	0.880	0.900	0.920	0.940	0.955	0.970	0.990	1.020	1.040	1.060
0.90	1.090	1.120	1.150	1.170	1.200	1.240	1.260	1.280	1.300	1.320
1.00	1.340	1.360	1.380	1.400	1.425	1.450	1.470	1.500	1.540	1.560
1.10	1.580	1.600	1.620	1.640	1.680	1.700	1.730	1.750	1.780	1.820
1.20	1.850	1.880	1.910	1.930	1.950	1.980	2.000	2.350	2.135	2.180
1.30	2.150	2.200	2.240	2.270	2.310	2.350	2.400	2.450	2.500	2.550
1.40	2.600	2.630	2.650	2.680	2.740	2.800	2.830	2.860	2.900	2.950
1.50	3.000	3.020	3.045	3.070	3.100	3.200	3.260	3.320	3.400	3.450
1.60	3.500	3.550	3.600	3.650	3.700	3.750	3.820	3.880	3.950	3.980
1.70	4.000	4.030	4.060	4.100	4.200	4.300	4.350	4.400	4.450	4.500

注：密度为 7.65g/cm^3。

(7) DW315-50 直流磁化特性表

B/T	0	0.01	0.02	0.03	0.04	0.05	0.06	0.07	0.08	0.09
0.1	23.89	24.68	26.12	27.07	27.87	28.66	30.10	31.69	31.85	32.48
0.2	33.44	34.08	35.03	35.83	36.62	38.21	38.62	39.41	39.81	41.08
0.3	42.20	42.83	42.99	44.59	45.38	46.02	46.42	47.29	47.61	47.77
0.4	49.20	49.36	49.76	50.16	50.96	51.75	52.55	52.79	53.11	53.34
0.5	55.33	55.57	55.73	56.13	56.37	57.33	57.72	58.12	58.52	58.92
0.6	60.51	61.31	62.10	62.90	63.54	64.49	65.29	66.08	66.88	67.68
0.7	68.47	69.27	70.06	70.86	71.66	73.25	74.05	74.84	75.64	78.03
0.8	78.82	79.62	81.21	82.80	83.60	84.40	85.99	87.58	90.76	92.37
0.9	94.75	95.54	98.73	99.52	100.32	102.71	103.50	106.69	108.28	111.47
1.0	114.73	114.81	115.05	119.43	121.02	124.20	127.39	131.37	134.55	139.33
1.1	141.72	144.90	149.68	150.48	155.26	163.22	165.61	171.98	179.14	185.56
1.2	192.68	199.05	207.01	214.97	222.93	234.87	243.63	246.82	270.70	285.03
1.3	298.57	310.51	326.43	342.36	366.24	390.13	398.09	429.14	460.19	485.67
1.4	517.52	557.33	597.13	636.94	740.45	796.18	859.87	955.41	1035.03	1114.65
1.5	1233.80	1354.50	1472.93	1592.36	1791.40	1990.45	2149.68	2388.54	2627.39	2866.24
1.6	3025.48	3184.71	3503.19	3821.66	4060.51	4299.36	4617.83	4936.35	5414.01	5625.87
1.7	6050.96	6369.43	6608.28	7006.37	7563.69	7961.78				

注：表中查得数应×10^{-2}A/cm。

(8) DW315-50 铁损耗特性表 (50Hz)　(W/kg)

B/T	0	0.01	0.02	0.03	0.04	0.05	0.06	0.07	0.08	0.09
0.50	0.410	0.420	0.430	0.440	0.450	0.460	0.470	0.480	0.490	0.500
0.60	0.515	0.530	0.545	0.560	0.570	0.580	0.590	0.610	0.620	0.635
0.70	0.650	0.665	0.680	0.700	0.715	0.730	0.748	0.761	0.780	0.795
0.80	0.820	0.840	0.860	0.880	0.900	0.920	0.940	0.960	0.980	0.990
0.90	1.000	1.030	1.060	1.080	1.100	1.120	1.130	1.150	1.180	1.200
1.00	1.220	1.250	1.285	1.300	1.330	1.350	1.375	1.395	1.420	1.440
1.10	1.450	1.470	1.500	1.520	1.550	1.580	1.600	1.630	1.650	1.680
1.20	1.700	1.750	1.800	1.830	1.850	1.870	1.900	1.920	1.950	1.970
1.30	1.980	2.000	2.040	2.080	2.120	2.150	2.170	2.190	2.200	2.250
1.40	2.300	2.350	2.400	2.440	2.470	2.500	2.550	2.600	2.650	2.720
1.50	2.800	2.830	2.860	2.880	2.910	2.950	2.980	3.040	3.100	3.150
1.60	3.200	3.250	3.300	3.350	3.400	3.450	3.500	3.550	3.600	3.700
1.70	3.770	3.810	3.850	3.900	3.950	4.000	4.100	4.200	4.300	4.400

注：密度为 7.60g/cm^3。

附表 B-4　厚度 1～1.75mm 的钢板磁化曲线表　(A/cm)

B/T	0	0.01	0.02	0.03	0.04	0.05	0.06	0.07	0.08	0.09
0.3	1.8									
0.4	2.1									
0.5	2.5	2.55	2.60	2.65	2.7	2.75	2.79	2.83	2.87	2.91
0.6	2.95	3.0	3.05	3.1	3.15	3.2	3.25	3.3	3.35	3.4
0.7	3.45	3.51	3.57	3.63	3.69	3.75	3.81	3.87	3.93	3.99
0.8	4.05	4.12	4.19	4.26	4.33	4.4	4.48	4.56	4.64	4.72
0.9	4.8	4.9	4.95	5.05	5.1	5.2	5.3	5.4	5.5	5.6
1.0	5.7	5.82	5.95	6.07	6.15	6.3	6.42	6.55	6.65	6.8
1.1	6.9	7.03	7.2	7.31	7.48	7.6	7.75	7.9	8.08	8.25
1.2	8.45	8.6	8.8	9.0	9.2	9.4	9.6	9.92	10.15	10.45
1.3	10.8	11.12	11.45	11.75	12.2	12.6	13.0	13.5	13.93	14.5
1.4	14.9	15.3	15.95	16.45	17.0	17.5	18.35	19.2	20.1	21.1
1.5	22.7	24.5	25.6	27.1	28.8	30.5	32.0	34.0	36.5	37.5
1.6	40.0	42.5	45.0	47.5	50.0	52.5	55.8	59.5	62.3	66.0
1.7	70.5	75.3	79.5	84.0	88.5	93.2	98.0	103	108	114
1.8	119	124	130	135	141	148	156	162	170	178
1.9	188	197	207	215	226	235	245	256	265	275
2.0	290	302	315	328	342	361	380			

附表 B-5 铸钢或厚钢板磁化曲线 (A/cm)

B/T	0	0.01	0.02	0.03	0.04	0.05	0.06	0.07	0.08	0.09
0	0	0.08	0.16	0.24	0.32	0.4	0.48	0.56	0.64	0.72
0.1	0.8	0.88	0.96	1.04	1.12	1.2	1.28	1.36	1.44	1.52
0.2	1.6	1.68	1.76	1.84	1.92	2.00	2.08	2.16	2.24	2.32
0.3	2.4	2.48	2.5	2.64	2.72	2.8	2.88	2.96	3.04	3.12
0.4	3.2	3.28	3.36	3.44	3.52	3.6	3.68	3.76	3.84	3.92
0.5	4.0	4.04	4.17	4.26	4.34	4.43	4.52	4.61	4.7	4.79
0.6	4.88	4.97	5.06	5.16	5.25	5.35	5.44	5.54	5.64	5.74
0.7	5.84	5.93	6.03	6.13	6.23	6.32	6.42	6.52	6.62	6.72
0.8	6.82	6.93	7.03	7.24	7.34	7.45	7.55	7.66	7.76	7.87
0.9	7.98	8.10	8.23	8.35	8.48	8.5	8.73	8.85	8.98	9.11
1.0	9.24	9.38	6.53	9.69	9.86	10.04	10.22	10.39	10.56	10.73
1.1	10.9	11.08	11.27	11.47	11.67	11.87	12.07	12.27	12.48	12.69
1.2	12.9	13.15	13.4	13.7	14.0	14.3	14.6	14.9	15.2	15.55
1.3	15.9	16.3	16.7	17.2	17.6	18.1	18.6	19.2	19.7	20.3
1.4	20.9	21.6	22.3	23.0	23.6	24.4	25.3	26.2	27.1	28.0
1.5	28.9	29.9	31.0	32.1	33.2	34.3	35.6	37.0	38.3	39.6
1.6	41.0	42.5	44.0	45.5	47.0	48.7	50.0	51.5	53.0	55.0

附表 B-6 10号钢磁化曲线表 (A/cm)

B/T	0	0.01	0.02	0.03	0.04	0.05	0.06	0.07	0.08	0.09
0	0	0.3	0.5	0.7	0.85	1.0	1.05	1.15	1.2	1.25
0.1	1.3	1.35	1.4	1.45	1.5	1.55	1.6	1.62	1.65	1.68
0.2	1.7	1.75	1.77	1.8	1.82	1.85	1.88	1.9	1.92	1.95
0.3	1.97	1.99	2.0	2.02	2.04	2.06	2.08	2.1	2.13	2.15
0.4	2.18	2.2	2.22	2.28	2.3	2.35	2.37	2.4	2.45	2.48
0.5	2.5	2.55	2.58	2.6	2.65	2.7	2.74	2.77	2.82	2.85
0.6	2.9	2.95	3.0	3.05	3.08	3.12	3.18	3.22	3.25	3.35
0.7	3.38	3.45	3.48	3.55	3.6	3.65	3.73	3.8	3.85	3.9
0.8	4.0	4.05	4.13	4.2	4.27	4.35	4.42	4.5	4.58	4.65
0.9	4.72	4.8	4.9	5.0	5.1	5.2	5.3	5.4	5.5	5.6
1.0	5.7	5.8	5.9	6.0	6.1	6.2	6.3	6.45	6.6	6.7
1.1	6.82	6.95	7.05	7.2	7.35	7.5	7.65	7.75	7.85	8.0
1.2	8.1	8.25	8.42	8.55	8.7	8.85	9.0	9.2	9.35	9.55
1.3	9.75	9.9	10.0	10.8	11.4	12.0	12.7	13.6	14.4	15.2
1.4	16.0	16.6	17.6	18.4	19.2	20	21.2	22	23.2	24.2
1.5	25.2	26.2	27.4	28.4	29.2	30.2	31.0	32.7	33.2	34.0
1.6	35.2	36.0	37.2	38.4	39.4	40.4	41.4	42.8	44.2	46
1.7	47.6	58	60	62	64	66	69	72	76	80
1.8	83	85	90	93	97	100	103	108	110	114
1.9	120	124	130	133	137	140	145	152	158	165
2.0	170	177	183	188	194	200	205	212	220	225
2.1	230	240	250	257	264	273	282	290	300	308
2.2	320	328	338	350	362	370	382	392	405	415
2.3	425	435	445	458	470	482	500	522		

附录C　常用铸铝转子槽下部比漏磁导的计算

<table>
<tr><th>槽形</th><th>槽下部比漏磁导</th></tr>
<tr><td>L_{vv}=1，7</td><td>$$\lambda_{L2}=\frac{2h_{r1}}{b_{02}+b_{r1}}+\frac{4\beta_r}{(1+\alpha_r)^2}K_{r1}$$</td></tr>
<tr><td>L_{vv}=2，8</td><td>$$\lambda_{L2}=\frac{2h_{r1}}{b_{02}+b_{r1}}+\frac{\beta_r}{\left[\frac{\pi}{8\beta_r}+\frac{(1+\alpha_r)}{2}\right]^2}(K_{r1}+K_{r2})$$</td></tr>
<tr><td>L_{vv}=3，9</td><td>$$\lambda_{L2}=\frac{\beta_r}{\left[\frac{\pi}{8\beta_r}(1+\alpha_r^2)+\frac{(1+\alpha_r)}{2}\right]^2}(K_{r1}+K_{r2}+K_{r3})$$</td></tr>
<tr><td rowspan="2">L_{vv}=4，5</td><td>$$\lambda_{L2}=\frac{2h_{r1}}{b_{02}+b_{r1}}+\frac{1}{A_s^2}\left(b_{r2}h_{r2}^3K_{r1}+A_{s3}h_{r2}^2K_{r4}+A_{s3}^2\frac{h_{r2}}{b_{r2}}K_{r5}+b_{r4}h_{r3}^3K'_{r1}\right)$$</td></tr>
<tr><td>起动时
(1) 当 $h_{PX}>h_{r1}+h_{r2}$ 时
$$\lambda_{L2st}=\frac{2h_{r1}}{b_{02}+b_{r1}}+\frac{1}{A_s^2}\left(b_{r2}h_{r2}^3K_{r1}+A_{s3}h_{r2}^2K_{r4}+A_{s3}^2\frac{h_{r2}}{b_{r2}}K_{r5}+b_{r4}h_{r3}^3K'_{r1}\right)$$
且利用上式计算时，b_{r4} 用 b_{PX} 代替，h_{r3} 用 h_X 代替
$$b_{PX}=b_{r4}+\frac{1}{h_{r3}}(b_{r3}-b_{r4})(h_B-h_{PX})$$
$$h_X=h_{PX}-(h_{r1}+h_{r2})$$
(2) 当 $h_{PX}\leqslant h_{r1}+h_{r2}$
$$\lambda_{L2st}=\frac{2h_{r1}}{b_{02}+b_{r1}}+\frac{4\beta_r}{(1+\alpha_r)^2}K_{r1}$$
且利用上式计算时，b_{r2} 用 b_{PX} 代替，h_{r2} 用 h_X 代替
$$b_{PX}=b_{r1}+\frac{1}{h_{r2}}(b_{r2}-b_{r1})(h_{PX}-h_{r1})$$
$$h_X=h_{PX}-h_{r1}$$</td></tr>
<tr><td>L_{vv}=6，10</td><td>$$\lambda_{L2}=0.623$$</td></tr>
</table>

注：$\alpha_r=\frac{b_{r1}}{b_{r2}}$

$\beta_r=\frac{h_{r2}}{b_{r2}}$

$$K_{r1}=\frac{1}{3}-\frac{1-\alpha_r}{4}\left[\frac{1}{4}+\frac{1}{3(1-\alpha_r)}+\frac{1}{2(1-\alpha_r)^2}+\frac{1}{(1-\alpha_r)^3}+\frac{\ln\alpha_r}{(1-\alpha_r)^4}\right]$$

$$K_{r2}=\frac{2\pi^3-9\pi}{1536\beta_r^3}+\frac{\pi}{16\beta_r}-\frac{\pi}{8(1-\alpha_r)\beta_r}-\left[\frac{\pi^2}{64(1-\alpha_r)\beta_r^2}+\frac{\pi}{8(1-\alpha_r)^2\beta_r}\right]\ln\alpha_r$$

$$K_{r3}=\frac{\pi}{4\beta_r}\left[\frac{\pi}{8\beta_r}(1-\alpha_r^2)+\frac{1+\alpha_r}{2}\right]^2+\frac{(4+3\pi^2)\alpha_r^2}{32\beta_r^2}\left[\frac{\pi(1-\alpha_r^2)}{8\beta_r}+\frac{1+\alpha_r}{2}\right]+\frac{14\pi^3+39\pi}{1536}\frac{\alpha_r^4}{\beta_r^3}$$

$$K_{r4}=\frac{1}{2}-\frac{1}{1-\alpha_r}-\frac{\ln\alpha_r}{(1-\alpha_r)^2}$$

$$K_{r5}=-\frac{\ln\alpha_r}{1-\alpha_r}$$

K'_{r1} 以 $\alpha_r=\frac{b_{r3}}{b_{r4}}$ 代入 K_{r1} 的计算公式计算

$A_{s1}=(b_{02}+b_{r1})h_{r1}/2$

$A_{s2}=(b_{r1}+b_{r2})h_{r2}/2$

$A_{s3}=(b_{r3}+b_{r4})h_{r3}/2$

$A_s=A_{s1}+A_{s2}+A_{s3}$